城镇污水处理厂工程
质量验收手册

《城镇污水处理厂工程质量验收规范》GB 50334－2017 编制组
天津城建集团有限公司　　主编
天津创业环保集团股份有限公司

中国建筑工业出版社

图书在版编目（CIP）数据

城镇污水处理厂工程质量验收手册/《城镇污水处理厂工程质量验收规范》GB 50334－2017 编制组，天津城建集团有限公司，天津创业环保集团股份有限公司主编．—北京：中国建筑工业出版社，2018．10

ISBN 978-7-112-22279-7

Ⅰ．①城…　Ⅱ．①城…　②天…　③天…　Ⅲ．①城市污水处理-污水处理厂-工程质量-工程验收-手册　Ⅳ．①X505-62

中国版本图书馆 CIP 数据核字(2018)第 111967 号

本书是最新修订的国家标准《城镇污水处理厂工程质量验收规范》GB 50334－2017（以下简称《规范》）的配套用书，本书的编制是为了更进一步诠释《规范》的条款内容，达到实用、适用的目的。本书共分 8 章，分别围绕构筑物单位（子单位）工程质量验收资料、机械设备安装分部工程质量验收资料、电气安装分部（子分部）工程质量验收资料、自动控制及监控系统分部（子分部）工程质量验收资料、管线分部工程质量验收资料、功能性试验记录、设备联合试运转记录进行了系统讲解。

本书对如何验收、验收的依据、验收的方法、验收的判定、验收的表格形式以及验收核查的资料明细等问题给予了明确说明；本书将新规范以及引用标准中的验收规定转化为检验批（分项工程）质量验收记录中的验收项目及要求，并列出了条文依据，无需查阅相关标准，便可迅速掌握验收要求，方便快捷；同时，本书还针对每个单位、分部、分项、检验批工程验收表格进行全面编码，使每张验收表格都对应唯一的编码，避免漏项、丢项现象，保证污水处理厂验收工作的全面有序开展，便于验收资料的管理与追溯。

本书具有较强的可操作性和实用性，内容覆盖全部城镇污水处理厂施工质量验收管理工作，可供从事城镇污水处理厂建设的施工技术、施工管理、质量验收、质量监督、监理和咨询等工程技术人员以及大专院校相关专业的师生参考使用。

责任编辑：何玮珂　李　雪
责任设计：李志立
责任校对：党蕾

城镇污水处理厂工程质量验收手册

《城镇污水处理厂工程质量验收规范》GB 50334－2017 编制组
天津城建集团有限公司　主编
天津创业环保集团股份有限公司

*

中国建筑工业出版社出版、发行（北京海淀三里河路 9 号）
各地新华书店、建筑书店经销
北京红光制版公司制版
大厂回族自治县正兴印务有限公司印刷

*

开本：787×1092 毫米　1/16　印张：38¼　字数：952 千字
2018 年 9 月第一版　2018 年 9 月第一次印刷
定价：**118.00** 元
ISBN 978-7-112-22279-7
（32174）

本 书 编 委 会

主编单位：《城镇污水处理厂工程质量验收规范》GB 50334－2017 编制组
天津城建集团有限公司
天津创业环保集团股份有限公司

参编单位：河北省安装工程有限公司
天津第一市政公路工程有限公司
天津第二市政公路工程有限公司
天津第三市政公路工程有限公司
天津第四市政建筑工程有限公司
天津五市政公路工程有限公司
天津第六市政公路工程有限公司
天津第七市政公路工程有限公司
天津城建设计院有限公司
天津市政公路设备工程有限公司
天津天佳市政公路工程有限公司
天津城建滨海路桥有限公司
天津路桥建设工程有限公司

主　　编：姚国强　李金河

副 主 编：韩振勇　张　强　贺广利　卢士鹏　朱　旭　付全鸿　刘　虎
安　鹏　张迎军　佟宝祥　王　峰　汤洪雁　阚炳学　刘伯军
夏立明　裴　建

参编人员：（按姓氏笔画排列）
于井来　王　建　王　颖　王亚楠　王延萍　王国霞　王惠竹
石祥玲　卢美玲　田乃婷　吕艳锋　刘　卓　刘　岩　刘晓蕊
刘福宏　孙　玉　杜　航　李　义　李　明　李　理　李　铮
李卫波　李文武　李纪昌　李振鹏　李朝阳　杨宏娜　杨显维
杨喜红　吴　冬　谷京波　汪浩波　张天宝　张友为　张建利
张晓正　陈　明　尚　坤　周　舵　周　磊　赵春凤　姜连宝
郭召恩　黄果树　阎　磊　梁　磊　董森燚　韩宝晶　蔡公淳
薄振国　魏晓昕

前　言

随着我国水环境保护意识的提高，以及对污水处理、污泥处理、污水再生循环利用的日趋重视，污水处理产业进入快速发展阶段，污水处理厂建设技术也日新月异，各种新材料、新技术、新工艺、新设备得到普遍应用。为适应我国城镇污水处理厂工程建设快速发展的需要，更好地宣传、贯彻、执行《城镇污水处理厂工程质量验收规范》GB 50334－2017（以下简称新规范），给广大污水处理厂工程验收技术人员提供具体指导和帮助，主编单位天津城建集团有限公司联合相关单位，根据新规范的具体验收内容，编写本书，作为新规范实施的配套用书。

本书编制内容与组成：

第1章　概　述；

第2章　构筑物单位（子单位）工程质量验收资料；

第3章　机械设备安装分部工程质量验收资料；

第4章　电气安装分部（子分部）工程质量验收资料；

第5章　自动控制及监控系统分部（子分部）工程质量验收资料；

第6章　管线分部工程质量验收资料；

第7章　功能性试验记录；

第8章　设备联合试运转记录。

本书特点：第一，实用性强，本书对如何验收、验收的依据、验收的方法、验收的判定、验收的表格形式以及验收核查的资料明细等问题给予了明确说明，用于指导广大工程技术人员科学开展污水处理厂工程质量验收工作；第二，内容丰富，可操作性强，本书将新规范以及引用标准中的验收规定转化为检验批（分项工程）质量验收记录中的验收项目及要求，并列出了条文依据，无须查阅相关标准，便可迅速掌握验收要求，方便快捷；第三，有序编码，污水处理厂工程涉及专业繁多，针对每个单位、分部、分项、检验批工程验收表格进行全面编码，使每张验收表格都对应唯一的编码，避免漏项、丢项现象，保证污水处理厂验收工作的全面有序开展，便于验收资料的管理与追溯。

本书作为污水处理厂工程质量验收的指导用书，是污水处理厂工程建设各方管理人员的重要参考工具，对规范污水处理厂工程质量验收具有重要意义。

由于本书作者水平有限，加之涉及专业较多，不足之处，敬请读者提出宝贵意见，以便再版时改进。

目　　录

第1章 概述

随着我国对水资源的保护利用越来越重视，污水处理厂的运行对改善生态环境有重要意义，2013年10月2日，国务院总理李克强签署国务院令，颁布《城镇排水与污水处理条例》，城镇污水处理厂建设技术得到不断发展，污水处理厂覆盖范围在不断扩大。2017年1月21日，住房和城乡建设部正式发布公告《城镇污水处理厂工程质量验收规范》GB 50334－2017（以下简称新规范）正式发布，2017年7月1日正式实施。原《城市污水处理厂工程质量验收规范》GB 50334－2002同时废止。

新规范针对我国污水处理厂的现状，明确了城镇污水厂工程的质量验收范围，提出污水处理厂的工程验收新的组织程序和划分，建立了起污水厂工程的质量验收框架和管理结构，细化了土建工程、污水、污泥处理设备安装工程验收的内容。如何全面理解新规范的内涵，如何妥善协调与其他有关标准的应用，如何将新规范的要求应用到工程的实际验收工作中，并体现在验收的各项记录表格中将在本书进行详细的说明。

下面简要介绍一下新规范修编后的特点：

一、新规范名称与验收范围

首先“城镇污水处理厂”界定了污水厂工程质量验收的覆盖范围和适用范围：一方面是我国城镇化发展的需要，另一方面，是在“城市污水处理厂”名称上演变而来，因此，新规范不仅适用于传统意义上的污水处理厂工程施工质量的验收，还包括进行污水处理的水质净化厂、再生水厂工程质量的验收。其次，对污水处理厂工程质量验收适用范围进行了详细界定，新规范中城镇污水处理厂工程质量验收的内容包括土建工程施工验收、设备安装工程验收以及联动试运转期间的工程质量验收和综合竣工验收，不包括应用于污水处理厂的机械设备产品的质量验收，污水处理厂试运行期间及后续的各项指标验收。

二、污水处理厂工程划分得到完善

新规范污水处理厂工程划分参考了现行国家标准《建筑工程施工质量验收统一标准》GB 50300、《给水排水构筑物工程施工及验收规范》GB 50141、《给水排水管道工程施工及验收规范》GB 50268、《工业安装工程施工质量验收统一标准》GB 50252等一系列相关标准规范，结合工程实际，将污水处理厂按照构（建）筑物工程、安装工程以及配套工程三类进行划分，以“具备独立施工条件，能形成独立使用功能的部分”为条件，划分出单位工程；有针对性地划分了分部、分项工程及检验批。由于厂区配套工程涉及多专业、多领域，且均有可依据的现行国家验收标准，其划分与验收采取直接引用相关标准的方式。

三、针对四新技术增加新的验收要求

通过研究污水处理厂工程相关的新技术、新工艺、新材料、新设备，对新的施工技术和处理设备安装提出相应的验收要求，以提高工程建设质量。污水处理厂工程近几年采用了较多的新技术新工艺，尤其是新型设备和进口设备的大量使用，亟须明确相关的安装验收标准，因此我们在新规范第7、8、9、10章增加了大量新的内容，补充了相关的质量验收要求，并针对污水处理厂设备验收的特点，提出单机试运转和联合试运转的验收要求。

四、注重规范实用性与适用性

新规范重点规定了污水处理厂特有的和目前国家标准欠缺的验收要求。比如综合竣工验收、联合试运转验收以及一些新型设备的安装验收要求，而对于通用性的验收要求采取了直接引用国家标准的方式，如基础工程验收要求、管道工程验收要求等，针对性强、要求明确、文字简洁。

五、明确工程质量验收方法、验收手段

新规范强调污水处理厂工程质量验收的技术工作，对质量验收检验方法进行归类和定义，主要分为观察检查、各类记录检查、试（检）验报告检查以及实测实量四类。同时将验收重要手段之一的功能性试验和联合试运转单独成论述，更加体现了“验评分离、强化验收、完善手段、过程控制”的指导思想。

六、与相关标准的协调应用

新规范主要引用了现行国家标准《建筑工程施工质量验收统一标准》GB 50300、《工业安装工程施工质量验收统一标准》GB 50252、《给水排水构筑物工程施工及验收规范》GB 50141、《给水排水管道工程施工及验收规范》GB 50268 等数十本现行国家相关标准规范，与各个国标是协调统一的关系。在构（建）筑物工程单位（子单位）、分部（子分部）、分项工程和检验批质量验收合格的标准及记录填写上，引用现行国家标准《建筑工程施工质量验收统一标准》GB 50300；在污水处理厂设备安装工程验收划分及记录填写上，引用现行国家标准《工业安装工程施工质量验收统一标准》GB 50252 执行；在给污水处理厂管道安装工程验收划分上及记录填写上，引用现行国家标准《给水排水管道工程施工及验收规范》GB 50268；地基与基础、混凝土结构工程、砌体工程、钢结构工程、配套工程等通用部分也采取直接引用国家相关标准的方式，新规范只是针对污水处理厂特点，将现行国家标准中没有涉及的部分作为了重点，提出了相应要求。

七、新规范一至十三章的修订重点提要

第 1 章　总则：明确界定城镇污水处理厂工程质量验收的适用范围和验收内容。城镇污水处理厂工程质量验收内容包括污水处理厂土建工程验收、设备安装工程验收以及联合试运转期间的工程质量验收，不包括污水处理厂试运行期间及后续的各项指标验收。

第 2 章　术语：删除原规范内与现行国家标准重复的 8 条术语，增加了污水处理厂、功能性试验、单机试运转、联合试运转共 4 条相关术语。

第 3 章　基本规定：修订后的规范第 3 章主要对质量验收的通用性规定、工程质量验收划分以及质量验收的管理与程序进行了统一规定，材料、设备的相关验收要求已纳入后续的具体章节，这样更有针对性。第 1 节一般规定，从参加验收的单位、人员、设备、验收计划、验收方法、记录填写、验收文件、竣工备案等方面提出验收要求。第 2 节工程验收规定，主要针对污水处理厂工程验收的单位、分部、分项工程和检验批划分作出调整。由于污水处理厂建设涉及的专业比较多，且各专业对单位、分部、分项工程和检验批的划分不一致，因此新规范中仅对污水处理厂主要的构筑物工程和安装工程进行详细划分，涉及其他工程的划分和验收采取直接引用的方式，不再详细叙述。增加了综合竣工验收的概念及其合格标准要求。第 3 节验收程序与组织，对原规范中污水处理厂工程验收的程序与组织进行完善，提出了综合竣工验收的程序要求，即对全厂工程进行验收，保证全厂正常运转。

第 4 章　工程测量内容编写是在原标准基础上，将“厂区总平面控制”和“单位工程平面控制”合并，此章为通用性要求，主要引用了现行国家标准《工程测量规范》GB 50026，仅针对污水处理厂的特殊性，提出对应的测量要求，明确提出了“平面控制网和高程控制网”的质量控制要求，增加了沉降观测的要求。

第5章 地基与基础主要参考并引用了现行国家标准《建筑地基基础工程施工质量验收规范》GB 50202、《给水排水管道工程施工及验收规范》GB 50268、《给水排水构筑物工程施工及验收规范》GB 50141，扩大了原规范第二节“天然地基”的范围，将其调整为“地基处理”所含范围更广，适用性更强。

第6章 污水与污泥处理构筑物：除“一般规定”外，共分为“现浇钢筋混凝土构筑物”、“预制装配式钢筋混凝土构筑物”、“无粘结预应力混凝土构筑物”、“土建与设备连接部位”、“附属结构”5节。其中无粘结预应力混凝土构筑物在目前的污水处理厂构筑物中应用较多，因此单独成节；土建与设备连接部位在污水处理厂工程施工中是比较容易出现问题的薄弱环节，施工验收中容易被忽略，相关国标中也没有明确要求，因此作为重点控制的内容单独成节，提出了相关的验收要求；附属结构涉及的专业比较多，验收均有完善的国家规范可依据，因此将此类工程归入一节，采取直接引用相关标准的方式，语言简练，结构清晰。

第7章 污水处理设备安装、第8章污泥处理设备安装、第9章电气设备安装：这三章是根据首次会上专家意见，“增加设备安装部分所占比重”的要求，结合实际情况讨论确定的章节目录，对目前污水处理厂专用设备进行分类，对每一类设备提出验收规定或明确执行的标准，设备安装验收内容共3章52节，突出了污水处理厂工程质量验收的特点，使规范更具有通用性、科学性、可操作性，便于执行与管理，填补当前污水处理厂设备安装工程验收无专业标准可依据的空白。均以“XX设备安装”为题，主要为强调本章验收的要求是针对设备安装、单机试运转等，而不包括联动试运转和试运行，不对设备性能指标尤其是出水指标等做验收要求，而仅对设备安装质量做验收要求。

第10章 自动控制及监控系统：由于自动控制系统发展比较迅速，因此在原标准的基础上增加了对中心控制系统等新型设备仪器的要求。

第11章 管线安装工程：目前国内现行的标准如《给水排水管道工程施工及验收规范》GB 50268等，已有较为详细的验收要求，共性的部分我们大多采取了直接引用的方式。尤其是原标准中的5个表格的验收内容与指标要求，我们进行了认真核对，很多数据已经与现行其他国标出现了冲突，不太适合规范污水处理厂管线工程的验收，因此删除了该项内容，缩减了篇幅，采取直接引用的方式，而仅对污水处理厂特有和易出现问题的部分提出了验收要求。

第12章 厂区配套工程：本章内容是在原标准的基础上细化了厂区配套工程的范围及验收要求。由于厂区配套工程多有现行的国家验收标准，本章只在条文说明中进行了对应说明，不作为本规范的重点要求。

第13章 功能性试验与联合试运转：功能性试验和联合试运转是工程验收的重要手段，是工程合格与否的关键点，因此，本次修订将功能性试验与联合试运转单独列出一章，重点提出相关要求，满足污水处理厂工程的功能性需求，以保证全厂的土建、设备均能正常连续运转。

新规范附录A、附录B、附录C相关内容：附录A污水处理厂工程的单位、分部、分项工程的划分，是根据规范中第 3.2.2 条规定的要求进行划分的。附录 B、附录 C 是根据质量验收的需要，增加的单机试运转、联合试运转记录。其他验收记录表格直接按照相关标准《建筑工程施工质量验收统一标准》GB 50300、《工业安装工程施工质量验收统一标准》GB 50252、《给水排水管道工程施工及验收规范》GB 50268 等要求执行，在新标准内不再单列，以免内容形式发生冲突。

1.1 污水处理厂工程验收划分

工程质量验收应分为构（建）筑物工程的单位（子单位）工程、分部（子分部）工程、分项工程和检验批验收；安装工程的单位（子单位）工程、分部（子分部）工程、分项工程验收；厂区配套工程验收；联合试运转验收及综合竣工验收。

污水处理厂单位（子单位）工程比较多，早期的土建和后期的设备安装时间跨度比较大，单位工程完成后还需要进行全厂的联合试运转验收和综合竣工验收，综合竣工验收是对全厂工程，包括构（建）筑物工程、安装工程、厂区配套工程等进行验收，保证全厂工程全部通过竣工验收。综合竣工验收合格主要指单位（子单位）工程质量验收全部合格；联合试运转验收合格；质量验收记录齐全完整；有关安全、节能、环境保护和主要使用功能的项目验收合格。

1. 工程划分的原则

（1）单位（子单位）工程应具备独立施工条件，并应能形成独立使用功能或能单独作为成本核算；

（2）分部（子分部）工程应按专业性质或建设部位等划分；

（3）分项工程应按主要工种、材料或施工工艺、设备类别等划分；

（4）分项工程可由一个或若干个检验批组成，检验批可根据施工及质量控制和专业验收需要进行划分。

2. 构筑物和安装工程验收划分表

污水处理厂构筑物工程单位（子单位）、分部（子分部）、分项工程和检验批划分表

单位（子单位）工程	分部（子分部）工程		分项工程	检验批
单体构筑物	地基与基础	地基	素土地基、灰土地基、砂和砂石地基、土工合成材料地基、软基处理桩地基、复合地基等	检验批可根据施工及质量控制和专业验收需要进行划分
		基础工程	扩展基础、筏形和箱形基础、桩基础、沉井与沉箱基础等	
		基坑支护	灌注桩排桩围护结构、板桩围护结构、型钢水泥搅拌墙、地下连续墙等	
		地下水控制	降水与排水、回灌等	
		土方	土方开挖、土方回填、场地平整等	
		地下防水	主体结构防水、细部构造防水、特殊施工法结构防水、排水、注浆等	

续表

单位（子单位）工程	分部（子分部）工程		分项工程	检验批
单体构筑物	主体工程	现浇混凝土	钢筋、模板、混凝土、预应力、变形缝、表面层等	检验批可根据施工及质量控制和专业验收需要进行划分
		预制装配式混凝土	构件现场制作、预制构件安装、变形缝、表面层等	
		砌体	砌砖、砌石、预制砌体、变形缝、表面层等	
		钢结构	钢结构焊接、钢结构拴接、钢零部件加工、钢结构安装、防腐涂料涂装、防火涂料涂装等	
		土建和设备安装连接部位	土建和设备安装连接部位及预留孔、预埋件等	
		附属结构	计量槽、配水井、排水口、扶梯、防护栏、平台、集水槽、堰板、导流槽、支架、闸槽等 连接管道、连接管渠	

注：1 单体构筑物包括格栅间、泵房、沉砂池、沉淀池、生物处理池、过滤池、消毒池、计量间、污泥浓缩池、污泥消化池、除臭池、烟囱等。其中生物处理池包括厌氧池、缺氧池、生化池、SBR反应池、氧化沟、生物接触氧化池、曝气生物滤池等；除臭池包括生物除臭池、离子除臭池、植物液除臭池、活性炭吸附除臭池等。

2 构筑物功能性试验为污水处理厂工程质量验收的重要组成部分，是验收的手段之一，在单位、分部、分项工程划分中不体现。

3 按照单独作为成本核算的方式划分单位工程的，由业主和施工单位协商划定。

污水处理厂安装工程单位（子单位）、分部（子分部）、分项工程和检验批划分表

单位（子单位）工程	分部（子分部）工程	分项工程	检验批
格栅间设备、泵房设备、沉砂池设备、沉淀池设备、生物处理池设备、过滤池设备、消毒池设备、鼓风机房设备、加药间设备、再生水车间设备、臭氧制备车间设备、计量间设备、污泥浓缩池设备、污泥消化池设备、污泥控制室设备、沼气压缩机房设备、沼气发电机房设备、沼气锅炉房设备、脱水机房设备、污泥处理厂房设备、除臭池设备、污泥料仓、沼气柜设备、污泥储罐、消毒罐等	机械设备安装工程	格栅设备、螺旋输送设备、泵类设备、除砂设备、曝气设备、搅拌设备、刮（吸）泥机设备、曝气生物滤池、斜板与斜管、过滤设备、微、超滤膜设备、反渗透膜设备、加药设备、鼓风、压缩设备、臭氧系统设备、消毒设备、浓缩脱水设备、除臭设备、滗水器设备、闸、阀门设备、堰板、集水槽、储罐设备、巴氏计量槽、起重设备、污泥泵、钢制消化池、消化池搅拌设备、热交换器、沼气脱硫设备、沼气柜、沼气火炬、沼气锅炉、沼气发电机、沼气鼓风机、混料机、布料机、皮带机、筛分机、翻抛机、污泥贮仓、污泥干化处理设备、悬斗输送机、干泥料仓、消烟、除尘设备、污泥焚烧设备、设备防腐、设备绝热等	设备安装部分不设检验批
	电气设备安装工程	隔离开关、负荷开关、高压熔断器、电容器和无功功率补偿装置、电力变压器安装电动机、开关柜、控制盘（柜、箱）、不间断电源、电缆桥架、电缆线路、电缆终端头、电缆接头制作、电气配管、电气配线、电气照明、接地装置、防雷设施及等电位联结、滑触线和移动式软电缆、起重机电气设备等	
	自动控制、仪表安装工程	仪表盘（箱、操作台）、温度仪表、压力仪表、节流装置、流量及差压仪表、物位仪表、分析仪表、调节阀、执行机构和电磁阀、仪表供电设备及供气、供液系统、仪表用电气线路敷设、防爆和接地、仪表用管路敷设、脱脂和防护、信号、联锁及保护装置、仪表调校、监控设备等	
管线安装工程	土方工程	地基处理、沟槽开挖、沟槽支撑、沟槽回填、基坑开挖、基坑支护、基坑回填	检验批可按施工长度或井段划分
	主体工程	管道基础、管道铺设、管道浇筑、管渠砌筑、管道接口连接、管道防腐层、钢管阴极保护等	
	附属工程	井室（现浇混凝土结构、砖砌结构、预制拼装结构）、雨水口及支连管、支墩	

注：1 管线指各种工艺管线，包括污水、再生水、污泥、燃气、空气、加药、沼气、热力管线等；

2 设备调试和功能性试验为污水处理厂工程质量验收的重要组成部分，是验收的手段之一，在单位、分部、分项工程划分中不体现。

1.2 污水处理厂单位、分部、分项、检验批编号规则

污水处理厂工程的专业繁多涉及构筑物工程、建筑物工程等五大类单位工程，每个单位工程可分为数十项子单位工程，以及数百项分部、分项、检验批工程，为了将所有类别项目的划分分类清楚明确，不存在漏项、丢项现象，保证污水处理厂验收工作的全面有序开展，提高污水处理厂验收工作的管理水平，我们建议对污水处理厂的验收表格进行全面编码，每张验收表格都对应唯一的编码，便于验收资料的管理与追溯。

1. 编码设置

单位、分部、分项、检验批表格编号可根据工程实际情况设置，一般情况下我们设置为9+2位的模式，可参照下图规则设定：

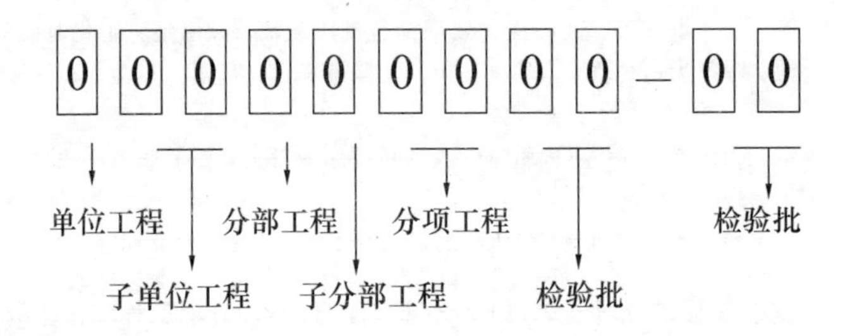

2. 单位工程编码

根据《城镇污水处理厂工程质量验收规范》GB 50334—2017的规定，污水处理厂的单位工程指具备独立施工条件，并能形成独立使用功能或单独作为成本核算的工程，按照大类分共分为构筑物工程、建筑物工程、设备安装工程、管线安装工程以及附属工程，单位工程编码位置在9+2位编码中占第1位。单位工程编码见下表：

单位工程编码表

单位工程	编号
构筑物工程	1
建筑物工程	2
设备安装工程	3
管线安装工程	4
厂区配套工程	5

注：厂区配套工程中建筑物子单位工程内部可按照建筑单位工程编码。

3. 子单位工程编码

根据工程特点，构筑物以单体构筑物划分，设备以单体构筑物内的设备总和划分，管道工程以管道类别划分，厂区配套工程按照工程类别划分，子单位工程编码为2位，位置在9+2位编码中占第2、3位。子单位工程编码可参考下表：

子单位工程编码表

构筑物子单位工程	编码	建筑物子单位工程	编码	设备安装子单位工程	编码	设备安装子单位工程	编码	管线安装子单位工程	编码	厂区配套子单位工程	编码
沉砂池	01	鼓风机房	01	沉砂池设备	01	加药间设备	19	污水管线	01	配套建筑物	01
沉淀池	02	加药间	02	沉淀池设备	02	计量间设备	20	再生水管线	02	生活设施	02
厌氧池	03	计量间	03	生物处理池设备	03	再生水车间设备	21	污泥管线	03	厂区道路	03
缺氧池	04	再生水车间	04	缺氧池设备	04	臭氧制备车间设备	22	燃气管线	04	厂区排水	04
曝气生物滤池	05	臭氧制备车间	05	曝气生物滤池设备	05	格栅间设备	23	空气管线	05	厂区供水	05
生化池	06	格栅间	06	生化池设备	06	泵房设备	24	加药管线	06	厂区供电	06
SBR反应池	07	泵房	07	SBR反应池设备	07	污泥控制室设备	25	沼气管线	07	厂区供热	07
氧化沟	08	污泥控制室	08	氧化沟设备	08	沼气压缩机房设备	26	热力管线	08	厂区照明	08
生物接触氧化池	09	沼气压缩机房	09	生物接触氧化池设备	09	沼气发电机房设备	27	—	—	厂区绿化	09
过滤池	10	沼气发电机房	10	过滤池设备	10	沼气锅炉房设备	28	—	—	消防设施	10
消毒池	11	沼气锅炉房	11	消毒池设备	11	脱水机房设备	29	—	—	防雷设施	11
污泥浓缩池	12	脱水机房	12	污泥浓缩池设备	12	污泥处理厂房设备	30	—	—	—	—
污泥消化池	13	污泥处理厂房	13	污泥消化池设备	13	污泥料仓	31	—	—	—	—
生物除臭池	14	综合办公楼	14	生物除臭池设备	14	沼气柜设备	32	—	—	—	—
离子除臭池	15	—	—	离子除臭池设备	15	污泥储罐	33	—	—	—	—
植物液除臭池	16	—	—	植物液除臭池设备	16	消毒罐	34	—	—	—	—
活性炭吸附除臭池	17	—	—	活性炭吸附除臭池设备	17	—	—	—	—	—	—
烟囱	18	—	—	鼓风机房设备	18	—	—	—	—	—	—

4. 分部工程编码

分部工程按照按专业性质或建设部位等划分，编码为1位，位置在9+2位编码中占

第4位，分部工程编码见下表：

分部工程编码表

构筑物分部	编码	建筑物分部	编码	设备安装分部工程	编码	管线安装分部工程	编码	厂区配套工程工程	编码
地基与基础	1	地基与基础	1	机械设备安装工程	1	土方工程	1	生活设施	1
主体工程	2	主体结构	2	电气设备安装工程	2	主体工程	2	厂区道路	2
—	—	建筑装饰装修	3	自动控制、仪表安装工程	3	附属工程	3	给排水	3
—	—	屋面	4	—	—	—	—	供电	4
—	—	建筑给水排水及供暖	5	—	—	—	—	供热	5
—	—	通风与空调	6	—	—	—	—	照明	6
—	—	建筑电气	7	—	—	—	—	绿化	7
—	—	建筑节能	8	—	—	—	—	消防	8
—	—	电梯	9	—	—	—	—	防雷	9

注：在污水处理厂划分中，将建筑物工程中的智能建筑相关内容划分到了自动控制及监控系统分部中，因此在分部工程划分中与GB 50300稍有区别。附属工程的分部工程按照相关专业标准进行划分编码，其中配套建筑物按照建筑物单位工程编码。

5. 子分部工程编码

子分部工程为对分部工程的细化，在GB 50334中只在构筑物工程中划分了子分部工程，编码为1位，位置在9+2位编码中占第5位，子分部工程编码见下表：

构筑物子分部工程编码表

分部工程	子分部工程	编号
地基与基础	地基	1
	基础工程	2
	基坑支护	3
	地下水控制	4
	土方	5
	地下防水	6
主体工程	现浇混凝土	1
	预制装配式混凝土	2
	砌体	3
	钢结构	4
	土建和设备安装连接部位	5
	附属结构	6

6. 分项工程编码

分项工程按主要工种、材料或施工工艺、设备类别等划分，编码为2位，位置在9+2位编码中占第6、7位，分部工程编码见下表：

构筑物分项工程编码表

分部（子分部）工程		分项工程
地基与基础	地基	素土地基（01）、灰土地基（02）、砂和砂石地基（03）、土工合成材料地基（04）、软基处理桩地基（05）、复合地基（06）等
	基础工程	扩展基础（01）、筏形和箱形基础（02）、桩基础（03）、沉井与沉箱基础（04）等
	基坑支护	灌注桩排桩围护结构（01）、板桩围护结构（02）、型钢水泥搅拌墙（03）、地下连续墙（04）等
	地下水控制	降水与排水（01）、回灌（02）等
	土方	土方开挖（01）、土方回填（02）、场地平整（03）等
	地下防水	主体结构防水（01）、细部构造防水（02）、特殊施工法结构防水（03）、排水（04）、注浆（05）等
主体工程	现浇混凝土	钢筋（01）、模板（02）、混凝土（03）、预应力（04）、变形缝（05）、表面层（06）等
	预制装配式混凝土	构件现场制作（01）、预制构件安装（02）、变形缝（03）、表面层（04）等
	砌体	砌砖（01）、砌石（02）、预制砌体（03）、变形缝（04）、表面层（05）等
	钢结构	钢结构焊接（01）、钢结构拴接（02）、钢零部件加工（03）、钢结构安装（04）、防腐涂料涂装（05）、防火涂料涂装（06）等
	土建和设备安装连接部位	土建和设备安装连接部位及预留孔（01）、预埋件（02）等
	附属结构	计量槽（01）、配水井（02）、排水口（03）、扶梯（04）、防护栏（05）、平台（06）、集水槽（07）、堰板（08）、导流槽（09）、支架（10）、闸槽（11）等

构筑物分项工程编码表

分部(子分部)工程	分项工程
机械设备安装工程	格栅设备（01）、螺旋输送设备（02）、泵类设备（03）、除砂设备（04）、曝气设备（05）、搅拌设备（06）、刮（吸）泥机设备（07）、曝气生物滤池（08）、斜板与斜管（09）、过滤设备（10）、微、超滤膜设备（11）、反渗透膜设备（12）、加药设备（13）、鼓风（14）、压缩设备（15）、臭氧系统设备（16）、消毒设备（17）、浓缩脱水设备（18）、除臭设备（19）、滗水器设备（20）、闸、阀门设备（21）、堰板（22）、集水槽（23）、储罐设备（24）、巴氏计量槽（25）、起重设备（26）、污泥泵（27）、钢制消化池（28）、消化池搅拌设备（29）、热交换器（30）、沼气脱硫设备（31）、沼气柜（32）、沼气火炬（33）、沼气锅炉（34）、沼气发电机（35）、沼气鼓风机（36）、混料机（37）、布料机（38）、皮带机（39）、筛分机（40）、翻抛机（41）、污泥贮仓（42）、污泥干化处理设备（43）、悬斗输送机（44）、干泥料仓（45）、消烟（46）、除尘设备（47）、污泥焚烧设备（48）、设备防腐（49）、设备绝热（50）等

续表

分部(子分部)工程	分项工程
电气设备安装工程	隔离开关（01）、负荷开关（02）、高压熔断器（03）、电容器和无功功率补偿装置（04）、电力变压器安装电动机（05）、开关柜（06）、控制盘（柜、箱）（07）、不间断电源（08）、电缆桥架（09）、电缆线路（10）、电缆终端头（11）、电缆接头制作（12）、电气配管（13）、电气配线（14）、电气照明（15）、接地装置（16）、防雷设施及等电位联结（17）、滑触线和移动式软电缆（18）、起重机电气设备（19）等
自动控制、仪表安装工程	仪表盘（箱、操作台）（01）、温度仪表（02）、压力仪表（03）、节流装置（04）、流量及差压仪表（05）、物位仪表（06）、分析仪表（07）、调节阀（08）、执行机构和电磁阀（09）、仪表供电设备及供气（10）、供液系统（11）、仪表用电气线路敷设（12）、防爆和接地（13）、仪表用管路敷设（14）、脱脂和防护（15）、信号（16）、联锁及保护装置（17）、仪表调校（18）、监控设备（19）等
土方工程	地基处理（01）、沟槽开挖（02）、沟槽支撑（03）、沟槽回填（04）、基坑开挖（05）、基坑支护（06）、基坑回填（07）
主体工程	管道基础（01）、管道铺设（02）、管道浇筑（03）、管渠砌筑（04）、管道接口连接（05）、管道防腐层（06）、钢管阴极保护（07）等
附属工程	井室（现浇混凝土结构、砖砌结构、预制拼装结构）（01）、雨水口及支连管（02）、支墩（03）

建筑物工程、附属工程的分项工程按照相关专业标准进行划分编码。

7. 检验批的编码

检验批的编码按照检验批的顺序流水号编码。

1.3 污水处理厂工程质量通用表格

污水处理厂工程质量验收通用表格包括施工现场质量管理记录、检验批质量验收记录、分项工程质量验收记录、分部工程质量验收记录、单位工程质量验收记录、单位工程质量控制资料核查记录、单位工程安全和功能检验资料核查记录、单位工程观感质量检测记录等。

1.3.1 构筑物工程质量验收记录

1. 检验批质量验收记录

________检验批质量验收记录

编号：□□□□□□□□□—□□

单位（子单位）工程名称		分部（子分部）工程名称		分项工程名称	
施工单位		项目负责人		检验批容量	
分包单位		分包单位项目负责人		检验批部位	
施工依据			验收依据		

		验收项目	设计要求及规范规定	最小/实际抽样数量	检查记录	检查结果
主控项目	1					
	2					
一般项目	1					
	2					
	3					

施工单位检查结果	专业工长： 项目专业质量检查员： 年 月 日
监理单位验收结论	专业监理工程师： 年 月 日

注：由于工程名称通常都比较长，因此在后续章节中的检验批验收记录中对表格格式进行了微调。

2. 分项工程质量检验记录

______分项工程质量检验记录

编号：□□□□□□□□□—□□

<table>
<tr><td>单位（子单位）
工程名称</td><td></td><td>分部（子分部）
工程名称</td><td colspan="3"></td></tr>
<tr><td>分项工程数量</td><td></td><td>检验批数量</td><td colspan="3"></td></tr>
<tr><td>施工单位</td><td></td><td>项目负责人</td><td></td><td>项目技术
负责人</td><td></td></tr>
<tr><td>分包单位</td><td></td><td>分包单位项
目负责人</td><td></td><td>分包内容</td><td></td></tr>
</table>

<table>
<tr><td>序号</td><td>检验批名称</td><td>检验批容量</td><td>部位/区段</td><td>施工单位检查结果</td><td>监理单位验收结论</td></tr>
<tr><td>1</td><td></td><td></td><td></td><td></td><td></td></tr>
<tr><td>2</td><td></td><td></td><td></td><td></td><td></td></tr>
<tr><td>3</td><td></td><td></td><td></td><td></td><td></td></tr>
<tr><td>4</td><td></td><td></td><td></td><td></td><td></td></tr>
<tr><td>5</td><td></td><td></td><td></td><td></td><td></td></tr>
<tr><td>6</td><td></td><td></td><td></td><td></td><td></td></tr>
<tr><td>7</td><td></td><td></td><td></td><td></td><td></td></tr>
<tr><td>8</td><td></td><td></td><td></td><td></td><td></td></tr>
<tr><td colspan="6">说明：</td></tr>
<tr><td colspan="2">施工单位
检查结果</td><td colspan="4">项目专业技术负责人：
年　月　日</td></tr>
<tr><td colspan="2">监理单位
验收结论</td><td colspan="4">专业监理工程师：
年　月　日</td></tr>
</table>

3. 分部工程质量检验记录

________分部工程质量检验记录

编号：□□□□□□□□□□—□□

<table>
<tr><td>单位（子单位）工程名称</td><td></td><td>子分部工程数量</td><td></td><td>分项工程数量</td><td></td></tr>
<tr><td>施工单位</td><td></td><td>项目负责人</td><td></td><td>技术（质量）负责人</td><td></td></tr>
<tr><td>分包单位</td><td></td><td>分包单位项目负责人</td><td></td><td>分包内容</td><td></td></tr>
<tr><td>序号</td><td>子分部工程名称</td><td>分项工程名称</td><td>检验批数量</td><td>施工单位检查结果</td><td>监理单位验收结论</td></tr>
<tr><td>1</td><td></td><td></td><td></td><td></td><td></td></tr>
<tr><td>2</td><td></td><td></td><td></td><td></td><td></td></tr>
<tr><td>3</td><td></td><td></td><td></td><td></td><td></td></tr>
<tr><td>4</td><td></td><td></td><td></td><td></td><td></td></tr>
<tr><td colspan="4">质量控制资料</td><td></td><td></td></tr>
<tr><td colspan="4">安全和功能检验结果</td><td></td><td></td></tr>
<tr><td colspan="4">观感质量检验结果</td><td></td><td></td></tr>
<tr><td>综合验收结论</td><td colspan="5"></td></tr>
<tr><td colspan="2">施工单位
项目负责人：
年　月　日</td><td colspan="2">勘察单位
项目负责人：
年　月　日</td><td>设计单位
项目负责人：
年　月　日</td><td>监理单位
总监理工程师：
年　月　日</td></tr>
</table>

注：1　地基与基础分部工程验收应由施工、勘察、设计单位项目负责人和总监理工程师参加并签字；

2　主体结构的验收应由施工、设计单位项目负责人和总监理工程师参加并签字。

4. 单位工程质量验收记录

________单位工程质量验收记录

编号：□□□□□□□□□□—□□

<table>
<tr><td colspan="2">工程名称</td><td colspan="2"></td><td colspan="2">结构类型</td><td colspan="3"></td></tr>
<tr><td colspan="2">施工单位</td><td colspan="2"></td><td colspan="2">技术负责人</td><td></td><td>开工日期</td><td></td></tr>
<tr><td colspan="2">项目负责人</td><td colspan="2"></td><td colspan="2">项目技术负责人</td><td></td><td>完工日期</td><td></td></tr>
<tr><td>序号</td><td colspan="3">项目</td><td colspan="3">验收记录</td><td colspan="2">验收结论</td></tr>
<tr><td>1</td><td colspan="3">分部工程</td><td colspan="3">共　分部，经查符合设计
及标准规定　分部</td><td colspan="2"></td></tr>
<tr><td>2</td><td colspan="3">质量控制资料核查</td><td colspan="3">共　项，经查符合规定　项</td><td colspan="2"></td></tr>
<tr><td>3</td><td colspan="3">安全和使用功能核查及抽查结果</td><td colspan="3">共核查　项，符合规定　项
共抽查　项，符合规定　项
经返工处理符合规定　项</td><td colspan="2"></td></tr>
<tr><td>4</td><td colspan="3">观感质量验收</td><td colspan="3">共抽查　项，达到“好”和
“一般”的　项，经返修处
理符合要求的　项</td><td colspan="2"></td></tr>
<tr><td colspan="4">综合验收结论</td><td colspan="5"></td></tr>
<tr><td rowspan="2">参加验收单位</td><td>建设单位</td><td colspan="2">监理单位</td><td colspan="2">施工单位</td><td colspan="2">设计单位</td><td>勘察单位</td></tr>
<tr><td>(公章)
项目负责人：
年　月　日</td><td colspan="2">(公章)
总监理工程师：
年　月　日</td><td colspan="2">(公章)
项目负责人：
年　月　日</td><td colspan="2">(公章)
项目负责人：
年　月　日</td><td>(公章)
项目负责人：
年　月　日</td></tr>
</table>

注：单位工程验收时，验收签字人员应由相应单位工程的法人代表书面授权。

5. 单位（子单位）工程质量控制资料核查记录

单位（子单位）工程质量控制资料核查记录

<table>
<tr><td colspan="3">工程名称</td><td colspan="2"></td><td>施工单位</td><td colspan="3"></td></tr>
<tr><td rowspan="2">序号</td><td rowspan="2">项目</td><td rowspan="2" colspan="2">资　料　名　称</td><td rowspan="2">份数</td><td colspan="2">施工单位</td><td colspan="2">监理单位</td></tr>
<tr><td>核查意见</td><td>核查人</td><td>核查意见</td><td>核查人</td></tr>
<tr><td>1</td><td rowspan="12">构筑物工程</td><td colspan="2">图纸会审记录、设计变更通知单、工程洽商记录</td><td></td><td></td><td></td><td></td><td></td></tr>
<tr><td>2</td><td colspan="2">施工测量记录</td><td></td><td></td><td></td><td></td><td></td></tr>
<tr><td>3</td><td colspan="2">原材料出厂合格证及进场检验、试验报告</td><td></td><td></td><td></td><td></td><td></td></tr>
<tr><td>4</td><td colspan="2">施工试验报告及见证检测报告</td><td></td><td></td><td></td><td></td><td></td></tr>
<tr><td>5</td><td colspan="2">隐蔽工程验收记录</td><td></td><td></td><td></td><td></td><td></td></tr>
<tr><td>6</td><td colspan="2">施工记录</td><td></td><td></td><td></td><td></td><td></td></tr>
<tr><td>7</td><td colspan="2">地基、基础、主体结构检验及抽样检测资料</td><td></td><td></td><td></td><td></td><td></td></tr>
<tr><td>8</td><td colspan="2">分项、分部工程质量验收记录</td><td></td><td></td><td></td><td></td><td></td></tr>
<tr><td>9</td><td colspan="2">工程质量事故调查处理资料</td><td></td><td></td><td></td><td></td><td></td></tr>
<tr><td>10</td><td colspan="2">新技术论证、备案及施工记录</td><td></td><td></td><td></td><td></td><td></td></tr>
<tr><td>11</td><td colspan="2">构筑物功能性试验报告</td><td></td><td></td><td></td><td></td><td></td></tr>
<tr><td></td><td colspan="2"></td><td></td><td></td><td></td><td></td><td></td></tr>
<tr><td colspan="9">结论：

施工单位项目负责人：　　　　　　　　　　　　　　　　　　　　总监理工程师：

年　月　日　　　　　　　　　　　　　　　　　　　　年　月　日</td></tr>
</table>

6. 单位（子单位）工程观感质量检查记录

单位（子单位）工程观感质量检查记录

<table>
<tr><td colspan="4">工程名称</td><td colspan="6"></td><td colspan="2">施工单位</td><td colspan="3"></td></tr>
<tr><td rowspan="2">序号</td><td rowspan="2" colspan="3">项　　目</td><td rowspan="2" colspan="8">抽 查 质 量 状 况</td><td colspan="3">质 量 评 价</td></tr>
<tr><td>好</td><td>一般</td><td>差</td></tr>
<tr><td>1</td><td rowspan="14">构筑物工程</td><td rowspan="4">主体结构外观</td><td>现浇混凝土结构</td><td></td><td></td><td></td><td></td><td></td><td></td><td></td><td></td><td></td><td></td><td></td></tr>
<tr><td>2</td><td>装配式混凝土结构</td><td></td><td></td><td></td><td></td><td></td><td></td><td></td><td></td><td></td><td></td><td></td></tr>
<tr><td>3</td><td>钢结构</td><td></td><td></td><td></td><td></td><td></td><td></td><td></td><td></td><td></td><td></td><td></td></tr>
<tr><td>4</td><td>砌体结构</td><td></td><td></td><td></td><td></td><td></td><td></td><td></td><td></td><td></td><td></td><td></td></tr>
<tr><td>5</td><td rowspan="3">附属结构</td><td>计量槽、配水井</td><td></td><td></td><td></td><td></td><td></td><td></td><td></td><td></td><td></td><td></td><td></td></tr>
<tr><td>6</td><td>排水口、扶梯、防护栏、平台、集水槽、闸槽</td><td></td><td></td><td></td><td></td><td></td><td></td><td></td><td></td><td></td><td></td><td></td></tr>
<tr><td>7</td><td>导流槽、支架</td><td></td><td></td><td></td><td></td><td></td><td></td><td></td><td></td><td></td><td></td><td></td></tr>
<tr><td>8</td><td colspan="2">防水、防腐、保温层</td><td></td><td></td><td></td><td></td><td></td><td></td><td></td><td></td><td></td><td></td><td></td></tr>
<tr><td>9</td><td colspan="2">预埋件、预留孔（洞）</td><td></td><td></td><td></td><td></td><td></td><td></td><td></td><td></td><td></td><td></td><td></td></tr>
<tr><td>10</td><td colspan="2">变形缝</td><td></td><td></td><td></td><td></td><td></td><td></td><td></td><td></td><td></td><td></td><td></td></tr>
<tr><td>11</td><td colspan="2">设备基础</td><td></td><td></td><td></td><td></td><td></td><td></td><td></td><td></td><td></td><td></td><td></td></tr>
<tr><td>12</td><td colspan="2">回填土</td><td></td><td></td><td></td><td></td><td></td><td></td><td></td><td></td><td></td><td></td><td></td></tr>
<tr><td>13</td><td colspan="2">装饰</td><td></td><td></td><td></td><td></td><td></td><td></td><td></td><td></td><td></td><td></td><td></td></tr>
<tr><td>14</td><td colspan="2">其他</td><td></td><td></td><td></td><td></td><td></td><td></td><td></td><td></td><td></td><td></td><td></td></tr>
<tr><td colspan="4">观感质量综合评价</td><td colspan="11"></td></tr>
<tr><td colspan="15">结论：

施工单位项目负责人：　　　　　　　　　　　　　　　　总监理工程师：
年　月　日　　　　　　　　　　　　　　　　年　月　日</td></tr>
</table>

注：1　质量评价为差的项目应进行返修。

2　观感质量现场检查原始记录应作为本表附件。

7. 单位（子单位）工程安全和功能检验资料核查及主要功能抽查记录

单位（子单位）工程安全和功能检验资料核查及主要功能抽查记录

<table>
<tr><td colspan="2">工程名称</td><td></td><td colspan="2">施工单位</td><td colspan="2"></td></tr>
<tr><td>序号</td><td>项目</td><td>安全各功能检查项目</td><td>份数</td><td>核查意见</td><td>抽查结果</td><td>核查（抽查）人</td></tr>
<tr><td>1</td><td rowspan="15">构筑物工程</td><td>构筑物满水试验报告</td><td></td><td></td><td></td><td></td></tr>
<tr><td>2</td><td>密闭池体气密性试验报告</td><td></td><td></td><td></td><td></td></tr>
<tr><td>3</td><td>地基承载力检验报告</td><td></td><td></td><td></td><td></td></tr>
<tr><td>4</td><td>桩基承载力检验报告</td><td></td><td></td><td></td><td></td></tr>
<tr><td>5</td><td>混凝土强度试验报告</td><td></td><td></td><td></td><td></td></tr>
<tr><td>6</td><td>混凝土抗渗试验报告</td><td></td><td></td><td></td><td></td></tr>
<tr><td>7</td><td>混凝土抗冻试验报告</td><td></td><td></td><td></td><td></td></tr>
<tr><td>8</td><td>砂浆强度试验报告</td><td></td><td></td><td></td><td></td></tr>
<tr><td>9</td><td>钢结构焊接无损检测报告</td><td></td><td></td><td></td><td></td></tr>
<tr><td>10</td><td>沉降观测测量记录</td><td></td><td></td><td></td><td></td></tr>
<tr><td>11</td><td>防腐、防水、保温层检测报告</td><td></td><td></td><td></td><td></td></tr>
<tr><td>12</td><td>主体结构实体的混凝土强度抽查检验</td><td></td><td></td><td></td><td></td></tr>
<tr><td>13</td><td>主体结构实体的钢筋保护层厚度抽查检验</td><td></td><td></td><td></td><td></td></tr>
<tr><td>14</td><td>构筑物的位置及高程抽查检验</td><td></td><td></td><td></td><td></td></tr>
<tr><td>15</td><td>其他</td><td></td><td></td><td></td><td></td></tr>
<tr><td colspan="7">结论：

施工单位项目负责人：　　　　　　　　　　总监理工程师：

年　月　日　　　　　　年　月　日</td></tr>
</table>

注：抽查项目由验收组协商确定。

8. 施工现场质量管理检查记录

施工现场质量管理检查记录

开工日期：

<table>
<tr><td colspan="2">工程名称</td><td colspan="2"></td><td>施工许可证号</td><td colspan="2"></td></tr>
<tr><td colspan="2">建设单位</td><td colspan="2"></td><td>项目负责人</td><td colspan="2"></td></tr>
<tr><td colspan="2">设计单位</td><td colspan="2"></td><td>项目负责人</td><td colspan="2"></td></tr>
<tr><td colspan="2">监理单位</td><td colspan="2"></td><td>总监理工程师</td><td colspan="2"></td></tr>
<tr><td colspan="2">施工单位</td><td></td><td>项目负责人</td><td></td><td>项目技术负责人</td><td></td></tr>
<tr><td>序号</td><td colspan="3">项　目</td><td colspan="3">主　要　内　容</td></tr>
<tr><td>1</td><td colspan="3">项目部质量管理体系</td><td colspan="3"></td></tr>
<tr><td>2</td><td colspan="3">现场质量责任制</td><td colspan="3"></td></tr>
<tr><td>3</td><td colspan="3">主要专业工种操作岗位证书</td><td colspan="3"></td></tr>
<tr><td>4</td><td colspan="3">分包单位管理制度</td><td colspan="3"></td></tr>
<tr><td>5</td><td colspan="3">图纸会审记录</td><td colspan="3"></td></tr>
<tr><td>6</td><td colspan="3">地质勘察资料</td><td colspan="3"></td></tr>
<tr><td>7</td><td colspan="3">施工技术标准</td><td colspan="3"></td></tr>
<tr><td>8</td><td colspan="3">施工组织设计、施工方案编制及审批</td><td colspan="3"></td></tr>
<tr><td>9</td><td colspan="3">物资采购管理制度</td><td colspan="3"></td></tr>
<tr><td>10</td><td colspan="3">施工设施和机械设备管理制度</td><td colspan="3"></td></tr>
<tr><td>11</td><td colspan="3">计量设备配备</td><td colspan="3"></td></tr>
<tr><td>12</td><td colspan="3">检测试验管理制度</td><td colspan="3"></td></tr>
<tr><td>13</td><td colspan="3">工程质量检查验收制度</td><td colspan="3"></td></tr>
<tr><td>14</td><td colspan="3"></td><td colspan="3"></td></tr>
<tr><td colspan="4">自检结果：

施工单位项目负责人
年　月　日</td><td colspan="3">检查结论：

总监理工程师：
年　月　日</td></tr>
</table>

1.3.2　工业安装工程质量验收记录

1. 分项工程质量验收记录

________分项工程质量验收记录

编号：□□□□□□□□□□—□□

<table>
<tr><td colspan="2">工程名称</td><td colspan="6"></td></tr>
<tr><td colspan="2">单位（子单位）
工程名称</td><td colspan="2"></td><td colspan="2">分部（子分部）
工程名称</td><td colspan="2"></td></tr>
<tr><td colspan="2">施工单位</td><td></td><td>项目经理</td><td></td><td>项目技术
负责人</td><td colspan="2"></td></tr>
<tr><td colspan="2">验收依据</td><td colspan="6"></td></tr>
<tr><td>序号</td><td colspan="2">检验项目</td><td colspan="3">施工单位检验结果</td><td colspan="2">建设（监理）单位
验收结论</td></tr>
<tr><td>1</td><td colspan="2"></td><td colspan="3"></td><td colspan="2"></td></tr>
<tr><td>2</td><td colspan="2"></td><td colspan="3"></td><td colspan="2"></td></tr>
<tr><td>3</td><td colspan="2"></td><td colspan="3"></td><td colspan="2"></td></tr>
<tr><td>4</td><td colspan="2"></td><td colspan="3"></td><td colspan="2"></td></tr>
<tr><td>5</td><td colspan="2"></td><td colspan="3"></td><td colspan="2"></td></tr>
<tr><td>6</td><td colspan="2"></td><td colspan="3"></td><td colspan="2"></td></tr>
<tr><td>7</td><td colspan="2"></td><td colspan="3"></td><td colspan="2"></td></tr>
<tr><td>8</td><td colspan="2"></td><td colspan="3"></td><td colspan="2"></td></tr>
<tr><td>9</td><td colspan="2"></td><td colspan="3"></td><td colspan="2"></td></tr>
<tr><td>10</td><td colspan="2"></td><td colspan="3"></td><td colspan="2"></td></tr>
<tr><td colspan="3">质量控制资料</td><td colspan="3"></td><td colspan="2"></td></tr>
<tr><td colspan="2">施工单位质量检查员：
施工单位专业技术质量负责人：

年　月　日</td><td colspan="2">监理单位验收结论：
监理工程师：

年　月　日</td><td colspan="2">建设单位验收结论：
项目负责人：

年　月　日</td><td colspan="2">其他单位验收结论：
专业技术负责人：

年　月　日</td></tr>
</table>

2. 分部（子分部）工程质量验收记录

________分部（子分部）工程质量验收记录

编号：□□□□□□□□□□—□□

<table>
<tr><td colspan="2">工程名称</td><td colspan="5"></td></tr>
<tr><td colspan="2">单位（子单位）
工程名称</td><td colspan="3"></td><td>分项工程数量</td><td></td></tr>
<tr><td colspan="2">施工单位</td><td></td><td>项目经理</td><td colspan="2"></td><td>项目技术
负责人</td></tr>
<tr><td>序号</td><td>分项工程名称</td><td colspan="2">施工单位
检查评定结论</td><td colspan="3">建设（监理）单位
验收结论</td></tr>
<tr><td>1</td><td></td><td colspan="2">□合格　□不合格</td><td colspan="3">□合格　□不合格</td></tr>
<tr><td>2</td><td></td><td colspan="2">□合格　□不合格</td><td colspan="3">□合格　□不合格</td></tr>
<tr><td>3</td><td></td><td colspan="2">□合格　□不合格</td><td colspan="3">□合格　□不合格</td></tr>
<tr><td>4</td><td></td><td colspan="2">□合格　□不合格</td><td colspan="3">□合格　□不合格</td></tr>
<tr><td>5</td><td></td><td colspan="2">□合格　□不合格</td><td colspan="3">□合格　□不合格</td></tr>
<tr><td>6</td><td></td><td colspan="2">□合格　□不合格</td><td colspan="3">□合格　□不合格</td></tr>
<tr><td>7</td><td></td><td colspan="2">□合格　□不合格</td><td colspan="3">□合格　□不合格</td></tr>
<tr><td>8</td><td></td><td colspan="2">□合格　□不合格</td><td colspan="3">□合格　□不合格</td></tr>
<tr><td>9</td><td></td><td colspan="2">□合格　□不合格</td><td colspan="3">□合格　□不合格</td></tr>
<tr><td>10</td><td></td><td colspan="2">□合格　□不合格</td><td colspan="3">□合格　□不合格</td></tr>
<tr><td colspan="2">质量控制资料</td><td colspan="2">□符合　□不符合</td><td colspan="3">□符合　□不符合</td></tr>
<tr><td rowspan="2">参加验收单位</td><td>建设单位</td><td>监理单位</td><td colspan="3">施工单位</td><td>设计单位</td></tr>
<tr><td>项目负责人：
项目技术负责人：
年　月　日</td><td>总监理工程师：
年　月　日</td><td colspan="3">项目负责人：
项目技术负责人：
年　月　日</td><td>项目负责人：
年　月　日</td></tr>
</table>

3. 单位（子单位）工程质量验收记录

________单位（子单位）工程质量验收记录

编号：□□□□□□□□□□—□□

<table>
<tr><td>工程名称</td><td colspan="5"></td></tr>
<tr><td>施工单位</td><td colspan="3"></td><td>开工日期</td><td></td></tr>
<tr><td>项目经理</td><td></td><td>项目技术负责人</td><td></td><td>竣工日期</td><td></td></tr>
<tr><td>序 号</td><td>项 目</td><td colspan="3">验收记录</td><td>结 论</td></tr>
<tr><td>1</td><td>分部工程</td><td colspan="3">共　分部，经检查　分部，
符合标准及设计要求　分部</td><td></td></tr>
<tr><td>2</td><td>质量控制资料</td><td colspan="3">共　项，经检查符合要求　项</td><td></td></tr>
<tr><td rowspan="2">参加验收单位</td><td>建设单位</td><td>监理单位</td><td>施工单位</td><td colspan="2">设计单位</td></tr>
<tr><td>（公章）
项目负责人：
年　月　日</td><td>（公章）
总监理工程师：
年　月　日</td><td>（公章）
项目负责人：
年　月　日</td><td colspan="2">（公章）
项目负责人：
年　月　日</td></tr>
</table>

4. 单位（子单位）工程质量控制资料检查记录

单位（子单位）工程质量控制资料检查记录

工程名称		施工单位		
序号	资料名称	份数	检查意见	检查人
1	图纸会审、设计变更、协商记录		□符合 □不符合	
2	材料合格证及检验试验报告		□符合 □不符合	
3	施工测量记录		□符合 □不符合	
4	施工记录		□符合 □不符合	
5	施工试验记录、观测记录		□符合 □不符合	
6	检测报告		□符合 □不符合	
7	隐蔽工程验收记录		□符合 □不符合	
8	试运转记录		□符合 □不符合	
9	质量事故处理记录		□符合 □不符合	
10	中间交接记录		□符合 □不符合	
11	竣工图		□符合 □不符合	
12	分部分项工程质量验收记录		□符合 □不符合	
13	其他			
结论：				
施工单位项目负责人： 年　月　日		建设单位项目负责人： （总监理工程师） 年　月　日		

5. 施工现场质量管理检查记录

施工现场质量管理检查记录

工程名称			开工日期	
建设单位			项目负责人	
设计单位			项目负责人	
监理单位			总监理工程师	
施工单位		项目经理		项目技术负责人	

序号	检查项目	检查结果
1	现场质量管理制度	□符合 □不符合
2	质量责任制	□符合 □不符合
3	主要专业操作上岗证	□符合 □不符合
4	分包方资质与对分包方的管理制度	□符合 □不符合
5	施工图审查	□符合 □不符合
6	施工组织设计、施工方案及审批	□符合 □不符合
7	施工技术标准	□符合 □不符合
8	监视及测量装置	□符合 □不符合
9	现场材料、设备存放与管理	□符合 □不符合

检查结论：	
施工单位项目负责人： 年 月 日	建设单位项目负责人： （总监理工程师） 年 月 日

1.3.3 管道工程质量验收记录

1. 检验批质量验收记录

________检验批质量验收记录

编号：□□□□□□□□□□—□□

<table>
<tr><td colspan="3">单位（子单位）
工程名称</td><td colspan="8"></td></tr>
<tr><td colspan="3">分部（子分部）
工程名称</td><td></td><td colspan="2">分项工程名称</td><td colspan="5"></td></tr>
<tr><td colspan="3">施工单位</td><td></td><td>项目技术
负责人</td><td></td><td colspan="3">项目负责人</td><td colspan="2"></td></tr>
<tr><td colspan="3">分包单位</td><td></td><td>分包单位项目
负责人</td><td></td><td colspan="3">检验批容量</td><td colspan="2"></td></tr>
<tr><td colspan="3">验收依据</td><td colspan="3"></td><td colspan="3">检验批部位</td><td colspan="2"></td></tr>
<tr><td rowspan="4">主控项目</td><td colspan="2">验收项目</td><td>设计要求及
规范规定</td><td>最小/实际
抽样数量</td><td colspan="5">施工单位检
查评定记录</td><td>监理（建设）
单位验收记录</td></tr>
<tr><td></td><td></td><td></td><td></td><td colspan="5"></td><td></td></tr>
<tr><td></td><td></td><td></td><td></td><td colspan="5"></td><td></td></tr>
<tr><td></td><td></td><td></td><td></td><td colspan="5"></td><td></td></tr>
<tr><td rowspan="4">一般项目</td><td></td><td></td><td></td><td></td><td colspan="5"></td><td></td></tr>
<tr><td></td><td></td><td></td><td></td><td colspan="5"></td><td></td></tr>
<tr><td></td><td></td><td></td><td></td><td></td><td></td><td></td><td></td><td></td><td>合格率</td></tr>
<tr><td></td><td></td><td></td><td></td><td></td><td></td><td></td><td></td><td></td><td>合格率</td></tr>
<tr><td colspan="3">施工单位检查
评定结果</td><td colspan="8">项目专业质量检查员：　　　　　　　　年　月　日</td></tr>
<tr><td colspan="3">监理（建设）
单位验收结论</td><td colspan="8">监理工程师：
（建设单位项目技术负责人）　　　　　　　　年　月　日</td></tr>
</table>

2. 分项工程质量验收记录

________分项工程质量验收记录

编号：□□□□□□□□□□—□□

<table>
<tr><td colspan="2">工程名称</td><td></td><td>分项工程名称</td><td colspan="2"></td><td>检验批数</td><td></td></tr>
<tr><td colspan="2">施工单位</td><td></td><td>项目经理</td><td colspan="2"></td><td>项目技术负责人</td><td></td></tr>
<tr><td colspan="2">分包单位</td><td></td><td>分包单位负责人</td><td colspan="2"></td><td>施工班组长</td><td></td></tr>
<tr><td>序号</td><td>检验批名称、部位</td><td colspan="2">施工单位检查评定结果</td><td colspan="4">监理（建设）单位验收结论</td></tr>
<tr><td>1</td><td></td><td colspan="2"></td><td colspan="4"></td></tr>
<tr><td>2</td><td></td><td colspan="2"></td><td colspan="4"></td></tr>
<tr><td>3</td><td></td><td colspan="2"></td><td colspan="4"></td></tr>
<tr><td>4</td><td></td><td colspan="2"></td><td colspan="4"></td></tr>
<tr><td>5</td><td></td><td colspan="2"></td><td colspan="4"></td></tr>
<tr><td>6</td><td></td><td colspan="2"></td><td colspan="4"></td></tr>
<tr><td>7</td><td></td><td colspan="2"></td><td colspan="4"></td></tr>
<tr><td>8</td><td></td><td colspan="2"></td><td colspan="4"></td></tr>
<tr><td></td><td></td><td colspan="2"></td><td colspan="4"></td></tr>
<tr><td>检查结论</td><td colspan="3">施工员：
项目专业质量员：
年　月　日</td><td>验收结论</td><td colspan="3">专业监理工程师
（建设项目专业技术负责人）
年　月　日</td></tr>
</table>

3. 分部（子分部）工程质量验收记录

______分部（子分部）工程质量验收记录

编号：□□□□□□□□□□—□□

<table>
<tr><td colspan="2">工程名称</td><td colspan="3"></td><td>分部工程名称</td><td></td></tr>
<tr><td colspan="2">施工单位</td><td></td><td>技术部门负责人</td><td></td><td>质量部门负责人</td><td></td></tr>
<tr><td colspan="2">分包单位</td><td></td><td>分包单位负责人</td><td></td><td>分包技术负责人</td><td></td></tr>
<tr><td>序号</td><td>分项工程名称</td><td>检验批数</td><td colspan="2">施工单位检查评定</td><td colspan="2">验 收 意 见</td></tr>
<tr><td>1</td><td></td><td></td><td colspan="2"></td><td colspan="2" rowspan="5"></td></tr>
<tr><td>2</td><td></td><td></td><td colspan="2"></td></tr>
<tr><td>3</td><td></td><td></td><td colspan="2"></td></tr>
<tr><td>4</td><td></td><td></td><td colspan="2"></td></tr>
<tr><td>5</td><td></td><td></td><td colspan="2"></td></tr>
<tr><td colspan="3">质量控制资料</td><td colspan="2"></td><td colspan="2"></td></tr>
<tr><td colspan="3">安全和功能检验（检测）报告</td><td colspan="2"></td><td colspan="2"></td></tr>
<tr><td colspan="3">观感质量验收</td><td colspan="2"></td><td colspan="2"></td></tr>
<tr><td rowspan="5">验收单位</td><td>分包单位</td><td colspan="5">项目经理 年 月 日</td></tr>
<tr><td>施工单位</td><td colspan="5">项目经理 年 月 日</td></tr>
<tr><td>设计单位</td><td colspan="5">项目负责人 年 月 日</td></tr>
<tr><td>勘察单位</td><td colspan="5">项目负责人 年 月 日</td></tr>
<tr><td>监理（建设）单位</td><td colspan="5">总监理工程师（项目负责人专业技术负责人）
年 月 日</td></tr>
</table>

4. 单位（子单位）工程质量验收记录

______单位（子单位）工程质量验收记录

编号：□□□□□□□□□—□□

<table>
<tr><td>工程名称</td><td></td><td>类型</td><td></td><td>工程造价</td><td></td></tr>
<tr><td>施工单位</td><td></td><td>施工单位技术负责人</td><td></td><td>开工日期</td><td></td></tr>
<tr><td>项目经理</td><td></td><td>项目技术负责人</td><td></td><td>竣工日期</td><td></td></tr>
<tr><td>监理单位</td><td colspan="2"></td><td>总监理工程师</td><td colspan="2"></td></tr>
<tr><td>验收范围和数量</td><td colspan="2"></td><td></td><td colspan="2"></td></tr>
<tr><td>序号</td><td>项 目</td><td colspan="2">验 收 记 录</td><td colspan="2">验 收 结 论</td></tr>
<tr><td>1</td><td>分部工程</td><td colspan="2">共 分部，经查 分部符合标准及设计要求 分部</td><td colspan="2"></td></tr>
<tr><td>2</td><td>质量控制资料核查</td><td colspan="2">共 项，经审查符合要求项，经核定符合规范规定 项</td><td colspan="2"></td></tr>
<tr><td>3</td><td>安全和主要使用功能核查及抽查结果</td><td colspan="2">共核查 项，符合要求项，共抽查 项，符合要求 项，经返工处理符合要求 项</td><td colspan="2"></td></tr>
<tr><td>4</td><td>观感质量检验</td><td colspan="2">共抽查 项，符合要求项，不符合要求 项</td><td colspan="2"></td></tr>
<tr><td>5</td><td>综合验收结论</td><td colspan="4"></td></tr>
<tr><td rowspan="2">参加验收单位</td><td>建设单位</td><td>设计单位</td><td>勘察单位</td><td>施工单位</td><td>监理单位</td></tr>
<tr><td>（公章）
项目负责人
年 月 日</td><td>（公章）
项目负责人
年 月 日</td><td>（公章）
项目负责人
年 月 日</td><td>（公章）
项目负责人
年 月 日</td><td>（公章）
总监理工程师
年 月 日</td></tr>
</table>

5. 单位（子单位）工程质量控制资料核查表

单位（子单位）工程质量控制资料核查表

工程名称			施工单位	
序号	资料名称		份数	核查意见
1	质量保证资料	①管节、管件、管道设备及管配件等；②防腐层材料、阴极保护设备及材料；③钢材、焊材、水泥、砂石、橡胶止水圈、混凝土、砖、混凝土外加剂、钢制构件、混凝土预制构件		
2	施工检测	①管道接口连接质量检测（钢管焊接无损探伤检验、法兰或压兰螺栓拧紧力矩检测、熔焊检验）；②内外防腐层（包括补口、补伤）防腐检测；③预水压试验；④混凝土强度、混凝土抗渗、混凝土抗冻、砂浆强度、钢筋焊接；⑤回填土压实度；⑥柔性管道环向变形检测；⑦不开槽施工土层加固、支护及施工变形等测量；⑧管道设备安装测试；⑨阴极保护安装测试；⑩桩基完整性检测、地基处理检测		
3	结构安全和使用功能性检测	①管道水压试验；②给水管道冲洗消毒；③管道位置及高程；④浅埋暗挖管道、盾构管片拼装变形测量；⑤混凝土结构管道渗漏水调查；⑥管道及抽升泵站设备（或系统）调试、电气设备电试；⑦阴极保护系统测试；⑧桩基动测、静载试验		
4	施工测量	①控制桩（副桩）、永久（临时）水准点测量复核；②施工放样复核；③竣工测量		
5	施工技术管理	①施工组织设计（施工方案）、专题施工方案及批复；②焊接工艺评定及作业指导书；③图纸会审、施工技术交底；④设计变更、技术联系单；⑤质量事故（问题）处理；⑥材料、设备进场验收；计量仪器校核报告；⑦工程会议纪要；⑧施工日记		
6	验收记录	①检验批、分项、分部（子分部）、单位（子单位）工程质量验收记录；②隐蔽验收记录		
7	施工记录	①接口组对拼装、焊接、拴接、熔接；②地基基础、地层等加固处理；③桩基成桩；④支护结构施工；⑤沉井下沉；⑥混凝土浇筑；⑦管道设备安装；⑧顶进（掘进、钻进、夯进）；⑨沉管沉放及桥管吊装；⑩焊条烘陪、焊接热处理；⑪防腐层补口补伤等		
8	竣工图			
结论： 施工项目经理： 年 月 日			结论： 总监理工程师： 年 月 日	

6. 单位（子单位）工程观感质量核查表

单位（子单位）工程观感质量核查表

<table>
<tr><td colspan="2">工程名称</td><td></td><td>施工单位</td><td colspan="3"></td></tr>
<tr><td>序号</td><td colspan="2">检查项目</td><td>抽查质量情况</td><td>好</td><td>中</td><td>差</td></tr>
<tr><td>1</td><td rowspan="6">管道工程</td><td>管道、管道附件位置，附属构筑物位置</td><td></td><td></td><td></td><td></td></tr>
<tr><td>2</td><td>管道设备</td><td></td><td></td><td></td><td></td></tr>
<tr><td>3</td><td>附属构筑物</td><td></td><td></td><td></td><td></td></tr>
<tr><td>4</td><td>大口径管道（渠、廊）：管道内部、管廊内管道安装</td><td></td><td></td><td></td><td></td></tr>
<tr><td>5</td><td>地上管道（桥管、架空管、虹吸管）及承重结构</td><td></td><td></td><td></td><td></td></tr>
<tr><td>6</td><td>回填土</td><td></td><td></td><td></td><td></td></tr>
<tr><td>7</td><td rowspan="7">顶管、盾构、浅埋暗挖、定向钻、夯管</td><td>管道结构</td><td></td><td></td><td></td><td></td></tr>
<tr><td>8</td><td>防水、防腐</td><td></td><td></td><td></td><td></td></tr>
<tr><td>9</td><td>管缝（变形缝）</td><td></td><td></td><td></td><td></td></tr>
<tr><td>10</td><td>进、出洞口</td><td></td><td></td><td></td><td></td></tr>
<tr><td>11</td><td>工作坑（井）</td><td></td><td></td><td></td><td></td></tr>
<tr><td>12</td><td>管道线形</td><td></td><td></td><td></td><td></td></tr>
<tr><td>13</td><td>附属构筑物</td><td></td><td></td><td></td><td></td></tr>
<tr><td colspan="3">观感质量综合评价</td><td colspan="4"></td></tr>
<tr><td colspan="3">结论：

施工项目经理：
年 月 日</td><td colspan="4">结论：

总监理工程师：
年 月 日</td></tr>
</table>

7. 单位（子单位）工程结构安全和使用功能性检测记录

单位（子单位）工程结构安全和使用功能性检测记录

工程名称		施工单位	
序号	安全和功能检查项目	资料核查意见	功能抽查结果
1	压力管道水压试验记录		
2	无压管道的严密性（闭水、闭气）试验		
3	易燃、易爆、有毒、有害物质的管道强度与严密性试验		
4	给水管道冲洗消毒记录及报告		
5	阀门安装及运行功能调试报告及抽查检验		
6	其他管道设备安装调试报告及功能检测		
7	管道位置高程及管道变形测量及汇总		
8	阴极保护安装及系统测试报告及抽查检验		
9	防腐绝缘检测汇总及抽查检验		
10	钢管焊接无损检测报告汇总		
11	混凝土试块抗压强度试验汇总		
12	混凝土试块抗渗、抗冻试验汇总		
13	地基基础加固检测报告		
14	桥管桩基础动测或静载试验报告		
15	混凝土结构管道渗漏水调查记录		
16	其他		
结论： 施工项目经理： 年　月　日		结论： 总监理工程师： 年　月　日	

第2章　构筑物单位(子单位)工程质量验收资料

2.1　构筑物单位（子单位）、分部（子分部）、分项工程及检验批划分

1. 根据《城镇污水处理厂工程质量验收规范》GB 50334－2017 中单位、（子单位）、分部（子分部）、分项工程划分的规定，构筑物工程单位、（子单位）、分部（子分部）、分项工程划分及编号可参考下表。

单位、（子单位）、分部（子分部）、分项工程划分表

单位（子单位）工程	分部（子分部）工程		分项工程
单体构筑物	地基与基础	地基	素土地基、灰土地基、砂和砂石地基、土工合成材料地基、粉煤灰地基、软基处理桩地基、复合地基等
		基础工程	扩展基础、筏形和箱形基础、桩基础、沉井与沉箱基础等
		基坑支护	灌注桩排桩围护结构、板桩围护结构、型钢水泥搅拌墙、地下连续墙等
		地下水控制	降水与排水、回灌等
		土方	土方开挖、土方回填、场地平整等
		地下防水	主体结构防水、细部构造防水、特殊施工法结构防水、排水、注浆等
	主体工程	现浇混凝土	钢筋、模板、混凝土、预应力、变形缝、表面层等
		预制装配式混凝土	构件现场制作、预制构件安装、变形缝、表面层等
		砌体	砌砖、砌石、预制砌体、变形缝、表面层等
		钢结构	钢结构焊接、钢结构拴接、钢零部件加工、钢结构安装、防腐涂料涂装、防火涂料涂装等
		土建和设备安装连接部位	土建和设备安装连接部位及预留孔、预埋件等
		附属结构	计量槽、配水井、排水口、扶梯、防护栏、平台、集水槽、堰板、导流槽、支架、闸槽等

注：编号中第2位、第3位数字根据工程中涉及的具体单位工程确定，表中分部、分项工程列出编号第2、3位仅以“01”代替。

2. 施工单位可根据构筑物工程特点进行检验批的划分，常见划分方式可参下表：

构筑物工程检验批、分项工程对应表

<table>
<tr><th>序号</th><th>检验批名称</th><th>分项工程</th></tr>
<tr><td rowspan="2">1</td><td rowspan="2">素土、灰土地基</td><td>素土地基</td></tr>
<tr><td>灰土地基</td></tr>
<tr><td>2</td><td>砂和砂石地基</td><td>砂和砂石地基</td></tr>
<tr><td>3</td><td>土工合成材料地基</td><td>土工合成材料地基</td></tr>
<tr><td>4</td><td>粉煤灰地基</td><td>粉煤灰地基</td></tr>
<tr><td>5</td><td>砂石桩复合地基</td><td rowspan="6">复合地基</td></tr>
<tr><td>6</td><td>土和灰土挤密桩复合地基</td></tr>
<tr><td>7</td><td>夯实水泥土桩复合地基</td></tr>
<tr><td>8</td><td>高压旋喷桩复合地基</td></tr>
<tr><td>9</td><td>水泥土搅拌桩复合地基</td></tr>
<tr><td>10</td><td>水泥粉煤灰碎石桩地基</td></tr>
<tr><td>11</td><td>注浆加固地基</td><td>注浆加固地基</td></tr>
<tr><td>12</td><td>先张法预应力管桩</td><td rowspan="5">桩基础</td></tr>
<tr><td>13</td><td>混凝土预制桩</td></tr>
<tr><td>14</td><td>钢桩</td></tr>
<tr><td>15</td><td>混凝土灌注桩钢筋笼</td></tr>
<tr><td>16</td><td>混凝土灌注桩</td></tr>
<tr><td>17</td><td>沉井与沉箱基础</td><td>沉井与沉箱基础</td></tr>
<tr><td>18</td><td>锚杆基础</td><td>岩石锚杆基础</td></tr>
<tr><td>19</td><td>混凝土灌注桩钢筋笼（同 15）</td><td rowspan="2">灌注桩排桩围护结构</td></tr>
<tr><td>20</td><td>混凝土灌注桩（同 16）</td></tr>
<tr><td>21</td><td>钢板桩围护墙</td><td rowspan="2">板桩围护结构</td></tr>
<tr><td>22</td><td>混凝土板桩围护墙</td></tr>
<tr><td>23</td><td>型钢水泥搅拌墙</td><td>型钢水泥搅拌墙</td></tr>
<tr><td>24</td><td>地下连续墙钢筋笼</td><td rowspan="2">地下连续墙</td></tr>
<tr><td>25</td><td>地下连续墙</td></tr>
<tr><td>26</td><td>土钉墙</td><td>土钉墙</td></tr>
<tr><td>27</td><td>钢或混凝土内支撑</td><td>内支撑</td></tr>
<tr><td>28</td><td>降水与排水</td><td>降水与排水</td></tr>
<tr><td>29</td><td>土方开挖</td><td>土方开挖</td></tr>
<tr><td>30</td><td>土方回填</td><td>土方回填</td></tr>
<tr><td>31</td><td>防水混凝土</td><td rowspan="2">主体结构防水</td></tr>
<tr><td>32</td><td>水泥砂浆防水层</td></tr>
<tr><td>33</td><td>施工缝防水</td><td rowspan="3">细部构造防水</td></tr>
<tr><td>34</td><td>变形缝防水</td></tr>
<tr><td>35</td><td>后浇带防水</td></tr>
</table>

续表

序号	检验批名称	分项工程
36	穿墙管防水	细部构造防水
37	预埋件防水	
38	预留通道防水	
39	桩头防水	
40	孔口防水	
41	坑、池防水	
42	锚喷支护防水	特殊施工法结构防水
43	地下连续墙结构防水	
44	渗排水、盲沟排水	排水
45	塑料排水板排水	
46	预注浆、后注浆	注浆
47	结构裂缝注浆	
48	钢筋原材料	钢筋
49	钢筋加工	
50	钢筋安装	
51	钢筋机械连接	
52	钢筋气压焊	
53	钢筋电渣压力焊	
54	钢筋闪光对焊	
55	钢筋电弧焊	
56	模板安装	模板
57	模板拆除	
58	混凝土原材料及配合比设计	混凝土
59	混凝土施工	
60	现浇混凝土结构尺寸偏差	
61	现浇混凝土池底板尺寸偏差	
62	预应力原材料	预应力
63	预应力加工安装	
64	预应力张拉与放张	
65	预应力灌浆与封锚	

续表

序号	检验批名称	分项工程
66	混凝土结构变形缝	变形缝
67	预制混凝土构件	构件现场制作
68	预制混凝土构件安装施工	预制构件安装
69	混凝土表面层	表面层
70	保温与防腐	保温与防腐
71	一般抹灰	砌体抹灰
72	装饰抹灰	
73	砖砌体	砌砖
74	混凝土小型空心砌块砌体	预制砌体
75	石砌体	砌石
76	配筋砌体	配筋砌体工程
77	填充墙砌体	填充墙砌体
78	钢结构焊接	钢结构焊接
79	钢结构焊钉焊接	
80	钢结构紧固件连接	钢结构拴接
81	钢零部件加工	钢零部件加工
82	钢结构安装	钢结构安装
83	钢结构防腐涂料涂装	防腐涂料涂装
84	钢结构防火涂料涂装	防火涂料涂装
85	土建与设备连接部位	土建和设备安装连接部位
86	计量槽	计量槽
87	排水口	排水口
88	扶梯、防护栏、平台	扶梯、防护栏、平台
89	集水槽	集水槽
90	堰板	堰板

2.2 构筑物基础工程检验批质量检验记录

2.2.1 素土、灰土地基工程检验批质量验收记录

1. 表格

素土、灰土地基工程检验批质量验收记录

编号：□□□□□□□□□□—□□

<table>
<tr><td colspan="3">单位（子单位）工程名称</td><td colspan="5"></td></tr>
<tr><td colspan="3">分部（子分部）工程名称</td><td colspan="2"></td><td>分项工程名称</td><td colspan="2"></td></tr>
<tr><td colspan="3">施工单位</td><td></td><td>项目负责人</td><td></td><td>检验批容量</td><td></td></tr>
<tr><td colspan="3">分包单位</td><td></td><td>分包单位项目负责人</td><td></td><td>检验批部位</td><td></td></tr>
<tr><td colspan="3">施工依据</td><td colspan="2"></td><td>验收依据</td><td colspan="2"></td></tr>
<tr><td colspan="3">验收项目</td><td>设计要求及规范规定</td><td>最小/实际抽样数量</td><td colspan="2">检查记录</td><td>检查结果</td></tr>
<tr><td rowspan="4">主控项目</td><td>1</td><td>地基承载力</td><td>符合设计要求</td><td></td><td colspan="2"></td><td></td></tr>
<tr><td>2</td><td>配合比</td><td>符合设计要求</td><td></td><td colspan="2"></td><td></td></tr>
<tr><td>3</td><td>压实系数</td><td>符合设计要求</td><td></td><td colspan="2"></td><td></td></tr>
<tr><td>4</td><td>处理范围</td><td>符合设计要求</td><td></td><td colspan="2"></td><td></td></tr>
<tr><td rowspan="5">一般项目</td><td>1</td><td>石灰粒径（mm）</td><td>≤5</td><td></td><td colspan="2"></td><td></td></tr>
<tr><td>2</td><td>土料有机质含量（%）</td><td>≤5</td><td></td><td colspan="2"></td><td></td></tr>
<tr><td>3</td><td>土颗粒粒径（mm）</td><td>≤15</td><td></td><td colspan="2"></td><td></td></tr>
<tr><td>4</td><td>含水量（%）</td><td>±2</td><td></td><td colspan="2"></td><td></td></tr>
<tr><td>5</td><td>分层厚度偏差（mm）</td><td>±50</td><td></td><td colspan="2"></td><td></td></tr>
<tr><td colspan="3">施工单位检查结果</td><td colspan="5">专业工长：
项目专业质量检查员：
年 月 日</td></tr>
<tr><td colspan="3">监理单位验收结果</td><td colspan="5">专业监理工程师：
年 月 日</td></tr>
</table>

注：表中“设计要求”内容应按实际设计要求内容填写。

2. 验收依据说明

(1)【规范名称及编号】《城镇污水处理厂工程质量验收规范》GB 50334－2017

【条文摘录】

主 控 项 目

5.3.1 地基承载力应符合设计文件的要求。

检验方法：检查检测报告。

5.3.2 地基处理使用材料及配合比应符合设计文件的要求。

检验方法：检查材料合格证、级配试验报告、施工记录。

5.3.3 地基处理范围应符合设计文件的要求。

检验方法：实测实量，检查施工记录。

5.3.4 局部处理过的地基，承载力应符合设计文件的要求。

检验方法：检查检测报告。

一 般 项 目

5.3.5 地基处理的主要技术指标应符合设计文件的要求和现行国家标准《建筑地基基础工程施工质量验收规范》GB 50202 的有关规定。

检验方法：实测实量，检查施工记录。

5.3.6 地基分层碾压的虚铺厚度、碾压和夯实强度等应符合设计文件的要求和现行国家标准《建筑地基基础工程施工质量验收规范》GB 50202 的有关规定。

检验方法：实测实量，检查施工记录、检测报告。

(2)【规范名称及编号】《建筑地基基础工程施工质量验收规范》GB 50202－2002

【条文摘录】

4.2.4 灰土地基的质量验收标准应符合表 4.2.4 规定。

表 4.2.4 灰土地基质量检验标准

<table>
<tr><th rowspan="2">项目</th><th rowspan="2">序号</th><th rowspan="2">检查项目</th><th colspan="2">允许偏差或允许值</th><th rowspan="2">检查方法</th></tr>
<tr><th>单位</th><th>数值</th></tr>
<tr><td rowspan="3">主控项目</td><td>1</td><td>地基承载力</td><td colspan="2">设计要求</td><td>按规定方法</td></tr>
<tr><td>2</td><td>配合比</td><td colspan="2">设计要求</td><td>按拌和时的体积比</td></tr>
<tr><td>3</td><td>压实系数</td><td colspan="2">设计要求</td><td>现场实测</td></tr>
<tr><td rowspan="5">一般项目</td><td>1</td><td>石灰粒径</td><td>mm</td><td>≤5</td><td>筛分法</td></tr>
<tr><td>2</td><td>土料有机质含量</td><td>%</td><td>≤5</td><td>试验室焙烧法</td></tr>
<tr><td>3</td><td>土颗粒粒径</td><td>mm</td><td>≤15</td><td>筛分法</td></tr>
<tr><td>4</td><td>含水量（与要求的最优含水量比较）</td><td>%</td><td>±2</td><td>烘干法</td></tr>
<tr><td>5</td><td>分层厚度偏差（与设计要求比较）</td><td>mm</td><td>±50</td><td>水准仪</td></tr>
</table>

3. 检验批验收应提供的核查资料

(1) 核查依据：《城镇污水处理厂工程质量验收规范》GB 50334－2017

5.1.2 地基与基础工程质量验收应检查下列文件：

1 各种原材料、半成品、预制构件性能报告；

2 施工记录与监理检验记录；

3 地基处理、桩基检测报告；

4 其他有关文件。

(2) 核查资料明细

核查资料明细表

序号	核查资料名称	核查要点
1	素土、灰土试验报告	核查最大干密度、最大含水量、有机质含量、压实度等报告的完整性及结论的符合性
2	地基承载力报告	核查报告的完整性、有效性及结论的符合性
3	隐蔽工程验收记录	核查记录内容的完整性及验收结论的符合性
4	施工记录	核查地基土含水量、分层厚度、高程等符合设计及规范要求
5	监理检验记录	核查记录内容的完整性

2.2.2　砂和砂石地基检验批质量验收记录

1. 表格

砂和砂石地基检验批质量验收记录

编号：□□□□□□□□□□—□□

<table>
<tr><td colspan="3">单位（子单位）
工程名称</td><td colspan="4"></td></tr>
<tr><td colspan="3">分部（子分部）
工程名称</td><td colspan="2"></td><td>分项工程名称</td><td></td></tr>
<tr><td colspan="3">施工单位</td><td>项目负责人</td><td></td><td>检验批容量</td><td></td></tr>
<tr><td colspan="3">分包单位</td><td>分包单位
项目负责人</td><td></td><td>检验批
部位</td><td></td></tr>
<tr><td colspan="3">施工依据</td><td colspan="2"></td><td>验收依据</td><td></td></tr>
<tr><td colspan="3">验收项目</td><td>设计要求及
规范规定</td><td>最小/实际
抽样数量</td><td>检查记录</td><td>检查
结果</td></tr>
<tr><td rowspan="4">主控项目</td><td>1</td><td>地基承载力</td><td>符合设计要求</td><td></td><td></td><td></td></tr>
<tr><td>2</td><td>配合比</td><td>符合设计要求</td><td></td><td></td><td></td></tr>
<tr><td>3</td><td>压实系数</td><td>符合设计要求</td><td></td><td></td><td></td></tr>
<tr><td>4</td><td>处理范围</td><td>符合设计要求</td><td></td><td></td><td></td></tr>
<tr><td rowspan="5">一般项目</td><td>1</td><td>砂石料有机质含量(%)</td><td>≤5</td><td></td><td></td><td></td></tr>
<tr><td>2</td><td>砂石料含泥量（%）</td><td>≤5</td><td></td><td></td><td></td></tr>
<tr><td>3</td><td>石料粒径（mm）</td><td>≤100</td><td></td><td></td><td></td></tr>
<tr><td>4</td><td>含水量（与最优含水量比较）（%）</td><td>±2</td><td></td><td></td><td></td></tr>
<tr><td>5</td><td>分层厚度（与设计要求比较）（mm）</td><td>±50</td><td></td><td></td><td></td></tr>
<tr><td colspan="3">施工单位
检查结果</td><td colspan="4">专业工长：
项目专业质量检查员：
年　月　日</td></tr>
<tr><td colspan="3">监理单位
验收结果</td><td colspan="4">专业监理工程师：
年　月　日</td></tr>
</table>

注：表中“设计要求”内容应按实际设计要求内容填写。

2. 验收依据说明

(1)【规范名称及编号】《城镇污水处理厂工程质量验收规范》GB 50334－2017

【条文摘录】

主 控 项 目

5.3.1 地基承载力应符合设计文件的要求。

检验方法：检查检测报告。

5.3.2 地基处理使用材料及配合比应符合设计文件的要求。

检验方法：检查材料合格证、级配试验报告、施工记录。

5.3.3 地基处理范围应符合设计文件的要求。

检验方法：实测实量，检查施工记录。

5.3.4 局部处理过的地基，承载力应符合设计文件的要求。

检验方法：检查检测报告。

一 般 项 目

5.3.5 地基处理的主要技术指标应符合设计文件的要求和现行国家标准《建筑地基基础工程施工质量验收规范》GB 50202 的有关规定。

检验方法：实测实量，检查施工记录。

5.3.6 地基分层碾压的虚铺厚度、碾压和夯实强度等应符合设计文件的要求和现行国家标准《建筑地基基础工程施工质量验收规范》GB 50202 的有关规定。

检验方法：实测实量，检查施工记录、检测报告。

(2)【规范名称及编号】《建筑地基基础工程施工质量验收规范》GB 50202－2002

【条文摘录】

4.3.4 砂和砂石地基的质量验收标准应符合表 4.3.4 的规定。

表 4.3.4 砂及砂石地基质量检验标准

项目	序号	检查项目	允许偏差或允许值		检查方法
			单位	数值	
主控项目	1	地基承载力	设计要求		按规定方法
	2	配合比	设计要求		检查拌和时的体积比或重量比
	3	压实系数	设计要求		现场实测
一般项目	1	砂石料有机质含量	%	≤5	焙烧法
	2	砂石料含泥量	%	≤5	水洗法
	3	石料粒径	mm	≤100	筛分法
	4	含水量（与最优含水量比较）	%	±2	烘干法
	5	分层厚度（与设计要求比较）	mm	±50	水准仪

3. 检验批验收应提供的核查资料

(1) 核查依据：《城镇污水处理厂工程质量验收规范》GB 50334－2017

5.1.2 地基与基础工程质量验收应检查下列文件：

1 各种原材料、半成品、预制构件性能报告；

2 施工记录与监理检验记录；

3 地基处理、桩基检测报告；

4 其他有关文件。

（2）核查资料明细

核查资料明细表

序号	核查资料名称	核查要点
1	砂、砂石出厂合格证、试验报告	核查品种规格、数量、日期、性能等符合设计要求
2	地基承载力报告	核查报告的完整性、有效性及结论的符合性
3	施工记录	核查铺设厚度、上下层搭接、压实遍数、含水量、宽度、压实度等符合设计及规范要求
4	隐蔽工程验收记录	核查记录内容的完整性及验收结论的符合性
5	监理检验记录	核查记录内容的完整性

2.2.3　土工合成材料地基检验批质量验收记录

1. 表格

土工合成材料地基检验批质量验收记录

编号：□□□□□□□□□□—□□

<table>
<tr><td colspan="3">单位（子单位）工程名称</td><td colspan="4"></td></tr>
<tr><td colspan="3">分部（子分部）工程名称</td><td colspan="2"></td><td>分项工程名称</td><td></td></tr>
<tr><td colspan="3">施工单位</td><td></td><td>项目负责人</td><td>检验批容量</td><td></td></tr>
<tr><td colspan="3">分包单位</td><td></td><td>分包单位项目负责人</td><td>检验批部位</td><td></td></tr>
<tr><td colspan="3">施工依据</td><td colspan="2"></td><td>验收依据</td><td></td></tr>
<tr><td colspan="3">验收项目</td><td>设计要求及规范规定</td><td>最小/实际抽样数量</td><td>检查记录</td><td>检查结果</td></tr>
<tr><td rowspan="4">主控项目</td><td>1</td><td>土工合成材料强度（%）</td><td>≤5</td><td></td><td></td><td></td></tr>
<tr><td>2</td><td>土工合成材料延伸率（%）</td><td>≤3</td><td></td><td></td><td></td></tr>
<tr><td>3</td><td>地基承载力</td><td>符合设计要求</td><td></td><td></td><td></td></tr>
<tr><td>4</td><td>处理范围</td><td>符合设计要求</td><td></td><td></td><td></td></tr>
<tr><td rowspan="4">一般项目</td><td>1</td><td>土工合成材料搭接长度（mm）</td><td>≥300</td><td></td><td></td><td></td></tr>
<tr><td>2</td><td>土石料有机质含量（%）</td><td>≤5</td><td></td><td></td><td></td></tr>
<tr><td>3</td><td>层面平整度（mm）</td><td>≤20</td><td></td><td></td><td></td></tr>
<tr><td>4</td><td>每层铺设厚度（mm）</td><td>±25</td><td></td><td></td><td></td></tr>
<tr><td colspan="3">施工单位检查结果</td><td colspan="4">专业工长：
项目专业质量检查员：
年　月　日</td></tr>
<tr><td colspan="3">监理单位验收结果</td><td colspan="4">专业监理工程师：
年　月　日</td></tr>
</table>

注：表中“设计要求”等内容应按实际设计要求内容填写。

2. 验收依据说明

(1)【规范名称及编号】《城镇污水处理厂工程质量验收规范》GB 50334－2017

【条文摘录】

主 控 项 目

5.3.1 地基承载力应符合设计文件的要求。

检验方法：检查检测报告。

5.3.2 地基处理使用材料及配合比应符合设计文件的要求。

检验方法：检查材料合格证、级配试验报告、施工记录。

5.3.3 地基处理范围应符合设计文件的要求。

检验方法：实测实量，检查施工记录。

5.3.4 局部处理过的地基，承载力应符合设计文件的要求。

检验方法：检查检测报告。

一 般 项 目

5.3.5 地基处理的主要技术指标应符合设计文件的要求和现行国家标准《建筑地基基础工程施工质量验收规范》GB 50202 的有关规定。

检验方法：实测实量，检查施工记录。

5.3.6 地基分层碾压的虚铺厚度、碾压和夯实强度等应符合设计文件的要求和现行国家标准《建筑地基基础工程施工质量验收规范》GB 50202 的有关规定。

检验方法：实测实量，检查施工记录、检测报告。

(2)【规范名称及编号】《建筑地基基础工程施工质量验收规范》GB 50202－2002

【条文摘录】

4.4.4 土工合成材料地基质量检验标准应符合表 4.4.4 的规定。

表 4.4.4 土工合成材料地基质量检验标准

项目	序号	检查项目	允许偏差或允许值		检查方法
			单位	数值	
主控项目	1	土工合成材料强度	%	≤5	置于夹具上做拉伸试验（结果与设计标准相比）
	2	土工合成材料延伸率	%	≤3	置于夹具上做拉伸试验（结果与设计标准相比）
	3	地基承载力	设计要求		按规定方法
一般项目	1	土工合成材料搭接长度	mm	≥300	用钢尺量
	2	土石料有机质含量	%	≤5	焙烧法
	3	层面平整度	mm	≤20	用 2m 靠尺
	4	每层铺设厚度	mm	±25	水准仪

3. 检验批验收应提供的核查资料

(1) 核查依据：《城镇污水处理厂工程质量验收规范》GB 50334－2017

5.1.2 地基与基础工程质量验收应检查下列文件：

1 各种原材料、半成品、预制构件性能报告；

2 施工记录与监理检验记录；

3 地基处理、桩基检测报告；

4　其他有关文件。

（2）核查资料明细

核查资料明细表

序号	核查资料名称	核查要点
1	土工合成材料、土、砂石出厂合格证、试验报告	核查品种规格、数量、日期、性能等符合设计要求
2	地基承载力报告	核查报告的完整性、有效性及结论的符合性
3	施工记录	核查每层铺设厚度、土工合成材料搭接长度、层面平整度等符合设计及规范要求
4	隐蔽工程验收记录	核查记录内容的完整性及验收结论的符合性
5	监理检验记录	核查记录内容的完整性

2.2.4　粉煤灰地基工程检验批质量验收记录

1. 表格

粉煤灰地基工程检验批质量验收记录

编号：□□□□□□□□□□—□□

<table>
<tr><td colspan="3">单位（子单位）
工程名称</td><td colspan="4"></td></tr>
<tr><td colspan="3">分部（子分部）
工程名称</td><td colspan="2"></td><td>分项工程名称</td><td></td></tr>
<tr><td colspan="3">施工单位</td><td></td><td>项目负责人</td><td>检验批
容量</td><td></td></tr>
<tr><td colspan="3">分包单位</td><td></td><td>分包单位
项目负责人</td><td>检验批部位</td><td></td></tr>
<tr><td colspan="3">施工依据</td><td colspan="2"></td><td>验收依据</td><td></td></tr>
<tr><td colspan="3">验收项目</td><td>设计要求及
规范规定</td><td>最小/实际
抽样数量</td><td>检查记录</td><td>检查
结果</td></tr>
<tr><td rowspan="4">主控项目</td><td>1</td><td>压实系数</td><td>符合设计要求</td><td></td><td></td><td></td></tr>
<tr><td>2</td><td>地基承载力</td><td>符合设计要求</td><td></td><td></td><td></td></tr>
<tr><td>3</td><td>配合比</td><td>符合设计要求</td><td></td><td></td><td></td></tr>
<tr><td>4</td><td>处理范围</td><td>符合设计要求</td><td></td><td></td><td></td></tr>
<tr><td rowspan="5">一般项目</td><td>1</td><td>粉煤灰粒径（mm）</td><td>0.001～2.000</td><td></td><td></td><td></td></tr>
<tr><td>2</td><td>氧化铝及二氧化硅含量（%）</td><td>≥70</td><td></td><td></td><td></td></tr>
<tr><td>3</td><td>烧失量（%）</td><td>≤12</td><td></td><td></td><td></td></tr>
<tr><td>4</td><td>每层铺筑厚度（mm）</td><td>±50</td><td></td><td></td><td></td></tr>
<tr><td>5</td><td>含水量（与最优含水量比较）（%）</td><td>±2</td><td></td><td></td><td></td></tr>
<tr><td colspan="3">施工单位
检查结果</td><td colspan="4">专业工长：
项目专业质量检查员：
年　月　日</td></tr>
<tr><td colspan="3">监理单位
验收结果</td><td colspan="4">专业监理工程师：
年　月　日</td></tr>
</table>

注：表中“设计要求”等内容应按实际设计要求内容填写。

2. 验收依据说明

(1)【规范名称及编号】《城镇污水处理厂工程质量验收规范》GB 50334－2017

【条文摘录】

主 控 项 目

5.3.1 地基承载力应符合设计文件的要求。

检验方法：检查检测报告。

5.3.2 地基处理使用材料及配合比应符合设计文件的要求。

检验方法：检查材料合格证、级配试验报告、施工记录。

5.3.3 地基处理范围应符合设计文件的要求。

检验方法：实测实量，检查施工记录。

5.3.4 局部处理过的地基，承载力应符合设计文件的要求。

检验方法：检查检测报告。

一 般 项 目

5.3.5 地基处理的主要技术指标应符合设计文件的要求和现行国家标准《建筑地基基础工程施工质量验收规范》GB 50202 的有关规定。

检验方法：实测实量，检查施工记录。

5.3.6 地基分层碾压的虚铺厚度、碾压和夯实强度等应符合设计文件的要求和现行国家标准《建筑地基基础工程施工质量验收规范》GB 50202 的有关规定。

检验方法：实测实量，检查施工记录、检测报告。

5.3.7 特殊地基加固应符合设计文件的要求和现行国家标准《建筑地基基础工程施工质量验收规范》GB 50202 的有关规定。

检验方法：观察检查，检查试验报告。

(2)【规范名称及编号】《建筑地基基础工程施工质量验收规范》GB 50202－2002

【条文摘录】

4.5.4 粉煤灰地基质量检验标准应符合表 4.5.4 的规定。

表 4.5.4 粉煤灰地基质量检验标准

项目	序号	检查项目	允许偏差或允许值		检查方法
			单位	数值	
主控项目	1	压实系数	设计要求		现场实测
	2	地基承载力	设计要求		按规定方法
一般项目	1	粉煤灰粒径	mm	0.001～2.000	过筛
	2	氧化铝及二氧化硅含量	%	≥70	试验室化学分析
	3	烧失量	%	≤12	试验室烧结法
	4	每层铺筑厚度	mm	±50	水准仪
	5	含水量（与最优含水量比较）	%	±2	取样后试验室确定

3. 检验批验收应提供的核查资料

(1) 核查依据：《城镇污水处理厂工程质量验收规范》GB 50334－2017

5.1.2 地基与基础工程质量验收应检查下列文件：

1 各种原材料、半成品、预制构件性能报告；

2 施工记录与监理检验记录；

3 地基处理、桩基检测报告；

4 其他有关文件。

(2) 核查资料明细

核查资料明细表

序号	核查资料名称	核查要点
1	粉煤灰出厂合格证、试验报告	核查品种规格、数量、日期、性能等符合设计要求
2	地基承载力报告	核查报告的完整性、有效性及结论的符合性
3	施工记录	核查铺设厚度、上下层搭接、压实遍数、含水量、分层厚度等符合设计及规范要求
4	隐蔽工程验收记录	核查记录内容的完整性及验收结论的符合性
5	监理检验记录	核查记录内容的完整性

2.2.5 砂石桩复合地基检验批质量验收记录

1. 表格

砂石桩复合地基检验批质量验收记录

编号：□□□□□□□□□□—□□

单位（子单位）工程名称						
分部（子分部）工程名称				分项工程名称		
施工单位			项目负责人		检验批容量	
分包单位			分包单位项目负责人		检验批部位	
施工依据				验收依据		
验收项目			设计要求及规范规定	最小/实际抽样数量	检查记录	检查结果
主控项目	1	灌砂量（%）	≥95			
	2	地基强度	符合设计要求			
	3	地基承载力	符合设计要求			
一般项目	1	砂料的含泥量（%）	≤3			
	2	砂料的有机质含量（%）	≤5			
	3	桩位（mm）	≤50			
	4	砂桩标高（mm）	±150			
	5	垂直度（%）	≤1.5			
施工单位检查结果			专业工长： 项目专业质量检查员： 年 月 日			
监理单位验收结果			专业监理工程师： 年 月 日			

注：表中“设计要求”等内容应按实际设计要求内容填写。

2. 验收依据说明

(1)【规范名称及编号】《城镇污水处理厂工程质量验收规范》GB 50334－2017

【条文摘录】

主 控 项 目

5.4.1 桩基础使用的原材料、半成品、预制构件应符合设计文件的要求和现行国家标准《混凝土结构工程施工质量验收规范》GB 50204 的有关规定。

检验方法：检查材料合格证、试验报告，检查施工记录。

5.4.2 桩基完整性和承载力应符合设计文件的要求。

检验方法：检查检测报告。

一 般 项 目

5.4.4 桩基础检验项目和允许偏差应符合设计文件的要求和现行国家标准《建筑地基基础工程施工质量验收规范》GB 50202 的有关规定。

检验方法：检查施工记录，检查检测报告。

5.3.7 特殊地基加固应符合设计文件的要求和现行国家标准《建筑地基基础工程施工质量验收规范》GB 50202 的有关规定。

检验方法：观察检查，检查试验报告。

(2)【规范名称及编号】《建筑地基基础工程施工质量验收规范》GB 50202－2002

【条文摘录】

4.15.4 砂桩地基的质量检验标准应符合表 4.15.4 的规定。

表 4.15.4 砂桩地基的质量检验标准

项目	序号	检查项目	允许偏差或允许值		检查方法
			单位	数值	
主控项目	1	灌砂量	%	≥95	实际用砂量与计算体积比
	2	地基强度	设计要求		按规定方法
	3	地基承载力	设计要求		按规定方法
一般项目	1	砂料的含泥量	%	≤3	试验室测定
	2	砂料的有机质含量	%	≤5	焙烧法
	3	桩位	mm	≤50	用钢尺量
	4	砂桩标高	mm	±150	水准仪
	5	垂直度	%	≤1.5	经纬仪检查桩管垂直度

3 检验批验收应提供的核查资料

(1) 核查依据：《城镇污水处理厂工程质量验收规范》GB 50334－2017

5.1.2 地基与基础工程质量验收应检查下列文件：

1 各种原材料、半成品、预制构件性能报告；

2 施工记录与监理检验记录；

3 地基处理、桩基检测报告；

4 其他有关文件。

（2）核查资料明细

核查资料明细表

序号	核查资料名称	核查要点
1	砂出厂合格证、试验报告	核查品种规格、数量、日期、性能等符合设计要求
2	地基承载力报告	核查报告的完整性、有效性及结论的符合性
3	施工记录	核查灌砂量、垂直度等符合设计及规范要求
4	隐蔽工程验收记录	核查记录内容的完整性及验收结论的符合性
5	监理检验记录	核查记录内容的完整性

2.2.6　土和灰土挤密桩复合地基检验批质量验收记录

1. 表格

土和灰土挤密桩复合地基检验批质量验收记录

编号：□□□□□□□□□□—□□

<table>
<tr><td colspan="3">单位（子单位）
工程名称</td><td colspan="4"></td></tr>
<tr><td colspan="3">分部（子分部）
工程名称</td><td></td><td>分项工程名称</td><td colspan="2"></td></tr>
<tr><td colspan="3">施工单位</td><td>项目负责人</td><td></td><td>检验批容量</td><td></td></tr>
<tr><td colspan="3">分包单位</td><td>分包单位
项目负责人</td><td></td><td>检验批
部位</td><td></td></tr>
<tr><td colspan="3">施工依据</td><td></td><td>验收依据</td><td colspan="2"></td></tr>
<tr><td colspan="3">验收项目</td><td>设计要求及
规范规定</td><td>最小/实际
抽样数量</td><td>检查记录</td><td>检查结果</td></tr>
<tr><td rowspan="4">主控项目</td><td>1</td><td>桩体及桩间土干密度（%）</td><td>符合设计要求</td><td></td><td></td><td></td></tr>
<tr><td>2</td><td>桩长（mm）</td><td>+500</td><td></td><td></td><td></td></tr>
<tr><td>3</td><td>地基承载力</td><td>符合设计要求</td><td></td><td></td><td></td></tr>
<tr><td>4</td><td>桩径（mm）</td><td>−20</td><td></td><td></td><td></td></tr>
<tr><td rowspan="6">一般项目</td><td>1</td><td>土料有机质含量（%）</td><td>≤5</td><td></td><td></td><td></td></tr>
<tr><td>2</td><td>石灰粒径（mm）</td><td>≤5</td><td></td><td></td><td></td></tr>
<tr><td rowspan="2">3</td><td rowspan="2">桩位偏差</td><td>满堂布桩≤0.40D
（D=____ mm）</td><td rowspan="2"></td><td rowspan="2"></td><td rowspan="2"></td></tr>
<tr><td>条基布桩≤0.25D
（D=____ mm）</td></tr>
<tr><td>4</td><td>垂直度（%）</td><td>≤1.5</td><td></td><td></td><td></td></tr>
<tr><td>5</td><td>桩径（mm）</td><td>−20</td><td></td><td></td><td></td></tr>
<tr><td colspan="3">施工单位
检查结果</td><td colspan="4">专业工长：
项目专业质量检查员：
年　月　日</td></tr>
<tr><td colspan="3">监理单位
验收结果</td><td colspan="4">专业监理工程师：
年　月　日</td></tr>
</table>

注：1　表中“设计要求”等内容应按实际设计要求内容填写；

2　表中 D 为桩径。

2. 验收依据说明

(1)【规范名称及编号】《城镇污水处理厂工程质量验收规范》GB 50334－2017

【条文摘录】

主 控 项 目

5.4.1 桩基础使用的原材料、半成品、预制构件应符合设计文件的要求和现行国家标准《混凝土结构工程施工质量验收规范》GB 50204的有关规定。

检验方法：检查材料合格证、试验报告，检查施工记录。

5.4.2 桩基完整性和承载力应符合设计文件的要求。

检验方法：检查检测报告。

一 般 项 目

5.4.4 桩基础检验项目和允许偏差应符合设计文件的要求和现行国家标准《建筑地基基础工程施工质量验收规范》GB 50202的有关规定。

检验方法：检查施工记录，检查检测报告。

5.3.7 特殊地基加固应符合设计文件的要求和现行国家标准《建筑地基基础工程施工质量验收规范》GB 50202的有关规定。

检验方法：观察检查，检查试验报告。

(2)【规范名称及编号】《建筑地基基础工程施工质量验收规范》GB 50202－2002

【条文摘录】

4.12.4 土和灰土挤密桩地基质量检验标准应符合表4.12.4的规定。

表4.12.4 土和灰土挤密桩地基质量检验标准

项目	序号	检查项目	允许偏差或允许值		检查方法
			单位	数值	
主控项目	1	桩体及桩间土干密度	设计要求		现场取样检查
	2	桩长	mm	＋500	测桩管长度或垂球测孔深
	3	地基承载力	设计要求		按规定方法
	4	桩径	mm	－20	用钢尺量
一般项目	1	土料有机质含量	%	≤5	试验室焙烧法
	2	石灰粒径	mm	≤5	筛分法
	3	桩位偏差		满堂布桩≤0.40D 条基布桩≤0.25D	用钢尺量，D为桩径
	4	垂直度	%	≤1.5	用经纬仪测桩管
	5	桩径	mm	－20	用钢尺量

注：桩径允许偏差负值是指个别断面

3. 检验批验收应提供的核查资料

(1) 核查依据：《城镇污水处理厂工程质量验收规范》GB 50334－2017

5.1.2 地基与基础工程质量验收应检查下列文件：

1 各种原材料、半成品、预制构件性能报告；

2 施工记录与监理检验记录；

3 地基处理、桩基检测报告；

4 其他有关文件。

（2）核查资料明细

核查资料明细表

序号	核查资料名称	核查要点
1	材料出厂合格证、试验报告	核查品种规格、数量、日期、性能等符合设计要求
2	地基承载力报告	核查报告的完整性、有效性及结论的符合性
3	施工记录	核查桩位偏差、桩孔直径、桩孔深度、夯击次数、填料的含水量、夯实度等符合设计及规范要求
4	隐蔽工程验收记录	核查记录内容的完整性及验收结论的符合性
5	监理检验记录	核查记录内容的完整性

2.2.7　夯实水泥土桩复合地基检验批质量验收记录

1. 表格

夯实水泥土桩复合地基检验批质量验收记录

编号：□□□□□□□□□□—□□

<table>
<tr><td colspan="3">单位（子单位）
工程名称</td><td colspan="6"></td></tr>
<tr><td colspan="3">分部（子分部）
工程名称</td><td colspan="3"></td><td>分项工程名称</td><td colspan="2"></td></tr>
<tr><td colspan="3">施工单位</td><td colspan="2"></td><td>项目负责人</td><td></td><td>检验批容量</td><td></td></tr>
<tr><td colspan="3">分包单位</td><td colspan="2"></td><td>分包单位
项目负责人</td><td></td><td>检验批
部位</td><td></td></tr>
<tr><td colspan="3">施工依据</td><td colspan="3"></td><td>验收依据</td><td colspan="2"></td></tr>
<tr><td colspan="4">验收项目</td><td colspan="2">设计要求及
规范规定</td><td>最小/实际
抽样数量</td><td>检查记录</td><td>检查结果</td></tr>
<tr><td rowspan="4">主控项目</td><td>1</td><td colspan="2">桩径（mm）</td><td colspan="2">−20</td><td></td><td></td><td></td></tr>
<tr><td>2</td><td colspan="2">桩长（mm）</td><td colspan="2">+500</td><td></td><td></td><td></td></tr>
<tr><td>3</td><td colspan="2">桩体干密度</td><td colspan="2">符合设计要求</td><td></td><td></td><td></td></tr>
<tr><td>4</td><td colspan="2">地基承载力</td><td colspan="2">符合设计要求</td><td></td><td></td><td></td></tr>
<tr><td rowspan="8">一般项目</td><td>1</td><td colspan="2">土料有机质含量（%）</td><td colspan="2">≤5</td><td></td><td></td><td></td></tr>
<tr><td>2</td><td colspan="2">含水量（与最优含水量比）（%）</td><td colspan="2">±2</td><td></td><td></td><td></td></tr>
<tr><td>3</td><td colspan="2">土料粒径（mm）</td><td colspan="2">≤20</td><td></td><td></td><td></td></tr>
<tr><td>4</td><td colspan="2">水泥质量</td><td colspan="2">符合设计要求</td><td></td><td></td><td></td></tr>
<tr><td rowspan="2">5</td><td colspan="2" rowspan="2">桩位偏差</td><td colspan="2">满堂布桩≤0.40D
（D=____mm）</td><td rowspan="2"></td><td rowspan="2"></td><td rowspan="2"></td></tr>
<tr><td colspan="2">条基布桩≤0.25D
（D=____mm）</td></tr>
<tr><td>6</td><td colspan="2">桩孔垂直度（%）</td><td colspan="2">≤1.5</td><td></td><td></td><td></td></tr>
<tr><td>7</td><td colspan="2">褥垫层夯填度</td><td colspan="2">≤0.9</td><td></td><td></td><td></td></tr>
<tr><td colspan="4">施工单位
检查结果</td><td colspan="5">专业工长：
项目专业质量检查员：
年　月　日</td></tr>
<tr><td colspan="4">监理单位
验收结果</td><td colspan="5">专业监理工程师：
年　月　日</td></tr>
</table>

注：1　表中“设计要求”等内容应按实际设计要求内容填写；

2　表中 D 为桩径。

2. 验收依据说明

(1)【规范名称及编号】《城镇污水处理厂工程质量验收规范》GB 50334－2017

【条文摘录】

主 控 项 目

5.4.1 桩基础使用的原材料、半成品、预制构件应符合设计文件的要求和现行国家标准《混凝土结构工程施工质量验收规范》GB 50204的有关规定。

检验方法：检查材料合格证、试验报告，检查施工记录。

5.4.2 桩基完整性和承载力应符合设计文件的要求。

检验方法：检查检测报告。

一 般 项 目

5.4.4 桩基础检验项目和允许偏差应符合设计文件的要求和现行国家标准《建筑地基基础工程施工质量验收规范》GB 50202的有关规定。

检验方法：检查施工记录，检查检测报告。

(2)【规范名称及编号】《建筑地基基础工程施工质量验收规范》GB 50202－2002

【条文摘录】

4.14.4 夯实水泥土桩的质量检验标准应符合表4.14.4的规定。

表4.14.4 夯实水泥土桩复合地基质量检验标准

项目	序号	检查项目	允许偏差或允许值		检查方法
			单位	数值	
主控项目	1	桩径	mm	−20	用钢尺量
	2	桩长	mm	+500	测桩孔深度
	3	桩体干密度	设计要求		现场取样检查
	4	地基承载力	设计要求		按规定的方法
一般项目	1	土料有机质含量	%	≤5	焙烧法
	2	含水量（与最优含水量比）	%	±2	烘干法
	3	土料粒径	mm	≤20	筛分法
	4	水泥质量	设计要求		查产品质量合格证书或抽样送检
	5	桩位偏差	满堂布桩≤0.40D 条基布桩≤0.25D		用钢尺量，D为桩径
	6	桩孔垂直度	%	≤1.5	用经纬仪测桩管
	7	褥垫层夯填度	≤0.9		用钢尺量

3. 检验批验收应提供的核查资料

(1) 核查依据：《城镇污水处理厂工程质量验收规范》GB 50334－2017

5.1.2 地基与基础工程质量验收应检查下列文件：

1 各种原材料、半成品、预制构件性能报告；

2 施工记录与监理检验记录；

3 地基处理、桩基检测报告；

4 其他有关文件。

（2）核查资料明细

核查资料明细表

序号	核查资料名称	核查要点
1	素土试验报告	核查最大干密度、最大含水量、有机质含量、压实度等报告的完整性及结论的符合性
2	水泥出厂合格证、试验报告	核查品种规格、数量、日期、性能等符合设计要求
3	桩体干密度报告	核查报告的完整性、有效性及结论的符合性
4	地基承载力报告	核查报告的完整性、有效性及结论的符合性
5	施工记录	核查孔位、孔深、孔径、水泥和土的配比、混合料含水量等符合设计及规范要求
6	隐蔽工程验收记录	核查记录内容的完整性及验收结论的符合性
7	监理检验记录	核查记录内容的完整性

2.2.8 高压旋喷注浆地基检验批质量验收记录

1. 表格

高压旋喷注浆地基检验批质量验收记录

编号：□□□□□□□□□□—□□

<table>
<tr><td colspan="3">单位（子单位）
工程名称</td><td colspan="4"></td></tr>
<tr><td colspan="3">分部（子分部）
工程名称</td><td></td><td>分项工程名称</td><td colspan="2"></td></tr>
<tr><td colspan="3">施工单位</td><td>项目负责人</td><td></td><td>检验批容量</td><td></td></tr>
<tr><td colspan="3">分包单位</td><td>分包单位
项目负责人</td><td></td><td>检验批
部位</td><td></td></tr>
<tr><td colspan="3">施工依据</td><td></td><td>验收依据</td><td colspan="2"></td></tr>
<tr><td colspan="3">验收项目</td><td>设计要求及
规范规定</td><td>最小/实际
抽样数量</td><td>检查记录</td><td>检查结果</td></tr>
<tr><td rowspan="4">主控项目</td><td>1</td><td>水泥及外掺剂质量</td><td>符合出厂要求</td><td></td><td></td><td></td></tr>
<tr><td>2</td><td>水泥用量</td><td>符合设计要求</td><td></td><td></td><td></td></tr>
<tr><td>3</td><td>桩体强度或完整性检验</td><td>符合设计要求</td><td></td><td></td><td></td></tr>
<tr><td>4</td><td>地基承载力</td><td>符合设计要求</td><td></td><td></td><td></td></tr>
<tr><td rowspan="7">一般项目</td><td>1</td><td>钻孔位置（mm）</td><td>≤50</td><td></td><td></td><td></td></tr>
<tr><td>2</td><td>钻孔垂直度（%）</td><td>≤1.5</td><td></td><td></td><td></td></tr>
<tr><td>3</td><td>孔深（mm）</td><td>±200</td><td></td><td></td><td></td></tr>
<tr><td>4</td><td>注浆压力</td><td>按设定参数指标</td><td></td><td></td><td></td></tr>
<tr><td>5</td><td>桩体搭接（mm）</td><td>>200</td><td></td><td></td><td></td></tr>
<tr><td>6</td><td>桩体直径（mm）</td><td>≤50</td><td></td><td></td><td></td></tr>
<tr><td>7</td><td>桩身中心允许偏差（mm）</td><td>≤0.2D
（D=____ mm）</td><td></td><td></td><td></td></tr>
<tr><td colspan="3">施工单位
检查结果</td><td colspan="4">专业工长：
项目专业质量检查员：
年　月　日</td></tr>
<tr><td colspan="3">监理单位
验收结果</td><td colspan="4">专业监理工程师：
年　月　日</td></tr>
</table>

注：1　表中“设计要求”等内容应按实际设计要求内容填写；

2　表中 D 为桩径。

2. 验收依据说明

(1)【规范名称及编号】《城镇污水处理厂工程质量验收规范》GB 50334－2017

【条文摘录】

主 控 项 目

5.4.1 桩基础使用的原材料、半成品、预制构件应符合设计文件的要求和现行国家标准《混凝土结构工程施工质量验收规范》GB 50204的有关规定。

检验方法：检查材料合格证、试验报告，检查施工记录。

5.4.2 桩基完整性和承载力应符合设计文件的要求。

检验方法：检查检测报告。

一 般 项 目

5.4.4 桩基础检验项目和允许偏差应符合设计文件的要求和现行国家标准《建筑地基基础工程施工质量验收规范》GB 50202的有关规定。

检验方法：检查施工记录，检查检测报告。

5.3.7 特殊地基加固应符合设计文件的要求和现行国家标准《建筑地基基础工程施工质量验收规范》GB 50202的有关规定。

检验方法：观察检查，检查试验报告。

(2)【规范名称及编号】《建筑地基基础工程施工质量验收规范》GB 50202－2002

【条文摘录】

4.10.4 高压喷射注浆地基质量检验标准应符合表4.10.4的规定。

表4.10.4 高压喷射注浆地基质量检验标准

项目	序号	检查项目	允许偏差或允许值		检查方法
			单位	数值	
主控项目	1	水泥及外掺剂质量	符合出厂要求		查产品合格证书或抽样送检
	2	水泥用量	设计要求		查看流量表及水泥浆水灰比
	3	桩体强度或完整性检验	设计要求		按规定方法
	4	地基承载力	设计要求		按规定方法
一般项目	1	钻孔位置	mm	≤50	用钢尺量
	2	钻孔垂直度	%	≤1.5	经纬仪测钻杆或实测
	3	孔深	mm	±200	用钢尺量
	4	注浆压力	按设定参数指标		查看压力表
	5	桩体搭接	mm	>200	用钢尺量
	6	桩体直径	mm	≤50	开挖后用钢尺量
	7	桩身中心允许偏差		≤0.2D	开挖后桩顶下500mm处用钢尺量，D为桩径

3. 检验批验收应提供的核查资料

(1) 核查依据：《城镇污水处理厂工程质量验收规范》GB 50334－2017

5.1.2 地基与基础工程质量验收应检查下列文件：

1 各种原材料、半成品、预制构件性能报告；

2 施工记录与监理检验记录；

3 地基处理、桩基检测报告；

4 其他有关文件。

（2）核查资料明细

核查资料明细表

序号	核查资料名称	核查要点
1	材料出厂合格证、试验报告	核查水泥、外加剂的品种规格、数量、日期、性能等符合设计要求
2	地基承载力报告	核查报告的完整性、有效性及结论的符合性
3	施工记录	核查钻孔位置、旋喷压力、水泥浆量、提升速度、旋转速度等符合设计及规范要求
4	隐蔽工程验收记录	核查记录内容的完整性及验收结论的符合性
5	监理检验记录	核查记录内容的完整性

2.2.9　水泥土搅拌桩地基检验批质量验收记录

1. 表格

水泥土搅拌桩地基检验批质量验收记录

编号：□□□□□□□□□□—□□

<table>
<tr><td colspan="3">单位（子单位）
工程名称</td><td colspan="5"></td></tr>
<tr><td colspan="3">分部（子分部）
工程名称</td><td colspan="2"></td><td>分项工程名称</td><td colspan="2"></td></tr>
<tr><td colspan="3">施工单位</td><td></td><td>项目负责人</td><td></td><td>检验批容量</td><td></td></tr>
<tr><td colspan="3">分包单位</td><td></td><td>分包单位
项目负责人</td><td></td><td>检验批
部位</td><td></td></tr>
<tr><td colspan="3">施工依据</td><td colspan="2"></td><td>验收依据</td><td colspan="2"></td></tr>
<tr><td colspan="3">验收项目</td><td colspan="2">设计要求及
规范规定</td><td>最小/实际
抽样数量</td><td>检查记录</td><td>检查结果</td></tr>
<tr><td rowspan="4">主控项目</td><td>1</td><td>水泥及外掺剂质量</td><td colspan="2">符合设计要求</td><td></td><td></td><td></td></tr>
<tr><td>2</td><td>水泥用量</td><td colspan="2">符合设计要求</td><td></td><td></td><td></td></tr>
<tr><td>3</td><td>桩体强度</td><td colspan="2">符合设计要求</td><td></td><td></td><td></td></tr>
<tr><td>4</td><td>地基承载力</td><td colspan="2">符合设计要求</td><td></td><td></td><td></td></tr>
<tr><td rowspan="7">一般项目</td><td>1</td><td>机头提升速度（m/min）</td><td rowspan="7">允许偏差或允许值</td><td>≤0.5</td><td></td><td></td><td></td></tr>
<tr><td>2</td><td>桩底标高（mm）</td><td>±200</td><td></td><td></td><td></td></tr>
<tr><td>3</td><td>桩顶标高（mm）</td><td>+100，−50</td><td></td><td></td><td></td></tr>
<tr><td>4</td><td>桩位偏差（mm）</td><td><50</td><td></td><td></td><td></td></tr>
<tr><td>5</td><td>桩径</td><td><0.04D
（D=____ mm）</td><td></td><td></td><td></td></tr>
<tr><td>6</td><td>垂直度（%）</td><td>≤1.5</td><td></td><td></td><td></td></tr>
<tr><td>7</td><td>搭接（mm）</td><td>>200</td><td></td><td></td><td></td></tr>
<tr><td colspan="3">施工单位
检查结果</td><td colspan="5">专业工长：
项目专业质量检查员：
年　月　日</td></tr>
<tr><td colspan="3">监理单位
验收结果</td><td colspan="5">专业监理工程师：
年　月　日</td></tr>
</table>

注：1　表中“设计要求”等内容应按实际设计要求内容填写；

　　2　表中D为桩径。

2. 验收依据说明

(1)【规范名称及编号】《城镇污水处理厂工程质量验收规范》GB 50334－2017

【条文摘录】

主 控 项 目

5.4.1 桩基础使用的原材料、半成品、预制构件应符合设计文件的要求和现行国家标准《混凝土结构工程施工质量验收规范》GB 50204 的有关规定。

检验方法：检查材料合格证、试验报告，检查施工记录。

5.4.2 桩基完整性和承载力应符合设计文件的要求。

检验方法：检查检测报告。

一 般 项 目

5.4.4 桩基础检验项目和允许偏差应符合设计文件的要求和现行国家标准《建筑地基基础工程施工质量验收规范》GB 50202 的有关规定。

检验方法：检查施工记录，检查检测报告。

(2)【规范名称及编号】《建筑地基基础工程施工质量验收规范》GB 50202－2002

【条文摘录】

4.11.5 水泥土搅拌桩地基质量检验标准应符合表 4.11.5 的规定。

表 4.11.5 水泥土搅拌桩地基质量检验标准

项目	序号	检查项目	允许偏差或允许值		检查方法
			单位	数值	
主控项目	1	水泥及外掺剂质量	设计要求		查产品合格证书或抽样送检
	2	水泥用量	参数指标		查看流量计
	3	桩体强度	设计要求		按规定办法
	4	地基承载力	设计要求		按规定办法
一般项目	1	机头提升速度	m/min	≤0.5	量机头上升距离及时间
	2	桩底标高	mm	±200	测机头深度
	3	桩顶标高	mm	+100 −50	水准仪（最上部 500mm 不计入）
	4	桩位偏差	mm	<50	用钢尺量
	5	桩径	mm	<0.04D	用钢尺量，D 为桩径
	6	垂直度	%	≤1.5	经纬仪
	7	搭接	mm	>200	用钢尺量

3. 检验批验收应提供的核查资料

(1) 核查依据：《城镇污水处理厂工程质量验收规范》GB 50334－2017

5.1.2 地基与基础工程质量验收应检查下列文件：

1 各种原材料、半成品、预制构件性能报告；

2 施工记录与监理检验记录；

3 地基处理、桩基检测报告；

4 其他有关文件。

（2）核查资料明细

核查资料明细表

序号	核查资料名称	核查要点
1	材料出厂合格证、试验报告	核查水泥、外加剂的品种规格、数量、日期、性能等符合设计要求
2	地基承载力报告	核查报告的完整性、有效性及结论的符合性
3	施工记录	核查机头提升速度、水泥浆或水泥注入量、搅拌桩的长度及标高等符合设计及规范要求
4	隐蔽工程验收记录	核查记录内容的完整性及验收结论的符合性
5	监理检验记录	核查记录内容的完整性

2.2.10　水泥粉煤灰碎石桩复合地基检验批质量验收记录

1. 表格

水泥粉煤灰碎石桩复合地基检验批质量验收记录

编号：□□□□□□□□□□—□□

<table>
<tr><td colspan="3">单位（子单位）
工程名称</td><td colspan="4"></td></tr>
<tr><td colspan="3">分部（子分部）
工程名称</td><td colspan="2"></td><td>分项工程名称</td><td></td></tr>
<tr><td colspan="2">施工单位</td><td></td><td>项目负责人</td><td></td><td>检验批容量</td><td></td></tr>
<tr><td colspan="2">分包单位</td><td></td><td>分包单位
项目负责人</td><td></td><td>检验批
部位</td><td></td></tr>
<tr><td colspan="2">施工依据</td><td colspan="2"></td><td>验收依据</td><td colspan="2"></td></tr>
<tr><td colspan="3">验收项目</td><td>设计要求及
规范规定</td><td>最小/实际
抽样数量</td><td>检查记录</td><td>检查结果</td></tr>
<tr><td rowspan="4">主控项目</td><td>1</td><td>原材料</td><td>符合设计要求</td><td></td><td></td><td></td></tr>
<tr><td>2</td><td>桩径（mm）</td><td>−20</td><td></td><td></td><td></td></tr>
<tr><td>3</td><td>桩身强度</td><td>设计要求 C____</td><td></td><td></td><td></td></tr>
<tr><td>4</td><td>地基承载力</td><td>符合设计要求</td><td></td><td></td><td></td></tr>
<tr><td rowspan="6">一般项目</td><td>1</td><td>桩身完整性</td><td>按桩基检测技术规范</td><td></td><td></td><td></td></tr>
<tr><td rowspan="2">2</td><td rowspan="2">桩位偏差</td><td>满堂布桩≤0.40D
（D=____ mm）</td><td></td><td></td><td></td></tr>
<tr><td>条基布桩≤0.25D
（D=____ mm）</td><td></td><td></td><td></td></tr>
<tr><td>3</td><td>桩垂直度（%）</td><td>≤1.5</td><td></td><td></td><td></td></tr>
<tr><td>4</td><td>桩长（mm）</td><td>+100</td><td></td><td></td><td></td></tr>
<tr><td>5</td><td>褥垫层夯填度</td><td>≤0.9</td><td></td><td></td><td></td></tr>
<tr><td colspan="3">施工单位
检查结果</td><td colspan="4">专业工长：
项目专业质量检查员：
年　月　日</td></tr>
<tr><td colspan="3">监理单位
验收结果</td><td colspan="4">专业监理工程师：
年　月　日</td></tr>
</table>

注：1　表中“设计要求”等内容应按实际设计要求内容填写；

2　表中 D 为桩径。

2. 验收依据说明

(1)【规范名称及编号】《城镇污水处理厂工程质量验收规范》GB 50334－2017

【条文摘录】

主 控 项 目

5.4.1 桩基础使用的原材料、半成品、预制构件应符合设计文件的要求和现行国家标准《混凝土结构工程施工质量验收规范》GB 50204的有关规定。

检验方法：检查材料合格证、试验报告，检查施工记录。

5.4.2 桩基完整性和承载力应符合设计文件的要求。

检验方法：检查检测报告。

一 般 项 目

5.4.4 桩基础检验项目和允许偏差应符合设计文件的要求和现行国家标准《建筑地基基础工程施工质量验收规范》GB 50202的有关规定。

检验方法：检查施工记录，检查检测报告。

(2)【规范名称及编号】《建筑地基基础工程施工质量验收规范》GB 50202－2002

【条文摘录】

4.13.4 水泥粉煤灰碎石桩复合地基的质量检验标准应符合表4.13.4的规定

表4.13.4 水泥粉煤灰碎石桩复合地基质量检验标准

<table>
<tr><th rowspan="2">项目</th><th rowspan="2">序号</th><th rowspan="2">检查项目</th><th colspan="2">允许偏差或允许值</th><th rowspan="2">检查方法</th></tr>
<tr><th>单位</th><th>数值</th></tr>
<tr><td rowspan="4">主控项目</td><td>1</td><td>原材料</td><td colspan="2">设计要求</td><td>查产品合格证或抽样送检</td></tr>
<tr><td>2</td><td>桩径</td><td>mm</td><td>－20</td><td>用钢尺量或计算填料量</td></tr>
<tr><td>3</td><td>桩身强度</td><td colspan="2">设计要求</td><td>查28d试块强度</td></tr>
<tr><td>4</td><td>地基承载力</td><td colspan="2">设计要求</td><td>按规定的办法</td></tr>
<tr><td rowspan="5">一般项目</td><td>1</td><td>桩身完整性</td><td colspan="2">按桩基检测技术规范</td><td>按桩基检测技术规范</td></tr>
<tr><td>2</td><td>桩位偏差</td><td></td><td>满堂布桩≤0.40D
条基布桩≤0.25D</td><td>用钢尺量，D为桩径</td></tr>
<tr><td>3</td><td>桩垂直度</td><td>%</td><td>≤1.5</td><td>用经纬仪测桩管</td></tr>
<tr><td>4</td><td>桩长</td><td>mm</td><td>＋100</td><td>测桩管长度或垂球测孔深</td></tr>
<tr><td>5</td><td>褥垫层夯填度</td><td colspan="2">≤0.9</td><td>用钢尺量</td></tr>
</table>

注：1 夯填度指夯实后的褥垫层厚度与虚体厚度的比值。

2 桩径允许偏差负值是指个别断面。

3. 检验批验收应提供的核查资料

(1) 核查依据：《城镇污水处理厂工程质量验收规范》GB 50334－2017

5.1.2 地基与基础工程质量验收应检查下列文件：

1 各种原材料、半成品、预制构件性能报告；

2 施工记录与监理检验记录；

3 地基处理、桩基检测报告；

4 其他有关文件。

（2）核查资料明细

核查资料明细表

序号	核查资料名称	核查要点
1	材料出厂合格证、试验报告	核查水泥、粉煤灰、碎石的品种规格、数量、日期、性能等符合设计要求
2	地基承载力报告	核查报告的完整性、有效性及结论的符合性
3	施工记录	核查桩位偏差、坍落度、提拔钻杆速度（或提拔套管速度）、成孔深度、混合料灌入量等符合设计及规范要求
4	隐蔽工程验收记录	核查记录内容的完整性及验收结论的符合性
5	监理检验记录	核查记录内容的完整性

2.2.11　注浆加固地基检验批质量验收记录

1. 表格

注浆加固地基检验批质量验收记录

编号：□□□□□□□□□□—□□

<table>
<tr><td colspan="4">单位（子单位）工程名称</td><td colspan="5"></td></tr>
<tr><td colspan="4">分部（子分部）工程名称</td><td colspan="2"></td><td>分项工程名称</td><td colspan="2"></td></tr>
<tr><td colspan="4">施工单位</td><td></td><td>项目负责人</td><td></td><td>检验批容量</td><td></td></tr>
<tr><td colspan="4">分包单位</td><td></td><td>分包单位项目负责人</td><td></td><td>检验批部位</td><td></td></tr>
<tr><td colspan="4">施工依据</td><td colspan="2"></td><td>验收依据</td><td colspan="2"></td></tr>
<tr><td colspan="5">验收项目</td><td>设计要求及规范规定</td><td>最小/实际抽样数量</td><td>检查记录</td><td>检查结果</td></tr>
<tr><td rowspan="12">主控项目</td><td rowspan="12">1</td><td rowspan="12">原材料检验</td><td colspan="2">水泥</td><td>符合设计要求</td><td></td><td></td><td></td></tr>
<tr><td rowspan="3">注浆用砂</td><td>粒径（mm）</td><td>＜2.5</td><td></td><td></td><td></td></tr>
<tr><td>细度模数</td><td>＜2.0</td><td></td><td></td><td></td></tr>
<tr><td>含泥量及有机物含量（%）</td><td>＜3</td><td></td><td></td><td></td></tr>
<tr><td rowspan="4">注浆用黏土</td><td>塑性指数</td><td>＞14</td><td></td><td></td><td></td></tr>
<tr><td>黏粒含量</td><td>＞25</td><td></td><td></td><td></td></tr>
<tr><td>含砂量</td><td>＜5</td><td></td><td></td><td></td></tr>
<tr><td>有机物含量（%）</td><td>＜3</td><td></td><td></td><td></td></tr>
<tr><td rowspan="2">粉煤灰</td><td>细度</td><td>不粗于同时使用的水泥</td><td></td><td></td><td></td></tr>
<tr><td>烧失量（%）</td><td>＜3</td><td></td><td></td><td></td></tr>
<tr><td colspan="2">水玻璃：模数</td><td>2.5～3.3</td><td></td><td></td><td></td></tr>
<tr><td colspan="2">其他化学浆液</td><td>符合设计要求</td><td></td><td></td><td></td></tr>
</table>

续表

验收项目			设计要求及规范规定	最小/实际抽样数量	检查记录	检查结果
主控项目	2	注浆体强度	符合设计要求			
	3	地基承载力	符合设计要求			
	4	处理范围	符合设计要求			
一般项目	1	各种注浆材料称量误差（%）	<3			
	2	注浆孔位（mm）	±20			
	3	注浆孔深（mm）	±100			
	4	注浆压力（与设计参数比）（%）	±10			
施工单位检查结果			专业工长： 项目专业质量检查员： 年　月　日			
监理单位验收结果			专业监理工程师： 年　月　日			

注：表中“设计要求”等内容应按实际设计要求内容填写。

2. 验收依据说明

(1)【规范名称及编号】《城镇污水处理厂工程质量验收规范》GB 50334－2017

【条文摘录】

主　控　项　目

5.3.1　地基承载力应符合设计文件的要求。

检验方法：检查检测报告。

5.3.2　地基处理使用材料及配合比应符合设计文件的要求。

检验方法：检查材料合格证、级配试验报告、施工记录。

5.3.3　地基处理范围应符合设计文件的要求。

检验方法：实测实量，检查施工记录。

5.3.4　局部处理过的地基，承载力应符合设计文件的要求。

检验方法：检查检测报告。

一　般　项　目

5.3.5　地基处理的主要技术指标应符合设计文件的要求和现行国家标准《建筑地基基础工程施工质量验收规范》GB 50202 的有关规定。

检验方法：实测实量，检查施工记录。

5.3.6　地基分层碾压的虚铺厚度、碾压和夯实强度等应符合设计文件的要求和现行国家标准《建筑地基基础工程施工质量验收规范》GB 50202 的有关规定。

检验方法：实测实量，检查施工记录、检测报告。

(2)【规范名称及编号】《建筑地基基础工程施工质量验收规范》GB 50202－2002

【条文摘录】

4.7.4　注浆地基的质量检验标准应符合表4.7.4的规定。

表4.7.4　注浆地基质量检验标准

项目	序号	检查项目		允许偏差或允许值		检查方法
				单位	数值	
主控项目	1	原材料检验	水泥	设计要求		查产品合格证书或抽样送检
			注浆用砂：粒径 细度模数 含泥量及有机物含量	mm %	<2.5 <2.0 <3	试验室试验
			注浆用黏土：塑性指数 黏粒含量 含砂量 有机物含量	 % % %	>14 >25 <5 <3	试验室试验
			粉煤灰：细度 烧失量	不粗于同时使用的水泥 %	 <3	试验室试验
			水玻璃：模数	2.5～3.3		抽样送检
			其他化学浆液	设计要求		查产品合格证书或抽样送检
	2	注浆体强度		设计要求		取样检验
	3	地基承载力		设计要求		按规定方法
一般项目	1	各种注浆材料称量误差		%	<3	抽查
	2	注浆孔位		mm	±20	用钢尺量
	3	注浆孔深		mm	±100	量测注浆管长度
	4	注浆压力（与设计参数比）		%	±10	检查压力表读数

3. 检验批验收应提供的核查资料

(1) 核查依据:《城镇污水处理厂工程质量验收规范》GB 50334－2017

5.1.2　地基与基础工程质量验收应检查下列文件：

1　各种原材料、半成品、预制构件性能报告；

2　施工记录与监理检验记录；

3　地基处理、桩基检测报告；

4　其他有关文件。

(2) 核查资料明细

核查资料明细表

序号	核查资料名称	核查要点
1	材料出厂合格证、试验报告	核查水泥、黏土、粉煤灰、水玻璃、砂、其他化学浆液的品种规格、数量、日期、性能等符合设计要求
2	地基承载力报告	核查报告的完整性、有效性及结论的符合性
3	施工记录	核查注浆孔位、注浆孔深、注浆压力等符合设计及规范要求
4	隐蔽工程验收记录	核查记录内容的完整性及验收结论的符合性
5	监理检验记录	核查记录内容的完整性

2.2.12 先张法预应力管桩检验批质量验收记录

1. 表格

先张法预应力管桩检验批质量验收记录

编号：□□□□□□□□□—□□

单位（子单位）工程名称					
分部（子分部）工程名称			分项工程名称		
施工单位		项目负责人		检验批容量	
分包单位		分包单位项目负责人		检验批部位	
施工依据			验收依据		

验收项目					设计要求及规范规定	最小/实际抽样数量	检查记录	检查结果
主控项目	1	桩体质量检验			按基桩检测技术规范			
	2	桩位偏差	盖有基础梁的桩（mm）	垂直基础梁的中心线	$100+0.01H$			
				沿基础梁的中心线	$150+0.01H$			
			桩数为1～3根桩基中的桩（mm）		100			
			桩数为4～16根桩基中的桩		1/2桩径或边长			
			桩数大于16根桩基中的桩	最外边的桩	1/3桩径或边长			
				中间桩	1/2桩径或边长			
	3	承载力			按基桩检测技术规范			
一般项目	1	成品桩质量	外观		无蜂窝、露筋、裂缝、色感均匀、桩顶处无孔隙			
			桩径		±5mm			
			管壁厚度		±5mm			
			桩尖中心线		<2mm			
			顶面平整度		10mm			
			桩体弯曲		$<1/1000l_1$			
	2	接桩	焊缝质量	上下节端部错口（外径≥700mm）	≤3mm			
				上下节端部错口（外径<700mm）	≤2mm			
				焊缝咬边深度	≤0.5mm			
				焊缝加强层高度	2 mm			
				焊缝加强层宽度	2 mm			
				焊缝电焊质量外观	无气孔、无焊瘤、无裂缝			
				焊缝探伤检验	满足设计要求			

续表

验收项目				设计要求及规范规定	最小/实际抽样数量	检查记录	检查结果
一般项目	2	接桩	电焊结束后停歇时间	>1.0min			
			上下节平面偏差	<10mm			
			节点弯曲矢高	<1/1000l_2			
	3	停锤标准		设计要求			
	4	桩顶标高		±50mm			
施工单位检查结果				专业工长： 项目专业质量检查员： 年 月 日			
监理单位验收结果				专业监理工程师： 年 月 日			

注：1 表中“设计要求”等内容应按实际设计要求内容填写；
2 表中 H 为施工现场地面标高与桩顶设计标高的距离，l_1 为桩长，l_2 为两节桩长。

2. 验收依据说明

(1)【规范名称及编号】《城镇污水处理厂工程质量验收规范》GB 50334－2017

【条文摘录】

5.1.3 污水处理厂工程的地基与基础工程质量验收除应符合本规范外，尚应符合现行国家标准《建筑地基基础工程施工质量验收规范》GB 50202、《给水排水管道工程施工及验收规范》GB 50268 和《给水排水构筑物工程施工及验收规范》GB 50141 的有关规定。

(2)【规范名称及编号】《建筑地基基础工程施工质量验收规范》GB 50202－2002

【条文摘录】

5.3.4 先张法预应力管桩的质量检验应符合表 5.3.4 的规定。

表 5.3.4 先张法预应力管桩质量检验标准

项目	序号	检查项目		允许偏差或允许值		检查方法
				单位	数值	
主控项目	1	桩体质量检验		按基桩检测技术规范		按基桩检测技术规范
	2	桩位偏差		见本规范表 5.1.3		用钢尺量
	3	承载力		按基桩检测技术规范		按基桩检测技术规范
一般项目	1	成品桩质量	外观	无蜂窝、露筋、裂缝、色感均匀、桩顶处无孔隙		直观
			桩径	mm	±5	用钢尺量
			管壁厚度	mm	±5	用钢尺量
			桩尖中心线	mm	<2	用钢尺量
			顶面平整度	mm	10	用水平尺量
			桩体弯曲		<1/1000l	用钢尺量，l 为桩长

续表

项目	序号	检查项目	允许偏差或允许值		检查方法
			单位	数值	
一般项目	2	接桩：焊缝质量 电焊结束后停歇时间 上下节平面偏差 节点弯曲矢高	见本规范表 5.5.4-2 min mm	 ＞1.0 ＜10 ＜1/1000*l*	见本规范表 5.5.4-2 秒表测定 用钢尺量 用钢尺量，*l* 为两节桩长
	3	停锤标准	设计要求		现场实测或查沉桩记录
	4	桩顶标高	mm	±50	水准仪

表 5.1.3　预制桩（钢桩）桩位的允许偏差（mm）

序号	项目	允许偏差
1	盖有基础梁的桩： （1）垂直基础梁的中心线 （2）沿基础梁的中心线	 100＋0.01*H* 150＋0.01*H*
2	桩数为 1～3 根桩基中的桩	100
3	桩数为 4～16 根桩基中的桩	1/2 桩径或边长
4	桩数大于 16 根桩基中的桩： （1）最外边的桩 （2）中间桩	 1/3 桩径或边长 1/2 桩径或边长

注：*H* 为施工现场地面标高与桩顶设计标高的距离。

表 5.5.4-2　钢桩施工质量检验标准

项目	序号	检查项目	允许偏差或允许值		检查方法
			单位	数值	
主控项目	1	桩位偏差	见本规范表 5.1.3		用钢尺量
	2	承载力	按基桩检测技术规范		按基桩检测技术规范
一般项目	1	电焊接桩焊缝： （1）上下节端部错口 （外径≥700mm） （外径＜700mm） （2）焊缝咬边深度 （3）焊缝加强层高度 （4）焊缝加强层宽度	 mm mm mm mm mm	 ≤3 ≤2 ≤0.5 2 2	 用钢尺量 用钢尺量 焊缝检查仪 焊缝检查仪 焊缝检查仪
		（5）焊缝电焊质量外观	无气孔，无焊瘤，无裂缝		直观
		（6）焊缝探伤检验	满足设计要求		按设计要求
	2	电焊结束后停歇时间	min	＞1.0	秒表测定
	3	节点弯曲矢高		＜1/1000*l*	用钢尺量，*l* 为两节桩长
	4	桩顶标高	mm	±50	水准仪
	5	停锤标准	设计要求		用钢尺量或沉桩记录

3. 检验批验收应提供的核查资料

(1) 核查依据：《城镇污水处理厂工程质量验收规范》GB 50334－2017

5.1.2　地基与基础工程质量验收应检查下列文件：

1　各种原材料、半成品、预制构件性能报告；

2　施工记录与监理检验记录；

3　地基处理、桩基检测报告；

4　其他有关文件。

(2) 核查资料明细

核查资料明细表

序号	核查资料名称	核查要点
1	成品桩合格证、试验报告	核查规格型号、数量、日期、性能等符合设计要求
2	承载力报告	核查报告的完整性、有效性及结论的符合性
3	焊缝探伤试验报告	核查报告的完整性、有效性及结论的符合性
4	施工记录	核查桩的贯入情况、桩顶完整、电焊接桩质量、桩体垂直度等符合设计及规范要求
5	隐蔽工程验收记录	核查记录内容的完整性及验收结论的符合性
6	监理检验记录	核查记录内容的完整性

2.2.13　混凝土预制桩检验批质量验收记录

1. 表格

混凝土预制桩检验批质量验收记录

编号：□□□□□□□□□□—□□

<table>
<tr><td colspan="4">单位（子单位）
工程名称</td><td colspan="5"></td></tr>
<tr><td colspan="4">分部（子分部）
工程名称</td><td colspan="2"></td><td>分项工程名称</td><td colspan="2"></td></tr>
<tr><td colspan="4">施工单位</td><td></td><td>项目负责人</td><td></td><td>检验批容量</td><td></td></tr>
<tr><td colspan="4">分包单位</td><td></td><td>分包单位
项目负责人</td><td></td><td>检验批
部位</td><td></td></tr>
<tr><td colspan="4">施工依据</td><td colspan="2"></td><td>验收依据</td><td colspan="2"></td></tr>
<tr><td colspan="5">验收项目</td><td>设计要求及
规范规定</td><td>最小/实际抽样
数量检查记录</td><td>检查记录</td><td>检查结果</td></tr>
<tr><td rowspan="8">主控项目</td><td>1</td><td colspan="3">桩体质量检验</td><td>按基桩检测
技术规范</td><td></td><td></td><td></td></tr>
<tr><td rowspan="6">2</td><td rowspan="6">桩位偏差</td><td rowspan="2">盖有基础梁的桩
(mm)</td><td>垂直基础梁的中心线</td><td>100+0.01H</td><td></td><td></td><td></td></tr>
<tr><td>沿基础梁的中心线</td><td>150+0.01H</td><td></td><td></td><td></td></tr>
<tr><td colspan="2">桩数为1～3根桩基中的桩（mm）</td><td>100</td><td></td><td></td><td></td></tr>
<tr><td colspan="2">桩数为4～16根桩基中的桩（mm）</td><td>1/2桩径或边长</td><td></td><td></td><td></td></tr>
<tr><td rowspan="2">桩数大于
16根桩基中
的桩(mm)</td><td>最外边的桩</td><td>1/3桩径或边长</td><td></td><td></td><td></td></tr>
<tr><td>中间桩</td><td>1/2桩径或边长</td><td></td><td></td><td></td></tr>
<tr><td>3</td><td colspan="3">承载力</td><td>按基桩检测技术规范</td><td></td><td></td><td></td></tr>
</table>

续表

验收项目				设计要求及规范规定	最小/实际抽样数量检查记录	检查记录	检查结果
一般项目	1	砂、石、水泥、钢材等原材料（现场预制时）		符合设计要求			
一般项目	2	混凝土配合比及强度（现场预制时）		符合设计要求			
一般项目	3	成品桩外形		表面平整，颜色均匀，掉角深度＜10mm，蜂窝面积小于总面积0.5%			
一般项目	4	成品桩裂缝		深度＜20mm，宽度＜0.25mm，横向裂缝不超过边长的一半			
一般项目	5	成品桩尺寸	横截面边长（mm）	±5			
一般项目	5	成品桩尺寸	桩顶对角线差（mm）	＜10			
一般项目	5	成品桩尺寸	桩尖中心线（mm）	＜10			
一般项目	5	成品桩尺寸	桩身弯曲矢高	＜1/1000l_1（l=____ mm）			
一般项目	5	成品桩尺寸	桩顶平整度（mm）	＜2			
一般项目	6	电焊接桩	焊缝质量：上下节端部错口（mm）（外径≥700mm）	≤3			
一般项目	6	电焊接桩	焊缝质量：上下节端部错口（mm）（外径＜700mm）	≤2			
一般项目	6	电焊接桩	焊缝质量：焊缝咬边深度（mm）	≤0.5			
一般项目	6	电焊接桩	焊缝质量：焊缝加强层高度（mm）	2			
一般项目	6	电焊接桩	焊缝质量：焊缝加强层宽度（mm）	2			
一般项目	6	电焊接桩	焊缝质量：焊缝电焊质量外观	无气孔，无焊瘤，无裂缝			
一般项目	6	电焊接桩	焊缝质量：焊缝探伤检验	符合设计要求			
一般项目	6	电焊接桩	电焊结束后停歇时间	＞1.0min			
一般项目	6	电焊接桩	上下节平面偏差	＜10mm			
一般项目	6	电焊接桩	节点弯曲矢高	＜1/1000l_2（l_2=____ mm）			
一般项目	7	硫黄胶泥接桩	胶泥浇筑时间	＜2min			
一般项目	7	硫黄胶泥接桩	浇筑后停歇时间	＞7min			
一般项目	8	桩顶标高（mm）		±50			
一般项目	9	停锤标准		符合设计要求			
施工单位检查结果				专业工长： 项目专业质量检查员： 年 月 日			
监理单位验收结果				专业监理工程师： 年 月 日			

注：1 表中“设计要求”等内容应按实际设计要求内容填写；

2 表中H为施工现场地面标高与桩顶设计标高的距离，l_1为桩长，l_2为两节桩长。

2. 验收依据说明

(1)【规范名称及编号】《城镇污水处理厂工程质量验收规范》GB 50334－2017

【条文摘录】

一　般　项　目

5.4.4　桩基础检验项目和允许偏差应符合设计文件的要求和现行国家标准《建筑地基基础工程施工质量验收规范》GB 50202的有关规定。

检验方法：检查施工记录，检查检测报告。

(2)【规范名称及编号】《建筑地基基础工程施工质量验收规范》GB 50202－2002

5.4.5　钢筋混凝土预制桩的质量检验标准应符合表5.4.5的规定。

表5.4.5　钢筋混凝土预制桩的质量检验标准

项	序	检查项目	允许偏差或允许值		检查方法
			单位	数值	
主控项目	1	桩体质量检验	按基桩检测技术规范		按基桩检测技术规范
	2	桩体偏差	见本规范表5.1.3		用钢尺量
	3	承载力	按基桩检测技术规范		按基桩检测技术规范
一般项目	1	砂、石、水泥、钢材等原材料(现场预制时)	符合设计要求		查出厂质保文件或抽样送检
	2	混凝土配合比及强度（现场预制时）	符合设计要求		检查称量及查试块记录
	3	成品桩外形	表面平整，颜色均匀，掉角深度＜10mm，蜂窝面积小于总面积0.5％。		直观
	4	成品桩裂缝（收缩裂缝或起吊、装运、堆放引起的裂缝）	深度＜20mm，宽度＜0.25mm，横向裂缝不超过边长的一半		裂缝测定仪，该项在地下水有侵蚀地区及锤击数超过500击的长桩不适用
	5	成品桩尺寸：横截面边长 桩顶对角线差 桩尖中心线 桩身弯曲矢高 桩顶平整度	mm mm mm mm	±5 ＜10 ＜10 ＜1/1000l ＜2	用钢尺量 用钢尺量 用钢尺量 用钢尺量，l为桩长 用水平尺量
	6	电焊接桩：焊缝质量 电焊结束后停歇时间 上下节平面偏差 节点弯曲矢高	见本规范表5.5.4-2 min mm 	 ＞1.0 ＜10 ＜1/1000l	见本规范表5.5.4-2 秒表测定 用钢尺量 用钢尺量，l为两节桩长
	7	硫磺胶泥接桩： 胶泥浇注时间 浇注后停歇时间	 min min	 ＜2 ＞7	 秒表测定 秒表测定
	8	桩顶标高	mm	±50	水准仪
	9	停锤标准	设计要求		现场实测或查沉桩记录

表 5.1.3 预制桩（钢桩）桩位的允许偏差（mm）

序号	项目	允许偏差
1	盖有基础梁的桩： (1) 垂直基础梁的中心线 (2) 沿基础梁的中心线	 100+0.01H 150+0.01H
2	桩数为 1～3 根桩基中的桩	100
3	桩数为 4～16 根桩基中的桩	1/2 桩径或边长
4	桩数大于 16 根桩基中的桩： (1) 最外边的桩 (2) 中间桩	 1/3 桩径或边长 1/2 桩径或边长

注：H 为施工现场地面标高与桩顶设计标高的距离。

表 5.5.4-2 钢桩施工质量检验标准

项目	序号	检查项目	允许偏差或允许值		检查方法
			单位	数值	
主控项目	1	桩位偏差	见本规范表 5.1.3		用钢尺量
	2	承载力	按基桩检测技术规范		按基桩检测技术规范
一般项目	1	电焊接桩焊缝： (1) 上下节端部错口 (外径≥700mm) (外径<700mm) (2) 焊缝咬边深度 (3) 焊缝加强层高度 (4) 焊缝加强层宽度	 mm mm mm mm mm	 ≤3 ≤2 ≤0.5 2 2	 用钢尺量 用钢尺量 焊缝检查仪 焊缝检查仪 焊缝检查仪
		(5) 焊缝电焊质量外观	无气孔，无焊瘤，无裂缝		直观
		(6) 焊缝探伤检验	满足设计要求		按设计要求
	2	电焊结束后停歇时间	min	>1.0	秒表测定
	3	节点弯曲矢高		<1/1000l	用钢尺量，l 为两节桩长
	4	桩顶标高	mm	±50	水准仪
	5	停锤标准	设计要求		用钢尺量或沉桩记录

3. 检验批验收应提供的核查资料

（1）核查依据：《城镇污水处理厂工程质量验收规范》GB 50334－2017

5.1.2 地基与基础工程质量验收应检查下列文件：

1 各种原材料、半成品、预制构件性能报告；

2 施工记录与监理检验记录；

3 地基处理、桩基检测报告；

4 其他有关文件。

（2）核查资料明细

核查资料明细表

序号	核查资料名称	核查要点
1	成品桩合格证、试验报告	核查规格型号、数量、日期、性能等符合设计要求
2	承载力报告	核查报告的完整性、有效性及结论的符合性
3	焊缝探伤试验报告	核查报告的完整性、有效性及结论的符合性
4	施工记录	核查桩体的垂直度、沉桩、桩顶完整、接桩质量等符合设计及规范要求
5	隐蔽工程验收记录	核查记录内容的完整性及验收结论的符合性
6	监理检验记录	核查记录内容的完整性

2.2.14 钢桩检验批质量验收记录

1. 表格

钢桩检验批质量验收记录

编号：□□□□□□□□□□—□□

<table>
<tr><td colspan="4">单位（子单位）工程名称</td><td colspan="5"></td></tr>
<tr><td colspan="4">分部（子分部）工程名称</td><td colspan="2"></td><td>分项工程名称</td><td colspan="2"></td></tr>
<tr><td colspan="4">施工单位</td><td></td><td>项目负责人</td><td></td><td>检验批容量</td><td></td></tr>
<tr><td colspan="4">分包单位</td><td></td><td>分包单位项目负责人</td><td></td><td>检验批部位</td><td></td></tr>
<tr><td colspan="4">施工依据</td><td></td><td colspan="2">验收依据</td><td colspan="2"></td></tr>
<tr><td colspan="5">验收项目</td><td>设计要求及规范规定</td><td>最小/实际抽样数量</td><td>检查记录</td><td>检查结果</td></tr>
<tr><td rowspan="8">主控项目</td><td rowspan="7">1</td><td rowspan="7">桩位偏差</td><td rowspan="2">盖有基础梁的桩（mm）</td><td>垂直基础梁的中心线</td><td>$100+0.01H$</td><td></td><td></td><td></td></tr>
<tr><td>沿基础梁的中心线</td><td>$150+0.01H$</td><td></td><td></td><td></td></tr>
<tr><td colspan="2">桩数为1～3根桩基中的桩（mm）</td><td>100</td><td></td><td></td><td></td></tr>
<tr><td colspan="2">桩数为4～16根桩基中的桩（mm）</td><td>1/2桩径或边长</td><td></td><td></td><td></td></tr>
<tr><td rowspan="2">桩数大于16根桩基中的桩（mm）</td><td>最外边的桩</td><td>1/3桩径或边长</td><td></td><td></td><td></td></tr>
<tr><td>中间桩</td><td>1/2桩径或边长</td><td></td><td></td><td></td></tr>
<tr><td colspan="2"></td><td></td><td></td><td></td><td></td></tr>
<tr><td>2</td><td colspan="3">承载力</td><td>按基桩检测技术规范</td><td></td><td></td><td></td></tr>
</table>

续表

<table>
<tr><th colspan="5">验收项目</th><th>设计要求及规范规定</th><th>最小/实际抽样数量</th><th>检查记录</th><th>检查结果</th></tr>
<tr><td rowspan="11">一般项目</td><td rowspan="7">1</td><td rowspan="7">电焊接桩焊缝</td><td rowspan="2">上下节端部错口(mm)</td><td>(外径≥700mm)</td><td>≤3</td><td></td><td></td><td></td></tr>
<tr><td>(外径＜700mm)</td><td>≤2</td><td></td><td></td><td></td></tr>
<tr><td colspan="2">焊缝咬边深度(mm)</td><td>≤0.5</td><td></td><td></td><td></td></tr>
<tr><td colspan="2">焊缝加强层高度(mm)</td><td>2</td><td></td><td></td><td></td></tr>
<tr><td colspan="2">焊缝加强层宽度(mm)</td><td>2</td><td></td><td></td><td></td></tr>
<tr><td colspan="2">焊缝电焊质量外观</td><td>无气孔,无焊瘤,无裂缝</td><td></td><td></td><td></td></tr>
<tr><td colspan="2">焊缝探伤检验</td><td>满足设计要求</td><td></td><td></td><td></td></tr>
<tr><td>2</td><td colspan="3">电焊结束后停歇时间(min)</td><td>＞1.0</td><td></td><td></td><td></td></tr>
<tr><td>3</td><td colspan="3">节点弯曲矢高</td><td>＜1/1000l</td><td></td><td></td><td></td></tr>
<tr><td>4</td><td colspan="3">桩顶标高(mm)</td><td>±50</td><td></td><td></td><td></td></tr>
<tr><td>5</td><td colspan="3">停锤标准</td><td>设计要求</td><td></td><td></td><td></td></tr>
<tr><td colspan="5">施工单位
检查结果</td><td colspan="4">专业工长：
项目专业质量检查员：
年 月 日</td></tr>
<tr><td colspan="5">监理单位
验收结果</td><td colspan="4">专业监理工程师：
年 月 日</td></tr>
</table>

注：1 表中“设计要求”等内容应按实际设计要求内容填写；

2 表中 H 为施工现场地面标高与桩顶设计标高的距离，l 为两节桩长。

2. 验收依据说明

(1)【规范名称及编号】《城镇污水处理厂工程质量验收规范》GB 50334－2017

【条文摘录】

5.1.3 污水处理厂工程的地基与基础工程质量验收除应符合本规范外，尚应符合现行国家标准《建筑地基基础工程施工质量验收规范》GB 50202、《给水排水管道工程施工及验收规范》GB 50268 和《给水排水构筑物工程施工及验收规范》GB 50141 的有关规定。

(2)【规范名称及编号】《建筑地基基础工程施工质量验收规范》GB 50202－2002

【条文摘录】

表 5.5.4-2 钢桩施工质量检验标准

<table>
<tr><th rowspan="2">项</th><th rowspan="2">序</th><th rowspan="2">检查项目</th><th colspan="2">允许偏差或允许值</th><th rowspan="2">检查方法</th></tr>
<tr><th>单位</th><th>数值</th></tr>
<tr><td rowspan="2">主控项目</td><td>1</td><td>桩位偏差</td><td colspan="2">见本规范表 5.1.3</td><td>用钢尺量</td></tr>
<tr><td>2</td><td>承载力</td><td colspan="2">按基桩检测技术规范</td><td>按基桩检测技术规范</td></tr>
<tr><td rowspan="3">一般项目</td><td rowspan="3">1</td><td rowspan="3">电焊接桩焊缝：
(1) 上下节端部错口
(外径≥700mm)
(外径＜700mm)
(2) 焊缝咬边深度
(3) 焊缝加强层高度
(4) 焊缝加强层宽度
(5) 焊缝电焊质量外观
(6) 焊缝探伤检验</td><td>mm
mm
mm
mm
mm</td><td>≤3
≤2
≤0.5
2
2</td><td>用钢尺量
用钢尺量
焊缝检查仪
焊缝检查仪
焊缝检查仪</td></tr>
<tr><td colspan="2">无气孔，无焊瘤，无裂缝</td><td>直观</td></tr>
<tr><td colspan="2">满足设计要求</td><td>按设计要求</td></tr>
</table>

续表

项	序	检查项目	允许偏差或允许值		检查方法
			单位	数值	
一般项目	2	电焊结束后停歇时间	min	>1.0	秒表测定
	3	节点弯曲矢高		<1/1000l	用钢尺量，l为两节桩长
	4	桩顶标高	mm	±50	水准仪
	5	停锤标准	设计要求		用钢尺量或沉桩记录

表 5.1.3 预制桩（钢桩）桩位的允许偏差（mm）

项	项目	允许偏差
1	盖有基础梁的桩： （1）垂直基础梁的中心线 （2）沿基础梁的中心线	 100+0.01H 150+0.01H
2	桩数为1～3根桩基中的桩	100
3	桩数为4～16根桩基中的桩	1/2桩径或边长
4	桩数大于16根桩基中的桩： （1）最外边的桩 （2）中间桩	 1/3桩径或边长 1/2桩径或边长

注：H为施工现场地面标高与桩顶设计标高的距离。

3. 检验批验收应提供的核查资料

（1）核查依据：《城镇污水处理厂工程质量验收规范》GB 50334－2017

5.1.2 地基与基础工程质量验收应检查下列文件：

1 各种原材料、半成品、预制构件性能报告；

2 施工记录与监理检验记录；

3 地基处理、桩基检测报告；

4 其他有关文件。

（2）核查资料明细

核查资料明细表

序号	核查资料名称	核查要点
1	成品桩出厂合格证、试验报告	核查规格型号、尺寸、数量、日期、性能等符合设计要求
2	焊缝探伤试验报告	核查记录内容的完整性及验收结论的符合性
3	施工记录	核查钢桩垂直度、沉入过程、电焊连接、桩顶锤击后的完整状况等符合设计及规范要求
4	承载力报告	核查报告的完整性、有效性及结论的符合性
5	隐蔽工程验收记录	核查记录内容的完整性及验收结论的符合性
6	监理检验记录	核查记录内容的完整性

2.2.15 混凝土灌注桩钢筋笼检验批质量验收记录

1. 表格

混凝土灌注桩钢筋笼检验批质量验收记录

编号：□□□□□□□□□□—□□

<table>
<tr><td colspan="3">单位（子单位）
工程名称</td><td colspan="6"></td></tr>
<tr><td colspan="3">分部（子分部）
工程名称</td><td colspan="3"></td><td>分项工程名称</td><td colspan="2"></td></tr>
<tr><td colspan="3">施工单位</td><td></td><td colspan="2">项目负责人</td><td></td><td>检验批容量</td><td></td></tr>
<tr><td colspan="3">分包单位</td><td></td><td colspan="2">分包单位
项目负责人</td><td></td><td>检验批部位</td><td></td></tr>
<tr><td colspan="3">施工依据</td><td colspan="3"></td><td>验收依据</td><td colspan="2"></td></tr>
<tr><td colspan="4">验收项目</td><td colspan="2">设计要求及规范规定</td><td>最小/实际
抽样数量</td><td>检查记录</td><td>检查结果</td></tr>
<tr><td rowspan="2">主控
项目</td><td>1</td><td colspan="2">主筋间距</td><td rowspan="2">允许偏差
(mm)</td><td>±10</td><td></td><td></td><td></td></tr>
<tr><td>2</td><td colspan="2">长度</td><td>±100</td><td></td><td></td><td></td></tr>
<tr><td rowspan="3">一般
项目</td><td>1</td><td colspan="2">钢筋材质检验</td><td colspan="2">符合设计要求</td><td></td><td></td><td></td></tr>
<tr><td>2</td><td colspan="2">箍筋间距</td><td rowspan="2">允许偏差
(mm)</td><td>±20</td><td></td><td></td><td></td></tr>
<tr><td>3</td><td colspan="2">直径</td><td>±10</td><td></td><td></td><td></td></tr>
<tr><td colspan="4">施工单位
检查结果</td><td colspan="5">专业工长：
项目专业质量检查员：
年　月　日</td></tr>
<tr><td colspan="4">监理单位
验收结果</td><td colspan="5">专业监理工程师：
年　月　日</td></tr>
</table>

注：1 表中“设计要求”等内容应按实际设计要求内容填写；

2 钢筋原材料检验批记录、钢筋连接检验批记录按本章有关记录填写。

2. 验收依据说明

(1)【规范名称及编号】《城镇污水处理厂工程质量验收规范》GB 50334－2017

【条文摘录】

一 般 项 目

5.4.4 桩基础检验项目和允许偏差应符合设计文件的要求和现行国家标准《建筑地基基础工程施工质量验收规范》GB 50202 的有关规定。

检验方法：检查施工记录，检查检测报告。

(2)【规范名称及编号】《建筑地基基础工程施工质量验收规范》GB 50202－2002

【条文摘录】

5.6.4 混凝土灌注桩的质量检验标准应符合表 5.6.4-1、表 5.6.4-2 的规定。

表 5.6.4-1　混凝土灌注桩钢筋笼质量检验标准（mm）

项	序	检查项目	允许偏差或允许值	检查方法
主控项目	1	主筋间距	±10	用钢尺量
	2	长度	±100	用钢尺量
一般项目	1	钢筋材质检验	设计要求	抽样送检
	2	箍筋间距	±20	用钢尺量
	3	直径	±10	用钢尺量

3. 检验批验收应提供的核查资料

（1）核查依据：《城镇污水处理厂工程质量验收规范》GB 50334－2017

5.1.2　地基与基础工程质量验收应检查下列文件：

1　各种原材料、半成品、预制构件性能报告；

2　施工记录与监理检验记录；

3　地基处理、桩基检测报告；

4　其他有关文件。

（2）核查资料明细

核查资料明细表

序号	核查资料名称	核查要点
1	材料出厂合格证、试验报告	核查规格型号、数量、日期、性能等符合设计要求
2	隐蔽工程验收记录	核查记录内容的完整性及验收结论的符合性
3	监理检验记录	核查记录内容的完整性

2.2.16　混凝土灌注桩检验批质量验收记录

1. 表格

混凝土灌注桩检验批质量验收记录

编号：□□□□□□□□□□—□□

<table>
<tr><td colspan="5">单位（子单位）工程名称</td><td colspan="5"></td></tr>
<tr><td colspan="5">分部（子分部）工程名称</td><td colspan="2"></td><td>分项工程名称</td><td colspan="2"></td></tr>
<tr><td colspan="5">施工单位</td><td></td><td>项目负责人</td><td></td><td>检验批容量</td><td></td></tr>
<tr><td colspan="5">分包单位</td><td></td><td>分包单位
项目负责人</td><td></td><td>检验批部位</td><td></td></tr>
<tr><td colspan="5">施工依据</td><td colspan="2"></td><td>验收依据</td><td colspan="2"></td></tr>
<tr><td colspan="6">验收项目</td><td>设计要求及规范规定</td><td>最小/实际抽样数量</td><td>检查记录</td><td>检查结果</td></tr>
<tr><td rowspan="2">主控项目</td><td rowspan="2">1</td><td rowspan="2">桩位允许偏差（mm）</td><td rowspan="2">泥浆护壁灌注桩</td><td rowspan="2">1～3根、单排桩基垂直于中心线方向和群桩基础的边桩</td><td>$D \leqslant 1000$mm</td><td>$D/6$，且不大于100</td><td></td><td></td><td></td></tr>
<tr><td>$D > 1000$mm</td><td>$100+0.01H$</td><td></td><td></td><td></td></tr>
</table>

续表

验收项目						设计要求及规范规定	最小/实际抽样数量	检查记录	检查结果
主控项目	1	桩位允许偏差（mm）	泥浆护壁灌注桩	条形桩基沿中心线方向和群桩基础的中间桩	D≤1000mm	D/4，且不大于150			
					D>1000mm	150+0.01H			
			套管成孔灌注桩	1～3根、单排桩基垂直于中心线方向和群桩基础的边桩	D≤500mm	70			
					D>500mm	100			
				条形桩基沿中心线方向和群桩基础的中间桩	D≤500mm	150			
					D>500mm	150			
			干成孔灌注桩	1～3根、单排桩基垂直于中心线方向和群桩基础的边桩		70			
				条形桩基沿中心线方向和群桩基础的中间桩		150			
			人工挖孔桩	1～3根、单排桩基垂直于中心线方向和群桩基础的边桩	混凝土护壁	50			
					钢套管护壁	100			
				条形桩基沿中心线方向和群桩基础的中间桩	混凝土护壁	150			
					钢套管护壁	200			
	2	孔深（mm）				+300			
	3	桩体质量检验				按基桩检测技术规范			
	4	混凝土强度				设计要求 C____			
	5	承载力				按基桩检测技术规范			
	6	抗拔桩抗裂性能检验				设计要求			
一般项目	1	垂直度允许偏差（%）	泥浆护壁灌注桩		D≤1000mm	<1			
					D>1000mm				
			套管成孔灌注桩		D≤500mm	<1			
					D>500mm				
			干成孔灌注桩			<1			

续表

<table>
<tr><th colspan="5">验收项目</th><th>设计要求及规范规定</th><th>最小/实际抽样数量</th><th>检查记录</th><th>检查结果</th></tr>
<tr><td rowspan="14">一般项目</td><td rowspan="5">2</td><td rowspan="5">桩径允许偏差（mm）</td><td rowspan="2">泥浆护壁灌注桩</td><td>$D \leq 1000$mm</td><td rowspan="2">±50</td><td></td><td></td><td></td></tr>
<tr><td>$D > 1000$mm</td><td></td><td></td><td></td></tr>
<tr><td rowspan="2">套管成孔灌注桩</td><td>$D \leq 500$mm</td><td rowspan="2">−20</td><td></td><td></td><td></td></tr>
<tr><td>$D > 500$mm</td><td></td><td></td><td></td></tr>
<tr><td colspan="2">干成孔灌注桩</td><td>−20</td><td></td><td></td><td></td></tr>
<tr><td>3</td><td colspan="3">黏土或砂性土中泥浆比重</td><td>1.15～1.20</td><td></td><td></td><td></td></tr>
<tr><td>4</td><td colspan="3">高于地下水位的泥浆面标高（m）</td><td>0.5～1.0</td><td></td><td></td><td></td></tr>
<tr><td rowspan="2">5</td><td rowspan="2">沉渣厚度</td><td colspan="2">端承桩（mm）</td><td>≤50</td><td></td><td></td><td></td></tr>
<tr><td colspan="2">摩擦桩（mm）</td><td>≤150</td><td></td><td></td><td></td></tr>
<tr><td rowspan="2">6</td><td rowspan="2">混凝土坍落度</td><td colspan="2">水下灌注（mm）</td><td>160～220</td><td></td><td></td><td></td></tr>
<tr><td colspan="2">干施工（mm）</td><td>70～100</td><td></td><td></td><td></td></tr>
<tr><td>7</td><td colspan="3">钢筋笼安装深度（mm）</td><td>±100</td><td></td><td></td><td></td></tr>
<tr><td>8</td><td colspan="3">混凝土充盈系数</td><td>>1</td><td></td><td></td><td></td></tr>
<tr><td>9</td><td colspan="3">桩顶标高（mm）</td><td>+30，−50</td><td></td><td></td><td></td></tr>
<tr><td colspan="5">施工单位
检查结果</td><td colspan="4">专业工长：
项目专业质量检查员：
年　月　日</td></tr>
<tr><td colspan="5">监理单位
验收结果</td><td colspan="4">专业监理工程师：
年　月　日</td></tr>
</table>

注：1　表中“设计要求”等内容应按实际设计要求内容填写；
　　2　表中 H 为施工现场地面标高与桩顶设计标高的距离，D 为设计桩径。

2. 验收依据说明

(1)【规范名称及编号】《城镇污水处理厂工程质量验收规范》GB 50334－2017

【条文摘录】

主　控　项　目

5.4.1　桩基础使用的原材料、半成品、预制构件应符合设计文件的要求和现行国家标准《混凝土结构工程施工质量验收规范》GB 50204 的有关规定。

检验方法：检查材料合格证、试验报告，检查施工记录。

5.4.2　桩基完整性和承载力应符合设计文件的要求。

检验方法：检查检测报告。

5.4.3　抗拔桩应按设计文件的要求进行抗拔检验，预制抗拔桩应按设计文件的要求进行桩身抗裂性能检验。

检验方法：检查施工记录、检测报告。

一 般 项 目

5.4.4 桩基础检验项目和允许偏差应符合设计文件的要求和现行国家标准《建筑地基基础工程施工质量验收规范》GB 50202的有关规定。

检验方法：检查施工记录，检查检测报告。

(2)【规范名称及编号】《建筑地基基础工程施工质量验收规范》GB 50202-2002

【条文摘录】

5.6.4 混凝土灌注桩的质量检验标准应符合表5.6.4-2的规定。

表5.6.4-2 混凝土灌注桩质量检验标准

项	序	检查项目	允许偏差或允许值		检查方法
			单位	数值	
主控项目	1	桩位	见本规范表5.1.4		基坑开挖前量护筒，开挖后量桩中心
	2	孔深	mm	+300	只深不浅，用重锤测，或测钻杆、套管长度，嵌岩桩应确保进入设计要求的嵌岩深度
	3	桩体质量检验	按基桩检测技术规范。如钻芯取样，大直径嵌岩桩应钻至桩尖下50cm		按基桩检测技术规范
	4	混凝土强度	设计要求		试件报告或钻芯取样送检
	5	承载力	按基桩检测技术规范		按基桩检测技术规范
一般项目	1	垂直度	见本规范表5.1.4		测套管或钻杆，或用超声波探测，干施工时吊垂球
	2	桩径	见本规范表5.1.4		井径仪或超声波检测，干施工时用钢尺量，人工挖孔桩不包括内衬厚度
	3	泥浆比重（黏土或砂性土中）	1.15～1.20		用比重计测，清孔后在距孔底50cm处取样
	4	泥浆面标高（高于地下水位）	m	0.5～1.0	目测
	5	沉渣厚度： 端承桩 摩擦桩	 mm mm	 ≤50 ≤150	用沉渣仪或重锤测量
	6	混凝土坍落度： 水下灌注 干施工	 mm mm	 160～220 70～100	坍落度仪
	7	钢筋笼安装深度	mm	±100	用钢尺量
	8	混凝土充盈系数	>1		检查每根桩的实际灌注量
	9	桩顶标高	mm	+30 -50	水准仪，需扣除桩顶浮浆层及劣质桩体

表 5.1.4　灌注桩的平面位置和垂直度的允许偏差

序号	成孔方法		桩径允许偏差(mm)	垂直度允许偏差(%)	桩位允许偏差(mm)	
					1～3根、单排桩基垂直于中心线方向和群桩基础的边桩	条形桩基沿中心线方向和群桩基础的中间桩
1	泥浆护壁灌注桩	$D \leqslant 1000$mm	±50	<1	$D/6$，且不大于100	$D/4$，且不大于150
		$D>1000$mm	±50		$100+0.01H$	$150+0.01H$
2	套管成孔灌注桩	$D \leqslant 500$mm	−20	<1	70	150
		$D>500$mm			100	150
3	干成孔灌注桩		−20	<1	70	150
4	人工挖孔桩	混凝土护壁	+50	<0.5	50	150
		钢套管护壁	+50	<1	100	200

注：1　桩径允许偏差的负值是指个别断面。

2　采用复打、反插法施工的桩，其桩径允许偏差不受上表限制。

3　H 为施工现场地面标高与桩顶设计标高的距离，D 为设计桩径。

3. 检验批验收应提供的核查资料

(1) 核查依据：《城镇污水处理厂工程质量验收规范》GB 50334－2017

5.1.2　地基与基础工程质量验收应检查下列文件：

1　各种原材料、半成品、预制构件性能报告；

2　施工记录与监理检验记录；

3　地基处理、桩基检测报告；

4　其他有关文件。

(2) 核查资料明细

核查资料明细表

序号	核查资料名称	核查要点
1	混凝土原材料及配合比设计检验批质量验收记录	核查记录内容的完整性及验收结论的符合性
2	预拌混凝土质量证明书	核查内容的完整性及真实性
3	施工记录	核查成孔、清渣、灌注混凝土等符合设计及规范要求
4	隐蔽工程验收记录	核查记录内容的完整性及验收结论的符合性
5	监理检验记录	核查记录内容的完整性

2.2.17　沉井与沉箱基础检验批质量验收记录

1. 表格

沉井与沉箱基础检验批质量验收记录

编号：□□□□□□□□□—□□

<table>
<tr><td colspan="4">单位（子单位）工程名称</td><td colspan="4"></td></tr>
<tr><td colspan="4">分部（子分部）工程名称</td><td colspan="2"></td><td>分项工程名称</td><td></td></tr>
<tr><td colspan="4">施工单位</td><td></td><td>项目负责人</td><td></td><td>检验批容量</td><td></td></tr>
<tr><td colspan="4">分包单位</td><td></td><td>分包单位
项目负责人</td><td></td><td>检验批部位</td><td></td></tr>
<tr><td colspan="4">施工依据</td><td colspan="2"></td><td>验收依据</td><td colspan="2"></td></tr>
<tr><td colspan="4">验收项目</td><td>设计要求及
规范规定</td><td>最小/实际
抽样数量</td><td>检查记录</td><td>检查结果</td></tr>
<tr><td rowspan="5">主控项目</td><td>1</td><td colspan="2">混凝土强度</td><td>符合设计要求 C=____</td><td></td><td></td><td></td></tr>
<tr><td>2</td><td colspan="2">封底前，沉井（箱）的下沉稳定</td><td>＜10mm/8h</td><td></td><td></td><td></td></tr>
<tr><td rowspan="3">3</td><td rowspan="3">封底结束后的位置</td><td>刃脚平均标高
（与设计标高比）</td><td>＜100mm</td><td></td><td></td><td></td></tr>
<tr><td>刃脚平面中心线位移</td><td>＜1%H
（H=____ mm）</td><td></td><td></td><td></td></tr>
<tr><td>四角中任何两角
的底面高差</td><td>＜1%l
（l=____ mm）</td><td></td><td></td><td></td></tr>
<tr><td rowspan="9">一般项目</td><td>1</td><td colspan="2">钢材、对接钢筋、水泥、
骨料等原材料检查</td><td>符合设计要求</td><td></td><td></td><td></td></tr>
<tr><td>2</td><td colspan="2">结构体外观</td><td>无裂缝、无风窝、
空洞，不露筋</td><td></td><td></td><td></td></tr>
<tr><td rowspan="4">3</td><td rowspan="4">平面尺寸偏差</td><td>长与宽</td><td>±0.5%</td><td></td><td></td><td></td></tr>
<tr><td>曲线部分半径</td><td>±0.5%</td><td></td><td></td><td></td></tr>
<tr><td>两对角线差</td><td>1.0%</td><td></td><td></td><td></td></tr>
<tr><td>预埋件</td><td>20mm</td><td></td><td></td><td></td></tr>
<tr><td rowspan="2">4</td><td rowspan="2">下沉过程中的偏差</td><td>高差</td><td>1.5%～2.0%</td><td></td><td></td><td></td></tr>
<tr><td>平面轴线</td><td>＜1.5%H
（H=____ mm）</td><td></td><td></td><td></td></tr>
<tr><td>5</td><td colspan="2">封底混凝土坍落度</td><td>18～22cm</td><td></td><td></td><td></td></tr>
<tr><td colspan="3">施工单位
检查结果</td><td colspan="5">专业工长：
项目专业质量检查员：
年　月　日</td></tr>
<tr><td colspan="3">监理单位
验收结果</td><td colspan="5">专业监理工程师：
年　月　日</td></tr>
</table>

注：1　表中“设计要求”等内容应按实际设计要求内容填写；

2　表中 H 为下沉深度，l 为两角的距离。

2. 验收依据说明

(1)【规范名称及编号】《城镇污水处理厂工程质量验收规范》GB 50334－2017

【条文摘录】

5.1.3　污水处理厂工程的地基与基础工程质量验收除应符合本规范外，尚应符合现行国家标准《建筑地基基础工程施工质量验收规范》GB 50202、《给水排水管道工程施工及验收规范》GB 50268 和《给水排水构筑物工程施工及验收规范》GB 50141 的有关规定。

(2)【规范名称及编号】《建筑地基基础工程施工质量验收规范》GB 50202－2002

【条文摘录】

7.7.10　沉井（箱）的质量检验标准应符合表 7.7.10 的要求。

表 7.7.10　沉井（箱）的质量检验标准

<table>
<tr><th rowspan="2">项</th><th rowspan="2">序</th><th rowspan="2" colspan="2">检查项目</th><th colspan="2">允许偏差或允许值</th><th rowspan="2">检查方法</th></tr>
<tr><th>单位</th><th>数值</th></tr>
<tr><td rowspan="3">主控项目</td><td>1</td><td colspan="2">混凝土强度</td><td colspan="2">满足设计要求（下沉前必须达到70%设计强度）</td><td>查试件记录或抽样送检</td></tr>
<tr><td>2</td><td colspan="2">封底前，沉井（箱）的下沉稳定</td><td>mm/8h</td><td><10</td><td>水准仪</td></tr>
<tr><td>3</td><td colspan="2">封底结束后的位置：
刃脚平均标高（与设计标高比）
刃脚平面中心线位移
四角中任何两角的底面高差</td><td>mm</td><td><100
<1%H
<1%l</td><td>水准仪
经纬仪，H为下沉总深度，H<10m时，控制在100mm之内
水准仪，l为两角的距离，但不超过300mm，l<10m时，控制在100mm之内</td></tr>
<tr><td rowspan="6">一般项目</td><td>1</td><td colspan="2">钢材、对接钢筋、水泥、骨料等原材料检查</td><td colspan="2">符合设计要求</td><td>查出厂质保书或抽样送检</td></tr>
<tr><td>2</td><td colspan="2">结构体外观</td><td colspan="2">无裂缝，无风窝、空洞，不露筋</td><td>直观</td></tr>
<tr><td>3</td><td colspan="2">平面尺寸：长与宽
曲线部分半径
两对角线差
预埋件</td><td>%
%
%
mm</td><td>±0.5
±0.5
1.0
20</td><td>用钢尺量，最大控制在100mm之内
用钢尺量，最大控制在50mm之内
用钢尺量
用钢尺量</td></tr>
<tr><td rowspan="2">4</td><td rowspan="2">下沉过程中的偏差</td><td>高差</td><td>%</td><td>1.5～2.0</td><td>水准仪，但最大不超过1m</td></tr>
<tr><td>平面轴线</td><td></td><td><1.5%H</td><td>经纬仪，H为下沉深度，最大应控制在300mm之内，此数值不包括高差引起的中线位移</td></tr>
<tr><td>5</td><td colspan="2">封底混凝土坍落度</td><td>cm</td><td>18～22</td><td>坍落度测定器</td></tr>
</table>

注：主控项目3的三项偏差可同时存在，下沉总深度，系指下沉前后刃脚之高差。

3. 检验批验收应提供的核查资料

（1）核查依据：《城镇污水处理厂工程质量验收规范》GB 50334－2017

5.1.2　地基与基础工程质量验收应检查下列文件：

1　各种原材料、半成品、预制构件性能报告；

2　施工记录与监理检验记录；

3　地基处理、桩基检测报告；

4　其他有关文件。

（2）核查资料明细

核查资料明细表

序号	核查资料名称	核查要点
1	材料出厂合格证、试验报告	核查钢筋、混凝土等原材料符合设计要求
2	施工记录	核查下沉、封底等符合设计及规范要求
3	隐蔽工程验收记录	核查记录内容的完整性及验收结论的符合性
4	监理检验记录	核查记录内容的完整性

2.2.18　锚杆基础检验批质量验收记录

1. 表格

锚杆基础检验批质量验收记录

编号：□□□□□□□□□□—□□

单位（子单位）工程名称						
分部（子分部）工程名称			分项工程名称			
施工单位			项目负责人		检验批容量	
分包单位			分包单位项目负责人		检验批部位	
施工依据			验收依据			
验收项目			设计要求及规范规定	最小/实际抽样数量	检查记录	检查结果
主控项目	1	锚杆土钉长度允许偏差	±30mm			
	2	锚杆锁定力	符合设计要求			
一般项目	1	锚杆或土钉位置允许偏差	±100mm			
	2	钻孔倾斜度	±1°			
	3	浆体强度	符合设计要求C____			
	4	注浆量	大于理论计算浆量			
	5	土钉墙面厚度允许偏差	±10mm			
	6	墙体强度	符合设计要求C____			
施工单位检查结果			专业工长： 项目专业质量检查员： 年　月　日			
监理单位验收结果			专业监理工程师： 年　月　日			

注：表中“设计要求”等内容应按实际设计要求内容填写。

2. 验收依据说明

(1)【规范名称及编号】《城镇污水处理厂工程质量验收规范》GB 50334-2017

【条文摘录】

5.1.3　污水处理厂工程的地基与基础工程质量验收除应符合本规范外，尚应符合现行国家标准《建筑地基基础工程施工质量验收规范》GB 50202、《给水排水管道工程施工及验收规范》GB 50268和《给水排水构筑物工程施工及验收规范》GB50141的有关规定。

(2)【规范名称及编号】《建筑地基基础工程施工质量验收规范》GB 50202-2002

【条文摘录】

7.4.5　锚杆及土钉墙支护工程质量检验应符合表7.4.5的规定。

表7.4.5　锚杆及土钉墙支护工程质量检验标准

项	序	检查项目	允许偏差或允许值		检查方法
			单位	数值	
主控项目	1	锚杆土钉长度	mm	±30	用钢尺量
	2	锚杆锁定力	设计要求		现场实测
一般项目	1	锚杆或土钉位置	mm	±100	用钢尺量
	2	钻孔倾斜度	°	±1	测钻机倾角
	3	浆体强度	设计要求		试样送检
	4	注浆量	大于理论计算浆量		检查计量数据
	5	土钉墙面厚度	mm	±10	用钢尺量
	6	墙体强度	设计要求		试样送检

3. 检验批验收应提供的核查资料

(1) 核查依据:《城镇污水处理厂工程质量验收规范》GB 50334-2017

5.1.2　地基与基础工程质量验收应检查下列文件:

1　各种原材料、半成品、预制构件性能报告;

2　施工记录与监理检验记录;

3　地基处理、桩基检测报告;

4　其他有关文件。

(2) 核查资料明细

核查资料明细表

序号	核查资料名称	核查要点
1	材料出厂合格证、试验报告	核查锚杆材质、注浆材料等规格、数量、日期、性能等符合设计要求
2	隐蔽工程验收记录	核查记录内容的完整性及验收结论的符合性
3	施工记录	核查锚杆孔的检测、锚杆的抗拔检测、注浆时间等符合设计及规范要求
4	监理检验记录	核查记录内容的完整性

2.2.19 钢板桩围护墙检验批质量验收记录

1. 表格

钢板桩围护墙检验批质量验收记录

编号：□□□□□□□□□□—□□

<table>
<tr><td colspan="3">单位（子单位）
工程名称</td><td colspan="5"></td></tr>
<tr><td colspan="3">分部（子分部）
工程名称</td><td colspan="2"></td><td>分项工程名称</td><td colspan="2"></td></tr>
<tr><td colspan="3">施工单位</td><td colspan="2"></td><td>项目负责人</td><td>检验批容量</td><td></td></tr>
<tr><td colspan="3">分包单位</td><td colspan="2"></td><td>分包单位
项目负责人</td><td>检验批
部位</td><td></td></tr>
<tr><td colspan="3">施工依据</td><td colspan="2"></td><td>验收依据</td><td colspan="2"></td></tr>
<tr><td colspan="3">验收项目</td><td colspan="2">设计要求及
规范规定</td><td>最小/实际
抽样数量</td><td>检查记录</td><td>检查结果</td></tr>
<tr><td rowspan="4">主控项目</td><td>1</td><td>桩垂直度</td><td rowspan="2">允许偏差</td><td><1%</td><td></td><td></td><td></td></tr>
<tr><td>2</td><td>桩身弯曲度</td><td><2%l
(l=____ mm)</td><td></td><td></td><td></td></tr>
<tr><td>3</td><td>齿槽平直度及光滑度</td><td colspan="2">无电焊渣或毛刺</td><td></td><td></td><td></td></tr>
<tr><td>4</td><td>桩长度</td><td colspan="2">不小于设计长度</td><td></td><td></td><td></td></tr>
<tr><td colspan="3">施工单位
检查结果</td><td colspan="5">专业工长：
项目专业质量检查员：
年　月　日</td></tr>
<tr><td colspan="3">监理单位
验收结果</td><td colspan="5">专业监理工程师：
年　月　日</td></tr>
</table>

注：1 表中“设计要求”等内容应按实际设计要求内容填写；
2 表中 l 为桩长。

2. 验收依据说明

(1)【规范名称及编号】《城镇污水处理厂工程质量验收规范》GB 50334－2017

【条文摘录】

主　控　项　目

5.4.1 桩基础使用的原材料、半成品、预制构件应符合设计文件的要求和现行国家标准《混凝土结构工程施工质量验收规范》GB 50204 的有关规定。

检验方法：检查材料合格证、试验报告，检查施工记录。

5.4.2 桩基完整性和承载力应符合设计文件的要求。

检验方法：检查检测报告。

一 般 项 目

5.4.4 桩基础检验项目和允许偏差应符合设计文件的要求和现行国家标准《建筑地基基础工程施工质量验收规范》GB 50202 的有关规定。

检验方法：检查施工记录，检查检测报告。

(2)【规范名称及编号】《建筑地基基础工程施工质量验收规范》GB 50202－2002

【条文摘录】

7.2.2 灌注桩、预制桩的检验标准应符合本规范第5章的规定。钢板桩均为工厂成品，新桩可按出厂标准检验，重复使用的钢板桩应符合表7.2.2-1的规定，混凝土板桩应符合表7.2.2-2的规定。

表7.2.2-1 重复使用的钢板桩检验标准

序	检查项目	允许偏差或允许值		检查方法
		单位	数值	
1	桩垂直度	%	<1	用钢尺量
2	桩身弯曲度		<2%l	用钢尺量，l 为桩长
3	齿槽平直度及光滑度	无电焊渣或毛刺		用1m长的桩段做通过试验
4	桩长度	不少于设计长度		用钢尺量

3. 检验批验收应提供的核查资料

(1) 核查依据：《城镇污水处理厂工程质量验收规范》GB 50334－2017

5.1.2 地基与基础工程质量验收应检查下列文件：

1 各种原材料、半成品、预制构件性能报告；

2 施工记录与监理检验记录；

3 地基处理、桩基检测报告；

4 其他有关文件。

(2) 核查资料明细

核查资料明细表

序号	核查资料名称	核查要点
1	材料出厂合格证、试验报告	核查规格型号、数量、日期、性能等符合设计要求
2	施工记录	核查桩的长度、数量、规格、间距等符合设计及规范要求
3	隐蔽工程验收记录	核查记录内容的完整性及验收结论的符合性
4	监理检验记录	核查记录内容的完整性

2.2.20 混凝土板桩围护墙检验批质量验收记录

1. 表格

混凝土板桩围护墙检验批质量验收记录

编号：□□□□□□□□□□—□□

<table>
<tr><td colspan="3">单位（子单位）
工程名称</td><td colspan="5"></td></tr>
<tr><td colspan="3">分部（子分部）
工程名称</td><td colspan="2"></td><td>分项工程名称</td><td colspan="2"></td></tr>
<tr><td colspan="3">施工单位</td><td></td><td>项目负责人</td><td></td><td>检验批容量</td><td></td></tr>
<tr><td colspan="3">分包单位</td><td></td><td>分包单位
项目负责人</td><td></td><td>检验批
部位</td><td></td></tr>
<tr><td colspan="3">施工依据</td><td colspan="2"></td><td>验收依据</td><td colspan="2"></td></tr>
<tr><td colspan="3">验收项目</td><td colspan="2">设计要求及
规范规定</td><td>最小/实际
抽样数量</td><td>检查记录</td><td>检查结果</td></tr>
<tr><td rowspan="2">主控项目</td><td>1</td><td>桩长度</td><td rowspan="7">允许偏差</td><td>+10mm，0mm</td><td></td><td></td><td></td></tr>
<tr><td>2</td><td>桩身弯曲度</td><td><0.1%$l$mm
(l=____ mm)</td><td></td><td></td><td></td></tr>
<tr><td rowspan="5">一般项目</td><td>1</td><td>保护层厚度</td><td>±5mm</td><td></td><td></td><td></td></tr>
<tr><td>2</td><td>横截面相对两面之差</td><td>5mm</td><td></td><td></td><td></td></tr>
<tr><td>3</td><td>桩尖对桩轴线的位移</td><td>10mm</td><td></td><td></td><td></td></tr>
<tr><td>4</td><td>桩厚度</td><td>+10mm，0mm</td><td></td><td></td><td></td></tr>
<tr><td>5</td><td>凹凸槽尺寸</td><td>±3mm</td><td></td><td></td><td></td></tr>
<tr><td colspan="3">施工单位
检查结果</td><td colspan="5">专业工长：
项目专业质量检查员：
年　月　日</td></tr>
<tr><td colspan="3">监理单位
验收结果</td><td colspan="5">专业监理工程师：
年　月　日</td></tr>
</table>

注：表中 l 为桩长。

2. 验收依据说明

(1)【规范名称及编号】《城镇污水处理厂工程质量验收规范》GB 50334－2017

【条文摘录】

一　般　项　目

5.4.4　桩基础检验项目和允许偏差应符合设计文件的要求和现行国家标准《建筑地基基础工程施工质量验收规范》GB 50202 的有关规定。

检验方法：检查施工记录，检查检测报告。

(2)【规范名称及编号】《建筑地基基础工程施工质量验收规范》GB 50202－2002

【条文摘录】

7.2.2　灌注桩、预制桩的检验标准应符合本规范第5章的规定。钢板桩均为工厂成品，新桩可按出厂标准检验，重复使用的钢板桩应符合表7.2.2-1的规定，混凝土板桩应符合表7.2.2-2的规定。

表7.2.2-2　混凝土板桩制作标准

项	序	检查项目	允许偏差或允许值		检查方法
			单位	数值	
主控项目	1	桩长度	mm	+10 0	用钢尺量
	2	桩身弯曲度		<0.1%l	用钢尺量，l为桩长
一般项目	1	保护层厚度	mm	±5	用钢尺量
	2	模截面相对两面之差	mm	5	用钢尺量
	3	桩尖对桩轴线的位移	mm	10	用钢尺量
	4	桩厚度	mm	+10 0	用钢尺量
	5	凹凸槽尺寸	mm	±3	用钢尺量

3. 检验批验收应提供的核查资料

(1) 核查依据：《城镇污水处理厂工程质量验收规范》GB 50334－2017

5.1.2　地基与基础工程质量验收应检查下列文件：

1　各种原材料、半成品、预制构件性能报告；

2　施工记录与监理检验记录；

3　地基处理、桩基检测报告；

4　其他有关文件。

(2) 核查资料明细

核查资料明细表

序号	核查资料名称	核查要点
1	材料出厂合格证、试验报告	核查规格型号、数量、日期、性能等符合设计要求
2	施工记录	核查桩的长度、数量、规格、间距等符合设计及规范要求
3	隐蔽工程验收记录	核查记录内容的完整性及验收结论的符合性
4	监理检验记录	核查记录内容的完整性

2.2.21　型钢水泥搅拌墙检验批质量验收记录

1. 表格

型钢水泥搅拌墙检验批质量检验记录

编号：□□□□□□□□□□—□□

<table>
<tr><td colspan="3">单位（子单位）
工程名称</td><td colspan="6"></td></tr>
<tr><td colspan="3">分部（子分部）
工程名称</td><td colspan="2"></td><td colspan="2">分项工程名称</td><td colspan="2"></td></tr>
<tr><td colspan="3">施工单位</td><td></td><td>项目负责人</td><td></td><td>检验批容量</td><td colspan="2"></td></tr>
<tr><td colspan="3">分包单位</td><td></td><td>分包单位
项目负责人</td><td></td><td>检验批
部位</td><td colspan="2"></td></tr>
<tr><td colspan="3">施工依据</td><td colspan="2"></td><td colspan="2">验收依据</td><td colspan="2"></td></tr>
<tr><td colspan="4">验收项目</td><td>设计要求及
规范规定</td><td>最小/实际
抽样数量</td><td>检查记录</td><td colspan="2">检查结果</td></tr>
<tr><td rowspan="8">主控项目</td><td>1</td><td colspan="2">水泥及外掺剂质量</td><td>符合设计要求</td><td></td><td></td><td colspan="2"></td></tr>
<tr><td>2</td><td colspan="2">水泥用量</td><td>参数指标</td><td></td><td></td><td colspan="2"></td></tr>
<tr><td>3</td><td colspan="2">桩体强度</td><td>符合设计要求</td><td></td><td></td><td colspan="2"></td></tr>
<tr><td>4</td><td colspan="2">地基承载力</td><td>符合设计要求</td><td></td><td></td><td colspan="2"></td></tr>
<tr><td>5</td><td>型钢长度</td><td rowspan="4"></td><td>±10mm</td><td></td><td></td><td colspan="2"></td></tr>
<tr><td>6</td><td>型钢垂直度</td><td><1%</td><td></td><td></td><td colspan="2"></td></tr>
<tr><td>7</td><td>型钢插入标高</td><td>±30mm</td><td></td><td></td><td colspan="2"></td></tr>
<tr><td>8</td><td>型钢插入平面位置</td><td>10mm</td><td></td><td></td><td colspan="2"></td></tr>
<tr><td rowspan="7">一般项目</td><td>1</td><td>机头提升速度</td><td rowspan="7"></td><td>≤0.5m/min</td><td></td><td></td><td colspan="2"></td></tr>
<tr><td>2</td><td>桩底标高</td><td>±200mm</td><td></td><td></td><td colspan="2"></td></tr>
<tr><td>3</td><td>桩顶标高</td><td>+100mm
−50mm</td><td></td><td></td><td colspan="2"></td></tr>
<tr><td>4</td><td>桩位偏差</td><td><50mm</td><td></td><td></td><td colspan="2"></td></tr>
<tr><td>5</td><td>桩径</td><td><0.04D</td><td></td><td></td><td colspan="2"></td></tr>
<tr><td>6</td><td>垂直度</td><td>≤1.5%</td><td></td><td></td><td colspan="2"></td></tr>
<tr><td>7</td><td>搭接</td><td>>200mm</td><td></td><td></td><td colspan="2"></td></tr>
<tr><td colspan="3">施工单位
检查评定结果</td><td colspan="6">专业工长：
项目专业质量检查员：
年 月 日</td></tr>
<tr><td colspan="3">监理单位
验收结论</td><td colspan="6">专业监理工程师：
年 月 日</td></tr>
</table>

注：1 表中“设计要求”等内容应按实际设计要求内容填写；

2 表中D为桩径。

2. 验收依据说明

（1）【规范名称及编号】《城镇污水处理厂工程质量验收规范》GB 50334－2017

【条文摘录】

5.1.3 污水处理厂工程的地基与基础工程质量验收除应符合本规范外，尚应符合现行国家标准《建筑地基基础工程施工质量验收规范》GB 50202、《给水排水管道工程施工及验收规范》GB 50268 和《给水排水构筑物工程施工及验收规范》GB50141 的有关规定。

(2)【规范名称及编号】《建筑地基基础工程施工质量验收规范》GB 50202－2002

【条文摘录】

4.11.5 水泥土搅拌桩地基质量检验标准应符合表4.11.5的规定。

表4.11.5 水泥土搅拌桩地基质量检验标准

项目	序号	检查项目	允许偏差或允许值		检查方法
			单位	数值	
主控项目	1	水泥及外掺剂质量	设计要求		查产品合格证书或抽样送检
	2	水泥用量	参数指标		查看流量计
	3	桩体强度	设计要求		按规定办法
	4	地基承载力	设计要求		按规定办法
一般项目	1	机头提升速度	m/min	≤0.5	量机头上升距离及时间
	2	桩底标高	mm	±200	测机头深度
	3	桩顶标高	mm	+100 －50	水准仪（最上部500mm不计入）
	4	桩位偏差	mm	<50	用钢尺量
	5	桩径		<0.04D	用钢尺量，D为桩径
	6	垂直度	%	≤1.5	经纬仪
	7	搭接	mm	>200	用钢尺量

7.3.3 加筋水泥土桩应符合表7.3.3的规定

表7.3.3 加筋水泥土桩质量检验标准

序号	检查项目	允许偏差或允许值		检查方法
		单位	数值	
1	型钢长度	mm	±10	用钢尺量
2	型钢垂直度	%	<1	经纬仪
3	型钢插入标高	mm	±30	水准仪
4	型钢插入平面位置	mm	10	用钢尺量

3. 检验批验收应提供的核查资料

(1) 核查依据：《城镇污水处理厂工程质量验收规范》GB 50334－2017

5.1.2 地基与基础工程质量验收应检查下列文件：

1 各种原材料、半成品、预制构件性能报告；

2 施工记录与监理检验记录；

3 地基处理、桩基检测报告；

4 其他有关文件。

（2）核查资料明细

核查资料明细表

序号	核查资料名称	核查要点
1	材料出厂合格证、试验报告	核查规格型号、数量、日期、性能等符合设计要求
2	施工记录	核查搅拌、喷浆、搅拌提升喷浆的时间、水泥用量、水灰比，型钢插入深度、时间等符合设计及规范要求
3	隐蔽工程验收记录	核查记录内容的完整性及验收结论的符合性
4	监理检验记录	核查记录内容的完整性

2.2.22　地下连续墙钢筋笼检验批质量验收记录

1. 表格

地下连续墙钢筋笼制作与安装检验批质量验收记录

编号：□□□□□□□□□□—□□

<table>
<tr><td colspan="2">单位（子单位）
工程名称</td><td colspan="6"></td></tr>
<tr><td colspan="2">分部（子分部）
工程名称</td><td colspan="3"></td><td>分项工程名称</td><td colspan="2"></td></tr>
<tr><td colspan="2">施工单位</td><td></td><td colspan="2">项目负责人</td><td></td><td>检验批容量</td><td></td></tr>
<tr><td colspan="2">分包单位</td><td></td><td colspan="2">分包单位
项目负责人</td><td></td><td>检验批
部位</td><td></td></tr>
<tr><td colspan="2">施工依据</td><td colspan="3"></td><td>验收依据</td><td colspan="2"></td></tr>
<tr><td colspan="3">验收项目</td><td colspan="2">设计要求及
规范规定</td><td>最小/实际
抽样数量</td><td>检查记录</td><td>检查
结果</td></tr>
<tr><td>主控项目</td><td>1</td><td>主筋间距</td><td rowspan="6">允许偏差或允许值（mm）</td><td>±10</td><td></td><td></td><td></td></tr>
<tr><td rowspan="5">一般项目</td><td>1</td><td>钢筋笼长度</td><td>±50</td><td></td><td></td><td></td></tr>
<tr><td>2</td><td>钢筋笼宽度</td><td>±20</td><td></td><td></td><td></td></tr>
<tr><td>3</td><td>钢筋笼厚度</td><td>0，−10</td><td></td><td></td><td></td></tr>
<tr><td>4</td><td>分布筋间距</td><td>±20</td><td></td><td></td><td></td></tr>
<tr><td>5</td><td>预埋件中心位置</td><td>±10</td><td></td><td></td><td></td></tr>
<tr><td colspan="2">施工单位
检查评定结果</td><td colspan="6">专业工长：
项目专业质量检查员：
年　月　日</td></tr>
<tr><td colspan="2">监理单位
验收结论</td><td colspan="6">专业监理工程师：
年　月　日</td></tr>
</table>

注：1　表中“设计要求”等内容应按实际设计要求内容填写；

2　钢筋原材料检验批记录、钢筋连接检验批记录按本章有关记录填写。

2. 验收依据说明

(1)【规范名称及编号】《城镇污水处理厂工程质量验收规范》GB 50334－2017

【条文摘录】

5.1.3　污水处理厂工程的地基与基础工程质量验收除应符合本规范外，尚应符合现行国家标准《建筑地基基础工程施工质量验收规范》GB 50202、《给水排水管道工程施工及验收规范》GB 50268 和《给水排水构筑物工程施工及验收规范》GB 50141的有关规定。

(2)【规范名称及编号】《地下铁道工程施工及验收规范》GB 50299－1999

【条文摘录】

4.5.2　钢筋笼制作精度应符合表4.5.2规定

表4.5.2　钢筋笼制作允许偏差值（mm）

项目	偏差	检查方法
钢筋笼长度	±50	钢尺量，每片钢筋网检查上、中、下三处
钢筋笼宽度	±20	
钢筋笼厚度	0，−10	
主筋间距	±10	任取一断面，连续量取间距，取平均值作为一点，每片钢筋网上测四点
分布筋间距	±20	
预埋件中心位置	±10	抽查

3. 检验批验收应提供的核查资料

(1) 核查依据:《城镇污水处理厂工程质量验收规范》GB 50334－2017

5.1.2　地基与基础工程质量验收应检查下列文件:

1　各种原材料、半成品、预制构件性能报告;

2　施工记录与监理检验记录;

3　地基处理、桩基检测报告;

4　其他有关文件。

(2) 核查资料明细

核查资料明细表

序号	核查资料名称	核查要点
1	材料出厂合格证、试验报告	核查规格型号、数量、日期、性能等符合设计要求
2	隐蔽工程验收记录	核查记录内容的完整性及验收结论的符合性
3	监理检验记录	核查记录内容的完整性

2.2.23　地下连续墙检验批质量验收记录

1. 表格

地下连续墙检验批质量验收记录

编号：□□□□□□□□□□—□□

单位（子单位）工程名称					
分部（子分部）工程名称			分项工程名称		
施工单位		项目负责人		检验批容量	
分包单位		分包单位项目负责人		检验批部位	
施工依据			验收依据		

验收项目				设计要求及规范规定	最小/实际抽样数量	检查记录	检查结果
主控项目	1	墙体强度		设计要求 C____			
	2	垂直度	永久结构	1/300			
			临时结构	1/150			
一般项目	1	导墙尺寸允许偏差	宽度	W+40mm（W=____ mm）			
			墙面平整度	<5mm			
			导墙平面位置	±10mm			
	2	沉渣厚度	永久结构	≤100mm			
			临时结构	≤200mm			
	3	槽深		+100mm			
	4	混凝土坍落度		180～220mm			
	5	地下墙表面平整度	永久结构	<100mm			
			临时结构	<150mm			
			插入式结构	<20mm			
	6	永久结构时的预埋件位置	水平向	≤10mm			
			垂直向	≤20mm			
施工单位检查结果				专业工长： 项目专业质量检查员： 年　月　日			
监理单位验收结果				专业监理工程师： 年　月　日			

注：1　表中“设计要求”等内容应按实际设计要求内容填写；

　　2　W 为地下墙设计厚度。

2. 验收依据说明

（1）【规范名称及编号】《城镇污水处理厂工程质量验收规范》GB 50334－2017

【条文摘录】

主　控　项　目

5.4.1　桩基础使用的原材料、半成品、预制构件应符合设计文件的要求和现行国家标准《混凝土结构工程施工质量验收规范》GB 50204的有关规定。

检验方法：检查材料合格证、试验报告，检查施工记录。

一　般　项　目

5.4.4　桩基础检验项目和允许偏差应符合设计文件的要求和现行国家标准《建筑地基基础工程施工质量验收规范》GB 50202的有关规定。

检验方法：检查施工记录，检查检测报告。

(2)【规范名称及编号】《建筑地基基础工程施工质量验收规范》GB 50202－2002

【条文摘录】

7.6.12　地下墙的钢筋笼检验标准应符合本规范表5.6.4-1的规定。其他标准应符合表7.6.12的规定。

表7.6.12　地下连续墙质量检验标准

项	序	检查项目		允许偏差或允许值		检查方法
				单位	数值	
主控项目	1	墙体强度		设计要求		查试件记录或取芯试压
	2	垂直度：永久结构 临时结构			1/300 1/150	测声波测槽仪或成槽机上的监测系统
一般项目	1	导墙尺寸	宽度	mm	W＋40	用钢尺量，W为地下墙设计厚度
			墙面平整度	mm	＜5	用钢尺量
			导墙平面位置	mm	±10	用钢尺量
	2	沉渣厚度：永久结构 临时结构		mm mm	≤100 ≤200	重锤测或沉积物测定仪测
	3	槽深		mm	＋100	重锤测
	4	混凝土坍落度		mm	180～220	坍落度测定器
	5	钢筋笼尺寸		见本规范表5.6.4-1		见本规范表5.6.4-1
	6	地下墙表面平整度	永久结构 临时结构 插入式结构	mm mm mm	＜100 ＜150 ＜20	此为均匀黏土层，松散及易坍土层由设计决定
	7	永久结构时的预埋件位置	水平向 垂直向	mm mm	≤10 ≤20	用钢尺量 水准仪

3. 检验批验收应提供的核查资料

(1) 核查依据：《城镇污水处理厂工程质量验收规范》GB 50334－2017

5.1.2　地基与基础工程质量验收应检查下列文件：

1　各种原材料、半成品、预制构件性能报告；

2 施工记录与监理检验记录；

3 地基处理、桩基检测报告；

4 其他有关文件。

（2）核查资料明细

核查资料明细表

序号	核查资料名称	核查要点
1	混凝土原材料及配合比设计检验批质量验收记录	核查记录内容的完整性及验收结论的符合性
2	预拌混凝土质量证明书	核查内容的完整性及真实性
3	商品混凝土进场验收记录	核查记录内容的完整性
4	施工记录	核查成槽、清渣、灌注混凝土等符合设计及规范要求
5	隐蔽工程验收记录	核查记录内容的完整性及验收结论的符合性
6	监理检验记录	核查记录内容的完整性

2.2.24 土钉墙检验批质量验收记录

1. 表格

锚杆及土钉墙检验批质量验收记录

编号：□□□□□□□□□—□□

<table>
<tr><td colspan="3">单位（子单位）工程名称</td><td colspan="6"></td></tr>
<tr><td colspan="3">分部（子分部）工程名称</td><td colspan="3"></td><td>分项工程名称</td><td colspan="2"></td></tr>
<tr><td colspan="3">施工单位</td><td></td><td>项目负责人</td><td></td><td>检验批容量</td><td colspan="2"></td></tr>
<tr><td colspan="3">分包单位</td><td></td><td>分包单位
项目负责人</td><td></td><td>检验批
部位</td><td colspan="2"></td></tr>
<tr><td colspan="3">施工依据</td><td colspan="3"></td><td>验收依据</td><td colspan="2"></td></tr>
<tr><td colspan="3">验收项目</td><td>设计要求及
规范规定</td><td>最小/实际
抽样数量</td><td colspan="2">检查记录</td><td colspan="2">检查结果</td></tr>
<tr><td rowspan="2">主控项目</td><td>1</td><td>锚杆土钉长度</td><td>±30mm</td><td></td><td colspan="2"></td><td colspan="2"></td></tr>
<tr><td>2</td><td>锚杆锁定力</td><td>符合设计要求</td><td></td><td colspan="2"></td><td colspan="2"></td></tr>
<tr><td rowspan="6">一般项目</td><td>1</td><td>锚杆或土钉位置</td><td>±100mm</td><td></td><td colspan="2"></td><td colspan="2"></td></tr>
<tr><td>2</td><td>钻孔倾斜度</td><td>±1°</td><td></td><td colspan="2"></td><td colspan="2"></td></tr>
<tr><td>3</td><td>浆体强度</td><td>符合设计要求 C____</td><td></td><td colspan="2"></td><td colspan="2"></td></tr>
<tr><td>4</td><td>注浆量</td><td>大于理论计算浆量</td><td></td><td colspan="2"></td><td colspan="2"></td></tr>
<tr><td>5</td><td>土钉墙面厚度</td><td>±10mm</td><td></td><td colspan="2"></td><td colspan="2"></td></tr>
<tr><td>6</td><td>墙体强度</td><td>符合设计要求 C____</td><td></td><td colspan="2"></td><td colspan="2"></td></tr>
<tr><td colspan="3">施工单位
检查结果</td><td colspan="6">专业工长：
项目专业质量检查员：
年 月 日</td></tr>
<tr><td colspan="3">监理单位
验收结果</td><td colspan="6">专业监理工程师：
年 月 日</td></tr>
</table>

注：表中“设计要求”等内容应按实际设计要求内容填写。

2. 验收依据说明

(1)【规范名称及编号】《城镇污水处理厂工程质量验收规范》GB 50334－2017

【条文摘录】

5.1.3　污水处理厂工程的地基与基础工程质量验收除应符合本规范外，尚应符合现行国家标准《建筑地基基础工程施工质量验收规范》GB 50202、《给水排水管道工程施工及验收规范》GB 50268 和《给水排水构筑物工程施工及验收规范》GB50141 的有关规定。

(2)【规范名称及编号】《建筑地基基础工程施工质量验收规范》GB 50202－2002

【条文摘录】

7.4.5　锚杆及土钉墙支护工程质量检验应符合表 7.4.5 的规定。

表 7.4.5　锚杆及土钉墙支护工程质量检验标准

项	序	检查项目	允许偏差或允许值		检查方法
			单位	数值	
主控项目	1	锚杆土钉长度	mm	±30	用钢尺量
	2	锚杆锁定力	设计要求		现场实测
一般项目	1	锚杆或土钉位置	mm	±100	用钢尺量
	2	钻孔倾斜度	度	±1	测钻机倾角
	3	浆体强度	设计要求		试样送检
	4	注浆量	大于理论计算浆量		检查计量数据
	5	土钉墙面厚度	mm	±10	用钢尺量
	6	墙体强度	设计要求		试样送检

3. 检验批验收应提供的核查资料

(1) 核查依据：《城镇污水处理厂工程质量验收规范》GB 50334－2017

5.1.2　地基与基础工程质量验收应检查下列文件：

1　各种原材料、半成品、预制构件性能报告；

2　施工记录与监理检验记录；

3　地基处理、桩基检测报告；

4　其他有关文件。

(2) 核查资料明细

核查资料明细表

序号	核查资料名称	核查要点
1	材料出厂合格证、试验报告	规格型号、数量、日期、性能符合设计要求
2	隐蔽工程验收记录	核查记录内容的完整性及验收结论的符合性
3	施工记录	核查锚杆或土钉墙部位、数量、长度等符合设计及规范要求
4	监理检验记录	核查记录内容的完整性

2.2.25　钢或混凝土支撑系统检验批质量验收记录

1. 表格

钢或混凝土支撑系统检验批质量验收记录

编号：□□□□□□□□□□—□□

<table>
<tr><td colspan="3">单位（子单位）
工程名称</td><td colspan="5"></td></tr>
<tr><td colspan="3">分部（子分部）
工程名称</td><td colspan="2"></td><td>分项工程名称</td><td colspan="2"></td></tr>
<tr><td colspan="3">施工单位</td><td></td><td>项目负责人</td><td></td><td>检验批容量</td><td></td></tr>
<tr><td colspan="3">分包单位</td><td></td><td>分包单位
项目负责人</td><td></td><td>检验批
部位</td><td></td></tr>
<tr><td colspan="3">施工依据</td><td colspan="2"></td><td>验收依据</td><td colspan="2"></td></tr>
<tr><td colspan="4">验收项目</td><td>设计要求及
规范规定</td><td>最小/实际
抽样数量</td><td>检查记录</td><td>检查结果</td></tr>
<tr><td rowspan="3">主控项目</td><td rowspan="2">1</td><td rowspan="2">支撑位置
允许偏差</td><td>标高</td><td>30mm</td><td></td><td></td><td></td></tr>
<tr><td>平面</td><td>100mm</td><td></td><td></td><td></td></tr>
<tr><td>2</td><td colspan="2">预加顶力允许偏差</td><td>±50kN</td><td></td><td></td><td></td></tr>
<tr><td rowspan="5">一般项目</td><td>1</td><td colspan="2">围图标高允许偏差</td><td>30mm</td><td></td><td></td><td></td></tr>
<tr><td rowspan="2">2</td><td rowspan="2">立柱位置
允许偏差</td><td>标高</td><td>30mm</td><td></td><td></td><td></td></tr>
<tr><td>平面</td><td>50mm</td><td></td><td></td><td></td></tr>
<tr><td>3</td><td colspan="2">开挖超深（开槽放支撑不在此范围）</td><td>＜200mm</td><td></td><td></td><td></td></tr>
<tr><td>4</td><td colspan="2">支撑安装时间</td><td>符合设计要求</td><td></td><td></td><td></td></tr>
<tr><td colspan="4">施工单位
检查结果</td><td colspan="4">专业工长：
项目专业质量检查员：
年　月　日</td></tr>
<tr><td colspan="4">监理单位
验收结果</td><td colspan="4">专业监理工程师：
年　月　日</td></tr>
</table>

注：表中“设计要求”等内容应按实际设计要求内容填写。

2. 验收依据说明

(1)【规范名称及编号】《城镇污水处理厂工程质量验收规范》GB 50334－2017

【条文摘录】

5.1.3　污水处理厂工程的地基与基础工程质量验收除应符合本规范外，尚应符合现行国家标准《建筑地基基础工程施工质量验收规范》GB 50202、《给水排水管道工程施工及验收规范》GB 50268 和《给水排水构筑物工程施工及验收规范》GB50141 的有关规定。

(2)【规范名称及编号】《建筑地基基础工程施工质量验收规范》GB 50202－2002

【条文摘录】

7.5.6　钢或混凝土支撑系统工程质量检验标准应符合表 7.5.6 的规定。

表 7.5.6　钢及混凝土支撑系统工程质量检验标准

项	序	检查项目	允许偏差或允许值		检查方法
			单位	数值	
主控项目	1	支撑位置：标高 平面	mm mm	30 100	水准仪 用钢尺量
	2	预加顶力	kN	±50	油泵读数或传感器
一般项目	1	围图标高	mm	30	水准仪
	2	立柱桩	参见本规范第 5 章		参见本规范第 5 章
	3	立柱位置：标高 平面	mm mm	30 50	水准仪 用钢尺量
	4	开挖超深(开槽放支撑不在此范围)	mm	＜200	水准仪
	5	支撑安装时间	设计要求		用钟表估测

3. 检验批验收应提供的核查资料

(1) 核查依据：《城镇污水处理厂工程质量验收规范》GB 50334－2017

5.1.2　地基与基础工程质量验收应检查下列文件：

1　各种原材料、半成品、预制构件性能报告；

2　施工记录与监理检验记录；

3　地基处理、桩基检测报告；

4　其他有关文件。

(2) 核查资料明细

核查资料明细表

序号	核查资料名称	核查要点
1	材料出厂合格证、试验报告	核查规格型号、数量、日期、性能符合设计要求
2	施工记录	核查开挖深度、预加顶力等符合设计及规范要求
3	隐蔽工程验收记录	核查记录内容的完整性及验收结论的符合性
4	监理检验记录	核查记录内容的完整性

2.2.26　降水与排水检验批质量验收记录

1. 表格

降水与排水检验批质量验收记录

编号：□□□□□□□□□—□□

单位（子单位）工程名称					
分部（子分部）工程名称			分项工程名称		
施工单位		项目负责人		检验批容量	
分包单位		分包单位项目负责人		检验批部位	
施工依据			验收依据		

验收项目				设计要求及规范规定		最小/实际抽样数量	检查记录	检查结果
一般项目	1	排水沟坡度		允许偏差	1‰～2‰			
	2	井管（点）垂直度			1%			
	3	井管（点）间距（与设计相比）			≤150%			
	4	井管（点）插入深度（与设计相比）			≤200mm			
	5	过滤砂砾料填灌（与计算值相比）		≤5mm				
	6	井点真空度	轻型井点	＞60kPa				
			喷射井点	＞93kPa				
	7	电渗井点阴阳极距离	轻型井点	80～100mm				
			喷射井点	120～150mm				

施工单位检查结果	专业工长： 项目专业质量检查员： 年　月　日
监理单位验收结果	专业监理工程师： 年　月　日

2. 验收依据说明

（1）【规范名称及编号】《城镇污水处理厂工程质量验收规范》GB 50334－2017

【条文摘录】

5.1.3　污水处理厂工程的地基与基础工程质量验收除应符合本规范外，尚应符合现行国家标准《建筑地基基础工程施工质量验收规范》GB 50202、《给水排水管道工程施工及验收规范》GB 50268和《给水排水构筑物工程施工及验收规范》GB 50141的有关规定。

(2)【规范名称及编号】《建筑地基基础工程施工质量验收规范》GB 50202－2002

【条文摘录】

7.8.6　降水与排水施工的质量检验标准应符合表7.8.6的规定。

表7.8.6　降水与排水施工质量检验标准

序	检查项目	允许值或允许偏差		检查方法
		单位	数值	
1	排水沟坡度	‰	1～2	目测：坑内不积水，沟内排水畅通
2	井管（点）垂直度	%	1	插管时目测
3	井管（点）间距（与设计相比）	%	≤150	用钢尺量
4	井管（点）插入深度（与设计相比）	mm	≤200	水准仪
5	过滤砂砾料填灌（与计算值相比）	mm	≤5	检查回填料用量
6	井点真空度：轻型井点 喷射井点	kPa kPa	>60 >93	真空度表 真空度表
7	电渗井点阴阳极距离：轻型井点 喷射井点	mm mm	80～100 120～150	用钢尺量 用钢尺量

3. 检验批验收应提供的核查资料

(1) 核查依据：《城镇污水处理厂工程质量验收规范》GB 50334－2017

5.1.2　地基与基础工程质量验收应检查下列文件：

1　各种原材料、半成品、预制构件性能报告；

2　施工记录与监理检验记录；

3　地基处理、桩基检测报告；

4　其他有关文件。

(2) 核查资料明细

核查资料明细表

序号	核查资料名称	核查要点
1	施工记录	核查水位测定、排水沟坡度、管井位置、间距、插入深度等符合设计要求
2	监理检验记录	核查记录内容的完整性

2.2.27　土方开挖检验批质量验收记录

1. 表格

土方开挖检验批质量验收记录

编号：□□□□□□□□□□—□□

<table>
<tr><td colspan="3">单位（子单位）
工程名称</td><td colspan="6"></td></tr>
<tr><td colspan="3">分部（子分部）
工程名称</td><td colspan="3"></td><td>分项工程名称</td><td colspan="2"></td></tr>
<tr><td colspan="3">施工单位</td><td></td><td colspan="2">项目负责人</td><td></td><td>检验批容量</td><td></td></tr>
<tr><td colspan="3">分包单位</td><td></td><td colspan="2">分包单位
项目负责人</td><td></td><td>检验批
部位</td><td></td></tr>
<tr><td colspan="3">施工依据</td><td colspan="3"></td><td>验收依据</td><td colspan="2"></td></tr>
<tr><td colspan="3">验收项目</td><td colspan="2">设计要求及
规范规定</td><td>最小/实际
抽样数量</td><td>检查记录</td><td colspan="2">检查结果</td></tr>
<tr><td rowspan="10">主
控
项
目</td><td rowspan="5">1</td><td rowspan="5">标高允许偏差
（mm）</td><td colspan="2">柱基基坑基槽</td><td>−50</td><td></td><td></td><td></td></tr>
<tr><td rowspan="2">场地
平整</td><td>人工</td><td>±30</td><td></td><td></td><td></td></tr>
<tr><td>机械</td><td>±50</td><td></td><td></td><td></td></tr>
<tr><td colspan="2">管沟</td><td>−50</td><td></td><td></td><td></td></tr>
<tr><td colspan="2">地（路）面基层</td><td>−50</td><td></td><td></td><td></td></tr>
<tr><td rowspan="4">2</td><td rowspan="4">长度、宽度
（由设计中心
线向两边量）
允许偏差（mm）</td><td colspan="2">柱基基坑基槽</td><td>+200
−50</td><td></td><td></td><td></td></tr>
<tr><td rowspan="2">场地
平整</td><td>人工</td><td>+300
−100</td><td></td><td></td><td></td></tr>
<tr><td>机械</td><td>+500
−150</td><td></td><td></td><td></td></tr>
<tr><td colspan="2">管沟</td><td>+100</td><td></td><td></td><td></td></tr>
<tr><td>3</td><td>边坡尺寸</td><td colspan="3">符合设计要求</td><td></td><td></td><td></td></tr>
<tr><td rowspan="6">一
般
项
目</td><td rowspan="5">1</td><td rowspan="5">表面平整度
允许偏差（mm）</td><td colspan="2">柱基基坑基槽</td><td>20</td><td></td><td></td><td></td></tr>
<tr><td rowspan="2">场地
平整</td><td>人工</td><td>20</td><td></td><td></td><td></td></tr>
<tr><td>机械</td><td>50</td><td></td><td></td><td></td></tr>
<tr><td colspan="2">管沟</td><td>20</td><td></td><td></td><td></td></tr>
<tr><td colspan="2">地（路）面基层</td><td>20</td><td></td><td></td><td></td></tr>
<tr><td>2</td><td>基底土性</td><td colspan="3">符合设计要求</td><td></td><td></td><td></td></tr>
<tr><td colspan="3">施工单位
检查结果</td><td colspan="6">专业工长：
项目专业质量检查员：
年　月　日</td></tr>
<tr><td colspan="3">监理单位
验收结果</td><td colspan="6">专业监理工程师：
年　月　日</td></tr>
</table>

注：表中“设计要求”等内容应按实际设计要求内容填写。

2. 验收依据说明

(1)【规范名称及编号】《城镇污水处理厂工程质量验收规范》GB 50334－2017

【条文摘录】

主　控　项　目

5.2.3　基坑开挖应按设计文件要求进行基坑监测。

检验方法：检查施工记录、监测记录。

一　般　项　目

5.2.6　基坑开挖的检验项目和允许偏差应符合设计文件要求和国家现行标准的有关规定。

检验方法：实测实量，检查施工记录。

5.2.7　基坑土石方开挖、支护结构或放坡尺寸应符合国家现行标准的有关规定。

检验方法：实测实量，检查施工记录。

(2)【规范名称及编号】《建筑地基基础工程施工质量验收规范》GB 50202－2002

【条文摘录】

6.2.4　土方开挖工程质量检验标准应符合表6.2.4的规定。

表6.2.4　土方开挖工程质量检验标准（mm）

项	序	项目	允许偏差或允许值					检验方法
			柱基基坑基槽	挖方场地平整		管沟	地（路）面基层	
				人工	机械			
主控项目	1	标高	－50	±30	±50	－50	－50	水准仪
	2	长度、宽度（由设计中心线向两边量）	＋200 －50	＋300 －100	＋500 －150	＋100	—	经纬仪，用钢尺量
	3	边坡	设计要求					观察或用坡度尺检查
一般项目	1	表面平整度	20	20	50	20	20	用2m靠尺和楔形塞尺检查
	2	基底土性	设计要求					观察或土样分析

注：地（路）面基层的偏差只适用于直接在挖、填方上做地（路）面的基层。

3. 检验批验收应提供的核查资料

(1) 核查依据：《城镇污水处理厂工程质量验收规范》GB 50334－2017

5.1.2　地基与基础工程质量验收应检查下列文件：

1　各种原材料、半成品、预制构件性能报告；

2　施工记录与监理检验记录；

3　地基处理、桩基检测报告；

4　其他有关文件。

(2) 核查资料明细

核查资料明细表

序号	核查资料名称	核查要点
1	地基承载力报告	核查报告内容的完整性、结论的正确性
2	基坑监测报告	核查报告内容的完整性、结论的正确性
3	施工记录	核查基坑宽度、长度、边坡、表面平整度等符合设计及规范要求
4	监理检验记录	核查记录内容的完整性

2.2.28 土方回填检验批质量验收记录

1. 表格

土方回填检验批质量验收记录

编号：□□□□□□□□□□—□□

<table>
<tr><td colspan="3">单位（子单位）
工程名称</td><td colspan="6"></td></tr>
<tr><td colspan="3">分部（子分部）
工程名称</td><td colspan="4"></td><td>分项工程名称</td><td></td></tr>
<tr><td colspan="3">施工单位</td><td colspan="2"></td><td>项目负责人</td><td></td><td>检验批容量</td><td></td></tr>
<tr><td colspan="3">分包单位</td><td colspan="2"></td><td>分包单位
项目负责人</td><td></td><td>检验批
部位</td><td></td></tr>
<tr><td colspan="3">施工依据</td><td colspan="3"></td><td>验收依据</td><td colspan="2"></td></tr>
<tr><td colspan="3">验收项目</td><td colspan="3">设计要求及
规范规定</td><td>最小/实际
抽样数量</td><td>检查记录</td><td>检查结果</td></tr>
<tr><td rowspan="6">主控项目</td><td rowspan="5">1</td><td rowspan="5">标高允许偏差（mm）</td><td colspan="2">桩基基坑基槽</td><td>−50</td><td></td><td></td><td></td></tr>
<tr><td rowspan="2">场地平整</td><td>人工</td><td>±30</td><td></td><td></td><td></td></tr>
<tr><td>机械</td><td>±50</td><td></td><td></td><td></td></tr>
<tr><td colspan="2">管沟</td><td>−50</td><td></td><td></td><td></td></tr>
<tr><td colspan="2">地（路）面基础层</td><td>−50</td><td></td><td></td><td></td></tr>
<tr><td>2</td><td>分层压实系数</td><td colspan="3">符合设计要求</td><td></td><td></td><td></td></tr>
<tr><td rowspan="7">一般项目</td><td>1</td><td>回填土料</td><td colspan="3">符合设计要求</td><td></td><td></td><td></td></tr>
<tr><td>2</td><td>分层厚度及含水量</td><td colspan="3">符合设计要求</td><td></td><td></td><td></td></tr>
<tr><td rowspan="5">3</td><td rowspan="5">表面平整度允许偏差（mm）</td><td colspan="2">桩基基坑基槽</td><td>20</td><td></td><td></td><td></td></tr>
<tr><td rowspan="2">场地平整</td><td>人工</td><td>20</td><td></td><td></td><td></td></tr>
<tr><td>机械</td><td>30</td><td></td><td></td><td></td></tr>
<tr><td colspan="2">管沟</td><td>20</td><td></td><td></td><td></td></tr>
<tr><td colspan="2">地（路）面基础层</td><td>20</td><td></td><td></td><td></td></tr>
<tr><td colspan="3">施工单位
检查结果</td><td colspan="6">专业工长：
项目专业质量检查员：
年 月 日</td></tr>
<tr><td colspan="3">监理单位
验收结果</td><td colspan="6">专业监理工程师：
年 月 日</td></tr>
</table>

注：表中“设计要求”等内容应按实际设计要求内容填写。

2. 验收依据说明

(1)【规范名称及编号】《城镇污水处理厂工程质量验收规范》GB 50334－2017

【条文摘录】

主 控 项 目

5.2.4 基底局部地基换填后，应按设计文件要求进行压实度试验。

检验方法：检查施工记录、试验记录。

5.2.5 基坑回填应符合设计文件要求和国家现行标准的有关规定。

检验方法：检查施工记录、检测报告。

(2)【规范名称及编号】《建筑地基基础工程施工质量验收规范》GB 50202－2002

【条文摘录】

6.3.4 填方施工结束后，应检查标高、边坡坡度、压实程度等，检验标准应符合表6.3.4的规定。

表6.3.4 填土工程质量检验标准（mm）

项	序	项目	允许偏差或允许值					检验方法
			桩基基坑基槽	场地平整		管沟	地（路）面基础层	
				人工	机械			
主控项目	1	标高	−50	±30	±50	−50	−50	水准仪
	2	分层压实系数	设计要求					按规定方法
一般项目	1	回填土料	设计要求					取样检查或直观鉴别
	2	分层厚度及含水量	设计要求					水准仪及抽样检查
	3	表面平整度	20	20	30	20	20	用靠尺或水准仪

3. 检验批验收应提供的核查资料

(1) 核查依据：《城镇污水处理厂工程质量验收规范》GB 50334－2017

5.1.2 地基与基础工程质量验收应检查下列文件：

1 各种原材料、半成品、预制构件性能报告；

2 施工记录与监理检验记录；

3 地基处理、桩基检测报告；

4 其他有关文件。

(2) 核查资料明细

核查资料明细表

序号	核查资料名称	核查要点
1	压实度试验记录	核查记录内容的完整性及验收结论的符合性
2	施工记录	核查分层压实系数、回填土料、分层厚度及含水量、表面平整度等符合设计及规范要求
3	隐蔽工程验收记录	核查记录内容的完整性及验收结论的符合性
4	监理检验记录	核查记录内容的完整性

2.2.29 防水混凝土检验批质量验收记录

1. 表格

防水混凝土检验批质量验收记录

编号：□□□□□□□□□□—□□

<table>
<tr><td colspan="3">单位（子单位）
工程名称</td><td colspan="6"></td></tr>
<tr><td colspan="3">分部（子分部）
工程名称</td><td colspan="2"></td><td>分项工程
名称</td><td colspan="3"></td></tr>
<tr><td colspan="3">施工单位</td><td></td><td>项目负责人</td><td></td><td colspan="2">检验批容量</td><td></td></tr>
<tr><td colspan="3">分包单位</td><td></td><td>分包单位
项目负责人</td><td></td><td colspan="2">检验批部位</td><td></td></tr>
<tr><td colspan="3">施工依据</td><td colspan="3"></td><td>验收依据</td><td colspan="2"></td></tr>
<tr><td colspan="3">验收项目</td><td>设计要求及
规范规定</td><td>最小/实际
抽样数量</td><td colspan="2">检查记录</td><td colspan="2">检查
结果</td></tr>
<tr><td rowspan="3">主控项目</td><td>1</td><td>防水混凝土的原材料、配合比及坍落度</td><td>符合设计要求</td><td></td><td colspan="2"></td><td colspan="2"></td></tr>
<tr><td>2</td><td>防水混凝土的抗压强度和抗渗性能</td><td>符合设计要求</td><td></td><td colspan="2"></td><td colspan="2"></td></tr>
<tr><td>3</td><td>防水混凝土结构的施工缝、变形缝、后浇带、穿墙管、埋设件等设置和构造</td><td>符合设计要求</td><td></td><td colspan="2"></td><td colspan="2"></td></tr>
<tr><td rowspan="5">一般项目</td><td>1</td><td>防水混凝土结构表面</td><td>坚实、平整，不得有露筋、蜂窝等缺陷</td><td></td><td colspan="2"></td><td colspan="2"></td></tr>
<tr><td>2</td><td>埋设件位置</td><td>符合设计要求</td><td></td><td colspan="2"></td><td colspan="2"></td></tr>
<tr><td>3</td><td>防水混凝土结构表面的裂缝宽度</td><td>≤0.2mm
且不得贯通</td><td></td><td colspan="2"></td><td colspan="2"></td></tr>
<tr><td>4</td><td>防水混凝土结构厚度及允许偏差</td><td>≥250mm
且+8mm、−5mm</td><td></td><td colspan="2"></td><td colspan="2"></td></tr>
<tr><td>5</td><td>主体结构迎水面钢筋保护层厚度及允许偏差</td><td>≥50mm
且±5mm</td><td></td><td colspan="2"></td><td colspan="2"></td></tr>
<tr><td colspan="3">施工单位
检查结果</td><td colspan="6">专业工长：
项目专业质量检查员：
年　月　日</td></tr>
<tr><td colspan="3">监理单位
验收结果</td><td colspan="6">专业监理工程师：
年　月　日</td></tr>
</table>

注：表中“设计要求”等内容应按实际设计要求内容填写。

2. 验收依据说明

(1)【规范名称及编号】《城镇污水处理厂工程质量验收规范》GB 50334－2017

【条文摘录】

5.1.3　污水处理厂工程的地基与基础工程质量验收除应符合本规范外，尚应符合现行国家标准《建筑地基基础工程施工质量验收规范》GB 50202、《给水排水管道工程施工及验收规范》GB 50268 和《给水排水构筑物工程施工及验收规范》GB 50141 的有关规定。

(2)【规范名称及编号】《地下防水工程质量验收规范》GB 50208－2011

【条文摘录】

主　控　项　目

4.1.14　防水混凝土的原材料、配合比及坍落度必须符合设计要求。

检验方法：检查产品合格证、产品性能检测报告、计量措施和材料进场检验报告。

4.1.15　防水混凝土的抗压强度和抗渗性能必须符合设计要求。

检验方法：检查混凝土抗压强度、抗渗性能检验报告。

4.1.16　防水混凝土结构的施工缝、变形缝、后浇带、穿墙管、埋设件等设置和构造必须符合设计要求。

检验方法：观察检查和检查隐蔽工程验收记录。

一　般　项　目

4.1.17　防水混凝土结构表面应坚实、平整，不得有露筋、蜂窝等缺陷；埋设件位置应准确。

检验方法：观察检查。

4.1.18　防水混凝土结构表面的裂缝宽度不应大于 0.2mm，且不得贯通。

检验方法：用刻度放大镜检查。

4.1.19　防水混凝土结构厚度不应小于 250mm，其允许偏差应为＋8mm，－5mm；主体结构迎水面钢筋保护层厚度不应小于 50mm，其允许偏差为±5mm。

检验方法：观察检查和检查隐蔽工程验收记录。

3. 检验批验收应提供的核查资料

(1) 核查依据：《城镇污水处理厂工程质量验收规范》GB 50334－2017

5.1.2　地基与基础工程质量验收应检查下列文件：

1　各种原材料、半成品、预制构件性能报告；

2　施工记录与监理检验记录；

3　地基处理、桩基检测报告；

4　其他有关文件。

(2) 核查资料明细

序号	核查资料名称	核查要点
1	材料出厂合格证、试验报告	核查规格型号、数量、日期、性能等符合设计要求
2	混凝土抗压强度、抗渗性能试验报告	核查报告的完整性及结论的符合性
3	施工记录	核查浇筑、坍落度、含气量、养护等符合设计及规范要求

续表

序号	核查资料名称	核查要点
4	隐蔽工程验收记录	核查记录内容的完整性及验收结论的符合性
5	监理检验记录	核查记录内容的完整性

2.2.30 水泥砂浆防水层检验批质量验收记录

1. 表格

水泥砂浆防水层检验批质量验收记录

编号：□□□□□□□□□□—□□

<table>
<tr><td>单位（子单位）
工程名称</td><td colspan="5"></td></tr>
<tr><td>分部（子分部）
工程名称</td><td colspan="2"></td><td>分项工程名称</td><td colspan="2"></td></tr>
<tr><td>施工单位</td><td></td><td>项目负责人</td><td></td><td>检验批容量</td><td></td></tr>
<tr><td>分包单位</td><td></td><td>分包单位
项目负责人</td><td></td><td>检验批部位</td><td></td></tr>
<tr><td>施工依据</td><td colspan="2"></td><td>验收依据</td><td colspan="2"></td></tr>
</table>

<table>
<tr><td colspan="3">验收项目</td><td>设计要求及
规范规定</td><td>最小/实际
抽样数量</td><td>检查记录</td><td>检查
结果</td></tr>
<tr><td rowspan="3">主控项目</td><td>1</td><td>防水砂浆的原材料及配合比</td><td>符合设计要求</td><td></td><td></td><td></td></tr>
<tr><td>2</td><td>防水砂浆的粘结强度和抗渗性能</td><td>符合设计要求</td><td></td><td></td><td></td></tr>
<tr><td>3</td><td>水泥砂浆防水层与基层之间</td><td>应结合牢固，无空鼓现象</td><td></td><td></td><td></td></tr>
<tr><td rowspan="4">一般项目</td><td>1</td><td>水泥砂浆防水层表面</td><td>应密实、平整，不得有裂纹、起砂、麻面等缺陷</td><td></td><td></td><td></td></tr>
<tr><td>2</td><td>水泥砂浆防水层施工缝留槎位置</td><td>应正确，接槎应按层次顺序操作，层层搭接紧密。</td><td></td><td></td><td></td></tr>
<tr><td>3</td><td>水泥砂浆防水层的平均厚度</td><td>符合设计要求且最小厚度≥设计值的85%</td><td></td><td></td><td></td></tr>
<tr><td>4</td><td>水泥砂浆防水层表面平整度允许偏差</td><td>5mm</td><td></td><td></td><td></td></tr>
<tr><td colspan="3">施工单位
检查结果</td><td colspan="4">专业工长：
项目专业质量检查员：
年 月 日</td></tr>
<tr><td colspan="3">监理单位
验收结果</td><td colspan="4">专业监理工程师：
年 月 日</td></tr>
</table>

注：表中“设计要求”等内容应按实际设计要求内容填写。

2. 验收依据说明

(1)【规范名称及编号】《城镇污水处理厂工程质量验收规范》GB 50334－2017

【条文摘录】

5.1.3　污水处理厂工程的地基与基础工程质量验收除应符合本规范外，尚应符合现行国家标准《建筑地基基础工程施工质量验收规范》GB 50202、《给水排水管道工程施工及验收规范》GB 50268 和《给水排水构筑物工程施工及验收规范》GB 50141 的有关规定。

(2)【规范名称及编号】《地下防水工程质量验收规范》GB 50208－2011

【条文摘录】

主　控　项　目

4.2.7　防水砂浆的原材料及配合比必须符合设计规定。

检验方法：检查产品合格证、产品性能检测报告、计量措施和材料进场检验报告。

4.2.8　防水砂浆的粘结强度和抗渗性能必须符合设计规定。

检验方法：检查砂浆粘结强度、抗渗性能检验报告。

4.2.9　水泥砂浆防水层与基层之间应结合牢固，无空鼓现象。

检验方法：观察和用小锤轻击检查。

一　般　项　目

4.2.10　水泥砂浆防水层表面应密实、平整，不得有裂纹、起砂、麻面等缺陷。

检验方法：观察检查。

4.2.11　水泥砂浆防水层施工缝留槎位置应正确，接槎应按层次顺序操作，层层搭接紧密。

检验方法：观察检查和检查隐蔽工程验收记录。

4.2.12　水泥砂浆防水层的平均厚度应符合设计要求，最小厚度不得小于设计厚度的85%。

检验方法：用针测法检查。

4.2.13　水泥砂浆防水层表面平整度的允许偏差应为5mm。

检查方法：用2m靠尺和楔形塞尺检查。

3. 检验批验收应提供的核查资料

(1) 核查依据：《城镇污水处理厂工程质量验收规范》GB 50334－2017

5.1.2　地基与基础工程质量验收应检查下列文件：

1　各种原材料、半成品、预制构件性能报告；

2　施工记录与监理检验记录；

3　地基处理、桩基检测报告；

4　其他有关文件。

(2) 核查资料明细

序号	核查资料名称	核查要点
1	材料出厂合格证、试验报告	核查规格型号、数量、日期、性能等符合设计要求
2	砂浆粘结强度、抗渗性能检验报告	核查报告的完整性及结论的符合性

续表

序号	核查资料名称	核查要点
3	施工记录	核查浇筑、养护记录等符合设计及规范要求
4	隐蔽工程验收记录	核查记录内容的完整性及验收结论的符合性
5	监理检验记录	核查记录内容的完整性

2.2.31 施工缝防水检验批质量验收记录

1. 表格

施工缝防水检验批质量验收记录

编号：□□□□□□□□□□—□□

<table>
<tr><td colspan="3">单位（子单位）工程名称</td><td colspan="4"></td></tr>
<tr><td colspan="3">分部（子分部）工程名称</td><td></td><td>分项工程名称</td><td colspan="2"></td></tr>
<tr><td colspan="3">施工单位</td><td></td><td>项目负责人</td><td></td><td>检验批容量</td></tr>
<tr><td colspan="3">分包单位</td><td></td><td>分包单位项目负责人</td><td></td><td>检验批部位</td></tr>
<tr><td colspan="3">施工依据</td><td></td><td>验收依据</td><td colspan="2"></td></tr>
<tr><td colspan="3">验收项目</td><td>设计要求及规范规定</td><td>最小/实际抽样数量</td><td>检查记录</td><td>检查结果</td></tr>
<tr><td rowspan="2">主控项目</td><td>1</td><td>施工缝防水密封材料种类及质量</td><td>符合设计要求</td><td></td><td></td><td></td></tr>
<tr><td>2</td><td>施工缝防水构造</td><td>符合设计要求</td><td></td><td></td><td></td></tr>
<tr><td rowspan="6">一般项目</td><td rowspan="3">1</td><td>墙体水平施工缝位置</td><td>留设在高出底板表面不小于300mm墙体上</td><td></td><td></td><td></td></tr>
<tr><td>拱、板与墙结合的水平施工缝位置</td><td>在拱、板和墙交接处以下150mm～300mm处</td><td></td><td></td><td></td></tr>
<tr><td>垂直施工缝位置</td><td>应避开地下水和裂隙水较多地段，并宜与变形缝相结合</td><td></td><td></td><td></td></tr>
<tr><td>2</td><td>在施工缝处继续浇筑混凝土时</td><td>已浇筑的混凝土抗压强度不应小于1.2MPa</td><td></td><td></td><td></td></tr>
<tr><td>3</td><td>水平施工缝界面处理</td><td>清除表面浮浆和杂物，铺设净浆、涂刷混凝土界面处理剂或水泥基渗透结晶型防水涂料，铺30mm～50mm厚的1：1水泥砂浆，并及时浇筑混凝土</td><td></td><td></td><td></td></tr>
<tr><td>4</td><td>垂直施工缝浇筑界面处理</td><td>应将其表面清理干净，涂刷混凝土界面处理剂或水泥基渗透结晶型防水涂料，并及时浇筑混凝土</td><td></td><td></td><td></td></tr>
</table>

续表

验收项目			设计要求及规范规定	最小/实际抽样数量	检查记录	检查结果
一般项目	5	中埋式止水带及外贴式止水带埋设	埋设位置应准确，固定应牢靠			
	6	遇水膨胀止水带性能	应具有缓膨胀性能			
		止水条埋设	止水条与施工缝基面应密贴，中间不得有空鼓、脱离等现象；止水条应牢固地安装在缝表面或预埋凹槽内；止水条采用搭接连接时，搭接宽度不得小于30mm			
	7	遇水膨胀止水胶施工	应连续、均匀、饱满、无气泡和孔洞，挤出宽度及厚度应符合设计要求			
	8	预埋式注浆管设置	应设在施工缝断面中部，注浆管与施工缝基面应密贴并固定牢靠，固定间距宜为200mm～300mm			
	9	注浆导管与注浆管的连接	应牢固、严密，导管埋入混凝土内的部分应与结构钢筋绑扎牢固，导管末端应临时封堵严密			
施工单位检查结果			专业工长： 项目专业质量检查员： 年 月 日			
监理单位验收结果			专业监理工程师： 年 月 日			

注：表中“设计要求”等内容应按实际设计要求内容填写。

2. 验收依据说明

(1)【规范名称及编号】《城镇污水处理厂工程质量验收规范》GB 50334－2017

【条文摘录】

5.1.3 污水处理厂工程的地基与基础工程质量验收除应符合本规范外，尚应符合现行国家标准《建筑地基基础工程施工质量验收规范》GB 50202、《给水排水管道工程施工及验收规范》GB 50268和《给水排水构筑物工程施工及验收规范》GB 50141的有关规定。

(2)【规范名称及编号】《地下防水工程质量验收规范》GB 50208－2011

【条文摘录】

主 控 项 目

5.1.1 施工缝用止水带、遇水膨胀止水条或止水胶、水泥基渗透结晶型防水涂料和预埋注浆管必须符合设计要求。

检验方法：检查产品合格证、产品性能检测报告和材料进场检验报告。

5.1.2　施工缝防水构造必须符合设计要求。

检验方法：观察检查和检查隐蔽工程验收记录。

一　般　项　目

5.1.3　墙体水平施工缝应留设在高出底板表面不小于300mm的墙体上。拱、板与墙结合的水平施工缝，宜留在拱、板和墙交接处以下150mm～300mm处；垂直施工缝应避开地下水和裂隙水较多的地段，并宜与变形缝相结合。

检验方法：观察检查和检查隐蔽工程验收记录。

5.1.4　在施工缝处继续浇筑混凝土时，已浇筑的混凝土抗压强度不应小于1.2MPa。

检验方法：观察检查和检查隐蔽工程验收记录。

5.1.5　水平施工缝浇筑混凝土前，应将其表面浮浆和杂物清除，然后铺设净浆、涂刷混凝土界面处理剂或水泥基渗透结晶型防水涂料，再铺30mm～50mm厚的1∶1水泥砂浆，并及时浇筑混凝土。

检验方法：观察检查和检查隐蔽工程验收记录。

5.1.6　垂直施工缝浇筑混凝土前，应将其表面清理干净，再涂刷混凝土界面处理剂或水泥基渗透结晶型防水涂料，并及时浇筑混凝土。

检验方法：观察检查和检查隐蔽工程验收记录。

5.1.7　中埋式止水带及外贴式止水带埋设位置应准确，固定应牢靠。

检验方法：观察检查和检查隐蔽工程验收记录。

5.1.8　遇水膨胀止水条应具有缓膨胀性能；止水条与施工缝基面应密贴，中间不得有空鼓、脱离等现象；止水条应牢固地安装在缝表面或预埋凹槽内；止水条采用搭接连接时，搭接宽度不得小于30mm。

检验方法：观察检查和检查隐蔽工程验收记录。

5.1.9　遇水膨胀止水胶应采用专用注胶器挤出粘结在施工缝表面，并做到连续、均匀、饱满、无气泡和孔洞，挤出宽度及厚度应符合设计要求；止水胶挤出成形后，固化期内应采取临时保护措施；止水胶固化前不得浇筑混凝土。

检验方法：观察检查和检查隐蔽工程验收记录。

5.1.10　预埋注浆管应设置在施工缝断面中部，注浆管与施工缝基面应密贴并固定牢靠，固定间距宜为200mm～300mm；注浆导管与注浆管的连接应牢固、严密，导管埋入混凝土内的部分应与结构钢筋绑扎牢固，导管的末端应临时封堵严密。

检验方法：观察检查和检查隐蔽工程验收记录。

3. 检验批验收应提供的核查资料

(1) 核查依据：《城镇污水处理厂工程质量验收规范》GB 50334－2017

5.1.2　地基与基础工程质量验收应检查下列文件：

1　各种原材料、半成品、预制构件性能报告；

2　施工记录与监理检验记录；

3　地基处理、桩基检测报告；

4　其他有关文件。

(2) 核查资料明细

核查资料明细表

序号	核查资料名称	核查要点
1	材料出厂合格证、试验报告	核查规格型号、数量、日期、性能等符合设计要求
2	施工记录	核查施工缝的位置、施工缝与注浆管间距等符合设计及规范要求
3	隐蔽工程验收记录	核查记录内容的完整性及验收结论的符合性
4	监理检验记录	核查记录内容的完整性

2.2.32　变形缝防水检验批质量验收记录

1. 表格

变形缝防水检验批质量验收记录

编号：□□□□□□□□□□—□□

<table>
<tr><td colspan="4">单位（子单位）
工程名称</td><td colspan="6"></td></tr>
<tr><td colspan="4">分部（子分部）
工程名称</td><td colspan="2"></td><td colspan="2">分项工程名称</td><td colspan="2"></td></tr>
<tr><td colspan="4">施工单位</td><td></td><td>项目负责人</td><td colspan="2"></td><td>检验批容量</td><td></td></tr>
<tr><td colspan="4">分包单位</td><td></td><td>分包单位
项目负责人</td><td colspan="2"></td><td>检验批部位</td><td></td></tr>
<tr><td colspan="4">施工依据</td><td colspan="2"></td><td colspan="2">验收依据</td><td colspan="2"></td></tr>
<tr><td colspan="5">验收项目</td><td colspan="2">设计要求及规范规定</td><td>最小/实际
抽样数量</td><td>检查记录</td><td>检查
结果</td></tr>
<tr><td rowspan="3">主控项目</td><td>1</td><td colspan="3">变形缝用止水带、填缝材料和密封材料</td><td colspan="2">符合设计要求</td><td></td><td></td><td></td></tr>
<tr><td>2</td><td colspan="3">变形缝防水构造</td><td colspan="2">符合设计要求</td><td></td><td></td><td></td></tr>
<tr><td>3</td><td colspan="3">中埋式止水带埋设位置</td><td colspan="2">中间空心圆环与变形缝的中心线应重合</td><td></td><td></td><td></td></tr>
<tr><td rowspan="4">一般项目</td><td rowspan="4">1</td><td rowspan="4">中埋式止水带</td><td colspan="2">接缝位置</td><td colspan="2">应设在边墙较高位置上，不得设在结构转角处</td><td></td><td></td><td></td></tr>
<tr><td colspan="2">采用热压焊接接头接缝</td><td colspan="2">应平整、牢固，不得有裂口和脱胶现象</td><td></td><td></td><td></td></tr>
<tr><td colspan="2">中埋式止水带在转弯处</td><td colspan="2">做成圆弧形</td><td></td><td></td><td></td></tr>
<tr><td colspan="2">中埋式止水带安装在顶板、底板内</td><td colspan="2">应安装成盆状，并宜采用专用钢筋套或扁钢固定</td><td></td><td></td><td></td></tr>
</table>

续表

验收项目				设计要求及规范规定	最小/实际抽样数量	检查记录	检查结果
一般项目	2	外贴式止水带	变形缝与施工缝相交部位	设置十字配件			
			变形缝转角部位	宜采用直角配件			
			外贴式止水带埋设位置和敷设	位置应准确，固定应牢靠，并与固定止水带的基层密贴			
	3	安设于结构内侧的可卸式止水带		转角处应做成45°坡角，并增加紧固件的数量			
	4	嵌缝质量	缝内两侧基面	平整、洁净、干燥，并应涂刷基层处理剂			
			嵌缝底部	设置背衬材料			
			密封材料嵌填	严密、连续、饱满，粘结牢固			
	5	变形缝处表面处理		粘贴卷材或涂刷涂料前应设置隔离层和加强层			
施工单位检查结果				专业工长： 项目专业质量检查员： 年 月 日			
监理单位验收结果				专业监理工程师： 年 月 日			

注：表中“设计要求”等内容应按实际设计要求内容填写。

2. 验收依据说明

(1)【规范名称及编号】《城镇污水处理厂工程质量验收规范》GB 50334－2017

【条文摘录】

5.1.3 污水处理厂工程的地基与基础工程质量验收除应符合本规范外，尚应符合现行国家标准《建筑地基基础工程施工质量验收规范》GB 50202、《给水排水管道工程施工及验收规范》GB 50268和《给水排水构筑物工程施工及验收规范》GB 50141的有关规定。

(2)【规范名称及编号】《地下防水工程质量验收规范》GB 50208－2011

【条文摘录】

主 控 项 目

5.2.1 变形缝用止水带、填缝材料和密封材料必须符合设计要求。

检验方法：检查产品合格证、产品性能检测报告和材料进场检验报告。

5.2.2　变形缝防水构造必须符合设计要求。

检验方法：观察检查和检查隐蔽工程验收记录。

5.2.3　中埋式止水带埋设位置应准确，其中间空心圆环与变形缝的中心线应重合。

检验方法：观察检查和检查隐蔽工程验收记录。

一　般　项　目

5.2.4　中埋式止水带的接缝应设在边墙较高位置上，不得设在结构转角处；接头宜采用热压焊接，接缝应平整、牢固，不得有裂口和脱胶现象。

检验方法：观察检查和检查隐蔽工程验收记录。

5.2.5　中埋式止水带在转角处应做成圆弧形；顶板、底板内止水带应安装成盆状，并宜采用专用钢筋套或扁钢固定。

检验方法：观察检查和检查隐蔽工程验收记录。

5.2.6　外贴式止水带在变形缝与施工缝相交部位宜采用十字配件；外贴式止水带在变形缝转角部位宜采用直角配件。止水带埋设位置应准确，固定应牢靠，并与固定止水带的基层密贴，不得出现空鼓、翘边等现象。

检验方法：观察检查和检查隐蔽工程验收记录。

5.2.7　安设于结构内侧的可卸式止水带所需配件应一次配齐，转角处应做成45°坡角，并增加紧固件的数量。

检验方法：观察检查和检查隐蔽工程验收记录。

5.2.8　嵌填密封材料的缝内两侧基面应平整、洁净、干燥，并应涂刷基层处理剂；嵌缝底部应设置背衬材料；密封材料嵌填应严密、连续、饱满，粘结牢固。

检验方法：观察检查和检查隐蔽工程验收记录。

5.2.9　变形缝处表面粘贴卷材或涂刷涂料前，应在缝上设置隔离层和加强层。

检验方法：观察检查和检查隐蔽工程验收记录。

3. 检验批验收应提供的核查资料

(1) 核查依据：《城镇污水处理厂工程质量验收规范》GB 50334－2017

5.1.2　地基与基础工程质量验收应检查下列文件：

1　各种原材料、半成品、预制构件性能报告；

2　施工记录与监理检验记录；

3　地基处理、桩基检测报告；

4　其他有关文件。

(2) 核查资料明细

核查资料明细表

序号	核查资料名称	核查要点
1	材料出厂合格证、试验报告	核查规格型号、数量、日期、性能等符合设计要求
2	施工记录	核查变形缝的接缝、接头的位置、连接方式，表面处理情况等符合设计及规范要求
3	隐蔽工程验收记录	核查记录内容的完整性及验收结论的符合性
4	监理检验记录	核查记录内容的完整性

2.2.33 后浇带防水检验批质量验收记录

1. 表格

后浇带防水检验批质量验收记录

编号：□□□□□□□□□□—□□

单位（子单位）工程名称						
分部（子分部）工程名称				分项工程名称		
施工单位			项目负责人		检验批容量	
分包单位			分包单位项目负责人		检验批部位	
施工依据				验收依据		
验收项目			设计要求及规范规定	最小/实际抽样数量	检查记录	检查结果
主控项目	1	后浇带用遇水膨胀止水条或止水胶、预埋注浆管、外贴式止水带	符合设计要求			
主控项目	2	补偿收缩混凝土的原材料及配合比	符合设计要求			
主控项目	3	后浇带防水构造	符合设计要求			
主控项目	4	采用掺膨胀剂的补偿收缩混凝土，其抗压强度、抗渗性能和限制膨胀率	符合设计要求			
一般项目	1	补偿收缩混凝土浇筑前	后浇带部位和外贴式止水带应采取保护措施			
一般项目	2	后浇带两侧的接缝表面	应先清理干净，再涂刷混凝土界面处理剂或水泥基渗透结晶型防水涂料			
一般项目	3	后浇混凝土的浇筑时间	符合设计要求			
一般项目	4	后浇带混凝土应一次浇筑	不得留施工缝			
一般项目	5	混凝土浇筑后应及时养护	养护时间不得少于28d			
施工单位检查结果			专业工长： 项目专业质量检查员： 年　月　日			
监理单位验收结果			专业监理工程师： 年　月　日			

注：表中“设计要求”等内容应按实际设计要求内容填写。

2. 验收依据说明

(1)【规范名称及编号】《城镇污水处理厂工程质量验收规范》GB 50334－2017

【条文摘录】

5.1.3　污水处理厂工程的地基与基础工程质量验收除应符合本规范外，尚应符合现行国家标准《建筑地基基础工程施工质量验收规范》GB 50202、《给水排水管道工程施工及验收规范》GB 50268 和《给水排水构筑物工程施工及验收规范》GB 50141 的有关规定。

(2)【规范名称及编号】《地下防水工程质量验收规范》GB 50208－2011

【条文摘录】

主　控　项　目

5.3.1　后浇带用遇水膨胀止水条或止水胶、预埋注浆管、外贴式止水带必须符合设计要求。

检验方法：检查产品合格证、产品性能检测报告和材料进场检验报告。

5.3.2　补偿收缩混凝土的原材料及配合比必须符合设计要求。

检验方法：检查产品合格证、产品性能检测报告、计量措施和材料进场检验报告。

5.3.3　后浇带防水构造必须符合设计要求。

检验方法：观察检查和检查隐蔽工程验收记录。

5.3.4　采用掺膨胀剂的补偿收缩混凝土，其抗压强度、抗渗性能和限制膨胀率必须符合设计要求。

检验方法：检查混凝土抗压强度、抗渗性能和水中养护 14d 后的限制膨胀率检测报告。

一　般　项　目

5.3.5　补偿收缩混凝土浇筑前，后浇带部位和外贴式止水带应采取保护措施。

检验方法：观察检查。

5.3.6　后浇带两侧的接缝表面应先清理干净，再涂刷混凝土界面处理剂或水泥基渗透结晶型防水涂料；后浇混凝土的浇筑时间应符合设计要求。

检验方法：观察检查和检查隐蔽工程验收记录。

5.3.8　后浇带混凝土应一次浇筑，不得留施工缝；混凝土浇筑后应及时养护，养护时间不得少于 28d。

检验方法：观察检查和检查隐蔽工程验收记录。

3. 检验批验收应提供的核查资料

(1) 核查依据：《城镇污水处理厂工程质量验收规范》GB 50334－2017

5.1.2　地基与基础工程质量验收应检查下列文件：

1　各种原材料、半成品、预制构件性能报告；

2　施工记录与监理检验记录；

3　地基处理、桩基检测报告；

4　其他有关文件。

(2) 核查资料明细

核查资料明细表

序号	核查资料名称	核查要点
1	材料出厂合格证、试验报告	核查规格型号、数量、日期、性能等符合设计要求
2	施工记录	核查后浇带的止水条埋设位置、方法、表面处理情况等符合设计及规范要求
3	隐蔽工程验收记录	核查记录内容的完整性及验收结论的符合性
4	监理检验记录	核查记录内容的完整性

2.2.34 穿墙管防水检验批质量验收记录

1. 表格

穿墙管防水检验批质量验收记录

编号：□□□□□□□□□□—□□

<table>
<tr><td colspan="3">单位（子单位）
工程名称</td><td colspan="4"></td></tr>
<tr><td colspan="3">分部（子分部）
工程名称</td><td colspan="2"></td><td>分项工程
名称</td><td></td></tr>
<tr><td colspan="3">施工单位</td><td></td><td>项目负责人</td><td></td><td>检验批容量</td></tr>
<tr><td colspan="3">分包单位</td><td></td><td>分包单位
项目负责人</td><td></td><td>检验批部位</td></tr>
<tr><td colspan="3">施工依据</td><td colspan="2"></td><td>验收依据</td><td></td></tr>
<tr><td colspan="3">验收项目</td><td>设计要求及规范规定</td><td>最小/实际
抽样数量</td><td>检查记录</td><td>检查结果</td></tr>
<tr><td rowspan="2">主控项目</td><td>1</td><td>穿墙管用遇水膨胀止水条和密封材料</td><td>符合设计要求</td><td></td><td></td><td></td></tr>
<tr><td>2</td><td>穿墙管防水构造</td><td>符合设计要求</td><td></td><td></td><td></td></tr>
<tr><td rowspan="4">一般项目</td><td>1</td><td>固定式穿墙管防水</td><td>加焊止水环或环绕遇水膨胀止水圈，并做好防腐处理</td><td></td><td></td><td></td></tr>
<tr><td>2</td><td>固定式穿墙管位置</td><td>在主体结构迎水面预留凹槽，槽内应用密封材料嵌填密实</td><td></td><td></td><td></td></tr>
<tr><td>3</td><td>套管式穿墙管的套管与止水环及翼环</td><td>应连续满焊，并作好防腐处理</td><td></td><td></td><td></td></tr>
<tr><td>4</td><td>套管内密封处理及固定</td><td>套管内表面应清理干净，用密封材料和橡胶密封圈进行密封处理，并采用法兰盘及螺栓进行固定</td><td></td><td></td><td></td></tr>
</table>

续表

<table>
<tr><td colspan="3">验收项目</td><td>设计要求及规范规定</td><td>最小/实际
抽样数量</td><td>检查记录</td><td>检查结果</td></tr>
<tr><td rowspan="3">一般项目</td><td>5</td><td>穿墙盒设置</td><td>封口钢板与混凝土结构墙上预埋的角钢应焊平，并从钢板上的预留浇注孔注入改性沥青密封材料或细石混凝土，封填后将浇注孔口用钢板焊接封闭</td><td></td><td></td><td></td></tr>
<tr><td>6</td><td>主体结构迎水面有柔性防水层</td><td>防水层与穿墙管连接处应增设加强层</td><td></td><td></td><td></td></tr>
<tr><td>7</td><td>密封材料嵌填</td><td>应密实、连续、饱满，粘结牢固</td><td></td><td></td><td></td></tr>
<tr><td colspan="3">施工单位
检查结果</td><td colspan="4">专业工长：
项目专业质量检查员：

年　月　日</td></tr>
<tr><td colspan="3">监理单位
验收结果</td><td colspan="4">专业监理工程师：

年　月　日</td></tr>
</table>

注：表中“设计要求”等内容应按实际设计要求内容填写。

2. 验收依据说明

(1)【规范名称及编号】《城镇污水处理厂工程质量验收规范》GB 50334－2017

【条文摘录】

5.1.3　污水处理厂工程的地基与基础工程质量验收除应符合本规范外，尚应符合现行国家标准《建筑地基基础工程施工质量验收规范》GB 50202、《给水排水管道工程施工及验收规范》GB 50268和《给水排水构筑物工程施工及验收规范》GB 50141的有关规定。

(2)【规范名称及编号】《地下防水工程质量验收规范》GB 50208－2011

【条文摘录】

主 控 项 目

5.4.1 穿墙管用遇水膨胀止水条和密封材料必须符合设计要求。

检验方法：检查产品合格证、产品性能检测报告和材料进场检验报告。

5.4.2 穿墙管防水构造必须符合设计要求。

检验方法：观察检查和检查隐蔽工程验收记录。

一 般 项 目

5.4.3 固定式穿墙管应加焊止水环或环绕遇水膨胀止水圈，并作好防腐处理；穿墙管应在主体结构迎水面预留凹槽，槽内应用密封材料嵌填密实。

检验方法：观察检查和检查隐蔽工程验收记录。

5.4.4 套管式穿墙管的套管与止水环及翼环应连续满焊，并作好防腐处理；套管内表面应清理干净，穿墙管与套管之间应用密封材料和橡胶密封圈进行密封处理，并采用法兰盘及螺栓进行固定。

检验方法：观察检查和检查隐蔽工程验收记录。

5.4.5 穿墙盒的封口钢板与混凝土结构墙上预埋的角钢应焊平，并从钢板上的预留浇注孔注入改性沥青密封材料或细石混凝土，封填后将浇注孔口用钢板焊接封闭。

检验方法：观察检查和检查隐蔽工程验收记录。

5.4.6 当主体结构迎水面有柔性防水层时，防水层与穿墙管连接处应增设加强层。

检验方法：观察检查和检查隐蔽工程验收记录。

5.4.7 密封材料嵌填应密实、连续、饱满，粘结牢固。

检验方法：观察检查和检查隐蔽工程验收记录。

3. 检验批验收应提供的核查资料

(1) 核查依据：《城镇污水处理厂工程质量验收规范》GB 50334－2017

5.1.2 地基与基础工程质量验收应检查下列文件：

1 各种原材料、半成品、预制构件性能报告；

2 施工记录与监理检验记录；

3 地基处理、桩基检测报告；

4 其他有关文件。

(2) 核查资料明细

核查资料明细表

序号	核查资料名称	核查要点
1	材料出厂合格证、试验报告	核查规格型号、数量、日期、性能等符合设计要求
2	施工记录	核查套管内表面处理、穿墙盒设置位置等符合设计及规范要求
3	隐蔽工程验收记录	核查记录内容的完整性及验收结论的符合性
4	监理检验记录	核查记录内容的完整性

2.2.35 预埋件防水检验批质量验收记录

1. 表格

预埋件防水检验批质量验收记录

编号：□□□□□□□□□□—□□

<table>
<tr><td colspan="3">单位（子单位）
工程名称</td><td colspan="5"></td></tr>
<tr><td colspan="3">分部（子分部）
工程名称</td><td colspan="2"></td><td>分项工程
名称</td><td colspan="2"></td></tr>
<tr><td colspan="3">施工单位</td><td>项目负责人</td><td></td><td>检验批容量</td><td colspan="2"></td></tr>
<tr><td colspan="3">分包单位</td><td>分包单位
项目负责人</td><td></td><td>检验批部位</td><td colspan="2"></td></tr>
<tr><td colspan="3">施工依据</td><td colspan="2"></td><td>验收依据</td><td colspan="2"></td></tr>
<tr><td colspan="3">验收项目</td><td>设计要求及规范规定</td><td>最小/实际
抽样数量</td><td>检查记录</td><td colspan="2">检查结果</td></tr>
<tr><td rowspan="2">主控项目</td><td>1</td><td>预埋件用密封材料</td><td>符合设计要求</td><td></td><td></td><td colspan="2"></td></tr>
<tr><td>2</td><td>预埋件防水构造</td><td>符合设计要求</td><td></td><td></td><td colspan="2"></td></tr>
<tr><td rowspan="9">一般项目</td><td>1</td><td>预埋件位置</td><td>应准确，固定牢靠</td><td></td><td></td><td colspan="2"></td></tr>
<tr><td>2</td><td>预埋件防腐</td><td>应进行防腐处理</td><td></td><td></td><td colspan="2"></td></tr>
<tr><td>3</td><td>预埋件端部或预留孔、槽底部的混凝土厚度</td><td>≥250mm</td><td></td><td></td><td colspan="2"></td></tr>
<tr><td>4</td><td>当混凝土厚度小于250mm时</td><td>应局部加厚或采用其他防水措施</td><td></td><td></td><td colspan="2"></td></tr>
<tr><td>5</td><td>结构迎水面的预埋件周围构造</td><td>周围应预留凹槽，凹槽内应用密封材料填实</td><td></td><td></td><td colspan="2"></td></tr>
<tr><td>6</td><td>用于固定模板的螺栓必须穿过混凝土结构时</td><td>可采用工具式螺栓或螺栓加堵头，螺栓上应加焊止水环</td><td></td><td></td><td colspan="2"></td></tr>
<tr><td>7</td><td>拆模后留下的凹槽处理</td><td>用密封材料封堵密实，并用聚合物水泥砂浆抹平</td><td></td><td></td><td colspan="2"></td></tr>
<tr><td>8</td><td>预留孔、槽内的防水层</td><td>应与主体防水层保持连续</td><td></td><td></td><td colspan="2"></td></tr>
<tr><td>9</td><td>密封材料嵌填</td><td>密实、连续、饱满，粘结牢固</td><td></td><td></td><td colspan="2"></td></tr>
<tr><td colspan="3">施工单位
检查结果</td><td colspan="5">专业工长：
项目专业质量检查员：
年　月　日</td></tr>
<tr><td colspan="3">监理单位
验收结果</td><td colspan="5">专业监理工程师：
年　月　日</td></tr>
</table>

注：表中“设计要求”等内容应按实际设计要求内容填写。

2. 验收依据说明

(1)【规范名称及编号】《城镇污水处理厂工程质量验收规范》GB 50334－2017

【条文摘录】

5.1.3 污水处理厂工程的地基与基础工程质量验收除应符合本规范外，尚应符合现行国家标准《建筑地基基础工程施工质量验收规范》GB 50202、《给水排水管道工程施工及验收规范》GB 50268 和《给水排水构筑物工程施工及验收规范》GB 50141 的有关规定。

(2)【规范名称及编号】《地下防水工程质量验收规范》GB 50208－2011

【条文摘录】

主 控 项 目

5.5.1 埋设件用密封材料必须符合设计要求。

检验方法：检查产品合格证、产品性能检测报告和材料进场检验报告。

5.5.2 埋设件防水构造必须符合设计要求。

检验方法：观察检查和检查隐蔽工程验收记录。

一 般 项 目

5.5.3 埋设件应位置准确，固定牢靠；埋设件应进行防腐处理。

检验方法：观察、尺量和手扳检查。

5.5.4 埋设件端部或预留孔、槽底部的混凝土厚度不得少于 250mm；当混凝土厚度小于 250mm 时，应局部加厚或采取其他防水措施。

检验方法：尺量检查和检查隐蔽工程验收记录。

5.5.5 结构迎水面的埋设件周围应预留凹槽，凹槽内应用密封材料填实。

检验方法：观察检查和检查隐蔽工程验收记录。

5.5.6 用于固定模板的螺栓必须穿过混凝土结构时，可采用工具式螺栓或螺栓加堵头，螺栓上应加焊止水环。拆模后留下的凹槽应用密封材料封堵密实，并用聚合物水泥砂浆抹平。

检验方法：观察检查和检查隐蔽工程验收记录。

5.5.7 预留孔、槽内的防水层应与主体防水层保持连续。

检验方法：观察检查和检查隐蔽工程验收记录。

5.5.8 密封材料嵌填应密实、连续、饱满，粘结牢固。

检验方法：观察检查和检查隐蔽工程验收记录。

3. 检验批验收应提供的核查资料

(1) 核查依据：《城镇污水处理厂工程质量验收规范》GB 50334－2017

5.1.2 地基与基础工程质量验收应检查下列文件：

1 各种原材料、半成品、预制构件性能报告；

2 施工记录与监理检验记录；

3 地基处理、桩基检测报告；

4 其他有关文件。

(2) 核查资料明细

核查资料明细表

序号	核查资料名称	核查要点
1	材料出厂合格证、试验报告	核查规格型号、数量、日期、性能等符合设计要求
2	施工记录	核查预埋件防腐处理、预埋件位置等符合设计及规范要求
3	隐蔽工程验收记录	核查记录内容的完整性及验收结论的符合性
4	监理检验记录	核查记录内容的完整性

2.2.36 预留通道接头防水检验批质量验收记录

1. 表格

预留通道接头防水检验批质量验收记录

编号：□□□□□□□□□□—□□

<table>
<tr><td colspan="3">单位（子单位）工程名称</td><td colspan="4"></td></tr>
<tr><td colspan="3">分部（子分部）工程名称</td><td></td><td>分项工程名称</td><td colspan="2"></td></tr>
<tr><td colspan="3">施工单位</td><td>项目负责人</td><td></td><td>检验批容量</td><td></td></tr>
<tr><td colspan="3">分包单位</td><td>分包单位项目负责人</td><td></td><td>检验批部位</td><td></td></tr>
<tr><td colspan="3">施工依据</td><td></td><td>验收依据</td><td colspan="2"></td></tr>
<tr><td colspan="3">验收项目</td><td>设计要求及规范规定</td><td>最小/实际抽样数量</td><td>检查记录</td><td>检查结果</td></tr>
<tr><td rowspan="3">主控项目</td><td>1</td><td>预留通道接头</td><td>符合设计要求</td><td></td><td></td><td></td></tr>
<tr><td>2</td><td>预留通道接头防水构造</td><td>符合设计要求</td><td></td><td></td><td></td></tr>
<tr><td>3</td><td>中埋式止水带埋设位置</td><td>中间空心圆环与通道接头中心线应重合</td><td></td><td></td><td></td></tr>
<tr><td rowspan="5">一般项目</td><td>1</td><td>预留通道先浇混凝土结构、中埋式止水带和预埋件</td><td>应及时保护，预埋件应进行防锈处理</td><td></td><td></td><td></td></tr>
<tr><td>2</td><td>密封材料嵌填</td><td>应密实、连续、饱满，粘结牢固</td><td></td><td></td><td></td></tr>
<tr><td>3</td><td>用膨胀螺栓固定可卸式止水带</td><td>止水带与紧固件压块以及止水带与基面之间应结合紧密</td><td></td><td></td><td></td></tr>
<tr><td>4</td><td>金属膨胀螺栓防腐</td><td>应选用不锈钢材料或进行防锈处理</td><td></td><td></td><td></td></tr>
<tr><td>5</td><td>预留通道接头外部</td><td>应设保护墙</td><td></td><td></td><td></td></tr>
<tr><td colspan="3">施工单位检查结果</td><td colspan="4">专业工长：
项目专业质量检查员：
年 月 日</td></tr>
<tr><td colspan="3">监理单位验收结果</td><td colspan="4">专业监理工程师：
年 月 日</td></tr>
</table>

注：表中“设计要求”等内容应按实际设计要求内容填写。

2. 验收依据说明

（1）【规范名称及编号】《城镇污水处理厂工程质量验收规范》GB 50334－2017

【条文摘录】

5.1.3 污水处理厂工程的地基与基础工程质量验收除应符合本规范外，尚应符合现行国家标准《建筑地基基础工程施工质量验收规范》GB 50202、《给水排水管道工程施工及验收规范》GB 50268 和《给水排水构筑物工程施工及验收规范》GB 50141 的有关规定。

（2）【规范名称及编号】《地下防水工程质量验收规范》GB 50208－2011

【条文摘录】

主 控 项 目

5.6.1 预留通道接头用中埋式止水带、遇水膨胀止水条或止水胶、预埋注浆管、密封材料和可卸式止水带必须符合设计要求。

检验方法：检查产品合格证、产品性能检测报告和材料进场检验报告。

5.6.2 预留通道接头防水构造必须符合设计要求。

检验方法：观察检查和检查隐蔽工程验收记录。

5.6.3 中埋式止水带埋设位置应准确，其中间空心圆环与通道接头的中心线应重合。

检验方法：观察检查和检查隐蔽工程验收记录。

一 般 项 目

5.6.4 预留通道先浇混凝土结构、中埋式止水带和预埋件应及时保护，预埋件应进行防锈处理。

检验方法：观察检查。

5.6.6 密封材料嵌填应密实、连续、饱满，粘结牢固。

检验方法：观察检查和检查隐蔽工程验收记录。

5.6.7 用膨胀螺栓固定可卸式止水带时，止水带与紧固件压块以及止水带与基面之间应结合紧密。采用金属膨胀螺栓时，应选用不锈钢材料或进行防锈处理。

检验方法：观察检查和检查隐蔽工程验收记录。

5.6.8 预留通道接头外部应设保护墙。

检验方法：观察检查和检查隐蔽工程验收记录。

5.1.8 遇水膨胀止水条应具有缓膨胀性能；止水条与施工缝基面应密贴，中间不得有空鼓、脱离等现象；止水条应牢固地安装在缝表面或预埋凹槽内；止水条采用搭接连接时，搭接宽度不得小于 30mm。

检验方法：观察检查和检查隐蔽工程验收记录。

5.1.9 遇水膨胀止水胶应采用专用注胶器挤出粘结在施工缝表面，并做到连续、均匀、饱满、无气泡和孔洞，挤出宽度及厚度应符合设计要求；止水胶挤出成形后，固化期内应采取临时保护措施；止水胶固化前不得浇筑混凝土。

检验方法：观察检查和检查隐蔽工程验收记录。

5.1.10 预埋注浆管应设置在施工缝断面中部，注浆管与施工缝基面应密贴并固定牢靠，固定间距宜为 200mm～300mm；注浆导管与注浆管的连接应牢固、严密，导管埋入混凝土内的部分应与结构钢筋绑扎牢固，导管的末端应临时封堵严密。

检验方法：观察检查和检查隐蔽工程验收记录。

3. 检验批验收应提供的核查资料

(1) 核查依据：《城镇污水处理厂工程质量验收规范》GB 50334－2017

5.1.2　地基与基础工程质量验收应检查下列文件：

1　各种原材料、半成品、预制构件性能报告；

2　施工记录与监理检验记录；

3　地基处理、桩基检测报告；

4　其他有关文件。

(2) 核查资料明细

核查资料明细表

序号	核查资料名称	核查要点
1	材料出厂合格证、试验报告	核查规格型号、数量、日期、性能等符合设计要求
2	施工记录	核查止水带与紧固件埋设位置、预埋件的防锈处理等符合设计及规范要求
3	隐蔽工程验收记录	核查记录内容的完整性及验收结论的符合性
4	监理检验记录	核查记录内容的完整性

2.2.37　桩头防水检验批质量验收记录

1. 表格

桩头防水检验批质量验收记录

编号：□□□□□□□□□□—□□

<table>
<tr><td colspan="3">单位（子单位）
工程名称</td><td colspan="4"></td></tr>
<tr><td colspan="3">分部（子分部）
工程名称</td><td></td><td>分项工程名称</td><td colspan="2"></td></tr>
<tr><td colspan="3">施工单位</td><td></td><td>项目负责人</td><td>检验批容量</td><td></td></tr>
<tr><td colspan="3">分包单位</td><td></td><td>分包单位
项目负责人</td><td>检验批部位</td><td></td></tr>
<tr><td colspan="3">施工依据</td><td></td><td>验收依据</td><td colspan="2"></td></tr>
<tr><td colspan="3">验收项目</td><td>设计要求及
规范规定</td><td>最小/实际
抽样数量</td><td>检查记录</td><td>检查结果</td></tr>
<tr><td rowspan="3">主控项目</td><td>1</td><td>桩头防水材料</td><td>符合设计要求</td><td></td><td></td><td></td></tr>
<tr><td>2</td><td>桩头防水构造</td><td>符合设计要求</td><td></td><td></td><td></td></tr>
<tr><td>3</td><td>桩头混凝土</td><td>应密实</td><td></td><td></td><td></td></tr>
<tr><td rowspan="2">一般项目</td><td>1</td><td>桩头顶面和侧面裸露处</td><td>应涂刷水泥基渗透结晶型防水涂料，并延伸至结构底板垫层150mm处</td><td></td><td></td><td></td></tr>
<tr><td>2</td><td>桩头四周300mm范围内</td><td>应抹聚合物水泥防水砂浆过渡层</td><td></td><td></td><td></td></tr>
</table>

续表

<table>
<tr><th colspan="3">验收项目</th><th>设计要求及
规范规定</th><th>最小/实际
抽样数量</th><th>检查记录</th><th>检查结果</th></tr>
<tr><td rowspan="3">一般项目</td><td>3</td><td>结构底板防水层</td><td>应做在聚合物水泥防水砂浆过渡层上并延伸至桩头侧壁，其与桩头侧壁接缝处应用密封材料嵌填</td><td></td><td></td><td></td></tr>
<tr><td>4</td><td>桩头的受力钢筋根部</td><td>应采用遇水膨胀止水条或止水胶，并采取保护措施</td><td></td><td></td><td></td></tr>
<tr><td>5</td><td>密封材料嵌填</td><td>应密实、连续、饱满，粘结牢固</td><td></td><td></td><td></td></tr>
<tr><td colspan="3">施工单位
检查结果</td><td colspan="4">专业工长：
项目专业质量检查员：
年　月　日</td></tr>
<tr><td colspan="3">监理单位
验收结果</td><td colspan="4">专业监理工程师：
年　月　日</td></tr>
</table>

注：表中“设计要求”等内容应按实际设计要求内容填写。

2. 验收依据说明

(1)【规范名称及编号】《城镇污水处理厂工程质量验收规范》GB 50334－2017

【条文摘录】

5.1.3　污水处理厂工程的地基与基础工程质量验收除应符合本规范外，尚应符合现行国家标准《建筑地基基础工程施工质量验收规范》GB 50202、《给水排水管道工程施工及验收规范》GB 50268 和《给水排水构筑物工程施工及验收规范》GB 50141 的有关规定。

(2)【规范名称及编号】《地下防水工程质量验收规范》GB 50208－2011

【条文摘录】

主　控　项　目

5.7.1　桩头用聚合物水泥防水砂浆、水泥基渗透结晶型防水涂料、遇水膨胀止水条或止水胶和密封材料必须符合设计要求。

检验方法：检查产品合格证、产品性能检测报告和材料进场检验报告。

5.7.2　桩头防水构造必须符合设计要求。

检验方法：观察检查和检查隐蔽工程验收记录。

5.7.3　桩头混凝土应密实，如发现渗漏水应及时采取封堵措施。

检验方法：观察检查和检查隐蔽工程验收记录。

一　般　项　目

5.7.4　桩头顶面和侧面裸露处应涂刷水泥基渗透结晶型防水涂料，并延伸到结构底板垫层 150mm 处；桩头周围 300mm 范围内应抹聚合物水泥防水砂浆过渡层。

检验方法：观察检查和检查隐蔽工程验收记录。

5.7.5　结构底板防水层应做在聚合物水泥防水砂浆过渡层上并延伸至桩头侧壁，其与桩头侧壁接缝处应采用密封材料嵌填。

检验方法：观察检查和检查隐蔽工程验收记录。

5.7.6　桩头的受力钢筋根部应采用遇水膨胀止水条或止水胶，并应采取保护措施。

检验方法：观察检查和检查隐蔽工程验收记录。

5.7.8　密封材料嵌填应密实、连续、饱满，粘结牢固。

检验方法：观察检查和检查隐蔽工程验收记录。

3. 检验批验收应提供的核查资料

(1) 核查依据：《城镇污水处理厂工程质量验收规范》GB 50334－2017

5.1.2　地基与基础工程质量验收应检查下列文件：

1　各种原材料、半成品、预制构件性能报告；

2　施工记录与监理检验记录；

3　地基处理、桩基检测报告；

4　其他有关文件。

(2) 核查资料明细

核查资料明细表

序号	核查资料名称	核查要点
1	材料出厂合格证、试验报告	核查规格型号、数量、日期、性能等符合设计要求
2	施工记录	核查防水材料配合比等符合设计及规范要求
3	隐蔽工程验收记录	核查记录内容的完整性及验收结论的符合性
4	监理检验记录	核查记录内容的完整性

2.2.38　孔口防水检验批质量验收记录

1. 表格

孔口防水检验批质量验收记录

编号：□□□□□□□□□□—□□

<table>
<tr><td colspan="3">单位（子单位）工程名称</td><td colspan="6"></td></tr>
<tr><td colspan="3">分部（子分部）工程名称</td><td colspan="2"></td><td>分项工程名称</td><td colspan="3"></td></tr>
<tr><td colspan="3">施工单位</td><td></td><td>项目负责人</td><td></td><td>检验批容量</td><td colspan="2"></td></tr>
<tr><td colspan="3">分包单位</td><td></td><td>分包单位项目负责人</td><td></td><td>检验批部位</td><td colspan="2"></td></tr>
<tr><td colspan="3">施工依据</td><td colspan="2"></td><td>验收依据</td><td colspan="3"></td></tr>
<tr><td colspan="3">验收项目</td><td colspan="2">设计要求及规范规定</td><td colspan="2">最小/实际抽样数量</td><td>检查记录</td><td>检查结果</td></tr>
<tr><td rowspan="2">主控项目</td><td>1</td><td>孔口用防水卷材、防水涂料和密封材料</td><td colspan="2">符合设计要求</td><td colspan="2"></td><td></td><td></td></tr>
<tr><td>2</td><td>孔口防水构造</td><td colspan="2">符合设计要求</td><td colspan="2"></td><td></td><td></td></tr>
</table>

续表

<table>
<tr><th colspan="3">验收项目</th><th>设计要求及
规范规定</th><th>最小/实际
抽样数量</th><th>检查
记录</th><th>检查
结果</th></tr>
<tr><td rowspan="6">一般项目</td><td>1</td><td>窗井的底部在最高地下水位以上时，防水处理</td><td>窗井的墙体和底板应作防水处理，并宜与主体结构断开，窗台下部的墙体和底板应做防水层</td><td></td><td></td><td></td></tr>
<tr><td>2</td><td>窗井或窗井的一部分在最高地下水位以下时，防水处理</td><td>窗井应与主体结构连成整体，其防水层也应连成整体，并应在窗井内设置集水井。窗台下部的墙体和底板应做防水层</td><td></td><td></td><td></td></tr>
<tr><td rowspan="3">3</td><td>窗井内的底板</td><td>应低于窗下缘 300mm</td><td></td><td></td><td></td></tr>
<tr><td>窗井墙高出室外地面</td><td>不得小于 500mm</td><td></td><td></td><td></td></tr>
<tr><td>窗井外地面应做散水</td><td>散水与墙面间应采用密封材料嵌填</td><td></td><td></td><td></td></tr>
<tr><td>4</td><td>密封材料嵌填</td><td>应密实、连续、饱满，粘结牢固</td><td></td><td></td><td></td></tr>
<tr><td colspan="3">施工单位
检查结果</td><td colspan="4">专业工长：
项目专业质量检查员：

年　月　日</td></tr>
<tr><td colspan="3">监理单位
验收结果</td><td colspan="4">专业监理工程师：

年　月　日</td></tr>
</table>

注：表中“设计要求”等内容应按实际设计要求内容填写。

2. 验收依据说明

(1)【规范名称及编号】《城镇污水处理厂工程质量验收规范》GB 50334－2017

【条文摘录】

5.1.3　污水处理厂工程的地基与基础工程质量验收除应符合本规范外，尚应符合现行国家标准《建筑地基基础工程施工质量验收规范》GB 50202、《给水排水管道工程施工及验收规范》GB 50268 和《给水排水构筑物工程施工及验收规范》GB 50141 的有关规定。

(2)【规范名称及编号】《地下防水工程质量验收规范》GB 50208－2011

【条文摘录】

主　控　项　目

5.8.1　孔口用防水卷材、防水涂料和密封材料必须符合设计要求。

检验方法：检查产品合格证、产品性能检测报告、材料进场检验报告。

5.8.2　孔口防水构造必须符合设计要求。

检验方法：观察检查和检查隐蔽工程验收记录。

一　般　项　目

5.8.3　人员出入口应高出地面不应小于500mm；汽车出入口设置明沟排水时，其高出地面宜为150mm，并应采取防雨措施。

检验方法：观察和尺量检查。

5.8.4　窗井的底部在最高地下水位以上时，窗井的墙体和底板应作防水处理，并宜与主体结构断开。窗台下部的墙体和底板应做防水层。

检验方法：观察检查和检查隐蔽工程验收记录。

5.8.5　窗井或窗井的一部分在最高地下水位以下时，窗井应与主体结构连成整体，其防水层也应连成整体，并应在窗井内设置集水井。窗台下部的墙体和底板应做防水层。

检验方法：观察检查和检查隐蔽工程验收记录。

5.8.6　窗井内的底板应低于窗下缘300mm。窗井墙高出室外地面不得小于500mm；窗井外地面应做散水，散水与墙面间应采用密封材料嵌填。

检验方法：观察检查和尺量检查。

5.8.7　密封材料嵌填应密实、连续、饱满，粘结牢固。

检验方法：观察检查和检查隐蔽工程验收记录。

3. 检验批验收应提供的核查资料

（1）核查依据：《城镇污水处理厂工程质量验收规范》GB 50334－2017

5.1.2　地基与基础工程质量验收应检查下列文件：

1　各种原材料、半成品、预制构件性能报告；

2　施工记录与监理检验记录；

3　地基处理、桩基检测报告；

4　其他有关文件。

（2）核查资料明细

核查资料明细表

序号	核查资料名称	核查要点
1	材料出厂合格证、试验报告	核查规格型号、数量、日期、性能等符合设计要求
2	施工记录	核查卷材搭接长度、出入口高度等符合设计及规范要求
3	隐蔽工程验收记录	核查记录内容的完整性及验收结论的符合性
4	监理检验记录	核查记录内容的完整性

2.2.39　坑、池防水检验批质量验收记录

1. 表格

坑、池防水检验批质量验收记录

编号：□□□□□□□□□—□□

单位（子单位）工程名称						
分部（子分部）工程名称			分项工程名称			
施工单位		项目负责人		检验批容量		
分包单位		分包单位项目负责人		检验批部位		
施工依据			验收依据			
验收项目			设计要求及规范规定	最小/实际抽样数量	检查记录	检查结果
主控项目	1	坑、池防水混凝土的原材料、配合比及坍落度	符合设计要求			
主控项目	2	坑、池防水构造	符合设计要求			
主控项目	3	坑、池、储水库内部防水层完成	应进行蓄水试验			
一般项目	1	坑、池、储水库防水混凝土质量	宜采用防水混凝土整体浇筑，混凝土表面应坚实、平整，不得有露筋、蜂窝和裂缝等缺陷			
一般项目	2	坑、池底板的混凝土厚度	应不小于250mm，当底板的厚度小于250mm时应采取局部加厚措施，并应使防水层保持连续			
一般项目	3	坑、池完工保护	及时遮盖和防止杂物堵塞			
施工单位检查结果			专业工长： 项目专业质量检查员： 年　月　日			
监理单位验收结果			专业监理工程师： 年　月　日			

注：表中“设计要求”等内容应按实际设计要求内容填写。

2. 验收依据说明

(1)【规范名称及编号】《城镇污水处理厂工程质量验收规范》GB 50334－2017

【条文摘录】

5.1.3　污水处理厂工程的地基与基础工程质量验收除应符合本规范外，尚应符合现行国家标准《建筑地基基础工程施工质量验收规范》GB 50202、《给水排水管道工程施工及验收规范》GB 50268 和《给水排水构筑物工程施工及验收规范》GB 50141 的有关规定。

(2)【规范名称及编号】《地下防水工程质量验收规范》GB 50208－2011

【条文摘录】

主　控　项　目

5.9.1　坑、池防水混凝土的原材料、配合比及坍落度必须符合设计要求。

检验方法：检查产品合格证、产品性能检测报告、计量措施和材料进场检验报告。

5.9.2　坑、池防水构造必须符合设计要求。

检验方法：观察检查和检查隐蔽工程验收记录。

5.9.3　坑、池、储水库内部防水层完成后，应进行蓄水试验。

检验方法：观察检查和检查蓄水试验记录。

一　般　项　目

5.9.4　坑、池、储水库宜采用防水混凝土整体浇筑，混凝土表面应坚实、平整，不得有露筋、蜂窝和裂缝等缺陷。

检验方法：观察检查和检查隐蔽工程验收记录。

5.9.5　坑、池底板的混凝土厚度不应少于 250mm；当底板的厚度小于 250mm 时，应采取局部加厚措施，并应使防水层保持连续。

检验方法：观察检查和检查隐蔽工程验收记录。

5.9.6　坑、池施工完后，应及时遮盖和防止杂物堵塞。

检验方法：观察检查。

3. 检验批验收应提供的核查资料

(1) 核查依据：《城镇污水处理厂工程质量验收规范》GB 50334－2017

5.1.2　地基与基础工程质量验收应检查下列文件：

1　各种原材料、半成品、预制构件性能报告；

2　施工记录与监理检验记录；

3　地基处理、桩基检测报告；

4　其他有关文件。

(2) 核查资料明细

核查资料明细表

序号	核查资料名称	核查要点
1	材料出厂合格证、试验报告	核查规格型号、数量、日期、性能等符合设计要求
2	施工记录	核查底板混凝土厚度、平整度等符合设计及规范要求
3	隐蔽工程验收记录	核查记录内容的完整性及验收结论的符合性
4	监理检验记录	核查记录内容的完整性

2.2.40　锚喷支护防水检验批质量验收记录

1. 表格

锚喷支护防水检验批质量验收记录

编号：□□□□□□□□□□—□□

<table>
<tr><td colspan="3">单位（子单位）
工程名称</td><td colspan="4"></td></tr>
<tr><td colspan="3">分部（子分部）
工程名称</td><td></td><td>分项工程名称</td><td colspan="2"></td></tr>
<tr><td colspan="3">施工单位</td><td></td><td>项目负责人</td><td></td><td>检验批容量</td></tr>
<tr><td colspan="3">分包单位</td><td></td><td>分包单位
项目负责人</td><td></td><td>检验批部位</td></tr>
<tr><td colspan="3">施工依据</td><td></td><td>验收依据</td><td colspan="2"></td></tr>
<tr><td colspan="3">验收项目</td><td>设计要求及规范规定</td><td>最小/实际
抽样数量</td><td>检查记录</td><td>检查结果</td></tr>
<tr><td rowspan="3">主控项目</td><td>1</td><td>喷射混凝土所用原材料、混合料配合比以及钢筋网、锚杆、钢拱架等</td><td>符合设计要求</td><td></td><td></td><td></td></tr>
<tr><td>2</td><td>喷射混凝土抗压强度、抗渗性能和锚杆抗拔力</td><td>符合设计要求</td><td></td><td></td><td></td></tr>
<tr><td>3</td><td>锚喷支护的渗漏水量</td><td>符合设计要求</td><td></td><td></td><td></td></tr>
<tr><td rowspan="4">一般项目</td><td>1</td><td>喷层与围岩以及喷层之间</td><td>应粘结紧密，不得有空鼓现象</td><td></td><td></td><td></td></tr>
<tr><td>2</td><td>喷层厚度</td><td>60%以上检查点不应小于设计厚度，最小厚度不得小于设计厚度的50%，且平均厚度不得小于设计厚度</td><td></td><td></td><td></td></tr>
<tr><td>3</td><td>喷射混凝土质量</td><td>应密实、平整，无裂缝、脱落、漏喷、露筋</td><td></td><td></td><td></td></tr>
<tr><td>4</td><td>喷射混凝土表面平整度</td><td>≤1/6</td><td></td><td></td><td></td></tr>
<tr><td colspan="3">施工单位
检查结果</td><td colspan="4">专业工长：
项目专业质量检查员：
年　月　日</td></tr>
<tr><td colspan="3">监理单位
验收结果</td><td colspan="4">专业监理工程师：
年　月　日</td></tr>
</table>

注：表中“设计要求”等内容应按实际设计要求内容填写。

2. 验收依据说明

(1)【规范名称及编号】《城镇污水处理厂工程质量验收规范》GB 50334－2017

【条文摘录】

5.1.3　污水处理厂工程的地基与基础工程质量验收除应符合本规范外，尚应符合现行国家标准《建筑地基基础工程施工质量验收规范》GB 50202、《给水排水管道工程施工及验收规范》GB 50268和《给水排水构筑物工程施工及验收规范》GB 50141的有关规定。

(2)【规范名称及编号】《地下防水工程质量验收规范》GB 50208－2011

【条文摘录】

主　控　项　目

6.1.9　喷射混凝土所用原材料、混合料配合比以及钢筋网、锚杆、钢拱架等必须符合设计要求。

检验方法：检查产品合格证、产品性能检测报告、计量措施和材料进场检验报告。

6.1.10　喷射混凝土抗压强度、抗渗性能和锚杆抗拔力必须符合设计要求。

检验方法：检查混凝土抗压强度、抗渗性能检验报告和锚杆抗拔力检验报告。

6.1.11　锚喷支护的渗漏水量必须符合设计要求。

检验方法：观察检查和检查渗漏水检测记录。

一　般　项　目

6.1.12　喷层与围岩以及喷层之间应粘结紧密，不得有空鼓现象。

检验方法：用小锤轻击检查。

6.1.13　喷层厚度有60%以上检查点不应小于设计厚度，最小厚度不得小于设计厚度的50%，且平均厚度不得小于设计厚度。

检验方法：用针探法或凿孔法检查。

6.1.14　喷射混凝土应密实、平整，无裂缝、脱落、漏喷、露筋。

检验方法：观察检查。

6.1.15　喷射混凝土表面平整度 D/L 不得大于1/6。

检验方法：尺量检查。

3. 检验批验收应提供的核查资料

(1) 核查依据：《城镇污水处理厂工程质量验收规范》GB 50334－2017

5.1.2　地基与基础工程质量验收应检查下列文件：

1　各种原材料、半成品、预制构件性能报告；

2　施工记录与监理检验记录；

3　地基处理、桩基检测报告；

4　其他有关文件。

(2) 核查资料明细

核查资料明细表

序号	核查资料名称	核查要点
1	材料出厂合格证、试验报告	核查规格型号、数量、日期、性能等符合设计要求
2	混凝土抗压强度、抗渗性能检验报告	核查报告的完整性、有效性及结论的符合性
3	锚杆抗拔试验报告	核查报告的完整性、有效性及结论的符合性
4	施工记录	核查喷射混凝土配合比、混凝土平整度、养护时间等符合设计及规范要求

续表

序号	核查资料名称	核查要点
5	隐蔽工程验收记录	核查记录内容的完整性及验收结论的符合性
6	监理检验记录	核查记录内容的完整性

2.2.41 地下连续墙结构防水检验批质量验收记录

1. 表格

地下连续墙结构防水检验批质量验收记录

编号：□□□□□□□□□□—□□

<table>
<tr><td colspan="3">单位（子单位）工程名称</td><td colspan="6"></td></tr>
<tr><td colspan="3">分部（子分部）工程名称</td><td colspan="3"></td><td>分项工程名称</td><td colspan="2"></td></tr>
<tr><td colspan="3">施工单位</td><td colspan="2"></td><td>项目负责人</td><td></td><td>检验批容量</td><td></td></tr>
<tr><td colspan="3">分包单位</td><td colspan="2"></td><td>分包单位项目负责人</td><td></td><td>检验批部位</td><td></td></tr>
<tr><td colspan="3">施工依据</td><td colspan="3"></td><td>验收依据</td><td colspan="2"></td></tr>
<tr><td colspan="5">验收项目</td><td>设计要求及规范规定</td><td>最小/实际抽样数量</td><td>检查记录</td><td>检查结果</td></tr>
<tr><td rowspan="3">主控项目</td><td>1</td><td colspan="3">防水混凝土的原材料、配合比以及坍落度</td><td>符合设计要求</td><td></td><td></td><td></td></tr>
<tr><td>2</td><td colspan="3">防水混凝土的抗压强度和抗渗性能</td><td>符合设计要求</td><td></td><td></td><td></td></tr>
<tr><td>3</td><td colspan="3">地下连续墙的渗漏水量</td><td>符合设计要求</td><td></td><td></td><td></td></tr>
<tr><td rowspan="4">一般项目</td><td>1</td><td colspan="3">地下连续墙的槽段接缝构造</td><td>符合设计要求</td><td></td><td></td><td></td></tr>
<tr><td>2</td><td colspan="3">地下连续墙墙面</td><td>不得有露筋、露石和夹泥现象</td><td></td><td></td><td></td></tr>
<tr><td rowspan="2">3</td><td colspan="2" rowspan="2">地下连续墙墙体表面平整度允许偏差</td><td>临时支护墙体</td><td>50mm</td><td></td><td></td><td></td></tr>
<tr><td>单一或复合墙体</td><td>30mm</td><td></td><td></td><td></td></tr>
<tr><td colspan="4">施工单位检查结果</td><td colspan="5">专业工长：
项目专业质量检查员：
年 月 日</td></tr>
<tr><td colspan="4">监理单位验收结果</td><td colspan="5">专业监理工程师：
年 月 日</td></tr>
</table>

注：表中“设计要求”等内容应按实际设计要求内容填写。

2. 验收依据说明

(1)【规范名称及编号】《城镇污水处理厂工程质量验收规范》GB 50334－2017

【条文摘录】

5.1.3　污水处理厂工程的地基与基础工程质量验收除应符合本规范外，尚应符合现行国家标准《建筑地基基础工程施工质量验收规范》GB 50202、《给水排水管道工程施工及验收规范》GB 50268和《给水排水构筑物工程施工及验收规范》GB 50141的有关规定。

(2)【规范名称及编号】《地下防水工程质量验收规范》GB 50208－2011

【条文摘录】

主　控　项　目

6.2.8　防水混凝土的原材料、配合比及坍落度必须符合设计要求。

检验方法：检查产品合格证、产品性能检测报告、计量措施和材料进场检验报告。

6.2.9　防水混凝土的抗压强度和抗渗性能必须符合设计要求。

检验方法：检查混凝土的抗压强度、抗渗性能检验报告。

6.2.10　地下连续墙的渗漏水量必须符合设计要求。

检验方法：观察检查和检查渗漏水检测记录。

一　般　项　目

6.2.11　地下连续墙的槽段接缝构造应符合设计要求。

检验方法：观察检查和检查隐蔽工程验收记录。

6.2.12　地下连续墙墙面不得有露筋、露石和夹泥现象。

检验方法：观察检查。

6.2.13　地下连续墙墙体表面平整度，临时支护墙体允许偏差应为50mm，单一或复合墙体允许偏差应为30mm。

检验方法：尺量检查。

3. 检验批验收应提供的核查资料

(1) 核查依据：《城镇污水处理厂工程质量验收规范》GB 50334－2017

5.1.2　地基与基础工程质量验收应检查下列文件：

1　各种原材料、半成品、预制构件性能报告；

2　施工记录与监理检验记录；

3　地基处理、桩基检测报告；

4　其他有关文件。

(2) 核查资料明细

核查资料明细表

序号	核查资料名称	核查要点
1	材料出厂合格证、试验报告	核查规格型号、数量、日期、性能等符合设计要求
2	混凝土抗压强度、抗渗性能检验报告	核查报告的完整性、有效性及结论的符合性
3	施工记录	核查防水混凝土的配合比、墙体表面平整度、渗漏水量等符合设计及规范要求
4	隐蔽工程验收记录	核查记录内容的完整性及验收结论的符合性
5	监理检验记录	核查记录内容的完整性

2.2.42 渗排水、盲沟排水检验批质量验收记录

1. 表格

渗排水、盲沟排水检验批质量验收记录

编号：□□□□□□□□□□—□□

<table>
<tr><td colspan="3">单位（子单位）
工程名称</td><td colspan="5"></td></tr>
<tr><td colspan="3">分部（子分部）
工程名称</td><td colspan="2"></td><td colspan="2">分项工程名称</td><td></td></tr>
<tr><td colspan="3">施工单位</td><td></td><td>项目负责人</td><td></td><td>检验批
容量</td><td></td></tr>
<tr><td colspan="3">分包单位</td><td></td><td>分包单位
项目负责人</td><td></td><td>检验批部位</td><td></td></tr>
<tr><td colspan="3">施工依据</td><td colspan="2"></td><td>验收依据</td><td colspan="2"></td></tr>
<tr><td colspan="3">验收项目</td><td>设计要求及规范规定</td><td>最小/实际
抽样数量</td><td>检查记录</td><td colspan="2">检查结果</td></tr>
<tr><td rowspan="2">主控项目</td><td>1</td><td>盲沟反滤层的层次和粒径组成</td><td>符合设计要求</td><td></td><td></td><td colspan="2"></td></tr>
<tr><td>2</td><td>集水管的埋置深度和坡度</td><td>符合设计要求</td><td></td><td></td><td colspan="2"></td></tr>
<tr><td rowspan="4">一般项目</td><td>1</td><td>渗排水构造</td><td>符合设计要求</td><td></td><td></td><td colspan="2"></td></tr>
<tr><td>2</td><td>渗排水层的铺设</td><td>分层、铺平、拍实</td><td></td><td></td><td colspan="2"></td></tr>
<tr><td>3</td><td>盲沟排水构造</td><td>符合设计要求</td><td></td><td></td><td colspan="2"></td></tr>
<tr><td>4</td><td>集水管采用平接式或承插式接口</td><td>连接牢固，不得扭曲变形和错位</td><td></td><td></td><td colspan="2"></td></tr>
<tr><td colspan="3">施工单位
检查结果</td><td colspan="5">专业工长：
项目专业质量检查员：
年 月 日</td></tr>
<tr><td colspan="3">监理单位
验收结果</td><td colspan="5">专业监理工程师：
年 月 日</td></tr>
</table>

注：表中“设计要求”等内容应按实际设计要求内容填写。

2. 验收依据说明

(1)【规范名称及编号】《城镇污水处理厂工程质量验收规范》GB 50334－2017

【条文摘录】

5.1.3 污水处理厂工程的地基与基础工程质量验收除应符合本规范外，尚应符合现

行国家标准《建筑地基基础工程施工质量验收规范》GB 50202、《给水排水管道工程施工及验收规范》GB 50268和《给水排水构筑物工程施工及验收规范》GB 50141的有关规定。

(2)【规范名称及编号】《地下防水工程质量验收规范》GB 50208－2011

【条文摘录】

主 控 项 目

7.1.7 盲沟反滤层的层次和粒径组成必须符合设计要求。

检验方法：检查砂、石试验报告和隐蔽工程验收记录。

7.1.8 集水管的埋置深度和坡度必须符合设计要求。

检验方法：观察和尺量检查。

一 般 项 目

7.1.9 渗排水构造应符合设计要求。

检验方法：观察检查和检查隐蔽工程验收记录。

7.1.10 渗排水层的铺设应分层、铺平、拍实。

检验方法：观察检查和检查隐蔽工程验收记录。

7.1.11 盲沟排水构造应符合设计要求。

检验方法：观察检查和检查隐蔽工程验收记录。

7.1.12 集水管采用平接式或承插式接口应连接牢固，不得扭曲变形和错位。

检验方法：观察检查。

3. 检验批验收应提供的核查资料

(1) 核查依据：《城镇污水处理厂工程质量验收规范》GB 50334－2017

5.1.2 地基与基础工程质量验收应检查下列文件：

1 各种原材料、半成品、预制构件性能报告；

2 施工记录与监理检验记录；

3 地基处理、桩基检测报告；

4 其他有关文件。

(2) 核查资料明细

核查资料明细表

序号	核查资料名称	核查要点
1	材料出厂合格证、试验报告	核查规格型号、数量、日期、性能等符合设计要求
2	施工记录	核查渗排水层的配合比设计、过滤层厚度、集水管坡度等符合设计及规范要求
3	隐蔽工程验收记录	核查记录内容的完整性及验收结论的符合性
4	监理检验记录	核查记录内容的完整性

2.2.43 塑料排水板排水检验批质量验收记录

1. 表格

塑料排水板排水检验批质量验收记录

编号：□□□□□□□□□□—□□

<table>
<tr><td colspan="4">单位（子单位）
工程名称</td><td colspan="4"></td></tr>
<tr><td colspan="4">分部（子分部）
工程名称</td><td colspan="2"></td><td>分项工程名称</td><td></td></tr>
<tr><td colspan="4">施工单位</td><td></td><td>项目负责人</td><td>检验批容量</td><td></td></tr>
<tr><td colspan="4">分包单位</td><td></td><td>分包单位
项目负责人</td><td>检验批部位</td><td></td></tr>
<tr><td colspan="4">施工依据</td><td></td><td>验收依据</td><td colspan="2"></td></tr>
<tr><td colspan="4">验收项目</td><td>设计要求及规范规定</td><td>最小/实际
抽样数量</td><td>检查记录</td><td>检查结果</td></tr>
<tr><td rowspan="2">主控项目</td><td>1</td><td colspan="2">塑料排水板和土工布</td><td>符合设计要求</td><td></td><td></td><td></td></tr>
<tr><td>2</td><td colspan="2">塑料排水板排水层与排水系统</td><td>连通且不得有堵塞现象</td><td></td><td></td><td></td></tr>
<tr><td rowspan="6">一般项目</td><td>1</td><td colspan="2">塑料排水板排水层构造</td><td>符合设计要求</td><td></td><td></td><td></td></tr>
<tr><td rowspan="2">2</td><td rowspan="2">塑料排水板</td><td>长短边搭接宽度</td><td>≥100mm</td><td></td><td></td><td></td></tr>
<tr><td>接缝</td><td>宜采用配套胶粘剂粘结或热熔焊接</td><td></td><td></td><td></td></tr>
<tr><td>3</td><td colspan="2">土工布铺设</td><td>铺设应平整、无折皱</td><td></td><td></td><td></td></tr>
<tr><td rowspan="2">4</td><td colspan="2" rowspan="2">土工布搭接</td><td>应采用粘合或缝合</td><td></td><td></td><td></td></tr>
<tr><td>相邻土工布搭接宽度不应小于200mm</td><td></td><td></td><td></td></tr>
<tr><td colspan="4">施工单位
检查结果</td><td colspan="4">专业工长：
项目专业质量检查员：
年　月　日</td></tr>
<tr><td colspan="4">监理单位
验收结果</td><td colspan="4">专业监理工程师：
年　月　日</td></tr>
</table>

注：表中“设计要求”等内容应按实际设计要求内容填写。

2. 验收依据说明

(1)【规范名称及编号】《城镇污水处理厂工程质量验收规范》GB 50334－2017

【条文摘录】

5.1.3　污水处理厂工程的地基与基础工程质量验收除应符合本规范外，尚应符合现

行国家标准《建筑地基基础工程施工质量验收规范》GB 50202、《给水排水管道工程施工及验收规范》GB 50268 和《给水排水构筑物工程施工及验收规范》GB 50141 的有关规定。

(2)【规范名称及编号】《地下防水工程质量验收规范》GB 50208－2011

【条文摘录】

主　控　项　目

7.3.8　塑料排水板和土工布必须符合设计要求。

检验方法：检查产品合格证、产品性能检测报告。

7.3.9　塑料排水板排水层必须与排水系统连通，不得有堵塞现象。

检验方法：观察检查。

一　般　项　目

7.3.10　塑料排水板排水层构造做法应符合本规范第 7.3.3 条的规定。

检验方法：观察检查和检查隐蔽工程验收记录。

7.3.11　塑料排水板的搭接宽度和搭接方法应符合本规范第 7.3.4 条的规定。

检验方法：观察和尺量检查。

7.3.12　土工布铺设应平整、无折皱；土工布的搭接宽度和搭接方法应符合本规范第 7.3.6 条的规定。

检验方法：观察和尺量检查。

7.3.4　铺设塑料排水板应采用搭接法施工，长短边搭接宽度均不应小于 100mm。塑料排水板的接缝处宜采用配套胶粘剂粘结或热熔焊接。

7.3.6　塑料排水板应与土工布复合使用。土工布宜采用 $200g/m^2 \sim 400g/m^2$ 的聚酯无纺布。土工布应铺设在塑料排水板的凸面上，相邻土工布搭接宽度不应小于 200mm，搭接部位应采用粘合或缝合。

3. 检验批验收应提供的核查资料

(1) 核查依据：《城镇污水处理厂工程质量验收规范》GB 50334－2017

5.1.2　地基与基础工程质量验收应检查下列文件：

1　各种原材料、半成品、预制构件性能报告；

2　施工记录与监理检验记录；

3　地基处理、桩基检测报告；

4　其他有关文件。

(2) 核查资料明细

核查资料明细表

序号	核查资料名称	核查要点
1	材料出厂合格证、试验报告	核查规格型号、数量、日期、性能等符合设计要求
2	施工记录	核查塑料排水板搭接宽度、接缝方式、土工布铺设平整度、搭接宽度等符合设计及规范要求
3	隐蔽工程验收记录	核查记录内容的完整性及验收结论的符合性
4	监理检验记录	核查记录内容的完整性

2.2.44 预注浆、后注浆检验批质量验收记录

1. 表格

预注浆、后注浆检验批质量验收记录

编号：□□□□□□□□□□—□□

<table>
<tr><td colspan="2">单位（子单位）
工程名称</td><td colspan="5"></td></tr>
<tr><td colspan="2">分部（子分部）
工程名称</td><td colspan="2"></td><td>分项工程名称</td><td colspan="2"></td></tr>
<tr><td colspan="2">施工单位</td><td></td><td>项目负责人</td><td></td><td>检验批容量</td><td></td></tr>
<tr><td colspan="2">分包单位</td><td></td><td>分包单位
项目负责人</td><td></td><td>检验批部位</td><td></td></tr>
<tr><td colspan="2">施工依据</td><td colspan="2"></td><td>验收依据</td><td colspan="2"></td></tr>
<tr><td colspan="3">验收项目</td><td>设计要求及规范规定</td><td>最小/实际
抽样数量</td><td>检查
记录</td><td>检查
结果</td></tr>
<tr><td rowspan="2">主控项目</td><td>1</td><td>配置浆液的原材料及配合比</td><td>符合设计要求</td><td></td><td></td><td></td></tr>
<tr><td>2</td><td>预注浆及后注浆的注浆效果</td><td>符合设计要求</td><td></td><td></td><td></td></tr>
<tr><td rowspan="5">一般项目</td><td>1</td><td>注浆孔的数量、布置间距、钻孔深度及角度</td><td>符合设计要求</td><td></td><td></td><td></td></tr>
<tr><td>2</td><td>注浆各阶段的控制压力和注浆量</td><td>符合设计要求</td><td></td><td></td><td></td></tr>
<tr><td>3</td><td>注浆时浆液</td><td>不得溢出地面和超出有效注浆范围</td><td></td><td></td><td></td></tr>
<tr><td rowspan="2">4</td><td>注浆对地面产生的沉降量</td><td>≤30mm</td><td></td><td></td><td></td></tr>
<tr><td>地面的隆起</td><td>≤20mm</td><td></td><td></td><td></td></tr>
<tr><td colspan="2">施工单位
检查结果</td><td colspan="5">专业工长：
项目专业质量检查员：
年 月 日</td></tr>
<tr><td colspan="2">监理单位
验收结果</td><td colspan="5">专业监理工程师：
年 月 日</td></tr>
</table>

注：表中“设计要求”等内容应按实际设计要求内容填写。

2. 验收依据说明

(1)【规范名称及编号】《城镇污水处理厂工程质量验收规范》GB 50334 - 2017

【条文摘录】

5.1.3　污水处理厂工程的地基与基础工程质量验收除应符合本规范外，尚应符合现行国家标准《建筑地基基础工程施工质量验收规范》GB 50202、《给水排水管道工程施工及验收规范》GB 50268 和《给水排水构筑物工程施工及验收规范》GB 50141 的有关规定。

(2)【规范名称及编号】《地下防水工程质量验收规范》GB 50208－2011

【条文摘录】

主　控　项　目

8.1.7　配制浆液的原材料及配合比必须符合设计要求。

检验方法：检查产品合格证、产品性能检测报告、计量措施和材料进场检验报告。

8.1.8　预注浆及后注浆的注浆效果必须符合设计要求。

检验方法：采用钻孔取芯法检查；必要时采取压水或抽水试验方法检查。

一　般　项　目

8.1.9　注浆孔的数量、布置间距、钻孔深度及角度应符合设计要求。

检验方法：尺量检查和检查隐蔽工程验收记录。

8.1.10　注浆各阶段的控制压力和注浆量应符合设计要求。

检验方法：观察检查和检查隐蔽工程验收记录。

8.1.11　注浆时浆液不得溢出地面和超出有效注浆范围。

检验方法：观察检查。

8.1.12　注浆对地面产生的沉降量不得超过30mm，地面的隆起不得超过20mm。

检验方法：用水准仪测量。

3. 检验批验收应提供的核查资料

(1) 核查依据：《城镇污水处理厂工程质量验收规范》GB 50334－2017

5.1.2　地基与基础工程质量验收应检查下列文件：

1　各种原材料、半成品、预制构件性能报告；

2　施工记录与监理检验记录；

3　地基处理、桩基检测报告；

4　其他有关文件。

(2) 核查资料明细

核查资料明细表

序号	核查资料名称	核查要点
1	材料出厂合格证、试验报告	核查规格型号、数量、日期、性能等符合设计要求
2	施工记录	核查浆液配合比设计、注浆孔数量、间距、深度及角度、注浆产生的沉降量等符合设计及规范要求
3	隐蔽工程验收记录	核查记录内容的完整性及验收结论的符合性
4	监理检验记录	核查记录内容的完整性

2.2.45 结构裂缝注浆检验批质量验收记录

1. 表格

结构裂缝注浆检验批质量验收记录

编号：□□□□□□□□□□—□□

<table>
<tr><td colspan="2">单位（子单位）
工程名称</td><td colspan="6"></td></tr>
<tr><td colspan="2">分部（子分部）
工程名称</td><td colspan="2"></td><td>分项工程
名称</td><td colspan="3"></td></tr>
<tr><td colspan="2">施工单位</td><td></td><td>项目负责人</td><td></td><td>检验批容量</td><td colspan="2"></td></tr>
<tr><td colspan="2">分包单位</td><td></td><td>分包单位
项目负责人</td><td></td><td>检验批部位</td><td colspan="2"></td></tr>
<tr><td colspan="2">施工依据</td><td colspan="2"></td><td>验收依据</td><td colspan="3"></td></tr>
<tr><td colspan="3">验收项目</td><td>设计要求及
规范规定</td><td>最小/实际
抽样数量</td><td colspan="2">检查记录</td><td>检查结果</td></tr>
<tr><td rowspan="2">主控项目</td><td>1</td><td>注浆材料及其配合比</td><td>符合设计要求</td><td></td><td colspan="2"></td><td></td></tr>
<tr><td>2</td><td>结构裂缝注浆的注浆效果</td><td>符合设计要求</td><td></td><td colspan="2"></td><td></td></tr>
<tr><td rowspan="2">一般项目</td><td>1</td><td>注浆孔的数量、布置间距、钻孔深度及角度</td><td>符合设计要求</td><td></td><td colspan="2"></td><td></td></tr>
<tr><td>2</td><td>注浆各阶段的控制压力和注浆量</td><td>符合设计要求</td><td></td><td colspan="2"></td><td></td></tr>
<tr><td colspan="2">施工单位
检查结果</td><td colspan="6">专业工长：
项目专业质量检查员：
年　月　日</td></tr>
<tr><td colspan="2">监理单位
验收结果</td><td colspan="6">专业监理工程师：
年　月　日</td></tr>
</table>

注：表中“设计要求”等内容应按实际设计要求内容填写。

2. 验收依据说明

(1)【规范名称及编号】《城镇污水处理厂工程质量验收规范》GB 50334－2017

【条文摘录】

5.1.3 污水处理厂工程的地基与基础工程质量验收除应符合本规范外，尚应符合现

行国家标准《建筑地基基础工程施工质量验收规范》GB 50202、《给水排水管道工程施工及验收规范》GB 50268 和《给水排水构筑物工程施工及验收规范》GB 50141 的有关规定。

(2)【规范名称及编号】《地下防水工程质量验收规范》GB 50208－2011

【条文摘录】

主 控 项 目

8.2.6　注浆材料及其配合比必须符合设计要求。

检验方法：检查产品合格证、产品性能检测报告、计量措施和材料进场检验报告。

8.2.7　结构裂缝注浆的注浆效果必须符合设计要求。

检验方法：观察检查和压水或压气检查，必要时钻取芯样采取劈裂抗拉强度试验方法检查。

一 般 项 目

8.2.8　注浆孔的数量、布置间距、钻孔深度及角度应符合设计要求。

检验方法：尺量检查和检查隐蔽工程验收记录。

8.2.9　注浆各阶段的控制压力和注浆量应符合设计要求。

检验方法：观察检查和检查隐蔽工程验收记录。

3. 检验批验收应提供的核查资料

(1) 核查依据：《城镇污水处理厂工程质量验收规范》GB 50334－2017

5.1.2　地基与基础工程质量验收应检查下列文件：

1　各种原材料、半成品、预制构件性能报告；

2　施工记录与监理检验记录；

3　地基处理、桩基检测报告；

4　其他有关文件。

(2) 核查资料明细

核查资料明细表

序号	核查资料名称	核查要点
1	材料出厂合格证、试验报告	核查规格型号、数量、日期、性能等符合设计要求
2	施工记录	核查浆液配合比设计、注浆孔数量、间距、深度及角度、注浆压力注浆量等符合设计及规范要求
3	隐蔽工程验收记录	核查记录内容的完整性及验收结论的符合性
4	监理检验记录	核查记录内容的完整性

2.3　构筑物主体工程检验批质量检验记录

2.3.1　钢筋原材料检验批质量检验记录

1. 表格

钢筋原材料检验批质量验收记录

编号：□□□□□□□□□□—□□

单位（子单位）工程名称					
分部（子分部）工程名称			分项工程名称		
施工单位		项目负责人		检验批容量	
分包单位		分包单位项目负责人		检验批部位	
施工依据			验收依据		

验收项目			设计要求及规范规定	最小/实际抽样数量	检查记录	检查结果
主控项目	1	力学性能和重量偏差检验	屈服强度、抗拉强度、伸长率、弯曲性能和重量偏差，结果符合标准规定			
	2	抗震用钢筋强度实测值	有抗震设计要求的普通钢筋强度和最大力下总伸长率实测值，符合规范要求			
	3	纵向受力普通钢筋抗拉强度实测值与屈服强度实测值的比值	≥1.25			
	4	纵向受力普通钢筋屈服强度实测值与屈服强度标准值的比值	≤1.30			
	5	纵向受力普通钢筋最大力下总伸长率	≥9%			
	6	化学成分等专项检验	符合规范要求			
一般项目	1	钢筋外观质量	钢筋应平直、无损伤，表面不得有裂纹、油污、颗粒状或片状老锈			

施工单位检查结果	专业工长： 项目专业质量检查员： 年　月　日
监理单位验收结果	专业监理工程师： 年　月　日

注：1　表中“设计要求”等内容应按实际设计要求内容填写；

2　化学成分等专项检验应符合现行国家标准《钢筋混凝土用钢　第2部分：热轧带肋钢筋》GB/T 1499.2。

2. 验收依据说明

(1)【规范名称及编号】《城镇污水处理厂工程质量验收规范》GB 50334－2017

【条文摘录】

6.2.2　现浇钢筋混凝土构筑物钢筋的物理性能、化学成分检验应符合国家现行标准《混凝土结构工程施工质量验收规范》GB 50204、《钢筋混凝土用钢》GB 1499 和《混凝土中钢筋检测技术规程》JGJ/T 152 的有关规定。

(2)【规范名称及编号】《混凝土结构工程施工质量验收规范》GB 50204－2015

【条文摘录】

主　控　项　目

5.2.1　钢筋进场时，应按国家现行相关标准的规定抽取试件作屈服强度、抗拉强度、伸长率、弯曲性能和重量偏差检验，检验结果应符合相应标准的规定。

检查数量：按进场批次和产品的抽样检验方案确定。

检验方法：检查质量证明文件和抽样检验报告。

5.2.2　成型钢筋进场时，应抽取试件作屈服强度、抗拉强度、伸长率和重量偏差检验，检验结果应符合国家现行有关标准的规定。

对由热轧钢筋制成的成型钢筋，当有施工单位或监理单位的代表驻厂监督生产过程，并提供原材钢筋力学性能第三方检验报告时，可仅进行重量偏差检验。

检查数量：同一厂家、同一类型、同一钢筋来源的成型钢筋，不超过 30t 为一批，每批中每种钢筋牌号、规格均应至少抽取 1 个钢筋试件，总数不应少于 3 个。

检验方法：检查质量证明文件和抽样检验报告。

5.2.3　对按一、二、三级抗震等级设计的框架和斜撑构件（含梯段）中的纵向受力普通钢筋应采用 HRB335E、HRB400E、HRB500E、HRBF335E、HRBF400E 或 HRBF500E 钢筋，其强度和最大力下总伸长率的实测值应符合下列规定：

1　抗拉强度实测值与屈服强度实测值的比值不应小于 1.25；

2　屈服强度实测值与屈服强度标准值的比值不应大于 1.30；

3　最大力下总伸长率不应小于 9%。

检查数量：按进场的批次和产品的抽样检验方案确定。

检查方法：检查抽样检验报告。

一　般　项　目

5.2.4　钢筋应平直、无损伤，表面不得有裂纹、油污、颗粒状或片状老锈。

检查数量：全数检查。

检验方法：观察。

3. 检验批验收应提供的核查资料

(1) 核查依据：《城镇污水处理厂工程质量验收规范》GB 50334－2017

6.1.2　污水与污泥处理构筑物工程验收时应检查下列文件：

1　测量记录和沉降观测记录；

2　材料、半成品和构件出厂质量合格证、检验、复验报告；

3　混凝土配合比设计、试配报告；

4　隐蔽工程验收记录；

5　施工记录与监理检验记录；

6　功能性试验记录；

7　其他有关文件。

（2）核查资料明细

核查资料明细表

序号	核查资料名称	核查要点
1	材料出厂合格证	核查规格型号、数量、日期、性能等符合设计要求
2	钢筋材料检验报告	核查报告的完整性和结论的符合性
3	监理检验记录	核查记录内容的完整性

2.3.2　钢筋加工检验批质量检验记录

1. 表格

钢筋加工检验批质量验收记录

编号：□□□□□□□□□□—□□

<table>
<tr><td colspan="3">单位（子单位）
工程名称</td><td colspan="5"></td></tr>
<tr><td colspan="3">分部（子分部）
工程名称</td><td colspan="2"></td><td colspan="2">分项工程名称</td><td></td></tr>
<tr><td colspan="3">施工单位</td><td></td><td>项目负责人</td><td></td><td>检验批容量</td><td></td></tr>
<tr><td colspan="3">分包单位</td><td></td><td>分包单位项目
负责人</td><td></td><td>检验批部位</td><td></td></tr>
<tr><td colspan="3">施工依据</td><td colspan="2"></td><td colspan="2">验收依据</td><td></td></tr>
<tr><td rowspan="8">主
控
项
目</td><td colspan="2">验收项目</td><td colspan="2">设计要求及规范规定</td><td>最小/实际
抽样</td><td>检查记录</td><td>检查
结果</td></tr>
<tr><td rowspan="5">1</td><td rowspan="5">钢筋弯折的弯弧内直径（d 为钢筋直径）</td><td>光圆钢筋</td><td>≥2.5d</td><td></td><td></td><td></td></tr>
<tr><td>335MPa 级、400MPa 级带肋钢筋</td><td>≥4d</td><td></td><td></td><td></td></tr>
<tr><td>500MPa 级带肋钢筋，当 d<28mm</td><td>≥6d</td><td></td><td></td><td></td></tr>
<tr><td>500MPa 级带肋钢筋，当 d≥28mm</td><td>≥7d</td><td></td><td></td><td></td></tr>
<tr><td>箍筋</td><td>不应小于纵向受力钢筋的直径</td><td></td><td></td><td></td></tr>
<tr><td>2</td><td>纵向受力钢筋的弯折后平直段长度</td><td>符合设计要求</td><td></td><td></td><td></td><td></td></tr>
<tr><td>3</td><td>光圆钢筋末端做180°弯钩时</td><td>弯钩的平直段长度≥3d</td><td></td><td></td><td></td><td></td></tr>
</table>

续表

验收项目			设计要求及规范规定		最小/实际抽样	检查记录	检查结果
主控项目	4	箍筋、拉筋的末端弯钩质量要求	一般结构构件箍筋	弯钩的弯折角度≥90°			
				弯折后平直段长度≥5d			
			有抗震设防要求或设计有专门要求的结构构件箍筋	弯钩的弯折角度≥135°			
				弯折后平直段长度≥10d			
			梁、柱复合箍筋、圆形箍筋弯折角度	≥135°			
			圆形箍筋搭接长度不应小于其受拉锚固长度				
	5	盘卷钢筋调直后的断后伸长率A(%)	HPB300	≥21			
			HRB335、HRBF335	≥16			
			HRB400、HRBF 400	≥15			
			RRB400	≥13			
			HRB500、HRBF500	≥14			
	6	盘卷钢筋调直后的重量偏差	6mm≤d≤12的HPB300	≥−10			
			其他牌号钢筋 6mm≤d≤12mm	≥−8			
			其他牌号钢筋 14mm≤d≤16mm	≥−6			
一般项目	1	受力钢筋沿长度方向全长的净尺寸	允许偏差(mm)	±10			
	2	弯起钢筋的弯折位置		±20			
	3	箍筋外廓尺寸		±5			
施工单位检查结果	专业工长: 项目专业质量检查员: 年 月 日						
监理单位验收结果	专业监理工程师: 年 月 日						

注:表中“设计要求”等内容应按实际设计要求内容填写。

2. 验收依据说明

(1)【规范名称及编号】《城镇污水处理厂工程质量验收规范》GB 50334－2017

【条文摘录】

主 控 项 目

6.2.10 钢筋和预应力钢筋的规格、形状、数量、间距、锚固长度、接头设置应符合设计文件的要求和现行国家标准《混凝土结构工程施工质量验收规范》GB 50204 和《给水排水构筑物工程施工及验收规范》GB 50141 的有关规定。

检验方法：尺量检查，检查施工记录。

(2)【规范名称及编号】《混凝土结构工程施工质量验收规范》GB 50204－2015

【条文摘录】

主 控 项 目

5.3.1 钢筋弯折的弯弧内直径应符合下列规定：

1 光圆钢筋，不应小于钢筋直径的 2.5 倍；

2 335MPa 级、400MPa 级带肋钢筋，不应小于钢筋直径的 4 倍；

3 500MPa 级带肋钢筋，当直径为 28mm 以下时不应小于钢筋直径的 6 倍，当直径为 28mm 及以上时不应小于钢筋直径的 7 倍；

4 箍筋弯折处尚不应小于纵向受力钢筋的直径。

检查数量：同一设备加工的同一类型钢筋、每工作班抽查不应少于 3 件。

检验方法：尺量。

5.3.2 纵向受力钢筋的弯折后平直段长度应符合设计要求。光圆钢筋末端做 180°弯钩时，弯钩的平直段长度不应小于钢筋直径的 3 倍。

检查数量：同一设备加工的同一类型钢筋，每工作班抽查不应少于 3 件。

检验方法：尺量。

5.3.3 箍筋、拉筋的末端应按设计要求作弯钩，并应符合下列规定：

1 对一般结构构件，箍筋弯钩的弯折角度不应小于 90°，弯折后平直段长度不应小于箍筋直径的 5 倍；对有抗震设防要求或设计有专门要求的结构构件，箍筋弯钩的弯折角度不应小于 135°，弯折后平直段长度不应小于箍筋直径的 10 倍；

2 圆形箍筋的搭接长度不应小于其受拉锚固长度，且两末端弯钩的弯折角度不应小于 135°，弯折后平直段长度对一般结构构件不应小于箍筋直径的 5 倍，对有抗震设防要求的结构构件不应小于箍筋直径的 10 倍；

3 梁、柱复合箍筋中的单肢箍筋两端弯钩的弯折角度均不应小于 135°，弯折后平直段长度应符合本条第 1 款对箍筋的有关规定。

检查数量：同一设备加工的同一类型钢筋，每工作班抽查不应少于 3 件。

检验方法：尺量。

5.3.4 盘卷钢筋调直后应进行力学性能和重量偏差检验，其强度应符合国家现行有关标准的规定，其断后伸长率、重量偏差应符合表 5.3.4 的规定。力学性能和重量偏差检验应符合下列规定：

1 应对 3 个试件先进行重量偏差检验，再取其中 2 个试件进行力学性能检验。

2 重量偏差应按下式计算：

$$\Delta = (W_d - W_0)/W_0 \times 100 \quad (5.3.4)$$

式中：Δ——重量偏差（%）；

W_d——3个调直钢筋试件的实际重量之和（kg）；

W_0——钢筋理论重量（kg），取每米理论重量（kg/m）与3个调直钢筋试件长度之和（m）的乘积。

3　检验重量偏差时，试件切口应平滑并与长度方向垂直，其长度不应小于500mm；长度和重量的量测精度分别不应低于1mm和1g。

采用无延伸功能的机械设备调直的钢筋，可不进行本条规定的检验。

检查数量：同一设备加工的同一牌号、同一规格的调直钢筋，重量不大于30t为一批，每批见证抽取3个试件。

检验方法：检查抽样检验报告。

表 5.3.4　盘卷钢筋调直后的断后伸长率、重量偏差要求

钢筋牌号	断后伸长率 A（%）	重量偏差（%）	
		直径6mm～12mm	直径14mm～16mm
HPB300	≥21	≥−10	—
HRB335、HRBF335	≥16	≥−8	≥−6
HRB400、HRBF400	≥15		
RRB400	≥13		
HRB500、HRBF500	≥14		

注：断后伸长率A的量测标距为5倍钢筋直径；

一　般　项　目

5.3.5　钢筋加工的形状、尺寸应符合设计要求，其偏差应符合表5.3.5的规定。

检查数量：同一设备加工的同一类型钢筋，每工作班抽查不应少于3件。

检验方法：尺量。

表 5.3.5　钢筋加工的允许偏差

项目	允许偏差（mm）
受力钢筋沿长度方向全长的净尺寸	±10
弯起钢筋的弯折位置	±20
箍筋外廓尺寸	±5

3. 检验批验收应提供的核查资料

（1）核查依据：《城镇污水处理厂工程质量验收规范》GB 50334－2017

6.1.2　污水与污泥处理构筑物工程验收时应检查下列文件：

1　测量记录和沉降观测记录；

2　材料、半成品和构件出厂质量合格证、检验、复验报告；

3　混凝土配合比设计、试配报告；

4　隐蔽工程验收记录；

5　施工记录与监理检验记录；

6　功能性试验记录；

7　其他有关文件。

（2）核查资料明细

核查资料明细表

序号	核查资料名称	核查要点
1	钢筋原材料检验批质量验收记录	核查记录内容的完整性、符合性
2	钢筋调整之后重量偏差抽检报告	核查报告的完整性，数据的符合性
3	施工记录	核查钢筋加工的长度、弯折位置和内径、重量等符合设计及规范要求
4	监理检验记录	核查记录内容的完整性

2.3.3 钢筋安装检验批质量检验记录

1. 表格

钢筋安装检验批质量验收记录

编号：□□□□□□□□□□—□□

<table>
<tr><td colspan="2">单位（子单位）
工程名称</td><td colspan="7"></td></tr>
<tr><td colspan="2">分部（子分部）
工程名称</td><td colspan="3"></td><td colspan="2">分项工程名称</td><td colspan="2"></td></tr>
<tr><td colspan="2">施工单位</td><td colspan="2"></td><td>项目负责人</td><td colspan="2"></td><td>检验批容量</td><td></td></tr>
<tr><td colspan="2">分包单位</td><td colspan="2"></td><td>分包单位项目
负责人</td><td colspan="2"></td><td>检验批部位</td><td></td></tr>
<tr><td colspan="2">施工依据</td><td colspan="4"></td><td>验收依据</td><td colspan="2"></td></tr>
<tr><td rowspan="4">主控项目</td><td colspan="3">验收项目</td><td colspan="2">设计要求及
规范规定</td><td>最小/实际
抽样数量</td><td>检查记录</td><td>检查
结果</td></tr>
<tr><td>1</td><td colspan="2">受力钢筋的牌号、规格与数量</td><td colspan="2">符合设计要求</td><td></td><td></td><td></td></tr>
<tr><td>2</td><td colspan="2">钢筋安装质量要求</td><td colspan="2">安装牢固</td><td></td><td></td><td></td></tr>
<tr><td>3</td><td colspan="2">受力钢筋安装位置、锚固方式</td><td colspan="2">符合设计要求</td><td></td><td></td><td></td></tr>
<tr><td rowspan="12">一般项目</td><td rowspan="2">1</td><td rowspan="2">绑扎钢筋网</td><td>长、宽</td><td rowspan="12">允许
偏差
（mm）</td><td>±10</td><td></td><td></td><td></td></tr>
<tr><td>网眼尺寸</td><td>±20</td><td></td><td></td><td></td></tr>
<tr><td rowspan="2">2</td><td rowspan="2">绑扎钢筋骨架</td><td>长</td><td>±10</td><td></td><td></td><td></td></tr>
<tr><td>宽、高</td><td>±5</td><td></td><td></td><td></td></tr>
<tr><td rowspan="3">3</td><td rowspan="3">纵向受力钢筋</td><td>锚固长度</td><td>−20</td><td></td><td></td><td></td></tr>
<tr><td>间距</td><td>±10</td><td></td><td></td><td></td></tr>
<tr><td>排距</td><td>±5</td><td></td><td></td><td></td></tr>
<tr><td>4</td><td colspan="2">构筑物混凝土保护层厚度</td><td>0～8</td><td></td><td></td><td></td></tr>
<tr><td>5</td><td colspan="2">绑扎箍筋、横向钢筋间距</td><td>±20</td><td></td><td></td><td></td></tr>
<tr><td>6</td><td colspan="2">钢筋弯起点位置</td><td>20</td><td></td><td></td><td></td></tr>
<tr><td rowspan="2">7</td><td rowspan="2">预埋件</td><td>中心线位置</td><td>5</td><td></td><td></td><td></td></tr>
<tr><td>水平高差</td><td>+3，0</td><td></td><td></td><td></td></tr>
<tr><td colspan="2">施工单位
检查结果</td><td colspan="7">专业工长：
项目专业质量检查员：
年　月　日</td></tr>
<tr><td colspan="2">监理单位
验收结果</td><td colspan="7">专业监理工程师：
年　月　日</td></tr>
</table>

注：表中“设计要求”等内容应按实际设计要求内容填写。

2. 验收依据说明

(1)【规范名称及编号】《城镇污水处理厂工程质量验收规范》GB 50334－2017

【条文摘录】

一　般　项　目

6.2.9　构筑物混凝土保护层厚度应符合设计文件的要求，允许偏差应为0mm～+8mm。

检验方法：实测实量，检查施工记录。

6.2.10　钢筋和预应力钢筋的规格、形状、数量、间距、锚固长度、接头设置应符合设计文件的要求和现行国家标准《混凝土结构工程施工质量验收规范》GB 50204和《给水排水构筑物工程施工及验收规范》GB 50141的有关规定。

检验方法：尺量检查，检查施工记录。

(2)【规范名称及编号】《混凝土结构工程施工质量验收规范》GB 50204－2015

【条文摘录】

主　控　项　目

5.5.1　钢筋安装时，受力钢筋的牌号、规格和数量必须符合设计要求。

检查数量：全数检查。

检验方法：观察，尺量。

5.5.2　钢筋应安装牢固，受力钢筋的安装位置、锚固方式应符合设计要求。

检查数量：全数检查。

检验方法：观察，尺量。

一　般　项　目

5.5.3　钢筋安装偏差及检验方法应符合表5.5.3的规定，受力钢筋保护层厚度的合格点率应达到90%及以上，且不得有超过表中数值1.5倍的尺寸偏差。

检查数量：在同一检验批内，对梁、柱和独立基础，应抽查构件数量的10%，且不应少于3件；对墙和板，应按有代表性的自然间抽查10%，且不应少于3间；对大空间结构，墙可按相邻轴线间高度5m左右划分检查面，板可按纵、横轴线划分检查面，抽查10%，且均不应少于3面。

表5.5.3　钢筋安装允许偏差和检验方法

项目		允许偏差（mm）	检验方法
绑扎钢筋网	长、宽	±10	尺量
	网眼尺寸	±20	尺量连续三档，取最大偏差值
绑扎钢筋骨架	长	±10	尺量
	宽、高	±5	尺量
纵向受力钢筋	锚固长度	－20	尺量
	间距	±10	尺量两端、中间各一点，取最大偏差值
	排距	±5	

续表

项目		允许偏差（mm）	检验方法
纵向受力钢筋、箍筋的混凝土保护层厚度	基础	±10	尺量
	柱、梁	±5	尺量
	板、墙、壳	±3	尺量
绑扎箍筋、横向钢筋间距		±20	尺量连续三档，取最大偏差值
钢筋弯起点位置		20	尺量
预埋件	中心线位置	5	尺量
	水平高差	+3，0	塞尺量测

注：检查中心线位置时，沿纵、横两个方向量测，并取其中偏差的较大值。

3. 检验批验收应提供的核查资料

（1）核查依据：《城镇污水处理厂工程质量验收规范》GB 50334－2017

6.1.2　污水与污泥处理构筑物工程验收时应检查下列文件：

1　测量记录和沉降观测记录；

2　材料、半成品和构件出厂质量合格证、检验、复验报告；

3　混凝土配合比设计、试配报告；

4　隐蔽工程验收记录；

5　施工记录与监理检验记录；

6　功能性试验记录；

7　其他有关文件。

（2）核查资料明细

核查资料明细表

序号	核查资料名称	核查要点
1	钢筋加工检验批质量检验记录	核查记录的完整性、符合性
2	施工记录	核查保护层厚度、钢筋间距、锚固长度、弯起位置等符合设计及规范要求
3	钢筋隐蔽工程验收记录	核查记录内容的完整性及验收结论的符合性
4	监理检验记录	核查记录内容的完整性

2.3.4　钢筋机械连接检验批质量检验记录

1. 表格

钢筋机械连接检验批质量验收记录

编号：□□□□□□□□□□—□□

单位（子单位）工程名称					
分部（子分部）工程名称			分项工程名称		
施工单位		项目负责人		检验批容量	
分包单位		分包单位项目负责人		检验批部位	
施工依据			验收依据		

		验收项目	设计要求及规范规定		最小/实际抽样数量	检查记录	检查结果
主控项目	1	钢筋接头的力学性能、弯曲性能	符合国家现行有关标准的规定				
	2	螺纹接头拧紧扭矩	符合国家现行有关标准的规定				
	3	挤压接头压痕直径	符合国家现行有关标准的规定				
一般项目	1	钢筋的接头位置	符合设计要求，有抗震设防要求的结构中，梁端、柱端箍筋加密区范围内不应进行钢筋搭接。接头末端至钢筋弯起点的距离不应小于钢筋直径的10倍				
	2	钢筋机械连接接头的百分率	受拉接头，不宜大于50%，受压接头，可不受限制				
			≤50%				
	3	纵向受力钢筋采用绑扎搭接接头时，接头的设置	接头的横向净间距不应小于钢筋直径，且不应小于25mm				
			纵向受拉钢筋的接头面积百分率应符合设计要求				
			纵向受拉钢筋的接头面积百分率无设计要求时	梁类、板类及墙类构件，不宜超过25%			
				基础筏板，不宜超过50%			
				柱类构件，不宜超过50%			
				当工程中确有必要增大接头面积百分率时，对梁类构件，不应大于50%			

续表

<table>
<tr><td rowspan="6">一般项目</td><td colspan="2">验收项目</td><td colspan="2">设计要求及规范规定</td><td>最小/实际抽样数量</td><td>检查记录</td><td>检查结果</td></tr>
<tr><td rowspan="5">4</td><td rowspan="5">梁、柱类构件的纵向受力钢筋搭接长度范围内箍筋的设置</td><td colspan="2">符合设计要求</td><td></td><td></td><td></td></tr>
<tr><td rowspan="4">设计无要求时</td><td>箍筋直径不应小于搭接钢筋较大直径的1/4</td><td></td><td></td><td></td></tr>
<tr><td>受拉搭接区段的箍筋间距不应大于搭接钢筋较小直径的5倍，且≤100mm</td><td></td><td></td><td></td></tr>
<tr><td>受压搭接区段的箍筋间距不应大于搭接钢筋较小直径的10倍，且≤200mm</td><td></td><td></td><td></td></tr>
<tr><td>当柱中纵向受力钢筋直径大于25mm时，应在搭接接头两个端面外100mm范围内各设置二道箍筋，其间距宜为50mm</td><td></td><td></td><td></td></tr>
<tr><td colspan="3">施工单位
检查结果</td><td colspan="5">专业工长：
项目专业质量检查员：
年　月　日</td></tr>
<tr><td colspan="3">监理单位
验收结果</td><td colspan="5">专业监理工程师：
年　月　日</td></tr>
</table>

注：1　表中“设计要求”等内容应按实际设计要求内容填写。

2　钢筋机械连接的形式多样，其接头性能要求可按照现行行业标准《钢筋机械连接技术规程》JGJ 107的规定值验收。

2. 验收依据说明

(1)【规范名称及编号】《城镇污水处理厂工程质量验收规范》GB 50334－2017

【条文摘录】

主　控　项　目

6.2.10　钢筋和预应力钢筋的规格、形状、数量、间距、锚固长度、接头设置应符合设计文件的要求和现行国家标准《混凝土结构工程施工质量验收规范》GB 50204和《给水排水构筑物工程施工及验收规范》GB 50141的有关规定。

检验方法：尺量检查，检查施工记录。

(2)【规范名称及编号】《混凝土结构工程施工质量验收规范》GB 50204－2015

【条文摘录】

主　控　项　目

5.4.2　钢筋采用机械连接或焊接连接时，钢筋机械连接接头、焊接接头的力学性能、弯曲性能应符合国家现行有关标准的规定。接头试件应从工程实体中截取。

检查数量：按现行行业标准《钢筋机械连接技术规程》JGJ 107和《钢筋焊接及验收规程》JGJ 18的规定确定。

检验方法：检查质量证明文件和抽样检验报告。

5.4.3 钢筋采用机械连接时，螺纹接头应检验拧紧扭矩值，挤压接头应量测压痕直径，检验结果应符合现行行业标准《钢筋机械连接技术规程》JGJ 107的相关规定。

检查数量：按现行行业标准《钢筋机械连接技术规程》JGJ 107的规定确定。

检验方法：采用专用扭力扳手或专用量规检查。

一 般 项 目

5.4.4 钢筋接头的位置应符合设计和施工方案要求。有抗震设防要求的结构中，梁端、柱端箍筋加密区范围内不应进行钢筋搭接。接头末端至钢筋弯起点的距离不应小于钢筋直径的10倍。

检查数量：全数检查。

检验方法：观察，尺量。

5.4.5 钢筋机械连接接头、焊接接头的外观质量应符合现行行业标准《钢筋机械连接技术规程》JGJ 107和《钢筋焊接及验收规程》JGJ 18的规定。

检查数量：按现行行业标准《钢筋机械连接技术规程》JGJ 107和《钢筋焊接及验收规程》JGJ 18的规定确定。

检验方法：观察，尺量。

5.4.6 当纵向受力钢筋采用机械连接接头或焊接接头时，同一连接区段内纵向受力钢筋的接头面积百分率应符合设计要求；当设计无具体要求时，应符合下列规定：

1 受拉接头，不宜大于50%；受压接头，可不受限制；

2 直接承受动力荷载的结构构件中，不宜采用焊接；当采用机械连接时，不应超过50%。

检查数量：在同一检验批内，对梁、柱和独立基础，应抽查构件的10%，且不应少于3件；对墙和板，应按有代表性的自然间抽查10%，且不应少于3间；对大空间结构，墙可按相邻轴线间高度5m左右划分检查面，板可按纵横轴线划分检查面，抽查10%，且均不应少于3面。

检验方法：观察，尺量。

注：1 接头连接区段是指长度为35d且不小于500mm的区段，d为相互连接两根钢筋的直径较小值。

2 同一连接区段内纵向受力钢筋接头面积百分率为接头中点位于该连接区段内的纵向受力钢筋截面面积与全部纵向受力钢筋截面面积的比值。

5.4.7 当纵向受力钢筋采用绑扎搭接接头时，接头的设置应符合下列规定：

1 接头的横向净间距不应小于钢筋直径，且不应小于25mm。

2 同一连接区段内，纵向受拉钢筋的接头面积百分率应符合设计要求；当设计无具体要求时，应符合下列规定：

1）梁类、板类及墙类构件，不宜超过25%；基础筏板，不宜超过50%。

2）柱类构件，不宜超过50%。

3）当工程中确有必要增大接头面积百分率时，对梁类构件，不应大于50%。

检查数量：在同一检验批内，对梁、柱和独立基础，应抽查构件数量的10%，且不应少于3件；对墙和板，应按有代表性的自然间抽查10%，且不应少于3间；对大空间结构，墙可按相邻轴线间高度5m左右划分检查面，板可按纵横轴线划分检查面，抽查10%，且均不应少于3面。

检验方法：观察，尺量。

注：1 接头连接区段是指长度为1.3倍搭接长度的区段。搭接长度取相互连接两根钢筋中较小直径计算。

2 同一连接区段内纵向受力钢筋接头面积百分率为接头中点位于该连接区段长度内的纵向受力钢筋截面面积与全部纵向受力钢筋截面面积的比值。

5.4.8 梁、柱类构件的纵向受力钢筋搭接长度范围内箍筋的设置应符合设计要求；当设计无具体要求时，应符合下列规定：

1 箍筋直径不应小于搭接钢筋较大直径的1/4；

2 受拉搭接区段的箍筋间距不应大于搭接钢筋较小直径的5倍，且不应大于100mm；

3 受压搭接区段的箍筋间距不应大于搭接钢筋较小直径的10倍，且不应大于200mm；

4 当柱中纵向受力钢筋直径大于25mm时，应在搭接接头两个端面外100mm范围内各设置二道箍筋，其间距宜为50mm。

检查数量：在同一检验批内，应抽查构件数量的10%，且不应少于3件。

检验方法：观察，尺量。

3. 检验批验收应提供的核查资料

（1）核查依据：《城镇污水处理厂工程质量验收规范》GB 50334－2017

6.1.2 污水与污泥处理构筑物工程验收时应检查下列文件：

1 测量记录和沉降观测记录；

2 材料、半成品和构件出厂质量合格证、检验、复验报告；

3 混凝土配合比设计、试配报告；

4 隐蔽工程验收记录；

5 施工记录与监理检验记录；

6 功能性试验记录；

7 其他有关文件。

（2）核查资料明细

核查资料明细表

序号	核查资料名称	核查要点
1	钢筋机械连接接头检验报告	核查规格数量、日期、性能及结论的符合性
2	施工记录	核查钢筋接头的位置、箍筋的位置等符合设计及规范要求
3	监理检验记录	核查记录内容的完整性

2.3.5 钢筋气压焊检验批质量检验记录

1. 表格

钢筋气压焊检验批质量验收记录

编号：□□□□□□□□□□—□□

单位（子单位）工程名称						
分部（子分部）工程名称				分项工程名称		
施工单位			项目负责人		检验批容量	
分包单位			分包单位项目负责人		检验批部位	
施工依据				验收依据		
主控项目	验收项目		设计要求及规范规定	最小/实际抽样数量	检查记录	检查结果
主控项目	1	钢筋接头的力学性能、弯曲性能	符合国家现行有关标准的规定			
一般项目	1	钢筋的接头位置	符合设计要求，有抗震设防要求的结构中，梁端、柱端箍筋加密区范围内不应进行钢筋搭接。接头末端至钢筋弯起点的距离不应小于钢筋直径的10倍			
一般项目	2	钢筋连接接头的外观质量	接头处的轴线偏移 e 不得大于钢筋直径的1/10，且不得大于1mm			
			接头处表面不得有肉眼可见的裂纹			
			接头处的弯折角度不得大于2°			
			固态气压焊接头镦粗直径不得小于钢筋直径的1.4倍，熔态气压焊接头镦粗直径 d_c 不得小于钢筋直径的1.2倍			
			镦粗长度 L_c 不得小于钢筋直径的1.0倍，且凸起部分平缓圆滑			
施工单位检查结果	专业工长： 项目专业质量检查员： 年　月　日					
监理单位验收结果	专业监理工程师： 年　月　日					

注：1　表中“设计要求”等内容应按实际设计要求内容填写。

2　钢筋气压焊接头性能要求可按照现行行业标准《钢筋焊接及验收规程》JGJ 18的规定值验收。

2. 验收依据说明

(1)【规范名称及编号】《城镇污水处理厂工程质量验收规范》GB 50334－2017

【条文摘录】

主 控 项 目

6.2.10 钢筋和预应力钢筋的规格、形状、数量、间距、锚固长度、接头设置应符合设计文件的要求和现行国家标准《混凝土结构工程施工质量验收规范》GB 50204 和《给水排水构筑物工程施工及验收规范》GB 50141 的有关规定。

检验方法：尺量检查，检查施工记录。

(2)【规范名称及编号】《混凝土结构工程施工质量验收规范》GB 50204－2015

【条文摘录】

主 控 项 目

5.4.2 钢筋采用机械连接或焊接连接时，钢筋机械连接接头、焊接接头的力学性能、弯曲性能应符合国家现行有关标准的规定。接头试件应从工程实体中截取。

检查数量：按现行行业标准《钢筋机械连接技术规程》JGJ 107 和《钢筋焊接及验收规程》JGJ 18 的规定确定。

检验方法：检查质量证明文件和抽样检验报告。

一 般 项 目

5.4.4 钢筋接头的位置应符合设计和施工方案要求。有抗震设防要求的结构中，梁端、柱端箍筋加密区范围内不应进行钢筋搭接。接头末端至钢筋弯起点的距离不应小于钢筋直径的 10 倍。

检查数量：全数检查。

检验方法：观察，尺量。

(3)【规范名称及编号】《钢筋焊接及验收规程》JGJ 18－2012

5.7.2 钢筋气压焊接头外观质量检查结果，应符合下列规定：

1 接头处的轴线偏移 e 不得大于钢筋直径的 1/10，且不得大于 1mm；当不同直径钢筋焊接时，应按较小钢筋直径计算；当大于上述规定值，但在钢筋直径的 3/10 以下时，可加热矫正；当大于 3/10 时，应切除重焊；

2 接头处表面不得有肉眼可见的裂纹；

3 接头处的弯折角度不得大于 2°；当大于规定值时，应重新加热矫正；

4 固态气压焊接头镦粗直径不得小于钢筋直径的 1.4 倍，熔态气压焊接头镦粗直径 d_c 不得小于钢筋直径的 1.2 倍；当小于上述规定值时，应重新加热镦粗；

5 镦粗长度 L_c 不得小于钢筋直径的 1.0 倍，且凸起部分平缓圆滑；当小于上述规定值时，应重新加热镦长。

3. 检验批验收应提供的核查资料

(1) 核查依据：《城镇污水处理厂工程质量验收规范》GB 50334－2017

6.1.2 污水与污泥处理构筑物工程验收时应检查下列文件：

1 测量记录和沉降观测记录；

2 材料、半成品和构件出厂质量合格证、检验、复验报告；

3 混凝土配合比设计、试配报告；

4 隐蔽工程验收记录；

5 施工记录与监理检验记录；

6　功能性试验记录；

7　其他有关文件。

(2) 核查资料明细

核查资料明细表

序号	核查资料名称	核查要点
1	钢筋焊接接头检验报告	核查规格数量、日期、性能及结论的符合性
2	施工记录	核查钢筋接头的位置、外观质量等符合设计及规范要求
3	监理检验记录	核查记录内容的完整性

2.3.6　钢筋电渣压力焊检验批质量检验记录

1. 表格

钢筋电渣压力焊检验批质量验收记录

编号：□□□□□□□□□□□—□□

<table>
<tr><td colspan="2">单位（子单位）
工程名称</td><td colspan="5"></td></tr>
<tr><td colspan="2">分部（子分部）
工程名称</td><td colspan="2"></td><td>分项工程名称</td><td colspan="2"></td></tr>
<tr><td colspan="2">施工单位</td><td></td><td>项目负责人</td><td></td><td>检验批容量</td><td></td></tr>
<tr><td colspan="2">分包单位</td><td></td><td>分包单位项目
负责人</td><td></td><td>检验批部位</td><td></td></tr>
<tr><td colspan="2">施工依据</td><td colspan="2"></td><td>验收依据</td><td colspan="2"></td></tr>
<tr><td rowspan="2">主控项目</td><td colspan="2">验收项目</td><td>设计要求及规范规定</td><td>最小/实际
抽样数量</td><td>检查
记录</td><td>检查
结果</td></tr>
<tr><td>1</td><td>钢筋接头的力学性能、弯曲性能</td><td>符合国家现行有关标准的规定</td><td></td><td></td><td></td></tr>
<tr><td rowspan="5">一般项目</td><td>1</td><td>钢筋的
接头位置</td><td>符合设计要求，有抗震设防要求的结构中，梁端、柱端箍筋加密区范围内不应进行钢筋搭接。接头末端至钢筋弯起点的距离不应小于钢筋直径的10倍</td><td></td><td></td><td></td></tr>
<tr><td rowspan="4">2</td><td rowspan="4">钢筋连接
接头的外
观质量</td><td>四周焊包凸出钢筋表面的高度，当钢筋直径为25mm及以下时，不得小于4mm；当钢筋直径为28mm及以上时，不得小于6mm</td><td></td><td></td><td></td></tr>
<tr><td>钢筋与电极接触处，应无烧伤缺陷</td><td></td><td></td><td></td></tr>
<tr><td>接头处的弯折角度不得大于2°</td><td></td><td></td><td></td></tr>
<tr><td>接头处的轴线偏移不得大于1mm</td><td></td><td></td><td></td></tr>
<tr><td colspan="2">施工单位
检查结果</td><td colspan="5">专业工长：
项目专业质量检查员：
年　月　日</td></tr>
<tr><td colspan="2">监理单位
验收结果</td><td colspan="5">专业监理工程师：
年　月　日</td></tr>
</table>

注：1　表中“设计要求”等内容应按实际设计要求内容填写；

2　钢筋电渣压力焊接头性能要求可按照现行行业标准《钢筋焊接及验收规程》JGJ 18的规定值验收。

2. 验收依据说明

(1)【规范名称及编号】《城镇污水处理厂工程质量验收规范》GB 50334－2017

【条文摘录】

主 控 项 目

6.2.10 钢筋和预应力钢筋的规格、形状、数量、间距、锚固长度、接头设置应符合设计文件的要求和现行国家标准《混凝土结构工程施工质量验收规范》GB 50204和《给水排水构筑物工程施工及验收规范》GB 50141的有关规定。

检验方法：尺量检查，检查施工记录。

(2)【规范名称及编号】《混凝土结构工程施工质量验收规范》GB 50204－2015

【条文摘录】

主 控 项 目

5.4.2 钢筋采用机械连接或焊接连接时，钢筋机械连接接头、焊接接头的力学性能、弯曲性能应符合国家现行有关标准的规定。接头试件应从工程实体中截取。

检查数量：按现行行业标准《钢筋机械连接技术规程》JGJ 107和《钢筋焊接及验收规程》JGJ 18的规定确定。

检验方法：检查质量证明文件和抽样检验报告。

一 般 项 目

5.4.4 钢筋接头的位置应符合设计和施工方案要求。有抗震设防要求的结构中，梁端、柱端箍筋加密区范围内不应进行钢筋搭接。接头末端至钢筋弯起点的距离不应小于钢筋直径的10倍。

检查数量：全数检查。

检验方法：观察，尺量。

(3)【规范名称及编号】《钢筋焊接及验收规程》JGJ 18－2012

5.6.2 电渣压力焊接头外观质量检查结果，应符合下列规定：

1 四周焊包凸出钢筋表面的高度，当钢筋直径为25mm及以下时，不得小于4mm；当钢筋直径为28mm及以上时，不得小于6mm；

2 钢筋与电极接触处，应无烧伤缺陷；

3 接头处的弯折角度不得大于2°；

4 接头处的轴线偏移不得大于1mm。

3. 检验批验收应提供的核查资料

(1) 核查依据：《城镇污水处理厂工程质量验收规范》GB 50334－2017

6.1.2 污水与污泥处理构筑物工程验收时应检查下列文件：

1 测量记录和沉降观测记录；

2 材料、半成品和构件出厂质量合格证、检验、复验报告；

3 混凝土配合比设计、试配报告；

4 隐蔽工程验收记录；

5 施工记录与监理检验记录；

6 功能性试验记录；

7 其他有关文件。

(2) 核查资料明细

核查资料明细表

序号	核查资料名称	核查要点
1	钢筋焊接接头检验报告	核查规格数量、日期、性能及结论的符合性
2	施工记录	核查钢筋接头的位置、外观质量等符合设计及规范要求
3	监理检验记录	核查记录内容的完整性

2.3.7　钢筋闪光对焊检验批质量检验记录

1. 表格

钢筋闪光对焊检验批质量验收记录

编号：□□□□□□□□□□—□□

单位(子单位)工程名称					
分部(子分部)工程名称			分项工程名称		
施工单位		项目负责人		检验批容量	
分包单位		分包单位项目负责人		检验批部位	
施工依据			验收依据		

		验收项目		设计要求及规范规定	最小/实际抽样数量	检查记录	检查结果
主控项目	1	钢筋接头的力学性能、弯曲性能		符合国家现行有关标准的规定			
一般项目	1	钢筋的接头位置		符合设计和施工方案要求。有抗震设防要求的结构中，梁端、柱端箍筋加密区范围内不应进行钢筋搭接。接头末端至钢筋弯起点的距离不应小于钢筋直径的10倍			
	2	钢筋连接接头的外观质量	闪光对焊	对焊接头表面应呈圆滑、带毛刺状，不得有肉眼可见的裂纹			
				与电极接触处的钢筋表面不得有明显烧伤			
				接头处的弯折角度不得大于2°			
				接头处的轴线偏移不得大于钢筋直径的1/10，且不得大于1mm			
			箍筋闪光对焊	对焊接头表面应呈圆滑、带毛刺状，不得有肉眼可见裂纹			
				轴线偏移不得大于钢筋直径的1/10，且不得大于1mm			
				对焊接头所在直线边的顺直度检测结果凹凸不得大于5mm			
				对焊箍筋外皮尺寸应符合设计图纸的规定，允许偏差应为±5mm			
				与电极接触处的钢筋表面不得有明显烧伤			
施工单位检查结果	专业工长： 项目专业质量检查员： 年　月　日						
监理单位验收结果	专业监理工程师： 年　月　日						

注：1　表中"设计要求"等内容应按实际设计要求内容填写；
　　2　钢筋闪光对焊接头性能要求可按照现行行业标准《钢筋焊接及验收规程》JGJ 18的规定值验收。

2. 验收依据说明

(1)【规范名称及编号】《城镇污水处理厂工程质量验收规范》GB 50334－2017

【条文摘录】

主 控 项 目

6.2.10 钢筋和预应力钢筋的规格、形状、数量、间距、锚固长度、接头设置应符合设计文件的要求和现行国家标准《混凝土结构工程施工质量验收规范》GB 50204 和《给水排水构筑物工程施工及验收规范》GB 50141 的有关规定。

检验方法：尺量检查，检查施工记录。

(2)【规范名称及编号】《混凝土结构工程施工质量验收规范》GB 50204－2015

【条文摘录】

主 控 项 目

5.4.2 钢筋采用机械连接或焊接连接时，钢筋机械连接接头、焊接接头的力学性能、弯曲性能应符合国家现行有关标准的规定。接头试件应从工程实体中截取。

检查数量：按现行行业标准《钢筋机械连接技术规程》JGJ 107 和《钢筋焊接及验收规程》JGJ 18 的规定确定。

检验方法：检查质量证明文件和抽样检验报告。

一 般 项 目

5.4.4 钢筋接头的位置应符合设计和施工方案要求。有抗震设防要求的结构中，梁端、柱端箍筋加密区范围内不应进行钢筋搭接。接头末端至钢筋弯起点的距离不应小于钢筋直径的 10 倍。

检查数量：全数检查。

检验方法：观察，尺量。

(3)【规范名称及编号】《钢筋焊接及验收规程》JGJ 18－2012

5.3.2 闪光对焊接头外观质量检查结果，应符合下列规定：

1 对焊接头表面应呈圆滑、带毛刺状，不得有肉眼可见的裂纹；

2 与电极接触处的钢筋表面不得有明显烧伤；

3 接头处的弯折角度不得大于 2°；

4 接头处的轴线偏移不得大于钢筋直径的 1/10，且不得大于 1mm。

5.4.2 箍筋闪光对焊接头外观质量检查结果，应符合下列规定：

1 对焊接头表面应呈圆滑、带毛刺状，不得有肉眼可见裂纹；

2 轴线偏移不得大于钢筋直径的 1/10，且不得大于 1mm；

3 对焊接头所在直线边的顺直度检测结果凹凸不得大于 5mm；

4 对焊箍筋外皮尺寸应符合设计图纸的规定，允许偏差应为±5mm；

5 与电极接触处的钢筋表面不得有明显烧伤。

3. 检验批验收应提供的核查资料

(1) 核查依据：《城镇污水处理厂工程质量验收规范》GB 50334－2017

6.1.2 污水与污泥处理构筑物工程验收时应检查下列文件：

1 测量记录和沉降观测记录；

2 材料、半成品和构件出厂质量合格证、检验、复验报告；

3　混凝土配合比设计、试配报告；

4　隐蔽工程验收记录；

5　施工记录与监理检验记录；

6　功能性试验记录；

7　其他有关文件。

(2) 核查资料明细

核查资料明细表

序号	核查资料名称	核查要点
1	钢筋焊接接头检验报告	核查规格数量、日期、性能及结论的符合性
2	施工记录	核查钢筋接头的位置、外观质量等符合设计及规范要求
3	监理检验记录	核查记录内容的完整性

2.3.8　钢筋电弧焊检验批质量检验记录

1. 表格

钢筋电弧焊检验批质量验收记录

编号：□□□□□□□□□□—□□

<table>
<tr><td colspan="3">单位（子单位）
工程名称</td><td colspan="7"></td></tr>
<tr><td colspan="3">分部（子分部）
工程名称</td><td colspan="3"></td><td colspan="2">分项工程名称</td><td colspan="2"></td></tr>
<tr><td colspan="3">施工单位</td><td colspan="2"></td><td>项目负责人</td><td colspan="2"></td><td>检验批
容量</td><td></td></tr>
<tr><td colspan="3">分包单位</td><td colspan="2"></td><td>分包单位项目
负责人</td><td colspan="2"></td><td>检验批
部位</td><td></td></tr>
<tr><td colspan="3">施工依据</td><td colspan="3"></td><td colspan="4">验收依据</td></tr>
<tr><td rowspan="2">主控项目</td><td colspan="3">验收项目</td><td colspan="3">设计要求及规范规定</td><td>最小/实际
抽样数量</td><td>检查记录</td><td>检查
结果</td></tr>
<tr><td>1</td><td colspan="2">钢筋接头的力学性能、弯曲性能</td><td colspan="3">符合国家现行有关标准的规定</td><td></td><td></td><td></td></tr>
<tr><td rowspan="4">一般项目</td><td>1</td><td colspan="2">钢筋的
接头位置</td><td colspan="3">符合设计和施工方案要求。有抗震设防要求的结构中，梁端、柱端箍筋加密区范围内不应进行钢筋搭接。接头末端至钢筋弯起点的距离不应小于钢筋直径的 10 倍</td><td></td><td></td><td></td></tr>
<tr><td rowspan="3">2</td><td colspan="2" rowspan="3">钢筋连接接头的外观质量</td><td colspan="3">焊缝表面应平整，不得有凹陷或焊瘤</td><td></td><td></td><td></td></tr>
<tr><td colspan="3">焊接接头区域不得有肉眼可见的裂纹</td><td></td><td></td><td></td></tr>
<tr><td colspan="3">焊缝余高应为 2mm～4mm</td><td></td><td></td><td></td></tr>
</table>

续表

	验收项目		设计要求及规范规定				最小/实际抽样数量	检查记录	检查结果
一般项目	2	钢筋连接接头的外观质量	帮条沿接头中心线的纵向偏移		帮条焊	0.3d			
			接头处弯折角度		帮条焊	2°			
					搭接焊	2°			
					坡口焊	2°			
			接头处钢筋轴线的偏移		帮条焊	0.1d			
						1mm			
					搭接焊	0.1d			
						1mm			
					坡口焊	0.1d			
						1mm			
			焊缝宽度		帮条焊	+0.1d			
					搭接焊	+0.1d			
			焊缝长度		帮条焊	−0.3d			
					搭接焊	−0.3d			
			咬边深度		帮条焊	0.5mm			
					搭接焊	0.5mm			
					坡口焊	0.5mm			
			在长2d焊缝表面上的气孔及夹渣	数量	帮条焊	2个			
					搭接焊	2个			
				面积	帮条焊	6mm^2			
					搭接焊	6mm^2			
			在全部焊缝表面的气孔及夹渣	数量	坡口焊	2个			
				面积	坡口焊	6mm^2			
施工单位检查结果	专业工长： 项目专业质量检查员： 年 月 日								
监理单位验收结果	专业监理工程师： 年 月 日								

注：1 表中“设计要求”等内容应按实际设计要求内容填写；

2 钢筋闪光对焊接头性能要求可按照现行行业标准《钢筋焊接及验收规程》JGJ 18的规定值验收；

3 表中d为钢筋直径。

2. 验收依据说明

(1)【规范名称及编号】《城镇污水处理厂工程质量验收规范》GB 50334－2017

【条文摘录】

主　控　项　目

6.2.10　钢筋和预应力钢筋的规格、形状、数量、间距、锚固长度、接头设置应符合设计文件的要求和现行国家标准《混凝土结构工程施工质量验收规范》GB 50204和《给水排水构筑物工程施工及验收规范》GB 50141的有关规定。

检验方法：尺量检查，检查施工记录。

(2)【规范名称及编号】《混凝土结构工程施工质量验收规范》GB 50204－2015

【条文摘录】

主　控　项　目

5.4.2　钢筋采用机械连接或焊接连接时，钢筋机械连接接头、焊接接头的力学性能、弯曲性能应符合国家现行有关标准的规定。接头试件应从工程实体中截取。

检查数量：按现行行业标准《钢筋机械连接技术规程》JGJ 107和《钢筋焊接及验收规程》JGJ 18的规定确定。

检验方法：检查质量证明文件和抽样检验报告。

一　般　项　目

5.4.4　钢筋接头的位置应符合设计和施工方案要求。有抗震设防要求的结构中，梁端、柱端箍筋加密区范围内不应进行钢筋搭接。接头末端至钢筋弯起点的距离不应小于钢筋直径的10倍。

检查数量：全数检查。

检验方法：观察，尺量。

(3)【规范名称及编号】《钢筋焊接及验收规程》JGJ 18－2012

5.5.2　电弧焊接头外观质量检查结果，应符合下列规定：

1　焊缝表面应平整，不得有凹陷或焊瘤；

2　焊接接头区域不得有肉眼可见的裂纹；

3　焊缝余高应为2mm～4mm；

4　咬边深度、气孔、夹渣等缺陷允许值及接头尺寸的允许偏差，应符合表5.5.2的规定。

表5.5.2　钢筋电弧焊接头尺寸偏差及缺陷允许值

名称	单位	接头形式		
		帮条焊	搭接焊 钢筋与钢板搭接焊	坡口焊窄间隙焊 熔槽帮条焊
帮条沿接头中心线的纵向偏移	mm	$0.3d$		
接头处弯折角度	°	2	2	2
接头处钢筋轴线的偏移	mm	$0.1d$	$0.1d$	$0.1d$
	mm	1	1	1

续表

名称		单位	接头形式		
			帮条焊	搭接焊 钢筋与钢板搭接焊	坡口焊窄间隙焊 熔槽帮条焊
焊缝宽度		mm	$+0.1d$	$+0.1d$	
焊缝长度		mm	$-0.3d$	$-0.3d$	
咬边深度		mm	0.5	0.5	0.5
在长 $2d$ 焊缝表面上的气孔及夹渣	数量	个	2	2	—
	面积	mm^2	6	6	—
在全部焊缝表面的气孔及夹渣	数量	个	—	—	2
	面积	mm^2	—	—	6

注：d 为钢筋直径（mm）。

3. 检验批验收应提供的核查资料

（1）核查依据：《城镇污水处理厂工程质量验收规范》GB 50334－2017

6.1.2 污水与污泥处理构筑物工程验收时应检查下列文件：

1 测量记录和沉降观测记录；

2 材料、半成品和构件出厂质量合格证、检验、复验报告；

3 混凝土配合比设计、试配报告；

4 隐蔽工程验收记录；

5 施工记录与监理检验记录；

6 功能性试验记录；

7 其他有关文件。

（2）核查资料明细

核查资料明细表

序号	核查资料名称	核查要点
1	钢筋焊接接头检验报告	核查规格数量、日期、性能及结论的符合性
2	施工记录	核查钢筋接头的位置、外观质量等符合设计及规范要求
3	监理检验记录	核查记录内容的完整性

2.3.9 模板安装检验批质量检验记录

1. 表格

模板安装检验批质量验收记录

编号：□□□□□□□□□□—□□

<table>
<tr><td colspan="3">单位（子单位）工程名称</td><td colspan="8"></td></tr>
<tr><td colspan="3">分部（子分部）工程名称</td><td colspan="3"></td><td colspan="2">分项工程名称</td><td colspan="3"></td></tr>
<tr><td colspan="3">施工单位</td><td></td><td colspan="2">项目负责人</td><td colspan="2"></td><td colspan="2">检验批容量</td><td></td></tr>
<tr><td colspan="3">分包单位</td><td></td><td colspan="2">分包单位项目负责人</td><td colspan="2"></td><td colspan="2">检验批部位</td><td></td></tr>
<tr><td colspan="3">施工依据</td><td colspan="3"></td><td colspan="2">验收依据</td><td colspan="3"></td></tr>
<tr><td></td><td colspan="4">验收项目</td><td colspan="2">设计要求及规范规定</td><td colspan="2">最小/实际抽样数量</td><td>检查记录</td><td>检查结果</td></tr>
<tr><td rowspan="5">主控项目</td><td>1</td><td colspan="3">模板及支架用材料的技术指标、外观、规格及尺寸</td><td colspan="2">符合规范要求</td><td colspan="2"></td><td></td><td></td></tr>
<tr><td>2</td><td colspan="3">模板及支架安装质量</td><td colspan="2">符合有关标准的规定和施工方案的要求</td><td colspan="2"></td><td></td><td></td></tr>
<tr><td>3</td><td colspan="3">后浇带处模板及支架</td><td colspan="2">应独立设置</td><td colspan="2"></td><td></td><td></td></tr>
<tr><td rowspan="2">4</td><td colspan="3" rowspan="2">支架竖杆或竖向模板安装在土层上时</td><td colspan="2">支架竖杆下应有底座或垫板</td><td colspan="2"></td><td></td><td></td></tr>
<tr><td colspan="2">支架下土层应坚实平整、承载力或密实度符合设计要求</td><td colspan="2"></td><td></td><td></td></tr>
<tr><td rowspan="6">一般项目</td><td>1</td><td colspan="3">模板接缝</td><td colspan="2">应严密</td><td colspan="2"></td><td></td><td></td></tr>
<tr><td>2</td><td colspan="3">模板与混凝土的接触面</td><td colspan="2">平整、清洁</td><td colspan="2"></td><td></td><td></td></tr>
<tr><td>3</td><td colspan="3">用作模板的地坪、胎膜</td><td colspan="2">应平整、清洁，不应有影响构件质量的下沉、裂缝、起砂或起鼓</td><td colspan="2"></td><td></td><td></td></tr>
<tr><td>4</td><td colspan="3">模板隔离剂</td><td colspan="2">品种和涂刷方法应符合施工方案的要求</td><td colspan="2"></td><td></td><td></td></tr>
<tr><td>5</td><td colspan="3">模板的起拱</td><td colspan="2">符合设计及施工方案要求</td><td colspan="2"></td><td></td><td></td></tr>
<tr><td>6</td><td colspan="3">多层连续支模</td><td colspan="2">上下层模板支架竖杆宜对准，竖杆下垫板设置符合施工方案要求</td><td colspan="2"></td><td></td><td></td></tr>
</table>

续表

<table>
<tr><td rowspan="19">一般项目</td><td colspan="4">验收项目</td><td colspan="2">设计要求及规范规定</td><td>最小/实际抽样数量</td><td>检查记录</td><td>检查结果</td></tr>
<tr><td rowspan="8">7</td><td rowspan="8">预埋件、预留孔</td><td colspan="2">预埋板中心线位置</td><td rowspan="17">允许偏差(mm)</td><td>3</td><td></td><td></td><td></td></tr>
<tr><td colspan="2">预埋管、预留孔中心线位置</td><td>3</td><td></td><td></td><td></td></tr>
<tr><td rowspan="2">插筋</td><td>中心线位置</td><td>5</td><td></td><td></td><td></td></tr>
<tr><td>外露长度</td><td>+10，0</td><td></td><td></td><td></td></tr>
<tr><td rowspan="2">预埋螺栓</td><td>中心线位置</td><td>2</td><td></td><td></td><td></td></tr>
<tr><td>外露长度</td><td>+10，0</td><td></td><td></td><td></td></tr>
<tr><td rowspan="2">预留洞</td><td>中心线位置</td><td>10</td><td></td><td></td><td></td></tr>
<tr><td>尺寸</td><td>+10，0</td><td></td><td></td><td></td></tr>
<tr><td rowspan="9">8</td><td rowspan="9">模板安装</td><td colspan="2">轴线位置</td><td>5</td><td></td><td></td><td></td></tr>
<tr><td colspan="2">底模上表面标高</td><td>±5</td><td></td><td></td><td></td></tr>
<tr><td rowspan="2">柱、墙垂直度</td><td>层高≤6m</td><td>8</td><td></td><td></td><td></td></tr>
<tr><td>层高>6m</td><td>10</td><td></td><td></td><td></td></tr>
<tr><td rowspan="3">模内尺寸</td><td>基础</td><td>±10</td><td></td><td></td><td></td></tr>
<tr><td>柱、墙、梁</td><td>±5</td><td></td><td></td><td></td></tr>
<tr><td>楼梯相邻踏步高差</td><td>5</td><td></td><td></td><td></td></tr>
<tr><td colspan="2">相邻模板表面高差</td><td>2</td><td></td><td></td><td></td></tr>
<tr><td colspan="2">表面平整度</td><td>5</td><td></td><td></td><td></td></tr>
<tr><td>9</td><td colspan="3">固定在模板上的预留孔、预埋件</td><td colspan="2">不得遗漏，且应安装牢固</td><td></td><td></td><td></td></tr>
<tr><td colspan="3">施工单位检查结果</td><td colspan="7">专业工长：
项目专业质量检查员：
年　月　日</td></tr>
<tr><td colspan="3">监理单位验收结果</td><td colspan="7">专业监理工程师：
年　月　日</td></tr>
</table>

注：表中“设计要求”等内容应按实际设计要求内容填写。

2. 验收依据说明

(1)【规范名称及编号】《城镇污水处理厂工程质量验收规范》GB 50334－2017

【条文摘录】

主　控　项　目

6.2.7　现浇混凝土施工模板安装与拆除应符合设计要求和现行国家标准《混凝土结构工程施工质量验收规范》GB 50204 的有关规定。

检验方法：观察检查，检查施工记录。

(2)【规范名称及编号】《混凝土结构工程施工质量验收规范》GB 50204－2015

【条文摘录】

主　控　项　目

4.2.1　模板及支架用材料的技术指标应符合国家现行有关标准的规定。进场时应抽样检验模板和支架材料的外观、规格和尺寸。

检查数量：按国家现行有关标准的规定确定。

检验方法：检查质量证明文件；观察，尺量。

4.2.2　现浇混凝土结构模板及支架的安装质量，应符合国家现行有关标准的规定和施工方案的要求。

检查数量：按国家现行有关标准的规定确定。

检验方法：按国家现行有关标准的规定执行。

4.2.3　后浇带处的模板及支架应独立设置。

检查数量：全数检查。

检验方法：观察

4.2.4　支架竖杆或竖向模板安装在土层上时，应符合下列规定：

1　土层应坚实、平整，其承载力或密实度应符合施工方案的要求；

2　应有防水、排水措施；对冻胀性土，应有预防冻融措施；

3　支架竖杆下应有底座或垫板。

检查数量：全数检查。

检验方法：观察；检查土层密实度检测报告、土层承载力验算或现场检测报告。

一　般　项　目

4.2.5　模板安装应符合下列规定：

1　模板的接缝应严密；

2　模板内不应有杂物、积水或冰雪等；

3　模板与混凝土的接触面应平整、清洁；

4　用作模板的地坪、胎膜等应平整、清洁，不应有影响构件质量的下沉、裂缝、起砂或起鼓；

5　对清水混凝土及装饰混凝土构件，应使用能达到设计效果的模板。

检查数量：全数检查。

检验方法：观察。

4.2.6　隔离剂的品种和涂刷方法应符合施工方案的要求。隔离剂不得影响结构性能及装饰施工；不得沾污钢筋、预应力筋、预埋件和混凝土接槎处；不得对环境造成污染。

检查数量：全数检查。

检验方法：检查质量证明文件；观察。

4.2.7　模板的起拱应符合现行国家标准《混凝土结构工程施工规范》GB 50666的规定，并应符合设计及施工方案的要求。

检查数量：在同一检验批内，对梁，跨度大于18m时应全数检查，跨度不大于18m时应抽查构件数量的10%，且不应少于3件；对板，应按有代表性的自然间抽查10%，且不应少于3间；对大空间结构，板可按纵、横轴线划分检查面，抽查10%且不应少于

3面。

检验方法：水准仪或尺量。

4.2.8 现浇混凝土结构多层连续支模应符合施工方案的规定。上下层模板支架的竖杆宜对准。竖杆下垫板的设置应符合施工方案的要求。

检查数量：全数检查。

检验方法：观察。

4.2.9 固定在模板上的预埋件和预留孔洞不得遗漏，且应安装牢固。有抗渗要求的混凝土结构中的预埋件，应按设计及施工方案的要求采取防渗措施。

预埋件和预留孔洞的位置应满足设计和施工方案的要求。当设计无具体要求时，其位置偏差应符合表4.2.9的规定。

检查数量：在同一检验批内，对梁、柱和独立基础，应抽查构件数量的10%，且不应少于3件；对墙和板，应按有代表性的自然间抽查10%，且不应少于3间；对大空间结构，墙可按相邻轴线间高度5m左右划分检查面，板可按纵、横轴线划分检查面，抽查10%，且均不应少于3面。

检验方法：观察，尺量。

表4.2.9 预埋件和预留孔洞的安装允许偏差

<table>
<tr><th colspan="2">项 目</th><th>允许偏差（mm）</th></tr>
<tr><td colspan="2">预埋板中心线位置</td><td>3</td></tr>
<tr><td colspan="2">预埋管、预留孔中心线位置</td><td>3</td></tr>
<tr><td rowspan="2">插筋</td><td>中心线位置</td><td>5</td></tr>
<tr><td>外露长度</td><td>＋10，0</td></tr>
<tr><td rowspan="2">预埋螺栓</td><td>中心线位置</td><td>2</td></tr>
<tr><td>外露长度</td><td>＋10，0</td></tr>
<tr><td rowspan="2">预留洞</td><td>中心线位置</td><td>10</td></tr>
<tr><td>尺寸</td><td>＋10，0</td></tr>
</table>

注：检查中心线位置时，沿纵、横两个方向量测，并取其中偏差的较大值。

4.2.10 现浇结构模板安装的偏差及检验方法应符合表4.2.10的规定。

检查数量：在同一检验批内，对梁、柱和独立基础，应抽查构件数量的10%，且不应少于3件；对墙和板，应按有代表性的自然间抽查10%，且不应少于3间；对大空间结构，墙可按相邻轴线间高度5m左右划分检查面，板可按纵、横轴线划分检查面，抽查10%，且均不应少于3面。

表4.2.10 现浇结构模板安装的允许偏差及检验方法

项 目	允许偏差（mm）	检验方法
轴线位置	5	尺量
底模上表面标高	±5	水准仪或拉线、尺量

续表

项目		允许偏差（mm）	检验方法
模板内部尺寸	基础	±10	尺量
	柱、墙、梁	±5	尺量
	楼梯相邻踏步高差	5	尺量
柱、墙垂直度	层高≤6m	8	经纬仪或吊线、尺量
	层高＞6m	10	经纬仪或吊线、尺量
相邻模板表面高差		2	尺量
表面平整度		5	2m靠尺和塞尺量测

注：检查轴线位置，当有纵横两个方向时，沿纵、横两个方向量测，并取其中偏差的较大值。

3. 检验批验收应提供的核查资料

（1）核查依据：《城镇污水处理厂工程质量验收规范》GB 50334－2017

6.1.2　污水与污泥处理构筑物工程验收时应检查下列文件：

1　测量记录和沉降观测记录；

2　材料、半成品和构件出厂质量合格证、检验、复验报告；

3　混凝土配合比设计、试配报告；

4　隐蔽工程验收记录；

5　施工记录与监理检验记录；

6　功能性试验记录；

7　其他有关文件。

（2）核查资料明细

核查资料明细表

序号	核查资料名称	核查要点
1	模板进场验收记录	核查模板外观、规格、尺寸等符合施工方案要求
2	土层密实度检测报告或、土层承载力计算报告或检测报告	核查内容的完整性及结论的符合性
3	施工记录	核查模板、支架、预埋件孔洞、起拱设置等符合设计及规范要求
4	监理检验记录	核查记录内容的完整性

2.3.10　模板拆除检验批质量检验记录

1. 表格

模板拆除检验批质量验收记录

编号：□□□□□□□□□—□□

<table>
<tr><td colspan="3">单位（子单位）
工程名称</td><td colspan="6"></td></tr>
<tr><td colspan="3">分部（子分部）
工程名称</td><td colspan="2"></td><td>分项工程名称</td><td colspan="3"></td></tr>
<tr><td colspan="3">施工单位</td><td></td><td>项目负责人</td><td></td><td>检验批容量</td><td colspan="2"></td></tr>
<tr><td colspan="3">分包单位</td><td></td><td>分包单位项目负责人</td><td></td><td>检验批部位</td><td colspan="2"></td></tr>
<tr><td colspan="3">施工依据</td><td colspan="2"></td><td>验收依据</td><td colspan="3"></td></tr>
<tr><td rowspan="11">主控项目</td><td colspan="4">验收项目</td><td>设计要求及规范规定</td><td>最小/实际抽样数量</td><td>检查记录</td><td>检查结果</td></tr>
<tr><td>1</td><td colspan="3">模板拆除的顺序</td><td>符合施工方案及规范要求</td><td></td><td></td><td></td></tr>
<tr><td rowspan="6">2</td><td rowspan="6">模板拆除时达到设计混凝土强度等级值的百分率</td><td rowspan="3">板跨度</td><td>≤2</td><td>≥50</td><td></td><td></td><td></td></tr>
<tr><td>>2，≤8</td><td>≥75</td><td></td><td></td><td></td></tr>
<tr><td>>8</td><td>≥100</td><td></td><td></td><td></td></tr>
<tr><td rowspan="2">梁、拱、壳跨度</td><td>≤8</td><td>≥75</td><td></td><td></td><td></td></tr>
<tr><td>>8</td><td>≥100</td><td></td><td></td><td></td></tr>
<tr><td colspan="2">悬臂结构</td><td>≥100</td><td></td><td></td><td></td></tr>
<tr><td>3</td><td colspan="3">快拆支架立杆间距</td><td>不应大于2m</td><td></td><td></td><td></td></tr>
<tr><td>4</td><td colspan="3">后张预应力混凝土底模及侧模拆除时间</td><td>侧模宜在预应力张拉前拆除；底模支架不应在结构构件建立预应力前拆除</td><td></td><td></td><td></td></tr>
<tr><td colspan="3">施工单位
检查结果</td><td colspan="6">专业工长：
项目专业质量检查员：
年　月　日</td></tr>
<tr><td colspan="3">监理单位
验收结果</td><td colspan="6">专业监理工程师：
年　月　日</td></tr>
</table>

注：表中“设计要求”等内容应按实际设计要求内容填写。

2. 验收依据说明

(1)【规范名称及编号】《混凝土结构工程施工质量验收规范》GB 50204－2015

【条文摘录】

4.1.3 模板及支架的拆除应符合现行国家标准《混凝土结构工程施工规范》GB 50666的规定和施工方案的要求。

(2)【规范名称及编号】《混凝土结构工程施工规范》GB 50666－2011

【条文摘录】

4.5.2　底模及支架应在混凝土强度达到设计要求后再拆除；当设计无具体要求时，同条件养护的混凝土立方体试件抗压强度应符合表4.5.2的规定。

表4.5.2　底模拆除时的混凝土强度要求

构件类型	构件跨度（m）	达到设计混凝土强度等级值的百分率（%）
板	≤2	≥50
	>2，≤8	≥75
	>8	≥100
梁、拱、壳	≤8	≥75
	>8	≥100
悬臂结构		≥100

4.5.5　快拆支架体系的支架立杆间距不应大于2m。拆模时，应保留立杆并顶托支承楼板，拆模时的混凝土强度可取构件跨度为2m按本规范第4.5.2条的规定确定。

4.5.6　后张预应力混凝土结构构件，侧模宜在预应力张拉前拆除；底模支架不应在结构构件建立预应力前拆除。

3. 检验批验收应提供的核查资料

（1）核查依据：《城镇污水处理厂工程质量验收规范》GB 50334－2017

6.1.2　污水与污泥处理构筑物工程验收时应检查下列文件：

1　测量记录和沉降观测记录；

2　材料、半成品和构件出厂质量合格证、检验、复验报告；

3　混凝土配合比设计、试配报告；

4　隐蔽工程验收记录；

5　施工记录与监理检验记录；

6　功能性试验记录；

7　其他有关文件。

（2）核查资料明细

核查资料明细表

序号	核查资料名称	核查要点
1	混凝土抗压强度试验报告	核查数量、日期、性能及结论的符合性
2	施工记录	核查拆模顺序、拆模时混凝土强度等符合设计及规范要求
3	监理检验记录	核查记录内容的完整性

2.3.11　混凝土原材料及配合比设计检验批质量检验记录

1. 表格

混凝土原材料及配合比设计检验批质量验收记录

编号：□□□□□□□□□□—□□

<table>
<tr><td colspan="2">单位（子单位）
工程名称</td><td colspan="5"></td></tr>
<tr><td colspan="2">分部（子分部）
工程名称</td><td colspan="2"></td><td colspan="2">分项工程名称</td><td></td></tr>
<tr><td colspan="2">施工单位</td><td></td><td>项目负责人</td><td></td><td>检验批容量</td><td></td></tr>
<tr><td colspan="2">分包单位</td><td></td><td>分包单位项目
负责人</td><td></td><td>检验批部位</td><td></td></tr>
<tr><td colspan="2">施工依据</td><td colspan="2"></td><td colspan="2">验收依据</td><td></td></tr>
<tr><td rowspan="4">主控项目</td><td colspan="2">验收项目</td><td>设计要求及
规范规定</td><td>最小/实际
抽样数量</td><td>检查记录</td><td>检查
结果</td></tr>
<tr><td>1</td><td>水泥进场检验</td><td>品种、代号、强度等级、编号、出厂日期等进行检查，并对水泥的强度、安定性和凝结时间应符合规范要求</td><td></td><td></td><td></td></tr>
<tr><td>2</td><td>外加剂进场检验</td><td>品种、性能、出厂日期等应符合规范要求</td><td></td><td></td><td></td></tr>
<tr><td>3</td><td>混凝土配合比</td><td>应满足施工和设计要求</td><td></td><td></td><td></td></tr>
<tr><td rowspan="3">一般项目</td><td>1</td><td>矿物掺合料质量及掺量</td><td>品种、技术指标、出厂日期等应符合规范要求</td><td></td><td></td><td></td></tr>
<tr><td>2</td><td>粗、细骨料的质量</td><td>符合规范要求</td><td></td><td></td><td></td></tr>
<tr><td>3</td><td>拌制混凝土用水</td><td>符合规范要求</td><td></td><td></td><td></td></tr>
<tr><td colspan="2">施工单位
检查结果</td><td colspan="5">专业工长：
项目专业质量检查员：
年　月　日</td></tr>
<tr><td colspan="2">监理单位
验收结果</td><td colspan="5">专业监理工程师：
年　月　日</td></tr>
</table>

注：1　表中“设计要求”等内容应按实际设计要求内容填写。

2　混凝土原材料应符合现行行业标准《通用硅酸盐水泥》GB 175、《混凝土外加剂》GB 8076、《混凝土外加剂应用技术规范》GB 50119、《普通混凝土用砂、石质量及检验方法标准》JGJ 52 的规定，使用经过净化处理的海砂应符合现行行业标准《海砂混凝土应用技术规范》JGJ 206 的规定，再生混凝土骨料应符合现行国家标准《混凝土用再生粗骨料》GB/T 25177 和《混凝土和砂浆用再生细骨料》GB/T 25176 的规定。

3　混凝土拌制及养护用水应符合现行行业标准《混凝土用水标准》JGJ 63 的规定。采用饮用水时，可不检验；采用中水、搅拌站清洗水、施工现场循环水等其他水源时，应对其成分进行检验。

2. 验收依据说明

(1)【规范名称及编号】《城镇污水处理厂工程质量验收规范》GB 50334－2017

【条文摘录】

一　般　规　定

6.1.3　污水与污泥处理构筑物混凝土工程的质量验收除应符合本规范规定外，尚应符合现行国家标准《给水排水构筑物工程施工及验收规范》GB 50141、《混凝土结构工程施工质量验收规范》GB 50204 和《混凝土质量控制标准》GB 50164 的有关规定。

(2)【规范名称及编号】《混凝土结构工程施工质量验收规范》GB 50204－2015

【条文摘录】

主　控　项　目

7.2.1　水泥进场时，应对其品种、代号、强度等级、包装或散装编号、出厂日期等进行检查，并应对水泥的强度、安定性和凝结时间进行检验，检验结果应符合现行国家标准《通用硅酸盐水泥》GB 175 等的相关规定。

检查数量：按同一厂家、同一品种、同一代号、同一强度等级、同一批号且连续进场的水泥，袋装不超过 200t 为一批，散装不超过 500t 为一批，每批抽样数量不应少于一次。

检验方法：检查质量证明文件和抽样检验报告。

7.2.2　混凝土外加剂进场时，应对其品种、性能、出厂日期等进行检查，并应对外加剂的相关性能指标进行检验，检验结果应符合现行国家标准《混凝土外加剂》GB 8076 和《混凝土外加剂应用技术规范》GB 50119 等的规定。

检查数量：按同一厂家、同一品种、同一性能、同一批号且连续进场的混凝土外加剂，不超过 50t 为一批，每批抽样数量不应少于一次。

检验方法：检查质量证明文件和抽样检验报告。

一　般　项　目

7.2.3　混凝土用矿物掺合料进场时，应对其品种、技术指标、出厂日期等进行检查，并应对矿物掺合料的相关技术指标进行检验，检验结果应符合国家现行有关标准的规定。

检查数量：按同一厂家、同一品种、同一技术指标、同一批号且连续进场的矿物掺合料，粉煤灰、石灰石粉、磷渣粉和钢铁渣粉不超过 200t 为一批，粒化高炉矿渣粉和复合矿物掺合料不超过 500t 为一批，沸石粉不超过 120t 为一批，硅灰不超过 30t 为一批，每批抽样数量不应少于一次。

检验方法：检查质量证明文件和抽样检验报告。

7.2.4　混凝土原材料中的粗骨料、细骨料质量应符合现行行业标准《普通混凝土用砂、石质量及检验方法标准》JGJ 52 的规定，使用经过净化处理的海砂应符合现行行业标准《海砂混凝土应用技术规范》JGJ 206 的规定，再生混凝土骨料应符合现行国家标准《混凝土用再生粗骨料》GB/T 25177 和《混凝土和砂浆用再生细骨料》GB/T 25176 的规定。

检查数量：按现行行业标准《普通混凝土用砂、石质量及检验方法标准》JGJ 52 的规定确定。

检验方法：检查抽样检验报告。

7.2.5 混凝土拌制及养护用水应符合现行行业标准《混凝土用水标准》JGJ 63 的规定。采用饮用水时，可不检验；采用中水、搅拌站清洗水、施工现场循环水等其他水源时，应对其成分进行检验。

检查数量：同一水源检查不应少于一次。

检验方法：检查水质检验报告。

(3)【规范名称及编号】《给水排水构筑物工程施工验收规范》GB 50141-2008

【条文摘录】

主 控 项 目

6.8.3 现浇混凝土应符合下列规定：

2 混凝土配合比应满足施工和设计要求；

检查方法：观察；检查混凝土配合比设计，检查试配混凝土的强度、抗渗、抗冻等试验报告；对于商品混凝土还应检查出厂质量合格证明等。

3. 检验批验收应提供的核查资料

(1) 核查依据：《城镇污水处理厂工程质量验收规范》GB 50334-2017

6.1.2 污水与污泥处理构筑物工程验收时应检查下列文件：

1 测量记录和沉降观测记录；

2 材料、半成品和构件出厂质量合格证、检验、复验报告；

3 混凝土配合比设计、试配报告；

4 隐蔽工程验收记录；

5 施工记录与监理检验记录；

6 功能性试验记录；

7 其他有关文件。

(2) 核查资料明细

核查资料明细表

序号	核查资料名称	核查要点
1	混凝土材料出厂合格证	核查规格型号、数量、日期、性能等符合设计要求
2	混凝土材料检验报告	核查报告的完整性和结论的符合性
3	混凝土配合比	核查混凝土配合比针对性、时效性
4	监理检验记录	核查记录内容的完整性

2.3.12 混凝土施工检验批质量检验记录

1. 表格

混凝土施工检验批质量验收记录

编号：□□□□□□□□□□—□□

<table>
<tr><td>单位（子单位）工程名称</td><td colspan="6"></td></tr>
<tr><td>分部（子分部）工程名称</td><td colspan="2"></td><td>分项工程名称</td><td colspan="3"></td></tr>
<tr><td>施工单位</td><td></td><td>项目负责人</td><td></td><td>检验批容量</td><td colspan="2"></td></tr>
<tr><td>分包单位</td><td></td><td>分包单位项目负责人</td><td></td><td>检验批部位</td><td colspan="2"></td></tr>
<tr><td>施工依据</td><td colspan="2"></td><td>验收依据</td><td colspan="3"></td></tr>
<tr><td rowspan="5">主控项目</td><td colspan="2">验收项目</td><td>设计要求及规范规定</td><td>最小/实际抽样数量</td><td>检查记录</td><td>检查结果</td></tr>
<tr><td>1</td><td>混凝土抗压、抗渗、抗冻等性能</td><td>符合设计要求</td><td></td><td></td><td></td></tr>
<tr><td>2</td><td>现浇混凝土结构</td><td>应密实，表面平整，颜色纯正，不得渗漏</td><td></td><td></td><td></td></tr>
<tr><td>3</td><td>施工缝、后浇带的位置</td><td>符合设计和施工方案的要求</td><td></td><td></td><td></td></tr>
<tr><td>4</td><td>杯口与底板混凝土衔接</td><td>应密实、杯口内表面平整</td><td></td><td></td><td></td></tr>
<tr><td rowspan="2">一般项目</td><td>1</td><td>后浇带和施工缝的留设及处理方法</td><td>符合施工方案要求</td><td></td><td></td><td></td></tr>
<tr><td>2</td><td>混凝土养护时间以及养护方法</td><td>符合施工方案要求</td><td></td><td></td><td></td></tr>
<tr><td>施工单位检查结果</td><td colspan="6">专业工长：
项目专业质量检查员：
年　月　日</td></tr>
<tr><td>监理单位验收结果</td><td colspan="6">专业监理工程师：
年　月　日</td></tr>
</table>

注：表中“设计要求”等内容应按实际设计要求内容填写。

2. 验收依据说明

(1)【规范名称及编号】《城镇污水处理厂工程质量验收规范》GB 50334－2017

【条文摘录】

主　控　项　目

6.2.1　现浇钢筋混凝土构筑物混凝土的抗压、抗渗、抗冻、抗腐蚀等性能应符合设计文件的要求和现行国家标准《混凝土结构工程施工质量验收规范》GB 50204、《混凝土质量控制标准》GB 50164 和《普通混凝土长期性能和耐久性能试验方法标准》GB/T 50082 的有关规定。

检验方法：检查施工记录、试验报告。

6.2.3　现浇结构混凝土应密实，表面平整，颜色纯正，不得渗漏，具体结构工艺部位应符合下列规定：

1　施工缝的位置应符合设计文件和施工方案规定，混凝土结合处应紧密、平顺；

6.3.8　现浇混凝土杯口应与底板混凝土衔接密实，杯口内表面应平整。

检验方法：观察检查，检查施工记录。

（2）【规范名称及编号】《混凝土结构工程施工质量验收规范》GB 50204－2015

【条文摘录】

主　控　项　目

7.4.1　混凝土的强度等级必须符合设计要求。用于检验混凝土强度的试件应在浇筑地点随机抽取。

检查数量：对同一配合比混凝土，取样与试件留置应符合下列规定：

1　每拌制 100 盘且不超过 $100m^3$ 时，取样不得少于一次；

2　每工作班拌制不足 100 盘时，取样不得少于一次；

3　连续浇筑超过 $1000m^3$ 时，每 $200m^3$ 取样不得少于一次；

4　每一楼层取样不得少于一次；

5　每次取样应至少留置一组试件。

检验方法：检查施工记录及混凝土强度试验报告。

一　般　项　目

7.4.2　后浇带的留设位置应符合设计要求。后浇带和施工缝的留设及处理方法应符合施工方案要求。

检查数量：全数检查。

检验方法：观察。

7.4.3　混凝土浇筑完毕后应及时进行养护，养护时间以及养护方法应符合施工方案要求。

检查数量：全数检查。

检验方法：观察，检查混凝土养护记录。

3. 检验批验收应提供的核查资料

（1）核查依据：《城镇污水处理厂工程质量验收规范》GB 50334－2017

6.1.2　污水与污泥处理构筑物工程验收时应检查下列文件：

1　测量记录和沉降观测记录；

2　材料、半成品和构件出厂质量合格证、检验、复验报告；

3　混凝土配合比设计、试配报告；

4　隐蔽工程验收记录；

5　施工记录与监理检验记录；

6　功能性试验记录；

7　其他有关文件。

（2）核查资料明细

核查资料明细表

序号	核查资料名称	核查要点
1	商品混凝土进场验收记录	核查规格、数量、出厂质量证明书等符合设计及规范要求
2	模板安装检验批质量验收记录	核查记录内容的完整性、符合性
3	混凝土原材料及配合比设计检验批质量验收记录	核查记录内容的完整性、符合性
4	钢筋安装检验批质量验收记录	核查记录内容的完整性、符合性
5	混凝土抗压、抗渗、抗冻、抗腐蚀试验报告	核查数量、日期、性能及结论的符合性
6	施工记录	核查混凝土浇筑、养护等符合设计及规范要求
7	监理检验记录	核查记录内容的完整性

2.3.13　现浇混凝土结构尺寸偏差检验批质量检验记录

1. 表格

现浇混凝土结构尺寸偏差检验批质量验收记录

编号：□□□□□□□□□□—□□

单位（子单位）工程名称					
分部（子分部）工程名称			分项工程名称		
施工单位		项目负责人		检验批容量	
分包单位		分包单位项目负责人		检验批部位	
施工依据			验收依据		

	验收项目			设计要求及规范规定		最小/实际抽样数量	检查记录	检查结果
一般项目	1	轴线偏移	池壁、柱、梁	允许偏差（mm）	8			
			底板		10			
	2	高程	底板		±10			
			池壁板		±10			
			柱、梁、顶板		±10			
	3	池体的长、宽或直径	$L\leqslant 20$m		±20			
			20m$<L\leqslant$50m		$\pm L/1000$			
			$L>50$m		±50			
	4	截面尺寸	池壁、柱、梁、顶板		+10，−5			
			孔洞、槽内净空		±10			
	5	表面平整度	一般平面		8			
			轮轨顶面		5			
	6	墙面垂直度	$H\leqslant 5$m		8			
			5m$<H\leqslant$20m		$1.5H/1000$			
	7	中心线位置偏移	预埋件、预埋支管		5			
			预留洞		10			
			水槽		5			
	8	坡度			0.15%，且不反坡			

施工单位检查结果	专业工长： 项目专业质量检查员： 年　月　日
监理单位验收结果	专业监理工程师： 年　月　日

注：表中“设计要求”等内容应按实际设计要求内容填写。

2. 验收依据说明

(1)【规范名称及编号】《城镇污水处理厂工程质量验收规范》GB 50334－2017

【条文摘录】

一 般 项 目

6.2.8 现浇混凝土构筑物允许偏差和检验方法应符合表 6.2.8 的规定。

表 6.2.8 现浇混凝土构筑物允许偏差和检验方法

<table>
<tr><th rowspan="2">序号</th><th rowspan="2" colspan="2">项目</th><th rowspan="2">允许偏差
(mm)</th><th rowspan="2">检验方法</th><th colspan="2">检测数量</th></tr>
<tr><th>范围</th><th>点数</th></tr>
<tr><td rowspan="2">1</td><td rowspan="2">轴线偏移</td><td>池壁、柱、梁</td><td>8</td><td>全站仪检查</td><td rowspan="18">每座池</td><td>横纵各 1 点</td></tr>
<tr><td>底板</td><td>10</td><td>全站仪检查</td><td>横纵各 1 点</td></tr>
<tr><td rowspan="3">2</td><td rowspan="3">高程</td><td>底板</td><td>±10</td><td rowspan="3">水准仪检查</td><td rowspan="3">5 点</td></tr>
<tr><td>池壁板</td><td>±10</td></tr>
<tr><td>柱、梁、顶板</td><td>±10</td></tr>
<tr><td rowspan="3">3</td><td rowspan="3">池体的长、宽或直径</td><td>$L \leqslant 20$m</td><td>±20</td><td rowspan="3">激光水平扫描仪、线坠与钢尺检查</td><td rowspan="3">长、宽或直径各 2 点</td></tr>
<tr><td>20m$<L \leqslant$50m</td><td>$\pm L/1000$</td></tr>
<tr><td>$L>50$m</td><td>±50</td></tr>
<tr><td rowspan="2">4</td><td rowspan="2">截面尺寸</td><td>池壁、柱、梁、顶板</td><td>+10，−5</td><td rowspan="2">钢尺检查</td><td rowspan="4">5 点</td></tr>
<tr><td>孔洞、槽内净空</td><td>±10</td></tr>
<tr><td rowspan="2">5</td><td rowspan="2">表面平整度</td><td>一般平面</td><td>8</td><td>2m 直尺检查</td></tr>
<tr><td>轮轨顶面</td><td>5</td><td>水准仪检查</td></tr>
<tr><td rowspan="2">6</td><td rowspan="2">墙面垂直度</td><td>$H \leqslant 5$m</td><td>8</td><td rowspan="2">线坠与直尺检查</td><td rowspan="2">每侧面 5 点</td></tr>
<tr><td>5m$<H \leqslant$20m</td><td>$1.5H/1000$</td></tr>
<tr><td rowspan="3">7</td><td rowspan="3">中心线位置偏移</td><td>预埋件、预埋支管</td><td>5</td><td rowspan="2">钢尺检查</td><td rowspan="3">纵、横各 1 点</td></tr>
<tr><td>预留洞</td><td>10</td></tr>
<tr><td>水槽</td><td>5</td><td>经纬仪检查</td></tr>
<tr><td>8</td><td colspan="2">坡度</td><td>0.15%，且不反坡</td><td>水准仪检查</td><td>5 点</td></tr>
</table>

注：L 为池体的长、宽或直径，H 为池壁高度。

3. 检验批验收应提供的核查资料

(1) 核查依据：《城镇污水处理厂工程质量验收规范》GB 50334－2017

6.1.2 污水与污泥处理构筑物工程验收时应检查下列文件：

1 测量记录和沉降观测记录；

2 材料、半成品和构件出厂质量合格证、检验、复验报告；

3 混凝土配合比设计、试配报告；

4 隐蔽工程验收记录；

5 施工记录与监理检验记录；

6 功能性试验记录；

7 其他有关文件。

(2) 核查资料明细

核查资料明细表

序号	核查资料名称	核查要点
1	施工记录	核查混凝土结构尺寸符合设计及规范要求
2	监理检验记录	核查记录内容的完整性

2.3.14　现浇混凝土池底板尺寸偏差检验批质量检验记录

1. 表格

现浇混凝土池底板尺寸偏差检验批质量验收记录

编号：□□□□□□□□□□—□□

<table>
<tr><td colspan="3">单位（子单位）工程名称</td><td colspan="6"></td></tr>
<tr><td colspan="3">分部（子分部）工程名称</td><td colspan="3"></td><td>分项工程名称</td><td colspan="2"></td></tr>
<tr><td colspan="3">施工单位</td><td></td><td colspan="2">项目负责人</td><td></td><td>检验批容量</td><td></td></tr>
<tr><td colspan="3">分包单位</td><td></td><td colspan="2">分包单位项目负责人</td><td></td><td>检验批部位</td><td></td></tr>
<tr><td colspan="3">施工依据</td><td colspan="3"></td><td>验收依据</td><td colspan="2"></td></tr>
<tr><td colspan="4">验收项目</td><td colspan="2">设计要求及规范规定</td><td>最小/实际抽样数量</td><td>检查记录</td><td>检查结果</td></tr>
<tr><td rowspan="8">一般项目</td><td rowspan="6">1</td><td rowspan="6">混凝土池底板</td><td>圆池半径</td><td rowspan="8">允许偏差(mm)</td><td>±20</td><td></td><td></td><td></td></tr>
<tr><td>底板轴线位移</td><td>10</td><td></td><td></td><td></td></tr>
<tr><td>中心支墩与杯口圆周的圆心位移</td><td>8</td><td></td><td></td><td></td></tr>
<tr><td>预留孔中心</td><td>10</td><td></td><td></td><td></td></tr>
<tr><td>预埋件、预埋管中心位置</td><td>5</td><td></td><td></td><td></td></tr>
<tr><td>预埋件、预埋管顶面高程</td><td>±5</td><td></td><td></td><td></td></tr>
<tr><td rowspan="2">2</td><td rowspan="2">混凝土池杯口</td><td>杯口内高程</td><td>0，−5</td><td></td><td></td><td></td></tr>
<tr><td>中心位移</td><td>8</td><td></td><td></td><td></td></tr>
<tr><td colspan="3">施工单位检查结果</td><td colspan="6">专业工长：
项目专业质量检查员：
年　月　日</td></tr>
<tr><td colspan="3">监理单位验收结果</td><td colspan="6">专业监理工程师：
年　月　日</td></tr>
</table>

注：表中“设计要求”等内容应按实际设计要求内容填写。

2. 验收依据说明

(1)【规范名称及编号】《城镇污水处理厂工程质量验收规范》GB 50334－2017

【条文摘录】

一 般 项 目

6.3.7 钢筋混凝土池底板允许偏差应符合表6.3.7的规定。

表6.3.7 钢筋混凝土池底板允许偏差

序号	项目	允许偏差(mm)	检验方法	检查数量	
				范围	点数
1	圆池半径	±20	钢尺检查	每座池	6点
2	底板轴线偏移	10	全站仪检查	每座池	横、纵各1点
3	中心支墩与杯口圆周的圆心位移	8	全站仪、钢尺检查	每座池	1点
4	预留孔中心	10	钢尺检查	每件	1点
5	预埋件、预埋管中心位置	5	钢尺检查	每件	1点
	预埋件、预埋管顶面高程	±5	水准仪检查	每件	1点

6.3.9 现浇混凝土杯口允许偏差应符合表6.3.9的规定

表6.3.9 现浇混凝土杯口允许偏差

序号	项目	允许偏差(mm)	检验方法	检查数量	
				范围	点数
1	杯口内高程	0，－5	水准仪检查	每5m	1点
2	中心位移	8	全站仪或经纬仪检查	每5m	1点

3. 检验批验收应提供的核查资料

(1) 核查依据:《城镇污水处理厂工程质量验收规范》GB 50334－2017

6.1.2 污水与污泥处理构筑物工程验收时应检查下列文件:

1 测量记录和沉降观测记录;

2 材料、半成品和构件出厂质量合格证、检验、复验报告;

3 混凝土配合比设计、试配报告;

4 隐蔽工程验收记录;

5 施工记录与监理检验记录;

6 功能性试验记录;

7 其他有关文件。

(2) 核查资料明细

核查资料明细表

序号	核查资料名称	核查要点
1	施工记录	核查混凝土底板尺寸符合设计及规范要求
2	监理检验记录	核查记录内容的完整性

2.3.15　预应力原材料检验批质量检验记录

1. 表格

预应力原材料检验批质量验收记录

编号：□□□□□□□□□□—□□

<table>
<tr><td colspan="2">单位（子单位）工程名称</td><td colspan="5"></td></tr>
<tr><td colspan="2">分部（子分部）工程名称</td><td colspan="2"></td><td colspan="2">分项工程名称</td><td></td></tr>
<tr><td colspan="2">施工单位</td><td></td><td>项目负责人</td><td></td><td>检验批容量</td><td></td></tr>
<tr><td colspan="2">分包单位</td><td></td><td>分包单位项目负责人</td><td></td><td>检验批部位</td><td></td></tr>
<tr><td colspan="2">施工依据</td><td colspan="2"></td><td>验收依据</td><td colspan="2"></td></tr>
<tr><td rowspan="7">主控项目</td><td colspan="2">验收项目</td><td>设计要求及规范规定</td><td>最小/实际抽样数量</td><td>检查记录</td><td>检查结果</td></tr>
<tr><td>1</td><td>无粘结预应力筋</td><td>品种、强度级别、规格、数量及各项性能指标符合规范规定</td><td></td><td></td><td></td></tr>
<tr><td>2</td><td>无粘结预应力钢绞线涂包质量</td><td>进行防腐润滑脂量和护套厚度的检验，且外包层无破损</td><td></td><td></td><td></td></tr>
<tr><td>3</td><td>预应力筋用锚具、夹具和连接器性能检验</td><td>锚具、夹具和连接器性能进行检验，符合规定要求</td><td></td><td></td><td></td></tr>
<tr><td>4</td><td>预应力筋用锚具系统防水性能</td><td>符合规定要求</td><td></td><td></td><td></td></tr>
<tr><td>5</td><td>水泥及成品水泥浆性能</td><td>符合现行国家标准的规定</td><td></td><td></td><td></td></tr>
<tr><td>6</td><td>孔道灌浆用外加剂的性能</td><td>符合现行国家标准的规定</td><td></td><td></td><td></td></tr>
<tr><td rowspan="2">一般项目</td><td rowspan="2">1</td><td rowspan="2">预应力筋外观检查</td><td>有粘结预应力筋的表面无裂纹、小刺、机械损伤、氧化铁皮和油污等</td><td></td><td></td><td></td></tr>
<tr><td>无粘结预应力钢绞线护套应光滑、无裂缝，无明显褶皱，外包层不应有破损</td><td></td><td></td><td></td></tr>
</table>

续表

<table>
<tr><td></td><td colspan="3">验收项目</td><td>设计要求及
规范规定</td><td>最小/实际
抽样数量</td><td>检查记录</td><td>检查
结果</td></tr>
<tr><td rowspan="4">一般项目</td><td>2</td><td colspan="2">预应力筋用锚具、夹具和连接器外观质量</td><td>其表面无污物、锈蚀、机械损伤和裂纹</td><td></td><td></td><td></td></tr>
<tr><td rowspan="2">3</td><td rowspan="2">预应力成孔管道外观</td><td>金属管道</td><td>外观清洁，内外表面无锈蚀、油污、附着物、孔洞和不规则褶皱，咬口无开裂、脱扣，焊缝连续</td><td></td><td></td><td></td></tr>
<tr><td>塑料波纹管的外观</td><td>光滑、色泽均匀，内外壁无气泡、裂口、硬块、油污、附着物、孔洞及影响使用的划伤</td><td></td><td></td><td></td></tr>
<tr><td>4</td><td colspan="2">预应力成孔管道径向刚度和抗渗漏性能</td><td>符合现行国家标准的有关规定</td><td></td><td></td><td></td></tr>
<tr><td colspan="2">施工单位
检查结果</td><td colspan="6">专业工长：
项目专业质量检查员：
年 月 日</td></tr>
<tr><td colspan="2">监理单位
验收结果</td><td colspan="6">专业监理工程师：
年 月 日</td></tr>
</table>

注：1 表中“设计要求”等内容应按实际设计要求内容填写；
2 水泥的性能应符合《通用硅酸盐水泥》GB 175等的相关规定，成品灌浆材料的质量应符合现行国家标准《水泥基灌浆材料应用技术规范》GB/T 50448；
3 外加剂性能应符合现行国家标准《混凝土外加剂》GB 8076和《混凝土外加剂应用技术规范》GB 50119的相关规定；
4 处于三a、三b类环境条件下的无粘结预应力筋用锚具系统，应按现行行业标准《无粘结预应力混凝土结构技术规程》JGJ 92的相关规定检验其防水性能；
5 预应力成孔管道径向刚度和抗渗漏性能应按照现行行业标准《预应力混凝土桥梁用塑料波纹管》JT/T 529或《预应力混凝土用金属波纹管》JG 225的规定进行验收。

2. 验收依据说明

(1)【规范名称及编号】《城镇污水处理厂工程质量验收规范》GB 50334－2017

【条文摘录】

主 控 项 目

6.4.1 无粘结预应力混凝土构筑物预应力筋的品种、强度级别、规格、数量及各项性能指标应符合设计文件的要求和现行国家标准《预应力混凝土用钢绞线》GB/T 5224

的有关规定。

检验方法：观察检查，检查产品合格证、试验报告。

6.4.2 锚具、夹具和连接器外观、硬度和静载锚固性能应符合设计文件的要求和现行国家标准《预应力筋用锚具、夹具和连接器》GB/T 14370 的有关规定。

检验方法：观察检查，检查试验报告。

(2)【规范名称及编号】《混凝土结构工程施工质量验收规范》GB 50204－2015

【条文摘录】

主 控 项 目

6.2.1 预应力筋进场时，应按国家现行相关标准的规定抽取试件作抗拉强度、伸长率检验，其检验结果应符合相应标准的规定。

检查数量：按进场的批次和产品的抽样检验方案确定。

检验方法：检查质量证明文件和抽样检验报告。

6.2.2 无粘结预应力钢绞线进场时，应进行防腐润滑脂量和护套厚度的检验，检验结果应符合现行行业标准《无粘结预应力钢绞线》JG 161 的规定。

经观察认为涂包质量有保证时，无粘结预应力筋可不作油脂量和护套厚度的抽样检验。

检查数量：按现行行业标准《无粘结预应力钢绞线》JG 161 的规定确定。

检验方法：观察，检查质量证明文件和抽样检验报告。

6.2.3 预应力筋用锚具应和锚垫板、局部加强钢筋配套使用，锚具、夹具和连接器进场时，应按现行行业标准《预应力筋用锚具、夹具和连接器应用技术规程》JGJ 85 的相关规定对其性能进行检验，检验结果应符合该标准的规定。

锚具、夹具和连接器用量不足检验批规定数量的 50%，且供货方提供有效的试验报告时，可不作静载锚固性能试验。

检查数量：按现行行业标准《预应力筋用锚具、夹具和连接器应用技术规程》JGJ 85 的规定确定。

检验方法：检查质量证明文件、锚固区传力性能试验报告和抽样检验报告。

6.2.4 处于三 a、三 b 类环境条件下的无粘结预应力筋用锚具系统，应按现行行业标准《无粘结预应力混凝土结构技术规程》JGJ 92 的相关规定检验其防水性能，检验结果应符合该标准的规定。

检查数量：同一品种、同一规格的锚具系统为一批，每批抽取 3 套。

检验方法：检查质量证明文件和抽样检验报告。

6.2.5 孔道灌浆用水泥应采用硅酸盐水泥或普通硅酸盐水泥，水泥、外加剂的质量分别应符合本规范第 7.2.1 条、第 7.2.2 条的规定；成品灌浆材料的质量应符合现行国家标准《水泥基灌浆材料应用技术规范》GB/T 50448 的规定。

检查数量：按进场批次和产品的抽样检验方案确定。

检验方法：检查质量证明文件和抽样检验报告。

7.2.1 水泥进场时，应对其品种、代号、强度等级、包装或散装编号、出厂日期等进行检查，并应对水泥的强度、安定性和凝结时间进行检验，检验结果应符合现行国家标准《通用硅酸盐水泥》GB 175 等的相关规定。

检查数量：按同一厂家、同一品种、同一代号、同一强度等级、同一批号且连续进场的水泥，袋装不超过200t为一批，散装不超过500t为一批，每批抽样数量不应少于一次。

检验方法：检查质量证明文件和抽样检验报告。

7.2.2 混凝土外加剂进场时，应对其品种、性能、出厂日期等进行检查，并应对外加剂的相关性能指标进行检验，检验结果应符合现行国家标准《混凝土外加剂》GB 8076和《混凝土外加剂应用技术规范》GB 50119等的规定。

检查数量：按同一厂家、同一品种、同一性能、同一批号且连续进场的混凝土外加剂，不超过50t为一批，每批抽样数量不应少于一次。

检验方法：检查质量证明文件和抽样检验报告。

一 般 项 目

6.2.6 预应力筋进场时，应进行外观检查，其外观质量应符合下列规定：

1 有粘结预应力筋的表面不应有裂纹、小刺、机械损伤、氧化铁皮和油污等；展开后应平顺、不应有弯折；

2 无粘结预应力钢绞线护套应光滑、无裂缝，无明显褶皱；轻微破损处应外包防水塑料胶带修补，严重破损者不得使用。

检查数量：全数检查。

检验方法：观察。

6.2.8 预应力成孔管道进场时，应进行管道外观质量检查、径向刚度和抗渗漏性能检验，其检验结果应符合下列规定：

1 金属管道外观应清洁，内外表面应无锈蚀、油污、附着物、孔洞；金属波纹管不应有不规则褶皱，咬口应无开裂、脱扣；钢管焊缝应连续；

2 塑料波纹管的外观应光滑、色泽均匀，内外壁不应有气泡、裂口、硬块、油污、附着物、孔洞及影响使用的划伤；

3 径向刚度和抗渗漏性能应符合现行行业标准《预应力混凝土桥梁用塑料波纹管》JT/T 529或《预应力混凝土用金属波纹管》JG 225的规定。

检查数量：外观应全数检查；径向刚度和抗渗漏性能的检查数量应按进场的批次和产品的抽样检验方案确定。

检验方法：观察，检查质量证明文件和抽样检验报告。

3. 检验批验收应提供的核查资料

(1) 核查依据：《城镇污水处理厂工程质量验收规范》GB 50334-2017

6.1.2 污水与污泥处理构筑物工程验收时应检查下列文件：

1 测量记录和沉降观测记录；

2 材料、半成品和构件出厂质量合格证、检验、复验报告；

3 混凝土配合比设计、试配报告；

4 隐蔽工程验收记录；

5 施工记录与监理检验记录；

6 功能性试验记录；

7 其他有关文件。

（2）核查资料明细

核查资料明细表

序号	核查资料名称	核查要点
1	材料出厂合格证	核查规格型号、数量、日期、性能等符合设计要求
2	预应力混凝土用钢绞线检验报告	核查报告的完整性及结论的符合性
3	预应力筋用锚具、夹具和连接器静载锚固性能检验报告	核查报告的完整性及结论的符合性
4	预应力成孔管道性能检验报告	核查报告的完整性及结论的符合性
5	监理检验记录	核查记录内容的完整性

2.3.16　预应力加工安装检验批质量检验记录

1. 表格

预应力加工安装检验批质量验收记录

编号：□□□□□□□□□□—□□

<table>
<tr><td colspan="2">单位（子单位）工程名称</td><td colspan="5"></td></tr>
<tr><td colspan="2">分部（子分部）工程名称</td><td colspan="2"></td><td colspan="2">分项工程名称</td><td></td></tr>
<tr><td colspan="2">施工单位</td><td></td><td>项目负责人</td><td></td><td>检验批容量</td><td></td></tr>
<tr><td colspan="2">分包单位</td><td></td><td>分包单位项目负责人</td><td></td><td>检验批部位</td><td></td></tr>
<tr><td colspan="2">施工依据</td><td colspan="2"></td><td colspan="2">验收依据</td><td></td></tr>
<tr><td rowspan="2">主控项目</td><td colspan="2">验收项目</td><td>设计要求及规范规定</td><td>最小/实际抽样数量</td><td>检查记录</td><td>检查结果</td></tr>
<tr><td>1</td><td>预应力筋长度、布束、张拉形式及顺序</td><td>符合设计要求</td><td></td><td></td><td></td></tr>
<tr><td rowspan="5">一般项目</td><td>1</td><td>预应力筋端头锚垫板和螺旋筋的埋设位置</td><td>符合设计要求，且预应力筋与锚垫板板面应垂直</td><td></td><td></td><td></td></tr>
<tr><td>2</td><td>无粘结预应力筋切割</td><td>应用无齿锯切割，不得采用电弧、气焊切断</td><td></td><td></td><td></td></tr>
<tr><td rowspan="3">3</td><td rowspan="3">锚具安装</td><td>钢绞线挤压锚具挤压完成后，预应力筋外端露出挤压套筒的长度≥1mm</td><td></td><td></td><td></td></tr>
<tr><td>钢绞线压花锚具的梨形头尺寸和直线锚固段长度不应小于设计值</td><td></td><td></td><td></td></tr>
<tr><td>钢丝镦头不应出现横向裂纹，镦头的强度不得低于钢丝强度标准值的98%</td><td></td><td></td><td></td></tr>
</table>

续表

验收项目			设计要求及规范规定		最小/实际抽样数量	检查记录	检查结果
一般项目	4	预应力筋或成孔管道安装质量	成孔管道的连接应密封				
			应平顺，并与定位支撑钢筋绑扎牢固				
			孔道波峰和波谷的高差大于300mm，且采用普通灌浆工艺时，应在孔道波峰设置排气孔				
			锚垫板的承压面与预应力筋或孔道曲线末端垂直				
	5	预应力筋曲线起始点与张拉锚固点之间直线段最小长度（mm）	$N \leqslant 1500$kN	400			
			1500kN $< N \leqslant$ 6000kN	500			
			$N >$ 6000kN	600			
	6	预应力筋或成孔管道定位控制点的竖向位置允许偏差（mm）	$h \leqslant 300$	±5			
			$300 < h \leqslant 1500$	±10			
			$h > 1500$	±15			
施工单位检查结果			专业工长： 项目专业质量检查员： 年　月　日				
监理单位验收结果			专业监理工程师： 年　月　日				

注：1　N 为预应力筋张拉控力，h 为构件截面高（厚）度；

2　表中“设计要求”等内容应按实际设计要求内容填写。

2. 验收依据说明

（1）【规范名称及编号】《城镇污水处理厂工程质量验收规范》GB 50334－2017

【条文摘录】

主　控　项　目

6.4.3　预应力筋的数量、下料长度、布束、张拉形式、张拉顺序、封锚等应符合设计文件的要求。

检验方法：检查施工记录。

一　般　项　目

6.4.8　无粘结预应力筋外包层不应有破损，预应力钢筋应用无齿锯切割，不得采用电弧、气焊切断。

检验方法：观察检查。

6.4.9　预应力筋端头锚垫板和螺旋筋的埋设位置应符合设计文件的要求，预应力筋与锚垫板板面应垂直。

检验方法：实测实量，检查施工记录。

(2)【规范名称及编号】《混凝土结构工程施工质量验收规范》GB 50204－2015

【条文摘录】

一 般 项 目

6.3.3 预应力筋端部锚具的制作质量应符合下列规定：

1 钢绞线挤压锚具挤压完成后，预应力筋外端露出挤压套筒的长度不应小于1mm。

2 钢绞线压花锚具的梨形头尺寸和直线锚固段长度不应小于设计值。

3 钢丝镦头不应出现横向裂纹，镦头的强度不得低于钢丝强度标准值的98%。

检查数量：对挤压锚，每工作班抽查5%，且不应少于5件；对压花锚，每工作班抽查3件。对钢丝镦头强度，每批钢丝检查6个镦头试件。

检验方法：观察，尺量，检查镦头强度试验报告。

6.3.4 预应力筋或成孔管道的安装质量应符合下列规定：

1 成孔管道的连接应密封；

2 预应力筋或成孔管道应平顺，并应与定位支撑钢筋绑扎牢固；

3 当后张有粘结预应力筋曲线孔道波峰和波谷的高差大于300mm，且采用普通灌浆工艺时，应在孔道波峰设置排气孔。

4 锚垫板的承压面应与预应力筋或孔道曲线末端垂直，预应力筋或孔道曲线末端直线段长度应符合表6.3.4规定。

检查数量：第1～3款应全数检查；第4款应抽查预应力束总数的10%，且不少于5束。

检验方法：观察，尺量。

表6.3.4 预应力筋曲线起始点与张拉锚固点之间直线段最小长度

预应力筋张拉控力 N (kN)	$N\leqslant1500$	$1500<N\leqslant6000$	$N>6000$
直线段最小长度（mm）	400	500	600

6.3.5 预应力筋或成孔管道定位控制点的竖向位置偏差应符合表6.3.5的规定，其合格点率应达到90%及以上，且不得有超过表中数值1.5倍的尺寸偏差。

检查数量：在同一检验批内，应抽查各类型构件总数的10%，且不少于3个构件，每个构件不应少于5处。

检验方法：尺量。

表6.3.5 预应力筋或成孔管道定位控制点的竖向位置允许偏差

构件截面高（厚）度（mm）	$h\leqslant300$	$300<h\leqslant1500$	$h>1500$
允许偏差（mm）	±5	±10	±15

3. 检验批验收应提供的核查资料

(1) 核查依据：《城镇污水处理厂工程质量验收规范》GB 50334－2017

6.1.2 污水与污泥处理构筑物工程验收时应检查下列文件：

1 测量记录和沉降观测记录；

2 材料、半成品和构件出厂质量合格证、检验、复验报告；

3 混凝土配合比设计、试配报告；

4 隐蔽工程验收记录；

5　施工记录与监理检验记录；

6　功能性试验记录；

7　其他有关文件。

（2）核查资料明细

核查资料明细表

序号	核查资料名称	核查要点
1	预应力原材料检验批质量验收记录	核查记录内容的完整性及验收结论的符合性
2	隐蔽工程验收记录	核查记录内容的完整性及验收结论的符合性
3	镦头强度试验报告	核查报告内容的完整性及结论的符合性
4	施工记录	核查预应力筋、孔道、锚具安装位置等符合设计及规范要求
5	监理检验记录	核查记录内容的完整性

2.3.17　预应力张拉与放张检验批质量检验记录

1. 表格

预应力张拉与放张检验批质量验收记录

编号：□□□□□□□□□—□□

单位（子单位）工程名称						
分部（子分部）工程名称				分项工程名称		
施工单位		项目负责人			检验批容量	
分包单位		分包单位项目负责人			检验批部位	
施工依据				验收依据		
	验收项目		设计要求及规范规定	最小/实际抽样数量	检查记录	检查结果
主控项目	1	预应力张拉时混凝土强度、弹性模量	符合设计要求			
			设计无要求时，混凝土的强度不应小于设计强度等级的75%，弹性模量不应小于混凝土28d弹性模量的75%			
	2	预应力张拉设备计量检定	定期维护和校验、配套标定			
	3	预应力张拉的形式及张拉顺序	符合设计要求			
	4	预应力张拉应力与伸长率	符合设计要求			
	5	预应力张拉时滑脱、断丝	不应大于结构同一截面预应力钢筋总量的3%，且每束钢丝不得大于一根			
	6	先张法预应力筋张拉锚固后，实际建立的预应力值与工程设计规定检验值的相对允许偏差	±5%			

续表

<table>
<tr><td rowspan="9">一般项目</td><td colspan="4">验收项目</td><td>设计要求及规范规定</td><td>最小/实际抽样数量</td><td>检查记录</td><td>检查结果</td></tr>
<tr><td>1</td><td colspan="3">预应力张拉实测伸长值与计算伸长值的相对允许偏差</td><td>±6%</td><td></td><td></td><td></td></tr>
<tr><td>2</td><td colspan="3">先张法预应力筋张拉后的位置与设计位置的偏差</td><td>≤5mm，且不应大于构件截面短边边长的4%</td><td></td><td></td><td></td></tr>
<tr><td rowspan="6">3</td><td rowspan="6">张拉端预应力筋的内缩量限值(mm)</td><td rowspan="2">支承式锚具</td><td>螺帽缝隙</td><td>1</td><td></td><td></td><td></td></tr>
<tr><td>每块后加垫的缝隙</td><td>1</td><td></td><td></td><td></td></tr>
<tr><td colspan="2">锥塞式锚具</td><td>5</td><td></td><td></td><td></td></tr>
<tr><td rowspan="2">夹片式锚具</td><td>有顶压</td><td>5</td><td></td><td></td><td></td></tr>
<tr><td>无顶压</td><td>6～8</td><td></td><td></td><td></td></tr>
<tr style="display:none"></tr>
<tr><td colspan="2">施工单位检查结果</td><td colspan="7">专业工长：
项目专业质量检查员：
年　月　日</td></tr>
<tr><td colspan="2">监理单位验收结果</td><td colspan="7">专业监理工程师：
年　月　日</td></tr>
</table>

注：表中“设计要求”等内容应按实际设计要求内容填写。

2. 验收依据说明

(1)【规范名称及编号】《城镇污水处理厂工程质量验收规范》GB 50334－2017

【条文摘录】

主　控　项　目

6.4.3　预应力筋的数量、下料长度、布束、张拉形式、张拉顺序、封锚等应符合设计文件的要求。

检验方法：检查施工记录。

6.4.4　预应力张拉时的混凝土强度和弹性模量应符合设计文件的要求。当设计文件无要求时，混凝土的强度不应小于设计强度等级的75%，弹性模量不应小于混凝土28d弹性模量的75%。

检验方法：检查施工记录、试验报告。

6.4.5　无粘结预应力筋的张拉应力和伸长率应符合设计文件的要求。

检验方法：检查施工记录。

6.4.6　预应力张拉设备和仪表应定期维护和校验、配套标定和使用。

检验方法：检查施工记录，检查标定证书。

6.4.7　预应力钢筋张拉时发生的滑脱、断丝数量不应大于结构同一截面预应力钢筋总量的3%，且每束钢丝不得大于一根。

检验方法：观察检查，检查施工记录。

(2)【规范名称及编号】《混凝土结构工程质量验收规范》GB 50204－2015

【条文摘录】

主　控　项　目

6.4.3　先张法预应力筋张拉锚固后，实际建立的预应力值与工程设计规定检验值的相对允许偏差为±5%。

检查数量：每工作班抽查预应力筋总数的1%，且不应少于3根。

检验方法：检查预应力筋应力检测记录。

一　般　项　目

6.4.4　预应力筋张拉质量应符合下列规定：

1　采用应力控制方法张拉时，张拉力下预应力筋的实测伸长值与计算伸长值的相对允许偏差为±6%。

2　最大张拉应力应符合现行国家标准《混凝土结构工程施工规范》GB 50666的规定。

检查数量：全数检查。

检验方法：检查张拉记录。

6.4.5　先张法预应力构件，应检查预应力筋张拉后的位置偏差，张拉后预应力筋的位置与设计位置的偏差不应大于5mm，且不应大于构件截面短边边长的4%。

检查数量：每工作班抽查预应力筋总数的3%，且不应少于3束。

检验方法：尺量。

6.4.6　锚固阶段张拉端预应力筋的内缩量应符合设计要求；当设计无具体要求时，应符合表6.4.6的规定。

检查数量：每工作班抽查预应力筋总数的3%，且不应少于3束。

检验方法：尺量。

表6.4.6　张拉端预应力筋的内缩量限值

<table>
<tr><th colspan="2">锚具类别</th><th>内缩量限值（mm）</th></tr>
<tr><td rowspan="2">支承式锚具
（镦头锚具等）</td><td>螺帽缝隙</td><td>1</td></tr>
<tr><td>每块后加垫的缝隙</td><td>1</td></tr>
<tr><td colspan="2">锥塞式锚具</td><td>5</td></tr>
<tr><td rowspan="2">夹片式锚具</td><td>有顶压</td><td>5</td></tr>
<tr><td>无顶压</td><td>6～8</td></tr>
</table>

3. 检验批验收应提供的核查资料

(1) 核查依据：《城镇污水处理厂工程质量验收规范》GB 50334－2017

6.1.2　污水与污泥处理构筑物工程验收时应检查下列文件：

1　测量记录和沉降观测记录；

2　材料、半成品和构件出厂质量合格证、检验、复验报告；

3　混凝土配合比设计、试配报告；

4　隐蔽工程验收记录；

5　施工记录与监理检验记录；

6　功能性试验记录；

7　其他有关文件。

(2) 核查资料明细

核查资料明细表

序号	核查资料名称	核查要点
1	预应力加工安装检验批质量验收记录	核查记录的内容的完整性及结论的符合性
2	张拉、计量设备检验报告或标定证书	核查内容的完整性、有效性及结论的符合性
3	隐蔽工程验收记录	核查记录内容的完整性及验收结论的符合性
4	施工记录	核查张拉的方法、顺序、和张拉的质量、应力监测等符合设计及规范要求
5	监理检验记录	核查记录内容的完整性

2.3.18　预应力注浆与封锚检验批质量检验记录

1. 表格

预应力注浆与封锚检验批质量验收记录

编号：□□□□□□□□□—□□

<table>
<tr><td colspan="3">单位（子单位）
工程名称</td><td colspan="5"></td></tr>
<tr><td colspan="3">分部（子分部）
工程名称</td><td colspan="2"></td><td>分项工程名称</td><td colspan="2"></td></tr>
<tr><td colspan="3">施工单位</td><td></td><td>项目负责人</td><td></td><td>检验批容量</td><td></td></tr>
<tr><td colspan="3">分包单位</td><td></td><td>分包单位项目
负责人</td><td></td><td>检验批部位</td><td></td></tr>
<tr><td colspan="3">施工依据</td><td colspan="2"></td><td>验收依据</td><td colspan="2"></td></tr>
<tr><td rowspan="7">主
控
项
目</td><td colspan="2">验收项目</td><td colspan="2">设计要求及规范规定</td><td>最小/实际
抽样数量</td><td>检查记录</td><td>检查
结果</td></tr>
<tr><td>1</td><td>孔道注浆</td><td colspan="2">水泥浆饱满、密实</td><td></td><td></td><td></td></tr>
<tr><td rowspan="5">2</td><td rowspan="5">灌浆用水泥浆的性能</td><td colspan="2">3h自由泌水率宜为0，且≤1%</td><td></td><td></td><td></td></tr>
<tr><td colspan="2">泌水应在24h内全部被水泥浆吸收</td><td></td><td></td><td></td></tr>
<tr><td colspan="2">水泥浆中氯离子含量不应超过水泥重量的0.06%</td><td></td><td></td><td></td></tr>
<tr><td colspan="2">当采用普通灌浆工艺时，24h自由膨胀率不应大于6%</td><td></td><td></td><td></td></tr>
<tr><td colspan="2">当采用真空灌浆工艺时，24h自由膨胀率不应大于3%</td><td></td><td></td><td></td></tr>
</table>

续表

<table>
<tr><td colspan="3">验收项目</td><td colspan="3">设计要求及规范规定</td><td>最小/实际抽样数量</td><td>检查记录</td><td>检查结果</td></tr>
<tr><td rowspan="5">主控项目</td><td>3</td><td>水泥浆的抗压强度</td><td colspan="3">≥30MPa</td><td></td><td></td><td></td></tr>
<tr><td rowspan="4">4</td><td rowspan="4">锚具的封闭保护</td><td colspan="3">符合设计要求</td><td></td><td></td><td></td></tr>
<tr><td rowspan="3">当设计无具体要求时，封闭保护层厚度</td><td>一类环境</td><td>≥20mm</td><td></td><td></td><td></td></tr>
<tr><td>二a、二b类环境时</td><td>≥50mm</td><td></td><td></td><td></td></tr>
<tr><td>三a、三b类环境时</td><td>≥80mm</td><td></td><td></td><td></td></tr>
<tr><td>一般项目</td><td>1</td><td>预应力筋的外露长度</td><td colspan="3">不小于其直径的1.5倍，且≥30mm</td><td></td><td></td><td></td></tr>
<tr><td colspan="3">施工单位检查结果</td><td colspan="6">专业工长：
项目专业质量检查员：

年　月　日</td></tr>
<tr><td colspan="3">监理单位验收结果</td><td colspan="6">专业监理工程师：

年　月　日</td></tr>
</table>

注：1 表中“设计要求”等内容应按实际设计要求内容填写；

2 孔道灌浆用外加剂的性能，应根据外加剂的种类，按照现行国家标准《混凝土外加剂》GB 8076和《混凝土外加剂应用技术规范》GB 50119等的规定进行验收。

2. 验收依据说明

(1)【规范名称及编号】《城镇污水处理厂工程质量验收规范》GB 50334－2017

【条文摘录】

主　控　项　目

6.4.3　预应力筋的数量、下料长度、布束、张拉形式、张拉顺序、封锚等应符合设计文件的要求。

检验方法：检查施工记录。

(2)【规范名称及编号】《混凝土结构工程质量验收规范》GB 50204－2015

【条文摘录】

主　控　项　目

6.5.1　预留孔道灌浆后，孔道内水泥浆应饱满、密实。

检查数量：全数检查。

检验方法：观察，检查灌浆记录。

6.5.2　灌浆用水泥浆的性能应符合下列规定：

1　3h自由泌水率宜为0，且不应大于1%，泌水应在24h内全部被水泥浆吸收；

2　水泥浆中氯离子含量不应超过水泥重量的0.06%；

3　当采用普通灌浆工艺时，24h自由膨胀率不应大于6%；当采用真空灌浆工艺时，24h自由膨胀率不应大于3%。

检查数量：同一配合比检查一次。

检验方法：检查水泥浆性能试验报告。

6.5.3　现场留置的灌浆用水泥浆试件的抗压强度不应低于30MPa。

试件抗压强度检验应符合下列规定：

1　每组应留取6个边长为70.7mm的立方体试件，并应标准养护28d；

2　试件抗压强度应取6个试件的平均值；当一组试件中抗压强度最大值或最小值与平均值相差超过20%时，应取中间4个试件强度的平均值。

检查数量：每工作班留置一组。

检验方法：检查试件强度试验报告。

6.5.4　锚具的封闭保护措施应符合设计要求，当设计无具体要求时，外露锚具和预应力筋的混凝土保护层厚度不应小于：一类环境时20mm，二a、二b类环境时50mm，三a、三b类环境时80mm。

检查数量：在同一检验批内，抽查预应力筋总数的5%，且不应少于5处。

检验方法：观察，尺量。

一　般　项　目

6.5.5　后张法预应力筋锚固后，锚具外预应力筋的外露长度不应小于其直径的1.5倍，且不应小于30mm。

检查数量：在同一检验批内，抽查预应力筋总数的3%，且不应少于5束。

检验方法：观察，尺量。

3. 检验批验收应提供的核查资料

(1) 核查依据：《城镇污水处理厂工程质量验收规范》GB 50334-2017

6.1.2　污水与污泥处理构筑物工程验收时应检查下列文件：

1　测量记录和沉降观测记录；

2　材料、半成品和构件出厂质量合格证、检验、复验报告；

3　混凝土配合比设计、试配报告；

4　隐蔽工程验收记录；

5　施工记录与监理检验记录；

6　功能性试验记录；

7　其他有关文件。

(2) 核查资料明细

核查资料明细表

序号	核查资料名称	核查要点
1	原材料出厂合格证	核查规格型号、数量、日期、性能等符合设计要求
2	原材料检验报告	核查报告的完整性、有效性及结论的符合性
3	水泥浆抗压强度试验报告	核查报告的完整性及结论的符合性

续表

序号	核查资料名称	核查要点
4	预应力张拉与放张检验批质量验收记录	核查记录内容的完整性及验收结论的符合性
5	施工记录	核查注浆量、注浆顺序等符合设计及规范要求
6	监理检验记录	核查记录内容的完整性

2.3.19 混凝土结构变形缝检验批质量检验记录

1. 表格

混凝土结构变形缝检验批质量验收记录

编号：□□□□□□□□□□—□□

单位（子单位）工程名称							
分部（子分部）工程名称				分项工程名称			
施工单位		项目负责人			检验批容量		
分包单位		分包单位项目负责人			检验批部位		
施工依据			验收依据				
	验收项目		设计要求及规范规定	最小/实际抽样数量	检查记录	检查结果	
主控项目	1	构筑物变形缝的止水带、柔性密封材料等的产品性能	质量保证材料应齐全，检验报告合格，性能应符合规范要求				
	2	止水带质量要求	位置应符合设计要求，安装固定稳固，无孔洞、撕裂、扭曲、褶皱等现象				
	3	结构端面混凝土外观	严禁出现严重质量缺陷，且无明显一般质量缺陷				
	4	变形缝质量要求	贯通，缝宽均匀一致，柔性密封材料嵌填完整、饱满、密实				
			先行施工一侧的变形缝结构端面应平整、垂直，混凝土或砌筑砂浆应密实，止水带与结构咬合紧密				
			端面混凝土外观严禁出现严重质量缺陷，且无明显一般质量缺陷				

续表

	验收项目			设计要求及规范规定		最小/实际抽样数量	检查记录	检查结果
一般项目	1	填缝板质量要求		完整，无脱离、缺损现象				
	2	柔性密封材料嵌填前、后质量要求		嵌填前缝内清洁杂物、污物；嵌填表面平整，其深度符合设计要求，并与两侧端面粘结紧密				
	3	结构端面平整度		允许偏差(mm)	8			
	4	结构端面垂直度			$2H/1000$，且≤8			
	5	变形缝宽度			±3			
	6	止水带长度			不小于设计要求			
	7	止水带位置	结构端面		±5			
			止水带中心		±5			
	8	相邻错缝			±5			
施工单位检查结果	专业工长： 项目专业质量检查员： 年　月　日							
监理单位验收结果	专业监理工程师： 年　月　日							

注：1　表中“设计要求”等内容应按实际设计要求内容填写；

2　构筑物变形缝的止水带、柔性密封材料等的产品性能指标应符合现行国家标准《给水排水构筑物工程施工及验收规范》GB 50141的规定。

2. 验收依据说明

(1)【规范名称及编号】《城镇污水处理厂工程质量验收规范》GB 50334－2017

【条文摘录】

主　控　项　目

6.2.3　现浇结构混凝土应密实，表面平整，颜色纯正，不得渗漏，具体结构工艺部位应符合下列规定：

4　变形缝、止水带应贯通，缝宽窄均匀一致，止水带安装应稳固，位置应符合设计文件的要求。

(2)【规范名称及编号】《给水排水构筑物工程施工及验收规范》GB 50141－2008

【条文摘录】

主　控　项　目

6.8.9　构筑物变形缝应符合下列规定：

1　构筑物变形缝的止水带、柔性密封材料等的产品质量保证资料应齐全，每批的出厂质量合格证明书及各项性能检验报告应符合本规范第6.1.10条的相关规定和设计要求；

检查方法：观察；检查产品质量合格证、出厂检验报告和及有关的进场复验报告。

2 止水带位置应符合设计要求；安装固定稳固，无孔洞、撕裂、扭曲、褶皱等现象；

检查方法：观察，检查施工记录。

3 先行施工一侧的变形缝结构端面应平整、垂直，混凝土或砌筑砂浆应密实，止水带与结构咬合紧密；端面混凝土外观严禁出现严重质量缺陷，且无明显一般质量缺陷；

检查方法：观察。

4 变形缝应贯通，缝宽均匀一致；柔性密封材料嵌填应完整、饱满、密实；

检查方法：观察。

一 般 项 目

5 变形缝结构端面部位施工完成后，止水带应完整，线形直顺，无损坏、走动、褶皱等现象；

检查方法：观察。

6 变形缝内的填缝板应完整，无脱落、缺损现象；

检查方法：观察。

7 柔性密封材料嵌填前缝内应清洁杂物、污物；嵌填应表面平整，其深度应符合设计要求，并与两侧端面粘结紧密；

检查方法：观察。

8 构筑物变形缝施工允许偏差应符合表6.8.9的规定。

表6.8.9 构筑物变形缝施工的允许偏差

检查项目			允许偏差（mm）	检查数量		检查方法
				范围	点数	
1	结构端面平整度		8	每处	1	用2m直尺配合塞尺量测
2	结构端面垂直度		$2H/1000$，且不大于8	每处	1	用垂线量测
3	变形缝宽度		±3	每处每2m	1	用钢尺量测
4	止水带长度		不小于设计要求	每根	1	用钢尺量测
5	止水带位置	结构端面	±5	每处每2m	1	用钢尺量测
		止水带中心	±5			
6	相邻错缝		±5	每处	4	用钢尺量测

3. 检验批验收应提供的核查资料

（1）核查依据：《城镇污水处理厂工程质量验收规范》GB 50334－2017

6.1.2 污水与污泥处理构筑物工程验收时应检查下列文件：

1 测量记录和沉降观测记录；

2　材料、半成品和构件出厂质量合格证、检验、复验报告；
3　混凝土配合比设计、试配报告；
4　隐蔽工程验收记录；
5　施工记录与监理检验记录；
6　功能性试验记录；
7　其他有关文件。

(2) 核查资料明细

核查资料明细表

序号	核查资料名称	核查要点
1	原材料进场验收记录	核查规格型号、数量、日期、性能等符合设计要求
2	材料性能检验报告	核查报告的完整性及结论的符合性
3	隐蔽工程验收记录	核查记录内容的完整性及验收结论的符合性
4	施工记录	核查止水带的位置、长度等符合设计及规范要求
5	监理检验记录	核查记录内容的完整性

2.3.20　预制混凝土构件检验批质量检验记录

1. 表格

预制混凝土构件检验批质量验收记录

编号：□□□□□□□□□□—□□

<table>
<tr><td colspan="2">单位（子单位）
工程名称</td><td colspan="6"></td></tr>
<tr><td colspan="2">分部（子分部）
工程名称</td><td colspan="2"></td><td colspan="2">分项工程名称</td><td colspan="2"></td></tr>
<tr><td colspan="2">施工单位</td><td></td><td>项目负责人</td><td colspan="2"></td><td>检验批容量</td><td></td></tr>
<tr><td colspan="2">分包单位</td><td></td><td>分包单位项目
负责人</td><td colspan="2"></td><td>检验批部位</td><td></td></tr>
<tr><td colspan="2">施工依据</td><td colspan="2"></td><td colspan="2">验收依据</td><td colspan="2"></td></tr>
<tr><td rowspan="4">主
控
项
目</td><td colspan="2">验收项目</td><td>设计要求及
规范规定</td><td>最小/实际
抽样数量</td><td>检查记录</td><td colspan="2">检查
结果</td></tr>
<tr><td>1</td><td>预制混凝土构件抗压、抗渗、抗冻等性能</td><td>符合设计要求</td><td></td><td></td><td colspan="2"></td></tr>
<tr><td>2</td><td>预制构件尺寸偏差</td><td>不应有影响结构性能、安装和使用功能</td><td></td><td></td><td colspan="2"></td></tr>
<tr><td>3</td><td>预埋件、预留插筋、预埋管线及预留孔、洞的规格、数量要求</td><td>符合设计要求</td><td></td><td></td><td colspan="2"></td></tr>
</table>

续表

	验收项目			设计要求及规范规定		最小/实际抽样数量	检查记录	检查结果
一般项目	1	预制构件的标识		有标识				
	2	平整度		允许偏差（mm）	5			
	3	壁板	长度		0，−8			
			宽度		+4，−2			
			厚度		+4，−2			
	4	梁、柱	长度		0，−10			
			宽度		±5			
			直顺度		$L/750$，且≤20			
	5	壁板、梁、柱	矢高		±2			
	6	预埋件位置	中心		5			
			螺栓位置		2			
			螺栓外露长度		+10，−5			
	7	预留孔中心位置			10			
	8	预制构件的粗糙面的质量及键槽的数量		符合设计要求				
施工单位检查结果	专业工长： 项目专业质量检查员： 年 月 日							
监理单位验收结果	专业监理工程师： 年 月 日							

注：表中“设计要求”等内容应按实际设计要求内容填写。

2. 验收依据说明

（1）【规范名称及编号】《城镇污水处理厂工程质量验收规范》GB 50334－2017

【条文摘录】

6.1.3 污水与污泥处理构筑物混凝土工程的质量验收除应符合本规范规定外，尚应符合现行国家标准《给水排水构筑物工程施工及验收规范》GB 50141、《混凝土结构工程施工质量验收规范》GB 50204 和《混凝土质量控制标准》GB 50164 的有关规定。

主 控 项 目

6.3.1 预制混凝土构件的强度、抗冻、抗渗、抗腐蚀等性能应符合设计文件的要求和现行国家标准《混凝土结构工程施工质量验收规范》GB 50204、《混凝土质量控制标准》GB 50164 和《普通混凝土长期性能和耐久性能试验方法标准》GB/T 50082 的有关规定。

检验方法：检查构件出厂质量合格证，检查试验报告。

6.3.3　预制构件不应有影响结构性能、安装和使用功能的尺寸偏差。

检验方法：尺量检查。

一　般　项　目

6.3.6　预制混凝土构件允许偏差应符合表 6.3.6 的规定。

表 6.3.6　预制混凝土构件允许偏差

序号	项目			允许偏差(mm)	检验方法	检查数量	
						范围	点数
1	平整度			5	2m 直尺、塞尺检查	每构件	2 点
2	断面尺寸	壁板	长度	0，−8	钢尺检查	每构件	2 点
			宽度	+4，−2		每构件	2 点
			厚度	+4，−2		每构件	2 点
		梁、柱	长度	0，−10		每构件	2 点
			宽度	±5		每构件	2 点
			直顺度	L/750，且≤20		每构件	2 点
		壁板、梁、柱	矢高	±2		每构件	2 点
3	预埋件位置	中心		5		每处	1 点
		螺栓位置		2		每处	1 点
		螺栓外露长度		+10，−5		每处	1 点
4	预留孔中心位置			10		每处	1 点

注：L 为预制梁、柱的长度。

(2)【规范名称及编号】《混凝土结构工程施工质量验收规范》GB 50204－2015

【条文摘录】

主　控　项　目

9.2.4　预制构件上的预埋件、预留插筋、预埋管线等的规格和数量以及预留孔、预留洞的数量应符合设计要求。

检查数量：全数检查。

检验方法：观察。

一　般　项　目

9.2.5　预制构件应有标识。

检查数量：全数检查。

检验方法：观察。

9.2.8　预制构件的粗糙面的质量及键槽的数量应符合设计要求。

检查数量：全数检查。

检验方法：观察。

3. 检验批验收应提供的核查资料

（1）核查依据：《城镇污水处理厂工程质量验收规范》GB 50334－2017

6.1.2 污水与污泥处理构筑物工程验收时应检查下列文件：

1 测量记录和沉降观测记录；

2 材料、半成品和构件出厂质量合格证、检验、复验报告；

3 混凝土配合比设计、试配报告；

4 隐蔽工程验收记录；

5 施工记录与监理检验记录；

6 功能性试验记录；

7 其他有关文件。

（2）核查资料明细

核查资料明细表

序号	核查资料名称	核查要点
1	预制构件出厂合格证	核查规格型号、数量、日期、性能等符合设计要求
2	混凝土抗压、抗渗、抗冻强度试验报告	核查报告的完整性及结论的符合性
3	监理检验记录	核查记录内容的完整性

2.3.21 预制混凝土构件安装检验批质量检验记录

1. 表格

预制混凝土构件安装检验批质量验收记录

编号：□□□□□□□□□—□□

<table>
<tr><td colspan="3">单位（子单位）工程名称</td><td colspan="6"></td></tr>
<tr><td colspan="3">分部（子分部）工程名称</td><td colspan="2"></td><td colspan="2">分项工程名称</td><td colspan="2"></td></tr>
<tr><td colspan="3">施工单位</td><td></td><td>项目负责人</td><td colspan="2"></td><td>检验批容量</td><td></td></tr>
<tr><td colspan="3">分包单位</td><td></td><td>分包单位项目负责人</td><td colspan="2"></td><td>检验批部位</td><td></td></tr>
<tr><td colspan="3">施工依据</td><td colspan="2"></td><td colspan="2">验收依据</td><td colspan="2"></td></tr>
<tr><td rowspan="4">主控项目</td><td colspan="2">验收项目</td><td colspan="2">设计要求及规范规定</td><td>最小/实际抽样数量</td><td colspan="2">检查记录</td><td>检查结果</td></tr>
<tr><td>1</td><td>池壁板安装</td><td colspan="2">应垂直、稳固</td><td></td><td colspan="2"></td><td></td></tr>
<tr><td>2</td><td>相邻板湿接缝与杯口填充</td><td colspan="2">应填充密实、满足防水要求</td><td></td><td colspan="2"></td><td></td></tr>
<tr><td>3</td><td>池壁顶面高程和平整度</td><td colspan="2">满足设备安装及运行要求</td><td></td><td colspan="2"></td><td></td></tr>
</table>

续表

	验收项目			设计要求及规范规定		最小/实际抽样数量	检查记录	检查结果
一般项目	1	预制混凝土构件安装		牢固、位置准确，不应出现扭曲、损坏、明显错台等现象				
	2	预制壁板的混凝土湿接缝		无裂缝				
	3	喷涂混凝土厚度		符合设计要求				
	4	喷涂混凝土强度		符合设计要求				
	5	壁板、梁、柱中心轴线		允许偏差（mm）	5			
	6	壁板、柱高程			±5			
	7	壁板及柱垂直度	$H\leqslant5$m		5			
			$H>5$m		8			
	8	悬臂梁	轴线偏移		8			
			高程		0，−5			
	9	壁板与定位中线半径			±7			
	10	壁板安装的间隙			±10			
施工单位检查结果	专业工长： 项目专业质量检查员： 年 月 日							
监理单位验收结果	专业监理工程师： 年 月 日							

注：表中“设计要求”等内容应按实际设计要求内容填写。

2. 验收依据说明

(1)【规范名称及编号】《城镇污水处理厂工程质量验收规范》GB 50334－2017

【条文摘录】

主 控 项 目

6.3.4 池壁板安装应垂直、稳固，相邻板湿接缝与杯口应填充密实、满足防水功能要求。

检验方法：观察检查，用垂线和钢尺测量，检查施工记录、试验记录。

6.3.5 池壁顶面高程和平整度应满足设备安装及运行的精度要求。

检验方法：实测实量。

一 般 项 目

6.3.10 预制混凝土构件安装应牢固、位置准确，不应出现扭曲、损坏、明显错台等现象。

检验方法：观察检查，实测实量，检查施工记录。

6.3.11 预制混凝土构件安装允许偏差应符合表6.3.11的规定。

表6.3.11 预制混凝土构件安装允许偏差

序号	项目		允许偏差(mm)	检验方法	检查数量	
					范围	点数
1	壁板、梁、柱中心轴线		5	全站仪、钢尺检查	每块板、梁、柱	1点
2	壁板、柱高程		±5	水准仪检查	每块板、柱	1点
3	壁板及柱垂直度	$H \leqslant 5m$	5	线坠和钢尺检查	每块板、柱	1点
		$H > 5m$	8	线坠和钢尺检查	每块板、柱	1点
4	悬臂梁	轴线偏移	8	经纬仪检查	每块梁	1点
		高程	0，-5	水准仪检查	每块梁	1点
5	壁板与定位中线半径		±7	钢尺检查	每块板	1点
6	壁板安装的间隙		±10	钢尺检查	每块板	1点

注：H为壁板及柱的全高。

6.3.12 预制壁板的混凝土湿接缝不应有裂缝。

检验方法：观察检查，检查施工记录。

6.3.13 喷涂混凝土的强度和厚度应符合设计文件的要求，不得有砂浆流淌、流坠、空鼓现象。

检验方法：观察检查，检查试验报告。

3. 检验批验收应提供的核查资料

(1) 核查依据：《城镇污水处理厂工程质量验收规范》GB 50334-2017

6.1.2 污水与污泥处理构筑物工程验收时应检查下列文件：

1 测量记录和沉降观测记录；

2 材料、半成品和构件出厂质量合格证、检验、复验报告；

3 混凝土配合比设计、试配报告；

4 隐蔽工程验收记录；

5 施工记录与监理检验记录；

6 功能性试验记录；

7 其他有关文件。

(2) 核查资料明细

核查资料明细表

序号	核查资料名称	核查要点
1	预制混凝土构件检验批质量验收记录	核查记录内容的完整性及验收结论的符合性
2	施工记录	核查壁板、梁、柱位置等符合设计及规范要求
3	混凝土强度试验报告	核查试验记录的完整性、符合性
4	监理检验记录	核查记录内容的完整性

2.3.22 混凝土表面层检验批质量检验记录

1. 表格

混凝土表面层检验批质量验收记录

编号：□□□□□□□□□□—□□

<table>
<tr><td colspan="3">单位（子单位）
工程名称</td><td colspan="4"></td></tr>
<tr><td colspan="3">分部（子分部）
工程名称</td><td></td><td colspan="2">分项工程名称</td><td></td></tr>
<tr><td colspan="3">施工单位</td><td>项目负责人</td><td></td><td>检验批容量</td><td></td></tr>
<tr><td colspan="3">分包单位</td><td>分包单位项目
负责人</td><td></td><td>检验批部位</td><td></td></tr>
<tr><td colspan="3">施工依据</td><td></td><td colspan="2">验收依据</td><td></td></tr>
<tr><td rowspan="3">主控项目</td><td colspan="2">验收项目</td><td>设计要求及
规范规定</td><td>最小/实际
抽样数量</td><td>检查记录</td><td>检查
结果</td></tr>
<tr><td>1</td><td>结构混凝土表面</td><td>不得出现有影响使用功能的裂缝</td><td></td><td></td><td></td></tr>
<tr><td>2</td><td>结构混凝土外观严重缺陷</td><td>无严重缺陷</td><td></td><td></td><td></td></tr>
<tr><td rowspan="2">一般项目</td><td>1</td><td>预制构件喷涂混凝土表面</td><td>不得有砂浆流淌、流坠、空鼓现象</td><td></td><td></td><td></td></tr>
<tr><td>2</td><td>结构混凝土外观一般缺陷</td><td>无一般缺陷</td><td></td><td></td><td></td></tr>
<tr><td colspan="3">施工单位
检查结果</td><td colspan="4">专业工长：
项目专业质量检查员：
年　月　日</td></tr>
<tr><td colspan="3">监理单位
验收结果</td><td colspan="4">专业监理工程师：
年　月　日</td></tr>
</table>

2. 验收依据说明

(1)【规范名称及编号】《城镇污水处理厂工程质量验收规范》GB 50334－2017

【条文摘录】

主　控　项　目

6.2.4　结构混凝土表面不得出现有影响使用功能的裂缝。

检验方法：观察检查，检查检测报告。

6.3.2　预制混凝土构件外观质量不应有严重缺陷，构件上的预埋件、插筋和预留孔洞的规格和数量应符合设计文件的要求和现行国家标准《混凝土结构工程施工质量验收规范》GB 50204的有关规定。

检验方法：观察检查，检查施工记录。

一　般　项　目

6.3.13　喷涂混凝土的强度和厚度应符合设计文件的要求，不得有砂浆流淌、流坠、空鼓现象。

检验方法：观察检查，检查试验报告。

(2)【规范名称及编号】《混凝土结构工程施工质量验收规范》GB 50204－2015

【条文摘录】

主 控 项 目

8.2.1 现浇结构的外观质量不应有严重缺陷。

对已经出现的严重缺陷，应由施工单位提出技术处理方案，并经监理单位认可后进行处理；对裂缝或连接部位的严重缺陷及其他影响结构安全的严重缺陷，技术处理方案尚应经设计单位认可。对经处理的部位应重新验收。

检查数量：全数检查。

检验方法：观察，检查处理记录。

9.2.3 预制构件的外观质量不应有严重缺陷，且不应有影响结构性能和安装、使用功能的尺寸偏差。

检查数量：全数检查

检验方法：观察，尺量，检查处理记录。

一 般 项 目

8.2.2 现浇结构的外观质量不应有一般缺陷。

对已经出现的一般缺陷，应由施工单位按技术处理方案进行处理，对经处理的部位应重新验收。

检查数量：全数检查。

检验方法：观察，检查处理记录。

9.2.6 预制构件的外观质量不应有一般缺陷。

检查数量：全数检查。

检验方法：观察，检查处理记录。

3. 检验批验收应提供的核查资料

(1) 核查依据：《城镇污水处理厂工程质量验收规范》GB 50334－2017

6.1.2 污水与污泥处理构筑物工程验收时应检查下列文件：

1 测量记录和沉降观测记录；

2 材料、半成品和构件出厂质量合格证、检验、复验报告；

3 混凝土配合比设计、试配报告；

4 隐蔽工程验收记录；

5 施工记录与监理检验记录；

6 功能性试验记录；

7 其他有关文件。

(2) 核查资料明细

核查资料明细表

序号	核查资料名称	核查要点
1	施工记录	核查裂缝宽度、长度等符合设计及规范要求
2	监理检验记录	核查记录内容的完整性

2.3.23　保温与防腐检验批质量检验记录

1. 表格

保温与防腐检验批质量验收记录

编号：□□□□□□□□□□—□□

<table>
<tr><td>单位（子单位）工程名称</td><td colspan="5"></td></tr>
<tr><td>分部（子分部）工程名称</td><td colspan="2"></td><td>分项工程名称</td><td colspan="2"></td></tr>
<tr><td>施工单位</td><td></td><td>项目负责人</td><td></td><td>检验批容量</td><td></td></tr>
<tr><td>分包单位</td><td></td><td>分包单位项目负责人</td><td></td><td>检验批部位</td><td></td></tr>
<tr><td>施工依据</td><td colspan="2"></td><td>验收依据</td><td colspan="2"></td></tr>
</table>

<table>
<tr><td rowspan="2">主控项目</td><td colspan="3">验收项目</td><td colspan="2">设计要求及规范规定</td><td>最小/实际抽样数量</td><td>检查记录</td><td>检查结果</td></tr>
<tr><td>1</td><td colspan="2">保温层材质和防腐材料配合比</td><td colspan="2">符合设计要求</td><td></td><td></td><td></td></tr>
<tr><td rowspan="9">一般项目</td><td>1</td><td colspan="2">构筑物内壁防腐涂料基面</td><td colspan="2">应洁净、干燥，不应出现脱皮、漏刷、流坠、皱皮、厚度不均、表面不光滑等现象</td><td></td><td></td><td></td></tr>
<tr><td>2</td><td colspan="2">有防腐要求的构筑物内湿度</td><td colspan="2"><85%</td><td></td><td></td><td></td></tr>
<tr><td>3</td><td colspan="2">板状保温材料接缝</td><td colspan="2">上下层接缝应错开</td><td></td><td></td><td></td></tr>
<tr><td>4</td><td colspan="2">接缝处嵌料</td><td colspan="2">应密实、平整</td><td></td><td></td><td></td></tr>
<tr><td>5</td><td colspan="2">现浇整体保温层铺料厚度</td><td colspan="2">应均匀、密实、平整</td><td></td><td></td><td></td></tr>
<tr><td rowspan="4">6</td><td rowspan="4">保温层厚度</td><td>板状制品</td><td rowspan="4">允许偏差(mm)</td><td>±5%δ，且≤4</td><td></td><td></td><td></td></tr>
<tr><td>化学材料</td><td>+8%δ</td><td></td><td></td><td></td></tr>
<tr><td>加气混凝土</td><td>+5</td><td></td><td></td><td></td></tr>
<tr><td>蛭石</td><td>+5</td><td></td><td></td><td></td></tr>
<tr><td>施工单位检查结果</td><td colspan="8">专业工长：
项目专业质量检查员：
年　月　日</td></tr>
<tr><td>监理单位验收结果</td><td colspan="8">专业监理工程师：
年　月　日</td></tr>
</table>

注：表中“设计要求”等内容应按实际设计要求内容填写。

2. 验收依据说明

(1)【规范名称及编号】《城镇污水处理厂工程质量验收规范》GB 50334－2017

【条文摘录】

主　控　项　目

6.2.5　有保温和防腐要求的构筑物，使用的保温层材质和防腐材料配合比应符合设计文件的要求。

检验方法：观察检查，检查材质合格证及配合比报告。

一　般　项　目

6.2.11　构筑物内壁防腐涂料基面应洁净、干燥，湿度应小于85%，涂层不应出现脱皮、漏刷、流坠、皱皮、厚度不均、表面不光滑等现象。

检验方法：观察检查，超声波等仪器探测。

6.2.12　板状保温材料板块上下层接缝应错开，接缝处嵌料应密实、平整，保温层厚度的允许偏差应符合表6.2.12的规定。

表 6.2.12　保温层厚度允许偏差

<table>
<tr><th rowspan="2">序号</th><th rowspan="2" colspan="2">项目</th><th rowspan="2">允许偏差
(mm)</th><th rowspan="2">检验方法</th><th colspan="2">检验数量</th></tr>
<tr><th>范围</th><th>点数</th></tr>
<tr><td rowspan="4">1</td><td rowspan="4">保温层
厚度</td><td>板状制品</td><td>±5%δ，且≤4</td><td rowspan="4">钢针刺入和
钢尺检查</td><td rowspan="4">每平方米</td><td rowspan="4">1点</td></tr>
<tr><td>化学材料</td><td>+8%δ</td></tr>
<tr><td>加气混凝土</td><td>+5</td></tr>
<tr><td>蛭石</td><td>+5</td></tr>
</table>

注：表中δ为设计的保温层厚度。

6.2.13　现浇整体保温层铺料厚度应均匀、密实、平整。

检验方法：观察检查，检查施工记录。

3. 检验批验收应提供的核查资料

(1) 核查依据：《城镇污水处理厂工程质量验收规范》GB 50334－2017

6.1.2　污水与污泥处理构筑物工程验收时应检查下列文件：

1　测量记录和沉降观测记录；

2　材料、半成品和构件出厂质量合格证、检验、复验报告；

3　混凝土配合比设计、试配报告；

4　隐蔽工程验收记录；

5　施工记录与监理检验记录；

6　功能性试验记录；

7　其他有关文件。

(2) 核查资料明细

核查资料明细表

序号	核查资料名称	核查要点
1	原材料出厂合格证	核查规格型号、数量、日期等符合设计要求

续表

序号	核查资料名称	核查要点
2	材料检验报告	核查报告的完整性及结论的符合性
3	施工记录	核查防腐、保温层的施工时间、范围、数量等符合设计及规范要求
4	隐蔽工程检验记录	核查记录内容的完整性及验收结论的符合性
5	监理检验记录	核查记录内容的完整性

2.3.24 一般抹灰检验批质量验收记录

1. 表格

一般抹灰检验批质量验收记录

编号：□□□□□□□□□—□□

<table>
<tr><td colspan="3">单位（子单位）
工程名称</td><td colspan="4"></td></tr>
<tr><td colspan="3">分部（子分部）
工程名称</td><td></td><td>分项工程名称</td><td colspan="2"></td></tr>
<tr><td colspan="3">施工单位</td><td></td><td>项目负责人</td><td>检验批容量</td><td></td></tr>
<tr><td colspan="3">分包单位</td><td></td><td>分包单位
项目负责人</td><td>检验批单位</td><td></td></tr>
<tr><td colspan="2">施工依据</td><td colspan="2"></td><td>验收依据</td><td colspan="2"></td></tr>
<tr><td colspan="3">验收项目</td><td>设计要求及规范规定</td><td>最小/实际
抽样数量</td><td>检查
记录</td><td>检查
结果</td></tr>
<tr><td rowspan="4">主控项目</td><td>1</td><td>基层表面</td><td>基层表面的尘土、污垢、油渍等应清除干净，并应洒水润湿</td><td></td><td></td><td></td></tr>
<tr><td>2</td><td>材料品种
和性能</td><td>应符合设计要求。水泥的凝结时间和安定性复验应合格。砂浆的配合比应符合设计要求</td><td></td><td></td><td></td></tr>
<tr><td>3</td><td>操作要求</td><td>抹灰工程应分层进行。当抹灰总厚度大于或等于35mm时，应采取加强措施。不同材料基体交接处，应采取防止开裂的加强措施，当采用加强网时，加强网与各基体的搭接宽度不应小于100mm</td><td></td><td></td><td></td></tr>
<tr><td>4</td><td>层粘结及
面层质量</td><td>抹灰层与基层之间及各抹灰层之间必须粘结牢固，抹灰层应无脱层、空鼓、面层应无爆灰和裂缝</td><td></td><td></td><td></td></tr>
<tr><td rowspan="4">一般项目</td><td rowspan="2">1</td><td rowspan="2">表面质量</td><td>普通抹灰表面应光滑、洁净、接槎平整，分格缝应清晰</td><td></td><td></td><td></td></tr>
<tr><td>高级抹灰表面应光滑、洁净、颜色均匀、无抹纹，分格缝和灰线应清晰美观</td><td></td><td></td><td></td></tr>
<tr><td>2</td><td>细部质量</td><td>护角、孔洞、槽、盒周围的抹灰表面应整齐、光滑；管道后面的抹灰表面应平整</td><td></td><td></td><td></td></tr>
<tr><td>3</td><td>抹灰层
总厚度</td><td>符合设计要求，水泥砂浆不得抹在石灰砂浆层上，罩面石膏灰不得抹在水泥砂浆层上</td><td></td><td></td><td></td></tr>
</table>

续表

<table>
<tr><td colspan="4">验收项目</td><td colspan="2">设计要求及规范规定</td><td>最小/实际抽样数量</td><td>检查记录</td><td>检查结果</td></tr>
<tr><td rowspan="14">一般项目</td><td rowspan="2">4</td><td rowspan="2">分格缝</td><td>设置</td><td colspan="2">符合设计要求</td><td rowspan="2"></td><td rowspan="2"></td><td rowspan="2"></td></tr>
<tr><td>外观</td><td colspan="2">宽度和深度应均匀，表面应光滑，棱角应整齐</td></tr>
<tr><td>5</td><td colspan="2">滴水线（槽）</td><td colspan="2">滴水线（槽）应内高外低，整齐顺直，滴水槽宽度和深度均不应小于10mm</td><td></td><td></td><td></td></tr>
<tr><td rowspan="5">6</td><td colspan="2" rowspan="5">普通抹灰允许偏差（mm）</td><td>立面垂直度</td><td>4</td><td></td><td></td><td></td></tr>
<tr><td>表面平整度</td><td>4</td><td></td><td></td><td></td></tr>
<tr><td>阴阳角方正</td><td>4</td><td></td><td></td><td></td></tr>
<tr><td>分格条（缝）直线度</td><td>4</td><td></td><td></td><td></td></tr>
<tr><td>墙裙、勒角上口直线度</td><td>4</td><td></td><td></td><td></td></tr>
<tr><td rowspan="5">7</td><td colspan="2" rowspan="5">高级抹灰允许偏差（mm）</td><td>立面垂直度</td><td>3</td><td></td><td></td><td></td></tr>
<tr><td>表面平整度</td><td>3</td><td></td><td></td><td></td></tr>
<tr><td>阴阳角方正</td><td>3</td><td></td><td></td><td></td></tr>
<tr><td>分格条（缝）直线度</td><td>3</td><td></td><td></td><td></td></tr>
<tr><td>墙裙、勒角上口直线度</td><td>3</td><td></td><td></td><td></td></tr>
<tr><td colspan="4">施工单位检查结果</td><td colspan="5">专业工长：
项目专业质量检查员：
年　月　日</td></tr>
<tr><td colspan="4">监理单位验收结果</td><td colspan="5">专业监理工程师：
年　月　日</td></tr>
</table>

注：表中“设计要求”等内容应按实际设计要求内容填写。

2. 验收依据说明

(1)【规范名称及编号】《城镇污水处理厂工程质量验收规范》GB 50334－2017

【条文摘录】

6.1.4　污水与污泥处理构筑物砌体工程的质量验收应符合现行国家标准《砌体结构工程施工质量验收规范》GB 50203和《给水排水构筑物工程施工及验收规范》GB 50141的有关规定。

(2)【规范名称及编号】《建筑装饰装修工程质量验收规范》GB 50210－2001

【条文摘录】

主　控　项　目

4.2.2　抹灰前基层表面的尘土、污垢、油渍等应清除干净，并应洒水润湿。

检验方法：检查施工记录。

4.2.3　一般抹灰所用材料的品种和性能应符合设计要求。水泥的凝结时间和安定性复验应合格。砂浆的配合比应符合设计要求。

检验方法：检查产品合格证书、进场验收记录、复验报告和施工记录。

4.2.4　抹灰工程应分层进行。当抹灰总厚度大于或等于35mm时，应采取加强措施。不同材料基体交接处表面的抹灰，应采取防止开裂的加强措施，当采用加强网时，加强网与各基体的搭接宽度不应小于100mm。

检验方法：检查隐蔽工程验收记录和施工记录。

4.2.5　抹灰层与基层之间及各抹灰层之间必须粘结牢固，抹灰层应无脱层、空鼓、面层应无爆灰和裂缝。

检验方法：观察；用小锤轻击检查；检查施工记录。

一　般　项　目

4.2.6　一般抹灰工程的表面质量应符合下列规定：

1　普通抹灰表面应光滑、洁净、接槎平整，分格缝应清晰。

2　高级抹灰表面应光滑、洁净、颜色均匀、无抹纹，分格缝和灰线应清晰美观。

检验方法：观察；手摸检查。

4.2.7　护角、孔洞、槽、盒周围的抹灰表面应整齐、光滑；管道后面的抹灰表面应平整。

检验方法：观察。

4.2.8　抹灰层的总厚度应符合设计要求，水泥砂浆不得抹在石灰砂浆层上，罩面石膏灰不得抹在水泥砂浆层上。

检验方法：检查施工记录。

4.2.9　抹灰分格缝的设置应符合设计要求，宽度和深度应均匀，表面应光滑，棱角应整齐。

检验方法：观察；尺量检查。

4.2.10　有排水要求的部位应做滴水线（槽）。滴水线（槽）应整齐顺直，滴水线应内高外低，滴水槽宽度和深度均不应小于10mm。

检验方法：观察；尺量检查。

4.2.11　一般抹灰工程质量的允许偏差和检验方法应符合表4.2.11的规定。

表4.2.11　一般抹灰的允许偏差和检验方法

项次	项　目	允许偏差（mm）		检验方法
		普通抹灰	高级抹灰	
1	立面垂直度	4	3	用2m垂直检测尺检查
2	表面平整度	4	3	用2m靠尺和塞尺检查
3	阴阳角方正	4	3	用直角检测尺检查
4	分格条（缝）直线度	4	3	用5m线、不足5m拉通线，用钢直尺检查
5	墙裙、勒脚上口直线度	4	3	拉5m线、不足5m拉通线，用钢直尺检查

注：1　普通抹灰，本表第3项阴角方正可不检查；
　　2　顶棚抹灰，本表第2项表面平整度可不检查，但应平顺。

3. 检验批验收应提供的核查资料

（1）核查依据：《城镇污水处理厂工程质量验收规范》GB 50334－2017

6.1.2　污水与污泥处理构筑物工程验收时应检查下列文件：

1 测量记录和沉降观测记录；

2 材料、半成品和构件出厂质量合格证、检验、复验报告；

3 混凝土配合比设计、试配报告；

4 隐蔽工程验收记录；

5 施工记录与监理检验记录；

6 功能性试验记录；

7 其他有关文件。

（2）核查资料明细

核查资料明细表

序号	核查资料名称	核查要点
1	材料出厂合格证书	核查规格型号、数量、日期、性能等符合设计要求
2	材料性能检验报告	核查报告的完整性和结论的符合性
3	施工记录	核查抹灰层的粘结、抹灰厚度等符合设计及规范要求
4	隐蔽工程验收记录	核查记录内容的完整性及验收结论的符合性
5	监理检验记录	核查记录内容的完整性

2.3.25 装饰抹灰检验批质量验收记录

1. 表格

装饰抹灰检验批质量验收记录

编号：□□□□□□□□□□—□□

<table>
<tr><td colspan="3">单位（子单位）工程名称</td><td colspan="6"></td></tr>
<tr><td colspan="3">分部（子分部）工程名称</td><td colspan="2"></td><td>分项工程名称</td><td colspan="3"></td></tr>
<tr><td colspan="3">施工单位</td><td></td><td>项目负责人</td><td></td><td>检验批容量</td><td colspan="2"></td></tr>
<tr><td colspan="3">分包单位</td><td></td><td>分包单位
项目负责人</td><td></td><td>检验批单位</td><td colspan="2"></td></tr>
<tr><td colspan="3">施工依据</td><td colspan="2"></td><td>验收依据</td><td colspan="3"></td></tr>
<tr><td colspan="3">验收项目</td><td colspan="3">设计要求及规范规定</td><td>最小/实际抽样数量</td><td>检查记录</td><td>检查结果</td></tr>
<tr><td rowspan="4">主控项目</td><td>1</td><td>基层表面</td><td colspan="3">抹灰前基层表面的尘土、污垢、油渍等应清除干净，并应洒水润湿</td><td></td><td></td><td></td></tr>
<tr><td>2</td><td>材料品种和性能</td><td colspan="3">应符合设计要求。水泥的凝结时间和安定性复验应合格。砂浆的配合比应符合设计要求</td><td></td><td></td><td></td></tr>
<tr><td>3</td><td>操作要求</td><td colspan="3">抹灰工程应分层进行。当抹灰总厚度大于或等于35mm时，应采取加强措施。不同材料基体交接处，应采取防止开裂的加强措施，当采用加强网时，加强网与各基体的搭接宽度不应小于100mm</td><td></td><td></td><td></td></tr>
<tr><td>4</td><td>层粘结及面层质量</td><td colspan="3">各抹灰层之间及抹灰层与基体之间必须粘接牢固，抹灰层应无脱层、空鼓和裂缝</td><td></td><td></td><td></td></tr>
</table>

续表

验收项目			设计要求及规范规定			最小/实际抽样数量	检查记录	检查结果
一般项目	1	表面质量	水刷石	石粒清晰、分布均匀、紧密平整、色泽一致，无掉粒和接槎痕迹				
			斩假石	剁纹均匀顺直、深浅一致，无漏剁处；阳角处应横剁并留出宽窄一致的不剁边条，棱角无损坏				
			干粘石	色泽一致、不露浆、不漏粘，石粒粘结牢固、分布均匀，阳角处应无明显黑边				
			假面砖	平整、沟纹清晰、留缝整齐、色泽一致，应无掉角、脱皮、起砂等缺陷				
	2	分格条（缝）	设置应符合设计要求，宽度和深度应均匀，表面应平整光滑，棱角应整齐					
	3	滴水线（槽）	应整齐顺直，滴水线应内高外低，滴水槽的宽度和深度均不应小于10mm					
	4	立面垂直度	水刷石	允许偏差（mm）	5			
			斩假石		4			
			干粘石		5			
			假面砖		5			
	5	表面平整度	水刷石		3			
			斩假石		3			
			干粘石		5			
			假面砖		4			
	6	阳角方正	水刷石		3			
			斩假石		3			
			干粘石		4			
			假面砖		4			
	7	分格条（缝）直线度	水刷石		3			
			斩假石		3			
			干粘石		3			
			假面砖		3			
	8	墙裙、勒角上口直线度	水刷石		3			
			斩假石		3			
施工单位检查结果			专业工长： 项目专业质量检查员： 年　月　日					
监理单位验收结果			专业监理工程师： 年　月　日					

注：表中“设计要求”等内容应按实际设计要求内容填写。

2. 验收依据说明

(1)【规范名称及编号】《城镇污水处理厂工程质量验收规范》GB 50334－2017

【条文摘录】

6.1.4 污水与污泥处理构筑物砌体工程的质量验收应符合现行国家标准《砌体结构工程施工质量验收规范》GB 50203和《给水排水构筑物工程施工及验收规范》GB 50141的有关规定。

(2)【规范名称及编号】《建筑装饰装修工程质量验收规范》GB 50210－2001

【条文摘录】

主 控 项 目

4.3.2 抹灰前基层表面的尘土、污垢、油渍等应清除干净，并应洒水润湿。

检验方法：检查施工记录。

4.3.3 装饰抹灰工程所用材料的品种和性能应符合设计要求。水泥的凝结时间和安定性复验应合格。砂浆的配合比应符合设计要求。

检验方法：检查产品合格证书、进场验收记录、复验报告和施工记录。

4.3.4 抹灰工程应分层进行。当抹灰总厚度大于或等于35mm时，应采取加强措施。不同材料基体交接处表面的抹灰，应采取防止开裂的加强措施，当采用加强网时，加强网与各基体的搭接宽度不应小于100mm。

检验方法：检查隐蔽工程验收记录和施工记录。

4.3.5 各抹灰层之间及抹灰层与基体之间必须粘接牢固，抹灰层应无脱层、空鼓和裂缝。

检验方法：观察；用小锤轻击检查；检查施工记录。

一 般 项 目

4.3.6 装饰抹灰工程的表面质量应符合下列规定：

1 水刷石表面应石粒清晰、分布均匀、紧密平整、色泽一致，应无掉粒和接槎痕迹。

2 斩假石表面剁纹应均匀顺直、深浅一致，应无漏剁处；阳角处应横剁并留出宽窄一致的不剁边条，棱角应无损坏。

3 干粘石表面应色泽一致、不露浆、不漏粘，石粒应粘结牢固、分布均匀，阳角处应无明显黑边。

4 假面砖表面应平整、沟纹清晰、留缝整齐、色泽一致，应无掉角、脱皮、起砂等缺陷。

检验方法：观察；手摸检查。

4.3.7 装饰抹灰分格条（缝）的设置应符合设计要求，宽度和深度应均匀，表面应平整光滑，棱角应整齐。

检验方法：观察。

4.3.8 有排水要求的部位应做滴水线（槽）。滴水线（槽）应整齐顺直，滴水线应内高外低，滴水槽的宽度和深度均不应小于10mm。

检验方法：观察；尺量检查。

4.3.9 装饰抹灰工程质量的允许偏差和检验方法应符合表4.3.9的规定。

表4.3.9　装饰抹灰的允许偏差和检验方法

项次	项　目	允许偏差（mm）				检验方法
		水刷石	斩假石	干粘石	假面砖	
1	立面垂直度	5	4	5	5	用2m靠尺和塞尺检查
2	表面平整度	3	3	5	4	用2m靠尺和塞尺检查
3	阳角方正	3	3	4	4	用直角检测尺检查
4	分格条（缝）直线度	3	3	3	3	拉5m线、不足5m拉通线，用钢直尺检查
5	墙裙、勒脚上口直线度	3	3	—	—	拉5m线、不足5m拉通线，用钢直尺检查

3. 检验批验收应提供的核查资料

（1）核查依据：《城镇污水处理厂工程质量验收规范》GB 50334－2017

6.1.2　污水与污泥处理构筑物工程验收时应检查下列文件：

1　测量记录和沉降观测记录；

2　材料、半成品和构件出厂质量合格证、检验、复验报告；

3　混凝土配合比设计、试配报告；

4　隐蔽工程验收记录；

5　施工记录与监理检验记录；

6　功能性试验记录；

7　其他有关文件。

（2）核查资料明细

核查资料明细表

序号	核查资料名称	核查要点
1	材料产品出厂合格证书	核查规格型号、数量、日期、性能等符合设计要求
2	材料性能检验报告	核查报告的完整性和结论的符合性
3	施工记录	核查抹灰层的粘结、抹灰厚度等符合设计及规范要求
4	隐蔽工程验收记录	核查记录内容的完整性及验收结论的符合性
5	监理检验记录	核查记录内容的完整性

2.3.26　砖砌体检验批质量验收记录

1. 表格

砖砌体检验批质量验收记录

编号：□□□□□□□□□—□□

<table>
<tr><td>单位（子单位）
工程名称</td><td colspan="5"></td></tr>
<tr><td>分部（子分部）
工程名称</td><td colspan="2"></td><td>分项工程名称</td><td colspan="2"></td></tr>
<tr><td>施工单位</td><td></td><td>项目负责人</td><td></td><td>检验批容量</td><td></td></tr>
<tr><td>分包单位</td><td></td><td>分包单位
项目负责人</td><td></td><td>检验批单位</td><td></td></tr>
<tr><td>施工依据</td><td colspan="2"></td><td>验收依据</td><td colspan="2"></td></tr>
</table>

<table>
<tr><td colspan="4">验收项目</td><td colspan="2">设计要求及
规范规定</td><td>最小/实际
样数量</td><td>检查记录</td><td>检查结果</td></tr>
<tr><td rowspan="14">主控项目</td><td>1</td><td colspan="2">砖强度等级必须符合设计要求</td><td colspan="2">符合设计要求 MU ______</td><td></td><td></td><td></td></tr>
<tr><td>2</td><td colspan="2">砂浆强度等级必须符合设计要求</td><td colspan="2">符合设计要求 M ______</td><td></td><td></td><td></td></tr>
<tr><td rowspan="2">3</td><td rowspan="2">砂浆饱满度</td><td>砖墙水平灰缝</td><td colspan="2">≥80%</td><td></td><td></td><td></td></tr>
<tr><td>砖柱水平及竖向灰缝</td><td colspan="2">≥90%</td><td></td><td></td><td></td></tr>
<tr><td>4</td><td colspan="2">转角、交接处</td><td colspan="2">应同时砌筑，严禁无可靠措施的内外墙分砌施工</td><td></td><td></td><td></td></tr>
<tr><td rowspan="3">5</td><td colspan="2" rowspan="3">斜槎留置</td><td colspan="2">普通砖斜槎水平投影长度不应小于高度的 2/3</td><td></td><td></td><td></td></tr>
<tr><td colspan="2">多孔砖砌体的斜槎长高比不应小于 1/2</td><td></td><td></td><td></td></tr>
<tr><td colspan="2">斜槎高度不得超过一步脚手架的高度</td><td></td><td></td><td></td></tr>
<tr><td rowspan="5">6</td><td colspan="2" rowspan="5">直槎拉结钢筋</td><td colspan="2">必须做成凸槎，且应加设拉结钢筋，末端应有 90°弯钩</td><td></td><td></td><td></td></tr>
<tr><td>数量</td><td>每 120mm 墙厚放置 1ϕ6 拉结钢筋（120mm 厚墙应放置 2ϕ6 拉结钢筋）</td><td></td><td></td><td></td></tr>
<tr><td rowspan="2">间距允许偏差</td><td>沿墙高不应超过 500mm</td><td></td><td></td><td></td></tr>
<tr><td>竖向间距 ≤100mm</td><td></td><td></td><td></td></tr>
<tr><td>从留槎处算起埋入长度</td><td>≥500mm（对抗震设防烈度 6 度、7 度的地区，≥1000mm）</td><td></td><td></td><td></td></tr>
<tr><td>一般项目</td><td>1</td><td colspan="2">组砌方法</td><td colspan="2">砖砌体组砌方法应内外搭砌，上、下错缝。清水墙、窗间墙无通缝；混水墙中不得有长度大于 300mm 的通缝，长度 200mm～300mm 的通缝每间不超过 3 处，且不得位于同一面墙体上。砖柱不得采用包心砌法</td><td></td><td></td><td></td></tr>
</table>

续表

验收项目				设计要求及规范规定		最小/实际样数量	检查记录	检查结果
一般项目	2	水平灰缝厚度、竖向灰缝宽度		宜为10mm，但不应小于8mm，也不应大于12mm				
	3	轴线位移		允许偏差(mm)	10			
	4	基础、墙、柱顶面标高			±15			
	5	每层墙面垂直度			5			
	6	墙面全高垂直度	≤10m		10			
			＞10m		20			
	7	表面平整度	清水墙、柱		5			
			混水墙、柱		8			
	8	水平灰缝平直度	清水墙		7			
			混水墙		10			
	9	门窗洞口高、宽（后塞口）			±10			
	10	外墙上下窗口偏移			20			
	11	清水墙游丁走缝			20			
施工单位检查结果				专业工长： 项目专业质量检查员： 年 月 日				
监理单位验收结果				专业监理工程师： 年 月 日				

注：表中“设计要求”等内容应按实际设计要求内容填写。

2. 验收依据说明

(1)【规范名称及编号】《城镇污水处理厂工程质量验收规范》GB 50334－2017

【条文摘录】

6.1.4 污水与污泥处理构筑物砌体工程的质量验收应符合现行国家标准《砌体结构工程施工质量验收规范》GB 50203和《给水排水构筑物工程施工及验收规范》GB 50141的有关规定。

(2)【规范名称及编号】《砌体结构工程施工质量验收规范》GB 50203－2011

【条文摘录】

5.2 主 控 项 目

5.2.1 砖和砂浆的强度等级必须符合设计要求。

抽检数量：每一生产厂家，烧结普通砖、混凝土实心砖每15万块，烧结多孔砖、混凝土多孔砖、蒸压灰砂砖及蒸压粉煤灰砖每10万块各为一验收批，不足上述数量时按1批计，抽检数量为1组。砂浆试块的抽检数量执行本规范第4.0.12条的有关规定。

检验方法：查砖和砂浆试块试验报告。

5.2.2 砌体灰缝砂浆应密实饱满，砖墙水平灰缝的砂浆饱满度不得低于80%；砖柱水平灰缝和竖向灰缝饱满度不得低于90%。

抽检数量：每检验批抽查不应少于5处。

检验方法：用百格网检查砖底面与砂浆的粘结痕迹面积。每处检测3块砖，取其平均值。

5.2.3 砖砌体的转角处和交接处应同时砌筑，严禁无可靠措施的内外墙分砌施工。在抗震设防烈度为8度及8度以上的地区，对不能同时砌筑而又必须留置的临时间断处应砌成斜槎，普通砖砌体斜槎水平投影长度不应小于高度的2/3，多孔砖砌体的斜槎长高比不应小于1/2。斜槎高度不得超过一步脚手架的高度。

抽检数量：每检验批抽查不应小于5处。

检验方法：观察检查。

5.2.4 非抗震设防及抗震设防烈度为6度、7度地区的临时间断处，当不能留斜槎时，除转角处外，可留直槎，但直槎必须做成凸槎，且应加设拉结钢筋，拉结钢筋应符合下列规定：

1 每120mm墙厚放置1ϕ6拉结钢筋（120mm厚度应放置2ϕ6拉结钢筋）；

2 间距沿墙高不应超过500mm；且竖向间距偏差不应超过100mm；

3 埋入长度从留槎处算起每边均不应小于500mm，对抗震设防烈度6度、7度的地区，不应小于1000mm；

4 末端应有90°弯钩。

检验数量：每检验批抽查不应少于5处。

检验方法：观察和尺量检查。

5.3 一般项目

5.3.1 砖砌体组砌方法应正确，内外搭砌，上、下错缝。清水墙、窗间墙无通缝；混水墙中不得有长度大于300mm的通缝，长度200mm～300mm的通缝每间不超过3处，且不得位于同一面墙体上。砖柱不得采用包心砌法。

检验数量：每检验批抽查不应少于5处。

检验方法：观察检查。砌体组砌方法抽检每处应为3m～5m。

5.3.2 砖砌体的灰缝应横平竖直，厚薄均匀，水平灰缝厚度及竖向灰缝宽度宜为10mm，但不应小于8mm，也不应大于12mm。

检验数量：每检验批抽查不应小于5处。

检验方法：水平灰缝厚度用尺量10皮砖砌体高度折算。竖向灰缝宽度用尺量2m砌体长度折算。

5.3.3 砖砌体尺寸、位置的允许偏差及检验应符合表5.3.3的规定：

表5.3.3　砖砌体尺寸、位置的允许偏差及检验

项次	项目			允许偏差(mm)	检验方法	抽检数量
1	轴线位移			10	用经纬仪和尺或用其他测量仪器检查	承重墙、柱全数检查
2	基础、墙、柱顶面标高			±15	用水准仪和尺检查	不应少于5处
3	墙面垂直度	每层		5	用2m托线板检查	不应少于5处
		全高	≤10m	10	用经纬仪、吊线和尺或其他测量仪器检查	外墙全部阳角
			>10m	20		
4	表面平整度	清水墙、柱		5	用2m靠尺和楔形塞尺检查	不应少于5处
		混水墙、柱		8		
5	水平灰缝平直度	清水墙		7	拉5m线和尺检查	不应少于5处
		混水墙		10		
6	门窗洞口高、宽（后塞口）			±10	用尺检查	不应少于5处
7	外墙上下窗口偏移			20	以底层窗口为准，用经纬仪或吊线检查	不应少于5处
8	清水墙游丁走缝			20	以每层第一皮砖为准，用吊线和尺检查	不应少于5处

3. 检验批验收应提供的核查资料

(1) 核查依据：《城镇污水处理厂工程质量验收规范》GB 50334－2017

6.1.2　污水与污泥处理构筑物工程验收时应检查下列文件：

1　测量记录和沉降观测记录；

2　材料、半成品和构件出厂质量合格证、检验、复验报告；

3　混凝土配合比设计、试配报告；

4　隐蔽工程验收记录；

5　施工记录与监理检验记录；

6　功能性试验记录；

7　其他有关文件。

(2) 核查资料明细

核查资料明细表

序号	核查资料名称	核查要点
1	材料产品合格证书	核查规格型号、数量、日期、性能等符合设计要求
2	材料性能检验报告	核查报告内容的完整性和结论的符合性
3	砖和砂浆试块试验报告	核查报告内容的完整性和结论的符合性
4	施工记录	核查砌体灰缝、组砌方法及留槎、拉结钢筋设置等符合设计及规范要求
5	监理检验记录	核查记录内容的完整性

2.3.27 混凝土小型空心砌块砌体检验批质量验收记录

1. 表格

混凝土小型空心砌块砌体检验批质量验收记录

编号：□□□□□□□□□□—□□

<table>
<tr><td>单位（子单位）
工程名称</td><td colspan="5"></td></tr>
<tr><td>分部（子分部）
工程名称</td><td colspan="2"></td><td>分项工程名称</td><td colspan="2"></td></tr>
<tr><td>施工单位</td><td></td><td>项目负责人</td><td></td><td>检验批容量</td><td></td></tr>
<tr><td>分包单位</td><td></td><td>分包单位项目
负责人</td><td></td><td>检验批单位</td><td></td></tr>
<tr><td>施工依据</td><td colspan="2"></td><td>验收依据</td><td colspan="2"></td></tr>
</table>

<table>
<tr><td colspan="4">验收项目</td><td colspan="2">设计要求及规范规定</td><td>最小/实际
抽样数量</td><td>检查记录</td><td>检查结果</td></tr>
<tr><td rowspan="9">主控项目</td><td>1</td><td colspan="2">小砌块强度等级</td><td colspan="2">符合设计要求 MU ______</td><td></td><td></td><td></td></tr>
<tr><td>2</td><td colspan="2">芯柱混凝土强度等级</td><td colspan="2">符合设计要求 C ______</td><td></td><td></td><td></td></tr>
<tr><td>3</td><td colspan="2">砂浆强度等级</td><td colspan="2">符合设计要求 M ______</td><td></td><td></td><td></td></tr>
<tr><td>4</td><td colspan="2">水平灰缝砂浆饱满度</td><td colspan="2">≥90%</td><td></td><td></td><td></td></tr>
<tr><td>5</td><td colspan="2">竖向灰缝砂浆饱满度</td><td colspan="2">≥90%</td><td></td><td></td><td></td></tr>
<tr><td>6</td><td colspan="2">墙体转角处、纵横墙交接处</td><td colspan="2">同时砌筑</td><td></td><td></td><td></td></tr>
<tr><td>7</td><td colspan="2">斜槎留置</td><td colspan="2">临时间断处应砌成斜槎，斜槎水平投影长度不应小于斜槎高度</td><td></td><td></td><td></td></tr>
<tr><td>8</td><td colspan="2">施工洞孔直槎留置及砌筑</td><td colspan="2">施工洞口可预留直槎，但在洞口砌筑和补砌时，应在直槎上下搭砌的小砌块孔洞内用强度等级不低于 C20（或 Cb20）的混凝土灌实</td><td></td><td></td><td></td></tr>
<tr><td>9</td><td colspan="2">小砌块砌体芯柱</td><td colspan="2">在楼盖处应贯通，不得削弱芯柱截面尺寸；芯柱混凝土不得漏灌</td><td></td><td></td><td></td></tr>
<tr><td rowspan="8">一般项目</td><td>1</td><td colspan="2">水平灰缝厚度、
竖向灰缝宽度</td><td colspan="2">宜为 10mm，但不应小于 8mm，也不应大于 12mm</td><td></td><td></td><td></td></tr>
<tr><td>2</td><td colspan="2">轴线位移</td><td rowspan="7">允许
偏差
(mm)</td><td>10</td><td></td><td></td><td></td></tr>
<tr><td>3</td><td colspan="2">基础、墙、柱顶面标高</td><td>±15</td><td></td><td></td><td></td></tr>
<tr><td>4</td><td colspan="2">每层墙面垂直度</td><td>5</td><td></td><td></td><td></td></tr>
<tr><td rowspan="2">5</td><td rowspan="2">墙面全高垂直度</td><td>≤10m</td><td>10</td><td></td><td></td><td></td></tr>
<tr><td>>10m</td><td>20</td><td></td><td></td><td></td></tr>
<tr><td rowspan="2">6</td><td rowspan="2">表面平整度</td><td>清水墙、柱</td><td>5</td><td></td><td></td><td></td></tr>
<tr><td>混水墙、柱</td><td>8</td><td></td><td></td><td></td></tr>
</table>

续表

<table>
<tr><td colspan="4">验收项目</td><td colspan="2">设计要求及规范规定</td><td>最小/实际抽样数量</td><td>检查记录</td><td>检查结果</td></tr>
<tr><td rowspan="5">一般项目</td><td rowspan="2">7</td><td rowspan="2">水平灰缝平直度</td><td>清水墙</td><td rowspan="5">允许偏差(mm)</td><td>7</td><td></td><td></td><td></td></tr>
<tr><td>混水墙</td><td>10</td><td></td><td></td><td></td></tr>
<tr><td>8</td><td colspan="2">门窗洞口高、宽（后塞口）</td><td>±10</td><td></td><td></td><td></td></tr>
<tr><td>9</td><td colspan="2">外墙上下窗口偏移</td><td>20</td><td></td><td></td><td></td></tr>
<tr><td>10</td><td colspan="2">清水墙游丁走缝</td><td>20</td><td></td><td></td><td></td></tr>
<tr><td colspan="4">施工单位
检查结果</td><td colspan="5">专业工长：
项目专业质量检查员：
年 月 日</td></tr>
<tr><td colspan="4">监理单位
验收结论</td><td colspan="5">专业监理工程师：
年 月 日</td></tr>
</table>

注：表中“设计要求”等内容应按实际设计要求内容填写。

2. 验收依据说明

(1)【规范名称及编号】《城镇污水处理厂工程质量验收规范》GB 50334－2017

【条文摘录】

6.1.4 污水与污泥处理构筑物砌体工程的质量验收应符合现行国家标准《砌体结构工程施工质量验收规范》GB 50203和《给水排水构筑物工程施工及验收规范》GB 50141的有关规定。

(2)【规范名称及编号】《砌体结构工程施工质量验收规范》GB 50203－2011

【条文摘录】

6.2 主 控 项 目

6.2.1 小砌块和芯柱混凝土、砌筑砂浆的强度等级必须符合设计要求。

抽检数量：每一生产厂家，每1万块小砌块为一验收批，不足1万块按一批计，抽检数量为1组；用于多层以上建筑的基础和底层的小砌块抽检数量不应小于2组，砂浆试块的抽检数量应执行本规范第4.0.12条的有关规定。

检验方法：检查小砌块和芯柱混凝土、砌筑砂浆试块试验报告。

6.2.2 砌体水平灰缝和竖向灰缝的砂浆饱满度，按净面积计算不得低于90%。

抽检数量：每检验批检查不应少于5处。

检验方法：用专用百格网检测小砌块与砂浆粘结痕迹，每处检验3块小砌块，取其平均值。

6.2.3 墙体转角处和纵横墙交接处应同时砌筑。临时间断处应砌成斜槎，斜槎水平投影长度不应小于斜槎高度。施工洞口可预留直槎，但在洞口砌筑和补砌时，应在直槎上下搭砌的小砌块孔洞内用强度等级不低于C20（或Cb20）的混凝土灌实。

抽检数量：每检验批抽查不应小于5处。

检验方法：观察检查。

6.2.4　小砌块砌体的芯柱在楼盖处应贯通，不得削弱芯柱截面尺寸；芯柱混凝土不得漏灌。

检验数量：每检验批抽查不应小于5处。

检验方法：观察检查。

6.3　一　般　项　目

6.3.1　砌体的水平灰缝厚度和竖向灰缝宽度宜为10mm，但不应小于8mm，也不应大于12mm。

抽检数量：每检验批抽查不应小于5处。

抽检方法：水平灰缝用尺量5皮小砌块的高度折算；竖向灰缝宽度用尺量2m砌体长度折算。

6.3.2　小砌块砌体尺寸，位置的允许偏差应按本规范第5.3.3条的规定执行。

6.3.3　砖砌体尺寸、位置的允许偏差及检验应符合表5.3.3的规定：

表6.3.3　砖砌体尺寸、位置的允许偏差及检验

项次	项目			允许偏差（mm）	检验方法	抽检数量
1	轴线位移			10	用经纬仪和尺或用其他测量仪器检查	承重墙、柱全数检查
2	基础、墙、柱顶面标高			±15	用水准仪和尺检查	不应少于5处
3	墙面垂直度	每层		5	用2m托线板检查	不应少于5处
		全高	≤10m	10	用经纬仪、吊线和尺或其他测量仪器检查	外墙全部阳角
			>10m	20		
4	表面平整度	清水墙、柱		5	用2m靠尺和楔形塞尺检查	不应少于5处
		混水墙、柱		8		
5	水平灰缝平直度	清水墙		7	拉5m线和尺检查	不应少于5处
		混水墙		10		
6	门窗洞口高、宽（后塞口）			±10	用尺检查	不应少于5处
7	外墙上下窗口偏移			20	以底层窗口为准，用经纬仪或吊线检查	不应少于5处
8	清水墙游丁走缝			20	以每层第一皮砖为准，用吊线和尺检查	不应少于5处

3. 检验批验收应提供的核查资料

（1）核查依据：《城镇污水处理厂工程质量验收规范》GB 50334－2017

6.1.2　污水与污泥处理构筑物工程验收时应检查下列文件：

1　测量记录和沉降观测记录；

2　材料、半成品和构件出厂质量合格证、检验、复验报告；

3　混凝土配合比设计、试配报告；

4　隐蔽工程验收记录；

5　施工记录与监理检验记录；

6　功能性试验记录；

7　其他有关文件。

（2）核查资料明细

核查资料明细表

序号	核查资料名称	核查要点
1	材料产品合格证书	核查规格型号、数量、日期、性能等符合设计要求
2	材料性能检验报告	核查报告的完整性和结论的符合性
3	施工记录	核查砌体灰缝、组砌方法及留槎、拉结钢筋设置等符合设计及规范要求
4	监理检验记录	核查记录内容的完整性

2.3.28　石砌体检验批质量验收记录

1. 表格

石砌体检验批质量验收记录

编号：□□□□□□□□□□—□□

<table>
<tr><td colspan="4">单位（子单位）
工程名称</td><td colspan="7"></td></tr>
<tr><td colspan="4">分部（子分部）
工程名称</td><td colspan="2"></td><td colspan="2">分项工程名称</td><td colspan="3"></td></tr>
<tr><td colspan="4">施工单位</td><td colspan="2"></td><td colspan="2">项目负责人</td><td></td><td>检验批容量</td><td></td></tr>
<tr><td colspan="4">分包单位</td><td colspan="2"></td><td colspan="2">分包单位项目
负责人</td><td></td><td>检验批单位</td><td></td></tr>
<tr><td colspan="4">施工依据</td><td colspan="3"></td><td colspan="2">验收依据</td><td colspan="2"></td></tr>
<tr><td colspan="5">验收项目</td><td colspan="3">设计要求及规范规定</td><td>最小/实际
抽样数量</td><td>检查记录</td><td>检查结果</td></tr>
<tr><td rowspan="3">主控项目</td><td>1</td><td colspan="3">石材强度等级</td><td colspan="3">符合设计要求 MU______</td><td></td><td></td><td></td></tr>
<tr><td>2</td><td colspan="3">砂浆强度等级</td><td colspan="3">符合设计要求 M______</td><td></td><td></td><td></td></tr>
<tr><td>3</td><td colspan="3">灰缝砂浆饱满度</td><td colspan="3">≥80%</td><td></td><td></td><td></td></tr>
<tr><td rowspan="7">一般项目</td><td rowspan="7">1</td><td rowspan="7">轴线位移</td><td colspan="2" rowspan="2">毛石砌体</td><td>基础</td><td rowspan="7">允许偏差（mm）</td><td>20</td><td></td><td></td><td></td></tr>
<tr><td>墙</td><td>15</td><td></td><td></td><td></td></tr>
<tr><td rowspan="5">料石砌体</td><td rowspan="2">毛料石</td><td>基础</td><td>20</td><td></td><td></td><td></td></tr>
<tr><td>墙</td><td>15</td><td></td><td></td><td></td></tr>
<tr><td rowspan="2">粗料石</td><td>基础</td><td>15</td><td></td><td></td><td></td></tr>
<tr><td>墙</td><td>10</td><td></td><td></td><td></td></tr>
<tr><td>细料石</td><td>墙、柱</td><td>10</td><td></td><td></td><td></td></tr>
</table>

续表

验收项目					设计要求及规范规定			最小/实际抽样数量	检查记录	检查结果
一般项目	2	基础和墙砌体顶面标高	毛石砌体		基础	允许偏差（mm）	±25			
					墙		±15			
			料石砌体	毛料石	基础		±25			
					墙		±15			
				粗料石	基础		±15			
					墙		±15			
				细料石	墙、柱		±10			
	3	砌体厚度	毛石砌体		基础		+30			
					墙		+20 −10			
			料石砌体	毛料石	基础		+30			
					墙		+20 −10			
				粗料石	基础		+15			
					墙		+10 −5			
				细料石	墙、柱		+10 −5			
	4	每层墙面垂直度	毛石砌体		墙		20			
			料石砌体	毛料石	墙		20			
				粗料石	墙		10			
				细料石	墙、柱		7			
	5	全高墙面垂直度	毛石砌体		墙		30			
			料石砌体	毛料石	墙		30			
				粗料石	墙		25			
				细料石	墙、柱		10			
	6	清水墙、柱表面平整度	料石砌体	毛料石	墙		20			
				粗料石	墙		10			
				细料石	墙、柱		5			
	7	混水墙、柱表面平整度	料石砌体	毛料石	墙		20			
				粗料石	墙		15			
	8	清水墙水平灰缝平直度	料石砌体	粗料石	墙		10			
				细料石	墙、柱		5			
	9	组砌形式			内外搭砌，上下错缝，拉结石、丁砌石交错设置					
					毛石墙拉结石每 0.7m² 墙面不应少于 1 块					
施工单位检查结果	专业工长： 项目专业质量检查员： 年 月 日									
监理单位验收结论	专业监理工程师： 年 月 日									

注：表中“设计要求”等内容应按实际设计要求内容填写。

2. 验收依据说明

(1)【规范名称及编号】《城镇污水处理厂工程质量验收规范》GB 50334－2017

【条文摘录】

6.1.4　污水与污泥处理构筑物砌体工程的质量验收应符合现行国家标准《砌体结构工程施工质量验收规范》GB 50203和《给水排水构筑物工程施工及验收规范》GB 50141的有关规定。

(2)【规范名称及编号】《砌体结构工程施工质量验收规范》GB 50203－2011

【条文摘录】

7.2　主　控　项　目

7.2.1　石材及砂浆强度等级必须符合设计要求。

抽检数量：同一产地的同类石材抽检不应少于一组。砂浆试块的抽检数量执行本规范第4.0.12条的有关规定。

检验方法：料石检查产品质量证明书，石材、砂浆检查试块试验报告。

7.2.2　砌体灰缝的砂浆饱满度不应小于80%。

抽检数量：每检验批抽查不应少于5处。

检验方法：观察检查。

7.3　一　般　项　目

7.3.1　石砌体尺寸、位置的允许偏差及检验方法应符合表7.3.1的规定。

表7.3.1　石砌体尺寸、位置的允许偏差及检验方法

<table>
<tr><th rowspan="4">项次</th><th rowspan="4" colspan="2">项目</th><th colspan="7">允许偏差（mm）</th><th rowspan="4">检验方法</th></tr>
<tr><th colspan="2">毛石砌体</th><th colspan="5">料石砌体</th></tr>
<tr><th rowspan="2">基础</th><th rowspan="2">墙</th><th colspan="2">毛料石</th><th colspan="2">粗料石</th><th>细料石</th></tr>
<tr><th>基础</th><th>墙</th><th>基础</th><th>墙</th><th>墙、柱</th></tr>
<tr><td>1</td><td colspan="2">轴线位置</td><td>20</td><td>15</td><td>20</td><td>15</td><td>15</td><td>10</td><td>10</td><td>用经纬仪和尺检查，或用其他测量仪器检查</td></tr>
<tr><td>2</td><td colspan="2">基础和墙砌体顶面标高</td><td>±25</td><td>±15</td><td>±25</td><td>±15</td><td>±15</td><td>±15</td><td>±10</td><td>用水准仪和尺检查</td></tr>
<tr><td>3</td><td colspan="2">砌体厚度</td><td>+30</td><td>+20
−10</td><td>+30</td><td>+20
−10</td><td>+15</td><td>+10
−5</td><td>+10
−5</td><td>用尺检查</td></tr>
<tr><td rowspan="2">4</td><td rowspan="2">墙面垂直度</td><td>每层</td><td>—</td><td>20</td><td>—</td><td>20</td><td>—</td><td>10</td><td>7</td><td rowspan="2">用经纬仪、吊线和尺检查，或用其他测量仪器检查</td></tr>
<tr><td>全高</td><td>—</td><td>30</td><td>—</td><td>30</td><td>—</td><td>25</td><td>10</td></tr>
<tr><td rowspan="2">5</td><td rowspan="2">表面平整度</td><td>清水墙、柱</td><td>—</td><td>—</td><td>—</td><td>20</td><td>—</td><td>10</td><td>5</td><td rowspan="2">细料石用2m靠尺和楔形塞尺检查，其他用两直尺垂直于灰缝拉2m线和尺检查</td></tr>
<tr><td>混水墙、柱</td><td>—</td><td>—</td><td>—</td><td>20</td><td>—</td><td>15</td><td>—</td></tr>
<tr><td>6</td><td colspan="2">清水墙水平灰缝平直度</td><td>—</td><td>—</td><td>—</td><td>—</td><td>—</td><td>10</td><td>5</td><td>拉10m线和尺检查</td></tr>
</table>

抽检数量：每检验批抽查不应少于5处。

7.3.2　石砌体的组砌形式应符合下列规定：

1　内外搭砌，上下错缝，拉结石、丁砌石交错设置；

2　毛石墙拉结石每0.7m^2墙面不应少于1块。

检查数量：每检验批抽查不应少于5处。

检验方法：观察检查。

3. 检验批验收应提供的核查资料

(1) 核查依据：《城镇污水处理厂工程质量验收规范》GB 50334－2017

6.1.2 污水与污泥处理构筑物工程验收时应检查下列文件：

1 测量记录和沉降观测记录；

2 材料、半成品和构件出厂质量合格证、检验、复验报告；

3 混凝土配合比设计、试配报告；

4 隐蔽工程验收记录；

5 施工记录与监理检验记录；

6 功能性试验记录；

7 其他有关文件。

(2) 核查资料明细

核查资料明细表

序号	核查资料名称	核查要点
1	材料产品合格证书	核查规格型号、数量、日期、性能等符合设计要求
2	材料性能检验报告	核查报告的完整性和结论的符合性
3	施工记录	核查砌体灰缝、组砌方法等符合设计及规范要求
4	监理检验记录	核查记录内容的完整性

2.3.29 配筋砌体检验批质量验收记录

1. 表格

配筋砌体检验批质量验收记录

编号：□□□□□□□□□□—□□

<table>
<tr><td colspan="3">单位（子单位）工程名称</td><td colspan="6"></td></tr>
<tr><td colspan="3">分部（子分部）工程名称</td><td colspan="2"></td><td>分项工程名称</td><td colspan="3"></td></tr>
<tr><td colspan="3">施工单位</td><td></td><td>项目负责人</td><td></td><td>检验批容量</td><td colspan="2"></td></tr>
<tr><td colspan="3">分包单位</td><td></td><td>分包单位项目负责人</td><td></td><td>检验批单位</td><td colspan="2"></td></tr>
<tr><td colspan="3">施工依据</td><td colspan="2"></td><td>验收依据</td><td colspan="3"></td></tr>
<tr><td colspan="3">验收项目</td><td colspan="3">设计要求及规范规定</td><td>最小/实际抽样数量</td><td>检查记录</td><td>检查结果</td></tr>
<tr><td rowspan="3">主控项目</td><td>1</td><td>钢筋品种、规格、数量和设置部位</td><td colspan="3">符合设计要求</td><td></td><td></td><td></td></tr>
<tr><td>2</td><td>混凝土强度等级</td><td colspan="3">符合设计要求 C______</td><td></td><td></td><td></td></tr>
<tr><td>3</td><td>砂浆强度等级</td><td colspan="3">符合设计要求 M______</td><td></td><td></td><td></td></tr>
</table>

续表

<table>
<tr><td colspan="4">验收项目</td><td colspan="2">设计要求及规范规定</td><td>最小/实际抽样数量</td><td>检查记录</td><td>检查结果</td></tr>
<tr><td rowspan="10">主控项目</td><td rowspan="7">4</td><td colspan="2" rowspan="7">构造柱与墙体连接部位</td><td colspan="2">马牙槎应先退后进，对称砌筑</td><td></td><td></td><td></td></tr>
<tr><td colspan="2">马牙槎凹凸尺寸≥60mm</td><td></td><td></td><td></td></tr>
<tr><td colspan="2">马牙槎高度不应超过马牙槎 300mm</td><td></td><td></td><td></td></tr>
<tr><td colspan="2">预留拉结钢筋的规格、尺寸、数量及位置应正确</td><td></td><td></td><td></td></tr>
<tr><td colspan="2">拉结钢筋应沿墙高每隔 500mm 设 2ϕ6，伸入墙内不宜小于 600mm</td><td></td><td></td><td></td></tr>
<tr><td colspan="2">拉结钢筋的竖向位移≤100mm</td><td></td><td></td><td></td></tr>
<tr><td colspan="2">拉结钢筋不得任意弯折</td><td></td><td></td><td></td></tr>
<tr><td>5</td><td colspan="2">钢筋连接方式</td><td colspan="2">符合设计要求</td><td></td><td></td><td></td></tr>
<tr><td>6</td><td colspan="2">钢筋锚固长度</td><td colspan="2">符合设计要求</td><td></td><td></td><td></td></tr>
<tr><td>7</td><td colspan="2">钢筋搭接长度</td><td colspan="2">符合设计要求</td><td></td><td></td><td></td></tr>
<tr><td rowspan="13">一般项目</td><td>1</td><td colspan="2">构造柱中心线位置</td><td rowspan="5">允许偏差(mm)</td><td>10</td><td></td><td></td><td></td></tr>
<tr><td>2</td><td colspan="2">构造柱层间错位</td><td>8</td><td></td><td></td><td></td></tr>
<tr><td>3</td><td colspan="2">每层构造柱垂直度</td><td>10</td><td></td><td></td><td></td></tr>
<tr><td rowspan="2">4</td><td rowspan="2">构造柱全高垂直度</td><td>≤10m</td><td>15</td><td></td><td></td><td></td></tr>
<tr><td>>10m</td><td>20</td><td></td><td></td><td></td></tr>
<tr><td>5</td><td colspan="2">灰缝钢筋防腐保护</td><td colspan="2">符合设计要求</td><td></td><td></td><td></td></tr>
<tr><td>6</td><td colspan="2">灰缝钢筋保护层</td><td colspan="2">钢筋保护层完好，不应有肉眼可见裂纹、剥落和擦痕等缺陷</td><td></td><td></td><td></td></tr>
<tr><td>7</td><td colspan="2">网状配筋规格、间距</td><td colspan="2">符合设计要求</td><td></td><td></td><td></td></tr>
<tr><td>8</td><td colspan="2">网状配筋位置</td><td colspan="2">符合设计要求</td><td></td><td></td><td></td></tr>
<tr><td rowspan="3">9</td><td rowspan="3">受力钢筋保护层厚度</td><td>网状配筋砌体</td><td rowspan="4">允许偏差(mm)</td><td>±10</td><td></td><td></td><td></td></tr>
<tr><td>组合砖砌体</td><td>±5</td><td></td><td></td><td></td></tr>
<tr><td>配筋小砌块砌体</td><td>±10</td><td></td><td></td><td></td></tr>
<tr><td>10</td><td colspan="2">配筋小砌块砌体墙凹槽中水平钢筋间距</td><td>±10</td><td></td><td></td><td></td></tr>
<tr><td colspan="4">施工单位检查结果</td><td colspan="5">专业工长：
项目专业质量检查员：
年 月 日</td></tr>
<tr><td colspan="4">监理单位验收结论</td><td colspan="5">专业监理工程师：
年 月 日</td></tr>
</table>

注：表中“设计要求”等内容应按实际设计要求内容填写。

2. 验收依据说明

(1)【规范名称及编号】《城镇污水处理厂工程质量验收规范》GB 50334－2017

【条文摘录】

6.1.4 污水与污泥处理构筑物砌体工程的质量验收应符合现行国家标准《砌体结构工程施工质量验收规范》GB 50203和《给水排水构筑物工程施工及验收规范》GB 50141的有关规定。

(2)【规范名称及编号】《砌体结构工程施工质量验收规范》GB 50203－2011

【条文摘录】

8.2 主 控 项 目

8.2.1 钢筋的品种、规格、数量和设置部位应符合设计要求。

检验方法：检查钢筋的合格证书、钢筋性能复试试验报告、隐蔽工程记录。

8.2.2 构造柱、芯柱、组合砌体构件、配筋砌体剪力墙构件的混凝土及砂浆的强度等级应符合设计要求。

抽检数量：每检验批砌体，试块不应小于1组，验收批砌体试块不得少于3组。

检验方法：检查混凝土和砂浆试块试验报告。

8.2.3 构造柱与墙体的连接处应符合下列规定：

1 墙体应砌成马牙槎，马牙槎凹凸尺寸不宜小于60mm，高度不应超过300mm，马牙槎应先退后进，对称砌筑；马牙槎尺寸偏差每一构造柱不应超过2处；

2 预留拉结钢筋的规格、尺寸、数量及位置应正确，拉结钢筋应沿墙高每隔500mm设2ϕ6，伸入墙内不宜小于600mm，钢筋的竖向移位不应超过100mm，且竖向移位每一构造柱不得超过2处；

3 施工中不得任意弯折拉结钢筋。

抽检数量：每检验批抽查不应少于5处。

检验方法：观察检查和尺量检查。

8.2.4 配筋砌体中受力钢筋的连接方式及锚固长度、搭接长度应符合设计要求。

抽检数量：每检验批抽查不应少于5处。

检验方法：观察检查。

8.3 一 般 项 目

8.3.1 构造柱一般尺寸允许偏差及检验方法应符合表8.3.1的规定。

表8.3.1 构造柱一般尺寸允许偏差及检验方法

项次	项目			允许偏差（mm）	检验方法
1	中心线位置			10	用经纬仪和尺检查或用其他测量仪器检查
2	层间错位			8	用经纬仪和尺检查，或用其他测量仪器检查
3	垂直度	每层		10	用2m托线板检查
		全高	≤10m	15	用经纬仪、吊线和尺检查，或用其他测量仪器检查
			>10m	20	

抽检数量：每检验批抽查不应少于5处。

8.3.2　设置在砌体灰缝中钢筋的防腐保护应符合本规范第3.0.16条的规定，且钢筋保护层完好，不应有肉眼可见裂纹、剥落和擦痕等缺陷。

抽检数量：每检验批抽查不应少于5处。

检验方法：观察检查。

8.3.3　网状配筋砖砌体中，钢筋网规格及放置间距应符合设计规定，每一构件钢筋网沿砌体高度位置超过设计规定一皮砖厚不得多于1处。

抽检数量：每检验批抽查不应少于5处。

检验方法：通过钢筋网成品检查钢筋规格，钢筋网放置间距采用局部剔缝观察，或用探针刺入灰缝内检查，或用钢筋位置测定仪测定。

8.3.4　钢筋安装位置的允许偏差及检验方法应符合表8.3.4的规定。

表8.3.4　钢筋安装位置的允许偏差及检验方法

项目		允许偏差(mm)	检验方法
受力钢筋保护层厚度	网状配筋砌体	±10	检查钢筋网成品，钢筋网放置位置局部剔缝观察，或用探针刺入灰缝内检查，或用钢筋位置测定仪测定
	组合砖砌体	±5	支模前观察与尺量检查
	配筋小砌块砌体	±10	浇筑灌孔混凝土前观察检查与尺量检查
配筋小砌块砌体墙凹槽中水平钢筋间距		±10	钢尺量连续三档，取最大值

抽检数量：每检验批抽查不应少于5处。

3.0.16　砌体结构中钢筋（包括夹心复合墙内外叶墙间的拉结件或钢筋）的防腐，应符合设计规定。

3. 检验批验收应提供的核查资料

(1) 核查依据：《城镇污水处理厂工程质量验收规范》GB 50334－2017

6.1.2　污水与污泥处理构筑物工程验收时应检查下列文件：

1　测量记录和沉降观测记录；

2　材料、半成品和构件出厂质量合格证、检验、复验报告；

3　混凝土配合比设计、试配报告；

4　隐蔽工程验收记录；

5　施工记录与监理检验记录；

6　功能性试验记录；

7　其他有关文件。

(2) 核查资料明细

核查资料明细表

序号	核查资料名称	核查要点
1	材料产品合格证书	核查规格型号、数量、日期、性能等符合设计要求
2	材料性能检验报告	核查报告的完整性和结论的符合性

续表

序号	核查资料名称	核查要点
3	混凝土及砂浆的强度检验报告	核查报告的完整性及结论的符合性
4	施工记录	核查钢筋的数量和设置部位、受力钢筋的连接及锚固搭接、砌体灰缝、组砌方法及留槎等符合设计及规范要求
5	钢筋隐蔽工程验收记录	核查记录内容的完整性及验收结论的符合性
6	监理检验记录	核查记录内容的完整性

2.3.30 填充墙砌体检验批质量验收记录

1. 表格

填充墙砌体检验批质量验收记录

编号：□□□□□□□□□□—□□

<table>
<tr><td colspan="3">单位（子单位）工程名称</td><td colspan="6"></td></tr>
<tr><td colspan="3">分部（子分部）工程名称</td><td colspan="3"></td><td>分项工程名称</td><td colspan="2"></td></tr>
<tr><td colspan="3">工单位</td><td></td><td colspan="2">项目负责人</td><td></td><td>检验批容量</td><td></td></tr>
<tr><td colspan="3">分包单位</td><td></td><td colspan="2">分包单位项目负责人</td><td></td><td>检验批单位</td><td></td></tr>
<tr><td colspan="3">施工依据</td><td colspan="2"></td><td colspan="2">验收依据</td><td colspan="2"></td></tr>
<tr><td colspan="4">验收项目</td><td colspan="2">设计要求及规范规定</td><td>最小/实际抽样数量</td><td>检查记录</td><td>检查结果</td></tr>
<tr><td rowspan="4">主控项目</td><td>1</td><td colspan="2">块材强度等级</td><td colspan="2">符合设计要求 MU____</td><td></td><td></td><td></td></tr>
<tr><td>2</td><td colspan="2">砂浆强度等级</td><td colspan="2">符合设计要求 M____</td><td></td><td></td><td></td></tr>
<tr><td>3</td><td colspan="2">填充墙砌体连接</td><td colspan="2">与主体结构应可靠连接，其连接构造应符合设计要求</td><td></td><td></td><td></td></tr>
<tr><td>4</td><td colspan="2">采用化学植筋连接方式时，连接钢筋</td><td colspan="2">应进行植筋实体检测，在检验值作用下应基材无裂缝、钢筋无滑移宏观裂损现象；持荷 2min 荷载值降低不大于 5%</td><td></td><td></td><td></td></tr>
<tr><td rowspan="6">一般项目</td><td>1</td><td colspan="2">轴线位移</td><td rowspan="6">允许偏差(mm)</td><td>10</td><td></td><td></td><td></td></tr>
<tr><td rowspan="2">2</td><td rowspan="2">每层墙面垂直度</td><td>≤3m</td><td>5</td><td></td><td></td><td></td></tr>
<tr><td>>3m</td><td>10</td><td></td><td></td><td></td></tr>
<tr><td>3</td><td colspan="2">表面平整度</td><td>8</td><td></td><td></td><td></td></tr>
<tr><td>4</td><td colspan="2">门窗洞口高、宽（后塞口）</td><td>±10</td><td></td><td></td><td></td></tr>
<tr><td>5</td><td colspan="2">外墙上、下窗口偏移</td><td>20</td><td></td><td></td><td></td></tr>
</table>

续表

<table>
<tr><th colspan="4">验收项目</th><th colspan="2">设计要求及规范规定</th><th>最小/实际抽样数量</th><th>检查记录</th><th>检查结果</th></tr>
<tr><td rowspan="12">一般项目</td><td rowspan="2">6</td><td rowspan="2">空心砖砌体</td><td>水平砂浆饱满度</td><td colspan="2">≥80%</td><td></td><td></td><td></td></tr>
<tr><td>垂直砂浆饱满度</td><td colspan="2">填满砂浆、不得有透明缝、瞎缝、假缝</td><td></td><td></td><td></td></tr>
<tr><td rowspan="2">7</td><td colspan="2" rowspan="2">蒸压加气混凝土砌块，轻骨料混凝土小型空心砌块砌体</td><td>水平砂浆饱满度</td><td>≥80%</td><td></td><td></td><td></td></tr>
<tr><td>垂直砂浆饱满度</td><td>≥80%</td><td></td><td></td><td></td></tr>
<tr><td>8</td><td colspan="2">拉结筋、网片位置</td><td colspan="2">应与块体皮数相符合，并置于灰缝中</td><td></td><td></td><td></td></tr>
<tr><td>9</td><td colspan="2">拉结筋、网片留置长度</td><td colspan="2">埋置长度应符合设计要求，竖向位置偏差不应超过一皮高度</td><td></td><td></td><td></td></tr>
<tr><td rowspan="3">10</td><td colspan="2" rowspan="3">砌块搭砌</td><td colspan="2">应错缝搭砌，竖向通缝不应大于2皮</td><td></td><td></td><td></td></tr>
<tr><td>蒸压加气混凝土砌块</td><td>搭砌长度不应小于砌块长度的1/3</td><td></td><td></td><td></td></tr>
<tr><td>轻骨料混凝土小型空心砌块</td><td>搭砌长度不应小于90mm</td><td></td><td></td><td></td></tr>
<tr><td rowspan="3">11</td><td colspan="2" rowspan="3">水平灰缝厚度、竖向灰缝宽度</td><td>烧结空心砖、轻骨料混凝土小型空心砌块砌体</td><td>8mm～12mm</td><td></td><td></td><td></td></tr>
<tr><td>蒸压加气混凝土砌块砌体当采用水泥砂浆、水泥混合砂浆或蒸压加气混凝土砌块砌筑砂浆</td><td>15mm</td><td></td><td></td><td></td></tr>
<tr><td>蒸压加气混凝土砌块砌体采用蒸压加气混凝土砌块粘结砂浆</td><td>3mm～4mm</td><td></td><td></td><td></td></tr>
<tr><td colspan="4">施工单位
检查结果</td><td colspan="5">专业工长：
项目专业质量检查员：
年 月 日</td></tr>
<tr><td colspan="4">监理单位
验收结论</td><td colspan="5">专业监理工程师：
年 月 日</td></tr>
</table>

注：表中“设计要求”等内容应按实际设计要求内容填写。

2. 验收依据说明

(1)【规范名称及编号】《城镇污水处理厂工程质量验收规范》GB 50334－2017

【条文摘录】

6.1.4 污水与污泥处理构筑物砌体工程的质量验收应符合现行国家标准《砌体结构工程施工质量验收规范》GB 50203 和《给水排水构筑物工程施工及验收规范》GB 50141 的有关规定。

(2)【规范名称及编号】《砌体结构工程施工质量验收规范》GB 50203－2011

【条文摘录】

9.2 主 控 项 目

9.2.1 烧结空心砖、小砌块和砌筑砂浆的强度等级应符合设计要求。

抽检数量：烧结空心砖每 10 万块为一验收批，小砌块每 1 万块为一验收批，不足上述数量时按一批计，抽检数量为一组。砂浆试块的抽检数量执行本规范第 4.0.12 条的有关规定。

检验方法：检查砖、小砌块进场复验报告和砂浆试块试验报告。

9.2.2 填充墙砌体应与主体结构可靠连接，其连接构造应符合设计要求，未经设计同意，不得随意改变连接构造方法。每一填充墙与柱的拉结筋的位置超过一皮块体高度的数量不得多于一处。

抽检数量：每检验批抽查不应少于 5 处。

检验方法：观察检查。

9.2.3 填充墙与承重墙、柱、梁的连接钢筋，当采用化学植筋的连接方式时，应进行实体检测。锚固钢筋拉拔试验的轴向受拉非破坏承载力检验值应为 6.0kN。抽检钢筋在检验值作用下应基材无裂缝、钢筋无滑移宏观裂损现象；持荷 2min 期间荷载值降低不大于 5%。检验批验收可按本规范表 B.0.1 通过正常检验一次、二次抽样判定。填充墙砌体植筋锚固力检测记录可按本规范表 C.0.1 填写。

抽检数量：按表 9.2.3 确定。

检验方法：原位试验检查。

表 9.2.3 检验批抽检锚固钢筋样本最小容量

检验批的容量	样本最小容量	检验批的容量	样本最小容量
≤90	5	281～500	20
91～150	8	501～1200	32
151～280	13	1201～3200	50

9.3 一 般 项 目

9.3.1 填充墙砌体尺寸、位置的允许偏差及检验方法应符合表 9.3.1 的规定。

表 9.3.1 填充墙砌体尺寸、位置的允许偏差及检验方法

项次	项目		允许偏差（mm）	检验方法
1	轴线位移		10	用尺检查
2	垂直度（每层）	≤3m	5	用 2m 托线板或吊线、尺检查
		＞3m	10	

续表

项次	项目	允许偏差（mm）	检验方法
3	表面平整度	8	用2m靠尺和楔形尺检查
4	门窗洞口高、宽（后塞口）	±10	用尺检查
5	外墙上、下窗口偏移	20	用经纬仪或吊线检查

检验数量：每检验批抽查不应少于5处。

9.3.2　填充墙砌体的砂浆饱满度及检验方法应符合表9.3.2的规定。

表9.3.2　填充墙砌体的砂浆饱满度及检验方法

砌体分类	灰缝	饱满度及要求	检验方法
空心砖砌体	水平	≥80%	采用百格网检查块体底面或侧面砂浆的粘结痕迹面积
	垂直	填满砂浆、不得有透明缝、瞎缝、假缝	
蒸压加气混凝土砌块、轻骨料混凝土小型空心砌块砌体	水平	≥80%	
	垂直	≥80%	

抽检数量：每检验批抽查不应少于5处。

9.3.3　填充墙留置的拉结钢筋或网片的位置应与块体皮数相符合。拉结钢筋或网片应置于灰缝中，埋置长度应符合设计要求，竖向位置偏差不应超过一皮高度。

抽检数量：每检验批抽查不应少于5处。

检验方法：观察和用尺量检查。

9.3.4　砌筑填充墙时应错缝搭砌，蒸压加气混凝土砌块搭砌长度不应小于砌块长度的1/3；轻骨料混凝土小型空心砌块搭砌长度不应小于90mm；竖向通缝不应大于2皮。

抽检数量：每检验批抽检不应少于5处。

检查方法：观察和用尺检查。

9.3.5　填充墙的水平灰缝厚度和竖向灰缝宽度应正确。烧结空心砖、轻骨料混凝土小型空心砌块砌体的灰缝应为8mm～12mm。蒸压加气混凝土砌块砌体当采用水泥砂浆、水泥混合砂浆或蒸压加气混凝土砌块砌筑砂浆时，水平灰缝厚度及竖向灰缝宽度不应超过15mm；当蒸压加气混凝土砌块砌体采用蒸压加气混凝土砌块粘结砂浆时，水平灰缝厚度和竖向灰缝宽度宜为3mm～4mm。

抽检数量：每检验批抽查不应少于5处。

检查方法：水平灰缝厚度用尺量5皮小砌块的高度折算；竖向灰缝宽度用尺量2m砌体长度折算。

3. 检验批验收应提供的核查资料

(1) 核查依据：《城镇污水处理厂工程质量验收规范》GB 50334－2017

6.1.2　污水与污泥处理构筑物工程验收时应检查下列文件：

1　测量记录和沉降观测记录；

2　材料、半成品和构件出厂质量合格证、检验、复验报告；

3　混凝土配合比设计、试配报告；

4　隐蔽工程验收记录；

5　施工记录与监理检验记录；

6　功能性试验记录；

7　其他有关文件。

（2）核查资料明细

核查资料明细表

序号	核查资料名称	核查要点
1	材料产品合格证书	核查规格型号、数量、日期、性能等符合设计要求
2	材料性能检验报告	核查报告的完整性和结论的符合性
3	砂浆的强度检验报告	核查报告的完整性及结论的符合性
4	施工记录	核查填充墙砌体与主体结构的连接、填充墙与承重主体结构间的空（缝）隙、砌体灰缝、组砌方法、拉结钢筋设置等符合设计及规范要求
5	监理检验记录	核查记录内容的完整性

2.3.31　钢结构焊接检验批质量检验记录

1. 表格

钢结构焊接检验批质量验收记录

编号：□□□□□□□□□—□□

<table>
<tr><td colspan="2">单位（子单位）工程名称</td><td colspan="5"></td></tr>
<tr><td colspan="2">分部（子分部）工程名称</td><td colspan="2"></td><td>分项工程名称</td><td colspan="2"></td></tr>
<tr><td colspan="2">施工单位</td><td></td><td>项目负责人</td><td></td><td>检验批容量</td><td></td></tr>
<tr><td colspan="2">分包单位</td><td></td><td>分包单位项目负责人</td><td></td><td>检验批部位</td><td></td></tr>
<tr><td colspan="2">施工依据</td><td colspan="2"></td><td>验收依据</td><td colspan="2"></td></tr>
<tr><td colspan="3">验收项目</td><td>设计要求规范规定</td><td>最小/实际抽样数量</td><td>检查记录</td><td>检查结果</td></tr>
<tr><td rowspan="4">主控项目</td><td>1</td><td>焊条、焊丝、焊剂、电渣焊熔嘴等焊接材料与母材的匹配</td><td>符合设计要求</td><td></td><td></td><td></td></tr>
<tr><td>2</td><td>焊条、焊剂、药芯焊丝、熔嘴等的使用</td><td>按其产品说明书及焊接工艺文件的规定进行烘焙和存放</td><td></td><td></td><td></td></tr>
<tr><td>3</td><td>焊工合格证</td><td>持证焊工必须在其考试合格项目及其认可范围内施焊</td><td></td><td></td><td></td></tr>
<tr><td>4</td><td>焊接工艺评定报告</td><td>首次采用的钢材、焊接材料、焊接方法、焊后热处理等，应进行焊接工艺评定</td><td></td><td></td><td></td></tr>
</table>

续表

验收项目			设计要求规范规定				最小/实际抽样数量	检查记录	检查结果
主控项目	5	焊缝质量等级的检验	内部缺陷超声波探伤	评定等级	一级	Ⅱ			
					二级	Ⅲ			
				检验等级	一级	B级			
					二级	B级			
				探伤比例	一级	100%			
					二级	20%			
			内部缺陷射线探伤	评定等级	一级	Ⅱ			
					二级	Ⅲ			
				检验等级	一级	AB级			
					二级	AB级			
				探伤比例	一级	100%			
					二级	20%			
	6	对接组合焊缝	要求熔透的对接和角对接组合焊缝，其焊脚尺寸不应小于 $t/4$；设计有疲劳验算要求的吊车梁或类似构件的腹板与上翼缘连接焊缝的焊脚尺寸为 $t/2$，且不应大于10mm。焊脚尺寸的允许偏差为0～4mm						
	7	焊缝表面	不得有裂纹、焊瘤等缺陷。一级、二级焊缝不得有表面气孔、夹渣、弧坑裂纹、电弧擦伤等缺陷，一级焊缝不得有咬边、未焊满、根部收缩等缺陷						
一般项目	1	预热温度、后热温度	需要进行焊前预热或焊后热处理的焊缝，其预热温度或后热温度应符合国家现行有关标准的规定或通过工艺试验确定						
	2	二级、三级焊缝外观质量	符合国家现行有关标准的规定						
	3	焊缝尺寸允许偏差	符合国家现行有关标准的规定						
	4	角焊缝	焊成凹形的角焊缝，焊缝金属与母材间应平缓过渡；加工成凹形的角焊缝，不得在其表面留下切痕						
	5	焊缝观感	外形均匀、成型较好，焊道与焊道、焊道与基本金属间过渡较平滑，焊渣和飞溅物基本清除干净						
施工单位检查结果			专业工长： 项目专业质量检查员： 年　月　日						
监理单位验收结果			专业监理工程师： 年　月　日						

注：1　表中 t 为钢板厚度；
2　表中“设计要求”等内容应按实际设计要求内容填写；
3　二级、三级焊缝外观质量和焊缝尺寸允许偏差应符合《钢结构工程施工质量验收规范》GB 50205 的相关规定。

2. 验收依据说明

(1)【规范名称及编号】《城镇污水处理厂工程质量验收规范》GB 50334－2017

【条文摘录】

6.1.5　污水与污泥处理构筑物钢结构工程的质量验收应符合现行国家标准《钢结构工程施工质量验收规范》GB 50205 的有关规定。

(2)【规范名称及编号】《钢结构工程施工质量验收规范》GB 50205－2001

【条文摘录】

主　控　项　目

5.2.1　焊条、焊丝、焊剂、电渣焊熔嘴等焊接材料与母材的匹配应符合设计要求及国家现行行业标准《建筑钢结构焊接技术规程》JGJ 81 的规定。焊条、焊剂、药芯焊丝、熔嘴等在使用前，应按其产品说明书及焊接工艺文件的规定进行烘焙和存放。

检查数量：全数检查。

检验方法：检查质量证明书和烘焙记录。

5.2.2　焊工必须经考试合格并取得合格证书。持证焊工必须在其考试合格项目及其认可范围内施焊。

检查数量：全数检查。

检验方法：检查焊工合格证及其认可范围、有效期。

5.2.3　施工单位对其首次采用的钢材、焊接材料、焊接方法、焊后热处理等，应进行焊接工艺评定，并应根据评定报告确定焊接工艺。

检查数量：全数检查。

检验方法：检查焊接工艺评定报告。

5.2.4　设计要求全焊透的一、二级焊缝应采用超声波探伤进行内部缺陷的检验，超声波探伤不能对缺陷作出判断时，应采用射线探伤，其内部缺陷分级及探伤方法应符合现行国家标准《钢焊缝手工超声波探伤方法和探伤结果分级》GB 11345 或《钢熔化焊对接接头射线照相和质量分级》GB 3323 的规定。

焊接球节点网架焊缝、螺栓球节点网架焊缝及圆管 T、K、Y 形点相贯线焊缝，其内部缺陷分级及探伤方法应分别符合国家现行标准《焊接球节点钢网架焊缝超声波探伤方法及质量分级法》JG/T 3034.1、《螺栓球节点钢网架焊缝超声波探伤方法及质量分级法》JG/T 3034.2、《建筑钢结构焊接技术规程》JGJ 81 的规定。

一级、二级焊缝的质量等级及缺陷分级应符合表 5.2.4 的规定。

检查数量：全数检查。

检验方法：检查超声波或射线探伤记录。

表 5.2.4　一、二级焊缝质量等级及缺陷分级

焊缝质量等级		一级	二级
内部缺陷超声波探伤	评定等级	Ⅱ	Ⅲ
	检验等级	B级	B级
	探伤比例	100%	20%

续表 5.2.4

焊缝质量等级		一级	二级
内部缺陷射线探伤	评定等级	Ⅱ	Ⅲ
	检验等级	AB级	AB级
	探伤比例	100%	20%
注：探伤比例的计数方法应按以下原则确定：(1) 对工厂制作焊缝，应按每条焊缝计算百分比，且探伤长度应不小于200mm，当焊缝长度不足200mm时，应对整条焊缝进行探伤；(2) 对现场安装焊缝，应按同一类型、同一施焊条件的焊缝条数计算百分比，探伤长度应不小于200mm，并应不少于1条焊缝。			

5.2.5　T形接头、十字接头、角接接头等要求熔透的对接和角对接组合焊缝，其焊脚尺寸不应小于$t/4$；设计有疲劳验算要求的吊车梁或类似构件的腹板与上翼缘连接焊缝的焊脚尺寸为$t/2$，且不应大于10mm。焊脚尺寸的允许偏差为0～4mm。

检查数量：资料全数检查；同类焊缝抽查10%，且不应少于3条。

检验方法：观察检查，用焊缝量规抽查测量。

5.2.6　焊缝表面不得有裂纹、焊瘤等缺陷。一级、二级焊缝不得有表面气孔、夹渣、弧坑裂纹、电弧擦伤等缺陷。且一级焊缝不得有咬边、未焊满、根部收缩等缺陷。

检查数量：每批同类构件抽查10%，且不应少于3件；被抽查构件中，每一类型焊缝按条数抽查5%，且不应少于1条；每条检查1处，总抽查数不应少于10处。

检验方法：观察检查或使用放大镜、焊缝量规和钢尺检查，当存在疑义时，采用渗透或磁粉探伤检查。

一　般　项　目

5.2.7　对于需要进行焊前预热或焊后热处理的焊缝，其预热温度或后热温度应符国家现行有关标准的规定或通过工艺试验确定。预热区在焊道两侧，每侧宽度均应大于焊件厚度的1.5倍以上，且不应小于100 mm；后热处理应在焊后立即进行，保温时间应根据板厚按每25mm板厚1h确定。

检查数量：全数检查。

检验方法：检查预、后热施工记录和工艺试验报告。

5.2.8　二级、三级焊缝外观质量标准应符合《钢结构工程施工质量验收规范》GB 50205－2001附录A中表A.0.1的规定。三级对接缝应按二级焊缝标准进行外观质量检验。

检查数量：每批同类构件抽查10%，且不应少于3件；被抽查构件中，每一类型焊缝按条数抽查5%，且不应少于1条；每条检查1处，总抽查数不应少于10处。

检验方法：观察检查或使用放大镜、焊缝量规和钢尺检查。

5.2.9　焊缝尺寸允许偏差应符合《钢结构工程施工质量验收规范》GB 50205－2001附录A中表A.0.2的规定。

检查数量：每批同类构件抽查10%，且不应少于3件；被抽查构件中，每种焊缝按条数各抽查5%，但不应少于1条；每条检查1处，总抽查数不应少于10处。

检验方法：用焊缝量规检查。

5.2.10 焊成凹形的角焊缝，焊缝金属与母材间应平缓过渡；加工成凹形的角焊缝，不得在其表面留下切痕。

检查数量：每批同类构件抽查10%，且不应少于3件。

检验方法：观察检查。

5.2.11 焊缝感观应达到：外形均匀、成型较好，焊道与焊道、焊道与基本金属间过渡较平滑，焊渣和飞溅物基本清除干净。

检查数量：每批同类构件抽查10%，且不应少于3件；被抽查构件中，每种焊缝按数量各抽查5%，总抽查处不应少于5处。

检验方法：观察检查。

3. 验收应提供的核查资料

(1) 核查依据：《城镇污水处理厂工程质量验收规范》GB 50334－2017

6.1.2 污水与污泥处理构筑物工程验收时应检查下列文件：

1 测量记录和沉降观测记录；

2 材料、半成品和构件出厂质量合格证、检验、复验报告；

3 混凝土配合比设计、试配报告；

4 隐蔽工程验收记录；

5 施工记录与监理检验记录；

6 功能性试验记录；

7 其他有关文件。

(2) 核查资料明细

核查资料明细表

序号	核查资料名称	核查要点
1	材料出厂合格证	核查规格型号、数量、日期、性能等符合设计要求
2	材料检验报告	核查报告的完整性和结论的符合性
3	焊工合格证	核查合格证的有效性
4	一、二级焊缝内部缺陷检查报告	核查内容的完整性和结论的符合性
5	焊接工艺评定报告	核查内容的完整性及结论的符合性
6	施工记录	核查焊缝的外观质量及焊缝尺寸、焊接材料的烘焙、焊前预热、焊后热处理等符合设计及规范要求
7	监理检验记录	核查记录内容的完整性

2.3.32 钢结构焊钉焊接检验批质量检验记录

1. 表格

钢结构焊钉焊接检验批质量验收记录

编号：□□□□□□□□□□—□□

<table>
<tr><td colspan="3">单位（子单位）
工程名称</td><td colspan="5"></td></tr>
<tr><td colspan="3">分部（子分部）
工程名称</td><td colspan="2"></td><td>分项工程
名称</td><td colspan="2"></td></tr>
<tr><td colspan="3">施工单位</td><td></td><td>项目负责人</td><td></td><td>检验批容量</td><td></td></tr>
<tr><td colspan="3">分包单位</td><td></td><td>分包单位项目
负责人</td><td></td><td>检验批部位</td><td></td></tr>
<tr><td colspan="3">施工依据</td><td colspan="2"></td><td>验收依据</td><td colspan="2"></td></tr>
<tr><td colspan="3">验收项目</td><td colspan="2">设计要求及规范规定</td><td>最小/实际
抽样数量</td><td>检查记录</td><td>检查结果</td></tr>
<tr><td rowspan="2">主控项目</td><td>1</td><td>焊钉和钢材焊的
焊接工艺评定</td><td colspan="2">符合设计要求和国家现行有关标准的规定，瓷环应按其产品说明书进行烘焙</td><td></td><td></td><td></td></tr>
<tr><td>2</td><td>弯曲试验</td><td colspan="2">焊缝和热影响区不应有肉眼可见的裂纹</td><td></td><td></td><td></td></tr>
<tr><td>一般项目</td><td>1</td><td>焊脚</td><td colspan="2">均匀，焊脚立面的局部未熔合或不足360°的焊脚应进行修补</td><td></td><td></td><td></td></tr>
<tr><td colspan="2">施工单位
检查结果</td><td colspan="6">专业工长：
项目专业质量检查员：
年　月　日</td></tr>
<tr><td colspan="2">监理单位
验收结果</td><td colspan="6">专业监理工程师：
年　月　日</td></tr>
</table>

注：表中“设计要求”等内容应按实际设计要求内容填写。

2. 依据说明

(1)【规范名称及编号】《城镇污水处理厂工程质量验收规范》GB 50334－2017

【条文摘录】

6.1.5　污水与污泥处理构筑物钢结构工程的质量验收应符合现行国家标准《钢结构工程施工质量验收规范》GB 50205 的有关规定。

(2)【规范名称及编号】《钢结构工程施工质量验收规范》GB 50205－2001

【条文摘录】

主 控 项 目

5.3.1 施工单位对其采用的焊钉和钢材焊接应进行焊接工艺评定，其结果应符合设计要求和国家现行有关标准的规定。瓷环应按其产品说明书进行烘焙。

检查数量：全数检查。

检验方法：检查焊接工艺评定报告和烘焙记录。

5.3.2 焊钉焊接后应进行弯曲试验检查，其焊缝和热影响区不应有肉眼可见的裂纹。

检查数量：每批同类构件抽查10%，且不应少于10件；被抽查构件中，每件检查焊钉数量的1%，但不应少于1个。

检验方法：焊钉弯曲30°后用角尺检查和观察检查。

一 般 项 目

5.3.3 焊钉根部焊脚应均匀，焊脚立面的局部未熔合或不足360°的焊脚应进行修补。

检查数量：按总焊钉数量抽查1%，且不应少于10个。

检验方法：观察检查。

3. 应提供的核查资料

(1) 核查依据：《城镇污水处理厂工程质量验收规范》GB 50334－2017

6.1.2 污水与污泥处理构筑物工程验收时应检查下列文件：

1 测量记录和沉降观测记录；

2 材料、半成品和构件出厂质量合格证、检验、复验报告；

3 混凝土配合比设计、试配报告；

4 隐蔽工程验收记录；

5 施工记录与监理检验记录；

6 功能性试验记录；

7 其他有关文件。

(2) 核查资料明细

核查资料明细表

序号	核查资料名称	核查要点
1	材料出厂合格证	核查焊钉、焊接材料、瓷环等规格、型号、日期等符合设计要求
2	材料性能检验报告	核查报告的完整性和结论的符合性
3	弯曲试验检查报告	检查报告的完整性和结论的符合性
4	焊接工艺评定报告	核查内容的完整性
5	施工记录	核查烘焙记录符合设计及规范要求
6	监理检验记录	核查记录内容的完整性

2.3.33　钢结构紧固件连接检验批质量检验记录

1. 表格

钢结构紧固件连接检验批质量验收记录

编号：□□□□□□□□□□—□□

<table>
<tr><td colspan="4">单位（子单位）
工程名称</td><td colspan="4"></td></tr>
<tr><td colspan="4">分部（子分部）
工程名称</td><td></td><td>分项工程
名称</td><td colspan="2"></td></tr>
<tr><td colspan="4">施工单位</td><td></td><td>项目负责人</td><td>检验批容量</td><td></td></tr>
<tr><td colspan="4">分包单位</td><td></td><td>分包单位项目
负责人</td><td>检验批部位</td><td></td></tr>
<tr><td colspan="4">施工依据</td><td></td><td>验收依据</td><td colspan="2"></td></tr>
<tr><td colspan="4">验收项目</td><td>设计要求及规范规定</td><td>最小/实际
抽样数量</td><td>检查记录</td><td>检查结果</td></tr>
<tr><td rowspan="7">主控项目</td><td rowspan="3">1</td><td rowspan="3">普通紧固件</td><td>作为永久性连接螺栓</td><td>设计有要求或对其质量有疑义时，应进行螺栓实物最小拉力载荷复验，其结果应符合相关规范要求</td><td></td><td></td><td></td></tr>
<tr><td>连接薄钢板的自攻钉、拉铆钉、射钉规格尺寸</td><td>应与被连接钢板相匹配</td><td></td><td></td><td></td></tr>
<tr><td>连接薄钢板的自攻钉、拉铆钉、射钉间距、边距</td><td>符合设计要求</td><td></td><td></td><td></td></tr>
<tr><td rowspan="4">2</td><td rowspan="4">高强度螺栓</td><td>连接摩擦面的抗滑移系数试验和复验</td><td>符合设计要求</td><td></td><td></td><td></td></tr>
<tr><td>终拧扭矩</td><td>高强度大六角头螺栓连接副终拧完成 1h 后、48h 内应进行终拧扭矩检查，检查结果应符合相关规范要求</td><td></td><td></td><td></td></tr>
<tr><td rowspan="2">扭剪型高强度螺栓连接副终拧中未拧掉梅花头的螺栓</td><td>数量不应大于该节点螺栓数的 5%</td><td></td><td></td><td></td></tr>
<tr><td>应采用扭矩法或转角法进行终拧并作标记</td><td></td><td></td><td></td></tr>
<tr><td rowspan="4">一般项目</td><td rowspan="2">1</td><td rowspan="2">普通紧固件</td><td>永久性普通螺栓紧固安装</td><td>应牢固、可靠，外露丝扣不应少于 2 扣</td><td></td><td></td><td></td></tr>
<tr><td>自攻螺钉、钢拉铆钉、射钉等与钢板连接</td><td>应紧固密贴，外观排列整齐</td><td></td><td></td><td></td></tr>
<tr><td rowspan="2">2</td><td rowspan="2">高强度螺栓</td><td>施拧顺序和初拧、复拧扭矩</td><td>符合设计要求及相关规范要求</td><td></td><td></td><td></td></tr>
<tr><td>螺栓丝扣外露长度</td><td>终拧后，应为 2～3 扣，其中允许有 10%的螺栓丝扣外露 1 扣或 4 扣</td><td></td><td></td><td></td></tr>
</table>

续表

<table>
<tr><td colspan="4">验收项目</td><td>设计要求及规范规定</td><td>最小/实际抽样数量</td><td>检查记录</td><td>检查结果</td></tr>
<tr><td rowspan="7">一般项目</td><td rowspan="7">2</td><td rowspan="7">高强度螺栓</td><td>连接摩擦面</td><td>保持干燥、整洁，不应有飞边、毛刺、焊接飞溅物、焊疤、氧化铁皮、污垢等，除设计要求外摩擦面不应涂漆</td><td></td><td></td><td></td></tr>
<tr><td rowspan="2">螺栓孔</td><td>螺栓应自由穿入</td><td></td><td></td><td></td></tr>
<tr><td>不应采用气割扩孔，扩孔后的孔径不应超过 1.2d（d 为螺栓直径）</td><td></td><td></td><td></td></tr>
<tr><td rowspan="3">高强度螺栓与球节点连接</td><td>应连接紧固</td><td></td><td></td><td></td></tr>
<tr><td>拧入螺栓球内的螺纹长度不应小于 1.0d（d 为螺栓直径）</td><td></td><td></td><td></td></tr>
<tr><td>连接处不应出现有间隙、松动等未拧紧情况</td><td></td><td></td><td></td></tr>
<tr></tr>
<tr><td colspan="3">施工单位
检查结果</td><td colspan="5">专业工长：
项目专业质量检查员：
年　月　日</td></tr>
<tr><td colspan="3">监理单位
验收结果</td><td colspan="5">专业监理工程师：
年　月　日</td></tr>
</table>

注：1　表中“设计要求”等内容应按实际设计要求内容填写；

2　螺栓实物最小拉力载荷复验，试验方法应符合《钢结构工程施工质量验收规范》GB 50205 的规定，其结果应符合现行国家标准《紧固件机械性能　螺栓、螺钉和螺柱》GB/T 3098.1 的规定；

3　高强度螺栓连接副的施拧顺序和初拧、复拧扭矩应符合设计要求和国家现行行业标准《钢结构高强度螺栓连接的设计施工及验收规程》JGJ 82 的规定。

2. 验收依据说明

(1)【规范名称及编号】《城镇污水处理厂工程质量验收规范》GB 50334－2017

【条文摘录】

6.1.5　污水与污泥处理构筑物钢结构工程的质量验收应符合现行国家标准《钢结构工程施工质量验收规范》GB 50205 的有关规定。

(2)【规范名称及编号】《钢结构工程施工质量验收规范》GB 50205－2001

【条文摘录】

主　控　项　目

6.2.1　普通螺栓作为永久性连接螺栓时，当设计有要求或对其质量有疑义时，应进行螺栓实物最小拉力载荷复验，试验方法见本规范附录B，其结果应符合现行国家标准《紧固件机械性能　螺栓、螺钉和螺柱》GB/T 3098.1的规定。

检查数量：每一规格螺栓抽查8个。

检验方法：检查螺栓实物复验报告。

6.2.2　连接薄钢板采用的自攻钉、拉铆钉、射钉等其规格尺寸应与被连接钢板相匹配，其间距、边距等应符合设计要求。

检查数量：按连接节点数抽查1%，且不应少于3个。

检验方法：观察和尺量检查。

6.3.1　钢结构制作和安装单位应按本规范附录B的规定分别进行高强度螺栓连接摩擦面的抗滑移系数试验和复验，现场处理的构件摩擦面应单独进行摩擦面抗滑移系数试验，其结果应符合设计要求。

检查数量：见本规范附录B。

检验方法：检查摩擦面抗滑移系数试验报告和复验报告。

6.3.2　高强度大六角头螺栓连接副终拧完成1h后、48h内应进行终拧扭矩检查，检查结果应符合本规范附录B的规定。

检查数量：按节点数抽查10%，且不应少于10个；每个被抽查节点按螺栓数抽查10%，且不应少于2个。

检验方法：见本规范附录B。

6.3.3　扭剪型高强度螺栓连接副终拧后，除因构造原因无法使用专用扳手终拧掉梅花头者外，未在终拧中拧掉梅花头的螺栓数不应大于该节点螺栓数的5%。对所有梅花头未拧掉的扭剪型高强度螺栓连接副应采用扭矩法或转角法进行终拧并作标记，且按本规范第6.3.2条的规定进行终拧扭矩检查。

检查数量：按节点数抽查10%，但不应少于10个节点，被抽查节点中梅花头未拧掉的扭剪型高强度螺栓连接副全数进行终拧扭矩检查。

检验方法：观察检查及本规范附录B。

一　般　项　目

6.2.3　永久性普通螺栓紧固应牢固、可靠，外露丝扣不应少于2扣。

检查数量：按连接节点数抽查10%，且不应少于3个。

检验方法：观察和用小锤敲击检查。

6.2.4　自攻螺钉、钢拉铆钉、射钉等与连接钢板应紧固密贴，外观排列整齐。

检查数量：按连接节点数抽查10%，且不应少于3个。

检验方法：观察或用小锤敲击检查。

6.3.4　高强度螺栓连接副的施拧顺序和初拧、复拧扭矩应符合设计要求和国家现行行业标准《钢结构高强度螺栓连接的设计施工及验收规程》JGJ 82的规定。

检查数量：全数检查资料。

检验方法：检查扭矩扳手标定记录和螺栓施工记录。

6.3.5　高强度螺栓连接副终拧后，螺栓丝扣外露应为2～3扣，其中允许有10%的螺栓丝扣外露1扣或4扣。

检查数量：按节点数抽查5%，且不应少于10个。

检验方法：观察检查。

6.3.6　高强度螺栓连接摩擦面应保持干燥、整洁，不应有飞边、毛刺、焊接飞溅物、焊疤、氧化铁皮、污垢等，除设计要求外摩擦面不应涂漆。

检查数量：全数检查。

检验方法：观察检查。

6.3.7　高强度螺栓应自由穿入螺栓孔。高强度螺栓孔不应采用气割扩孔，扩孔数量应征得设计同意，扩孔后的孔径不应超过 $1.2d$（d 为螺栓直径）。

检查数量：被扩螺栓孔全数检查。

检验方法：观察检查及用卡尺检查。

6.3.8　螺栓球节点网架总拼完成后，高强度螺栓与球节点应紧固连接，高强度螺栓拧入螺栓球内的螺纹长度不应小于 $1.0d$（d 为螺栓直径），连接处不应出现有间隙、松动等未拧紧情况。

检查数量：按节点数抽查 5%，且不应少于 10 个。

检验方法：普通扳手及尺量检查。

3. 验收应提供的核查资料

（1）核查依据：《城镇污水处理厂工程质量验收规范》GB 50334－2017

6.1.2　污水与污泥处理构筑物工程验收时应检查下列文件：

1　测量记录和沉降观测记录；

2　材料、半成品和构件出厂质量合格证、检验、复验报告；

3　混凝土配合比设计、试配报告；

4　隐蔽工程验收记录；

5　施工记录与监理检验记录；

6　功能性试验记录；

7　其他有关文件。

（2）核查资料明细

核查资料明细表

序号	核查资料名称	核查要点
1	产品出厂合格证	核查螺栓规格、型号等符合设计要求
2	产品性能检验报告	核查报告的完整性和结论的符合性
3	摩擦面抗滑移系数试验报告	检查记录内容的完整性和结论的符合性
4	施工记录	核查螺栓施拧顺序和初拧、复拧扭矩等内容符合设计及规范要求
5	监理检验记录	核查记录内容的完整性

2.3.34　钢零部件加工检验批质量检验记录

1. 表格

钢零部件加工检验批质量验收记录

编号：□□□□□□□□□□□—□□

<table>
<tr><td colspan="5">单位（子单位）
工程名称</td><td colspan="5"></td></tr>
<tr><td colspan="5">分部（子分部）
工程名称</td><td colspan="2"></td><td>分项工程
名称</td><td colspan="2"></td></tr>
<tr><td colspan="5">施工单位</td><td></td><td>项目负责人</td><td></td><td>检验批容量</td><td></td></tr>
<tr><td colspan="5">分包单位</td><td></td><td>分包单位项目
负责人</td><td></td><td>检验批部位</td><td></td></tr>
<tr><td colspan="5">施工依据</td><td colspan="2"></td><td>验收依据</td><td colspan="2"></td></tr>
<tr><td colspan="5">验收项目</td><td colspan="2">设计要求及规范规定</td><td>最小/实际
抽样数量</td><td>检查记录</td><td>检查结果</td></tr>
<tr><td rowspan="2">主控项目</td><td>1</td><td colspan="3">切割面、剪切面</td><td colspan="2">无裂纹、夹渣、分层和大于1mm的缺棱</td><td></td><td></td><td></td></tr>
<tr><td>2</td><td colspan="3">边缘加工</td><td colspan="2">气割或机械剪切的零件，需要进行边缘加工时，其刨削量不应小于2.0mm</td><td></td><td></td><td></td></tr>
<tr><td rowspan="18">一般项目</td><td rowspan="4">1</td><td colspan="3" rowspan="4">气割允许偏差
（mm）</td><td>零件宽度、长度</td><td>±3.0</td><td></td><td></td><td></td></tr>
<tr><td>切割面平面度</td><td>0.05t，且不应大于2.0</td><td></td><td></td><td></td></tr>
<tr><td>割纹深度</td><td>0.3</td><td></td><td></td><td></td></tr>
<tr><td>局部缺口深度</td><td>1.0</td><td></td><td></td><td></td></tr>
<tr><td rowspan="3">2</td><td colspan="3" rowspan="3">机械剪切
允许偏差
（mm）</td><td>零件宽度、长度</td><td>±3.0</td><td></td><td></td><td></td></tr>
<tr><td>边缘缺棱</td><td>1.0</td><td></td><td></td><td></td></tr>
<tr><td>型钢端部垂直度</td><td>2.0</td><td></td><td></td><td></td></tr>
<tr><td rowspan="5">3</td><td colspan="3" rowspan="5">边缘加工的
允许偏差
（mm）</td><td>零件宽度、长度</td><td>±1.0</td><td></td><td></td><td></td></tr>
<tr><td>加工边直线度</td><td>l/3000，且≤2.0</td><td></td><td></td><td></td></tr>
<tr><td>相邻两边夹角</td><td>±6′</td><td></td><td></td><td></td></tr>
<tr><td>加工面垂直度</td><td>0.025t，且≤0.5</td><td></td><td></td><td></td></tr>
<tr><td>加工面表面粗糙度</td><td>50▽</td><td></td><td></td><td></td></tr>
<tr><td rowspan="6">4</td><td rowspan="6">螺栓孔孔距允许偏差（mm）</td><td rowspan="6">螺栓孔孔距范围</td><td>≤500</td><td rowspan="2">同一组内任意两孔间距离</td><td>±1.0</td><td></td><td></td><td></td></tr>
<tr><td>501～1200</td><td>±1.5</td><td></td><td></td><td></td></tr>
<tr><td>≤500</td><td rowspan="4">相邻两组的端孔间距离</td><td>±1.5</td><td></td><td></td><td></td></tr>
<tr><td>501～1200</td><td>±2.0</td><td></td><td></td><td></td></tr>
<tr><td>1201～3000</td><td>±2.5</td><td></td><td></td><td></td></tr>
<tr><td>>3000</td><td>±3.0</td><td></td><td></td><td></td></tr>
<tr><td colspan="5">施工单位
检查结果</td><td colspan="5">专业工长：
项目专业质量检查员：
年　月　日</td></tr>
<tr><td colspan="5">监理单位
验收结果</td><td colspan="5">专业监理工程师：
年　月　日</td></tr>
</table>

注：表中t为切割面厚度，b为型钢的宽度，h为型钢的高度，l为型钢的长度。

2. 验收依据说明

(1)【规范名称及编号】《城镇污水处理厂工程质量验收规范》GB 50334－2017

【条文摘录】

6.1.5 污水与污泥处理构筑物钢结构工程的质量验收应符合现行国家标准《钢结构工程施工质量验收规范》GB 50205的有关规定。

(2)【规范名称及编号】《钢结构工程施工质量验收规范》GB 50205－2001

【条文摘录】

主 控 项 目

7.2.1 钢材切割面或剪切面应无裂纹、夹渣、分层和大于1mm的缺棱。

检查数量：全数检查。

检验方法：观察或用放大镜及百分尺检查，有疑义时作渗透、磁粉或超声波探伤检查。

7.4.1 气割或机械剪切的零件，需要进行边缘加工时，其刨削量不应小于2.0mm。

检查数量：全数检查。

检验方法：检查工艺报告和施工记录。

一 般 项 目

7.2.2 气割的允许偏差应符合表7.2.2的规定。

检查数量：按切割面数抽查10%，且不应少于3个。

检验方法：观察检查或用钢尺、塞尺检查。

表7.2.2 气割的允许偏差（mm）

项 目	允许偏差
零件宽度、长度	±3.0
切割面平面度	0.05t，且不应大于2.0
割纹深度	0.3
局部缺口深度	1.0
注：t为切割面厚度。	

7.2.3 机械剪切的允许偏差应符合表7.2.3的规定。

检查数量：按切割面数抽查10%，且不应少于3个。

检验方法：观察检查或用钢尺、塞尺检查。

表7.2.3 机械剪切的允许偏差（mm）

项 目	允许偏差
零件宽度、长度	±3.0
边缘缺棱	1.0
型钢端部垂直度	2.0

7.4.2 边缘加工允许偏差应符合表7.4.2的规定。

检查数量：按加工面数抽查10%，且不应少于3件。

检验方法：观察检查和实测检查。

表 7.4.2 边缘加工的允许偏差（mm）

项　目	允许偏差
零件宽度、长度	±1.0
加工边直线度	l/3000，且不应大于2.0
相邻两边夹角	±6′
加工面垂直度	0.025t，且不应大于0.5
加工面表面粗糙度	50

7.6.2 螺栓孔孔距的允许偏差应符合表7.6.2的规定。

检查数量：按钢构件数量抽查10%，且不应少于3件。

检验方法：用钢尺检查。

表 7.6.2 螺栓孔孔距允许偏差（mm）

螺栓孔孔距范围	≤500	501～1200	1201～3000	>3000
同一组内任意两孔间距离	±1.0	±1.5	—	—
相邻两组的端孔间距离	±1.5	±2.0	±2.5	±3.0

注：1 在节点中连接板与一根杆件相连的所有螺栓孔为一组；
2 对接接头在拼接板一侧的螺栓孔为一组；
3 在两相邻节点或接头间的螺栓孔为一组，但不包括上述两款所规定的螺栓孔；
4 受弯构件翼缘上的连接螺栓孔，每米长度范围内的螺栓孔为一组。

7.6.3 螺栓孔孔距的允许偏差超过本规范表7.6.2规定的允许偏差时，应采用与母材材质相匹配的焊条补焊后重新制孔。

检查数量：全数检查。

检验方法：观察检查。

3. 验收应提供的核查资料

(1) 核查依据：《城镇污水处理厂工程质量验收规范》GB 50334－2017

6.1.2 污水与污泥处理构筑物工程验收时应检查下列文件：

1 测量记录和沉降观测记录；

2 材料、半成品和构件出厂质量合格证、检验、复验报告；

3 混凝土配合比设计、试配报告；

4 隐蔽工程验收记录；

5 施工记录与监理检验记录；

6 功能性试验记录；

7 其他有关文件。

(2) 核查资料明细

核查资料明细表

序号	核查资料名称	核查要点
1	钢零部件出厂合格证	核查规格型号、数量、日期、性能等符合设计要求
2	施工记录	核查钢零部件边缘加工、外观质量等符合设计及规范要求
3	监理检验记录	核查记录内容的完整性

2.3.35 钢结构安装工程检验批质量检验记录

1. 表格

钢结构安装工程检验批质量验收记录

编号：□□□□□□□□□□—□□

单位（子单位）工程名称					
分部（子分部）工程名称			分项工程名称		
施工单位		项目负责人		检验批容量	
分包单位		分包单位项目负责人		检验批部位	
施工依据			验收依据		

验收项目				设计要求及规范规定		最小/实际抽样数量	检查记录	检查结果
主控项目	1	建筑物的轴线、标高、地脚螺栓规格与紧固		建筑物的定位轴线、基础轴线和标高、地脚螺栓的规格及紧固应符合设计要求				
	2	支承面、地脚螺栓（锚栓）位置	标高	允许偏差（mm）	±3.0			
			水平度		$l/1000$			
			螺栓中心偏移		5.0			
			预留孔中心偏移		10.0			
	3	坐浆垫板	顶面标高	允许偏差（mm）	0.0 −3.0			
			水平度		$l/1000$			
			位置		20.0			
	4	杯口尺寸	底面标高	允许偏差（mm）	0.0 −5.0			
			深度 H		±5.0			
			垂直度		$H/100$，且≤10.0			
			位置		10.0			
	5	钢构件		应符合设计要求				
	6	设计要求顶紧的节点		接触面不应少于70%紧贴，且边缘最大间隙不应大于0.8mm				

续表

验收项目					设计要求及规范规定			最小/实际抽样数量	检查记录	检查结果
主控项目	7	钢屋（托）架、桁架、梁及受压杆件	跨中的垂直度		允许偏差（mm）	$h/250$，且≤15.0				
			侧向弯曲矢高 f			l≤30m	$l/1000$，且≤10.0			
						30m＜l≤60m	$l/1000$，且≤30.0			
						l＞60m	$l/1000$，且≤50.0			
	8	主体结构的整体平弯曲			允许偏差（mm）	（$H/2500$＋10.0），且≤50.0				
	9	主体结构的整体垂直度				$L/1500$，且≤25.0				
一般项目	1	地脚螺栓	螺栓（锚栓）露出长度		允许偏差（mm）	＋30.0 0.0				
			螺纹长度			＋30.0 0.0				
	2	构件标记			钢柱等主要构件的中心线及标高基准点等标记应齐全					
	3	钢桁架安装允许偏差			支座中心线偏差	≤10mm				
					桁架（或梁）间距偏差	≤10mm				
	4	柱子安装	柱脚底座中心线偏移		允许偏差（mm）	5.0				
			柱基准点标高	有吊车梁		＋3.0 －5.0				
				无吊车梁		＋5.0 －8.0				
			弯曲矢高			$H/1200$，且≤15.0				
			单层柱轴线垂直度	H≤10m		$H/1000$				
				H＞10m		$H/1000$，且≤25.0				
			多节柱轴线垂直度	单节柱		$H/1000$，且≤10.0				
				栓全高		35.0				
	5	钢吊车梁安装	梁的跨中垂直度Δ		允许偏差（mm）	$h/500$				
			侧向弯曲矢高			$l/1500$，且≤10.0				
			垂直上拱矢高			10.0				
			两端支座中心位移Δ	安装在钢柱上		5.0				
				安装在混凝土柱上		5.0				

续表

验收项目					设计要求及规范规定		最小/实际抽样数量	检查记录	检查结果
一般项目	5	钢吊车梁安装	吊车梁支座加劲板中心与柱子承压加劲板中心的偏移Δ_1		允许偏差（mm）	$t/2$			
			同跨间内同一横截面吊车梁顶面高差Δ	支座处		10.0			
				其他处		15.0			
			同跨间内同一横截面下挂式吊车梁底面高差Δ			10.0			
			同列相邻两柱间吊车梁顶面高差Δ			$l/1500$，且≤10.0			
			相邻两吊车梁接头部位Δ	中心错位		3.0			
				上承式顶面高差		1.0			
				下承式底面高差		1.0			
			同跨间任一截面的吊车梁中心跨距Δ			±10.0			
			轨道中心对吊车梁腹板轴线的偏移Δ			$t/2$			
	6	墙架、檩条等次要构件安装	墙架立柱	中心线对定位轴线的偏移	允许偏差（mm）	10.0			
				垂直度		$H/1000$，且≤10.0			
				弯曲矢高		$H/1000$，且≤15.0			
			抗风桁架的垂直度			$h/250$，且≤15.0			
			檩条、墙梁的间距			±5.0			
			檩条的弯曲矢高			$L/750$，且≤12.0			
			墙梁的弯曲矢高			$L/750$，且≤10.0			
	7	钢平台、钢梯、防护栏杆安装	平台高度		允许偏差（mm）	±15.0			
			平台梁水平度			$l/1000$，且≤20.0			
			平台支柱垂直度			$H/1000$，且≤15.0			
			承重平台梁侧向弯曲			$l/1000$，且≤10.0			
			承重平台梁垂直度			$h/250$，且≤15.0			
			直梯垂直度			$l/1000$，且不≤15.0			
			栏杆高度			±15.0			
			栏杆立柱间距			±15.0			

续表

<table>
<tr><td colspan="4">验收项目</td><td colspan="2">设计要求及规范规定</td><td>最小/实际抽样数量</td><td>检查记录</td><td>检查结果</td></tr>
<tr><td rowspan="3">一般项目</td><td rowspan="2">8</td><td rowspan="2">现场焊缝组对间隙</td><td>无垫板</td><td rowspan="2">允许偏差(mm)</td><td>+3.0
0.0</td><td></td><td></td><td rowspan="2"></td></tr>
<tr><td>有垫板</td><td>+3.0
−2.0</td><td></td><td></td></tr>
<tr><td>9</td><td colspan="2">钢结构表面</td><td colspan="2">应干净，结构主要表面不应有疤痕、泥沙等污垢</td><td></td><td></td><td></td></tr>
<tr><td colspan="3">施工单位检查评定结果</td><td colspan="6">专业工长：
项目专业质量检查员：
年　月　日</td></tr>
<tr><td colspan="3">监理（建设）单位验收结论</td><td colspan="6">监理工程师：
年　月　日</td></tr>
</table>

注：1　表中 t 为切割面厚度，b 为型钢的宽度，h 为型钢的高度，l 为型钢的长度，H 构件整体高度；

2　表中“设计要求”等内容应按实际设计要求内容填写。

2. 验收依据说明

(1)【规范名称及编号】《城镇污水处理厂工程质量验收规范》GB 50334－2017

【条文摘录】

6.1.5　污水与污泥处理构筑物钢结构工程的质量验收应符合现行国家标准《钢结构工程施工质量验收规范》GB 50205 的有关规定。

(2)【规范名称及编号】《钢结构工程施工质量验收规范》GB 50205－2001

【条文摘录】

主　控　项　目

10.2.1　建筑物的定位轴线、基础轴线和标高、地脚螺栓的规格及其紧固应符合设计要求。

检查数量：按柱基数抽查10%，且不应少于3个。

检验方法：用经纬仪、水准仪、全站仪、和钢尺现场实测。

10.2.2　基础顶面直接作为柱的支承面和基础顶面预埋钢板或支座作为柱的支承面时，其支承面、地脚螺栓（锚栓）位置的允许偏差应符合表10.2.2的规定。

检查数量：按柱基数抽查10%，且不应少于3个。

检验方法：用经纬仪、水准仪、全站仪、水平尺和钢尺实测。

表 10.2.2　支承面、地脚螺栓（锚栓）位置的允许偏差（mm）

项　目		允许偏差
支承面	标高	±3.0
	水平度	l/1000
地脚螺栓（锚栓）	螺栓中心偏移	5.0
预留孔中心偏移		10.0

10.2.3　采用坐浆垫板时，坐浆垫板的允许偏差应符合表 10.2.3 的规定。

检查数量：资料全数检查。按柱基数抽查 10%，且不应少于 3 个。

检验方法：用水准仪、全站仪、水平尺和钢尺现场实测。

表 10.2.3　坐浆垫板的允许偏差（mm）

项　目	允许偏差
顶面标高	0.0 −3.0
水平度	l/1000
位置	20.0

10.2.4　采用杯口基础时，杯口尺寸的允许偏差应符合表 10.2.4 的规定。

检查数量：按基础数抽查 10%，且不应少于 4 处。

检验方法：观察及尺量检查。

表 10.2.4　杯口尺寸的允许偏差（mm）

项　目	允许偏差
底面标高	0.0 −5.0
杯口深度 H	±5.0
杯口垂直度	H/100，且不应大于 10.0
位置	10.0

10.3.1　钢构件应符合设计要求和本规范的规定。运输、堆放和吊装等造成的钢构件变形及涂层脱落，应进行矫正和修补。

检查数量：按构件数抽查 10%，且不应少于 3 个。

检验方法：用拉线、钢尺现场实测或观察。

10.3.2　设计要求顶紧的节点，接触面不应少于 70%紧贴，且边缘最大间隙不应大于 0.8mm。

检查数量：按节点数抽查 10%，且不应少于 3 个。

检验方法：用钢尺及 0.3mm 和 0.8mm 厚的塞尺现场实测。

10.3.3　钢屋（托）架、桁架、梁及受压杆件的垂直度和侧向弯曲矢高的允许偏差应符合表 10.3.3 的规定。

检查数量：按同类构件数抽查 10%，且不应少于 3 个。

检验方法：用吊线、拉线、经纬仪和钢尺现场实测。

表 10.3.3 钢屋（托）架、桁架、梁及受压杆件的垂直度和侧向弯曲矢高的允许偏差（mm）

项目	允许偏差		图例
跨中的垂直度	$h/250$，且不应大于15.0		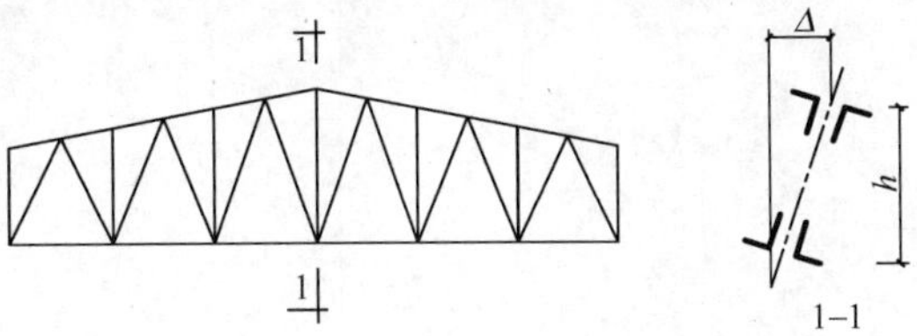
侧向弯曲矢高	$l \leqslant 30\text{m}$	$l/1000$，且不应大于10.0	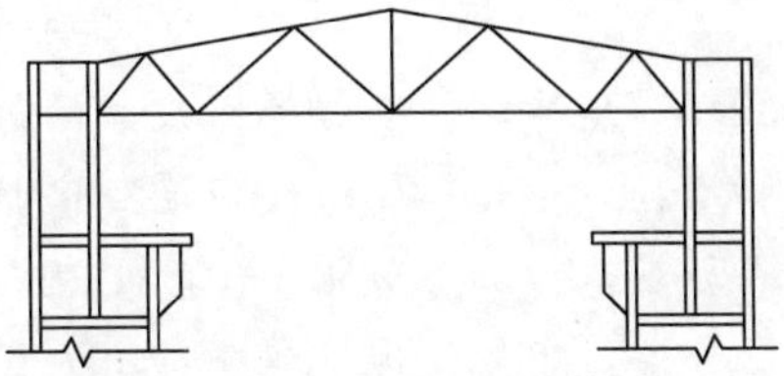
	$30\text{m} < l \leqslant 60\text{m}$	$l/1000$，且不应大于30.0	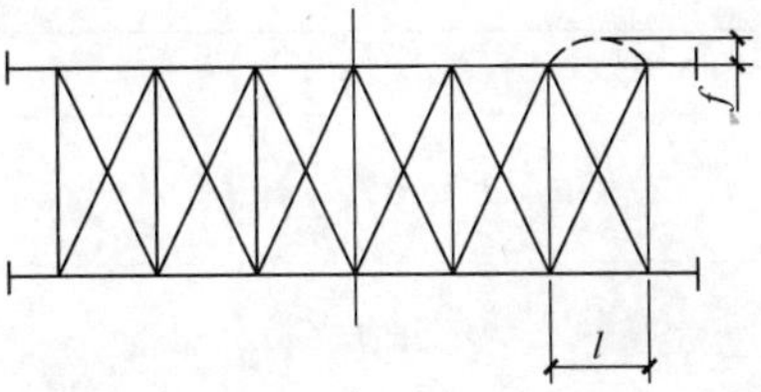
	$l > 60\text{m}$	$l/1000$，且不应大于50.0	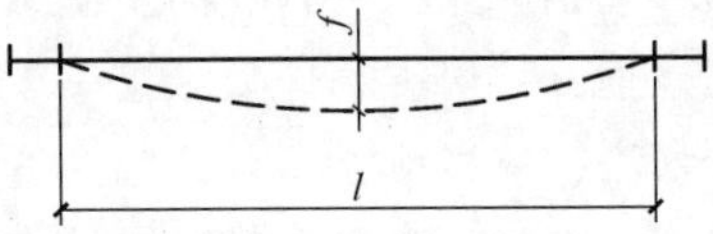

10.3.4 单层钢结构主体结构的整体垂直度和整体平面弯曲的允许偏差符合表10.3.4的规定。

检查数量：对主要立面全部检查。对每个所检查的立面，除两列角柱外，尚应至少选取一列中间柱。

检验方法：采用经纬仪、全站仪等测量。

表 10.3.4 整体垂直度和整体平面弯曲的允许偏差（mm）

项目	允许偏差	图例
主体结构的整体垂直度	$H/1000$，且不应大于25.0	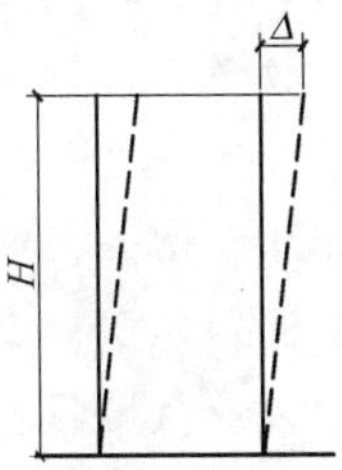

续表

项目	允许偏差	图例
主体结构的整体平面弯曲	L/1500，且不应大于 25.0	Δ L

一 般 项 目

10.2.5 地脚螺栓（锚栓）尺寸的偏差应符合表 10.2.5 的规定。

地脚螺栓（锚栓）的螺纹应受到保护。

检查数量：按柱基数抽查 10%，且不应少于 3 个。

检验方法：用钢尺现场实测。

表 10.2.5 地脚螺栓（锚栓）尺寸的允许偏差（mm）

项 目	允许偏差
螺栓（锚栓）露出长度	+30.0 0.0
螺纹长度	+30.0 0.0

10.3.5 钢柱等主要构件的中心线及标高基准点等标记应齐全。

检查数量：按同类构件数抽查 10%，且不应少于 3 件。

检验方法：观察检查。

10.3.6 当钢桁架（或梁）安装在混凝土柱上时，其支座中心对定位轴线的偏差不应大于 10mm；当采用大型混凝土屋面板时，钢桁架（或梁）间距的偏差不应大于 10mm。

检查数量：按同类构件数抽查 10%，且不应少于 3 榀。

检验方法：用拉线和钢尺现场实测。

10.3.7 钢柱安装的允许偏差应符合《钢结构工程施工质量验收规范》GB 50205－2001 附录 E 中表 E.0.1 的规定。

检查数量：按钢柱数抽查 10%，且不应少于 3 件。

检验方法：见《钢结构工程施工质量验收规范》GB 50205－2001 附录 E 中表 E.0.1。

10.3.8 钢吊车梁或直接承受动力荷载的类似构件，其安装的允许偏差应符合规范《钢结构工程施工质量验收规范》GB 50205－2001 附录 E 中表 E.0.2 的规定。

检查数量：按钢吊车梁数抽查 10%，且不应少于 3 榀。

检验方法：见《钢结构工程施工质量验收规范》GB 50205－2001 附录 E 中表 E.0.2。

10.3.9 檩条、墙架等次要构件安装的允许偏差应符合规范《钢结构工程施工质量验收规范》GB 50205－2001 附录 E 中表 E.0.3 的规定。

检查数量：按同类构件数抽查 10%，且不应少于 3 件。

检验方法：见《钢结构工程施工质量验收规范》GB 50205－2001 附录 E 中表 E.0.3。

10.3.10 钢平台、钢梯、栏杆安装应符合现行国家标准《固定式钢直梯》GB 4053.1、《固定式钢斜梯》GB 4053.2、《固定式防护栏杆》GB 4053.3和《固定式钢平台》GB 4053.4的规定。钢平台、钢梯和防护栏杆安装的允许偏差应符合规范《钢结构工程施工质量验收规范》GB 50205－2001附录E中表E.0.4的规定。

检查数量：按钢平台总数抽查10%，栏杆、钢梯按总长度各抽查10%，但钢平台不应少于1个，栏杆不应少于5m，钢梯不应少于1跑。

检验方法：见《钢结构工程施工质量验收规范》GB 50205－2001附录E中表E.0.4。

10.3.11 现场焊缝组对间隙的允许偏差应符合表10.3.11的规定。

检查数量：按同类节点数抽查10%，且不应少于3个。

检验方法：尺量检查。

表10.3.11 现场焊缝组对间隙的允许偏差（mm）

项 目	允许偏差
无垫板间隙	+3.0 0.0
有垫板间隙	+3.0 −2.0

10.3.12 钢结构表面应干净，结构主要表面不应有疤痕、泥沙等污垢。

检查数量：按同类构件数抽查10%，且不应少于3件。

检验方法：观察检查。

3. 验收应提供的核查资料

（1）核查依据：《城镇污水处理厂工程质量验收规范》GB 50334－2017

6.1.2 污水与污泥处理构筑物工程验收时应检查下列文件：

1 测量记录和沉降观测记录；

2 材料、半成品和构件出厂质量合格证、检验、复验报告；

3 混凝土配合比设计、试配报告；

4 隐蔽工程验收记录；

5 施工记录与监理检验记录；

6 功能性试验记录；

7 其他有关文件。

（2）核查资料明细

核查资料明细表

序号	核查资料名称	核查要点
1	钢构件进场验收记录	核查钢构件外观、规格、尺寸、防火、防腐涂料涂装、预拼装等符合设计及规范要求
2	施工记录	核查柱脚及网架支座中垫板（块）设置位置、数量、二次灌浆质量等符合设计及规范要求
3	隐蔽工程验收记录	核查记录内容的完整性
4	监理检验记录	核查记录内容的完整性

2.3.36 钢结构防腐涂料涂装检验批质量验收记录

1. 表格

钢结构防腐涂料涂装检验批质量验收记录

编号：□□□□□□□□□□—□□

<table>
<tr><td colspan="3">单位（子单位）
工程名称</td><td colspan="6"></td></tr>
<tr><td colspan="3">分部（子分部）
工程名称</td><td colspan="3"></td><td>分项工程名称</td><td colspan="2"></td></tr>
<tr><td colspan="3">施工单位</td><td></td><td>项目负责人</td><td></td><td>检验批容量</td><td colspan="2"></td></tr>
<tr><td colspan="3">分包单位</td><td></td><td>分包单位
项目负责人</td><td></td><td>检验批部位</td><td colspan="2"></td></tr>
<tr><td colspan="3">施工依据</td><td colspan="3"></td><td>验收依据</td><td colspan="2"></td></tr>
<tr><td colspan="3">验收项目</td><td colspan="3">设计要求及规范规定</td><td>最小/实际
抽样数量</td><td>检查记录</td><td>检查结果</td></tr>
<tr><td rowspan="7">主控项目</td><td rowspan="4">1</td><td rowspan="4">钢材表面除锈</td><td colspan="3">涂装前钢材表面除锈应符合设计要求和国家现行有关标准的规定。处理后的钢材表面不应有焊渣、焊疤、灰尘、油污、水和毛刺等</td><td></td><td></td><td></td></tr>
<tr><td>油性酚醛、醇酸等底漆或防锈漆</td><td rowspan="3">无设计要求时除锈等级</td><td>St2</td><td></td><td></td><td></td></tr>
<tr><td>高氯化聚乙烯、氯化橡胶、氯磺化聚乙烯、环氧树脂、聚氨酯等底漆或防锈漆</td><td>Sa2</td><td></td><td></td><td></td></tr>
<tr><td>无机富锌、有机硅、过氯乙烯等底漆</td><td>$Sa2\frac{1}{2}$</td><td></td><td></td><td></td></tr>
<tr><td rowspan="3">2</td><td rowspan="3">涂料、涂装遍数、涂层厚度</td><td colspan="3">应符合设计要求</td><td></td><td></td><td></td></tr>
<tr><td rowspan="2">当设计无要求时，涂层干漆膜总厚度</td><td colspan="2">室外应为150μm，室内应为125μm，其允许偏差−25μm</td><td></td><td></td><td></td></tr>
<tr><td colspan="2">每遍涂层干漆膜厚度的允许偏差±5μm</td><td></td><td></td><td></td></tr>
<tr><td rowspan="3">一般项目</td><td>1</td><td>涂层</td><td colspan="3">构件表面不应误涂、漏涂，涂层不应脱皮和返锈等。涂层应均匀、无明显皱皮、流坠、针眼和气泡等</td><td></td><td></td><td></td></tr>
<tr><td>2</td><td>涂层附着力测试</td><td colspan="3">在检测处范围内，当涂层完整程度达到70%以上时，涂层附着力达到合格质量标准的要求</td><td></td><td></td><td></td></tr>
<tr><td>3</td><td>构件标记</td><td colspan="3">涂装完成后，构件的标志、标记和编号应清晰完整</td><td></td><td></td><td></td></tr>
<tr><td colspan="3">施工单位检查
评定结果</td><td colspan="6">专业工长：
项目专业质量检查员：
年 月 日</td></tr>
<tr><td colspan="3">监理（建设）
单位验收结论</td><td colspan="6">监理工程师：
年 月 日</td></tr>
</table>

注：涉及“设计规定”、“设计要求”等内容应按实际设计要求内容填写。

2. 验收依据说明

(1)【规范名称及编号】《城镇污水处理厂工程质量验收规范》GB 50334-2017

【条文摘录】

6.1.5 污水与污泥处理构筑物钢结构工程的质量验收应符合现行国家标准《钢结构工程施工质量验收规范》GB 50205的有关规定。

(2)【规范名称及编号】《钢结构工程施工质量验收规范》GB 50205-2001

【条文摘录】

主 控 项 目

14.2.1 涂装前钢材表面除锈应符合设计要求和国家现行有关标准的规定。处理后的钢材表面不应有焊渣、焊疤、灰尘、油污、水和毛刺等。当设计无要求时，钢材表面除锈等级应符合表14.2.1的规定。

检查数量：按构件数量抽查10%，且同类构件不应少于3件。

检验方法：用铲刀检查和用现行国家标准《涂装前钢材表面锈蚀等级和除锈等级》GB 8923规定的图片对照观察检查。

表14.2.1 各种底漆或防锈漆要求最低的除锈等级

涂料品种	除锈等级
油性酚醛、醇酸等底漆或防锈漆	St2
高氯化聚乙烯、氯化橡胶、氯磺化聚乙烯、环氧树脂、聚氨酯等底漆或防锈漆	Sa2
无机富锌、有机硅、过氯乙烯等底漆	Sa2 $\frac{1}{2}$

14.2.2 涂料、涂装遍数、涂层厚度均应符合设计要求。当设计对涂层厚度无要求时，涂层干漆膜总厚度：室外应为150μm，室内应为125μm，其允许偏差－25μm. 每遍涂层干漆膜厚度的允许偏差－5 μm。

检查数量：按构件数抽查10%，且同类构件不应少于3件。

检验方法：用干漆膜测厚仪检查。每个构件检测5处，每处的数值为3个相距50mm测点涂层干漆膜厚度的平均值。

一 般 项 目

14.2.3 构件表面不应误涂、漏涂，涂层不应脱皮和返锈等。涂层应均匀、无明显皱皮、流坠、针眼和气泡等。

检查数量：全数检查。

检验方法：观察检查。

14.2.4 当钢结构处在有腐蚀介质环境或外露且设计有要求时，应进行涂层附着力测试，在检测处范围内，当涂层完整程度达到70%以上时，涂层附着力达到合格质量标准的要求。

检查数量：按构件数抽查1%，且不应少于3件，每件测3处。

检验方法：按照现行国家标准《漆膜附着力测定法》GB 1720或《色漆和清漆、漆膜的划格试验》GB 9286执行。

14.2.5 涂装完成后，构件的标志、标记和编号应清晰完整。

检查数量：全数检查。

检验方法：观察检查。

3. 验收应提供的核查资料

（1）核查依据：《城镇污水处理厂工程质量验收规范》GB 50334－2017

6.1.2　污水与污泥处理构筑物工程验收时应检查下列文件：

1　测量记录和沉降观测记录；

2　材料、半成品和构件出厂质量合格证、检验、复验报告；

3　混凝土配合比设计、试配报告；

4　隐蔽工程验收记录；

5　施工记录与监理检验记录；

6　功能性试验记录；

7　其他有关文件。

（2）核查资料明细

核查资料明细表

序号	核查资料名称	核查要点
1	材料质量合格证明书、检测报告	核查防腐涂料、稀释剂、固化剂规格型号、数量、日期、性能等符合设计要求
2	施工记录	核查防腐涂料厚度、外观质量等符合设计及规范要求
3	监理检验记录	核查记录内容的完整性

2.3.37　钢结构防火涂料涂装检验批质量验收记录

1. 表格

钢结构防火涂料涂装检验批质量验收记录

编号：□□□□□□□□□□－□□

<table>
<tr><td colspan="3">单位（子单位）工程名称</td><td colspan="7"></td></tr>
<tr><td colspan="3">分部（子分部）工程名称</td><td colspan="3"></td><td colspan="2">分项工程名称</td><td colspan="2"></td></tr>
<tr><td colspan="3">施工单位</td><td></td><td>项目负责人</td><td colspan="2"></td><td colspan="2">检验批容量</td><td></td></tr>
<tr><td colspan="3">分包单位</td><td></td><td>分包单位项目负责人</td><td colspan="2"></td><td colspan="2">检验批部位</td><td></td></tr>
<tr><td colspan="3">施工依据</td><td colspan="3"></td><td colspan="2">验收依据</td><td colspan="2"></td></tr>
<tr><td colspan="3">验收项目</td><td colspan="2">设计要求及规范规定</td><td colspan="2">最小/实际抽样数量</td><td colspan="2">检查记录</td><td>检查结果</td></tr>
<tr><td rowspan="2">主控项目</td><td>1</td><td>防火涂料涂装前钢材表面除锈及防锈底漆涂装</td><td colspan="2">符合设计要求和国家现行有关标准的规定</td><td colspan="2"></td><td colspan="2"></td><td></td></tr>
<tr><td>2</td><td>钢结构防火涂料的粘结强度、抗压强度</td><td colspan="2">符合国家现行标准的规定</td><td colspan="2"></td><td colspan="2"></td><td></td></tr>
</table>

续表

<table>
<tr><th colspan="3">验收项目</th><th>设计要求及规范规定</th><th>最小/实际抽样数量</th><th>检查记录</th><th>检查结果</th></tr>
<tr><td rowspan="4">主控项目</td><td rowspan="2">3</td><td rowspan="2">涂层厚度</td><td>薄涂型防火涂料的涂层厚度应符合有关耐火极限的设计要求</td><td></td><td></td><td></td></tr>
<tr><td>厚涂型防火涂料涂层的厚度，80%及以上面积应符合有关耐火极限的设计要求，且最薄处厚度不应低于设计要求的85%</td><td></td><td></td><td></td></tr>
<tr><td rowspan="2">4</td><td rowspan="2">涂层表面裂纹宽度</td><td>薄涂型防火涂料涂层表面裂纹宽度不应大于0.5mm</td><td></td><td></td><td></td></tr>
<tr><td>厚涂型防火涂料涂层表面裂纹宽度不应大于1mm</td><td></td><td></td><td></td></tr>
<tr><td rowspan="2">一般项目</td><td>1</td><td>涂装基层</td><td>不应有油污、灰尘和泥沙等污垢</td><td></td><td></td><td></td></tr>
<tr><td>2</td><td>涂层外观</td><td>不应有误涂、漏涂，涂层应闭合无脱层、空鼓、明显凹陷、粉化松散和浮浆等外观缺陷，乳突已剔除</td><td></td><td></td><td></td></tr>
<tr><td colspan="3">施工单位检查评定结果</td><td colspan="4">专业工长：
项目专业质量检查员：
年　月　日</td></tr>
<tr><td colspan="3">监理（建设）单位验收结论</td><td colspan="4">监理工程师：
年　月　日</td></tr>
</table>

注：1　涉及“设计规定”、“设计要求”等内容应按实际设计要求内容填写；

2　防火涂料涂装前钢材表面除锈及防锈底漆涂装按照现行国家标准《涂装前钢材表面锈蚀等级和除锈等级》GB 8923规定验收；

3　钢结构防火涂料的粘结强度、抗压强度按照国家现行标准《钢结构防火涂料应用技术规程》CECS24：90规定验收。

2. 验收依据说明

(1)【规范名称及编号】《城镇污水处理厂工程质量验收规范》GB 50334－2017

【条文摘录】

6.1.5　污水与污泥处理构筑物钢结构工程的质量验收应符合现行国家标准《钢结构工程施工质量验收规范》GB 50205的有关规定。

(2)【规范名称及编号】《钢结构工程施工质量验收规范》GB 50205－2001

【条文摘录】

主　控　项　目

14.3.1　防火涂料涂装前钢材表面除锈及防锈底漆涂装应符合设计要求和国家现行有关标准的规定。

检查数量：按构件数抽查10%，且同类构件不应少于3件。

检验方法：表面除锈用铲刀检查和用现行国家标准《涂装前钢材表面锈蚀等级和除锈等级》GB 8923规定的图片对照观察检查。底漆涂装用干漆膜测厚仪检查，每个构件检测5处，每处的数值为3个相距50mm测点涂层干漆膜厚度的平均值。

14.3.2 钢结构防火涂料的粘结强度、抗压强度应符合国家现行标准《钢结构防火涂料应用技术规程》CECS24：90规定。检验方法应符合现行国家标准《建筑构件防火喷涂材料性能试验方法》GB 9978的规定。

检查数量：每使用100t或不足100t薄涂型防火涂料应抽检一次粘结强度；每使用500t或不足500t厚涂型防火涂料应抽检一次粘结强度和抗压强度。

检验方法：检查复检报告。

14.3.3 薄涂型防火涂料的涂层厚度应符合有关耐火极限的设计要求。厚涂型防火涂料涂层的厚度，80%及以上面积应符合有关耐火极限的设计要求，且最薄处厚度不应低于设计要求的85%。

检查数量：按同类构件数抽查10%，且均不应少于3件。

检验方法：用涂层厚度测量仪、测针和钢尺检查。测量方法应符合国家现行标准《钢结构防火涂料应用技术规程》CECS24：90的规定及本规范附录F。

14.3.4 薄涂型防火涂料涂层表面裂纹宽度不应大于0.5mm；厚涂型防火涂料涂层表面裂纹宽度不应大于1mm。

检查数量：按同类构件数量抽查10%，且均不应少于3件。

检验方法：观察和用尺量检查。

一 般 项 目

14.3.5 防火涂料涂装基层不应有油污、灰尘和泥沙等污垢。

检查数量：全数检查。

检验方法：观察检查。

14.3.6 防火涂料不应有误涂、漏涂，涂层应闭合无脱层、空鼓、明显凹陷、粉化松散和浮浆等外观缺陷，乳突已剔除。

检查数量：全数检查。

检验方法：观察检查。

3. 验收应提供的核查资料

(1) 核查依据：《城镇污水处理厂工程质量验收规范》GB 50334－2017

6.1.2 污水与污泥处理构筑物工程验收时应检查下列文件：

1 测量记录和沉降观测记录；

2 材料、半成品和构件出厂质量合格证、检验、复验报告；

3 混凝土配合比设计、试配报告；

4 隐蔽工程验收记录；

5 施工记录与监理检验记录；

6 功能性试验记录；

7 其他有关文件。

(2) 核查资料明细

核查资料明细表

序号	核查资料名称	核查要点
1	材料出厂合格证、检测报告	核查防火涂料规格型号、数量、日期、性能等符合设计要求
2	施工记录	核查防火涂料厚度、外观质量等符合设计及规范要求
3	监理检验记录	核查记录内容的完整性

2.3.38　土建与设备连接部位检验批质量检验记录

1. 表格

土建与设备连接部位检验批质量验收记录

编号：□□□□□□□□□—□□

单位（子单位）工程名称					
分部（子分部）工程名称			分项工程名称		
施工单位		项目负责人		检验批容量	
分包单位		分包单位项目负责人		检验批部位	
施工依据			验收依据		

		验收项目		设计要求及规范规定		最小/实际抽样数量	检查记录	检查结果
主控项目	1	设备基础部位混凝土性能		符合设计要求				
	2	基础有预压和沉降观测要求时，设备基础预压和沉降观测		符合设计要求				
	3	设备安装的预埋件与预留孔数量、规格		符合设计要求				
	4	土建与设备连接部位		混凝土应密实、平整				
一般项目	1	预埋件	高程	允许偏差（mm）	±3			
			平面中心位置		5			
	2	预留孔	中心位置		10			
	3	预埋地脚螺栓	外露高度		+10，−5			
			平面中心距		±2			
	4	预埋螺栓预留孔	平面中心位置		10			
			孔深度		不小于设计值，且≤20			
	5	预埋活动地脚螺栓锚板	平面中心位置		5			
			高程		+20，0			
	6	连接部位	平整度		2			

施工单位检查结果	专业工长： 项目专业质量检查员： 年　月　日
监理单位验收结果	专业监理工程师： 年　月　日

注：1　表中“设计要求”等内容应按实际设计要求内容填写；

2　设备基础部位混凝土的性能指标以及设备安装的预埋件和预留孔的数量、规格等均应符合现行国家标准《机械设备安装工程施工及验收通用规范》GB 50231 的有关规定。

2. 验收依据说明

(1)【规范名称及编号】《城镇污水处理厂工程质量验收规范》GB 50334－2017

【条文摘录】

主 控 项 目

6.5.1 设备基础部位混凝土的性能指标应符合设计、设备技术文件的要求和现行国家标准《机械设备安装工程施工及验收通用规范》GB 50231的有关规定。

检验方法：检查施工记录、试验报告。

6.5.2 基础有预压和沉降观测要求时，设备基础预压和沉降观测应符合设计文件的要求。

检验方法：检查预压试验记录、沉降观测记录。

6.5.3 设备安装的预埋件和预留孔的数量、规格应符合设计文件的要求和现行国家标准《机械设备安装工程施工及验收通用规范》GB 50231的有关规定。

检验方法：观察检查，检查施工记录。

6.5.4 土建与设备连接部位的混凝土应密实、平整。

检验方法：观察检查，实测实量。

一 般 项 目

6.5.5 土建与设备连接部位的允许偏差和检验方法应符合表6.5.5的规定。

表6.5.5 土建与设备连接部位的允许偏差和检验方法

<table>
<tr><th rowspan="2">序号</th><th rowspan="2" colspan="2">项目</th><th rowspan="2">允许偏差
(mm)</th><th rowspan="2">检验方法</th><th colspan="2">检查数量</th></tr>
<tr><th>范围</th><th>点数</th></tr>
<tr><td rowspan="2">1</td><td rowspan="2">预埋件</td><td>高程</td><td>±3</td><td>水准仪检查</td><td rowspan="2">每件、孔</td><td rowspan="2">1点</td></tr>
<tr><td>平面中心位置</td><td>5</td><td>全站仪或钢尺检查</td></tr>
<tr><td>2</td><td>预留孔</td><td>中心位置</td><td>10</td><td>全站仪或钢尺检查</td><td>每孔</td><td>1点</td></tr>
<tr><td rowspan="2">3</td><td rowspan="2">预埋地脚螺栓</td><td>外露高度</td><td>＋10，－5</td><td rowspan="2">钢尺检查</td><td rowspan="2">每个</td><td rowspan="2">1点</td></tr>
<tr><td>平面中心距</td><td>±2</td></tr>
<tr><td rowspan="2">4</td><td rowspan="2">预埋螺栓预留孔</td><td>平面中心位置</td><td>10</td><td rowspan="2">全站仪或钢尺检查</td><td rowspan="2">每孔</td><td rowspan="2">1点</td></tr>
<tr><td>孔深度</td><td>不小于设计值，且≤20</td></tr>
<tr><td rowspan="2">5</td><td rowspan="2">预埋活动地脚螺栓锚板</td><td>平面中心位置</td><td>5</td><td>全站仪或钢尺检查</td><td rowspan="2">每块</td><td rowspan="2">1点</td></tr>
<tr><td>高程</td><td>＋20，0</td><td>水准仪检查</td></tr>
<tr><td>6</td><td>连接部位</td><td>平整度</td><td>2</td><td>2m靠尺检查</td><td>每处</td><td>1点</td></tr>
</table>

3. 检验批验收应提供的核查资料

(1) 核查依据：《城镇污水处理厂工程质量验收规范》GB 50334－2017

6.1.2 污水与污泥处理构筑物工程验收时应检查下列文件：

1 测量记录和沉降观测记录；

2 材料、半成品和构件出厂质量合格证、检验、复验报告；

3 混凝土配合比设计、试配报告；

4 隐蔽工程验收记录；

5　施工记录与监理检验记录；

6　功能性试验记录；

7　其他有关文件。

(2) 核查资料明细

核查资料明细表

序号	核查资料名称	核查要点
1	混凝土抗压强度报告	核查内容的完整性和结论的正确性
2	施工记录	核查预埋件、预埋孔的数量及规格、位置等符合设计及规范要求
3	监理检验记录	核查记录内容的完整性

2.4　构筑物附属结构检验批质量检验记录

本节未提到的其他钢筋混凝土附属结构中钢筋、模板、混凝土的验收记录可按照本书第2章2.3节中的表格内容填写。

2.4.1　计量槽检验批质量检验记录

1. 表格

计量槽检验批质量验收记录

编号：□□□□□□□□□□—□□

<table>
<tr><td>单位（子单位）工程名称</td><td colspan="5"></td></tr>
<tr><td>分部（子分部）工程名称</td><td colspan="2"></td><td>分项工程名称</td><td colspan="2"></td></tr>
<tr><td>施工单位</td><td></td><td>项目负责人</td><td></td><td>检验批容量</td><td></td></tr>
<tr><td>分包单位</td><td></td><td>分包单位项目负责人</td><td></td><td>检验批部位</td><td></td></tr>
<tr><td>施工依据</td><td colspan="2"></td><td>验收依据</td><td colspan="2"></td></tr>
</table>

<table>
<tr><td rowspan="2">主控项目</td><td colspan="3">验收项目</td><td colspan="2">设计要求及规范规定</td><td>最小/实际抽样数量</td><td>检查记录</td><td>检查结果</td></tr>
<tr><td>1</td><td colspan="2">混凝土强度、抗渗、抗冻等性能</td><td colspan="2">符合设计要求</td><td></td><td></td><td></td></tr>
<tr><td rowspan="6">一般项目</td><td>1</td><td colspan="2">表面平整度</td><td rowspan="6">允许偏差(mm)</td><td>5</td><td></td><td></td><td></td></tr>
<tr><td>2</td><td colspan="2">槽底高程</td><td>±5</td><td></td><td></td><td></td></tr>
<tr><td rowspan="3">3</td><td rowspan="3">断面尺寸</td><td>槽长</td><td>±10</td><td></td><td></td><td></td></tr>
<tr><td>槽内宽</td><td rowspan="2">±5</td><td></td><td></td><td></td></tr>
<tr><td>槽内高</td><td></td><td></td><td></td></tr>
<tr><td>4</td><td colspan="2">预埋件位置</td><td>5</td><td></td><td></td><td></td></tr>
<tr><td colspan="3">施工单位检查评定结果</td><td colspan="6">专业工长：
项目专业质量检查员：
年　月　日</td></tr>
<tr><td colspan="3">监理（建设）单位验收结论</td><td colspan="6">监理工程师：
年　月　日</td></tr>
</table>

注：表中“设计要求”等内容应按实际设计要求内容填写。

2. 验收依据说明

(1)【规范名称及编号】《城镇污水处理厂工程质量验收规范》GB 50334－2017

【条文摘录】

主　控　项　目

6.6.1　计量槽、配水井、排水口、扶梯、防护栏、平台、集水槽、堰板等附属结构混凝土强度、抗渗、抗冻等性能应符合设计文件的要求。

检验方法：检查施工记录、试验报告。

一　般　项　目

6.6.4　计量槽允许偏差和检验方法应符合表6.6.4的规定。

表6.6.4　计量槽允许偏差和检验方法

<table>
<tr><th rowspan="2">序号</th><th rowspan="2" colspan="2">项　目</th><th>允许偏差</th><th rowspan="2">检验方法</th><th colspan="2">检验频率</th></tr>
<tr><th>(mm)</th><th>范围</th><th>点数</th></tr>
<tr><td>1</td><td colspan="2">表面平整度</td><td>5</td><td>2m靠尺检查</td><td rowspan="3">每座</td><td>4点</td></tr>
<tr><td>2</td><td colspan="2">槽底高程</td><td>±5</td><td>水准仪检查</td><td>4点</td></tr>
<tr><td rowspan="3">3</td><td rowspan="3">断面尺寸</td><td>槽长</td><td>±10</td><td rowspan="4">钢尺检查</td><td>2点</td></tr>
<tr><td>槽内宽</td><td rowspan="2">±5</td><td rowspan="2">每米</td><td rowspan="2">1点</td></tr>
<tr><td>槽内高</td></tr>
<tr><td>4</td><td colspan="2">预埋件位置</td><td>5</td><td>每件</td><td>1点</td></tr>
</table>

3. 检验批验收应提供的核查资料

(1) 核查依据:《城镇污水处理厂工程质量验收规范》GB 50334－2017

6.1.2　污水与污泥处理构筑物工程验收时应检查下列文件：

1　测量记录和沉降观测记录；

2　材料、半成品和构件出厂质量合格证、检验、复验报告；

3　混凝土配合比设计、试配报告；

4　隐蔽工程验收记录；

5　施工记录与监理检验记录；

6　功能性试验记录；

7　其他有关文件。

(2) 核查资料明细

核查资料明细表

序号	核查资料名称	核查要点
1	材料出厂合格证	核查规格型号、数量、日期、性能等符合设计要求
2	材料检验报告	核查报告的完整性和结论的符合性
3	混凝土抗压、抗渗、抗冻试验报告	核查报告的完整性及结论的符合性
4	施工记录	核查模板、钢筋、混凝土施工等符合设计及规范要求
5	监理检验记录	核查记录内容的完整性

2.4.2　排水口检验批质量检验记录

1. 表格

排水口检验批质量验收记录

编号：□□□□□□□□□□—□□

<table>
<tr><td colspan="2">单位（子单位）
工程名称</td><td colspan="5"></td></tr>
<tr><td colspan="2">分部（子分部）
工程名称</td><td colspan="2"></td><td>分项工程名称</td><td colspan="2"></td></tr>
<tr><td colspan="2">施工单位</td><td></td><td>项目负责人</td><td></td><td>检验批容量</td><td></td></tr>
<tr><td colspan="2">分包单位</td><td></td><td>分包单位项目
负责人</td><td></td><td>检验批部位</td><td></td></tr>
<tr><td colspan="2">施工依据</td><td colspan="2"></td><td>验收依据</td><td colspan="2"></td></tr>
<tr><td rowspan="3">主控项目</td><td colspan="2">验收项目</td><td>设计要求及规范规定</td><td>最小/实际
抽样数量</td><td>检查记录</td><td>检查结果</td></tr>
<tr><td>1</td><td>混凝土强度、抗渗、抗冻等性能</td><td>符合设计要求</td><td></td><td></td><td></td></tr>
<tr><td>2</td><td>排水口位置、高程</td><td>符合设计要求</td><td></td><td></td><td></td></tr>
<tr><td rowspan="4">一般项目</td><td>1</td><td>翼墙变形缝位置</td><td>应准确、直顺、上下贯通</td><td></td><td></td><td></td></tr>
<tr><td>2</td><td>翼墙变形缝宽度允许偏差</td><td>0mm～－5mm</td><td></td><td></td><td></td></tr>
<tr><td>3</td><td>翼墙后背填土压实</td><td>应分层夯实，压实度符合设计要求</td><td></td><td></td><td></td></tr>
<tr><td>4</td><td>护坡、护底砌筑</td><td>表面平整、灰缝饱满、嵌逢密实，
不得有松动、裂缝、空鼓</td><td></td><td></td><td></td></tr>
<tr><td colspan="2">施工单位
检查结果</td><td colspan="5">专业工长：
项目专业质量检查员：
年　月　日</td></tr>
<tr><td colspan="2">监理单位
验收结果</td><td colspan="5">专业监理工程师：
年　月　日</td></tr>
</table>

注：表中“设计要求”等内容应按实际设计要求内容填写。

2. 验收依据说明

(1)【规范名称及编号】《城镇污水处理厂工程质量验收规范》GB 50334－2017

【条文摘录】

主　控　项　目

6.6.1　计量槽、配水井、排水口、扶梯、防护栏、平台、集水槽、堰板等附属结构混凝土强度、抗渗、抗冻等性能应符合设计文件的要求。

检验方法：检查施工记录、试验报告。

一　般　项　目

6.6.7　排水口质量验收应符合下列规定：

1　翼墙变形缝的位置应准确、直顺、上下贯通，宽度允许偏差应为0mm～－5mm。

检验方法：观察检查，实测实量。

2　翼墙后背填土应分层夯实，压实度应符合设计文件的要求。

检验方法：实测实量，检查施工记录、试验记录。

3　护坡、护底砌筑的表面应平整，灰缝应砂浆饱满、嵌缝密实，不得有松动、裂缝、空鼓。

检验方法：观察检查，检查施工记录。

3. 检验批验收应提供的核查资料

（1）核查依据：《城镇污水处理厂工程质量验收规范》GB 50334－2017

6.1.2　污水与污泥处理构筑物工程验收时应检查下列文件：

1　测量记录和沉降观测记录；

2　材料、半成品和构件出厂质量合格证、检验、复验报告；

3　混凝土配合比设计、试配报告；

4　隐蔽工程验收记录；

5　施工记录与监理检验记录；

6　功能性试验记录；

7　其他有关文件。

（2）核查资料明细

核查资料明细表

序号	核查资料名称	核查要点
1	材料出厂合格证	核查规格型号、数量、日期、性能等符合设计要求
2	材料检验报告	核查报告的完整性和结论的符合性
3	混凝土抗压、抗渗、抗冻试验报告	核查报告的完整性及结论的符合性
4	施工记录	核查模板、钢筋、混凝土施工等符合设计及规范要求
5	监理检验记录	核查记录内容的完整性

2.4.3　扶梯、防护栏、平台检验批质量检验记录

1. 表格

扶梯、防护栏、平台检验批质量验收记录

编号：□□□□□□□□□□—□□

<table>
<tr><td colspan="3">单位（子单位）工程名称</td><td colspan="5"></td></tr>
<tr><td colspan="3">分部（子分部）工程名称</td><td></td><td>分项工程名称</td><td colspan="3"></td></tr>
<tr><td colspan="3">施工单位</td><td></td><td>项目负责人</td><td></td><td>检验批容量</td><td></td></tr>
<tr><td colspan="3">分包单位</td><td></td><td>分包单位项目负责人</td><td></td><td>检验批部位</td><td></td></tr>
<tr><td colspan="3">施工依据</td><td></td><td>验收依据</td><td colspan="3"></td></tr>
<tr><td rowspan="3">主控项目</td><td colspan="2">验收项目</td><td>设计要求及规范规定</td><td>最小/实际抽样数量</td><td>检查记录</td><td colspan="2">检查结果</td></tr>
<tr><td>1</td><td>原材料、成品构件、配件等的质量</td><td>符合国家有关标准的规定和设计要求</td><td></td><td></td><td colspan="2"></td></tr>
<tr><td>2</td><td>扶梯、平台、防护栏安装</td><td>应牢固可靠、线性直顺、涂漆均匀、表面无污染</td><td></td><td></td><td colspan="2"></td></tr>
</table>

续表

	验收项目			设计要求及规范规定		最小/实际抽样数量	检查记录	检查结果
一般项目	1	扶梯	长、宽	允许偏差(mm)	±5			
			踏步间距		±3			
	2	平台	长、宽		±5			
			两对角线长		±5			
			局部凸凹度		3			
	3	防护栏	直顺度		5			
			垂直度		3			
施工单位检查结果	专业工长： 项目专业质量检查员： 年　月　日							
监理单位验收结果	专业监理工程师： 年　月　日							

注：表中“设计要求”等内容应按实际设计要求内容填写。

2. 验收依据说明

(1)【规范名称及编号】《城镇污水处理厂工程质量验收规范》GB 50334－2017

【条文摘录】

主　控　项　目

6.6.3　扶梯、防护栏、平台安装应牢固可靠、线形直顺、涂漆均匀、表面无污染。

检验方法：观察检查，检查施工记录。

一　般　项　目

6.6.6　扶梯、平台、防护栏安装的允许偏差和检验方法应符合表6.6.6的规定。

表6.6.6　扶梯、平台、防护栏安装的允许偏差和检验方法

序号	项目		允许偏差(mm)	检验方法	检验频率	
					范围	点数
1	扶梯	长、宽	±5	钢尺检查	每座	2点
		踏步间距	±3	钢尺检查	每座	2点
2	平台	长、宽	±5	钢尺检查	每座	2点
		两对角线长	±5	钢尺检查		
		局部凸凹度	3	1m直尺检查		

续表

<table>
<tr><th rowspan="2">序号</th><th rowspan="2" colspan="2">项目</th><th rowspan="2">允许偏差
(mm)</th><th rowspan="2">检验方法</th><th colspan="2">检验频率</th></tr>
<tr><th>范围</th><th>点数</th></tr>
<tr><td rowspan="2">3</td><td rowspan="2">防护栏</td><td>直顺度</td><td>5</td><td>钢尺检查</td><td>每 10m</td><td>1 点</td></tr>
<tr><td>垂直度</td><td>3</td><td>线坠与直尺检查</td><td>每 10m</td><td>1 点</td></tr>
</table>

(2)【规范名称及编号】《给水排水构筑物工程施工及验收规范》GB 50141－2008

【条文摘录】

主 控 项 目

6.8.14 水处理的细部结构工程中涉及模板、钢筋、混凝土、构件安装、砌筑等质量验收应分别符合本规范第 6.8.1～6.8.4 条和第 6.8.8 条的规定；混凝土设备基础、闸槽等的质量应符合本规范第 7.4.3 条的规定。梯道、平台、栏杆、盖板、走道板、设备行走的钢轨轨道等细部结构应符合下列规定：

1 原材料、成品构件、配件等的产品质量保证资料应齐全，并符合国家有关标准的规定和设计要求。

检查数量：观察；检查产品质量合格证、出厂检验报告及有关进场复验报告。

3. 检验批验收应提供的核查资料

(1) 核查依据：《城镇污水处理厂工程质量验收规范》GB 50334－2017

6.1.2 污水与污泥处理构筑物工程验收时应检查下列文件：

1 测量记录和沉降观测记录；

2 材料、半成品和构件出厂质量合格证、检验、复验报告；

3 混凝土配合比设计、试配报告；

4 隐蔽工程验收记录；

5 施工记录与监理检验记录；

6 功能性试验记录；

7 其他有关文件。

(2) 核查资料明细

核查资料明细表

序号	核查资料名称	核查要点
1	材料出厂合格证	核查规格型号、数量、日期、性能等符合设计要求
2	材料检验报告	核查报告的完整性和结论的符合性
3	混凝土抗压、抗渗、抗冻试验报告	核查报告的完整性及结论的符合性
4	施工记录	核查模板、钢筋、混凝土施工等符合设计及规范要求
5	监理检验记录	核查记录内容的完整性

2.4.4 集水槽检验批质量检验记录

1. 表格

集水槽检验批质量验收记录

编号：□□□□□□□□□□−□□

<table>
<tr><td colspan="3">单位（子单位）工程名称</td><td colspan="9"></td></tr>
<tr><td colspan="3">分部（子分部）工程名称</td><td colspan="2"></td><td colspan="2">分项工程名称</td><td colspan="5"></td></tr>
<tr><td colspan="3">施工单位</td><td></td><td>项目负责人</td><td colspan="2"></td><td colspan="2">检验批容量</td><td colspan="3"></td></tr>
<tr><td colspan="3">分包单位</td><td></td><td>分包单位项目负责人</td><td colspan="2"></td><td colspan="2">检验批部位</td><td colspan="3"></td></tr>
<tr><td colspan="3">施工依据</td><td colspan="2"></td><td colspan="2">验收依据</td><td colspan="5"></td></tr>
<tr><td rowspan="2">主控项目</td><td colspan="2">验收项目</td><td colspan="3">设计要求及规范规定</td><td>最小/实际抽样数量</td><td colspan="4">检查记录</td><td>检查结果</td></tr>
<tr><td>1</td><td>混凝土强度、抗渗、抗冻等性能</td><td colspan="3">符合设计要求</td><td></td><td colspan="4"></td><td></td></tr>
<tr><td>一般项目</td><td>1</td><td>圆形集水槽安装应与水池同心</td><td colspan="2">允许偏差（mm）</td><td>5</td><td></td><td></td><td></td><td></td><td></td><td></td></tr>
<tr><td colspan="3">施工单位检查结果</td><td colspan="9">专业工长：
项目专业质量检查员：
年 月 日</td></tr>
<tr><td colspan="3">监理单位验收结果</td><td colspan="9">专业监理工程师：
年 月 日</td></tr>
</table>

注：表中“设计要求”等内容应按实际设计要求内容填写。

2. 验收依据说明

(1)【规范名称及编号】《城镇污水处理厂工程质量验收规范》GB 50334－2017

【条文摘录】

主 控 项 目

6.6.1 计量槽、配水井、排水口、扶梯、防护栏、平台、集水槽、堰板等附属结构混凝土强度、抗渗、抗冻等性能应符合设计文件的要求。

检验方法：检查施工记录、试验报告。

一 般 项 目

6.6.5 圆形集水槽安装应与水池同心，允许偏差应为5mm。

检验方法：实测实量。

3. 检验批验收应提供的核查资料

(1) 核查依据：《城镇污水处理厂工程质量验收规范》GB 50334－2017

6.1.2 污水与污泥处理构筑物工程验收时应检查下列文件：

1 测量记录和沉降观测记录；

2 材料、半成品和构件出厂质量合格证、检验、复验报告；

3 混凝土配合比设计、试配报告；

4 隐蔽工程验收记录；

5 施工记录与监理检验记录；

6 功能性试验记录；

7 其他有关文件。

（2）核查资料明细

核查资料明细表

序号	核查资料名称	核查要点
1	材料出厂合格证	核查规格型号、数量、日期、性能等符合设计要求
2	材料检验报告	核查报告的完整性和结论的符合性
3	混凝土抗压、抗渗、抗冻试验报告	核查报告的完整性及结论的符合性
4	施工记录	核查模板、钢筋、混凝土施工等符合设计及规范要求
5	监理检验记录	核查记录内容的完整性

2.4.5 堰板检验批质量检验记录

1. 表格

堰板检验批质量验收记录

编号：□□□□□□□□□—□□

<table>
<tr><td colspan="3">单位（子单位）
工程名称</td><td colspan="6"></td></tr>
<tr><td colspan="3">分部（子分部）
工程名称</td><td colspan="2"></td><td>分项工程名称</td><td colspan="3"></td></tr>
<tr><td colspan="3">施工单位</td><td></td><td>项目负责人</td><td></td><td>检验批容量</td><td colspan="2"></td></tr>
<tr><td colspan="3">分包单位</td><td></td><td>分包单位项目
负责人</td><td></td><td>检验批部位</td><td colspan="2"></td></tr>
<tr><td colspan="3">施工依据</td><td colspan="2"></td><td>验收依据</td><td colspan="3"></td></tr>
<tr><td rowspan="5">主控项目</td><td colspan="2">验收项目</td><td colspan="2">设计要求及规范规定</td><td>最小/实际
抽样数量</td><td>检查记录</td><td colspan="2">检查结果</td></tr>
<tr><td>1</td><td>混凝土抗压、抗渗、抗冻等性能</td><td colspan="2">符合设计要求</td><td></td><td></td><td colspan="2"></td></tr>
<tr><td>2</td><td>混凝土堰外观质量要求</td><td colspan="2">平整、垂直</td><td></td><td></td><td colspan="2"></td></tr>
<tr><td>3</td><td>位置、高程</td><td colspan="2">符合设计要求</td><td></td><td></td><td colspan="2"></td></tr>
<tr><td>4</td><td>堰顶全周长上的水平度允许偏差</td><td colspan="2">1mm</td><td></td><td></td><td colspan="2"></td></tr>
<tr><td colspan="2">施工单位
检查结果</td><td colspan="7">专业工长：
项目专业质量检查员：
年　月　日</td></tr>
<tr><td colspan="2">监理单位
验收结果</td><td colspan="7">专业监理工程师：
年　月　日</td></tr>
</table>

注：表中“设计要求”等内容应按实际设计要求内容填写。

2. 验收依据说明

(1)【规范名称及编号】《城镇污水处理厂工程质量验收规范》GB 50334－2017

【条文摘录】

主　控　项　目

6.6.1　计量槽、配水井、排水口、扶梯、防护栏、平台、集水槽、堰板等附属结构混凝土强度、抗渗、抗冻等性能应符合设计文件的要求。

检验方法：检查施工记录、试验报告。

6.6.2　混凝土堰应平整、垂直，位置、高程应符合设计文件的要求，堰顶全周长上的水平度允许偏差应为1mm。

检验方法：观察检查，实测实量，检查施工记录。

3. 检验批验收应提供的核查资料

(1) 核查依据：《城镇污水处理厂工程质量验收规范》GB 50334－2017

6.1.2　污水与污泥处理构筑物工程验收时应检查下列文件：

1　测量记录和沉降观测记录；

2　材料、半成品和构件出厂质量合格证、检验、复验报告；

3　混凝土配合比设计、试配报告；

4　隐蔽工程验收记录；

5　施工记录与监理检验记录；

6　功能性试验记录；

7　其他有关文件。

(2) 核查资料明细

核查资料明细表

序号	核查资料名称	核查要点
1	材料出厂合格证	核查规格型号、数量、日期、性能等符合设计要求
2	材料检验报告	核查报告的完整性和结论的符合性
3	混凝土抗压、抗渗、抗冻试验报告	核查报告的完整性及结论的符合性
4	施工记录	核查模板、钢筋、混凝土施工等符合设计及规范要求
5	监理检验记录	核查记录内容的完整性

第 3 章　机械设备安装分部工程质量验收资料

3.1　机械设备单位（子单位）、分部（子分部）、分项工程划分

1. 根据国标中单位（子单位）、分部（子分部）、分项工程划分的规定，机械设备单位（子单位）、分部（子分部）、分项工程划分及编号可参考下表。

机械设备单位（子单位）、分部（子分部）、分项工程划分

单位（子单位）工程	分部（子分部）工程	分项工程
格栅间设备、泵房设备、沉砂池设备、沉淀池设备、生物处理池设备、过滤池设备、消毒池设备、鼓风机房设备、加药间设备、再生水车间设备、臭氧制备车间设备、计量间设备、污泥浓缩池设备、污泥消化池设备、污泥控制室设备、沼气压缩机房设备、沼气发电机房设备、沼气锅炉房设备、脱水机房设备、污泥处理厂房设备、除臭池设备、污泥料仓、沼气柜设备、污泥储罐、消毒罐等	机械设备安装工程	格栅设备、螺旋输送设备、泵类设备、除砂设备、曝气设备、搅拌设备、刮（吸）泥机设备、曝气生物滤池、斜板与斜管、过滤设备、微、超滤膜设备、反渗透膜设备、加药设备、鼓风设备、压缩设备、臭氧系统设备、消毒设备、浓缩脱水设备、除臭设备、滗水器设备、闸、阀门设备、堰板、集水槽、储罐设备、巴氏计量槽、起重设备、污泥泵、钢制消化池、消化池搅拌设备、热交换器、沼气脱硫设备、沼气柜、沼气火炬、沼气锅炉、沼气发电机、沼气鼓风机、混料机、布料机、皮带机、筛分机、翻抛机、污泥储仓、污泥干化处理设备、悬斗输送机、干泥料仓、消烟、除尘设备、污泥焚烧设备、设备防腐、设备绝热等

2. 施工单位可根据污水处理厂机械设备安装工程特点对分项工程进行细化，常见划分方式可参下表：

机械设备安装分项工程细化表

序号	分项工程类目细化名称	分项工程
1	高链格栅设备安装	格栅设备
2	移动式格栅设备安装	
3	回转式、牵引式、转鼓式、弧形格栅设备安装	
4	螺旋输送设备安装	螺旋输送设备
5	离心泵、螺杆泵、齿轮泵、转子泵、隔膜泵、柱塞泵安装	泵类设备
6	轴流泵、混流泵安装	
7	螺旋泵安装	
8	旋流式除砂机、砂水分离器安装	除砂设备
9	桥式吸砂机、行车式撇渣机安装	
10	链条式、链斗式刮砂机安装	

续表

序号	分项工程类目细化名称	分项工程
11	表面曝气设备安装	曝气设备
12	中、微孔曝气器设备安装	
13	搅拌器安装	搅拌设备
14	刮（吸）泥机设备安装	刮（吸）泥机设备
15	斜板与斜管安装	斜板与斜管
16	过滤设备安装	过滤设备
17	微、超滤膜安装	微、超滤膜设备
18	反渗透膜安装	反渗透膜设备
19	加药设备安装	加药设备
20	压缩设备安装	压缩设备
21	罗茨鼓风机安装	鼓风设备
22	离心鼓风机安装	
23	臭氧系统设备安装	臭氧系统设备
24	加氯设备安装	消毒设备
25	紫外线消毒设备安装	
26	板框压滤机安装	浓缩脱水设备
27	带式浓缩脱水机安装	
28	离心脱水机安装	
29	除臭设备安装	除臭设备
30	滗水器设备安装	滗水器设备
31	闸、阀门设备安装	闸、阀门设备
32	堰、堰板与集水槽安装	堰板
		集水槽
33	巴氏计量槽设备安装	巴氏计量槽
34	电动葫芦安装	起重设备
35	梁式起重机安装	
36	门式起重机安装	
37	桥式起重机安装	
38	悬臂起重机安装	
39	钢制消化池安装	钢制消化池
40	热交换器安装	热交换器
41	消化池搅拌设备安装	消化池搅拌设备
42	沼气脱硫设备安装	沼气脱硫设备
43	沼气柜安装	沼气柜
44	沼气锅炉安装	沼气锅炉
45	沼气发电机、沼气拖动鼓风机、沼气压缩机安装	沼气发电机、沼气鼓风机、沼气压缩机

续表

序号	分项工程类目细化名称	分项工程
46	沼气火炬安装	沼气火炬
47	转鼓混料机安装	混料机
48	布料机安装	布料机
49	带式输送机安装	带式输送机
50	翻抛机安装	翻抛机
51	筛分机安装	筛分机
52	污泥储仓安装	污泥储仓
53	污泥干化设备安装	污泥干化处理设备
54	悬斗输送机安装	悬斗输送机
55	干泥料仓安装	干泥料仓
56	污泥焚烧设备安装	污泥焚烧设备
57	消烟、除尘设备安装	消烟、除尘设备

3.2 设备安装分部工程中分项工程质量验收记录

3.2.1 高链格栅设备安装分项工程质量验收记录

1. 分项工程质量验收记录

1）表格

高链格栅设备安装分项工程质量验收记录

编号：□□□□□□□□□□—□□

<table>
<tr><td colspan="2">工程名称</td><td colspan="5"></td></tr>
<tr><td colspan="2">单位（子单位）
工程名称</td><td colspan="2"></td><td colspan="2">分部（子分部）
工程名称</td><td></td></tr>
<tr><td colspan="2">施工单位</td><td></td><td>项目经理</td><td></td><td>项目技术负责人</td><td></td></tr>
<tr><td colspan="2">验收依据</td><td colspan="5"></td></tr>
<tr><td colspan="2">序号</td><td colspan="3">验收项目</td><td>施工单位
检验结果</td><td>建设（监理）单位
验收结论</td></tr>
<tr><td>1</td><td rowspan="3">主控项目</td><td colspan="3">格栅栅条对称中心与导轨的对称中心应
符合设备技术文件的要求</td><td></td><td></td></tr>
<tr><td>2</td><td colspan="3">主动链轮与被动链轮的几何中心线应重合，
其偏差不大于两链轮中心距的2‰</td><td></td><td></td></tr>
<tr><td>3</td><td colspan="3">出渣口与输送机进渣口衔接良好，不应漏渣</td><td></td><td></td></tr>
<tr><td>1</td><td rowspan="2">一般项目</td><td colspan="3">浸水部位两侧及底部与沟渠间隙应封堵严密</td><td></td><td></td></tr>
<tr><td>2</td><td colspan="3">格栅设备与土建基础连接的非不锈钢金属表面
防腐蚀应符合设计文件的要求</td><td></td><td></td></tr>
</table>

续表

序号	验收项目				施工单位检验结果	建设（监理）单位验收结论
3	一般项目	设备平面位置	允许偏差	10mm		
4		设备标高		±10mm		
5		安装倾角		±0.5°		
6		机架垂直度		$H/1000$		
7		机架水平度		$L_1/1000$		
8		栅条与栅条纵向面、栅条与导轨侧面平行度		$0.5L_2/1000$		
9		落料口位置		5mm		
质量控制资料						

施工单位质量检查员： 施工单位专业技术质量负责人： 年　月　日	监理单位验收结论： 监理工程师： 年　月　日	建设单位验收结论： 项目负责人： 年　月　日	其他单位验收结论： 专业技术负责人： 年　月　日

注：1　表中 H 为机架高度，L_1 为机架长度，L_2 为栅条纵向面长度；

2　表中"设计要求"、"设备技术文件要求"等按工程实际填写。

2）验收依据说明

(1)【规范名称及编号】《城镇污水处理厂工程质量验收规范》GB 50334－2017

【条文摘录】

主　控　项　目

7.2.1　格栅栅条对称中心与导轨的对称中心应符合设备技术文件的要求。

检验方法：观察检查，检查施工记录。

7.2.2　高链格栅主动链轮与被动链轮的齿轮几何中心线应重合，其偏差不大于两链轮中心距的2‰。

检验方法：实测实量，检查施工记录。

7.2.3　格栅设备出渣口应与输送机进渣口衔接良好，不应漏渣。

检验方法：观察检查。

一　般　项　目

7.2.5　格栅设备浸水部位两侧及底部与沟渠间隙应封堵严密。

检验方法：观察检查。

7.2.6　格栅设备与土建基础连接的非不锈钢金属表面防腐蚀应符合设计文件的要求。

检验方法：观察检查，检查施工记录。

7.2.8　格栅设备安装允许偏差和检验方法应符合表7.2.8的规定。

表7.2.8　格栅设备安装允许偏差和检验方法

序号	项目	允许偏差	检验方法
1	设备平面位置	10mm	尺量检查

续表 7.2.8

序号	项目	允许偏差	检验方法
2	设备标高	±10mm	水准仪与直尺检查
3	设备安装倾角	±0.5°	量角器与线坠检查
4	机架垂直度	$H/1000$	经纬仪检查
5	机架水平度	$L_1/1000$	水平仪检查
6	栅条与栅条纵向面、栅条与导轨侧面平行度	$0.5L_2/1000$	细钢丝与直尺检查
7	落料口位置	5mm	板尺与线坠检查

注：H为机架高度，L_1为机架长度，L_2为栅条纵向面长度。

3）验收应提供的核查资料

（1）核查依据：《城镇污水处理厂工程质量验收规范》GB 50334－2017，

7.1.2　污水处理设备安装工程的质量验收应检查下列文件：

1　设备安装使用说明书；

2　产品出厂合格证书、性能检测报告、材质证明书；

3　设备开箱验收记录；

4　设备试运转记录；

5　施工记录和监理检验记录；

6　其他有关文件。

（2）核查资料明细

核查资料明细表

序号	核查资料名称	核查要点
1	设备安装使用说明书	核查说明书齐全程度
2	产品出厂合格证书、性能检测报告、材质证明书	核查合格证书等齐全程度
3	设备开箱验收记录	核查规格型号、外观、设备零部件等符合设计要求
4	土建与设备连接部位检验批质量验收记录	核查设备基础地脚螺栓连接、垫铁放置位置及平衡情况等符合设计及规范要求
5	施工记录	核查设备安装的几何位置、倾角、栅条间隙、刮渣耙与格栅间距等符合设计和规范要求
6	监理检验记录	核查记录内容的完整性

2. 高链格栅设备单机试运转记录

1）表格

高链格栅设备安装工程单机试运转记录

工程名称：

设备部位图号		设备名称		型号、规格、台数	
施工单位		设备所在系统		额定数据	
试验单位		负责人		试车时间	年月日时分起 年月日时分止
序号	试验项目		试验记录		试验结论
1	运行平稳，无卡阻、晃摆现象				
2	轴承温度和温升				
3	控制动作与控制指令相一致				
4	控制仪表与运行相符				
5	无异常声响				

建设单位	监理单位	施工单位	其他单位
（签字） （盖章）	（签字） （盖章）	（签字） （盖章）	（签字） （盖章）

注：其他单位根据不同设备单机试运转验收需要，可为设备生产、设计、运营等有关单位。

2）填表依据说明

【依据规范名称及编号】

(1)《城镇污水处理厂工程质量验收规范》GB 50334－2017

【条文摘录】

7.2.4 格栅设备试运转时应平稳，无卡阻、晃摆现象。

检验方法：观察检查，检查试运转记录。

(2)《机械设备安装工程施工及验收通用规范》GB 50231－2009

【条文摘录】

7.8.1 空负荷试运转时，应进行下列各项检查，并应做好实测的记录。

1 主运动机构和各运动部件应运行平稳，应无不正常的声响；摩擦面温度应正常无过热现象；

2 主运动机构的轴承温度和温升应符合有关规定；

3 润滑、液压、冷却、加热和气动系统，有关部件的动作和介质的进、出口温度等均应符合规定，并应工作正常、畅通无阻、无渗漏现象；

4 各种操纵控制仪表和显示等，均应与运行实际相符，工作正常、正确、灵敏和可靠；

5 机械设备的手动、半自动和自动运行程序，速度、进给量及进给速度等，均应与控制指令或控制带要求相一致，其偏差应在允许的范围之内。

3.2.2 移动式格栅设备安装分项工程质量验收记录

1. 分项工程质量验收记录

1）表格

移动式格栅设备安装分项工程质量验收记录

编号：□□□□□□□□□□—□□

工程名称					
单位（子单位）工程名称			分部（子分部）工程名称		
施工单位		项目经理		项目技术负责人	
验收依据					

序号		验收项目			施工单位检验结果	建设（监理）单位验收结论
1	主控项目	格栅栅条对称中心与导轨的对称中心应符合设备技术文件的要求				
2	主控项目	出渣口应与输送机进渣口衔接良好，不应漏渣				
1	一般项目	浸水部位两侧及底部与沟渠间隙应封堵严密				
2	一般项目	格栅设备与土建基础连接的非不锈钢金属表面防腐蚀应符合设计文件的要求				
3	一般项目	设备平面位置	允许偏差	10mm		
4	一般项目	设备标高	允许偏差	±10mm		
5	一般项目	安装倾角	允许偏差	±0.5°		
6	一般项目	机架垂直度	允许偏差	$H/1000$		
7	一般项目	机架水平度	允许偏差	$L_1/1000$		
8	一般项目	栅条与栅条纵向面、栅条与导轨侧面平行度	允许偏差	$0.5L_2/1000$		
9	一般项目	落料口位置	允许偏差	5mm		
10	一般项目	轨道在平面内的弯曲（每2m检测长度）	允许偏差	≤1mm		
11	一般项目	轨道在立面内的弯曲（每2m检测长度）	允许偏差	≤2mm		
质量控制资料						

施工单位质量检查员： 施工单位专业技术质量负责人： 年　月　日	监理单位验收结论： 监理工程师： 年　月　日	建设单位验收结论： 项目负责人： 年　月　日	其他单位验收结论： 专业技术负责人： 年　月　日

注：1　表中 H 为机架高度，L_1 为机架长度，L_2 为栅条纵向面长度；

2　表中“设计要求”、“设备技术文件要求”等按工程实际填写。

2）验收依据说明

（1）【规范名称及编号】《城镇污水处理厂工程质量验收规范》GB 50334－2017

【条文摘录】

主　控　项　目

7.2.1　格栅栅条对称中心与导轨的对称中心应符合设备技术文件的要求。

检验方法：观察检查，检查施工记录。

7.2.3　格栅设备出渣口应与输送机进渣口衔接良好，不应漏渣。

检验方法：观察检查。

一　般　项　目

7.2.5　格栅设备浸水部位两侧及底部与沟渠间隙应封堵严密。

检验方法：观察检查。

7.2.6　格栅设备与土建基础连接的非不锈钢金属表面防腐蚀应符合设计文件的要求。

检验方法：观察检查，检查施工记录。

7.2.7　移动式格栅轨道安装应符合现行国家标准《起重设备安装工程施工及验收规范》GB 50278的有关规定。

检验方法：观察检查，检查施工记录。

7.2.8　格栅设备安装允许偏差和检验方法应符合表7.2.8的规定。

表7.2.8　格栅设备安装允许偏差和检验方法

序号	项目	允许偏差	检验方法
1	设备平面位置	10mm	尺量检查
2	设备标高	±10mm	水准仪与直尺检查
3	设备安装倾角	±0.5°	量角器与线坠检查
4	机架垂直度	$H/1000$	经纬仪检查
5	机架水平度	$L_1/1000$	水平仪检查
6	栅条与栅条纵向面、栅条与导轨侧面平行度	$0.5L_2/1000$	细钢丝与直尺检查
7	落料口位置	5mm	板尺与线坠检查

注：H为机架高度，L_1为机架长度，L_2为栅条纵向面长度。

（2）【规范名称及编号】《起重设备安装工程施工及验收规范》GB 50278－2010

【条文摘录】

3.0.5　轨道沿长度方向上，在平面内的弯曲，每2m检测长度上的偏差不应大于1mm；在立面内的弯曲，每2m检测长度上的偏差不应大于2mm。

3）验收应提供的核查资料

（1）核查依据：《城镇污水处理厂工程质量验收规范》GB 50334－2017

7.1.2　污水处理设备安装工程的质量验收应检查下列文件：

1　设备安装使用说明书；

2　产品出厂合格证书、性能检测报告、材质证明书；

3　设备开箱验收记录；

4　设备试运转记录；

5　施工记录和监理检验记录；

6　其他有关文件。

（2）核查资料明细

核查资料明细表

序号	核查资料名称	核查要点
1	设备安装使用说明书	核查说明书齐全程度
2	产品出厂合格证书、性能检测报告、材质证明书	核查合格证书等齐全程度
3	设备开箱验收记录	核查规格型号、外观、设备零部件等符合设计要求
4	土建与设备连接部位检验批质量验收记录	核查设备基础地脚螺栓连接、垫铁放置位置及平衡情况等符合设计及规范要求
5	施工记录	核查设备安装的几何位置、倾角、栅条间隙、刮渣耙与格栅间距等符合设计和规范要求
6	监理检验记录	核查记录内容的完整性

2. 移动式格栅设备单机试运转记录参照本章节 3.2.1 中的内容。

3.2.3　回转式、牵引式、转鼓、弧形格栅设备安装分项工程质量验收记录

1. 分项工程质量验收记录

1）表格

回转式、牵引式、转鼓式、弧形格栅设备安装分项工程质量验收记录

编号：□□□□□□□□□—□□

<table>
<tr><td colspan="3">工程名称</td><td colspan="8"></td></tr>
<tr><td colspan="3">单位（子单位）
工程名称</td><td colspan="4"></td><td colspan="2">分部（子分部）
工程名称</td><td colspan="2"></td></tr>
<tr><td colspan="3">施工单位</td><td colspan="2"></td><td colspan="2">项目经理</td><td colspan="1"></td><td colspan="2">项目技术负责人</td><td></td></tr>
<tr><td colspan="3">验收依据</td><td colspan="8"></td></tr>
<tr><td>序号</td><td colspan="4">验收项目</td><td colspan="5">施工单位
检验结果</td><td>建设（监理）单位
验收结论</td></tr>
<tr><td>1</td><td rowspan="2">主控项目</td><td colspan="3">格栅栅条对称中心与导轨的对称中心
应符合设备技术文件的要求</td><td colspan="5"></td><td></td></tr>
<tr><td>2</td><td colspan="3">出渣口应与输送机进渣口衔接良好，不应漏渣</td><td colspan="5"></td><td></td></tr>
<tr><td>1</td><td rowspan="7">一般项目</td><td colspan="3">浸水部位两侧及底部与沟渠间隙应封堵严密</td><td colspan="5"></td><td></td></tr>
<tr><td>2</td><td colspan="3">格栅设备与土建基础连接的非不锈钢金属表面防腐蚀
应符合设计文件的要求</td><td colspan="5"></td><td></td></tr>
<tr><td>3</td><td>设备平面位置</td><td rowspan="5">允许偏差</td><td>10mm</td><td></td><td></td><td></td><td></td><td></td><td></td></tr>
<tr><td>4</td><td>设备标高</td><td>±10mm</td><td></td><td></td><td></td><td></td><td></td><td></td></tr>
<tr><td>5</td><td>安装倾角</td><td>±0.5°</td><td></td><td></td><td></td><td></td><td></td><td></td></tr>
<tr><td>6</td><td>垂直度</td><td>$H/1000$</td><td></td><td></td><td></td><td></td><td></td><td></td></tr>
<tr><td>7</td><td>水平度</td><td>$L_1/1000$</td><td></td><td></td><td></td><td></td><td></td><td></td></tr>
</table>

续表

<table>
<tr><td>序号</td><td colspan="4">验收项目</td><td colspan="5">施工单位
检验结果</td><td>建设（监理）单位
验收结论</td></tr>
<tr><td>8</td><td rowspan="2">一般项目</td><td>栅条与栅条纵向面、栅条与导轨侧面平行度</td><td rowspan="2">允许偏差</td><td>$0.5L_2/1000$</td><td></td><td></td><td></td><td></td><td></td><td></td></tr>
<tr><td>9</td><td>落料口位置</td><td>5mm</td><td></td><td></td><td></td><td></td><td></td><td></td></tr>
<tr><td colspan="5">质量控制资料</td><td colspan="5"></td><td></td></tr>
</table>

<table>
<tr><td>施工单位质量检查员：
施工单位专业技术质量负责人：
年　月　日</td><td>监理单位验收结论：
监理工程师：
年　月　日</td><td>建设单位验收结论：
项目负责人：
年　月　日</td><td>其他单位验收结论：
专业技术负责人：
年　月　日</td></tr>
</table>

注：1　表中 H 为机架高度，L_1 为机架长度，L_2 为栅条纵向面长度；

2　表中“设计要求”、“设备技术文件要求”等按工程实际填写。

2）验收依据说明

（1）【规范名称及编号】《城镇污水处理厂工程质量验收规范》GB 50334－2017

【条文摘录】

主　控　项　目

7.2.1　格栅栅条对称中心与导轨的对称中心应符合设备技术文件的要求。

检验方法：观察检查，检查施工记录。

7.2.3　格栅设备出渣口应与输送机进渣口衔接良好，不应漏渣。

检验方法：观察检查。

一　般　项　目

7.2.5　格栅设备浸水部位两侧及底部与沟渠间隙应封堵严密。

检验方法：观察检查。

7.2.6　格栅设备与土建基础连接的非不锈钢金属表面防腐蚀应符合设计文件的要求。

检验方法：观察检查，检查施工记录。

7.2.8　格栅设备安装允许偏差和检验方法应符合表7.2.8的规定。

表7.2.8　格栅设备安装允许偏差和检验方法

序号	项目	允许偏差	检验方法
1	设备平面位置	10mm	尺量检查
2	设备标高	±10mm	水准仪与直尺检查
3	设备安装倾角	±0.5°	量角器与线坠检查
4	机架垂直度	$H/1000$	经纬仪检查
5	机架水平度	$L_1/1000$	水平仪检查
6	栅条与栅条纵向面、栅条与导轨侧面平行度	$0.5L_2/1000$	细钢丝与直尺检查
7	落料口位置	5mm	板尺与线坠检查

注：H 为机架高度，L_1 为机架长度，L_2 为栅条纵向面长度。

3）验收应提供的核查资料

（1）核查依据：《城镇污水处理厂工程质量验收规范》GB 50334－2017

7.1.2 污水处理设备安装工程的质量验收应检查下列文件：

1 设备安装使用说明书；

2 产品出厂合格证书、性能检测报告、材质证明书；

3 设备开箱验收记录；

4 设备试运转记录；

5 施工记录和监理检验记录；

6 其他有关文件。

（2）核查资料明细

核查资料明细表

序号	核查资料名称	核查要点
1	设备安装使用说明书	核查说明书齐全程度
2	产品出厂合格证书、性能检测报告、材质证明书	核查合格证书等齐全程度
3	设备开箱验收记录	核查规格型号、外观、设备零部件等符合设计要求
4	土建与设备连接部位检验批质量验收记录	核查设备基础地脚螺栓连接、垫铁放置位置及平衡情况等符合设计及规范要求
5	施工记录	核查设备安装的几何位置、倾角、栅条间隙、刮渣耙与格栅间距等符合设计和规范要求
6	监理检验记录	核查记录内容的完整性

2. 回转式、牵引式、转鼓、弧形格栅设备单机试运转记录参照本章3.2.1中的内容。

3.2.4 螺旋输送设备安装分项工程质量验收记录

1. 分项工程质量验收记录

1）表格

螺旋输送设备安装分项工程质量验收记录

编号：□□□□□□□□□□—□□

<table>
<tr><td colspan="2">工程名称</td><td colspan="5"></td></tr>
<tr><td colspan="2">单位（子单位）工程名称</td><td colspan="2"></td><td>分部（子分部）工程名称</td><td colspan="2"></td></tr>
<tr><td colspan="2">施工单位</td><td></td><td>项目经理</td><td></td><td>项目技术负责人</td><td></td></tr>
<tr><td colspan="2">验收依据</td><td colspan="5"></td></tr>
<tr><td>序号</td><td colspan="2">验收项目</td><td>施工单位检验结果</td><td colspan="3">建设（监理）单位验收结论</td></tr>
<tr><td>1</td><td>主控项目</td><td>进、出料口平面位置及标高应符合设计文件的要求</td><td></td><td colspan="3"></td></tr>
</table>

续表

<table>
<tr><td>序号</td><td colspan="4">验收项目</td><td colspan="5">施工单位检验结果</td><td>建设（监理）单位验收结论</td></tr>
<tr><td>1</td><td rowspan="6">一般项目</td><td colspan="3">分段组装的螺旋输送设备相邻机壳应连接紧密，并应符合设备技术文件的要求</td><td colspan="5"></td><td></td></tr>
<tr><td>2</td><td colspan="3">密封盖板与设备机壳应连接可靠，不应有物料外溢</td><td colspan="5"></td><td></td></tr>
<tr><td>3</td><td>设备平面位置</td><td rowspan="4">允许偏差（mm）</td><td>10</td><td></td><td></td><td></td><td></td><td></td><td></td></tr>
<tr><td>4</td><td>设备标高</td><td>±10</td><td></td><td></td><td></td><td></td><td></td><td></td></tr>
<tr><td>5</td><td>螺旋槽直线度</td><td>L/1000，且≤3</td><td></td><td></td><td></td><td></td><td></td><td></td></tr>
<tr><td>6</td><td>设备纵向水平度</td><td>L/1000，且≤5</td><td></td><td></td><td></td><td></td><td></td><td></td></tr>
<tr><td colspan="5">质量控制资料</td><td colspan="5"></td><td></td></tr>
</table>

施工单位质量检查员： 施工单位专业技术质量负责人： 年　月　日	监理单位验收结论： 监理工程师： 年　月　日	建设单位验收结论： 项目负责人： 年　月　日	其他单位验收结论： 专业技术负责人： 年　月　日

注：1　表中 L 为螺旋输送设备的长度。
2　表中“设计要求”、“设备技术文件要求”等按工程实际填写。

2）验收依据说明

(1)【规范名称及编号】《城镇污水处理厂工程质量验收规范》GB 50334－2017

【条文摘录】

主　控　项　目

7.3.1　螺旋输送设备进、出料口平面位置及标高应符合设计文件的要求。

检验方法：实测实量，检查施工记录。

一　般　项　目

7.3.3　分段组装的螺旋输送设备相邻机壳应连接紧密，并应符合设备技术文件的要求。

检验方法：观察检查。

7.3.4　密封盖板与设备机壳应连接可靠，不应有物料外溢。

检验方法：观察检查。

7.3.5　螺旋输送设备安装允许偏差和检验方法应符合表7.3.5的规定。

表7.3.5　螺旋输送设备安装允许偏差和检验方法

序号	项目	允许偏差（mm）	检验方法
1	设备平面位置	10	尺量检查
2	设备标高	±10	水准仪与直尺检查
3	螺旋槽直线度	$L/1000$，且≤3	钢丝与直尺检查
4	设备纵向水平度	$L/1000$，且≤5	水平仪检查

注：L 为螺旋输送设备的长度。

3）验收应提供的核查资料

（1）核查依据：《城镇污水处理厂工程质量验收规范》GB 50334－2017

7.1.2 污水处理设备安装工程的质量验收应检查下列文件：

1 设备安装使用说明书；

2 产品出厂合格证书、性能检测报告、材质证明书；

3 设备开箱验收记录；

4 设备试运转记录；

5 施工记录和监理检验记录；

6 其他有关文件。

（2）核查资料明细

核查资料明细表

序号	核查资料名称	核查要点
1	设备安装使用说明书	核查说明书齐全程度
2	产品出厂合格证书、性能检测报告、材质证明书	核查合格证书等的齐全程度
3	设备开箱验收记录	核查规格型号、外观、设备零部件等符合设计要求
4	土建与设备连接部位检验批质量验收记录	核查混凝土平整情况、预埋钢板位置等符合设计及规范要求
5	施工记录	核查设备水平度、进料口标高及位置、轴承中心线与螺旋泵体中心线偏差等符合设计和规范要求
6	监理检验记录	核查记录内容的完整性

2. 螺旋输送设备单机试运转记录

1）表格

螺旋输送设备安装工程单机试运转记录

工程名称：

<table>
<tr><td>设备部位图号</td><td colspan="2"></td><td>设备名称</td><td></td><td>型号、规格、台数</td><td colspan="2"></td></tr>
<tr><td>施工单位</td><td colspan="2"></td><td>设备所在系统</td><td></td><td>额定数据</td><td colspan="2"></td></tr>
<tr><td>试验单位</td><td colspan="2"></td><td>负责人</td><td></td><td>试车时间</td><td colspan="2">年 月 日 时 分起
年 月 日 时 分止</td></tr>
<tr><td>序号</td><td colspan="2">试验项目</td><td colspan="3">试验记录</td><td colspan="2">试验结论</td></tr>
<tr><td>1</td><td colspan="2">运转平稳</td><td colspan="3"></td><td colspan="2"></td></tr>
<tr><td>2</td><td colspan="2">过载装置动作灵敏可靠</td><td colspan="3"></td><td colspan="2"></td></tr>
<tr><td>3</td><td colspan="2">轴承温度和温升</td><td colspan="3"></td><td colspan="2"></td></tr>
<tr><td>4</td><td colspan="2">控制动作与控制指令相一致</td><td colspan="3"></td><td colspan="2"></td></tr>
<tr><td>5</td><td colspan="2">无异常声响</td><td colspan="3"></td><td colspan="2"></td></tr>
<tr><td></td><td colspan="2"></td><td colspan="3"></td><td colspan="2"></td></tr>
<tr><td colspan="2">建设单位</td><td colspan="2">监理单位</td><td colspan="2">施工单位</td><td colspan="2">其他单位</td></tr>
<tr><td colspan="2">（签字）
（盖章）</td><td colspan="2">（签字）
（盖章）</td><td colspan="2">（签字）
（盖章）</td><td colspan="2">（签字）
（盖章）</td></tr>
</table>

注：其他单位根据不同设备单机试运转验收需要，可为设备生产、设计、运营等有关单位。

2）填表依据说明

【依据规范名称及编号】

(1)《城镇污水处理厂工程质量验收规范》GB 50334－2017

【条文摘录】

7.3.2 螺旋输送设备试运转应平稳，过载装置的动作应灵敏可靠。

检验方法：观察检查，检查试运转记录。

(2)《机械设备安装工程施工及验收通用规范》GB 50231－2009

【条文摘录】

7.8.1 空负荷试运转时，应进行下列各项检查，并应做好实测的记录。

1. 主运动机构和各运动部件应运行平稳，应无不正常的声响；摩擦面温度应正常无过热现象；

2. 主运动机构的轴承温度和温升应符合有关规定；

3. 润滑、液压、冷却、加热和气动系统，有关部件的动作和介质的进、出口温度等均应符合规定，并应工作正常、畅通无阻、无渗漏现象；

4. 各种操纵控制仪表和显示等，均应与运行实际相符，工作正常、正确、灵敏和可靠；

5. 机械设备的手动、半自动和自动运行程序，速度、进给量及进给速度等，均应与控制指令或控制带要求相一致，其偏差应在允许的范围之内。

3.2.5 离心泵、螺杆泵、齿轮泵、转子泵、隔膜泵、柱塞泵安装

1. 分项工程质量验收记录

1）表格

离心泵、螺杆泵、齿轮泵、转子泵、隔膜泵、柱塞泵安装分项工程质量验收记录

编号：□□□□□□□□□□—□□

<table>
<tr><td colspan="2">工程名称</td><td colspan="5"></td></tr>
<tr><td colspan="2">单位（子单位）工程名称</td><td colspan="3"></td><td>分部（子分部）工程名称</td><td></td></tr>
<tr><td colspan="2">施工单位</td><td>　</td><td>项目经理</td><td></td><td>项目技术负责人</td><td></td></tr>
<tr><td colspan="2">验收依据</td><td colspan="5"></td></tr>
<tr><td>序号</td><td colspan="3">验收项目</td><td>施工单位检验结果</td><td colspan="2">建设（监理）单位验收结论</td></tr>
<tr><td>1</td><td rowspan="5">主控项目</td><td colspan="2">潜水泵导杆间应相互平行，导杆与基础应垂直，导杆中间固定装置的数量不应少于设计及设备技术文件的要求；自动连接处的金属面之间应密封严密</td><td></td><td colspan="2"></td></tr>
<tr><td>2</td><td colspan="2">联轴器组装的端面间隙应符合设备技术文件要求</td><td></td><td colspan="2"></td></tr>
<tr><td>3</td><td colspan="2">联轴器组装的径向位移应符合设备技术文件要求</td><td></td><td colspan="2"></td></tr>
<tr><td>4</td><td colspan="2">联轴器组装的轴向倾斜应符合设备技术文件要求</td><td></td><td colspan="2"></td></tr>
<tr><td>5</td><td colspan="2">输送危险介质的泵，其密封装置应严密，泄漏量不大于设计及设备技术文件的规定值</td><td></td><td colspan="2"></td></tr>
</table>

续表

序号	验收项目				施工单位检验结果	建设（监理）单位验收结论
1	一般项目	进、出水口的成对法兰安装平直				
2		设备平面位置	允许偏差（mm）	10		
3		设备标高		+20，−10		
4		纵向水平度		0.10L/1000		
5		横向水平度		0.20L/1000		
6		导杆垂直度		H/1000 且≤3		
质量控制资料						
施工单位质量检查员： 施工单位专业技术质量负责人： 年 月 日		监理单位验收结论： 监理工程师： 年 月 日		建设单位验收结论： 项目负责人： 年 月 日		其他单位验收结论： 专业技术负责人： 年 月 日

注：1 表中L为设备长度，H为导杆长度；

2 表中“设计要求”、“设备技术文件要求”等按工程实际填写。

2）验收依据说明

（1）【规范名称及编号】《城镇污水处理厂工程质量验收规范》GB 50334－2017

【条文摘录】

主 控 项 目

7.4.1 驱动机轴与泵轴采用联轴器方式连接时，联轴器组装的端面间隙、径向位移和轴向倾斜应符合设备技术文件的要求和现行国家标准《机械设备安装工程施工及验收通用规范》GB 50231 的有关规定。

检验方法：检查施工记录。

7.4.2 潜水泵导杆间应相互平行，导杆与基础应垂直，导杆中间固定装置的数量不应少于设计及设备技术文件的要求；自动连接处的金属面之间应密封严密。

检验方法：观察检查，检查施工记录。

7.4.5 输送有毒、有害、易燃、易爆介质的泵，其密封装置应严密，泄漏量不应大于设计及设备技术文件的规定值。

检验方法：观察检查，检查试验记录。

一 般 项 目

7.4.6 泵类设备进、出水口配置的成对法兰安装应平直。

检验方法：观察检查，检查施工记录。

7.4.8 泵类设备安装的允许偏差和检验方法应符合表 7.4.8 的规定。

表 7.4.8 泵类设备安装允许偏差和检验方法

序号	项目		允许偏差（mm）	检验方法
1	设备平面位置		10	尺量检查
2	设备标高		+20，−10	水准仪与直尺检查
3	设备水平度	纵向	0.10L/1000	水平仪检验
		横向	0.20L/1000	
4	导杆垂直度		H/1000，且≤3	线坠与直尺检验

注：L为设备长度，H为导杆长度。

3）验收应提供的核查资料

（1）核查依据：《城镇污水处理厂工程质量验收规范》GB 50334－2017

7.1.2　污水处理设备安装工程的质量验收应检查下列文件：

1　设备安装使用说明书；

2　产品出厂合格证书、性能检测报告、材质证明书；

3　设备开箱验收记录；

4　设备试运转记录；

5　施工记录和监理检验记录；

6　其他有关文件。

（2）核查资料明细

核查资料明细表

序号	核查资料名称	核查要点
1	设备安装使用说明书	核查说明书齐全程度
2	产品出厂合格证书、性能检测报告、材质证明书	核查合格证书等的齐全程度
3	设备开箱验收记录	核查规格型号、外观、设备零部件等符合设计要求
4	土建与设备连接部位检验批质量验收记录	核查基础混凝土强度、平面位置及标高、承重面预留垫铁高度等符合设计及规范要求
5	施工记录	核查泵体和电动机的水平度、垂直度、泵体进出口法兰中心线与水管进出口法兰中心线一致程度等符合设计和规范要求
6	设备严密性试验记录	核查记录内容的完整性、符合性
7	监理检验记录	核查记录内容的完整性

2. 离心泵、螺杆泵、齿轮泵、转子泵、隔膜泵、柱塞泵设备单机试运转记录

1）表格

离心泵、螺杆泵、齿轮泵、转子泵、隔膜泵、柱塞泵设备安装工程单机试运转记录

工程名称：

<table>
<tr><td>设备部位图号</td><td></td><td>设备名称</td><td></td><td>型号、规格、台数</td><td></td></tr>
<tr><td>施工单位</td><td></td><td>设备所在系统</td><td></td><td>额定数据</td><td></td></tr>
<tr><td>试验单位</td><td></td><td>负责人</td><td></td><td>试车时间</td><td>年　月　日　时　分起
年　月　日　时　分止</td></tr>
<tr><td>序号</td><td>试验项目</td><td colspan="3">试验记录</td><td>试验结论</td></tr>
<tr><td>1</td><td>无异常声响</td><td colspan="3"></td><td></td></tr>
<tr><td>2</td><td>轴承温升</td><td colspan="3"></td><td></td></tr>
<tr><td>3</td><td>振动速度有效值</td><td colspan="3"></td><td></td></tr>
<tr><td>4</td><td>泵的密封泄漏情况</td><td colspan="3"></td><td></td></tr>
<tr><td>5</td><td>电控装置灵敏度</td><td colspan="3"></td><td></td></tr>
<tr><td>6</td><td>安全保护装置灵敏度</td><td colspan="3"></td><td></td></tr>
<tr><td></td><td></td><td colspan="3"></td><td></td></tr>
</table>

建设单位	监理单位	施工单位	其他单位
（签字） （盖章）	（签字） （盖章）	（签字） （盖章）	（签字） （盖章）

注：其他单位根据不同设备单机试运转验收需要，可为设备生产、设计、运营等有关单位。

2）填表依据说明

【依据规范名称及编号】

(1)《城镇污水处理厂工程质量验收规范》GB 50334-2017

【条文摘录】

7.4.4 泵类设备试运转时，应无异常声响，振动速度有效值、轴承温升等应符合设备技术文件的要求和现行国家标准《风机、压缩机、泵安装工程施工及验收规范》GB 50275的有关规定。

检验方法：观察检查，检查试运转记录。

(2)《风机、压缩机、泵安装工程施工及验收规范》GB 50275-2010

【条文摘录】

4.1.10 泵试运转应符合下列要求

1 试运转的介质宜采用清水；当泵输送介质不是清水时，应按介质的密度、比重折算为清水进行试运转，流量不应小于额定值的20%，电流不得超过电动机的额定电流。

2 润滑油不得有渗漏和雾状喷油；轴承、轴承箱和油池润滑油的温升不应超过环境温度40℃，滑动轴承的温度不应大于70℃；滚动轴承的温度不应大于80℃。

3 泵试运转时，各固定连接部位不应有松动；各运动部件运转应正常，无异常声响和摩擦；附属系统的运转应正常；管道连接应牢固、无渗漏。

4 轴承的振动速度有效值应在额定转速、最高排出压力和无气蚀条件下检测，检测及其限值应符合随机技术文件的规定；无规定时，应符合本规范相关规定。

5 泵的静密封应无泄漏；填料函和轴密封的泄漏量不应超过随机技术文件的规定。

6 润滑、液压、加热和冷却系统的工作应无异常现象。

7 泵的安全保护和电控装置及各部分仪表应灵敏、正确、可靠。

8 泵在额定工况下连续试运转时间不应少于表4.1.10规定的时间；高速泵及特殊要求的泵试运转时间应符合随机技术文件的规定。

表4.1.10 泵在额定工况下连续试运转时间

泵的轴功率（kW）	连续试运转时间（min）
<50	30
50～100	60
100～400	90
>400	120

3.2.6 轴流泵、混流泵类设备安装分项工程质量验收记录

1. 分项工程质量验收记录

1）表格

轴流泵、混流泵安装分项工程质量验收记录

编号：□□□□□□□□□□—□□

工程名称						
单位（子单位）工程名称				分部（子分部）工程名称		
施工单位		项目经理		项目技术负责人		
验收依据						
序号	验收项目				施工单位检验结果	建设（监理）单位验收结论
1	主控项目	潜水泵导杆间应相互平行，导杆与基础应垂直，导杆中间固定装置的数量不应少于设计及设备技术文件的要求；自动连接处的金属面之间应密封严密				
2	主控项目	立式轴（混）流泵主轴轴线安装垂直，连接牢固				
3	主控项目	联轴器组装的端面间隙应符合设备技术文件要求				
4	主控项目	联轴器组装的径向位移应符合设备技术文件要求				
5	主控项目	联轴器组装的轴向倾斜应符合设备技术文件要求				
1	一般项目	进、出水口的成对法兰安装平直				
2	一般项目	设备平面位置	允许偏差（mm）	10		
3	一般项目	设备标高	允许偏差（mm）	+20，−10		
4	一般项目	纵向水平度	允许偏差（mm）	0.10L/1000		
5	一般项目	横向水平度	允许偏差（mm）	0.20L/1000		
6	一般项目	导杆垂直度	允许偏差（mm）	H/1000且≤3		
质量控制资料						

施工单位质量检查员： 施工单位专业技术质量负责人： 年 月 日	监理单位验收结论： 监理工程师： 年 月 日	建设单位验收结论： 项目负责人： 年 月 日	其他单位验收结论： 专业技术负责人： 年 月 日

注：1 表中L为设备长度，H为导杆长度；
2 表中“设计要求”、“设备技术文件要求”等按工程实际填写。

2）验收依据说明

（1）【规范名称及编号】《城镇污水处理厂工程质量验收规范》GB 50334－2017

【条文摘录】

主 控 项 目

7.4.1 驱动机轴与泵轴采用联轴器方式连接时，联轴器组装的端面间隙、径向位移和轴向倾斜应符合设备技术文件的要求和现行国家标准《机械设备安装工程施工及验收通用规范》GB 50231 的有关规定。

检验方法：检查施工记录。

7.4.2 潜水泵导杆间应相互平行，导杆与基础应垂直，导杆中间固定装置的数量不应少于设计及设备技术文件的要求；自动连接处的金属面之间应密封严密。

检验方法：观察检查，检查施工记录。

7.4.3 立式轴（混）流泵的主轴轴线安装应垂直，连接应牢固。

检验方法：观察检查，检查施工记录。

一 般 项 目

7.4.6 泵类设备进、出水口配置的成对法兰安装应平直。

检验方法：观察检查，检查施工记录。

7.4.8 泵类设备安装的允许偏差和检验方法应符合表7.4.8的规定。

表7.4.8 泵类设备安装允许偏差和检验方法

序号	项目		允许偏差（mm）	检验方法
1	设备平面位置		10	尺量检查
2	设备标高		+20，−10	水准仪与直尺检查
3	设备水平度	纵向	0.10L/1000	水平仪检验
		横向	0.20L/1000	
4	导杆垂直度		H/1000，且≤3	线坠与直尺检验

注：L为设备长度，H为导杆长度。

3）验收应提供的核查资料

（1）核查依据：《城镇污水处理厂工程质量验收规范》GB 50334－2017

7.1.2 污水处理设备安装工程的质量验收应检查下列文件：

1 设备安装使用说明书；

2 产品出厂合格证书、性能检测报告、材质证明书；

3 设备开箱验收记录；

4 设备试运转记录；

5 施工记录和监理检验记录；

6 其他有关文件。

（2）核查资料明细

核查资料明细表

序号	核查资料名称	核查要点
1	设备安装使用说明书	核查说明书齐全程度
2	产品出厂合格证书、性能检测报告、材质证明书	核查合格证书等的齐全程度
3	设备开箱验收记录	核查规格型号、外观、设备零部件等符合设计要求
4	土建与设备连接部位检验批质量验收记录	核查基础混凝土强度、平面位置及标高、承重面预留垫铁高度等符合设计及规范要求
5	施工记录	核查泵体和电动机的水平度、垂直度、泵体进出口法兰中心线与水管进出口法兰中心线一致程度等符合设计和规范要求
6	设备严密性试验记录	核查记录内容的完整性、符合性
7	监理检验记录	核查记录内容的完整性

2. 轴流泵、混流泵设备安装工程单机试运转记录参照本章节 3.2.5 中的内容。

3.2.7 螺旋泵安装分项工程质量验收记录

1. 分项工程质量验收记录

1）表格

螺旋泵安装分项工程质量验收记录

编号：□□□□□□□□□□—□□

<table>
<tr><td colspan="2">工程名称</td><td colspan="9"></td></tr>
<tr><td colspan="2">单位(子单位)工程名称</td><td colspan="4"></td><td colspan="3">分部(子分部)工程名称</td><td colspan="2"></td></tr>
<tr><td colspan="2">施工单位</td><td colspan="2"></td><td>项目经理</td><td colspan="3"></td><td colspan="2">项目技术负责人</td><td></td></tr>
<tr><td colspan="2">验收依据</td><td colspan="9"></td></tr>
<tr><td>序号</td><td colspan="4">验收项目</td><td colspan="5">施工单位检验结果</td><td>建设(监理)单位验收结论</td></tr>
<tr><td>1</td><td rowspan="3">主控项目</td><td colspan="3">联轴器组装的端面间隙应符合设备技术文件要求</td><td colspan="5"></td><td></td></tr>
<tr><td>2</td><td colspan="3">联轴器组装的径向位移应符合设备技术文件要求</td><td colspan="5"></td><td></td></tr>
<tr><td>3</td><td colspan="3">联轴器组装的轴向倾斜应符合设备技术文件要求</td><td colspan="5"></td><td></td></tr>
<tr><td>1</td><td rowspan="7">一般项目</td><td colspan="3">设备进、出水口配置的成对法兰安装应平直</td><td colspan="5"></td><td></td></tr>
<tr><td>2</td><td colspan="3">螺旋泵与导流槽间隙符合设计文件的要求，偏差为±2mm</td><td colspan="5"></td><td></td></tr>
<tr><td>3</td><td>设备平面位置</td><td rowspan="5">允许偏差(mm)</td><td>10</td><td></td><td></td><td></td><td></td><td></td><td></td></tr>
<tr><td>4</td><td>设备标高</td><td>+20，−10</td><td></td><td></td><td></td><td></td><td></td><td></td></tr>
<tr><td>5</td><td>纵向水平度</td><td>0.1L/1000</td><td></td><td></td><td></td><td></td><td></td><td></td></tr>
<tr><td>6</td><td>横向水平度</td><td>0.2L/1000</td><td></td><td></td><td></td><td></td><td></td><td></td></tr>
<tr><td>7</td><td>导杆垂直度</td><td>H/1000且≤3</td><td></td><td></td><td></td><td></td><td></td><td></td></tr>
<tr><td colspan="5">质量控制资料</td><td colspan="5"></td><td></td></tr>
<tr><td colspan="3">施工单位质量检查员：
施工单位专业技术质量负责人：

年 月 日</td><td colspan="3">监理单位验收结论：
监理工程师：

年 月 日</td><td colspan="3">建设单位验收结论：
项目负责人：

年 月 日</td><td colspan="2">其他单位验收结论：
专业技术负责人：

年 月 日</td></tr>
</table>

注：1 表中 L 为设备长度，H 为导杆长度；

2 表中“设计要求”、“设备技术文件要求”等按工程实际填写。

2）验收依据说明

（1）【规范名称及编号】《城镇污水处理厂工程质量验收规范》GB 50334－2017

【条文摘录】

主 控 项 目

7.4.1 驱动机轴与泵轴采用联轴器方式连接时，联轴器组装的端面间隙、径向位移和轴向倾斜应符合设备技术文件的要求和现行国家标准《机械设备安装工程施工及验收通用规范》GB 50231 的有关规定。

检验方法：检查施工记录。

7.4.5 输送有毒、有害、易燃、易爆介质的泵，其密封装置应严密，泄漏量不应大于设计及设备技术文件的规定值。

检验方法：观察检查，检查试验记录。

一 般 项 目

7.4.6 泵类设备进、出水口配置的成对法兰安装应平直。

检验方法：观察检查，检查施工记录。

7.4.7 螺旋泵与导流槽间隙应符合设计文件的要求，允许偏差应为±2mm。

检验方法：尺量检查，检查施工记录。

7.4.8 泵类设备安装的允许偏差和检验方法应符合表 7.4.8 的规定。

表 7.4.8 泵类设备安装允许偏差和检验方法

序号	项目		允许偏差（mm）	检验方法
1	设备平面位置		10	尺量检查
2	设备标高		+20，−10	水准仪与直尺检查
3	设备水平度	纵向	$0.10L/1000$	水平仪检验
		横向	$0.20L/1000$	
4	导杆垂直度		$H/1000$，且≤3	线坠与直尺检验

注：L 为设备长度，H 为导杆长度。

3）验收应提供的核查资料

（1）核查依据：《城镇污水处理厂工程质量验收规范》GB 50334－2017

7.1.2 污水处理设备安装工程的质量验收应检查下列文件：

1 设备安装使用说明书；

2 产品出厂合格证书、性能检测报告、材质证明书；

3 设备开箱验收记录；

4 设备试运转记录；

5 施工记录和监理检验记录；

6 其他有关文件。

（2）核查资料明细

核查资料明细表

序号	核查资料名称	核查要点
1	设备安装使用说明书	核查说明书齐全程度
2	产品出厂合格证书、性能检测报告、材质证明书	核查合格证书等的齐全程度

续表

序号	核查资料名称	核查要点
3	设备开箱验收记录	核查规格型号、外观、设备零部件等符合设计要求
4	土建与设备连接部位检验批质量验收记录	核查基础混凝土强度、平面位置及标高、承重面预留垫铁高度等符合设计及规范要求
5	施工记录	核查泵体和电动机的水平度、垂直度、泵体进出口法兰中心线与水管进出口法兰中心线一致程度等符合设计和规范要求
6	设备严密性试验记录	核查记录内容的完整性、符合性
7	监理检验记录	核查记录内容的完整性

2. 螺旋泵设备安装工程单机试运转记录参照本章节3.2.5中的内容。

3.2.8　旋流式除砂机、砂水分离器安装分项工程质量验收记录

1. 分项工程质量验收记录

1）表格

旋流式除砂机、砂水分离器安装分项工程质量验收记录

编号：□□□□□□□□□□—□□

<table>
<tr><td colspan="2">工程名称</td><td colspan="9"></td></tr>
<tr><td colspan="2">单位(子单位)工程名称</td><td colspan="6"></td><td colspan="2">分部(子分部)工程名称</td><td></td></tr>
<tr><td colspan="2">施工单位</td><td colspan="2"></td><td>项目经理</td><td colspan="3"></td><td colspan="2">项目技术负责人</td><td></td></tr>
<tr><td colspan="2">验收依据</td><td colspan="9"></td></tr>
<tr><td>序号</td><td colspan="4">验收项目</td><td colspan="5">施工单位检验结果</td><td>建设(监理)单位验收结论</td></tr>
<tr><td>1</td><td rowspan="2">主控项目</td><td colspan="3">旋流式除砂机中桨叶式分离机的桨叶板倾角应一致，并应保持平衡</td><td colspan="5"></td><td></td></tr>
<tr><td>2</td><td colspan="3">提砂装置风管及排砂管应固定牢固，连接可靠，无泄漏</td><td colspan="5"></td><td></td></tr>
<tr><td>1</td><td rowspan="3">一般项目</td><td>设备平面位置</td><td rowspan="3">允许偏差(mm)</td><td>10</td><td></td><td></td><td></td><td></td><td></td><td></td></tr>
<tr><td>2</td><td>设备标高</td><td>±10</td><td></td><td></td><td></td><td></td><td></td><td></td></tr>
<tr><td>3</td><td>旋流式除砂机桨叶式立轴垂直度</td><td>$H/1000$</td><td></td><td></td><td></td><td></td><td></td><td></td></tr>
<tr><td colspan="5">质量控制资料</td><td colspan="5"></td><td></td></tr>
<tr><td colspan="3">施工单位质量检查员：
施工单位专业技术质量负责人：
年　月　日</td><td colspan="3">监理单位验收结论：
监理工程师：
年　月　日</td><td colspan="3">建设单位验收结论：
项目负责人：
年　月　日</td><td colspan="2">其他单位验收结论：
专业技术负责人：
年　月　日</td></tr>
</table>

注：1　表中 H 为桨叶式立轴长度；

2　表中“设计要求”、“设备技术文件要求”等按工程实际填写。

2）验收依据说明

（1）【规范名称及编号】《城镇污水处理厂工程质量验收规范》GB 50334－2017

【条文摘录】

主　控　项　目

7.5.2　旋流式除砂机中桨叶式分离机的桨叶板倾角应一致，并应保持平衡。

检验方法：观察检查，检查施工记录。

7.5.3　提砂装置风管及排砂管应固定牢固，连接可靠，无泄漏。

检验方法：观察检查，检查施工记录。

一　般　项　目

7.5.9　砂水分离器、旋流式除砂机安装允许偏差和检验方法应符合表7.5.9的规定。

表7.5.9　砂水分离器、旋流式除砂机安装允许偏差和检验方法

序号	项　目	允许偏差（mm）	检验方法
1	设备平面位置	10	尺量检查
2	设备标高	±10	水准仪与直尺检查
3	旋流式除砂机桨叶式立轴垂直度	H/1000	线坠与直尺检查

注：H为桨叶式立轴长度。

3）验收应提供的核查资料

（1）核查依据：《城镇污水处理厂工程质量验收规范》GB 50334－2017

7.1.2　污水处理设备安装工程的质量验收应检查下列文件：

1　设备安装使用说明书；

2　产品出厂合格证书、性能检测报告、材质证明书；

3　设备开箱验收记录；

4　设备试运转记录；

5　施工记录和监理检验记录；

6　其他有关文件。

（2）核查资料明细

核查资料明细表

序号	核查资料名称	核查要点
1	设备安装使用说明书	核查说明书齐全程度
2	产品出厂合格证书、性能检测报告、材质证明书	核查合格证书等的齐全程度
3	设备开箱验收记录	核查规格型号、外观、设备零部件等符合设计要求
4	土建与设备连接部位检验批质量验收记录	核查基础混凝土强度、平面位置及标高、承重面预留垫铁高度等符合设计及规范要求
5	施工记录	核查设备进、出料口标高及位置等符合设计和规范要求
6	监理检验记录	核查记录内容的完整性

2. 旋流式除砂机、砂水分离器单机试运转记录

1）表格

旋流式除砂机、砂水分离器安装工程单机试运转记录

工程名称：

<table>
<tr><td>设备部位图号</td><td></td><td>设备名称</td><td></td><td>型号、规格、台数</td><td colspan="3"></td></tr>
<tr><td>施工单位</td><td></td><td>设备所在系统</td><td></td><td>额定数据</td><td colspan="3"></td></tr>
<tr><td>试验单位</td><td></td><td>负责人</td><td></td><td>试车时间</td><td colspan="3">年　月　日　时　分起
年　月　日　时　分止</td></tr>
<tr><td>序号</td><td>试验项目</td><td colspan="3">试验记录</td><td colspan="3">试验结论</td></tr>
<tr><td>1</td><td>运行平稳无异常噪声</td><td colspan="3"></td><td colspan="3"></td></tr>
<tr><td>2</td><td>轴承温度和温升</td><td colspan="3"></td><td colspan="3"></td></tr>
<tr><td>3</td><td>控制仪表与运行相符</td><td colspan="3"></td><td colspan="3"></td></tr>
<tr><td>4</td><td>控制动作与控制指令相一致</td><td colspan="3"></td><td colspan="3"></td></tr>
<tr><td></td><td></td><td colspan="3"></td><td colspan="3"></td></tr>
<tr><td colspan="2">建设单位</td><td colspan="2">监理单位</td><td colspan="2">施工单位</td><td colspan="2">其他单位</td></tr>
<tr><td colspan="2">（签字）
（盖章）</td><td colspan="2">（签字）
（盖章）</td><td colspan="2">（签字）
（盖章）</td><td colspan="2">（签字）
（盖章）</td></tr>
</table>

注：其他单位根据不同设备单机试运转验收需要，可为设备生产、设计、运营等有关单位。

2）填表依据说明

【依据规范名称及编号】

(1)《机械设备安装工程施工及验收通用规范》GB 50231－2009

【条文摘录】

7.8.1　空负荷试运转时，应进行下列各项检查，并应做好实测的记录。

1　主运动机构和各运动部件应运行平稳，应无不正常的声响；摩擦面温度应正常无过热现象；

2　主运动机构的轴承温度和温升应符合有关规定；

3　润滑、液压、冷却、加热和气动系统，有关部件的动作和介质的进、出口温度等均应符合规定，并应工作正常、畅通无阻、无渗漏现象；

4　各种操纵控制仪表和显示等，均应与运行实际相符，工作正常、正确、灵敏和可靠；

5　机械设备的手动、半自动和自动运行程序，速度、进给量及进给速度等，均应与控制指令或控制带要求相一致，其偏差应在允许的范围之内。

3.2.9 桥式吸砂机、行车式撇渣机安装分项工程质量验收记录

1. 分项工程质量验收记录

1）表格

桥式吸砂机、行车式撇渣机安装分项工程质量验收记录

编号：□□□□□□□□□—□□

<table>
<tr><td colspan="3">工程名称</td><td colspan="8"></td></tr>
<tr><td colspan="3">单位(子单位)工程名称</td><td colspan="4"></td><td colspan="3">分部(子分部)工程名称</td><td></td></tr>
<tr><td colspan="3">施工单位</td><td colspan="2"></td><td colspan="2">项目经理</td><td colspan="2"></td><td>项目技术负责人</td><td></td></tr>
<tr><td colspan="3">验收依据</td><td colspan="8"></td></tr>
<tr><td>序号</td><td colspan="4">验收项目</td><td colspan="5">施工单位检验结果</td><td>建设(监理)单位验收结论</td></tr>
<tr><td>1</td><td rowspan="2">主控项目</td><td colspan="3">吸砂机吸砂管口及刮砂机刮板与池底间隙应符合设计及设备技术文件的要求</td><td colspan="5"></td><td></td></tr>
<tr><td>2</td><td colspan="3">提砂装置风管及排砂管应固定牢固，连接可靠，无泄漏</td><td colspan="5"></td><td></td></tr>
<tr><td>1</td><td rowspan="8">一般项目</td><td colspan="3">桥式吸砂机两条轨道标高符合设计文件的要求</td><td colspan="5"></td><td></td></tr>
<tr><td>2</td><td colspan="3">桥式吸砂机两条轨道间距应符合设计文件的要求</td><td colspan="5"></td><td></td></tr>
<tr><td>3</td><td colspan="3">桥式吸砂机两条轨道中心线位置应符合设计文件的要求</td><td colspan="5"></td><td></td></tr>
<tr><td>4</td><td colspan="3">撇渣器刮板标高应符合设计及设备技术文件的要求</td><td colspan="5"></td><td></td></tr>
<tr><td>5</td><td colspan="3">撇渣器刮板与池壁间隙应符合设计及设备技术文件的要求</td><td colspan="5"></td><td></td></tr>
<tr><td>6</td><td>导轨顶面、侧面接头错位</td><td rowspan="3">允许偏差(mm)</td><td>0.5</td><td></td><td></td><td></td><td></td><td></td><td></td></tr>
<tr><td>7</td><td>吸砂管垂直度</td><td>$H/1000$</td><td></td><td></td><td></td><td></td><td></td><td></td></tr>
<tr><td>8</td><td>撇渣器刮板与池壁间隙</td><td>±10</td><td></td><td></td><td></td><td></td><td></td><td></td></tr>
<tr><td colspan="5">质量控制资料</td><td colspan="5"></td><td></td></tr>
<tr><td colspan="3">施工单位质量检查员：
施工单位专业技术质量负责人：
年 月 日</td><td colspan="3">监理单位验收结论：
监理工程师：
年 月 日</td><td colspan="3">建设单位验收结论：
项目负责人：
年 月 日</td><td colspan="2">其他单位验收结论：
专业技术负责人：
年 月 日</td></tr>
</table>

注：1 表中 H 为吸砂管长度；

2 表中“设计要求”、“设备技术文件要求”等按工程实际填写。

2）验收依据说明

（1）【规范名称及编号】《城镇污水处理厂工程质量验收规范》GB 50334－2017

【条文摘录】

主 控 项 目

7.5.1 吸砂机吸砂管口及刮砂机刮板与池底间隙应符合设计及设备技术文件的要求。

检验方法：尺量检查，检查施工记录。

7.5.3 提砂装置风管及排砂管应固定牢固，连接可靠，无泄漏。

检验方法：观察检查，检查施工记录。

一 般 项 目

7.5.6 桥式吸砂机的两条轨道标高、间距及中心线位置应符合设计文件的要求。

检验方法：检查施工记录。

7.5.7 撇渣器刮板标高和撇渣器刮板与池壁间隙应符合设计及设备技术文件的要求。

检验方法：观察检查，检查施工记录。

7.5.8 吸砂机、刮砂机安装允许偏差和检验方法应符合表7.5.8的规定。

表7.5.8 吸砂机、刮砂机安装允许偏差和检验方法

序号	项 目	允许偏差（mm）	检验方法
1	导轨顶面、侧面接头错位	0.5	直尺和塞尺检查
2	吸砂管垂直度	$H/1000$	线坠和直尺检查
3	撇渣器刮板与池壁间隙	±10	直尺检查
4	链轮横向中心线与机组纵向中心线平面位置	2	钢丝、直尺检查
5	链轮轴线与机组纵向中心线垂直度	$L/1000$	钢丝、直尺检查
6	链轮轴水平度	$0.5L/1000$	水平仪检查

注：H 为吸砂管长度，L 为链轮轴线长度。

3）验收应提供的核查资料

（1）核查依据：《城镇污水处理厂工程质量验收规范》GB 50334－2017

7.1.2 污水处理设备安装工程的质量验收应检查下列文件：

1 设备安装使用说明书；

2 产品出厂合格证书、性能检测报告、材质证明书；

3 设备开箱验收记录；

4 设备试运转记录；

5 施工记录和监理检验记录；

6 其他有关文件。

（2）核查资料明细

核查资料明细表

序号	核查资料名称	核查要点
1	设备安装使用说明书	核查说明书齐全程度
2	产品出厂合格证书、性能检测报告、材质证明书	核查合格证书等的齐全程度

续表

序号	核查资料名称	核查要点
3	设备开箱验收记录	核查规格型号、外观、设备零部件等符合设计要求
4	土建与设备连接部位检验批质量验收记录	核查基础混凝土强度、水平标高等符合设计及规范要求
5	施工记录	核查吸砂管口与池底间隙，刮板标高，刮板与池壁、池底间隙等符合设计和规范要求
6	监理检验记录	核查记录内容的完整性

2. 桥式吸砂机、行车式撇渣机单机试运转记录

1）表格

桥式吸砂机、行车式撇渣机安装工程单机试运转记录

工程名称：

设备部位图号		设备名称		型号、规格、台数	
施工单位		设备所在系统		额定数据	
试验单位		负责人		试车时间	年　月　日　时　分起 年　月　日　时　分止

序号	试验项目	试验记录	试验结论
1	轴承温度和温升		
2	限位装置安装牢固		
3	控制动作与控制指令相一致		
4	运行平稳无异常噪声		
5	吸砂机两侧行走应同步，动作灵敏可靠		

建设单位	监理单位	施工单位	其他单位
(签字) (盖章)	(签字) (盖章)	(签字) (盖章)	(签字) (盖章)

注：其他单位根据不同设备单机试运转验收需要，可为设备生产、设计、运营等有关单位。

2）填表依据说明

【依据规范名称及编号】

(1)《城镇污水处理厂工程质量验收规范》GB 50334－2017

【条文摘录】

7.5.4　桥式吸砂机两侧行走应同步，限位装置应安装牢固，动作灵敏可靠，位置符合设备技术文件要求。

检验方法：观察检查，检查试运转记录。

(2)《机械设备安装工程施工及验收通用规范》GB 50231－2009

【条文摘录】

7.8.1　空负荷试运转时，应进行下列各项检查，并应做好实测的记录。

1　主运动机构和各运动部件应运行平稳，应无不正常的声响；摩擦面温度应正常无过热现象；

2　主运动机构的轴承温度和温升应符合有关规定；

3　润滑、液压、冷却、加热和气动系统，有关部件的动作和介质的进、出口温度等均应符合规定，并应工作正常、畅通无阻、无渗漏现象；

4　各种操纵控制仪表和显示等，均应与运行实际相符，工作正常、正确、灵敏和可靠；

5　机械设备的手动、半自动和自动运行程序，速度、进给量及进给速度等，均应与控制指令或控制带要求相一致，其偏差应在允许的范围之内。

3.2.10　链条式、链斗式刮砂机安装分项工程质量验收记录

1. 分项工程质量验收记录

1）表格

链条式、链斗式刮砂机安装分项工程质量验收记录

编号：□□□□□□□□□□□—□□

<table>
<tr><td colspan="3">工程名称</td><td colspan="8"></td></tr>
<tr><td colspan="3">单位(子单位)工程名称</td><td colspan="4"></td><td colspan="2">分部(子分部)工程名称</td><td colspan="2"></td></tr>
<tr><td colspan="3">施工单位</td><td>项目经理</td><td colspan="3"></td><td colspan="2">项目技术负责人</td><td colspan="2"></td></tr>
<tr><td colspan="3">验收依据</td><td colspan="8"></td></tr>
<tr><td>序号</td><td colspan="4">验收项目</td><td colspan="5">施工单位检验结果</td><td>建设(监理)单位验收结论</td></tr>
<tr><td>1</td><td rowspan="2">主控项目</td><td colspan="3">刮砂机刮板与池底间隙应符合设计及设备技术文件的要求</td><td colspan="5"></td><td></td></tr>
<tr><td>2</td><td colspan="3">提砂装置风管及排砂管应固定牢固，连接可靠，无泄漏</td><td colspan="5"></td><td></td></tr>
<tr><td>1</td><td rowspan="7">一般项目</td><td colspan="3">撇渣器刮板标高应符合设计及设备技术文件的要求</td><td colspan="5"></td><td></td></tr>
<tr><td>2</td><td colspan="3">撇渣器刮板与池壁间隙应符合设计及设备技术文件的要求</td><td colspan="5"></td><td></td></tr>
<tr><td>3</td><td>导轨顶面、侧面接头错位</td><td rowspan="5">允许偏差(mm)</td><td>0.5</td><td></td><td></td><td></td><td></td><td></td><td></td></tr>
<tr><td>4</td><td>撇渣器刮板与池壁间隙</td><td>±10</td><td></td><td></td><td></td><td></td><td></td><td></td></tr>
<tr><td>5</td><td>链轮横向中心线与机组纵向中心线平面位置</td><td>2</td><td></td><td></td><td></td><td></td><td></td><td></td></tr>
<tr><td>6</td><td>链轮轴线与机组纵向中心线垂直度</td><td>$L/1000$</td><td></td><td></td><td></td><td></td><td></td><td></td></tr>
<tr><td>7</td><td>链轮轴水平度</td><td>$0.5L/1000$</td><td></td><td></td><td></td><td></td><td></td><td></td></tr>
<tr><td colspan="5">质量控制资料</td><td colspan="5"></td><td></td></tr>
<tr><td colspan="3">施工单位质量检查员：
施工单位专业技术质量负责人：
年　月　日</td><td colspan="3">监理单位验收结论：
监理工程师：
年　月　日</td><td colspan="3">建设单位验收结论：
项目负责人：
年　月　日</td><td colspan="2">其他单位验收结论：
专业技术负责人：
年　月　日</td></tr>
</table>

注：1　表中 L 为链轮轴线长度；

2　表中“设计要求”、“设备技术文件要求”等按工程实际填写。

2）验收依据说明

（1）【规范名称及编号】《城镇污水处理厂工程质量验收规范》GB 50334－2017

【条文摘录】

主 控 项 目

7.5.1 吸砂机吸砂管口及刮砂机刮板与池底间隙应符合设计及设备技术文件的要求。

检验方法：尺量检查，检查施工记录。

7.5.3 提砂装置风管及排砂管应固定牢固，连接可靠，无泄漏。

检验方法：观察检查，检查施工记录。

一 般 项 目

7.5.7 撇渣器刮板标高和撇渣器刮板与池壁间隙应符合设计及设备技术文件的要求。

检验方法：观察检查，检查施工记录。

7.5.8 吸砂机、刮砂机安装允许偏差和检验方法应符合表7.5.8的规定。

表7.5.8 吸砂机、刮砂机安装允许偏差和检验方法

序号	项 目	允许偏差（mm）	检验方法
1	导轨顶面、侧面接头错位	0.5	直尺和塞尺检查
2	吸砂管垂直度	$H/1000$	线坠和直尺检查
3	撇渣器刮板与池壁间隙	±10	直尺检查
4	链轮横向中心线与机组纵向中心线平面位置	2	钢丝、直尺检查
5	链轮轴线与机组纵向中心线垂直度	$L/1000$	钢丝、直尺检查
6	链轮轴水平度	$0.5L/1000$	水平仪检查

注：H为吸砂管长度，L为链轮轴线长度。

3）验收应提供的核查资料

（1）核查依据：《城镇污水处理厂工程质量验收规范》GB 50334－2017

7.1.2 污水处理设备安装工程的质量验收应检查下列文件：

1 设备安装使用说明书；

2 产品出厂合格证书、性能检测报告、材质证明书；

3 设备开箱验收记录；

4 设备试运转记录；

5 施工记录和监理检验记录；

6 其他有关文件。

（2）核查资料明细

核查资料明细表

序号	核查资料名称	核查要点
1	设备安装使用说明书	核查说明书齐全程度
2	产品出厂合格证书、性能检测报告、材质证明书	核查合格证书等的齐全程度
3	设备开箱验收记录	核查规格型号、外观、设备零部件等符合设计要求
4	土建与设备连接部位检验批质量验收记录	核查基础混凝土强度、水平标高等符合设计及规范要求
5	施工记录	核查吸砂管口与池底间隙，刮板标高，刮板与池壁、池底间隙，链轮轴水平度、垂直度等符合设计和规范要求
6	监理检验记录	核查记录内容的完整性

2. 链条式、链斗式刮砂机单机试运转记录

1）表格

链条式、链斗式刮砂机安装工程单机试运转记录

工程名称：

<table>
<tr><td>设备部位图号</td><td colspan="2"></td><td>设备名称</td><td></td><td>型号、规格、台数</td><td colspan="2"></td></tr>
<tr><td>施工单位</td><td colspan="2"></td><td>设备所在系统</td><td></td><td>额定数据</td><td colspan="2"></td></tr>
<tr><td>试验单位</td><td colspan="2"></td><td>负责人</td><td></td><td>试车时间</td><td colspan="2">年　月　日　时　分起
年　月　日　时　分止</td></tr>
<tr><td>序号</td><td colspan="2">试验项目</td><td colspan="3">试验记录</td><td colspan="2">试验结论</td></tr>
<tr><td>1</td><td colspan="2">链轴及中间轴等转动应灵活</td><td colspan="3"></td><td colspan="2"></td></tr>
<tr><td>2</td><td colspan="2">链轮与链条应啮合良好，运行平稳，无卡阻</td><td colspan="3"></td><td colspan="2"></td></tr>
<tr><td>3</td><td colspan="2">无异常噪声</td><td colspan="3"></td><td colspan="2"></td></tr>
<tr><td>4</td><td colspan="2">轴承温度和温升</td><td colspan="3"></td><td colspan="2"></td></tr>
<tr><td>5</td><td colspan="2">控制仪表与运行相符</td><td colspan="3"></td><td colspan="2"></td></tr>
<tr><td>6</td><td colspan="2">控制动作与控制指令相一致</td><td colspan="3"></td><td colspan="2"></td></tr>
<tr><td></td><td colspan="2"></td><td colspan="3"></td><td colspan="2"></td></tr>
<tr><td colspan="2">建设单位</td><td colspan="2">监理单位</td><td colspan="2">施工单位</td><td colspan="2">其他单位</td></tr>
<tr><td colspan="2">（签字）
（盖章）</td><td colspan="2">（签字）
（盖章）</td><td colspan="2">（签字）
（盖章）</td><td colspan="2">（签字）
（盖章）</td></tr>
</table>

注：其他单位根据不同设备单机试运转验收需要，可为设备生产、设计、运营等有关单位。

2）填表依据说明

【依据规范名称及编号】

(1)《城镇污水处理厂工程质量验收规范》GB 50334－2017

【条文摘录】

7.5.5　链条式、链斗式刮砂机链轴及中间轴等转动应灵活，链轮与链条应啮合良好，运行平稳，无卡阻现象。

检验方法：观察检查，检查试运转记录。

(2)《机械设备安装工程施工及验收通用规范》GB 50231－2009

【条文摘录】

7.8.1　空负荷试运转时，应进行下列各项检查，并应做好实测的记录。

1　主运动机构和各运动部件应运行平稳，应无不正常的声响；摩擦面温度应正常无过热现象；

2　主运动机构的轴承温度和温升应符合有关规定；

3　润滑、液压、冷却、加热和气动系统，有关部件的动作和介质的进、出口温度等均应符合规定，并应工作正常、畅通无阻、无渗漏现象；

4　各种操纵控制仪表和显示等，均应与运行实际相符，工作正常、正确、灵敏和可靠；

5　机械设备的手动、半自动和自动运行程序，速度、进给量及进给速度等，均应与控制指令或控制带要求相一致，其偏差应在允许的范围之内。

3.2.11　表面曝气设备安装分项工程质量验收记录

1. 分项工程质量验收记录

1）表格

表面曝气设备安装分项工程质量验收记录

编号：□□□□□□□□□—□□

<table>
<tr><td colspan="2">工程名称</td><td colspan="10"></td></tr>
<tr><td colspan="2">单位(子单位)工程名称</td><td colspan="6"></td><td colspan="2">分部(子分部)工程名称</td><td colspan="2"></td></tr>
<tr><td colspan="2">施工单位</td><td colspan="3"></td><td>项目经理</td><td colspan="3"></td><td>项目技术负责人</td><td colspan="2"></td></tr>
<tr><td colspan="2">验收依据</td><td colspan="10"></td></tr>
<tr><td>序号</td><td colspan="5">验收项目</td><td colspan="5">施工单位检验结果</td><td>建设(监理)单位验收结论</td></tr>
<tr><td>1</td><td>主控项目</td><td colspan="4">表面曝气设备曝气产生的冲击力影响区域内的明敷管，其加固处理应符合设计文件的要求</td><td colspan="5"></td><td></td></tr>
<tr><td>1</td><td rowspan="7">一般项目</td><td colspan="4">表面曝气设备淹没深度符合设计及设备技术文件要求</td><td colspan="5"></td><td></td></tr>
<tr><td>2</td><td colspan="4">设备连接紧密，管路安装牢固无泄漏</td><td colspan="5"></td><td></td></tr>
<tr><td>3</td><td colspan="4">设备的升降调节装置灵敏可靠，并应有锁紧装置</td><td colspan="5"></td><td></td></tr>
<tr><td>4</td><td colspan="2">设备平面位置</td><td rowspan="4">允许偏差(mm)</td><td>10</td><td></td><td></td><td></td><td></td><td></td><td></td></tr>
<tr><td>5</td><td colspan="2">立轴式曝气设备轴垂直度</td><td>$H/1000$</td><td></td><td></td><td></td><td></td><td></td><td></td></tr>
<tr><td>6</td><td rowspan="2">水平轴式曝气设备</td><td>主轴水平度</td><td>$L/1000$，且≤5</td><td></td><td></td><td></td><td></td><td></td><td></td></tr>
<tr><td>7</td><td>主驱动水平度</td><td>$0.2L/1000$</td><td></td><td></td><td></td><td></td><td></td><td></td></tr>
<tr><td colspan="6">质量控制资料</td><td colspan="5"></td><td></td></tr>
<tr><td colspan="3">施工单位质量检查员：
施工单位专业技术质量负责人：

年　月　日</td><td colspan="3">监理单位验收结论：
监理工程师：

年　月　日</td><td colspan="3">建设单位验收结论：
项目负责人：

年　月　日</td><td colspan="3">其他单位验收结论：
专业技术负责人：

年　月　日</td></tr>
</table>

注：1　表中 H 为立轴长度，L 为水平轴长度；

2　表中“设计要求”、“设备技术文件要求”等按工程实际填写。

2）验收依据说明

【规范名称及编号】《城镇污水处理厂工程质量验收规范》GB 50334－2017

【条文摘录】

主 控 项 目

7.6.1 表面曝气设备曝气产生的冲击力影响区域内的明敷管，其加固处理应符合设计文件的要求。

检验方法：观察检查。

一 般 项 目

7.6.5 表面曝气设备淹没深度应符合设计及设备技术文件的要求。

检验方法：尺量检查，检查施工记录。

7.6.6 曝气设备的连接应紧密，管路安装应牢固、无泄漏。

检验方法：观察检查。

7.6.7 曝气设备的升降调节装置应灵敏可靠，并应有锁紧装置。

检验方法：观察检查。

7.6.8 曝气设备安装允许偏差和检验方法应符合表7.6.8-1的规定。

表7.6.8-1 表面曝气设备、水下曝气设备安装允许偏差和检验方法

序号	项目		允许偏差（mm）	检验方法
1	设备平面位置		10	尺量检查
2	水下曝气设备标高		±5	水准仪与直尺检查
3	立轴式曝气设备轴垂直度		$H/1000$	线坠与直尺检查
4	水平轴式曝气设备	主轴水平度	$L/1000$，且≤5	水平仪检查
		主驱动水平度	$0.2L/1000$	水平仪检查

注：H为立轴长度，L为水平轴长度。

3）验收应提供的核查资料

（1）核查依据：《城镇污水处理厂工程质量验收规范》GB 50334－2017

7.1.2 污水处理设备安装工程的质量验收应检查下列文件：

1 设备安装使用说明书；

2 产品出厂合格证书、性能检测报告、材质证明书；

3 设备开箱验收记录；

4 设备试运转记录；

5 施工记录和监理检验记录；

6 其他有关文件。

（2）核查资料明细

核查资料明细表

序号	核查资料名称	核查要点
1	设备安装使用说明书	核查说明书齐全程度
2	产品出厂合格证书、性能检测报告、材质证明书	核查合格证书等的齐全程度

续表

序号	核查资料名称	核查要点
3	设备开箱验收记录	核查规格型号、外观、设备零部件等符合设计要求
4	土建与设备连接部位检验批质量验收记录	核查基础位置、标高、承重面预留垫铁高度等符合设计及规范要求
5	施工记录	核查安装位置、标高、轴的水平度及垂直度、管路连接等符合设计和规范要求
6	监理检验记录	核查记录内容的完整性

2. 表面曝气设备单机试运转记录

1）表格

表面曝气设备安装工程单机试运转记录

工程名称：

<table>
<tr><td>设备部位图号</td><td colspan="2"></td><td>设备名称</td><td></td><td>型号、规格、台数</td><td colspan="2"></td></tr>
<tr><td>施工单位</td><td colspan="2"></td><td>设备所在系统</td><td></td><td>额定数据</td><td colspan="2"></td></tr>
<tr><td>试验单位</td><td colspan="2"></td><td>负责人</td><td></td><td>试车时间</td><td colspan="2">年 月 日 时 分起
年 月 日 时 分止</td></tr>
<tr><td>序号</td><td colspan="2">试验项目</td><td colspan="3">试验记录</td><td colspan="2">试验结论</td></tr>
<tr><td>1</td><td colspan="2">运行平稳灵活</td><td colspan="3"></td><td colspan="2"></td></tr>
<tr><td>2</td><td colspan="2">无摩擦、卡滞、振动情况</td><td colspan="3"></td><td colspan="2"></td></tr>
<tr><td>3</td><td colspan="2">无异常声响</td><td colspan="3"></td><td colspan="2"></td></tr>
<tr><td>4</td><td colspan="2">曝气均匀</td><td colspan="3"></td><td colspan="2"></td></tr>
<tr><td></td><td colspan="2"></td><td colspan="3"></td><td colspan="2"></td></tr>
<tr><td colspan="2">建设单位</td><td colspan="2">监理单位</td><td colspan="2">施工单位</td><td colspan="2">其他单位</td></tr>
<tr><td colspan="2">（签字）
（盖章）</td><td colspan="2">（签字）
（盖章）</td><td colspan="2">（签字）
（盖章）</td><td colspan="2">（签字）
（盖章）</td></tr>
</table>

注：其他单位根据不同设备单机试运转验收需要，可为设备生产、设计、运营等有关单位。

2）填表依据说明

【依据规范名称及编号】

（1）《城镇污水处理厂工程质量验收规范》GB 50334－2017

【条文摘录】

7.6.3　中、微孔曝气设备应做清水养护及曝气试验，出气应均匀，无漏气现象。

检验方法：观察检查，检查试验记录。

7.6.4　曝气设备整机试运转应平稳灵活，无摩擦、卡滞、振动等现象。

检验方法：观察检查，检查试运转记录。

3.2.12 中、微孔曝气设备安装分项工程质量验收记录

1. 分项工程质量验收记录

1）表格

中、微孔曝气设备安装分项工程质量验收记录

编号：□□□□□□□□□□—□□

<table>
<tr><td colspan="2">工程名称</td><td colspan="10"></td></tr>
<tr><td colspan="2">单位(子单位)工程名称</td><td colspan="6"></td><td colspan="2">分部(子分部)工程名称</td><td colspan="2"></td></tr>
<tr><td colspan="2">施工单位</td><td colspan="2"></td><td colspan="2">项目经理</td><td colspan="3"></td><td>项目技术负责人</td><td colspan="2"></td></tr>
<tr><td colspan="2">验收依据</td><td colspan="10"></td></tr>
<tr><td>序号</td><td colspan="5">验收项目</td><td colspan="5">施工单位检验结果</td><td>建设(监理)单位验收结论</td></tr>
<tr><td>1</td><td rowspan="2">主控项目</td><td colspan="4">管路安装完毕后应吹扫干净，曝气孔不应堵塞</td><td colspan="5"></td><td></td></tr>
<tr><td>2</td><td colspan="4">做清水养护及曝气试验，出气应均匀，无漏气现象</td><td colspan="5"></td><td></td></tr>
<tr><td>1</td><td rowspan="10">一般项目</td><td colspan="4">设备连接紧密，管路安装牢固无泄漏</td><td colspan="5"></td><td></td></tr>
<tr><td>2</td><td rowspan="3">池底水平空气管</td><td>平面位置</td><td rowspan="9">允许偏差（mm）</td><td>10</td><td></td><td></td><td></td><td></td><td></td><td></td></tr>
<tr><td>3</td><td>标高</td><td>±5</td><td></td><td></td><td></td><td></td><td></td><td></td></tr>
<tr><td>4</td><td>水平度</td><td>2L/1000</td><td></td><td></td><td></td><td></td><td></td><td></td></tr>
<tr><td>5</td><td colspan="2">同池盘面设备标高差</td><td>3</td><td></td><td></td><td></td><td></td><td></td><td></td></tr>
<tr><td>6</td><td colspan="2">异池盘面设备标高差</td><td>5</td><td></td><td></td><td></td><td></td><td></td><td></td></tr>
<tr><td>7</td><td colspan="2">管式膜曝气器水平度</td><td>L/1000，且≤5</td><td></td><td></td><td></td><td></td><td></td><td></td></tr>
<tr><td>8</td><td colspan="2">管式膜曝气器标高差</td><td>5</td><td></td><td></td><td></td><td></td><td></td><td></td></tr>
<tr><td>9</td><td colspan="2">穿孔管曝气器水平度</td><td>L/1000，且≤5</td><td></td><td></td><td></td><td></td><td></td><td></td></tr>
<tr><td>10</td><td colspan="2">穿孔管曝气器标高差</td><td>5</td><td></td><td></td><td></td><td></td><td></td><td></td></tr>
<tr><td colspan="6">质量控制资料</td><td colspan="5"></td><td></td></tr>
<tr><td colspan="3">施工单位质量检查员：
施工单位专业技术质量负责人：
年　月　日</td><td colspan="3">监理单位验收结论：
监理工程师：
年　月　日</td><td colspan="3">建设单位验收结论：
项目负责人：
年　月　日</td><td colspan="3">其他单位验收结论：
专业技术负责人：
年　月　日</td></tr>
</table>

注：1　表中 L 为空气管或管式曝气器长度

2　表中“设计要求”、“设备技术文件要求”等按工程实际填写。

2）验收依据说明

【规范名称及编号】《城镇污水处理厂工程质量验收规范》GB 50334－2017

【条文摘录】

主　控　项　目

7.6.2　中、微孔曝气设备管路安装完毕后应吹扫干净，曝气孔不应堵塞。

检验方法：观察检查，检查施工记录。

7.6.3 中、微孔曝气设备应做清水养护及曝气试验，出气应均匀，无漏气现象。

检验方法：观察检查，检查试验记录。

一 般 项 目

7.6.6 曝气设备的连接应紧密，管路安装应牢固、无泄漏。

检验方法：观察检查。

7.6.7 曝气设备的升降调节装置应灵敏可靠，并应有锁紧装置。

检验方法：观察检查。

7.6.8 曝气设备安装允许偏差和检验方法应符合表 7.6.8-2 的规定。

表 7.6.8-2 中、微孔曝气设备安装允许偏差和检验方法

序号	项目		允许偏差（mm）	检验方法
1	池底水平空气管	平面位置	10	尺量检查
		标高	±5	水准仪与直尺检查
		水平度	$2L/1000$	水平仪检查
2	同一曝气池曝气器盘面标高差		3	水准仪与直尺检查
3	两曝气池曝气器盘面标高差		5	水准仪与直尺检查
4	管式膜曝气器	水平度	$L/1000$，且≤5	水平仪检查
		标高差	5	水准仪与直尺检查
5	穿孔管曝气器	水平度	$L/1000$，且≤5	水平仪检查
		标高差	5	水准仪与直尺检查

注：L 为空气管或管式曝气器长度。

3）验收应提供的核查资料

（1）核查依据：《城镇污水处理厂工程质量验收规范》GB 50334－2017

7.1.2 污水处理设备安装工程的质量验收应检查下列文件：

1 设备安装使用说明书；

2 产品出厂合格证书、性能检测报告、材质证明书；

3 设备开箱验收记录；

4 设备试运转记录；

5 施工记录和监理检验记录；

6 其他有关文件。

（2）核查资料明细

核查资料明细表

序号	核查资料名称	核查要点
1	设备安装使用说明书	核查说明书齐全程度
2	产品出厂合格证书、性能检测报告、材质证明书	核查合格证书等的齐全程度
3	设备开箱验收记录	核查规格型号、外观、设备零部件等符合设计要求
4	土建与设备连接部位检验批质量验收记录	核查基础标高、预埋件、预留孔等符合设计及规范要求
5	施工记录	核查设备所需各部件位置、高差、水平度及系统防泄漏情况等符合设计和规范要求
6	设备清水养护试验记录	核查记录内容的完整性、符合性
7	设备曝气试验记录	核查记录内容的完整性、符合性
8	监理检验记录	核查记录内容的完整性

2. 中、微孔曝气设备单机试运转记录参照本章 3.2.11 中的内容。

3.2.13　搅拌器安装分项工程质量验收记录

1. 分项工程质量验收记录

1）表格

搅拌器安装分项工程质量验收记录

编号：□□□□□□□□□□—□□

工程名称							
单位(子单位)工程名称					分部(子分部)工程名称		
施工单位			项目经理		项目技术负责人		
验收依据							
序号	验收项目					施工单位检验结果	建设(监理)单位验收结论
1	主控项目	搅拌、推流装置升降导轨应垂直、固定牢固、沿导轨升降顺畅，锁紧装置应可靠					
1	一般项目	设备及附件防腐符合设计要求					
2		平面位置	允许偏差	10mm			
3		设备标高		±10mm			
4		导轨垂直度		H_1/1000			
5		安装角		1°			
6		搅拌机外缘与池壁间隙		±5mm			
7		垂直轴垂直度		H_2/1000 且≤3mm			
8		水平轴水平度		L/1000 且≤3mm			
9		叶轮上下面板平面度		D<1m	3mm		
				1m≤D<2m	4.5mm		
				D≥2m	6mm		
10		叶轮出水口宽度		D<1m	+2mm		
				1m≤D<2m	+3mm		
				D≥2m	+4mm		
11		叶轮径向圆跳动		D<1m	4mm		
				1m≤D<2m	6mm		
				D≥2m	8mm		
12		桨板与叶轮下面板角度偏差		D<400mm	±1°30′		
				400mm≤D<1m	±1°15′		
				D≥1m	±1°		
质量控制资料							
施工单位质量检查员： 施工单位专业技术质量负责人： 年　月　日		监理单位验收结论： 监理工程师： 年　月　日		建设单位验收结论： 项目负责人： 年　月　日		其他单位验收结论： 专业技术负责人： 年　月　日	

注：1　表中 H_1 为导轨长度，H_2 为垂直搅拌轴长度，L 为水平搅拌轴长度，D 为澄清池搅拌机的叶轮直径；

2　表中“设计要求”、“设备技术文件要求”等按工程实际填写。

2）验收依据说明

（1）【规范名称及编号】《城镇污水处理厂工程质量验收规范》GB 50334－2017

【条文摘录】

主　控　项　目

7.7.1　搅拌、推流装置升降导轨应垂直、固定牢固、沿导轨升降顺畅，锁紧装置应可靠。

检验方法：观察检查，检查施工记录。

一　般　项　目

7.7.3　搅拌机及附件的防腐应符合设计文件的要求。

检验方法：观察检查，检查施工记录。

7.7.4　搅拌、推流设备安装允许偏差和检验方法应符合表7.7.4的规定。

表7.7.4　搅拌、推流设备安装允许偏差和检验方法

序号	项　　目	允许偏差	检验方法
1	设备平面位置	10mm	尺量检查
2	设备标高	±10mm	水准仪与直尺检查
3	导轨垂直度	$H_1/1000$	线坠与直尺检查
4	设备安装角	1°	量角器与线坠检查
5	搅拌机外缘与池壁间隙	±5mm	尺量检查
6	垂直搅拌轴垂直度	$H_2/1000$，且≤3mm	线坠与直尺或百分表检查
7	水平搅拌轴水平度	$L/1000$，且≤3mm	水平仪与直尺或百分表检查

注：H_1为导轨长度，H_2为垂直搅拌轴长度，L为水平搅拌轴长度。

7.7.5　澄清池搅拌机的桨板与叶轮下面板应垂直，叶轮和桨板安装允许偏差和检验方法应符合表7.7.5的规定。

表7.7.5　澄清池搅拌机的叶轮和桨板安装允许偏差和检验方法

序号	项目	允许偏差						检验方法
		$D<1m$	$1m \leq D<2m$	$D \geq 2m$	$D<400mm$	$400mm \leq D<1000mm$	$D \geq 1000mm$	
1	叶轮上下面板平面度	3mm	4.5mm	6mm	—	—	—	线与尺量检查
2	叶轮出水口宽度	+2mm	+3mm	+4mm	—	—	—	
3	叶轮径向圆跳动	4mm	6mm	8mm	—	—	—	尺量检查
4	桨板与叶轮下面板角度偏差	—	—	—	±1°30′	±1°15′	±1°	量角器检查

注：D为澄清池搅拌机的叶轮直径。

3）验收应提供的核查资料

（1）核查依据：《城镇污水处理厂工程质量验收规范》GB 50334－2017

7.1.2　污水处理设备安装工程的质量验收应检查下列文件：

1　设备安装使用说明书；

2　产品出厂合格证书、性能检测报告、材质证明书；

3　设备开箱验收记录；

4　设备试运转记录；

5　施工记录和监理检验记录；

6　其他有关文件。

(2) 核查资料明细

核查资料明细表

序号	核查资料名称	核查要点
1	设备安装使用说明书	核查说明书齐全程度
2	产品出厂合格证书、性能检测报告、材质证明书	核查合格证书等的齐全程度
3	设备开箱验收记录	核查规格型号、外观、设备零部件等符合设计要求
4	土建与设备连接部位检验批质量验收记录	核查基础混凝土强度、池壁平整度等符合设计及规范要求
5	施工记录	核查标高、位置、轴的水平度、垂直度等符合设计和规范要求
6	监理检验记录	核查记录内容的完整性

2. 搅拌器单机试运转记录

1) 表格

搅拌器安装工程单机试运转记录

工程名称：

设备部位图号		设备名称		型号、规格、台数	
施工单位		设备所在系统		额定数据	
试验单位		负责人		试车时间	年　月　日　时　分起 年　月　日　时　分止
序号	试验项目	试验记录		试验结论	
1	运行平稳，无卡阻				
2	无异响或异常震动等现象				
3	控制动作与控制指令相一致				
4	控制仪表与运行相符				

建设单位	监理单位	施工单位	其他单位
(签字) (盖章)	(签字) (盖章)	(签字) (盖章)	(签字) (盖章)

注：其他单位根据不同设备单机试运转验收需要，可为设备生产、设计、运营等有关单位。

2）填表依据说明

【依据规范名称及编号】

(1)《城镇污水处理厂工程质量验收规范》GB 50334－2017

【条文摘录】

主 控 项 目

7.7.2 潜水搅拌推流设备试运转时应运行平稳，无卡阻、异响或异常震动等现象。

检验方法：观察检查，检查试运转记录。

(2)《机械设备安装工程施工及验收通用规范》GB 50231－2009

【条文摘录】

7.8.1 空负荷试运转时，应进行下列各项检查，并应做好实测的记录。

1 主运动机构和各运动部件应运行平稳，应无不正常的声响；摩擦面温度应正常无过热现象；

2 主运动机构的轴承温度和温升应符合有关规定；

3 润滑、液压、冷却、加热和气动系统，有关部件的动作和介质的进、出口温度等均应符合规定，并应工作正常、畅通无阻、无渗漏现象；

4 各种操纵控制仪表和显示等，均应与运行实际相符，工作正常、正确、灵敏和可靠；

5 机械设备的手动、半自动和自动运行程序，速度、进给量及进给速度等，均应与控制指令或控制带要求相一致，其偏差应在允许的范围之内。

3.2.14 刮（吸）泥机设备安装分项工程质量验收记录

1. 分项工程质量验收记录

1）表格

刮（吸）泥机设备安装分项工程质量验收记录

编号：□□□□□□□□□□—□□

<table>
<tr><td colspan="2">工程名称</td><td colspan="5"></td></tr>
<tr><td colspan="2">单位(子单位)工程名称</td><td colspan="3"></td><td>分部(子分部)工程名称</td><td></td></tr>
<tr><td colspan="2">施工单位</td><td>项目经理</td><td></td><td></td><td>项目技术负责人</td><td></td></tr>
<tr><td colspan="2">验收依据</td><td colspan="5"></td></tr>
<tr><td>序号</td><td colspan="2">验收项目</td><td colspan="2">施工单位检验结果</td><td colspan="2">建设(监理)单位验收结论</td></tr>
<tr><td>1</td><td>主控项目</td><td>排泥设备的刮泥板、吸泥口与池底的间隙应符合设计及设备技术文件的要求</td><td colspan="2"></td><td colspan="2"></td></tr>
<tr><td>1</td><td rowspan="2">一般项目</td><td>行车式排泥设备的两条轨道标高、间距及中心线位置应符合设计文件的要求</td><td colspan="2"></td><td colspan="2"></td></tr>
<tr><td>2</td><td>刮渣板与排渣口的间距应符合设计文件的要求</td><td colspan="2"></td><td colspan="2"></td></tr>
</table>

续表

序号	验收项目					施工单位检验结果	建设(监理)单位验收结论
3	一般项目	旋转中心与池体中心重合，同轴度偏差不大于设备技术文件要求					
4		轨道相对中心支座的半径偏差符合设备技术文件要求					
5		轨道行走面水平度符合设备技术文件要求					
6		矩形沉淀池	机座面水平度	允许偏差(mm)	$0.10L_1/1000$		
7			主链驱动轴水平度		$0.10L_2/1000$		
8			从动轴水平度		$0.10L_2/1000$		
9			同一主链链轮中心线差		3		
10			同轴轮距		±3		
11			导轨中心距		±10		
12			导轨顶面高差		$0.5K/1000$		
13			导轨接头错位		0.5		
14			撇渣管水平度		$L_3/1000$		
15		圆形沉淀池	排渣斗水平度		$L_4/1000$，且≤3		
16			中心传动竖架垂直度		$H/1000$，且≤5		
质量控制资料							

施工单位质量检查员： 施工单位专业技术质量负责人： 年　月　日	监理单位验收结论： 监理工程师： 年　月　日	建设单位验收结论： 项目负责人： 年　月　日	其他单位验收结论： 专业技术负责人： 年　月　日

注：1　表中L_1为驱动装置长度，L_2为链板式主链驱动、从动轴长度，K为二导轨中心线间距，L_3为撇渣管长度，L_4为排渣斗的排渣口长度，H为中心传动竖架长度；
2　表中"设计要求"、"设备技术文件要求"等按工程实际填写。

2）验收依据说明

(1)【规范名称及编号】《城镇污水处理厂工程质量验收规范》GB 50334－2017

【条文摘录】

主　控　项　目

7.8.1　排泥设备的刮泥板、吸泥口与池底的间隙应符合设计及设备技术文件的要求。

检验方法：尺量检查，检查施工记录。

一　般　项　目

7.8.3　行车式排泥设备的两条轨道标高、间距及中心线位置应符合设计文件的要求。

检验方法：实测实量，检查施工记录。

7.8.4　周边传动及中心传动排泥设备的旋转中心与池体中心应重合，同轴度偏差不应大于设备技术文件的要求。轨道相对中心支座的半径偏差和行走面水平度应符合设备技术文件的要求。

检验方法：实测实量，检查施工记录。

7.8.5　排泥设备的刮渣装置，其刮渣板与排渣口的间距应符合设计文件的要求。

检验方法：尺量检查，检查施工记录。

7.8.6　排泥设备安装允许偏差和检验方法应符合表7.8.6的规定。

表7.8.6　排泥设备安装允许偏差和检验方法

序号	项目		允许偏差（mm）	检验方法
1	矩形沉淀池	驱动装置机座面水平度	$0.10L_1/1000$	水平仪检查
		链板式主链驱动、从动轴水平度	$0.10L_2/1000$	水平仪检查
		链板式同一主链前后二链轮中心线差	3	直尺检查
		链板式同轴上左右二链轮轮距	±3	直尺检查
		链板式左右二导轨中心距	±10	直尺检查
		链板式左右二导轨顶面高差	$0.5K/1000$	水准仪与直尺检查
		导轨顶面、侧面接头错位	0.5	直尺和塞尺检查
		撇渣管水平度	$L_3/1000$	水平仪检查
2	圆形沉淀池	排渣斗水平度	$L_4/1000$，且≤3	水平检查仪
		中心传动竖架垂直度	$H/1000$，且≤5	坠线与直尺检查

注：L_1为驱动装置长度，L_2为链板式主链驱动、从动轴长度，K为二导轨中心线间距，L_3为撇渣管长度，L_4为排渣斗的排渣口长度，H为中心传动竖架长度。

3）验收应提供的核查资料

（1）核查依据：《城镇污水处理厂工程质量验收规范》GB 50334－2017

7.1.2　污水处理设备安装工程的质量验收应检查下列文件：

1　设备安装使用说明书；

2　产品出厂合格证书、性能检测报告、材质证明书；

3　设备开箱验收记录；

4　设备试运转记录；

5　施工记录和监理检验记录；

6　其他有关文件。

（2）核查资料明细

核查资料明细表

序号	核查资料名称	核查要点
1	设备安装使用说明书	核查说明书齐全程度
2	产品出厂合格证书、性能检测报告、材质证明书	核查合格证书等的齐全程度
3	设备开箱验收记录	核查规格型号、外观、设备零部件等符合设计要求
4	土建与设备连接部位检验批质量验收记录	核查基础混凝土强度、水平标高等符合设计及规范要求
5	施工记录	核查刮泥板、吸泥口与池底的间隙，中心传动竖架垂直度、轨道标高、间距及中心线位置等符合设计和规范要求
6	监理检验记录	核查记录内容的完整性

2. 刮（吸）泥机设备设备单机试运转记录

1）表格

刮（吸）泥机设备安装工程单机试运转记录

工程名称：

<table>
<tr><td>设备部位图号</td><td colspan="2"></td><td colspan="2">设备名称</td><td colspan="2"></td><td>型号、规格、台数</td><td></td></tr>
<tr><td>施工单位</td><td colspan="2"></td><td colspan="2">设备所在系统</td><td colspan="2"></td><td>额定数据</td><td></td></tr>
<tr><td>试验单位</td><td colspan="2"></td><td colspan="2">负责人</td><td colspan="2"></td><td>试车时间</td><td>年　月　日　时　分起
年　月　日　时　分止</td></tr>
<tr><td>序号</td><td colspan="2">试验项目</td><td colspan="5">试验记录</td><td>试验结论</td></tr>
<tr><td>1</td><td colspan="2">传动装置运行应正常</td><td colspan="5"></td><td></td></tr>
<tr><td>2</td><td colspan="2">行程开关动作应准确可靠</td><td colspan="5"></td><td></td></tr>
<tr><td>3</td><td colspan="2">控制动作与控制指令相一致</td><td colspan="5"></td><td></td></tr>
<tr><td>4</td><td colspan="2">轴承温度和温升</td><td colspan="5"></td><td></td></tr>
<tr><td>5</td><td colspan="2">无异常声响</td><td colspan="5"></td><td></td></tr>
<tr><td></td><td colspan="2"></td><td colspan="5"></td><td></td></tr>
<tr><td colspan="2">建设单位</td><td colspan="2">监理单位</td><td colspan="3">施工单位</td><td colspan="2">其他单位</td></tr>
<tr><td colspan="2">（签字）
（盖章）</td><td colspan="2">（签字）
（盖章）</td><td colspan="3">（签字）
（盖章）</td><td colspan="2">（签字）
（盖章）</td></tr>
</table>

注：其他单位根据不同设备单机试运转验收需要，可为设备生产、设计、运营等有关单位。

2）填表依据说明

【依据规范名称及编号】

(1)《城镇污水处理厂工程质量验收规范》GB 50334－2017

【条文摘录】

7.8.2　排泥设备试运转时，传动装置运行应正常，行程开关动作应准确可靠，撇渣板和刮泥板不应有卡阻、突跳现象。

检验方法：观察检查，检查试运转记录。

(2)《机械设备安装工程施工及验收通用规范》GB 50231－2009

【条文摘录】

7.8.1　空负荷试运转时，应进行下列各项检查，并应做好实测的记录。

1　主运动机构和各运动部件应运行平稳，应无不正常的声响；摩擦面温度应正常无过热现象；

2　主运动机构的轴承温度和温升应符合有关规定；

3　润滑、液压、冷却、加热和气动系统，有关部件的动作和介质的进、出口温度等均应符合规定，并应工作正常、畅通无阻、无渗漏现象；

4　各种操纵控制仪表和显示等，均应与运行实际相符，工作正常、正确、灵敏和可靠；

5　机械设备的手动、半自动和自动运行程序，速度、进给量及进给速度等，均应与控制指令或控制带要求相一致，其偏差应在允许的范围之内。

3.2.15　斜板与斜管安装分项工程质量验收记录

1. 分项工程质量验收记录

1）表格

斜板与斜管安装分项工程质量验收记录

编号：□□□□□□□□□□—□□

<table>
<tr><td colspan="2">工程名称</td><td colspan="6"></td></tr>
<tr><td colspan="2">单位(子单位)工程名称</td><td colspan="4"></td><td>分部(子分部)工程名称</td><td></td></tr>
<tr><td colspan="2">施工单位</td><td colspan="2"></td><td>项目经理</td><td></td><td>项目技术负责人</td><td></td></tr>
<tr><td colspan="2">验收依据</td><td colspan="6"></td></tr>
<tr><td>序号</td><td colspan="4">验收项目</td><td colspan="2">施工单位检验结果</td><td>建设(监理)单位验收结论</td></tr>
<tr><td>1</td><td rowspan="2">主控项目</td><td colspan="3">支撑面应平整，固定应可靠</td><td colspan="2"></td><td></td></tr>
<tr><td>2</td><td colspan="3">无损坏、压扁、弯折等现象</td><td colspan="2"></td><td></td></tr>
<tr><td>1</td><td rowspan="7">一般项目</td><td colspan="3">安装方向应符合设备技术文件的要求</td><td colspan="2"></td><td></td></tr>
<tr><td>2</td><td colspan="3">安装角度应符合设备技术文件的要求</td><td colspan="2"></td><td></td></tr>
<tr><td>3</td><td colspan="3">斜板间距应符合设备技术文件的要求</td><td colspan="2"></td><td></td></tr>
<tr><td>4</td><td colspan="3">斜管直径应符合设备技术文件的要求</td><td colspan="2"></td><td></td></tr>
<tr><td>5</td><td>设备平面位置</td><td rowspan="3">允许偏差(mm)</td><td>10</td><td colspan="2"></td><td></td></tr>
<tr><td>6</td><td>设备标高</td><td>±10</td><td colspan="2"></td><td></td></tr>
<tr><td>7</td><td>底座钢梁水平度</td><td>$L/1000$，且≤3</td><td colspan="2"></td><td></td></tr>
<tr><td colspan="5">质量控制资料</td><td colspan="2"></td><td></td></tr>
<tr><td colspan="3">施工单位质量检查员：
施工单位专业技术质量负责人：
年　月　日</td><td colspan="2">监理单位验收结论：
监理工程师：
年　月　日</td><td>建设单位验收结论：
项目负责人：
年　月　日</td><td colspan="2">其他单位验收结论：
专业技术负责人：
年　月　日</td></tr>
</table>

注：1　表中 L 为底座钢梁长度；

2　表中“设计要求”、“设备技术文件要求”等按工程实际填写。

2）验收依据说明

(1)【规范名称及编号】《城镇污水处理厂工程质量验收规范》GB 50334－2017

【条文摘录】

主　控　项　目

7.9.1　斜板与斜管支撑面应平整，固定应可靠。

检验方法：观察检查。

7.9.2　斜板与斜管应无损坏、压扁、弯折等现象。

检验方法：观察检查。

一　般　项　目

7.9.3　斜板与斜管的安装方向和角度、斜板间距及斜管直径应符合设备技术文件的要求。

检验方法：实测实量，检查施工记录。

7.9.4　斜板与斜管安装允许偏差和检验方法应符合表7.9.4的规定。

表7.9.4　斜板与斜管安装允许偏差和检验方法

序号	项目	允许偏差（mm）	检验方法
1	设备平面位置	10	尺量检查
2	设备标高	±10	水准仪与直尺检查
3	底座钢梁水平度	L/1000，且≤3	水平仪检查

注：L为底座钢梁长度。

3）验收应提供的核查资料

（1）核查依据：《城镇污水处理厂工程质量验收规范》GB 50334－2017

7.1.2　污水处理设备安装工程的质量验收应检查下列文件：

1　设备安装使用说明书；

2　产品出厂合格证书、性能检测报告、材质证明书；

3　设备开箱验收记录；

4　设备试运转记录；

5　施工记录和监理检验记录；

6　其他有关文件。

（2）核查资料明细

核查资料明细表

序号	核查资料名称	核查要点
1	设备安装使用说明书	核查说明书齐全程度
2	产品出厂合格证书、性能检测报告、材质证明书	核查合格证书等的齐全程度
3	设备开箱验收记录	核查规格型号、外观、设备零部件等符合设计要求
4	土建与设备连接部位检验批质量验收记录	核查基础混凝土强度、平整度、倾斜角度等符合设计及规范要求
5	施工记录	核查安装方向和角度、斜板间距及斜管直径等符合设计和规范要求
6	监理检验记录	核查记录内容的完整性

3.2.16 过滤设备安装分项工程质量验收记录

1. 分项工程质量验收记录

1）表格

过滤设备安装分项工程质量验收记录

编号：□□□□□□□□□□—□□

<table>
<tr><td colspan="2">工程名称</td><td colspan="10"></td></tr>
<tr><td colspan="2">单位(子单位)工程名称</td><td colspan="5"></td><td colspan="2">分部(子分部)工程名称</td><td colspan="3"></td></tr>
<tr><td colspan="2">施工单位</td><td colspan="2"></td><td colspan="2">项目经理</td><td colspan="3"></td><td colspan="2">项目技术负责人</td><td></td></tr>
<tr><td colspan="2">验收依据</td><td colspan="10"></td></tr>
<tr><td>序号</td><td colspan="5">验收项目</td><td colspan="5">施工单位检验结果</td><td>建设(监理)单位验收结论</td></tr>
<tr><td>1</td><td rowspan="2">主控项目</td><td colspan="4">滤池的滤头紧固度应符合设备技术文件的要求</td><td colspan="5"></td><td></td></tr>
<tr><td>2</td><td colspan="4">滤池应做布气试验、出气应均匀、无漏气现象</td><td colspan="5"></td><td></td></tr>
<tr><td>1</td><td rowspan="15">一般项目</td><td colspan="2">承托层厚度</td><td colspan="2" rowspan="4">符合设计文件要求</td><td colspan="5"></td><td></td></tr>
<tr><td>2</td><td colspan="2">承托层粒径</td><td colspan="5"></td><td></td></tr>
<tr><td>3</td><td colspan="2">滤料层厚度</td><td colspan="5"></td><td></td></tr>
<tr><td>4</td><td colspan="2">滤料层粒径</td><td colspan="5"></td><td></td></tr>
<tr><td>5</td><td colspan="4">盘式过滤器的主轴水平度应符合设备技术文件的要求</td><td colspan="5"></td><td></td></tr>
<tr><td>6</td><td colspan="4">盘式过滤器主动链轮与被动链轮的轮齿几何中心线应重合，偏差不应大于两链轮中心距的2‰</td><td colspan="5"></td><td></td></tr>
<tr><td rowspan="3">7</td><td rowspan="3">砂过滤池</td><td>单块滤板、滤头水平度</td><td rowspan="4">允许偏差(mm)</td><td>2</td><td></td><td></td><td></td><td></td><td></td><td></td></tr>
<tr><td>同格滤板、滤头水平度</td><td>5</td><td></td><td></td><td></td><td></td><td></td><td></td></tr>
<tr><td>整池滤板、滤头水平度</td><td>5</td><td></td><td></td><td></td><td></td><td></td><td></td></tr>
<tr><td>8</td><td colspan="2">深床砂过滤池滤砖水平度</td><td>5</td><td></td><td></td><td></td><td></td><td></td><td></td></tr>
<tr><td rowspan="5">9</td><td rowspan="5">一体化过滤设备</td><td colspan="3">应固定牢固</td><td colspan="5"></td><td></td></tr>
<tr><td colspan="3">安装位置应符合设计文件的要求</td><td colspan="5"></td><td></td></tr>
<tr><td colspan="3">标高应符合设计文件的要求</td><td colspan="5"></td><td></td></tr>
<tr><td colspan="3">垂直度应符合设计文件的要求</td><td colspan="5"></td><td></td></tr>
<tr><td colspan="3">进出口方向应正确</td><td colspan="5"></td><td></td></tr>
<tr><td colspan="6">质量控制资料</td><td colspan="5"></td><td></td></tr>
<tr><td colspan="3">施工单位质量检查员：
施工单位专业技术质量负责人：
年 月 日</td><td colspan="3">监理单位验收结论：
监理工程师：
年 月 日</td><td colspan="3">建设单位验收结论：
项目负责人：
年 月 日</td><td colspan="3">其他单位验收结论：
专业技术负责人：
年 月 日</td></tr>
</table>

注：表中“设计要求”、“设备技术文件要求”等按工程实际填写。

2）验收依据说明

(1)【规范名称及编号】《城镇污水处理厂工程质量验收规范》GB 50334－2017

【条文摘录】

主　控　项　目

7.10.1　滤池的滤头紧固度应符合设备技术文件的要求。

检验方法：观察检查。

7.10.2　滤池应做布气试验、出气应均匀、无漏气现象。

检验方法：检查试验记录。

一　般　项　目

7.10.4　承托层及滤料层的厚度及粒径应符合设计文件的要求。

检验方法：实测实量，检查施工记录。

7.10.5　盘式过滤器的主轴水平度应符合设备技术文件的要求。

检验方法：水平仪检查，检查施工记录。

7.10.6　盘式过滤器主动链轮与被动链轮的轮齿几何中心线应重合，偏差不应大于两链轮中心距的2‰。

检验方法：实测实量，检查施工记录。

7.10.7　滤池滤板、滤头及滤砖的安装允许偏差和检验方法应符合表7.10.7的规定。

表7.10.7　滤池滤板、滤头及滤砖的安装允许偏差和检验方法

序号	项目		允许偏差（mm）	检验方法
1	砂过滤池	单块滤板、滤头水平度	2	水平仪检查
		同格滤板、滤头水平度	5	水平仪检查
		整池滤板、滤头水平度	5	水平仪检查
2	深床砂过滤池	滤砖水平度	5	水平仪检查

7.10.8　一体化过滤设备应固定牢固，安装位置、标高和垂直度应符合设计文件的要求，进出口方向应正确。

检验方法：观察检查，检查施工记录。

3）验收应提供的核查资料

(1）核查依据：《城镇污水处理厂工程质量验收规范》GB 50334－2017

7.1.2　污水处理设备安装工程的质量验收应检查下列文件：

1　设备安装使用说明书；

2　产品出厂合格证书、性能检测报告、材质证明书；

3　设备开箱验收记录；

4　设备试运转记录；

5　施工记录和监理检验记录；

6　其他有关文件。

(2）核查资料明细

核查资料明细表

序号	核查资料名称	核查要点
1	设备安装使用说明书	核查说明书齐全程度
2	产品出厂合格证书、性能检测报告、材质证明书	核查合格证书等的齐全程度
3	设备开箱验收记录	核查规格型号、外观、设备零部件等符合设计要求
4	土建与设备连接部位检验批质量验收记录	核查基础混凝土强度、预埋件位置等符合设计及规范要求
5	设备布气试验记录	核查内容的完整性、符合性
6	施工记录	核查滤头紧固度、滤料层厚度等符合设计和规范要求
7	监理检验记录	核查记录内容的完整性

2. 过滤设备单机试运转记录

1）表格

过滤设备安装工程单机试运转记录

<table>
<tr><td>设备部位图号</td><td></td><td>设备名称</td><td></td><td>型号、规格、台数</td><td></td></tr>
<tr><td>施工单位</td><td></td><td>设备所在系统</td><td></td><td>额定数据</td><td></td></tr>
<tr><td>试验单位</td><td></td><td>负责人</td><td></td><td>试车时间</td><td>年 月 日 时 分起
年 月 日 时 分止</td></tr>
<tr><td>序号</td><td>试验项目</td><td colspan="3">试验记录</td><td>试验结论</td></tr>
<tr><td>1</td><td>链条转动灵活，无跑偏现象</td><td colspan="3"></td><td></td></tr>
<tr><td>2</td><td>运行平稳</td><td colspan="3"></td><td></td></tr>
<tr><td>3</td><td>无异常声响</td><td colspan="3"></td><td></td></tr>
<tr><td>4</td><td>控制仪表与运行相符</td><td colspan="3"></td><td></td></tr>
<tr><td>5</td><td>控制动作与控制指令相一致</td><td colspan="3"></td><td></td></tr>
<tr><td></td><td></td><td colspan="3"></td><td></td></tr>
<tr><td colspan="2">建设单位</td><td colspan="2">监理单位</td><td>施工单位</td><td>其他单位</td></tr>
<tr><td colspan="2">（签字）
（盖章）</td><td colspan="2">（签字）
（盖章）</td><td>（签字）
（盖章）</td><td>（签字）
（盖章）</td></tr>
</table>

注：其他单位根据不同设备单机试运转验收需要，可为设备生产、设计、运营等有关单位。

2）填表依据说明

【依据规范名称及编号】

(1)《城镇污水处理厂工程质量验收规范》GB 50334－2017

【条文摘录】

7.10.3 盘式过滤器试运转时链条应转动灵活，无跑偏现象，整体运行平稳。

检验方法：观察检查，检查试运转记录。

(2)《机械设备安装工程施工及验收通用规范》GB 50231－2009

【条文摘录】

7.8.1　空负荷试运转时，应进行下列各项检查，并应做好实测的记录。

1　主运动机构和各运动部件应运行平稳，应无不正常的声响；摩擦面温度应正常无过热现象；

3　润滑、液压、冷却、加热和气动系统，有关部件的动作和介质的进、出口温度等均应符合规定，并应工作正常、畅通无阻、无渗漏现象；

4　各种操纵控制仪表和显示等，均应与运行实际相符，工作正常、正确、灵敏和可靠；

5　机械设备的手动、半自动和自动运行程序，速度、进给量及进给速度等，均应与控制指令或控制带要求相一致，其偏差应在允许的范围之内。

3.2.17　微、超滤膜安装分项工程质量验收记录

1. 分项工程质量验收记录

1）表格

微、超滤膜安装分项工程质量验收记录

编号：□□□□□□□□□□—□□

工程名称						
单位(子单位)工程名称					分部(子分部)工程名称	
施工单位			项目经理		项目技术负责人	
验收依据						
序号		验收项目			施工单位检验结果	建设(监理)单位验收结论
1	主控项目	微滤膜成套设备安装应符合设备技术文件的要求				
2	主控项目	水池闭水试验后，内部应清洁				
3	主控项目	膜系统产水、反吹、反洗管路进出口连接配件应齐全、完好，管路应无渗漏				
4	主控项目	微、超滤膜清水试验，膜体应完整、无破损				
5	主控项目	浸没式膜架导轨垂直度安装允许偏差应为导轨高度的1/1000				
1	一般项目	同一膜架膜安装高度	允许偏差(mm)	±2		
2	一般项目	整体膜架膜安装高度	允许偏差(mm)	±5		
3	一般项目	成排膜间距	允许偏差(mm)	±3		
4	一般项目	浸没式膜架固定附件的材质和防腐性能应符合设计及设备技术文件的要求				
		质量控制资料				

施工单位质量检查员： 施工单位专业技术质量负责人： 年　月　日	监理单位验收结论： 监理工程师： 年　月　日	建设单位验收结论： 项目负责人： 年　月　日	其他单位验收结论： 专业技术负责人： 年　月　日

注：表中“设计要求”、“设备技术文件要求”等按工程实际填写。

2）验收依据说明

(1)【规范名称及编号】《城镇污水处理厂工程质量验收规范》GB 50334－2017

【条文摘录】

主 控 项 目

7.11.1 微滤膜成套设备安装应符合设备技术文件的要求。

检验方法：检查施工记录。

7.11.2 水池闭水试验后，内部应清洁。

检验方法：观察检查，检查试验记录。

7.11.3 浸没式膜架导轨垂直度安装允许偏差应为导轨高度的1/1000。

检验方法：仪器检查，检查施工记录。

7.11.4 膜系统产水、反吹、反洗管路进出口连接配件应齐全、完好，管路应无渗漏。

检验方法：观察检查，检查施工记录。

7.11.5 微、超滤膜应进行清水试验，膜体应完整、无破损。

检验方法：检查试验记录。

一 般 项 目

7.11.6 同一膜架膜安装高度允许偏差应为±2mm，整体膜架膜安装高度允许偏差应为±5mm；成排膜间距允许偏差应为±3mm。

检验方法：水平仪检查，检查施工记录。

7.11.7 浸没式膜架固定附件的材质和防腐性能应符合设计及设备技术文件的要求。

检验方法：观察检查。

3）验收应提供的核查资料

(1) 核查依据：《城镇污水处理厂工程质量验收规范》GB 50334－2017

7.1.2 污水处理设备安装工程的质量验收应检查下列文件：

1 设备安装使用说明书；

2 产品出厂合格证书、性能检测报告、材质证明书；

3 设备开箱验收记录；

4 设备试运转记录；

5 施工记录和监理检验记录；

6 其他有关文件。

(2) 核查资料明细

核查资料明细表

序号	核查资料名称	核查要点
1	设备安装使用说明书	核查说明书齐全程度
2	产品出厂合格证书、性能检测报告、材质证明书	核查合格证书等的齐全程度
3	设备开箱验收记录	核查规格型号、外观、设备零部件等符合设计要求
4	土建与设备连接部位检验批质量验收记录	核查基础混凝土强度、平整度等符合设计及规范要求
5	施工记录	核查管路连接等符合设计和规范要求

续表

序号	核查资料名称	核查要点
6	监理检验记录	核查记录内容的完整性
7	水池闭水试验报告	核查报告的完整性及结论的符合性
8	管道压力试验记录	核查记录内容的完整性、符合性
9	设备清水试验记录	核查记录内容的完整性、符合性

3.2.18　反渗透膜安装分项工程质量验收记录

1. 分项工程质量验收记录

1）表格

反渗透膜安装分项工程质量验收记录

编号：□□□□□□□□□□—□□

<table>
<tr><td colspan="3">工程名称</td><td colspan="8"></td></tr>
<tr><td colspan="3">单位(子单位)工程名称</td><td colspan="4"></td><td colspan="2">分部(子分部)工程名称</td><td colspan="2"></td></tr>
<tr><td colspan="3">施工单位</td><td colspan="2"></td><td>项目经理</td><td colspan="2"></td><td colspan="2">项目技术负责人</td><td></td></tr>
<tr><td colspan="3">验收依据</td><td colspan="8"></td></tr>
<tr><td>序号</td><td colspan="4">验收项目</td><td colspan="5">施工单位检验结果</td><td>建设(监理)单位验收结论</td></tr>
<tr><td>1</td><td rowspan="2">主控项目</td><td colspan="3">反渗透膜设备应密封良好、无渗漏，膜壳及相连管道压力试验应符合设备技术文件的要求</td><td colspan="5"></td><td></td></tr>
<tr><td>2</td><td colspan="3">反渗透膜元件安装后应进行低压冲洗，冲洗时间不应小于 30min</td><td colspan="5"></td><td></td></tr>
<tr><td>1</td><td rowspan="6">一般项目</td><td colspan="3">膜壳安装支撑点之间距离不应大于 1.5m，且应在同一水平面上</td><td colspan="5"></td><td></td></tr>
<tr><td>2</td><td colspan="3">膜壳水平度安装允许偏差应为膜套长度的 2/1000</td><td colspan="5"></td><td></td></tr>
<tr><td>3</td><td>设备平面位置</td><td rowspan="4">允许偏差(mm)</td><td>5</td><td></td><td></td><td></td><td></td><td></td><td></td></tr>
<tr><td>4</td><td>设备标高</td><td>±5</td><td></td><td></td><td></td><td></td><td></td><td></td></tr>
<tr><td>5</td><td>水平度</td><td>$2L/1000$</td><td></td><td></td><td></td><td></td><td></td><td></td></tr>
<tr><td>6</td><td>膜与膜壳同心度</td><td>10</td><td></td><td></td><td></td><td></td><td></td><td></td></tr>
<tr><td colspan="5">质量控制资料</td><td colspan="5"></td><td></td></tr>
<tr><td colspan="3">施工单位质量检查员：
施工单位专业技术质量负责人：
年　月　日</td><td colspan="3">监理单位验收结论：
监理工程师：
年　月　日</td><td colspan="3">建设单位验收结论：
项目负责人：
年　月　日</td><td colspan="2">其他单位验收结论：
专业技术负责人：
年　月　日</td></tr>
</table>

注：1　表中 L 为反渗透膜成套设备长度；

2　表中“设计要求”、“设备技术文件要求”等按工程实际填写。

2）验收依据说明

（1）【规范名称及编号】《城镇污水处理厂工程质量验收规范》GB 50334－2017

【条文摘录】

主 控 项 目

7.12.1 反渗透膜设备应密封良好、无渗漏，膜壳及相连管道压力试验应符合设备技术文件的要求。

检验方法：观察检查，检查试验记录。

7.12.2 反渗透膜元件安装后应进行低压冲洗，冲洗时间不应小于30min。

检验方法：检查施工记录。

一 般 项 目

7.12.3 膜壳安装支撑点之间距离不应大于1.5m，且应在同一水平面上。

检验方法：尺量检查，检查施工记录。

7.12.4 膜壳水平度安装允许偏差应为膜套长度的2/1000。

检验方法：水平仪检查，检查施工记录。

7.12.5 反渗透膜成套设备安装允许偏差和检验方法应符合表7.12.5的规定。

表7.12.5 反渗透膜成套设备安装允许偏差和检验方法

序号	项目	允许偏差（mm）	检验方法
1	设备平面位置	5	尺量检查
2	设备标高	±5	水准仪和直尺检查
3	水平度	$2L/1000$	水平仪检查
4	膜与膜壳同心度	10	直尺检查

注：L为反渗透膜成套设备长度。

3）验收应提供的核查资料

（1）核查依据：《城镇污水处理厂工程质量验收规范》GB 50334－2017

7.1.2 污水处理设备安装工程的质量验收应检查下列文件：

1 设备安装使用说明书；

2 产品出厂合格证书、性能检测报告、材质证明书；

3 设备开箱验收记录；

4 设备试运转记录；

5 施工记录和监理检验记录；

6 其他有关文件。

（2）核查资料明细

核查资料明细表

序号	核查资料名称	核查要点
1	设备安装使用说明书	核查说明书齐全程度
2	产品出厂合格证书、性能检测报告、材质证明书	核查合格证书等的齐全程度
3	设备开箱验收记录	核查规格型号、外观、设备零部件等符合设计要求

续表

序号	核查资料名称	核查要点
4	土建与设备连接部位检验批质量验收记录	核查基础混凝土强度、平整度等符合设计及规范要求
5	施工记录	核查管路连接、设备标高、平面位置等符合设计和规范要求
6	管道压力试验记录	核查记录内容的完整性、符合性
7	监理检验记录	核查记录内容的完整性

3.2.19　加药设备安装分项工程质量验收记录

1. 分项工程质量验收记录

1）表格

加药设备安装分项工程质量验收记录

编号：□□□□□□□□□□—□□

<table>
<tr><td colspan="3">工程名称</td><td colspan="9"></td></tr>
<tr><td colspan="3">单位(子单位)工程名称</td><td colspan="5"></td><td colspan="2">分部(子分部)工程名称</td><td colspan="2"></td></tr>
<tr><td colspan="3">施工单位</td><td colspan="2"></td><td>项目经理</td><td colspan="2"></td><td colspan="2">项目技术负责人</td><td colspan="2"></td></tr>
<tr><td colspan="3">验收依据</td><td colspan="9"></td></tr>
<tr><td>序号</td><td colspan="5">验收项目</td><td colspan="5">施工单位检验结果</td><td>建设(监理)单位验收结论</td></tr>
<tr><td>1</td><td rowspan="2">主控项目</td><td colspan="4">加药间防爆设备的安装及保护装置应符合设计文件的要求</td><td colspan="5"></td><td></td></tr>
<tr><td>2</td><td colspan="4">管路、阀的连接应牢固紧密、无渗漏</td><td colspan="5"></td><td></td></tr>
<tr><td>1</td><td rowspan="3">一般项目</td><td colspan="2">设备平面位置</td><td rowspan="3">允许偏差(mm)</td><td>10</td><td></td><td></td><td></td><td></td><td></td><td></td></tr>
<tr><td>2</td><td colspan="2">设备标高</td><td>＋20，－10</td><td></td><td></td><td></td><td></td><td></td><td></td></tr>
<tr><td>3</td><td colspan="2">设备水平度</td><td>$L/1000$</td><td></td><td></td><td></td><td></td><td></td><td></td></tr>
<tr><td colspan="6">质量控制资料</td><td colspan="5"></td><td></td></tr>
<tr><td colspan="3">施工单位质量检查员：
施工单位专业技术质量负责人：
年　月　日</td><td colspan="3">监理单位验收结论：
监理工程师：
年　月　日</td><td colspan="4">建设单位验收结论：
项目负责人：
年　月　日</td><td colspan="2">其他单位验收结论：
专业技术负责人：
年　月　日</td></tr>
</table>

注：1　表中 L 为药剂制备装置的长度；

2　表中“设计要求”、“设备技术文件要求”等按工程实际填写。

2）验收依据说明

(1)【规范名称及编号】《城镇污水处理厂工程质量验收规范》GB 50334－2017

【条文摘录】

主 控 项 目

7.13.1 加药间防爆设备的安装应符合设计文件的要求和现行国家标准《电气装置安装工程爆炸和火灾危险环境电气装置施工及验收规范》GB 50257的有关规定。

检验方法：检查施工记录。

7.13.2 管路、阀的连接应牢固紧密、无渗漏。

检验方法：观察检查。

一 般 项 目

7.13.3 药剂制备装置安装允许偏差和检验方法应符合表7.13.3的规定。

表7.13.3 药剂制备装置安装允许偏差和检验方法

序号	项目	允许偏差（mm）	检验方法
1	设备平面位置	10	尺量检查
2	设备标高	＋20，－10	水准仪与直尺检查
3	设备水平度	L/1000	水平仪检查

注：L为药剂制备装置的长度。

（2）【规范名称及编号】《电气装置安装工程爆炸和火灾危险环境电气装置施工及验收规范》GB 50257－2014

【条文摘录】

4.1.8 爆炸危险环境中电气设备的保护装置应符合设计要求。

3）验收应提供的核查资料

（1）核查依据：《城镇污水处理厂工程质量验收规范》GB 50334－2017

7.1.2 污水处理设备安装工程的质量验收应检查下列文件：

1 设备安装使用说明书；

2 产品出厂合格证书、性能检测报告、材质证明书；

3 设备开箱验收记录；

4 设备试运转记录；

5 施工记录和监理检验记录；

6 其他有关文件。

（2）核查资料明细

核查资料明细表

序号	核查资料名称	核查要点
1	设备安装使用说明书	核查说明书齐全程度
2	产品出厂合格证书、性能检测报告、材质证明书	核查合格证书等的齐全程度
3	设备开箱验收记录	核查规格型号、外观、设备零部件等符合设计要求
4	土建与设备连接部位检验批质量验收记录	核查混凝土平整情况、预埋钢板位置等符合设计及规范要求
5	施工记录	核查管路连接、设备标高、平面位置等符合设计和规范要求
6	监理检验记录	核查记录内容的完整性

2. 加药设备单机试运转记录

1）表格

加药设备安装工程单机试运转记录

工程名称：

设备部位图号		设备名称		型号、规格、台数	
施工单位		设备所在系统		额定数据	
试验单位		负责人		试车时间	年 月 日 时 分起 年 月 日 时 分止
序号	试验项目	试验记录			试验结论
1	运行平稳无异常噪声				
2	介质的进、出口畅通无阻、无渗漏现象				
3	控制仪表与运行相符				
4	控制动作与控制指令相一致				

建设单位	监理单位	施工单位	其他单位
（签字） （盖章）	（签字） （盖章）	（签字） （盖章）	（签字） （盖章）

注：其他单位根据不同设备单机试运转验收需要，可为设备生产、设计、运营等有关单位。

2）填表依据说明

【依据规范名称及编号】

（1）《机械设备安装工程施工及验收通用规范》GB 50231－2009

【条文摘录】

7.8.1 空负荷试运转时，应进行下列各项检查，并应做好实测的记录。

1 主运动机构和各运动部件应运行平稳，应无不正常的声响；摩擦面温度应正常无过热现象；

2 主运动机构的轴承温度和温升应符合有关规定；

3 润滑、液压、冷却、加热和气动系统，有关部件的动作和介质的进、出口温度等均应符合规定，并应工作正常、畅通无阻、无渗漏现象；

4 各种操纵控制仪表和显示等，均应与运行实际相符，工作正常、正确、灵敏和可靠；

5 机械设备的手动、半自动和自动运行程序，速度、进给量及进给速度等，均应与控制指令或控制带要求相一致，其偏差应在允许的范围之内。

3.2.20 压缩设备安装分项工程质量验收记录

1. 分项工程质量验收记录

1）表格

压缩设备安装分项工程质量验收记录

编号：□□□□□□□□□□—□□

<table>
<tr><td colspan="3">工程名称</td><td colspan="6"></td></tr>
<tr><td colspan="3">单位(子单位)工程名称</td><td colspan="3"></td><td colspan="2">分部(子分部)工程名称</td><td></td></tr>
<tr><td colspan="3">施工单位</td><td></td><td>项目经理</td><td colspan="2"></td><td>项目技术负责人</td><td></td></tr>
<tr><td colspan="3">验收依据</td><td colspan="6"></td></tr>
<tr><td>序号</td><td colspan="3">验收项目</td><td colspan="2">施工单位检验结果</td><td colspan="3">建设(监理)单位验收结论</td></tr>
<tr><td>1</td><td rowspan="6">主控项目</td><td colspan="2">联轴器组装的端面间隙应符合设备技术文件要求</td><td colspan="2"></td><td colspan="3"></td></tr>
<tr><td>2</td><td colspan="2">联轴器组装的径向位移应符合设备技术文件要求</td><td colspan="2"></td><td colspan="3"></td></tr>
<tr><td>3</td><td colspan="2">联轴器组装的轴向倾斜应符合设备技术文件要求</td><td colspan="2"></td><td colspan="3"></td></tr>
<tr><td>4</td><td colspan="2">管路中的进风阀、配管、消声器等辅助设备的连接应牢固、紧密、无泄漏</td><td colspan="2"></td><td colspan="3"></td></tr>
<tr><td>5</td><td colspan="2">消声与减振装置安装应符合设备技术文件的要求</td><td colspan="2"></td><td colspan="3"></td></tr>
<tr><td>6</td><td colspan="2">减压阀、安全阀经检验应准确可靠</td><td colspan="2"></td><td colspan="3"></td></tr>
<tr><td>1</td><td rowspan="2">一般项目</td><td colspan="2">进出口连接管件、阀部件等部位应设置支、吊架</td><td colspan="2"></td><td colspan="3"></td></tr>
<tr><td>2</td><td colspan="2">压缩设备安装允许偏差应符合现行国家标准的有关规定</td><td colspan="2"></td><td colspan="3"></td></tr>
<tr><td colspan="4">质量控制资料</td><td colspan="2"></td><td colspan="3"></td></tr>
<tr><td colspan="3">施工单位质量检查员：
施工单位专业技术质量负责人：

年　月　日</td><td colspan="2">监理单位验收结论：
监理工程师：

年　月　日</td><td colspan="2">建设单位验收结论：
项目负责人：

年　月　日</td><td colspan="2">其他单位验收结论：
专业技术负责人：

年　月　日</td></tr>
</table>

注：1　表中“设计要求”、“设备技术文件要求”等按工程实际填写；

2　压缩设备种类繁多，安装允许偏差应根据设备类型选择现行国家标准《风机、压缩机、泵安装工程施工及验收规范》GB 50275 的相应指标进行验收。

2）验收依据说明

(1)【规范名称及编号】《城镇污水处理厂工程质量验收规范》GB 50334－2017

【条文摘录】

主　控　项　目

7.14.1　联轴器组装的端面间隙、径向位移和轴向倾斜，应符合设备技术文件的要求和现行国家标准《机械设备安装工程施工及验收通用规范》GB 50231的有关规定。

检验方法：实测实量，检查施工记录。

7.14.2　管路中的进风阀、配管、消声器等辅助设备的连接应牢固、紧密、无泄漏。

检验方法：观察检查，检查施工记录。

7.14.3　消声与减振装置安装应符合设备技术文件的要求。

检验方法：观察检查，检查施工记录。

7.14.4　减压阀、安全阀经检验应准确可靠。

检验方法：检查试验记录。

一　般　项　目

7.14.6　进出口连接管件、阀部件等部位应设置支、吊架。

检验方法：观察检查，检查施工记录。

7.14.7　鼓风、压缩设备安装允许偏差应符合现行国家标准《风机、压缩机、泵安装工程施工及验收规范》GB 50275的有关规定。

检验方法：检查施工记录。

3）验收应提供的核查资料

(1) 核查依据：《城镇污水处理厂工程质量验收规范》GB 50334－2017

7.1.2　污水处理设备安装工程的质量验收应检查下列文件：

1　设备安装使用说明书；

2　产品出厂合格证书、性能检测报告、材质证明书；

3　设备开箱验收记录；

4　设备试运转记录；

5　施工记录和监理检验记录；

6　其他有关文件。

(2) 核查资料明细

核查资料明细表

序号	核查资料名称	核查要点
1	设备安装使用说明书	核查说明书齐全程度
2	产品出厂合格证书、性能检测报告、材质证明书	核查合格证书等的齐全程度
3	设备开箱验收记录	核查规格型号、外观、设备零部件等符合设计要求
4	土建与设备连接部位检验批质量验收记录	核查混凝土平整情况、预埋件位置等符合设计及规范要求
5	施工记录	核查管路连接、设备标高、平面位置等符合设计和规范要求
6	压缩设备减压阀、安全阀试验记录	核查记录内容的完整性、符合性
7	管道压力试验记录	核查记录内容的完整性、符合性
8	监理检验记录	核查记录内容的完整性

2. 压缩设备试运转记录

1）表格

压缩设备安装工程单机试运转记录

工程名称：

<table>
<tr><td>设备部位图号</td><td></td><td>设备名称</td><td></td><td>型号、规格、台数</td><td></td></tr>
<tr><td>施工单位</td><td></td><td>设备所在系统</td><td></td><td>额定数据</td><td></td></tr>
<tr><td>试验单位</td><td></td><td>负责人</td><td></td><td>试车时间</td><td>年 月 日 时 分起
年 月 日 时 分止</td></tr>
<tr><td>序号</td><td>试验项目</td><td colspan="3">试验记录</td><td>试验结论</td></tr>
<tr><td>1</td><td>润滑油压力、温度和各部位供油情况</td><td colspan="3"></td><td></td></tr>
<tr><td>2</td><td>吸、排气温度和压力</td><td colspan="3"></td><td></td></tr>
<tr><td>3</td><td>进、排水温度、压力和冷却水供应情况</td><td colspan="3"></td><td></td></tr>
<tr><td>4</td><td>吸、排气阀工作正常</td><td colspan="3"></td><td></td></tr>
<tr><td>5</td><td>运动部件无异常声响</td><td colspan="3"></td><td></td></tr>
<tr><td>6</td><td>连接部位无漏气、漏油或漏水</td><td colspan="3"></td><td></td></tr>
<tr><td>7</td><td>连接部位无松动</td><td colspan="3"></td><td></td></tr>
<tr><td>8</td><td>气量调节装置灵敏</td><td colspan="3"></td><td></td></tr>
<tr><td>9</td><td>主轴承、滑道、填函等主要摩擦部位温度</td><td colspan="3"></td><td></td></tr>
<tr><td>10</td><td>电动机电流、电压、温升</td><td colspan="3"></td><td></td></tr>
<tr><td>11</td><td>自动控制装置灵敏、可靠</td><td colspan="3"></td><td></td></tr>
<tr><td>12</td><td>振动速度有效值</td><td colspan="3"></td><td></td></tr>
<tr><td></td><td></td><td colspan="3"></td><td></td></tr>
</table>

建设单位	监理单位	施工单位	其他单位
（签字） （盖章）	（签字） （盖章）	（签字） （盖章）	（签字） （盖章）

注：其他单位根据不同设备单机试运转验收需要，可为设备生产、设计、运营等有关单位。

2）填表依据说明

【依据规范名称及编号】

（1）《城镇污水处理厂工程质量验收规范》GB 50334－2017

【条文摘录】

7.14.5　鼓风机、压缩机试运转时应无异常声响，振动速度有效值、轴承温升等应符合设备技术文件的要求和现行国家标准《风机、压缩机、泵安装工程施工及验收规范》GB 50275的有关规定。

检验方法：观察检查，检查试运转记录。

(2)《风机、压缩机、泵安装工程施工及验收规范》GB 50275-2010

【条文摘录】

3.5.4　压缩机在空气负荷试运转中，应进行下列各项检查和记录：

1　润滑油的压力、温度和各部位的供油情况；

2　各级吸、排气的温度和压力；

3　各级进、排水的温度、压力和冷却水的供应情况；

4　各级吸、排气阀的工作应无异常；

5　运动部件应无异常响声；

6　连接部位应无漏气、漏油或漏水；

7　连接部位应无松动；

8　气量调节装置应灵敏；

9　主轴承、滑道、填函等主要摩擦部位的温度；

10　电动机的电流、电压、温升；

11　自动控制装置应灵敏、可靠；

12　机组的振动。

3.2.21　罗茨鼓风机安装分项工程质量验收记录

1. 分项工程质量验收记录

1）表格

罗茨鼓风机安装分项工程质量验收记录

编号：□□□□□□□□□□—□□

<table>
<tr><td colspan="2">工程名称</td><td colspan="6"></td></tr>
<tr><td colspan="2">单位(子单位)工程名称</td><td colspan="3"></td><td colspan="2">分部(子分部)工程名称</td><td></td></tr>
<tr><td colspan="2">施工单位</td><td>项目经理</td><td colspan="2"></td><td>项目技术负责人</td><td colspan="2"></td></tr>
<tr><td colspan="2">验收依据</td><td colspan="6"></td></tr>
<tr><td>序号</td><td colspan="3">验收项目</td><td colspan="2">施工单位检验结果</td><td colspan="2">建设(监理)单位验收结论</td></tr>
<tr><td>1</td><td rowspan="6">主控项目</td><td colspan="2">联轴器组装的端面间隙应符合设备技术文件要求</td><td colspan="2"></td><td colspan="2"></td></tr>
<tr><td>2</td><td colspan="2">联轴器组装的径向位移应符合设备技术文件要求</td><td colspan="2"></td><td colspan="2"></td></tr>
<tr><td>3</td><td colspan="2">联轴器组装的轴向倾斜应符合设备技术文件要求</td><td colspan="2"></td><td colspan="2"></td></tr>
<tr><td>4</td><td colspan="2">管路中的进风阀、配管、消声器等辅助设备的连接应牢固、紧密、无泄漏</td><td colspan="2"></td><td colspan="2"></td></tr>
<tr><td>5</td><td colspan="2">消声与减振装置安装应符合设备技术文件的要求</td><td colspan="2"></td><td colspan="2"></td></tr>
<tr><td>6</td><td colspan="2">减压阀、安全阀经检验应准确可靠</td><td colspan="2"></td><td colspan="2"></td></tr>
</table>

续表

序号	验收项目		施工单位检验结果	建设(监理)单位验收结论
1	一般项目	进出口连接管件、阀部件等部位应设置支、吊架		
2		安装水平，应在主轴和进气口、排气口法兰面上纵、横向进行检测，其偏差均不应大于0.2/1000		
3		正、反两个方向转子与转子间、转子与机壳间、转子与墙板的间隙以及齿轮副侧的间隙值应符合随机技术文件的规定		
4		外露部件结合处应平整，机壳与墙板的结合处和剖分的机壳、墙板的结合处错边量不应大于5mm		
质量控制资料				

施工单位质量检查员： 施工单位专业技术质量负责人： 年　月　日	监理单位验收结论： 监理工程师： 年　月　日	建设单位验收结论： 项目负责人： 年　月　日	其他单位验收结论： 专业技术负责人： 年　月　日

注：表中“设计要求”、“设备技术文件要求”等按工程实际填写。

2）验收依据说明

(1)【规范名称及编号】《城镇污水处理厂工程质量验收规范》GB 50334－2017

【条文摘录】

主 控 项 目

7.14.1 联轴器组装的端面间隙、径向位移和轴向倾斜，应符合设备技术文件的要求和现行国家标准《机械设备安装工程施工及验收通用规范》GB 50231的有关规定。

检验方法：实测实量，检查施工记录。

7.14.2 管路中的进风阀、配管、消声器等辅助设备的连接应牢固、紧密、无泄漏。

检验方法：观察检查，检查施工记录。

7.14.3 消声与减振装置安装应符合设备技术文件的要求。

检验方法：观察检查，检查施工记录。

7.14.4 减压阀、安全阀经检验应准确可靠。

检验方法：检查试验记录。

一 般 项 目

7.14.6 进出口连接管件、阀部件等部位应设置支、吊架。

检验方法：观察检查，检查施工记录。

7.14.7　鼓风、压缩设备安装允许偏差应符合现行国家标准《风机、压缩机、泵安装工程施工及验收规范》GB 50275 的有关规定。

检验方法：检查施工记录。

(2)【规范名称及编号】《风机、压缩机、泵安装工程施工及验收规范》GB 50275-2010

【条文摘录】

2.4.1　罗茨和叶氏鼓风机的安装水平，应在主轴和进气口、排气口法兰面上纵、横向进行检测，其偏差均不应大于 0.2/1000。

2.4.2　罗茨和叶氏鼓风机安装时，应检查正、反两个方向转子与转子间、转子与机壳间、转子与墙板的间隙以及齿轮副侧的间隙，其间隙值应符合随机技术文件的规定。

2.4.3　罗茨和叶氏鼓风机外露部件结合处应平整，机壳与墙板的结合处和剖分的机壳、墙板的结合处错边量不应大于 5mm。

3) 验收应提供的核查资料

(1) 核查依据：《城镇污水处理厂工程质量验收规范》GB 50334-2017

7.1.2　污水处理设备安装工程的质量验收应检查下列文件：

1　设备安装使用说明书；

2　产品出厂合格证书、性能检测报告、材质证明书；

3　设备开箱验收记录；

4　设备试运转记录；

5　施工记录和监理检验记录；

6　其他有关文件。

(2) 核查资料明细

核查资料明细表

序号	核查资料名称	核查要点
1	设备安装使用说明书	核查说明书齐全程度
2	产品出厂合格证书、性能检测报告、材质证明书	核查合格证书等的齐全程度
3	设备开箱验收记录	核查规格型号、外观、设备零部件等符合设计要求
4	土建与设备连接部位检验批质量验收记录	核查混凝土平整情况、预埋件位置等符合设计及规范要求
5	施工记录	核查管路连接、设备标高、平面位置等符合设计和规范要求
6	罗茨鼓风机减压阀、安全阀试验记录	核查记录内容的完整性、符合性
7	监理检验记录	核查记录内容的完整性

2. 罗茨鼓风机试运转记录

1）表格

罗茨鼓风机安装工程单机试运转记录

工程名称：

设备部位图号		设备名称		型号、规格、台数	
施工单位		设备所在系统		额定数据	
试验单位		负责人		试车时间	年 月 日 时 分起 年 月 日 时 分止
序号	试验项目	试验记录			试验结论
1	无异常声响				
2	振动速度有效值				
3	轴承温升				
4	润滑油温度				
5	电动机的电流不得超过其额定电流值				
建设单位		监理单位		施工单位	其他单位
（签字） （盖章）		（签字） （盖章）		（签字） （盖章）	（签字） （盖章）

注：其他单位根据不同设备单机试运转验收需要，可为设备生产、设计、运营等有关单位。

2）填表依据说明

【依据规范名称及编号】

(1)《城镇污水处理厂工程质量验收规范》GB 50334－2017

【条文摘录】

7.14.5 鼓风机、压缩机试运转时应无异常声响，振动速度有效值、轴承温升等应符合设备技术文件的要求和现行国家标准《风机、压缩机、泵安装工程施工及验收规范》GB 50275 的有关规定。

检验方法：观察检查，检查试运转记录。

(2)《风机、压缩机、泵安装工程施工及验收规范》GB 50275－2010

【条文摘录】

2.4.4 罗茨和叶氏鼓风机试运转除应符合本规范第 2.1.12 条的要求外，尚应符合下列要求：

1 启动前应全开鼓风机进气和排气口阀门；

2 进气和排气口阀门应在全开的条件下进行空负荷运转，运转时间不得少于 30min；

3 空负荷运转正常后，应逐步缓慢地关闭排气阀，直至排气压力调节到设计升压值时，电动机的电流不得超过其规定电流值；

4 负荷试运转中，不得完全关闭进气和排气口阀门，不应超负荷运转，并应在逐步卸荷后停机，不得在满负荷下突然停机；

5 负荷试运转中，鼓风机应在规定的转速和压力下各部位温度稳定后，连续运转不少于2h；其轴承温度不应超过95℃，润滑油温度不应超过65℃，振动速度有效值不应大于11.2mm/s。

3.2.22 离心鼓风机安装分项工程质量验收记录

1. 分项工程质量验收记录

1）表格

离心鼓风机安装分项工程质量验收记录

编号：□□□□□□□□□□□—□□

工程名称					
单位(子单位)工程名称			分部(子分部)工程名称		
施工单位		项目经理		项目技术负责人	
验收依据					

序号	验收项目					施工单位检验结果	建设(监理)单位验收结论
1	主控项目	联轴器组装的端面间隙应符合设备技术文件要求					
		联轴器组装的径向位移应符合设备技术文件要求					
		联轴器组装的轴向倾斜应符合设备技术文件要求					
2		管路中的进风阀、配管、消声器等辅助设备的连接应牢固、紧密、无泄漏					
3		消声与减振装置安装应符合设备技术文件的要求					
4		减压阀、安全阀经检验应准确可靠					
1	一般项目	进出口连接管件、阀部件等部位应设置支、吊架					
2		设备中心的标高		允许偏差	±2mm		
3		设备中心的位置			±2mm		
4		机组中以鼓风机为基准	纵向安装水平度		0.05/1000		
			横向安装水平度		0.10/1000		
5		机组中以增速器为基准	纵向安装水平度		0.05/1000		
质量控制资料							

施工单位质量检查员： 施工单位专业技术质量负责人： 年 月 日	监理单位验收结论： 监理工程师： 年 月 日	建设单位验收结论： 项目负责人： 年 月 日	其他单位验收结论： 专业技术负责人： 年 月 日

注：表中“设计要求”、“设备技术文件要求”等按工程实际填写。

2）验收依据说明

（1）【规范名称及编号】《城镇污水处理厂工程质量验收规范》GB 50334－2017

【条文摘录】

主 控 项 目

7.14.1 联轴器组装的端面间隙、径向位移和轴向倾斜，应符合设备技术文件的要求和现行国家标准《机械设备安装工程施工及验收通用规范》GB 50231的有关规定。

检验方法：实测实量，检查施工记录。

7.14.2 管路中的进风阀、配管、消声器等辅助设备的连接应牢固、紧密、无泄漏。

检验方法：观察检查，检查施工记录。

7.14.3 消声与减振装置安装应符合设备技术文件的要求。

检验方法：观察检查，检查施工记录。

7.14.4 减压阀、安全阀经检验应准确可靠。

检验方法：检查试验记录。

一 般 项 目

7.14.6 进出口连接管件、阀部件等部位应设置支、吊架。

检验方法：观察检查，检查施工记录。

7.14.7 鼓风、压缩设备安装允许偏差应符合现行国家标准《风机、压缩机、泵安装工程施工及验收规范》GB 50275的有关规定。

检验方法：检查施工记录。

(2)【规范名称及编号】《风机、压缩机、泵安装工程施工及验收规范》GB 50275－2010

【条文摘录】

2.5.3 机组中基准设备找正、调平时，应符合下了要求：

1 设备中心的标高和位置应符合设计要求，其允许偏差为±2mm；

2 以鼓风机为基准时，纵向安装水平应在主轴上进行检测，其偏差不应大于0.05/1000；横向安装水平应在机壳中分面上进行检测，其偏差不应大于0.10/1000；

3 以增速器为基准时，横向安装水平应在箱体中分面上进行检测，纵向安装水平应在大齿轮轴上进行检测，其偏差均不应大于0.05/1000。

3）验收应提供的核查资料

(1) 核查依据：《城镇污水处理厂工程质量验收规范》GB 50334－2017

7.1.2 污水处理设备安装工程的质量验收应检查下列文件：

1 设备安装使用说明书；

2 产品出厂合格证书、性能检测报告、材质证明书；

3 设备开箱验收记录；

4 设备试运转记录；

5 施工记录和监理检验记录；

6 其他有关文件。

(2) 核查资料明细

核查资料明细表

序号	核查资料名称	核查要点
1	设备安装使用说明书	核查说明书齐全程度

续表

序号	核查资料名称	核查要点
2	产品出厂合格证书、性能检测报告、材质证明书	核查合格证书等的齐全程度
3	油品报告	核查报告的完整性、有效性及结论的符合性
4	设备开箱验收记录	核查规格型号、外观、设备零部件等符合设计要求
5	土建与设备连接部位检验批质量验收记录	核查混凝土平整情况、预埋件位置等符合设计及规范要求
6	施工记录	核查管路连接、设备标高、平面位置等符合设计和规范要求
7	离心鼓风机减压阀、安全阀试验记录	核查记录内容的完整性、符合性
8	监理检验记录	核查记录内容的完整性

2. 离心鼓风机试运转记录

1）表格

离心鼓风机安装工程单机试运转记录

工程名称：

<table>
<tr><td>设备部位图号</td><td></td><td>设备名称</td><td></td><td>型号、规格、台数</td><td></td></tr>
<tr><td>施工单位</td><td></td><td>设备所在系统</td><td></td><td>额定数据</td><td></td></tr>
<tr><td>试验单位</td><td></td><td>负责人</td><td></td><td>试车时间</td><td>年　月　日　时　分起
年　月　日　时　分止</td></tr>
<tr><td>序号</td><td>试验项目</td><td colspan="3">试验记录</td><td>试验结论</td></tr>
<tr><td>1</td><td>无异常声响</td><td colspan="3"></td><td></td></tr>
<tr><td>2</td><td>振动速度有效值</td><td colspan="3"></td><td></td></tr>
<tr><td>3</td><td>轴承温度和排油温度</td><td colspan="3"></td><td></td></tr>
<tr><td>4</td><td>润滑油温度及压力</td><td colspan="3"></td><td></td></tr>
<tr><td>5</td><td>冷却系统的进口压力和进、出口温度</td><td colspan="3"></td><td></td></tr>
<tr><td>6</td><td>各级排气压力和温度</td><td colspan="3"></td><td></td></tr>
<tr><td></td><td></td><td colspan="3"></td><td></td></tr>
<tr><td colspan="2">建设单位</td><td>监理单位</td><td colspan="2">施工单位</td><td>其他单位</td></tr>
<tr><td colspan="2">（签字）
（盖章）</td><td>（签字）
（盖章）</td><td colspan="2">（签字）
（盖章）</td><td>（签字）
（盖章）</td></tr>
</table>

注：其他单位根据不同设备单机试运转验收需要，可为设备生产、设计、运营等有关单位。

2）填表依据说明

【依据规范名称及编号】

（1）《城镇污水处理厂工程质量验收规范》GB 50334－2017

【条文摘录】

7.14.5　鼓风机、压缩机试运转时应无异常声响，振动速度有效值、轴承温升等应符合设备技术文件的要求和现行国家标准《风机、压缩机、泵安装工程施工及验收规范》GB 50275 的有关规定。

检验方法：观察检查，检查试运转记录。

（2）《风机、压缩机、泵安装工程施工及验收规范》GB 50275－2010

【条文摘录】

2.5.17　离心鼓风机的整机试运转，应符合下列要求：

7　试运转中应进行检查，并应符合下列要求：

1）冷却系统的进口压力和进、出口温度不应超过随机技术文件的规定；

2）轴承温度和轴承排油温度应符合随机技术文件的规定；无规定时，应符合表2.5.17-1的规定。

表 2.5.17-1　轴承温度和轴承排油温度

轴承形式	滚动轴承	滑动轴承
轴承体温度	≤环境温度＋40℃	≤70℃
轴承的排油温度	—	≤进油温度＋28℃
轴承合金层温度	—	≤进油温度＋50℃

3）轴颈处测得未滤波的轴振动双振幅值，或采用接触式测振仪在轴承壳上检测轴承振动速度有效值，应符合随机技术文件的规定；无规定时，应符合表2.5.17-2的规定；

表 2.5.17-2　轴承壳振动速度有效值和轴振动双振幅值

轴承壳振动速度有效值（mm/s）	≤4.0
轴振动双振幅值（μm）	$\leqslant 25.4\sqrt{\frac{12000}{N}}$，且不应超过50

4）各级排气压力和温度应符合随机技术文件的规定。

3.2.23　臭氧系统设备安装分项工程质量验收记录

1. 分项工程质量验收记录

1）表格

臭氧系统设备安装分项工程质量验收记录

编号：□□□□□□□□□□—□□

<table>
<tr><td colspan="2">工程名称</td><td colspan="5"></td></tr>
<tr><td colspan="2">单位(子单位)工程名称</td><td colspan="2"></td><td>分部(子分部)工程名称</td><td colspan="2"></td></tr>
<tr><td colspan="2">施工单位</td><td></td><td>项目经理</td><td></td><td>项目技术负责人</td><td></td></tr>
<tr><td colspan="2">验收依据</td><td colspan="5"></td></tr>
<tr><td>序号</td><td colspan="2">验收项目</td><td colspan="2">施工单位检验结果</td><td colspan="2">建设(监理)单位验收结论</td></tr>
<tr><td>1</td><td rowspan="4">主控项目</td><td>臭氧系统防爆设备的安装及保护装置应符合设计文件的要求</td><td colspan="2"></td><td colspan="2"></td></tr>
<tr><td>2</td><td>臭氧、氧气系统的管道及附件在安装前必须进行脱脂</td><td colspan="2"></td><td colspan="2"></td></tr>
<tr><td>3</td><td>臭氧系统内管路、阀门的连接应牢固紧密、无渗漏</td><td colspan="2"></td><td colspan="2"></td></tr>
<tr><td>4</td><td>强度及严密性试验应符合设计文件的要求和国家现行标准的有关规定</td><td colspan="2"></td><td colspan="2"></td></tr>
</table>

续表

<table>
<tr><td>序号</td><td colspan="4">验收项目</td><td colspan="5">施工单位检验结果</td><td colspan="2">建设(监理)
单位验收结论</td></tr>
<tr><td>1</td><td rowspan="3">一般项目</td><td>设备平面位置</td><td rowspan="3">允许偏差
(mm)</td><td>10</td><td></td><td></td><td></td><td></td><td></td><td colspan="2"></td></tr>
<tr><td>2</td><td>设备标高</td><td>+20，－10</td><td></td><td></td><td></td><td></td><td></td><td colspan="2"></td></tr>
<tr><td>3</td><td>设备水平度</td><td>L/1000</td><td></td><td></td><td></td><td></td><td></td><td colspan="2"></td></tr>
<tr><td colspan="5">质量控制资料</td><td colspan="5"></td><td colspan="2"></td></tr>
<tr><td colspan="3">施工单位质量检查员：
施工单位专业技术质量负责人：

年　月　日</td><td colspan="3">监理单位验收结论：
监理工程师：

年　月　日</td><td colspan="4">建设单位验收结论：
项目负责人：

年　月　日</td><td colspan="2">其他单位验收结论：
专业技术负责人：

年　月　日</td></tr>
</table>

注：1　表中 L 为臭氧系统设备的长度；
　　2　表中“设计要求”、“设备技术文件要求”等按工程实际填写。

2）验收依据说明

(1)【规范名称及编号】《城镇污水处理厂工程质量验收规范》GB 50334－2017

【条文摘录】

主　控　项　目

7.15.1　臭氧系统防爆设备的安装应符合设计文件的要求和现行国家标准《电气装置安装工程爆炸和火灾危险环境电气装置施工及验收规范》GB 50257 的有关规定。

检验方法：检查施工记录。

7.15.2　臭氧、氧气系统的管道及附件在安装前必须进行脱脂。

检验方法：检查施工记录。

7.15.3　臭氧系统内管路、阀门的连接应牢固紧密、无渗漏。

检验方法：观察检查，检查施工记录。

7.15.4　臭氧系统的强度试验及严密性试验应符合设计文件的要求和国家现行标准的有关规定。

检验方法：检查试验记录。

一　般　项　目

7.15.5　臭氧系统设备安装的允许偏差和检验方法应符合表 7.15.5 的规定。

表 7.15.5　臭氧系统设备安装允许偏差和检验方法

序号	项目	允许偏差(mm)	检验方法
1	设备平面位置	10	尺量检查
2	设备标高	+20，－10	水准仪与直尺检查
3	设备水平度	$L/1000$	水平仪检查

注：L 为臭氧系统设备的长度。

(2)【规范名称及编号】《电气装置安装工程爆炸和火灾危险环境电气装置施工及验收规范》GB 50257－2014

【条文摘录】

4.1.8 爆炸危险环境中电气设备的保护装置应符合设计要求。

3）验收应提供的核查资料

（1）核查依据：《城镇污水处理厂工程质量验收规范》GB 50334－2017

7.1.2 污水处理设备安装工程的质量验收应检查下列文件：

1 设备安装使用说明书；

2 产品出厂合格证书、性能检测报告、材质证明书；

3 设备开箱验收记录；

4 设备试运转记录；

5 施工记录和监理检验记录；

6 其他有关文件。

（2）核查资料明细

核查资料明细表

序号	核查资料名称	核查要点
1	设备安装使用说明书	核查说明书齐全程度
2	产品出厂合格证书、性能检测报告、材质证明书	核查合格证书等的齐全程度
3	设备开箱验收记录	核查规格型号、外观、设备零部件等符合设计要求
4	土建与设备连接部位检验批质量验收记录	核查混凝土平整情况、预埋件位置等符合设计及规范要求
5	施工记录	核查管路连接、设备标高、平面位置等符合设计和规范要求
6	脱脂记录	核查记录内容的完整性、符合性
7	设备强度和严密性试验记录	核查记录内容的完整性、符合性
8	监理检验记录	核查记录内容的完整性

2. 臭氧系统设备单机试运转记录

1）表格

臭氧系统设备安装工程单机试运转记录

工程名称：

<table>
<tr><td>设备部位图号</td><td colspan="2"></td><td>设备名称</td><td></td><td>型号、规格、台数</td><td colspan="2"></td></tr>
<tr><td>施工单位</td><td colspan="2"></td><td>设备所在系统</td><td></td><td>额定数据</td><td colspan="2"></td></tr>
<tr><td>试验单位</td><td colspan="2"></td><td>负责人</td><td></td><td>试车时间</td><td colspan="2">年 月 日 时 分起
年 月 日 时 分止</td></tr>
<tr><td>序号</td><td colspan="2">试验项目</td><td colspan="3">试验记录</td><td colspan="2">试验结论</td></tr>
<tr><td>1</td><td colspan="2">运行平稳无异常噪声</td><td colspan="3"></td><td colspan="2"></td></tr>
<tr><td>2</td><td colspan="2">介质的进、出口畅通无阻、无渗漏现象</td><td colspan="3"></td><td colspan="2"></td></tr>
<tr><td>3</td><td colspan="2">控制仪表与运行相符</td><td colspan="3"></td><td colspan="2"></td></tr>
<tr><td>4</td><td colspan="2">控制动作与控制指令相一致</td><td colspan="3"></td><td colspan="2"></td></tr>
<tr><td>5</td><td colspan="2">设备温升</td><td colspan="3"></td><td colspan="2"></td></tr>
<tr><td></td><td colspan="2"></td><td colspan="3"></td><td colspan="2"></td></tr>
<tr><td colspan="2">建设单位</td><td colspan="2">监理单位</td><td colspan="2">施工单位</td><td colspan="2">其他单位</td></tr>
<tr><td colspan="2">（签字）
（盖章）</td><td colspan="2">（签字）
（盖章）</td><td colspan="2">（签字）
（盖章）</td><td colspan="2">（签字）
（盖章）</td></tr>
</table>

注：其他单位根据不同设备单机试运转验收需要，可为设备生产、设计、运营等有关单位。

2）填表依据说明

【依据规范名称及编号】

(1)《机械设备安装工程施工及验收通用规范》GB 50231－2009

【条文摘录】

7.8.1　空负荷试运转时，应进行下列各项检查，并应做好实测的记录。

1　主运动机构和各运动部件应运行平稳，应无不正常的声响；摩擦面温度应正常无过热现象；

2　主运动机构的轴承温度和温升应符合有关规定；

3　润滑、液压、冷却、加热和气动系统，有关部件的动作和介质的进、出口温度等均应符合规定，并应工作正常、畅通无阻、无渗漏现象；

4　各种操纵控制仪表和显示等，均应与运行实际相符，工作正常、正确、灵敏和可靠；

5　机械设备的手动、半自动和自动运行程序，速度、进给量及进给速度等，均应与控制指令或控制带要求相一致，其偏差应在允许的范围之内。

3.2.24　加氯设备安装分项工程质量验收记录

1. 分项工程质量验收记录

1）表格

加氯设备安装分项工程质量验收记录

编号：□□□□□□□□□□－□□

<table>
<tr><td colspan="2">工程名称</td><td colspan="10"></td></tr>
<tr><td colspan="2">单位(子单位)工程名称</td><td colspan="6"></td><td colspan="2">分部(子分部)工程名称</td><td colspan="2"></td></tr>
<tr><td colspan="2">施工单位</td><td colspan="2"></td><td>项目经理</td><td colspan="5"></td><td>项目技术负责人</td><td></td></tr>
<tr><td colspan="2">验收依据</td><td colspan="10"></td></tr>
<tr><td>序号</td><td colspan="4">验收项目</td><td colspan="5">施工单位检验结果</td><td colspan="2">建设(监理)单位验收结论</td></tr>
<tr><td>1</td><td rowspan="2">主控项目</td><td colspan="3">加氯系统内管路、阀门连接紧密、牢固</td><td colspan="5"></td><td colspan="2"></td></tr>
<tr><td>2</td><td colspan="3">加氯系统严密性试验及加氯管道的强度试验应符合设计文件的要求</td><td colspan="5"></td><td colspan="2"></td></tr>
<tr><td>1</td><td rowspan="3">一般项目</td><td>设备平面位置</td><td rowspan="3">允许偏差(mm)</td><td>10</td><td></td><td></td><td></td><td></td><td></td><td colspan="2"></td></tr>
<tr><td>2</td><td>设备标高</td><td>±10</td><td></td><td></td><td></td><td></td><td></td><td colspan="2"></td></tr>
<tr><td>3</td><td>设备水平度</td><td>$L/1000$</td><td></td><td></td><td></td><td></td><td></td><td colspan="2"></td></tr>
<tr><td colspan="5">质量控制资料</td><td colspan="5"></td><td colspan="2"></td></tr>
</table>

施工单位质量检查员： 施工单位专业技术质量负责人： 年　月　日	监理单位验收结论： 监理工程师： 年　月　日	建设单位验收结论： 项目负责人： 年　月　日	其他单位验收结论： 专业技术负责人： 年　月　日

注：1　表中L为加氯消毒设备的长度；

2　表中“设计要求”、“设备技术文件要求”等按工程实际填写。

2）验收依据说明

（1）【规范名称及编号】《城镇污水处理厂工程质量验收规范》GB 50334－2017

【条文摘录】

主 控 项 目

7.16.3 加氯系统内管路、阀门的连接应紧密、牢固。

检验方法：观察检查。

7.16.4 加氯系统严密性试验及加氯管道的强度试验应符合设计文件的要求。

检验方法：检查试验记录。

一 般 项 目

7.16.6 加氯消毒设备安装的允许偏差和检验方法应符合表7.16.6的规定。

表7.16.6 加氯消毒设备安装允许偏差和检验方法

序号	项目	允许偏差（mm）	检验方法
1	设备平面位置	10	尺量检查
2	设备标高	±10	水准仪与直尺检查
3	设备水平度	$L/1000$	水平仪检查

注：L 为加氯消毒设备的长度。

3）验收应提供的核查资料

（1）核查依据：《城镇污水处理厂工程质量验收规范》GB 50334－2017

7.1.2 污水处理设备安装工程的质量验收应检查下列文件：

1 设备安装使用说明书；

2 产品出厂合格证书、性能检测报告、材质证明书；

3 设备开箱验收记录；

4 设备试运转记录；

5 施工记录和监理检验记录；

6 其他有关文件。

（2）核查资料明细

核查资料明细表

序号	核查资料名称	核查要点
1	设备安装使用说明书	核查说明书齐全程度
2	产品出厂合格证书、性能检测报告、材质证明书	核查合格证书等的齐全程度
3	设备开箱验收记录	核查规格型号、外观、设备零部件等符合设计要求
4	土建与设备连接部位检验批质量验收记录	核查混凝土平整情况、预埋件位置等符合设计及规范要求
5	施工记录	核查管路连接、设备标高、平面位置等符合设计和规范要求
6	设备严密性试验记录	核查记录内容的完整性、符合性
7	管道强度试验记录	核查记录内容的完整性、符合性
8	监理检验记录	核查记录内容的完整性

2. 加氯设备单机试运转记录参照本章3.2.19中的内容。

3.2.25　紫外线消毒设备安装分项工程质量验收记录

1. 分项工程质量验收记录

1）表格

紫外线消毒设备安装分项工程质量验收记录

编号：□□□□□□□□□□—□□

<table>
<tr><td colspan="3">工程名称</td><td colspan="7"></td></tr>
<tr><td colspan="3">单位(子单位)工程名称</td><td colspan="3"></td><td colspan="2">分部(子分部)工程名称</td><td colspan="2"></td></tr>
<tr><td colspan="3">施工单位</td><td></td><td>项目经理</td><td colspan="2"></td><td colspan="2">项目技术负责人</td><td></td></tr>
<tr><td colspan="3">验收依据</td><td colspan="7"></td></tr>
<tr><td>序号</td><td colspan="4">验收项目</td><td colspan="4">施工单位检验结果</td><td>建设(监理)单位验收结论</td></tr>
<tr><td>1</td><td rowspan="2">主控项目</td><td colspan="3">紫外消毒装置排架与渠壁固定牢固</td><td colspan="4"></td><td></td></tr>
<tr><td>2</td><td colspan="3">紫外消毒装置石英套管安装严密、无渗漏，管壁清洁、无污染</td><td colspan="4"></td><td></td></tr>
<tr><td>1</td><td rowspan="3">一般项目</td><td>设备平面位置</td><td rowspan="3">允许偏差(mm)</td><td>10</td><td></td><td></td><td></td><td></td><td></td></tr>
<tr><td>2</td><td>设备标高</td><td>±10</td><td></td><td></td><td></td><td></td><td></td></tr>
<tr><td>3</td><td>设备水平度</td><td>$L/1000$</td><td></td><td></td><td></td><td></td><td></td></tr>
<tr><td colspan="5">质量控制资料</td><td colspan="4"></td><td></td></tr>
<tr><td colspan="3">施工单位质量检查员：
施工单位专业技术质量负责人：

年　月　日</td><td colspan="2">监理单位验收结论：
监理工程师：

年　月　日</td><td colspan="4">建设单位验收结论：
项目负责人：

年　月　日</td><td>其他单位验收结论：
专业技术负责人：

年　月　日</td></tr>
</table>

注：1　表中L为紫外线消毒设备的长度；

2　表中“设计要求”、“设备技术文件要求”等按工程实际填写。

2）验收依据说明

（1）【规范名称及编号】《城镇污水处理厂工程质量验收规范》GB 50334－2017

【条文摘录】

主 控 项 目

7.16.1 紫外消毒装置排架与渠壁应固定牢固。

检验方法：观察检查，检查施工记录。

7.16.2 紫外消毒装置石英套管应严密、无渗漏；管壁应清洁、无污染。

检验方法：观察检查。

一 般 项 目

7.16.6 紫外线消毒设备安装的允许偏差和检验方法应符合表7.16.6的规定。

表7.16.6 加氯、紫外线等消毒设备安装允许偏差和检验方法

序号	项目	允许偏差（mm）	检验方法
1	设备平面位置	10	尺量检查
2	设备标高	±10	水准仪与直尺检查
3	设备水平度	$L/1000$	水平仪检查

注：L为紫外线消毒设备的长度。

3）验收应提供的核查资料

（1）核查依据：《城镇污水处理厂工程质量验收规范》GB 50334－2017

7.1.2 污水处理设备安装工程的质量验收应检查下列文件：

1 设备安装使用说明书；

2 产品出厂合格证书、性能检测报告、材质证明书；

3 设备开箱验收记录；

4 设备试运转记录；

5 施工记录和监理检验记录；

6 其他有关文件。

（2）核查资料明细

核查资料明细表

序号	核查资料名称	核查要点
1	设备安装使用说明书	核查说明书齐全程度
2	产品出厂合格证书、性能检测报告、材质证明书	核查合格证书等的齐全程度
3	设备开箱验收记录	核查规格型号、外观、设备零部件等符合设计要求
4	土建与设备连接部位检验批质量验收记录	核查混凝土平整情况、预埋件位置等符合设计及规范要求
5	施工记录	核查管路连接、设备标高、平面位置等符合设计和规范要求
6	监理检验记录	核查记录内容的完整性

2. 紫外线消毒设备单机试运转记录

1）表格

紫外线消毒设备安装工程单机试运转记录

工程名称：

设备部位图号		设备名称		型号、规格、台数	
施工单位		设备所在系统		额定数据	
试验单位		负责人		试车时间	年　月　日　时　分起 年　月　日　时　分止
序号	试验项目	试验记录			试验结论
1	运行平稳				
2	无异常声响				
3	全部灯管和灯管电极完全浸没在污水中，当水位低于正常水位时，灯管自动熄灭				
4	控制动作与控制指令相一致				

建设单位	监理单位	施工单位	其他单位
（签字） （盖章）	（签字） （盖章）	（签字） （盖章）	（签字） （盖章）

注：其他单位根据不同设备单机试运转验收需要，可为设备生产、设计、运营等有关单位。

2）填表依据说明

【依据规范名称及编号】

(1)《城镇污水处理厂工程质量验收规范》GB 50334－2017

【条文摘录】

7.16.5　紫外消毒装置试运转时，全部灯管和灯管电极应完全浸没在污水中，当水位低于正常水位时，灯管应自动熄灭。

检验方法：检查试运转记录。

(2)《机械设备安装工程施工及验收通用规范》GB 50231－2009

【条文摘录】

7.8.1　空负荷试运转时，应进行下列各项检查，并应做好实测的记录。

1　主运动机构和各运动部件应运行平稳，应无不正常的声响；摩擦面温度应正常无过热现象；

2　主运动机构的轴承温度和温升应符合有关规定；

3 润滑、液压、冷却、加热和气动系统，有关部件的动作和介质的进、出口温度等均应符合规定，并应工作正常、畅通无阻、无渗漏现象；

4 各种操纵控制仪表和显示等，均应与运行实际相符，工作正常、正确、灵敏和可靠；

5 机械设备的手动、半自动和自动运行程序，速度、进给量及进给速度等，均应与控制指令或控制带要求相一致，其偏差应在允许的范围之内。

3.2.26 板框压滤机安装分项工程质量验收记录

1. 分项工程质量验收记录

1）表格

板框压滤机安装分项工程质量验收记录

编号：□□□□□□□□□□—□□

<table>
<tr><td colspan="3">工程名称</td><td colspan="12"></td></tr>
<tr><td colspan="3">单位(子单位)工程名称</td><td colspan="8"></td><td colspan="2">分部(子分部)工程名称</td><td colspan="2"></td></tr>
<tr><td colspan="3">施工单位</td><td colspan="3"></td><td>项目经理</td><td colspan="5"></td><td>项目技术负责人</td><td colspan="2"></td></tr>
<tr><td colspan="3">验收依据</td><td colspan="12"></td></tr>
<tr><td>序号</td><td colspan="5">验收项目</td><td colspan="6">施工单位检验结果</td><td colspan="3">建设(监理)单位验收结论</td></tr>
<tr><td>1</td><td rowspan="2">主控项目</td><td colspan="4">设备与污泥输送设备连接严密、无渗漏</td><td colspan="6"></td><td colspan="3"></td></tr>
<tr><td>2</td><td colspan="4">板框脱水设备固定侧与滑动侧的安装符合设备技术文件要求</td><td colspan="6"></td><td colspan="3"></td></tr>
<tr><td>1</td><td rowspan="3">一般项目</td><td>设备平面位置</td><td rowspan="3">允许偏差(mm)</td><td colspan="2">10</td><td></td><td></td><td></td><td></td><td></td><td></td><td colspan="3"></td></tr>
<tr><td>2</td><td>设备标高</td><td colspan="2">±10</td><td></td><td></td><td></td><td></td><td></td><td></td><td colspan="3"></td></tr>
<tr><td>3</td><td>设备水平度</td><td colspan="2">L/1000</td><td></td><td></td><td></td><td></td><td></td><td></td><td colspan="3"></td></tr>
<tr><td colspan="6">质量控制资料</td><td colspan="6"></td><td colspan="3"></td></tr>
<tr><td colspan="4">施工单位质量检查员：
施工单位专业技术质量负责人：
年 月 日</td><td colspan="4">监理单位验收结论：
监理工程师：
年 月 日</td><td colspan="4">建设单位验收结论：
项目负责人：
年 月 日</td><td colspan="3">其他单位验收结论：
专业技术负责人：
年 月 日</td></tr>
</table>

注：1 表中 L 为污泥浓缩脱水设备的长度；

2 表中“设计要求”、“设备技术文件要求”等按工程实际填写。

2）验收依据说明

(1)【规范名称及编号】《城镇污水处理厂工程质量验收规范》GB 50334-2017

【条文摘录】

主 控 项 目

7.17.1 污泥浓缩脱水设备与污泥输送设备连接应严密、无渗漏。

检验方法：观察检查。

7.17.3　板框脱水设备固定侧与滑动侧的安装应符合设备技术文件的要求。

检验方法：观察检查。

一　般　项　目

7.17.6　污泥浓缩脱水设备安装允许偏差和检验方法应符合表7.17.6的规定。

表7.17.6　污泥浓缩脱水设备安装允许偏差和检验方法

序号	项目	允许偏差（mm）	检验方法
1	设备平面位置	10	尺量检查
2	设备标高	±10	水准仪与直尺检查
3	设备水平度	L/1000	水平仪检查

注：L为污泥浓缩脱水设备的长度。

3）验收应提供的核查资料

（1）核查依据：《城镇污水处理厂工程质量验收规范》GB 50334－2017

7.1.2　污水处理设备安装工程的质量验收应检查下列文件：

1　设备安装使用说明书；

2　产品出厂合格证书、性能检测报告、材质证明书；

3　设备开箱验收记录；

4　设备试运转记录；

5　施工记录和监理检验记录；

6　其他有关文件。

（2）核查资料明细

核查资料明细表

序号	核查资料名称	核查要点
1	设备安装使用说明书	核查说明书齐全程度
2	产品出厂合格证书、性能检测报告、材质证明书	核查合格证书等的齐全程度
3	设备开箱验收记录	核查规格型号、外观、设备零部件等符合设计要求
4	土建与设备连接部位检验批质量验收记录	核查基础混凝土强度、平整度、预埋件位置等符合设计及规范要求
5	施工记录	核查与输送设备连接、设备标高、平面位置等符合设计和规范要求
6	监理检验记录	核查记录内容的完整性

2. 板框压滤机设备单机试运转记录

1）表格

板框压滤机设备安装工程单机试运转记录

工程名称：

设备部位图号		设备名称		型号、规格、台数	
施工单位		设备所在系统		额定数据	
试验单位		负责人		试车时间	年 月 日 时 分起 年 月 日 时 分止
序号	试验项目	试验记录			试验结论
1	运行平稳、无异常现象				
2	液压部件工作情况				
3	控制仪表与运行相符				
4	控制动作与控制指令相一致				
建设单位		监理单位		施工单位	其他单位
（签字） （盖章）		（签字） （盖章）		（签字） （盖章）	（签字） （盖章）

注：其他单位根据不同设备单机试运转验收需要，可为设备生产、设计、运营等有关单位。

2）填表依据说明

【依据规范名称及编号】

(1)《城镇污水处理厂工程质量验收规范》GB 50334－2017

【条文摘录】

7.17.5 浓缩脱水设备试运转时传动部件运行应平稳、无异常现象，转鼓滚筒应转动灵活，滤带不得出现跑偏、急停现象。

检验方法：观察检查，检查试运转记录。

(2)《机械设备安装工程施工及验收通用规范》GB 50231－2009

【条文摘录】

7.8.1 空负荷试运转时，应进行下列各项检查，并应做好实测的记录。

1 主运动机构和各运动部件应运行平稳，应无不正常的声响；摩擦面温度应正常无过热现象；

2 主运动机构的轴承温度和温升应符合有关规定；

3 润滑、液压、冷却、加热和气动系统，有关部件的动作和介质的进、出口温度等均应符合规定，并应工作正常、畅通无阻、无渗漏现象；

4 各种操纵控制仪表和显示等，均应与运行实际相符，工作正常、正确、灵敏和

可靠；

5 机械设备的手动、半自动和自动运行程序，速度、进给量及进给速度等，均应与控制指令或控制带要求相一致，其偏差应在允许的范围之内。

3.2.27 带式浓缩脱水机安装分项工程质量验收记录

1. 分项工程质量验收记录

1）表格

带式浓缩脱水机安装分项工程质量验收记录

编号：□□□□□□□□□□—□□

<table>
<tr><td colspan="2">工程名称</td><td colspan="10"></td></tr>
<tr><td colspan="2">单位(子单位)工程名称</td><td colspan="6"></td><td colspan="2">分部(子分部)工程名称</td><td colspan="2"></td></tr>
<tr><td colspan="2">施工单位</td><td colspan="2"></td><td colspan="2">项目经理</td><td colspan="2"></td><td colspan="2">项目技术负责人</td><td colspan="2"></td></tr>
<tr><td colspan="2">验收依据</td><td colspan="10"></td></tr>
<tr><td>序号</td><td colspan="5">验收项目</td><td colspan="5">施工单位检验结果</td><td>建设(监理)单位验收结论</td></tr>
<tr><td>1</td><td rowspan="2">主控项目</td><td colspan="4">设备与污泥输送设备连接严密、无泄漏</td><td colspan="5"></td><td></td></tr>
<tr><td>2</td><td colspan="4">带式浓缩脱水设备压榨辊水平度、平行度符合设备技术文件要求</td><td colspan="5"></td><td></td></tr>
<tr><td>1</td><td rowspan="3">一般项目</td><td>设备平面位置</td><td rowspan="3">允许偏差(mm)</td><td colspan="2">10</td><td></td><td></td><td></td><td></td><td></td><td></td></tr>
<tr><td>2</td><td>设备标高</td><td colspan="2">±10</td><td></td><td></td><td></td><td></td><td></td><td></td></tr>
<tr><td>3</td><td>设备水平度</td><td colspan="2">$L/1000$</td><td></td><td></td><td></td><td></td><td></td><td></td></tr>
<tr><td colspan="6">质量控制资料</td><td colspan="5"></td><td></td></tr>
<tr><td colspan="3">施工单位质量检查员：
施工单位专业技术质量负责人：
年 月 日</td><td colspan="3">监理单位验收结论：
监理工程师：
年 月 日</td><td colspan="3">建设单位验收结论：
项目负责人：
年 月 日</td><td colspan="3">其他单位验收结论：
专业技术负责人：
年 月 日</td></tr>
</table>

注：1 表中 L 为污泥浓缩脱水设备的长度；

2 表中“设计要求”、“设备技术文件要求”等按工程实际填写。

2）验收依据说明

（1）【规范名称及编号】《城镇污水处理厂工程质量验收规范》GB 50334－2017

【条文摘录】

主 控 项 目

7.17.1 污泥浓缩脱水设备与污泥输送设备连接应严密、无渗漏。

检验方法：观察检查。

7.17.4 带式脱水设备的压榨辊水平度、平行度应符合设备技术文件的要求。

检验方法：实测实量，检查施工记录。

一 般 项 目

7.17.6 污泥浓缩脱水设备安装允许偏差和检验方法应符合表7.17.6的规定。

表7.17.6 污泥浓缩脱水设备安装允许偏差和检验方法

序号	项目	允许偏差（mm）	检验方法
1	设备平面位置	10	尺量检查
2	设备标高	±10	水准仪与直尺检查
3	设备水平度	L/1000	水平仪检查

注：L为污泥浓缩脱水设备的长度。

3）验收应提供的核查资料

（1）核查依据：《城镇污水处理厂工程质量验收规范》GB 50334－2017

7.1.2 污水处理设备安装工程的质量验收应检查下列文件：

1 设备安装使用说明书；

2 产品出厂合格证书、性能检测报告、材质证明书；

3 设备开箱验收记录；

4 设备试运转记录；

5 施工记录和监理检验记录；

6 其他有关文件。

（2）核查资料明细

核查资料明细表

序号	核查资料名称	核查要点
1	设备安装使用说明书	核查说明书齐全程度
2	产品出厂合格证书、性能检测报告、材质证明书	核查合格证书等的齐全程度
3	设备开箱验收记录	核查规格型号、外观、设备零部件等符合设计要求
4	土建与设备连接部位检验批质量验收记录	核查基础混凝土强度、平整度、预埋件位置等符合设计及规范要求
5	施工记录	核查与输送设备连接、轴辊平行度、设备标高、平面位置等符合设计和规范要求
6	监理检验记录	核查记录内容的完整性

2. 带式浓缩脱水机设备单机试运转记录

1）表格

带式浓缩脱水机设备安装工程单机试运转记录

工程名称：

<table>
<tr><td>设备部位图号</td><td colspan="2"></td><td>设备名称</td><td></td><td>型号、规格、台数</td><td colspan="2"></td></tr>
<tr><td>施工单位</td><td colspan="2"></td><td>设备所在系统</td><td></td><td>额定数据</td><td colspan="2"></td></tr>
<tr><td>试验单位</td><td colspan="2"></td><td>负责人</td><td></td><td>试车时间</td><td colspan="2">年　月　日　时　分起
年　月　日　时　分止</td></tr>
<tr><td>序 号</td><td colspan="2">试验项目</td><td colspan="3">试验记录</td><td colspan="2">试验结论</td></tr>
<tr><td>1</td><td colspan="2">运行平稳、无异常现象</td><td colspan="3"></td><td colspan="2"></td></tr>
<tr><td>2</td><td colspan="2">滤带不得出现跑偏、急停现象</td><td colspan="3"></td><td colspan="2"></td></tr>
<tr><td>3</td><td colspan="2">轴承温度和温升</td><td colspan="3"></td><td colspan="2"></td></tr>
<tr><td>4</td><td colspan="2">控制仪表与运行相符</td><td colspan="3"></td><td colspan="2"></td></tr>
<tr><td>5</td><td colspan="2">控制动作与控制指令相一致</td><td colspan="3"></td><td colspan="2"></td></tr>
<tr><td></td><td colspan="2"></td><td colspan="3"></td><td colspan="2"></td></tr>
<tr><td colspan="2">建设单位</td><td colspan="2">监理单位</td><td colspan="2">施工单位</td><td colspan="2">其他单位</td></tr>
<tr><td colspan="2">（签字）
（盖章）</td><td colspan="2">（签字）
（盖章）</td><td colspan="2">（签字）
（盖章）</td><td colspan="2">（签字）
（盖章）</td></tr>
</table>

注：其他单位根据不同设备单机试运转验收需要，可为设备生产、设计、运营等有关单位。

2）填表依据说明

【依据规范名称及编号】

(1)《城镇污水处理厂工程质量验收规范》GB 50334－2017

【条文摘录】

7.17.5　浓缩脱水设备试运转时传动部件运行应平稳、无异常现象，转鼓滚筒应转动灵活，滤带不得出现跑偏、急停现象。

检验方法：观察检查，检查试运转记录。

(2)《机械设备安装工程施工及验收通用规范》GB 50231－2009

【条文摘录】

7.8.1　空负荷试运转时，应进行下列各项检查，并应做好实测的记录。

1　主运动机构和各运动部件应运行平稳，应无不正常的声响；摩擦面温度应正常无过热现象；

2　主运动机构的轴承温度和温升应符合有关规定；

3　润滑、液压、冷却、加热和气动系统，有关部件的动作和介质的进、出口温度等均应符合规定，并应工作正常、畅通无阻、无渗漏现象；

4　各种操纵控制仪表和显示等，均应与运行实际相符，工作正常、正确、灵敏和可靠；

5　机械设备的手动、半自动和自动运行程序，速度、进给量及进给速度等，均应与控制指令或控制带要求相一致，其偏差应在允许的范围之内。

3.2.28　离心脱水机安装分项工程质量验收记录

1. 分项工程质量验收记录

1）表格

离心脱水机安装分项工程质量验收记录

编号：□□□□□□□□□—□□

<table>
<tr><td colspan="2">工程名称</td><td colspan="6"></td></tr>
<tr><td colspan="2">单位(子单位)工程名称</td><td colspan="3"></td><td>分部(子分部)工程名称</td><td colspan="2"></td></tr>
<tr><td colspan="2">施工单位</td><td colspan="2"></td><td>项目经理</td><td></td><td>项目技术负责人</td><td></td></tr>
<tr><td colspan="2">验收依据</td><td colspan="6"></td></tr>
<tr><td>序号</td><td colspan="4">验收项目</td><td colspan="2">施工单位检验结果</td><td>建设(监理)单位验收结论</td></tr>
<tr><td>1</td><td rowspan="2">主控项目</td><td colspan="3">设备与污泥输送设备连接严密、无渗漏</td><td colspan="2"></td><td></td></tr>
<tr><td>2</td><td colspan="3">离心式脱水设备减振措施齐全，振动值应符合设备技术文件要求</td><td colspan="2"></td><td></td></tr>
<tr><td>1</td><td rowspan="3">一般项目</td><td>设备平面位置</td><td rowspan="3">允许偏差(mm)</td><td>10</td><td colspan="2"></td><td></td></tr>
<tr><td>2</td><td>设备标高</td><td>±10</td><td colspan="2"></td><td></td></tr>
<tr><td>3</td><td>设备水平度</td><td>$L/1000$</td><td colspan="2"></td><td></td></tr>
<tr><td colspan="5">质量控制资料</td><td colspan="2"></td><td></td></tr>
<tr><td colspan="2">施工单位质量检查员：
施工单位专业技术质量负责人：

年　月　日</td><td colspan="2">监理单位验收结论：

监理工程师：

年　月　日</td><td colspan="2">建设单位验收结论：

项目负责人：

年　月　日</td><td colspan="2">其他单位验收结论：

专业技术负责人：

年　月　日</td></tr>
</table>

注：1　表中 L 为污泥浓缩脱水设备的长度；

2　表中“设计要求”、“设备技术文件要求”等按工程实际填写。

2）验收依据说明

（1）【规范名称及编号】《城镇污水处理厂工程质量验收规范》GB 50334－2017

【条文摘录】

主　控　项　目

7.17.1　污泥浓缩脱水设备与污泥输送设备连接应严密、无渗漏。

检验方法：观察检查。

7.17.2　离心式脱水设备减振措施应齐全，振动值应符合设备技术文件的要求。

检验方法：观察检查，检查试验记录。

一　般　项　目

7.17.6　污泥浓缩脱水设备安装允许偏差和检验方法应符合表7.17.6的规定。

表7.17.6　污泥浓缩脱水设备安装允许偏差和检验方法

序号	项目	允许偏差（mm）	检验方法
1	设备平面位置	10	尺量检查
2	设备标高	±10	水准仪与直尺检查
3	设备水平度	$L/1000$	水平仪检查

注：L为污泥浓缩脱水设备的长度。

3）验收应提供的核查资料

（1）核查依据：《城镇污水处理厂工程质量验收规范》GB 50334－2017

7.1.2　污水处理设备安装工程的质量验收应检查下列文件：

1　设备安装使用说明书；

2　产品出厂合格证书、性能检测报告、材质证明书；

3　设备开箱验收记录；

4　设备试运转记录；

5　施工记录和监理检验记录；

6　其他有关文件。

（2）核查资料明细

核查资料明细表

序号	核查资料名称	核查要点
1	设备安装使用说明书	核查说明书齐全程度
2	产品出厂合格证书、性能检测报告、材质证明书	核查合格证书等的齐全程度
3	设备开箱验收记录	核查规格型号、外观、设备零部件等符合设计要求
4	土建与设备连接部位检验批质量验收记录	核查基础混凝土强度、平整度、预埋件位置等符合设计及规范要求
5	施工记录	核查与输送设备连接、振动值、设备标高、平面位置等符合设计和规范要求
6	设备振动试验记录	核查内容的完整性、符合性
7	监理检验记录	核查记录内容的完整性

2. 离心脱水机设备单机试运转记录

1）表格

离心脱水机设备安装工程单机试运转记录

工程名称：

设备部位图号		设备名称		型号、规格、台数	
施工单位		设备所在系统		额定数据	
试验单位		负责人		试车时间	年　月　日　时　分起 年　月　日　时　分止
序号	试验项目	试验记录			试验结论
1	运行平稳、无异常现象				
2	转鼓滚筒转动灵活				
3	轴承温度和温升				
4	控制仪表与运行相符				
5	控制动作与控制指令相一致				

建设单位	监理单位	施工单位	其他单位
（签字） （盖章）	（签字） （盖章）	（签字） （盖章）	（签字） （盖章）

注：其他单位根据不同设备单机试运转验收需要，可为设备生产、设计、运营等有关单位。

2）填表依据说明

【依据规范名称及编号】

（1）《城镇污水处理厂工程质量验收规范》GB 50334－2017

【条文摘录】

7.17.5　浓缩脱水设备试运转时传动部件运行应平稳、无异常现象，转鼓滚筒应转动灵活，滤带不得出现跑偏、急停现象。

检验方法：观察检查，检查试运转记录。

(2)《机械设备安装工程施工及验收通用规范》GB 50231－2009

【条文摘录】

7.8.1　空负荷试运转时，应进行下列各项检查，并应做好实测的记录。

1　主运动机构和各运动部件应运行平稳，应无不正常的声响；摩擦面温度应正常无过热现象；

2　主运动机构的轴承温度和温升应符合有关规定；

3　润滑、液压、冷却、加热和气动系统，有关部件的动作和介质的进、出口温度等均应符合规定，并应工作正常、畅通无阻、无渗漏现象；

4　各种操纵控制仪表和显示等，均应与运行实际相符，工作正常、正确、灵敏和可靠；

5　机械设备的手动、半自动和自动运行程序，速度、进给量及进给速度等，均应与控制指令或控制带要求相一致，其偏差应在允许的范围之内。

3.2.29　除臭设备安装分项工程质量验收记录

1. 分项工程质量验收记录

1）表格

除臭设备安装分项工程质量验收记录

编号：□□□□□□□□□□—□□

<table>
<tr><td colspan="2">工程名称</td><td colspan="13"></td></tr>
<tr><td colspan="2">单位(子单位)工程名称</td><td colspan="7"></td><td colspan="3">分部(子分部)工程名称</td><td colspan="3"></td></tr>
<tr><td colspan="2">施工单位</td><td colspan="3"></td><td colspan="2">项目经理</td><td colspan="5"></td><td>项目技术负责人</td><td colspan="2"></td></tr>
<tr><td colspan="2">验收依据</td><td colspan="13"></td></tr>
<tr><td>序号</td><td colspan="5">验收项目</td><td colspan="5">施工单位检验结果</td><td colspan="4">建设(监理)单位验收结论</td></tr>
<tr><td>1</td><td>主控项目</td><td colspan="4">管路中的进风阀、配管、消声器等的连接牢固、紧密、无泄漏</td><td colspan="5"></td><td colspan="4"></td></tr>
<tr><td>1</td><td rowspan="3">一般项目</td><td>中心线的平面位置</td><td rowspan="3">允许偏差(mm)</td><td colspan="2">10</td><td></td><td></td><td></td><td></td><td></td><td colspan="4"></td></tr>
<tr><td>2</td><td>标高</td><td colspan="2">＋20，－10</td><td></td><td></td><td></td><td></td><td></td><td colspan="4"></td></tr>
<tr><td>3</td><td>设备水平度</td><td colspan="2">$L/1000$</td><td></td><td></td><td></td><td></td><td></td><td colspan="4"></td></tr>
<tr><td colspan="6">质量控制资料</td><td colspan="5"></td><td colspan="4"></td></tr>
<tr><td colspan="3">施工单位质量检查员：
施工单位专业技术质量负责人：
年　月　日</td><td colspan="4">监理单位验收结论：
监理工程师：
年　月　日</td><td colspan="4">建设单位验收结论：
项目负责人：
年　月　日</td><td colspan="4">其他单位验收结论：
专业技术负责人：
年　月　日</td></tr>
</table>

注：1　表中 L 为除臭设备的长度；

2　表中“设计要求”、“设备技术文件要求”等按工程实际填写。

2）验收依据说明

（1）【规范名称及编号】《城镇污水处理厂工程质量验收规范》GB 50334－2017

【条文摘录】

主 控 项 目

7.18.1 管路中的进风阀、配管、消声器等的连接应牢固、紧密、无泄漏。

检验方法：观察检查，检查施工记录。

一 般 项 目

7.18.3 除臭设备安装允许偏差和检验方法应符合表7.18.3的规定。

表7.18.3 除臭设备安装允许偏差和检验方法

序号	项目	允许偏差（mm）	检验方法
1	中心线的平面位置	10	尺量检查
2	标高	＋20，－10	水准仪与直尺检查
3	设备水平度	$L/1000$	水平仪检查

注：L为除臭设备的长度。

3）验收应提供的核查资料

（1）核查依据：《城镇污水处理厂工程质量验收规范》GB 50334－2017

7.1.2 污水处理设备安装工程的质量验收应检查下列文件：

1 设备安装使用说明书；

2 产品出厂合格证书、性能检测报告、材质证明书；

3 设备开箱验收记录；

4 设备试运转记录；

5 施工记录和监理检验记录；

6 其他有关文件。

（2）核查资料明细

核查资料明细表

序号	核查资料名称	核查要点
1	设备安装使用说明书	核查说明书齐全程度
2	产品出厂合格证书、性能检测报告、材质证明书	核查合格证书等的齐全程度
3	设备开箱验收记录	核查规格型号、外观、设备零部件等符合设计要求
4	土建与设备连接部位检验批质量验收记录	核查基础混凝土强度、平整度、预埋件位置等符合设计及规范要求
5	施工记录	核查管路连接、设备标高、平面位置等符合设计和规范要求
6	监理检验记录	核查记录内容的完整性

2. 除臭设备单机试运转记录

1）表格

除臭设备安装工程单机试运转记录

工程名称：

设备部位图号		设备名称		型号、规格、台数	
施工单位		设备所在系统		额定数据	
试验单位		负责人		试车时间	年　月　日　时　分起 年　月　日　时　分止
序号	试验项目	试验记录			试验结论
1	运行平稳				
2	无漏水、漏气现象				
3	无异常振动及响声				
4	控制仪表与运行相符				
5	控制动作与控制指令相一致				

建设单位	监理单位	施工单位	其他单位
（签字） （盖章）	（签字） （盖章）	（签字） （盖章）	（签字） （盖章）

注：其他单位根据不同设备单机试运转验收需要，可为设备生产、设计、运营等有关单位。

2）填表依据说明

【依据规范名称及编号】

(1)《城镇污水处理厂工程质量验收规范》GB 50334－2017

【条文摘录】

7.18.2　除臭设备试运转时应运行平稳，无漏水、漏气现象，无异常振动及响声。

检验方法：观察检查，检查试运转记录。

(2)《机械设备安装工程施工及验收通用规范》GB 50231－2009

【条文摘录】

7.8.1　空负荷试运转时，应进行下列各项检查，并应做好实测的记录。

1 主运动机构和各运动部件应运行平稳，应无不正常的声响；摩擦面温度应正常无过热现象；

2 主运动机构的轴承温度和温升应符合有关规定；

3 润滑、液压、冷却、加热和气动系统，有关部件的动作和介质的进、出口温度等均应符合规定，并应工作正常、畅通无阻、无渗漏现象；

4 各种操纵控制仪表和显示等，均应与运行实际相符，工作正常、正确、灵敏和可靠；

5 机械设备的手动、半自动和自动运行程序，速度、进给量及进给速度等，均应与控制指令或控制带要求相一致，其偏差应在允许的范围之内。

3.2.30 滗水器设备安装分项工程质量验收记录

1. 分项工程质量验收记录

1）表格

滗水器设备安装分项工程质量验收记录

编号：□□□□□□□□□□—□□

<table>
<tr><td colspan="3">工程名称</td><td colspan="5"></td></tr>
<tr><td colspan="3">单位(子单位)工程名称</td><td colspan="3"></td><td>分部(子分部)工程名称</td><td></td></tr>
<tr><td colspan="3">施工单位</td><td>项目经理</td><td></td><td>项目技术负责人</td><td colspan="2"></td></tr>
<tr><td colspan="3">验收依据</td><td colspan="5"></td></tr>
<tr><td>序号</td><td colspan="2">验收项目</td><td colspan="2">施工单位检验结果</td><td colspan="3">建设(监理)单位验收结论</td></tr>
<tr><td>1</td><td>主控项目</td><td>旋转式滗水器固定部件与转动部件之间的连接严密，不渗漏</td><td colspan="2"></td><td colspan="3"></td></tr>
<tr><td>1</td><td rowspan="3">一般项目</td><td>滗水器排气管上端开口高度符合设计文件要求</td><td colspan="2"></td><td colspan="3"></td></tr>
<tr><td>2</td><td>机械旋转式、虹吸式、浮筒式滗水器及伸缩管滗水器等设备安装符合设计文件要求</td><td colspan="2"></td><td colspan="3"></td></tr>
<tr><td>3</td><td>滗水器堰口水平度不应大于堰口长度的1/1000，且不应大于5mm</td><td colspan="2"></td><td colspan="3"></td></tr>
<tr><td colspan="3">质量控制资料</td><td colspan="2"></td><td colspan="3"></td></tr>
<tr><td colspan="2">施工单位质量检查员：
施工单位专业技术质量负责人：
年 月 日</td><td colspan="2">监理单位验收结论：
监理工程师：
年 月 日</td><td colspan="2">建设单位验收结论：
项目负责人：
年 月 日</td><td colspan="2">其他单位验收结论：
专业技术负责人：
年 月 日</td></tr>
</table>

注：表中“设计要求”、“设备技术文件要求”等按工程实际填写。

2）验收依据说明

（1）【规范名称及编号】《城镇污水处理厂工程质量验收规范》GB 50334－2017

【条文摘录】

主　控　项　目

7.19.1　旋转式滗水器固定部件与转动部件之间的连接应严密，不渗漏。

检验方法：观察检查。

一　般　项　目

7.19.3　滗水器排气管上端开口高度应符合设计文件的要求。

检验方法：尺量检查，检查施工记录。

7.19.4　机械旋转式、虹吸式、浮筒式滗水器及伸缩管滗水器等设备安装应符合设计文件的要求。

检验方法：检查施工记录。

7.19.5　滗水器堰口的水平度不应大于堰口长度的1/1000，且不应大于5mm，运转时不应倾斜。

检验方法：观察检查，水平仪检查，检查施工记录。

3）验收应提供的核查资料

（1）核查依据：《城镇污水处理厂工程质量验收规范》GB 50334－2017

7.1.2　污水处理设备安装工程的质量验收应检查下列文件：

1　设备安装使用说明书；

2　产品出厂合格证书、性能检测报告、材质证明书；

3　设备开箱验收记录；

4　设备试运转记录；

5　施工记录和监理检验记录；

6　其他有关文件。

（2）核查资料明细

核查资料明细表

序号	核查资料名称	核查要点
1	设备安装使用说明书	核查说明书齐全程度
2	产品出厂合格证书、性能检测报告、材质证明书	核查合格证书等的齐全程度
3	设备开箱验收记录	核查规格型号、外观、设备零部件等符合设计要求
4	土建与设备连接部位检验批质量验收记录	核查基础混凝土平整度、预埋件位置等符合设计及规范要求
5	施工记录	核查固定部件与转动部件之间的连接，排气管上端开口高度、堰口水平度等符合设计和规范要求
6	监理检验记录	核查记录内容的完整性

2. 滗水器设备单机试运转记录

1）表格

滗水器设备安装工程单机试运转记录

工程名称：

设备部位图号		设备名称		型号、规格、台数	
施工单位		设备所在系统		额定数据	
试验单位		负责人		试车时间	年 月 日 时 分起 年 月 日 时 分止
序号	试验项目	试验记录			试验结论
1	运行平稳、无卡阻，无倾斜				
2	轴承温度和温升				
3	控制仪表与运行相符				
4	控制动作与控制指令相一致				

建设单位	监理单位	施工单位	其他单位
（签字） （盖章）	（签字） （盖章）	（签字） （盖章）	（签字） （盖章）

注：其他单位根据不同设备单机试运转验收需要，可为设备生产、设计、运营等有关单位。

2）填表依据说明

【依据规范名称及编号】

(1)《城镇污水处理厂工程质量验收规范》GB 50334－2017

【条文摘录】

7.19.2 滗水器试运转时应运行平稳、无卡阻。

检验方法：观察检查，检查试运转记录。

7.19.5 滗水器堰口的水平度不应大于堰口长度的1/1000，且不应大于5mm，运转时不应倾斜。

检验方法：观察检查，水平仪检查，检查施工记录。

(2)《机械设备安装工程施工及验收通用规范》GB 50231－2009

【条文摘录】

7.8.1 空负荷试运转时，应进行下列各项检查，并应做好实测的记录。

1 主运动机构和各运动部件应运行平稳，应无不正常的声响；摩擦面温度应正常无过热现象；

2 主运动机构的轴承温度和温升应符合有关规定；

3 润滑、液压、冷却、加热和气动系统，有关部件的动作和介质的进、出口温度等均应符合规定，并应工作正常、畅通无阻、无渗漏现象；

4　各种操纵控制仪表和显示等，均应与运行实际相符，工作正常、正确、灵敏和可靠；

5　机械设备的手动、半自动和自动运行程序，速度、进给量及进给速度等，均应与控制指令或控制带要求相一致，其偏差应在允许的范围之内。

3.2.31　闸、阀门设备检验批质量验收记录

1. 分项工程质量验收记录

1）表格

闸、阀门设备检验批质量验收记录

编号：□□□□□□□□□□—□□

工程名称					
单位(子单位)工程名称			分部(子分部)工程名称		
施工单位		项目经理		项目技术负责人	
验收依据					

序号		验收项目			施工单位检验结果	建设(监理)单位验收结论
1	主控项目	启闭机与闸门或基础连接牢固可靠				
2	主控项目	启闭机中心与闸板中心应位于同一垂线，垂直度偏差不大于启闭机高度的1/1000				
3	主控项目	丝杠直线度不大于丝杠长度的1/1000，且不大于2mm				
4	主控项目	闸、阀门设备的密封面严密，其泄漏值应符合设备技术文件要求				
5	主控项目	闸、阀门安装方向符合设计文件要求				
1	一般项目	闸门框与构筑物之间封闭、无渗漏				
2	一般项目	设备平面位置	允许偏差(mm)	10		
3	一般项目	设备标高	允许偏差(mm)	+20，−10		
4	一般项目	闸门垂直度	允许偏差(mm)	$H_1/1000$		
5	一般项目	闸门门框底槽水平度	允许偏差(mm)	$L_1/1000$		
6	一般项目	闸门门框侧槽垂直度	允许偏差(mm)	$H_2/1000$		
7	一般项目	闸门升降螺杆摆幅	允许偏差(mm)	$L_2/1000$		
质量控制资料						

施工单位质量检查员： 施工单位专业技术质量负责人： 年　月　日	监理单位验收结论： 监理工程师： 年　月　日	建设单位验收结论： 项目负责人： 年　月　日	其他单位验收结论： 专业技术负责人： 年　月　日

注：1　表中H_1为闸门高度，H_2为门框侧槽高度，L_1为门框槽长度，L_2为螺杆长度；

2　表中“设计要求”、“设备技术文件要求”等按工程实际填写。

2）验收依据说明

（1）【规范名称及编号】《城镇污水处理厂工程质量验收规范》GB 50334－2017

【条文摘录】

主 控 项 目

7.20.1 启闭机与闸门或基础连接应牢固可靠。

检验方法：观察检查，检查施工记录。

7.20.2 启闭机中心与闸板中心应位于同一垂线，垂直度偏差不应大于启闭机高度的1/1000。丝杠直线度不应大于丝杠长度的1/1000，且不应大于2mm。

检验方法：实测实量，检查施工记录。

7.20.3 闸、阀门设备密封面应严密，其泄漏值应符合设备技术文件的要求。

检验方法：观察检查，检查试验记录。

7.20.4 闸、阀门安装方向应符合设计文件的要求。

检验方法：观察检查。

一 般 项 目

7.20.6 闸门框与构筑物之间应封闭、无渗漏。

检验方法：观察检查，检查施工记录。

7.20.7 闸、阀门安装的允许偏差和检验方法应符合表7.20.7的规定。

表7.20.7 闸、阀门安装允许偏差和检验方法

序号	项目	允许偏差（mm）	检验方法
1	设备平面位置	10	尺量检查
2	设备标高	+20，−10	水准仪与直尺检查
3	闸门垂直度	$H_1/1000$	线坠和直尺检查
4	闸门门框底槽水平度	$L_1/1000$	水平仪检查
5	闸门门框侧槽垂直度	$H_2/1000$	线坠和直尺检查
6	闸门升降螺杆摆幅	$L_2/1000$	线坠和直尺检查

注：H_1为闸门高度，H_2为门框侧槽高度，L_1为门框槽长度，L_2为螺杆长度。

3）验收应提供的核查资料

（1）核查依据：《城镇污水处理厂工程质量验收规范》GB 50334－2017

7.1.2 污水处理设备安装工程的质量验收应检查下列文件：

1 设备安装使用说明书；

2 产品出厂合格证书、性能检测报告、材质证明书；

3 设备开箱验收记录；

4 设备试运转记录；

5 施工记录和监理检验记录；

6 其他有关文件。

（2）核查资料明细

核查资料明细表

序号	核查资料名称	核查要点
1	设备安装使用说明书	核查说明书齐全程度
2	产品出厂合格证书、性能检测报告、材质证明书	核查合格证书等的齐全程度
3	设备开箱验收记录	核查规格型号、外观、设备零部件等符合设计要求
4	土建与设备连接部位检验批质量验收记录	核查预埋件位置等符合设计及规范要求
5	施工记录	核查启闭机中心与闸板中心垂直度，门框水平度、垂直度等符合设计和规范要求
6	设备严密性试验记录	核查试验记录的完整性、符合性
7	监理检验记录	核查记录内容的完整性

2. 闸、阀门设备单机试运转记录

1）表格

闸、阀门设备安装工程单机试运转记录

工程名称：

<table>
<tr><td>设备部位图号</td><td></td><td>设备名称</td><td></td><td>型号、规格、台数</td><td></td></tr>
<tr><td>施工单位</td><td></td><td>设备所在系统</td><td></td><td>额定数据</td><td></td></tr>
<tr><td>试验单位</td><td></td><td>负责人</td><td></td><td>试车时间</td><td>年 月 日 时 分起
年 月 日 时 分止</td></tr>
<tr><td>序号</td><td>试验项目</td><td colspan="3">试验记录</td><td>试验结论</td></tr>
<tr><td>1</td><td>开启灵活，无卡阻和抖动现象</td><td colspan="3"></td><td></td></tr>
<tr><td>2</td><td>限位装置灵敏、准确、可靠</td><td colspan="3"></td><td></td></tr>
<tr><td>3</td><td>控制仪表与运行相符</td><td colspan="3"></td><td></td></tr>
<tr><td>4</td><td>控制动作与控制指令相一致</td><td colspan="3"></td><td></td></tr>
<tr><td></td><td></td><td colspan="3"></td><td></td></tr>
<tr><td colspan="2">建设单位</td><td colspan="2">监理单位</td><td>施工单位</td><td>其他单位</td></tr>
<tr><td colspan="2">（签字）
（盖章）</td><td colspan="2">（签字）
（盖章）</td><td>（签字）
（盖章）</td><td>（签字）
（盖章）</td></tr>
</table>

注：其他单位根据不同设备单机试运转验收需要，可为设备生产、设计、运营等有关单位。

2）填表依据说明

【依据规范名称及编号】

(1)《城镇污水处理厂工程质量验收规范》GB 50334－2017

【条文摘录】

7.20.5 闸、阀门设备开启应灵活，无卡阻和抖动现象。限位装置应灵敏、准确、可靠。

检验方法：观察检查，检查试运转记录。

(2)《机械设备安装工程施工及验收通用规范》GB 50231－2009

【条文摘录】

7.8.1 空负荷试运转时，应进行下列各项检查，并应做好实测的记录。

1　主运动机构和各运动部件应运行平稳，应无不正常的声响；摩擦面温度应正常无过热现象；

2　主运动机构的轴承温度和温升应符合有关规定；

3　润滑、液压、冷却、加热和气动系统，有关部件的动作和介质的进、出口温度等均应符合规定，并应工作正常、畅通无阻、无渗漏现象；

4　各种操纵控制仪表和显示等，均应与运行实际相符，工作正常、正确、灵敏和可靠；

5　机械设备的手动、半自动和自动运行程序，速度、进给量及进给速度等，均应与控制指令或控制带要求相一致，其偏差应在允许的范围之内。

3.2.32　堰、堰板与集水槽安装分项工程质量验收记录

1. 分项工程质量验收记录

1）表格

堰、堰板与集水槽安装分项工程质量验收记录

编号：□□□□□□□□□□—□□

工程名称						
单位(子单位)工程名称				分部(子分部)工程名称		
施工单位		项目经理		项目技术负责人		
验收依据						
序号		验收项目			施工单位检验结果	建设(监理)单位验收结论
1	主控项目	可调堰板密封面严密				
2		堰、堰板出水均匀				
1	一般项目	堰板与基础的连接严密、无渗漏				
2		堰板的厚度均匀，外形尺寸对称、分布均匀				
3		堰板安装平整、垂直、牢固				
4		堰的齿口接缝严密				
5		圆形集水槽安装与水池同心符合设备技术文件要求				
6		矩形集水槽安装符合设备技术文件要求				
7		单池相对基准线标高	允许偏差(mm)	±5		
8		同组各池相对标高		±2		
9		单池全周长水平度		1		
10		可调堰板垂直度		$H_1/1000$		
11		可调堰板门框底槽水平度		$L/1000$		
12		可调堰板门框底槽垂直度		$H_2/1000$		
质量控制资料						

施工单位质量检查员： 施工单位专业技术质量负责人： 年　月　日	监理单位验收结论： 监理工程师： 年　月　日	建设单位验收结论： 项目负责人： 年　月　日	其他单位验收结论： 专业技术负责人： 年　月　日

注：1　表中 H_1 为堰板高度，H_2 为门框侧槽高度，L 为门框底槽长度；
　　2　表中“设计要求”、“设备技术文件要求”等按工程实际填写。

2）验收依据说明

(1)【规范名称及编号】《城镇污水处理厂工程质量验收规范》GB 50334－2017

【条文摘录】

主　控　项　目

7.21.1　可调堰板密封面应严密。

检验方法：观察检查，检查试验记录。

7.21.2　堰、堰板出水应均匀。

检验方法：观察检查。

一　般　项　目

7.21.3　堰板与基础的接触部位应严密、无渗漏。

检验方法：观察检查，检查施工记录。

7.21.4　堰板的厚度应均匀一致，外形尺寸应对称、分布均匀。

检验方法：尺量检查。

7.21.5　堰板安装应平整、垂直、牢固。

检验方法：观察检查，检查施工记录。

7.21.6　堰的齿口接缝应严密。

检验方法：观察检查。

7.21.7　圆形集水槽安装应与水池同心，允许偏差应符合设备技术文件的要求。

检验方法：实测实量，检查施工记录。

7.21.8　矩形集水槽安装允许偏差应符合设备技术文件的要求。

检验方法：检查施工记录。

7.21.9　堰、堰板安装允许偏差和检验方法应符合表7.21.9的规定。

表7.21.9　堰、堰板安装允许偏差和检验方法

序号	项目	允许偏差（mm）	检验方法
1	单池相对基准线标高	±5	水准仪检验
2	同组各池相对标高	±2	
3	单池全周长水平度	1	水平仪检验
4	可调堰板垂直度	$H_1/1000$	线坠和直尺检查
5	可调堰板门框底槽水平度	$L/1000$	水平仪检查
6	可调堰板门框侧槽垂直度	$H_2/1000$	线坠和直尺检查

注：H_1为堰板高度，H_2为门框侧槽高度，L为门框底槽长度。

3）验收应提供的核查资料

(1) 核查依据：《城镇污水处理厂工程质量验收规范》GB 50334－2017

7.1.2　污水处理设备安装工程的质量验收应检查下列文件：

1　设备安装使用说明书；

2　产品出厂合格证书、性能检测报告、材质证明书；

3　设备开箱验收记录；

4　设备试运转记录；

5　施工记录和监理检验记录；

6　其他有关文件。

（2）核查资料明细

核查资料明细表

序号	核查资料名称	核查要点
1	设备安装使用说明书	核查说明书齐全程度
2	产品出厂合格证书、性能检测报告、材质证明书	核查合格证书等的齐全程度
3	设备开箱验收记录	核查规格型号、外观、设备零部件等符合设计要求
4	土建与设备连接部位检验批质量验收记录	核查混凝土强度、预埋件位置、标高等符合设计及规范要求
5	施工记录	核查堰板密封性、水平度、垂直度等符合设计和规范要求
6	设备严密性试验记录	核查试验记录的完整性、符合性
7	监理检验记录	核查记录内容的完整性

3.2.33　巴氏计量槽设备安装分项工程质量验收记录

1. 分项工程质量验收记录

1）表格

巴氏计量槽设备安装分项工程质量验收记录

编号：□□□□□□□□□□—□□

<table>
<tr><td colspan="3">工程名称</td><td colspan="8"></td></tr>
<tr><td colspan="3">单位(子单位)工程名称</td><td colspan="4"></td><td colspan="2">分部(子分部)工程名称</td><td colspan="2"></td></tr>
<tr><td colspan="3">施工单位</td><td></td><td>项目经理</td><td colspan="3"></td><td colspan="2">项目技术负责人</td><td></td></tr>
<tr><td colspan="3">验收依据</td><td colspan="8"></td></tr>
<tr><td>序号</td><td colspan="4">验收项目</td><td colspan="5">施工单位检验结果</td><td>建设(监理)单位验收结论</td></tr>
<tr><td>1</td><td>主控项目</td><td colspan="3">巴氏计量槽安装牢固，与渠道侧壁、渠底连结紧密，不漏水</td><td colspan="5"></td><td></td></tr>
<tr><td>1</td><td rowspan="4">一般项目</td><td colspan="3">巴氏计量槽的中心线与渠道中心线应重合</td><td colspan="5"></td><td></td></tr>
<tr><td>2</td><td colspan="3">巴氏计量槽的内表面光滑平整</td><td colspan="5"></td><td></td></tr>
<tr><td>3</td><td>喉道表面平整度</td><td rowspan="2">允许偏差(mm)</td><td>±1</td><td></td><td></td><td></td><td></td><td></td><td></td></tr>
<tr><td>4</td><td>其他竖直面、水平面、倾斜面和曲面</td><td>±5</td><td></td><td></td><td></td><td></td><td></td><td></td></tr>
<tr><td colspan="5">质量控制资料</td><td colspan="5"></td><td></td></tr>
<tr><td colspan="4">施工单位质量检查员：
施工单位专业技术质量负责人：
年　月　日</td><td colspan="3">监理单位验收结论：
监理工程师：
年　月　日</td><td colspan="3">建设单位验收结论：
项目负责人：
年　月　日</td><td>其他单位验收结论：
专业技术负责人：
年　月　日</td></tr>
</table>

注：表中“设计要求”、“设备技术文件要求”等按工程实际填写。

2）验收依据说明

（1）【规范名称及编号】《城镇污水处理厂工程质量验收规范》GB 50334－2017

【条文摘录】

主 控 项 目

7.22.1 巴氏计量槽安装应固定牢固，与渠道侧壁、渠底连结应紧密，不应漏水。

检验方法：观察检查，检查施工记录。

一 般 项 目

7.22.2 巴氏计量槽的中心线与渠道中心线应重合。

检验方法：观察检查。

7.22.3 巴氏计量槽的内表面应平整光滑；喉道表面平整度允许偏差应为±1mm；其他竖直面、水平面、倾斜面和曲面的允许偏差不应大于±5mm。

检验方法：观察检查，直尺和线坠测量。

3）验收应提供的核查资料

（1）核查依据：《城镇污水处理厂工程质量验收规范》GB 50334－2017

7.1.2 污水处理设备安装工程的质量验收应检查下列文件：

1 设备安装使用说明书；

2 产品出厂合格证书、性能检测报告、材质证明书；

3 设备开箱验收记录；

4 设备试运转记录；

5 施工记录和监理检验记录；

6 其他有关文件。

（2）核查资料明细

核查资料明细表

序号	核查资料名称	核查要点
1	设备安装使用说明书	核查说明书齐全程度
2	产品出厂合格证书、性能检测报告、材质证明书	核查合格证书等的齐全程度
3	设备开箱验收记录	核查规格型号、外观、设备零部件等符合设计要求
4	土建与设备连接部位检验批质量验收记录	核查混凝土平整情况、预埋件位置等符合设计及规范要求
5	施工记录	核查设备与渠道侧壁、渠底连结密封情况，中心线与渠道中心线重合度等符合设计及规范要求
6	监理检验记录	核查记录内容的完整性

3.2.34 电动葫芦安装分项工程质量验收记录

1. 分项工程质量验收记录

1）表格

电动葫芦安装分项工程质量验收记录

编号：□□□□□□□□□□—□□

<table>
<tr><td colspan="2">工程名称</td><td colspan="3"></td></tr>
<tr><td colspan="2">单位(子单位)工程名称</td><td colspan="2"></td><td>分部(子分部)工程名称</td></tr>
<tr><td colspan="2">施工单位</td><td></td><td>项目经理</td><td>项目技术负责人</td></tr>
<tr><td colspan="2">验收依据</td><td colspan="3"></td></tr>
<tr><td>序号</td><td colspan="2">验收项目</td><td>施工单位检验结果</td><td>建设(监理)单位验收结论</td></tr>
<tr><td>1</td><td rowspan="3">主控项目</td><td>车挡及限位装置应安装牢固，位置应符合设备技术文件要求</td><td></td><td></td></tr>
<tr><td>2</td><td>同一跨端两条轨道上的车挡与起重机缓冲器应同时接触</td><td></td><td></td></tr>
<tr><td>3</td><td>各构件之间连接螺栓应拧紧，不得松动</td><td></td><td></td></tr>
<tr><td>1</td><td rowspan="2">一般项目</td><td>车轮轮缘内侧与工字钢轨道下翼缘边缘的间隙为3～5mm</td><td></td><td></td></tr>
<tr><td>2</td><td>连接运行小车两墙板的螺柱上的螺母必须拧紧，螺母的锁件必须装配正确</td><td></td><td></td></tr>
<tr><td colspan="4">质量控制资料</td><td></td></tr>
<tr><td colspan="2">施工单位质量检查员：
施工单位专业技术质量负责人：

年 月 日</td><td>监理单位验收结论：
监理工程师：

年 月 日</td><td>建设单位验收结论：
项目负责人：

年 月 日</td><td>其他单位验收结论：
专业技术负责人：

年 月 日</td></tr>
</table>

注：表中“设计要求”、“设备技术文件要求”等按工程实际填写。

2）验收依据说明

（1）【规范名称及编号】《城镇污水处理厂工程质量验收规范》GB 50334－2017

【条文摘录】

主 控 项 目

7.23.1 车挡及限位装置应安装牢固，位置应符合设备技术文件要求；同一跨端两条轨道上的车挡与起重机缓冲器应同时接触。

检验方法：观察检查。

7.23.2 各构件之间的连接螺栓应拧紧，不得松动。

检验方法：观察检查，检查施工记录。

一 般 项 目

7.23.5 起重机安装允许偏差应符合设备技术文件的要求和国家现行标准的有关规定。

检验方法：实测实量，检查施工记录。

（2）规范名称及编号：《起重设备安装工程施工及验收规范》GB 50278－2010

【条文摘录】

4.0.1 电动葫芦车轮轮缘内侧与工字钢轨道下翼缘边缘的间隙，应为3mm～5mm。

4.0.2 连接运行小车两墙板的螺柱上的螺母必须拧紧，螺母的锁件必须装配正确。

3）验收应提供的核查资料

（1）核查依据：《城镇污水处理厂工程质量验收规范》GB 50334－2017

7.1.2 污水处理设备安装工程的质量验收应检查下列文件：

1 设备安装使用说明书；

2 产品出厂合格证书、性能检测报告、材质证明书；

3 设备开箱验收记录；

4 设备试运转记录；

5 施工记录和监理检验记录；

6 其他有关文件。

（2）核查资料明细

核查资料明细表

序号	核查资料名称	核查要点
1	设备安装使用说明书	核查说明书齐全程度
2	产品出厂合格证书、性能检测报告、材质证明书	核查合格证书等的齐全程度
3	设备开箱验收记录	核查规格型号、外观、设备零部件等符合设计要求
4	土建与设备连接部位检验批质量验收记录	核查混凝土强度等符合设计及规范要求
5	施工记录	核查车挡及限位装置、连接螺栓等符合设计及规范要求
6	监理检验记录	核查记录内容的完整性

2. 起重机单机试运转记录

1）表格

起重机安装工程单机试运转记录

工程名称：

设备部位图号		设备名称		型号、规格、台数	
施工单位		设备所在系统		额定数据	
试验单位		负责人		试车时间	年 月 日 时 分起 年 月 日 时 分止
序号	试验项目	试验记录			试验结论
1	起升及运行机构制动器开闭灵活，制动应平稳可靠				
2	控制动作与控制指令相一致				
3	减速终点开关和极限开关的动作应准确、可靠、及时报警断电				
4	集电器与滑触线接触良好、无掉脱和产生火花				
5	电缆卷筒运转灵活，长度满足需要				
6	液压系统和密封处无渗漏				

建设单位	监理单位	施工单位	其他单位
（签字） （盖章）	（签字） （盖章）	（签字） （盖章）	（签字） （盖章）

注：其他单位根据不同设备单机试运转验收需要，可为设备生产、设计、运营等有关单位。

2）填表依据说明

【依据规范名称及编号】

(1)《城镇污水处理厂工程质量验收规范》GB 50334－2017

【条文摘录】

7.23.3 起升及运行机构制动器应开闭灵活，制动应平稳可靠。

检验方法：检查试运转记录。

7.23.4 起重设备安装后应进行空载、静载、动载试运转，试运转应符合设备技术文件及有关标准的规定。

检验方法：检查试运转记录。

(2)《起重设备安装工程施工及验收规范》GB 50278－2010

【条文摘录】

9.2.1　各机构、电气控制系统及取物装置在规定的工作范围内，应正常动作；各限位器、安全装置、联锁装置等执行动作应灵敏、可靠；操作手柄、操作按钮、主令控制器与各机构的动作应一致。

9.2.2　起升机构和取物装置上升至终点和极限位置时，其减速终点开关和极限开关的动作应准确、可靠、及时报警断电。

9.2.3　小车运行至极限位置时，其终点低速保护、极限后报警和限位应准确、可靠。

9.2.4　大车运行应符合下列规定：

1　移动时应有报警声或警铃声。

2　移动至大车轨道端部极限位置时，端部报警和限位应准确、可靠。

3　两台起重机间的防撞限位装置应有效、可靠。

4　供电的集电器与滑触线应接触良好、无掉脱和产生火花。

5　供电电缆卷筒应运转灵活，电缆收放应与大车移动同步，电缆缠绕过程不得有松弛；电缆长度应满足大车移动的需要，电缆卷筒终点开关应准确、可靠。

6　大车运行与夹轨器、锚定装置、小车移动等联锁系统应符合设计要求。

9.4.5　卸载后，起重机的机构、结构应无损坏、永久变形、连接松动、焊缝开裂和油漆起皱，液压系统和密封处应无渗漏。

3.2.35　梁式起重机安装分项工程质量验收记录

1. 分项工程质量验收记录

1）表格

梁式起重机安装分项工程质量验收记录

编号：□□□□□□□□□□—□□

工程名称						
单位(子单位)工程名称				分部(子分部)工程名称		
施工单位		项目经理		项目技术负责人		
验收依据						
序号	验收项目		施工单位检验结果		建设(监理)单位验收结论	
1	主控项目	车挡及限位装置安装牢固，位置应符合设备技术文件要求				
2	主控项目	同一跨端两条轨道上的车挡与起重机缓冲器应同时接触				
3	主控项目	各构件之间的连接螺栓应拧紧，不得松动				

续表

序号	验收项目					施工单位检验结果	建设(监理)单位验收结论
1	一般项目	手动单梁起重机	起重机跨度 S	$S\leqslant 10.5m$	允许偏差(mm) ±5		
1	一般项目	手动单梁起重机	起重机跨度 S	$S>10.5m$	±[5+0.25(S−10)]		
1	一般项目	手动单梁起重机	对角线的相对差		5		
2	一般项目	手动双梁起重机	起重机跨度 S	$S\leqslant 10.5m$	±5		
2	一般项目	手动双梁起重机	起重机跨度 S	$S>10.5m$	±[5+0.25(S−10)]		
2	一般项目	手动双梁起重机	对角线的相对差		5		
2	一般项目	手动双梁起重机	小车轨距 K	跨端处	±3		
2	一般项目	手动双梁起重机	小车轨距 K	跨中处	±5		
2	一般项目	手动双梁起重机	同一截面上小车轨道高低差	$K\leqslant 2m$	3		
2	一般项目	手动双梁起重机	同一截面上小车轨道高低差	$K>2m$	0.0015K		
3	一般项目	手动悬挂起重机	起重机跨度 S		±6		
3	一般项目	手动悬挂起重机	起重机跨度的相对差		6		
3	一般项目	手动悬挂起重机	对角线的相对差		8		
3	一般项目	手动悬挂起重机	小车轨距 K	跨端处	±3		
3	一般项目	手动悬挂起重机	小车轨距 K	跨中处	±5		
3	一般项目	手动悬挂起重机	同一截面上小车轨道高低差	$K\leqslant 2m$	3		
3	一般项目	手动悬挂起重机	同一截面上小车轨道高低差	$K>2m$	0.0015K		
4	一般项目	电动单梁起重机	起重机跨度 S	$S\leqslant 10m$	±2		
4	一般项目	电动单梁起重机	起重机跨度 S	$S>10m$	±[2+0.1(S−10)]		
4	一般项目	电动单梁起重机	对角线的相对差		5		
5	一般项目	电动悬挂起重机	起重机跨度 S	$S\leqslant 10m$	±4		
5	一般项目	电动悬挂起重机	起重机跨度 S	$10m<S\leqslant 26m$	±5		
5	一般项目	电动悬挂起重机	对角线的相对差		5		
5	一般项目	电动悬挂起重机	小车轨距 K		±3		
5	一般项目	电动悬挂起重机	同一截面上小车轨道高低差	$K\leqslant 2m$	3		
5	一般项目	电动悬挂起重机	同一截面上小车轨道高低差	$2m<K\leqslant 6.6m$	0.0015K		
5	一般项目	电动悬挂起重机	推荐的车轮轮缘与工字钢轨道的间隙		2～4.5		
5	一般项目	电动悬挂起重机	水平导向轮与工字钢轨道的间隙		5		
6	一般项目	主梁水平弯曲			S/2000		
	质量控制资料						

施工单位质量检查员： 施工单位专业技术质量负责人： 年　月　日	监理单位验收结论： 监理工程师： 年　月　日	建设单位验收结论： 项目负责人： 年　月　日	其他单位验收结论： 专业技术负责人： 年　月　日

注：表中"设计要求"、"设备技术文件要求"等按工程实际填写。

2）验收依据说明

(1)【规范名称及编号】《城镇污水处理厂工程质量验收规范》GB 50334－2017

【条文摘录】

主 控 项 目

7.23.1 车挡及限位装置应安装牢固，位置应符合设备技术文件要求；同一跨端两条轨道上的车挡与起重机缓冲器应同时接触。

检验方法：观察检查。

7.23.2 各构件之间的连接螺栓应拧紧，不得松动。

检验方法：观察检查，检查施工记录。

一 般 项 目

7.23.5 起重机安装允许偏差应符合设备技术文件的要求和国家现行标准的有关规定。

检验方法：实测实量，检查施工记录。

(2) 规范名称及编号：《起重设备安装工程施工及验收规范》GB 50278－2010

5.0.1 手动单梁起重机的检验应符合表5.0.1的规定。

表5.0.1 手动单梁起重机的检验

<table>
<tr><th colspan="2">检验项目</th><th>允许偏差（mm）</th></tr>
<tr><td rowspan="2">起重机跨度 S</td><td>$S \leqslant 10.5$m</td><td>±5</td></tr>
<tr><td>$S > 10.5$m</td><td>$\pm[5+0.25(S-10)]$</td></tr>
<tr><td colspan="2">对角线的相对差 $|L_1-L_2|$</td><td>5</td></tr>
<tr><td colspan="2">主梁水平弯曲</td><td>$S/2000$</td></tr>
</table>

5.0.2 手动双梁起重机的检验应符合表5.0.2的规定。

表5.0.2 手动双梁起重机的检验

<table>
<tr><th colspan="2">检验项目</th><th>允许偏差（mm）</th></tr>
<tr><td rowspan="2">起重机跨度 S</td><td>$S \leqslant 10.5$m</td><td>±5</td></tr>
<tr><td>$S > 10.5$ m</td><td>$\pm[5+0.25(S-10)]$</td></tr>
<tr><td colspan="2">对角线的相对差 $|L_1-L_2|$</td><td>5</td></tr>
<tr><td rowspan="2">小车轨距 K</td><td>跨端处</td><td>±3</td></tr>
<tr><td>跨中处</td><td>±5</td></tr>
<tr><td rowspan="2">同一截面上小车轨道高低差 C</td><td>$K \leqslant 2$m</td><td>3</td></tr>
<tr><td>$K > 2$m</td><td>$0.0015K$</td></tr>
<tr><td colspan="2">主梁水平弯曲</td><td>$S/2000$</td></tr>
</table>

5.0.3 手动悬挂起重机的检验应符合表5.0.3的规定。

表 5.0.3　手动悬挂起重机的检验

检验项目		允许偏差（mm）
起重机跨度 S		±6
起重机跨度 $\|S_1-S_2\|$		6
对角线的相对差 $\|L_1-L_2\|$		8
小车轨距 K	跨端处	±3
	跨中处	±5
同一截面上小车轨道高低差 C	$K\leqslant 2m$	3
	$K>2m$	$0.0015K$
主梁水平弯曲		$S/2000$

5.0.4　电动单梁起重机的检验应符合表 5.0.4 的规定。

表 5.0.4　电动单梁起重机的检验

检验项目		允许偏差（mm）
起重机跨度 S	$S\leqslant 10.5m$	±5
	$S>10.5m$	$\pm[5+0.25(S-10)]$
对角线的相对差 $\|L_1-L_2\|$		5
主梁水平弯曲		$S/2000$

注：主梁水平弯曲在腹板上离主梁顶面 100mm 处测量；对配用角形小车的起重机，主梁水平弯曲应向主轨道侧凹曲。

5.0.5　电动悬挂起重机的检验应符合表 5.0.5 的规定。

表 5.0.5　电动悬挂起重机的检验

检验项目		允许偏差（mm）
起重机跨度 S	$S\leqslant 10m$	±4
	$10m<S\leqslant 26m$	±5
对角线的相对差 $\|L_1-L_2\|$		5
小车轨距 K		±3
同一截面上小车轨道高低差 C	$K\leqslant 2m$	3
	$2m<K\leqslant 6.6m$	$0.0015K$
主梁水平弯曲		$S/2000$

注：主梁的水平弯曲在腹板上离主梁顶面 100mm 处测量。

5.0.6　电动悬挂起重机大车车轮与工字钢轨道的间隙应符合表 5.0.6 的规定。

表 5.0.6　电动悬挂起重机大车车轮与工字钢轨道的间隙

检验项目	允许偏差（mm）
推荐的车轮轮缘与工字钢轨道的间隙 C	2～4.5
水平导向轮与工字钢轨道的间隙 C	5

3）验收应提供的核查资料

(1) 核查依据：《城镇污水处理厂工程质量验收规范》GB 50334－2017

7.1.2　污水处理设备安装工程的质量验收应检查下列文件：

1　设备安装使用说明书；

2　产品出厂合格证书、性能检测报告、材质证明书；

3　设备开箱验收记录；

4　设备试运转记录；

5　施工记录和监理检验记录；

6　其他有关文件。

(2) 核查资料明细

核查资料明细表

序号	核查资料名称	核查要点
1	设备安装使用说明书	核查说明书齐全程度
2	产品出厂合格证书、性能检测报告、材质证明书	核查合格证书等的齐全程度
3	设备开箱验收记录	核查规格型号、外观、设备零部件等符合设计要求
4	土建与设备连接部位检验批质量验收记录	核查混凝土强度等符合设计及规范要求
5	施工记录	检查车挡及限位装置、连接螺栓等符合设计及规范要求
6	监理检验记录	核查记录内容的完整性

2. 梁式起重机设备安装工程单机试运转记录参照本章3.2.34中的内容。

3.2.36　门式起重机安装分项工程质量验收记录

1. 分项工程质量验收记录

1) 表格

门式起重机安装分项工程质量验收记录

编号：□□□□□□□□□□—□□

<table>
<tr><td colspan="2">工程名称</td><td colspan="6"></td></tr>
<tr><td colspan="2">单位(子单位)工程名称</td><td colspan="3"></td><td colspan="2">分部(子分部)工程名称</td><td></td></tr>
<tr><td colspan="2">施工单位</td><td></td><td>项目经理</td><td></td><td colspan="2">项目技术负责人</td><td></td></tr>
<tr><td colspan="2">验收依据</td><td colspan="6"></td></tr>
<tr><td>序号</td><td colspan="3">验收项目</td><td colspan="2">施工单位检验结果</td><td colspan="2">建设(监理)单位验收结论</td></tr>
<tr><td>1</td><td rowspan="3">主控项目</td><td colspan="2">车挡及限位装置应安装牢固，位置应符合设备技术文件要求</td><td colspan="2"></td><td colspan="2"></td></tr>
<tr><td>2</td><td colspan="2">同一跨端两条轨道上的车挡与起重机缓冲器应同时接触</td><td colspan="2"></td><td colspan="2"></td></tr>
<tr><td>3</td><td colspan="2">各构件之间的连接螺栓应拧紧，不得松动</td><td colspan="2"></td><td colspan="2"></td></tr>
</table>

续表

<table>
<tr><td>序号</td><td colspan="6">验收项目</td><td>施工单位检验结果</td><td>建设(监理)
单位验收结论</td></tr>
<tr><td rowspan="2">1</td><td rowspan="15">一般项目</td><td rowspan="2">起重机跨度</td><td colspan="2">跨度≤26m</td><td rowspan="15">允许偏差(mm)</td><td>±8</td><td></td><td></td></tr>
<tr><td colspan="2">跨度>26m</td><td>±10</td><td></td><td></td></tr>
<tr><td rowspan="2">2</td><td colspan="2" rowspan="2">起重机跨度的相对差</td><td>$S\leq 26m$</td><td>8</td><td></td><td></td></tr>
<tr><td>$S>26m$</td><td>10</td><td></td><td></td></tr>
<tr><td>3</td><td colspan="3">对角线的相对差</td><td>5</td><td></td><td></td></tr>
<tr><td rowspan="3">4</td><td rowspan="3">小车轨距 K</td><td rowspan="2">正轨及半偏轨箱形梁</td><td>跨端</td><td>±2</td><td></td><td></td></tr>
<tr><td>跨中</td><td>+7
+1</td><td></td><td></td></tr>
<tr><td colspan="2">其他梁</td><td>±3</td><td></td><td></td></tr>
<tr><td rowspan="3">5</td><td rowspan="3">同一截面上小车轨道高低差</td><td colspan="2">$K\leq 2m$</td><td>3</td><td></td><td></td></tr>
<tr><td colspan="2">$2m<K<6.6m$</td><td>$0.0015K$</td><td></td><td></td></tr>
<tr><td colspan="2">$K\geq 6.6m$</td><td>10</td><td></td><td></td></tr>
<tr><td rowspan="2">6</td><td rowspan="2">主梁水平弯曲</td><td colspan="2">正轨、半偏轨箱形梁</td><td>$S_z/2000$ 且≤20</td><td></td><td></td></tr>
<tr><td colspan="2">其他梁及单主梁</td><td>$S_z/2000$ 且≤15</td><td></td><td></td></tr>
<tr><td colspan="7">质量控制资料</td><td></td><td></td></tr>
<tr><td colspan="4">施工单位质量检查员：
施工单位专业技术质量负责人：

年 月 日</td><td colspan="3">监理单位验收结论：
监理工程师：

年 月 日</td><td>建设单位验收结论：
项目负责人：

年 月 日</td><td>其他单位验收结论：
专业技术负责人：

年 月 日</td></tr>
</table>

注：1 表中 S_z 为主梁两端始于第一块大筋板的实测长度，在距上翼缘板约100mm的大筋板处测量；
2 表中“设计要求”、“设备技术文件要求”等按工程实际填写。

2）验收依据说明

(1)【规范名称及编号】《城镇污水处理厂工程质量验收规范》GB 50334－2017

【条文摘录】

主 控 项 目

7.23.1 车挡及限位装置应安装牢固，位置应符合设备技术文件要求；同一跨端两条轨道上的车挡与起重机缓冲器应同时接触。

检验方法：观察检查。

7.23.2 各构件之间的连接螺栓应拧紧，不得松动。

检验方法：观察检查，检查施工记录。

一 般 项 目

7.23.5 起重机安装允许偏差应符合设备技术文件的要求和国家现行标准的有关规定。

检验方法：实测实量，检查施工记录。

（2）【规范名称及编号】《起重设备安装工程施工及验收规范》GB 50278－2010

7.0.2　通用门式起重机的检验应符合表7.0.2的规定

表7.0.2　通用门式起重机的检验

检验项目			允许偏差（mm）
起重机跨度 S	$S \leqslant 26$m		±8
	$S > 26$m		±10
起重机跨度的相对差 $\lvert S_1-S_2 \rvert$	$S \leqslant 26$m		8
	$S > 26$m		10
对角线的相对差 $\lvert L_1-L_2 \rvert$			5
小车轨距 K	正轨、半偏轨箱形梁	跨端	±2
		跨中	+7 +1
	其他梁		±3
同一截面上小车轨道高低差 C	$K \leqslant 2$m		3
	2m$<K<$6.6m		0.0015K
	$K \geqslant 6.6$m		10
主梁水平弯曲	正轨、半偏轨箱形梁		S_z/2000，且≤20
	其他梁及单主梁		S_z/2000，且≤15

注：1　S_z为主梁两端始于第一块大筋板的实测长度，在距上翼缘板约100mm的大筋板处测量；
　　2　主梁水平弯曲，对双主梁，当起重机的额定起重量小于等于50t时，应向走台侧凸曲；对单主梁应凸向吊钩侧；
　　3　L_1与L_2应在支腿安装前测量。

3）验收应提供的核查资料

（1）核查依据：《城镇污水处理厂工程质量验收规范》GB 50334－2017

7.1.2　污水处理设备安装工程的质量验收应检查下列文件：

1　设备安装使用说明书；

2　产品出厂合格证书、性能检测报告、材质证明书；

3　设备开箱验收记录；

4　设备试运转记录；

5　施工记录和监理检验记录；

6　其他有关文件。

（2）核查资料明细

核查资料明细表

序号	核查资料名称	核查要点
1	设备安装使用说明书	核查说明书齐全程度
2	产品出厂合格证书、性能检测报告、材质证明书	核查合格证书等的齐全程度
3	设备开箱验收记录	核查规格型号、外观、设备零部件等符合设计要求
4	土建与设备连接部位检验批质量验收记录	核查混凝土强度等符合设计及规范要求
5	施工记录	核查车挡及限位装置、连接螺栓等符合设计及规范要求
6	监理检验记录	核查记录内容的完整性

2. 门式起重机设备安装工程单机试运转记录参照本章3.2.34中的内容。

3.2.37 桥式起重机安装分项工程质量验收记录

1. 分项工程质量验收记录

1）表格

桥式起重机安装分项工程质量验收记录

编号：□□□□□□□□□—□□

<table>
<tr><td colspan="3">工程名称</td><td colspan="6"></td></tr>
<tr><td colspan="3">单位(子单位)工程名称</td><td colspan="4"></td><td>分部(子分部)工程名称</td><td></td></tr>
<tr><td colspan="3">施工单位</td><td colspan="2"></td><td>项目经理</td><td></td><td>项目技术负责人</td><td></td></tr>
<tr><td colspan="3">验收依据</td><td colspan="6"></td></tr>
<tr><td>序号</td><td colspan="6">验收项目</td><td>施工单位检验结果</td><td>建设(监理)单位验收结论</td></tr>
<tr><td>1</td><td rowspan="3">主控项目</td><td colspan="5">车挡及限位装置应安装牢固，位置应符合设备技术文件要求</td><td></td><td></td></tr>
<tr><td>2</td><td colspan="5">同一跨端两条轨道上的车挡与起重机缓冲器应同时接触</td><td></td><td></td></tr>
<tr><td>3</td><td colspan="5">连接螺栓应拧紧，不得松动</td><td></td><td></td></tr>
<tr><td rowspan="5">1</td><td rowspan="11">一般项目</td><td rowspan="5">起重机跨度S</td><td rowspan="2">分离式端梁镗孔直接装车轮结构</td><td>S≤10m</td><td rowspan="11">允许偏差(mm)</td><td>±2</td><td></td><td></td></tr>
<tr><td>S>10m</td><td>±[2+0.1(S−10)]</td><td></td><td></td></tr>
<tr><td colspan="2">焊接连接的端梁及角型轴承箱装车轮结构</td><td>±5</td><td></td><td></td></tr>
<tr><td rowspan="2">单侧有水平导向轮结构</td><td>S≤10m</td><td>±3</td><td></td><td></td></tr>
<tr><td>S>10m</td><td>±[3+0.15(S−10)]</td><td></td><td></td></tr>
<tr><td>2</td><td colspan="3">焊接连接端梁及角型轴承箱装车轮结构起重机跨度的相对差</td><td>5</td><td></td><td></td></tr>
<tr><td>3</td><td colspan="3">对角线的相对差</td><td>5</td><td></td><td></td></tr>
<tr><td rowspan="4">4</td><td rowspan="4">小车轨距K</td><td rowspan="3">额定起重量≤50t的正轨及半偏轨箱形梁</td><td>跨端</td><td>±2</td><td></td><td></td></tr>
<tr><td>跨中 S≤19.5m</td><td>+5
+1</td><td></td><td></td></tr>
<tr><td>跨中 S>19.5m</td><td>+7
+1</td><td></td><td></td></tr>
<tr><td colspan="2">其他梁</td><td>±3</td><td></td><td></td></tr>
</table>

续表

<table>
<tr><th>序号</th><th colspan="6">验收项目</th><th>施工单位检验结果</th><th>建设(监理)单位
验收结论</th></tr>
<tr><td rowspan="3">5</td><td rowspan="6">一般项目</td><td rowspan="3">同一截面上小车轨道高低差</td><td colspan="2">$K\leqslant 2.0\text{m}$</td><td rowspan="6">允许偏差(mm)</td><td>3</td><td></td><td></td></tr>
<tr><td colspan="2">$2.0\text{m}<K<6.6\text{m}$</td><td>$0.0015K$</td><td></td><td></td></tr>
<tr><td colspan="2">$K\geqslant 6.6\text{m}$</td><td>10</td><td></td><td></td></tr>
<tr><td rowspan="3">6</td><td rowspan="3">主梁水平弯曲</td><td colspan="2">正轨、半偏轨箱形梁</td><td>$S_z/2000$</td><td></td><td></td></tr>
<tr><td rowspan="2">其他梁</td><td>$S\leqslant 19.5\text{m}$</td><td>5</td><td></td><td></td></tr>
<tr><td>$S>19.5\text{m}$</td><td>8</td><td></td><td></td></tr>
<tr><td colspan="7">质量控制资料</td><td></td><td></td></tr>
<tr><td colspan="4">施工单位质量检查员：
施工单位专业技术质量负责人：

年 月 日</td><td colspan="3">监理单位验收结论：
监理工程师：

年 月 日</td><td>建设单位验收结论：
项目负责人：

年 月 日</td><td>其他单位验收结论：
专业技术负责人：

年 月 日</td></tr>
</table>

注：1 表中 S_z 为主梁两端始于第一块大筋板的实测长度，在距上翼缘板约100mm的大筋板处测量；

2 表中“设计要求”、“设备技术文件要求”等按工程实际填写。

2）验收依据说明

(1)【规范名称及编号】《城镇污水处理厂工程质量验收规范》GB 50334－2017

【条文摘录】

主 控 项 目

7.23.1 车挡及限位装置应安装牢固，位置应符合设备技术文件要求；同一跨端两条轨道上的车挡与起重机缓冲器应同时接触。

检验方法：观察检查。

7.23.2 各构件之间的连接螺栓应拧紧，不得松动。

检验方法：观察检查，检查施工记录。

一 般 项 目

7.23.5 起重机安装允许偏差应符合设备技术文件的要求和国家现行标准的有关规定。

检验方法：实测实量，检查施工记录。

(2)【规范名称及编号】《起重设备安装工程施工及验收规范》GB 50278－2010

【条文摘录】

6.0.2 通用桥式起重机的检验应符合表6.0.2的规定。

表 6.0.2 通用桥式起重机的检验

<table>
<tr><td colspan="4">检验项目</td><td>允许偏差</td></tr>
<tr><td rowspan="5">起重机跨度
S</td><td rowspan="2" colspan="2">分离式端梁镗孔直接装车轮结构</td><td>$S \leqslant 10m$</td><td>±2</td></tr>
<tr><td>$S>10m$</td><td>$\pm[2+0.1(S-10)]$</td></tr>
<tr><td colspan="2">焊接连接的端梁及角型轴承箱装车轮结构</td><td>—</td><td>±5</td></tr>
<tr><td rowspan="2" colspan="2">单侧有水平导向轮结构</td><td>$S \leqslant 10m$</td><td>±3</td></tr>
<tr><td>$S>10m$</td><td>$\pm[3+0.15(S-10)]$</td></tr>
<tr><td colspan="4">焊接连接端梁及角型轴承箱装车轮结构起重机跨度的相对差
$|S_1-S_2|$</td><td>5</td></tr>
<tr><td colspan="4">对角线的相对差
$|L_1-L_2|$</td><td>5</td></tr>
<tr><td rowspan="4">小车轨距
K</td><td rowspan="3">$G_n \leqslant 50t$ 正轨
及半偏轨箱形梁</td><td colspan="2">跨端</td><td>±2</td></tr>
<tr><td rowspan="2">跨中</td><td>$S \leqslant 19.5m$</td><td>+5
+1</td></tr>
<tr><td>$S>19.5m$</td><td>+7
+1</td></tr>
<tr><td>其他梁</td><td colspan="2">—</td><td>±3</td></tr>
<tr><td rowspan="3">统一截面上小车
轨道高低差 C</td><td colspan="3">$K \leqslant 3.0m$</td><td>3</td></tr>
<tr><td colspan="3">$2.0m<K<6.6m$</td><td>$0.0015K$</td></tr>
<tr><td colspan="3">$K \geqslant 6.6m$</td><td>10</td></tr>
<tr><td rowspan="3">主梁水平弯曲</td><td colspan="2">正轨、半偏轨箱形梁</td><td>—</td><td>$S_z/2000$</td></tr>
<tr><td rowspan="2" colspan="2">其他梁</td><td>$S \leqslant 19.5m$</td><td>5</td></tr>
<tr><td>$S>19.5m$</td><td>8</td></tr>
</table>

注：1 S_z 为主梁两端始于第一块大筋板的实测长度，在距上翼缘板约 100mm 的大筋板处测量；

2 当起重机的额定起重量小于等于 50t 时，主梁水平弯曲应向走台侧凸曲。

3）验收应提供的核查资料

（1）核查依据：《城镇污水处理厂工程质量验收规范》GB 50334－2017

7.1.2 污水处理设备安装工程的质量验收应检查下列文件：

1 设备安装使用说明书；

2 产品出厂合格证书、性能检测报告、材质证明书；

3 设备开箱验收记录；

4 设备试运转记录；

5 施工记录和监理检验记录；

6 其他有关文件。

（2）核查资料明细

核查资料明细表

序号	核查资料名称	核查要点
1	设备安装使用说明书	核查说明书齐全程度
2	产品出厂合格证书、性能检测报告、材质证明书	核查合格证书等的齐全程度
3	设备开箱验收记录	核查规格型号、外观、设备零部件等符合设计要求
4	土建与设备连接部位检验批质量验收记录	核查混凝土强度等符合设计及规范要求
5	施工记录	检查车挡及限位装置、连接螺栓等符合设计及规范要求
6	监理检验记录	核查记录内容的完整性

2. 桥式起重机设备安装工程单机试运转记录参照本章 3.2.34 中的内容。

3.2.38　悬臂起重机安装分项工程质量验收记录

1. 分项工程质量验收记录

1）表格

悬臂起重机安装分项工程质量验收记录

编号：□□□□□□□□□□—□□

<table>
<tr><td colspan="2">工程名称</td><td colspan="7"></td></tr>
<tr><td colspan="2">单位(子单位)工程名称</td><td colspan="5"></td><td>分部(子分部)工程名称</td><td></td></tr>
<tr><td colspan="2">施工单位</td><td colspan="3"></td><td colspan="2">项目经理</td><td>项目技术负责人</td><td></td></tr>
<tr><td colspan="2">验收依据</td><td colspan="7"></td></tr>
<tr><td>序号</td><td colspan="6">验收项目</td><td>施工单位检验结果</td><td>建设(监理)单位验收结论</td></tr>
<tr><td>1</td><td rowspan="3">主控项目</td><td colspan="5">车挡及限位装置应安装牢固，位置应符合设备技术文件要求</td><td></td><td></td></tr>
<tr><td>2</td><td colspan="5">同一跨端两条轨道上的车挡与起重机缓冲器应同时接触</td><td></td><td></td></tr>
<tr><td>3</td><td colspan="5">各构件之间的连接螺栓应拧紧，不得松动</td><td></td><td></td></tr>
<tr><td rowspan="4">1</td><td rowspan="4">一般项目</td><td rowspan="4">壁式</td><td rowspan="4">大车道轨道</td><td>大车车轮轨道的纵向倾斜度</td><td colspan="2">≤1/2000
全行程≤4mm</td><td></td><td></td></tr>
<tr><td>大车车轮轨道中心线与起重机梁中心线的位置</td><td rowspan="3">允许偏差(mm)</td><td>≤6</td><td></td><td></td></tr>
<tr><td>下水平轮轨道顶面至大车车轮轨道中心线距离</td><td>±3</td><td></td><td></td></tr>
<tr><td>下水平轮轨道中心线至大车车轮轨道顶面间距离</td><td>±3</td><td></td><td></td></tr>
</table>

续表

<table>
<tr><td>序号</td><td colspan="6">验收项目</td><td>施工单位检验结果</td><td>建设(监理)单位
验收结论</td></tr>
<tr><td rowspan="5">1</td><td rowspan="5">一般项目</td><td rowspan="4">壁式</td><td rowspan="2">大车道轨道</td><td>上水平轮轨道中心线至大车车轮轨道顶面间距离</td><td rowspan="4">允许偏差(mm)</td><td>−6～0</td><td></td><td></td></tr>
<tr><td>上、下水平轮轨道顶面间距离</td><td>±2</td><td></td><td></td></tr>
<tr><td rowspan="2">机臂架</td><td>上、下水平轮间距</td><td>≤2</td><td></td><td></td></tr>
<tr><td>小车轨距</td><td>≤1</td><td></td><td></td></tr>
<tr><td>柱式</td><td colspan="2">立柱铅垂度</td><td colspan="2">≤1/2000</td><td></td><td></td></tr>
<tr><td colspan="7">质量控制资料</td><td></td><td></td></tr>
</table>

<table>
<tr><td>施工单位质量检查员：
施工单位专业技术质量负责人：

年　月　日</td><td>监理单位验收结论：
监理工程师：

年　月　日</td><td>建设单位验收结论：
项目负责人：

年　月　日</td><td>其他单位验收结论：
专业技术负责人：

年　月　日</td></tr>
</table>

注：表中"设计要求"、"设备技术文件要求"等按工程实际填写。

2）验收依据说明

(1)【规范名称及编号】《城镇污水处理厂工程质量验收规范》GB 50334－2017

【条文摘录】

主　控　项　目

7.23.1　车挡及限位装置应安装牢固，位置应符合设备技术文件要求；同一跨端两条轨道上的车挡与起重机缓冲器应同时接触。

检验方法：观察检查。

7.23.2　各构件之间的连接螺栓应拧紧，不得松动。

检验方法：观察检查，检查施工记录。

一 般 项 目

7.23.5 起重机安装允许偏差应符合设备技术文件的要求和国家现行标准的有关规定。

检验方法：实测实量，检查施工记录。

(2)【规范名称及编号】《起重设备安装工程施工及验收规范》GB 50278－2010

【条文摘录】

8.0.1 壁式悬臂起重机敷设大车轨道时，除应符合本规范第3章的规定外，尚应符合下列规定：

1 大车车轮轨道中心线与起重机梁中心线的位置偏差不应大于6mm。

2 大车车轮轨道的纵向倾斜度不应大于1/2000，在全行程上不应大于4mm。

3 下水平轮轨道顶面至大车车轮轨道中心线距离的允许偏差为±3mm。

4 下水平轮轨道中心线至大车车轮轨道顶面间距离的允许偏差为±3mm。

5 上水平轮轨道中心线至大车车轮轨道顶面间距离的允偏差为－6mm～0。

6 上、下水平轮轨道顶面间距离的允许偏差为±2mm。

8.0.2 壁式悬臂起重机臂架安装时，其偏差应符合下列规定：

1 上、下水平轮间距不应大于2mm。

2 小车轨距不应大于1mm。

8.0.3 柱式悬臂起重机立柱的铅垂度不应大于1/2000。

3）验收应提供的核查资料

(1) 核查依据：《城镇污水处理厂工程质量验收规范》GB 50334－2017

7.1.2 污水处理设备安装工程的质量验收应检查下列文件：

1 设备安装使用说明书；

2 产品出厂合格证书、性能检测报告、材质证明书；

3 设备开箱验收记录；

4 设备试运转记录；

5 施工记录和监理检验记录；

6 其他有关文件。

(2) 核查资料明细

核查资料明细表

序号	核查资料名称	核查要点
1	设备安装使用说明书	核查说明书齐全程度
2	产品出厂合格证书、性能检测报告、材质证明书	核查合格证书等的齐全程度
3	设备开箱验收记录	核查规格型号、外观、设备零部件等符合设计要求
4	土建与设备连接部位检验批质量验收记录	核查混凝土强度等符合设计及规范要求
5	施工记录	核查车挡及限位装置、连接螺栓等符合设计及规范要求
6	监理检验记录	核查记录内容的完整性

2. 悬臂起重机设备安装工程单机试运转记录参照本章 3.2.34 中的内容。

3.2.39 钢制消化池安装分项工程质量验收记录

1. 分项工程质量验收记录

1）表格

钢制消化池安装分项工程质量验收记录

编号：□□□□□□□□□□—□□

<table>
<tr><td colspan="2">工程名称</td><td colspan="6"></td></tr>
<tr><td colspan="2">单位(子单位)工程名称</td><td colspan="4"></td><td>分部(子分部)工程名称</td><td></td></tr>
<tr><td colspan="2">施工单位</td><td colspan="2"></td><td colspan="2">项目经理</td><td>项目技术负责人</td><td></td></tr>
<tr><td colspan="2">验收依据</td><td colspan="6"></td></tr>
<tr><td>序号</td><td colspan="5">验收项目</td><td>施工单位检验结果</td><td>建设(监理)单位验收结论</td></tr>
<tr><td>1</td><td rowspan="5">主控项目</td><td colspan="4">钢制消化池的安装符合设计文件要求</td><td></td><td></td></tr>
<tr><td>2</td><td colspan="4">焊接接头形式和尺寸符合设计文件要求</td><td></td><td></td></tr>
<tr><td>3</td><td colspan="4">焊缝表面及热影响区不应有裂纹、气孔、弧坑或夹渣</td><td></td><td></td></tr>
<tr><td>4</td><td colspan="4">钢制消化池充水至溢流，静置 8h，无渗漏</td><td></td><td></td></tr>
<tr><td>5</td><td colspan="4">气密性试验，柜体、进出料口、搅拌及压力安全系统、自动排砂及自控系统等连接处应密封、无泄漏</td><td></td><td></td></tr>
<tr><td>1</td><td rowspan="6">一般项目</td><td rowspan="3">柜体直径</td><td>≤10m</td><td rowspan="6">允许偏差(mm)</td><td>±20</td><td></td><td></td></tr>
<tr><td>2</td><td>10m～20m</td><td>±25</td><td></td><td></td></tr>
<tr><td>3</td><td>≥20m</td><td>±30</td><td></td><td></td></tr>
<tr><td>4</td><td rowspan="3">柜体高度</td><td>≤5m</td><td>±10</td><td></td><td></td></tr>
<tr><td>5</td><td>5m～10m</td><td>±15</td><td></td><td></td></tr>
<tr><td>6</td><td>≥10m</td><td>±20</td><td></td><td></td></tr>
<tr><td colspan="8">质量控制资料</td></tr>
<tr><td colspan="3">施工单位质量检查员：
施工单位专业技术质量负责人：

年 月 日</td><td colspan="2">监理单位验收结论：

监理工程师：

年 月 日</td><td colspan="2">建设单位验收结论：

项目负责人：

年 月 日</td><td>其他单位验收结论：

专业技术负责人：

年 月 日</td></tr>
</table>

注：1 表中“设计要求”、“设备技术文件要求”等按工程实际填写；

2 钢制消化池种类繁多，安装时应根据设备类型、设计要求选择合适的验收指标，并符合《钢结构工程施工质量验收规范》GB 50205 的有关规定；

3 焊接接头形式和尺寸种类繁多，安装时应根据设备类型、设计要求选择合适的验收指标，并符合《气焊、焊条电弧焊、气体保护焊和高能束焊的推荐坡口》GB/T 985.1 的有关规定。

2）验收依据说明

（1）【规范名称及编号】《城镇污水处理厂工程质量验收规范》GB 50334－2017

【条文摘录】

主 控 项 目

8.2.1 钢制消化池的安装应符合设计文件的要求和现行国家标准《钢结构工程施工质量验收规范》GB 50205的有关规定。

检验方法：观察检查，检查施工记录。

8.2.2 焊接接头形式和尺寸应符合现行国家标准《气焊、焊条电弧焊、气体保护焊和高能束焊的推荐坡口》GB/T 985.1的有关规定，焊缝表面及热影响区不应有裂纹、气孔、弧坑或夹渣。

检验方法：观察检查，检查施工记录。

8.2.3 钢制消化池应充水至溢流，静置8h应无渗漏。

检验方法：观察检查，检查试验记录。

8.2.4 钢制消化池应进行气密性试验，柜体、进出料口、搅拌及压力安全系统、自动排砂及自控系统等连接处应密封、无泄漏。

检验方法：观察检查，检查试验记录。

一 般 项 目

8.2.5 钢制消化池安装允许偏差和检验方法应符合表8.6.5的规定。

表8.2.5 钢制消化池安装允许偏差和检验方法

序号	项目		允许偏差（mm）	检验方法
1	柜体直径	≤10m	±20	全站仪测量
		10m～20m	±25	
		≥20m	±30	
2	柜体高度	≤5m	±10	全站仪测量
		5m～10m	±15	
		≥10m	±20	

3）验收应提供的核查资料

（1）核查依据：《城镇污水处理厂工程质量验收规范》GB 50334－2017

7.1.2 污水处理设备安装工程的质量验收应检查下列文件：

1 设备安装使用说明书；

2 产品出厂合格证书、性能检测报告、材质证明书；

3 设备开箱验收记录；

4 设备试运转记录；

5 施工记录和监理检验记录；

6 其他有关文件。

（2）核查资料明细

核查资料明细表

序号	核查资料名称	核查要点
1	设备安装使用说明书	核查说明书齐全程度
2	产品出厂合格证书、性能检测报告、材质证明书、	核查合格证书等的齐全程度
3	设备开箱验收记录	核查规格型号、外观、设备零部件等符合设计要求
4	土建与设备连接部位检验批质量验收记录	核查混凝土平整情况、预埋件位置等符合设计及规范要求
5	施工记录	核查焊接、密封无渗漏等符合设计及规范要求
6	设备气密性试验记录	核查记录内容的完整性、符合性
7	监理检验记录	核查记录内容的完整性

2. 钢制消化池设备单机试运转记录

1）表格

钢制消化池安装工程单机试运转记录

工程名称：

<table>
<tr><td>设备部位图号</td><td></td><td>设备名称</td><td></td><td>型号、规格、台数</td><td></td></tr>
<tr><td>施工单位</td><td></td><td>设备所在系统</td><td></td><td>额定数据</td><td></td></tr>
<tr><td>试验单位</td><td></td><td>负责人</td><td></td><td>试车时间</td><td>年　月　日　时　分起
年　月　日　时　分止</td></tr>
<tr><td>序号</td><td>试验项目</td><td colspan="3">试验记录</td><td>试验结论</td></tr>
<tr><td>1</td><td>运行平稳无异常噪声</td><td colspan="3"></td><td></td></tr>
<tr><td>2</td><td>介质的进、出口畅通无阻、无渗漏现象</td><td colspan="3"></td><td></td></tr>
<tr><td>3</td><td>控制仪表与运行相符</td><td colspan="3"></td><td></td></tr>
<tr><td>4</td><td>控制动作与控制指令相一致</td><td colspan="3"></td><td></td></tr>
<tr><td></td><td></td><td colspan="3"></td><td></td></tr>
</table>

建设单位	监理单位	施工单位	其他单位
（签字） （盖章）	（签字） （盖章）	（签字） （盖章）	（签字） （盖章）

注：其他单位根据不同设备单机试运转验收需要，可为设备生产、设计、运营等有关单位。

2）填表依据说明

【依据规范名称及编号】

(1)《机械设备安装工程施工及验收通用规范》GB 50231－2009

【条文摘录】

7.8.1　空负荷试运转时，应进行下列各项检查，并应做好实测的记录。

1　主运动机构和各运动部件应运行平稳，应无不正常的声响；摩擦面温度应正常无过热现象；

2　主运动机构的轴承温度和温升应符合有关规定；

3　润滑、液压、冷却、加热和气动系统，有关部件的动作和介质的进、出口温度等均应符合规定，并应工作正常、畅通无阻、无渗漏现象；

4　各种操纵控制仪表和显示等，均应与运行实际相符，工作正常、正确、灵敏和可靠；

5　机械设备的手动、半自动和自动运行程序，速度、进给量及进给速度等，均应与控制指令或控制带要求相一致，其偏差应在允许的范围之内。

3.2.40　热交换器安装分项工程质量验收记录

1. 项工程质量验收记录

1）表格

热交换器安装分项工程质量验收记录

编号：□□□□□□□□□□—□□

工程名称							
单位(子单位)工程名称					分部(子分部)工程名称		
施工单位			项目经理		项目技术负责人		
验收依据							
序号	验收项目					施工单位检验结果	建设(监理)单位验收结论
1	主控项目	固定端和滑动端安装应符合设计要求					
2		活动支座的地脚螺栓的螺母与支座底板间应留有1mm～3mm的间隙					
3		水压试验应符合设计要求					
1	一般项目	支座纵、横中心线位置		允许偏差(mm)	10		
2		标高			+20，－10		
3		水平度	轴向		$L/1000$		
4			径向		$2D/1000$		
质量控制资料							

施工单位质量检查员： 施工单位专业技术质量负责人： 年　月　日	监理单位验收结论： 监理工程师： 年　月　日	建设单位验收结论： 项目负责人： 年　月　日	其他单位验收结论： 专业技术负责人： 年　月　日

注：1　表中L为设备两端部测点间距离，D为设备外径；

2　表中“设计要求”、“设备技术文件要求”等按工程实际填写。

2）验收依据说明

(1)【规范名称及编号】《城镇污水处理厂工程质量验收规范》GB 50334－2017

【条文摘录】

主 控 项 目

8.4.1 热交换器的固定端和滑动端安装应符合设计文件的要求和现行国家标准《热交换器》GB/T 151的有关规定。

检验方法：观察检查，检查施工记录。

8.4.2 热交换器的水压试验应符合设计文件的要求。

检验方法：检查试验报告。

一 般 项 目

8.4.3 热交换器安装允许偏差和检验方法应符合表8.4.3的规定。

表8.4.3 热交换器安装允许偏差和检验方法

序号	项目		允许偏差（mm）	检验方法
1	支座纵、横中心线位置		10	尺量检查
2	标高		+20，－10	水准仪与尺量检查
3	水平度	轴向	$L/1000$	水平仪检查
		径向	$2D/1000$	水平仪检查

注：L为设备两端部测点间距离，D为设备外径。

(2)【规范名称及编号】《热交换器》GB/T 151－2014

【条文摘录】

9.1.2.2 活动支座的地脚螺栓应装有两个锁紧的螺母，螺母与支座底板间应留有1mm～3mm的间隙。

3）验收应提供的核查资料

(1) 核查依据：《城镇污水处理厂工程质量验收规范》GB 50334－2017

7.1.2 污水处理设备安装工程的质量验收应检查下列文件：

1 设备安装使用说明书；

2 产品出厂合格证书、性能检测报告、材质证明书；

3 设备开箱验收记录；

4 设备试运转记录；

5 施工记录和监理检验记录；

6 其他有关文件。

(2) 核查资料明细

核查资料明细表

序号	核查资料名称	核查要点
1	设备安装使用说明书	核查说明书齐全程度
2	产品出厂合格证书、性能检测报告、产品质量文件、设计文件、特种设备制造监督检验证书	核查合格证书等的齐全程度
3	设备开箱验收记录	核查规格型号、外观、设备零部件等符合设计要求

续表

序号	核查资料名称	核查要点
4	土建与设备连接部位检验批质量验收记录	核查混凝土平整情况、预埋件位置等符合设计及规范要求
5	施工记录	核查支座纵、横中心线位置、标高、水平度等符合设计及规范要求
6	热交换器水压试验记录	检查记录内容的完整性、符合性
7	监理检验记录	核查记录内容的完整性

3.2.41　消化池搅拌设备安装分项工程质量验收记录

1. 分项工程质量验收记录

1）表格

消化池搅拌设备安装分项工程质量验收记录

编号：□□□□□□□□□—□□

<table>
<tr><td colspan="2">工程名称</td><td colspan="6"></td></tr>
<tr><td colspan="2">单位(子单位)工程名称</td><td colspan="4"></td><td>分部(子分部)工程名称</td><td></td></tr>
<tr><td colspan="2">施工单位</td><td colspan="2"></td><td>项目经理</td><td></td><td>项目技术负责人</td><td></td></tr>
<tr><td colspan="2">验收依据</td><td colspan="6"></td></tr>
<tr><td>序号</td><td colspan="5">验收项目</td><td>施工单位检验结果</td><td>建设(监理)单位验收结论</td></tr>
<tr><td>1</td><td rowspan="2">主控项目</td><td colspan="4">导流筒各层牵引对拉钢丝绳受力应均匀</td><td></td><td></td></tr>
<tr><td>2</td><td colspan="4">各连接管路、接头及连接处应密封、无泄漏，支撑应牢固，无晃动</td><td></td><td></td></tr>
<tr><td>1</td><td rowspan="7">一般项目</td><td rowspan="3">导流筒安装直线度</td><td>任意3m内</td><td rowspan="7">允许偏差(mm)</td><td>3</td><td></td><td></td></tr>
<tr><td>2</td><td>全长 H≤15m</td><td>H/1000</td><td></td><td></td></tr>
<tr><td>3</td><td>全长 H>15m</td><td>0.5H/1000+8</td><td></td><td></td></tr>
<tr><td>4</td><td colspan="2">搅拌机支座纵横中心位置</td><td>5</td><td></td><td></td></tr>
<tr><td>5</td><td colspan="2">搅拌机标高</td><td>±5</td><td></td><td></td></tr>
<tr><td>6</td><td colspan="2">搅拌机轴中心线与导流筒中心线</td><td>10</td><td></td><td></td></tr>
<tr><td>7</td><td colspan="2">搅拌机叶片与导流筒间隙量</td><td>20</td><td></td><td></td></tr>
<tr><td colspan="6">质量控制资料</td><td></td><td></td></tr>
<tr><td colspan="3">施工单位质量检查员：
施工单位专业技术质量负责人：
年　月　日</td><td colspan="3">监理单位验收结论：
监理工程师：
年　月　日</td><td>建设单位验收结论：
项目负责人：
年　月　日</td><td>其他单位验收结论：
专业技术负责人：
年　月　日</td></tr>
</table>

注：1　表中 H 为导流筒高度；

　　2　表中“设计要求”、“设备技术文件要求”等按工程实际填写。

2）验收依据说明

（1）【规范名称及编号】《城镇污水处理厂工程质量验收规范》GB 50334－2017

【条文摘录】

主　控　项　目

8.3.1　机械搅拌系统的导流筒各层牵引对拉钢丝绳受力应均匀。

检验方法：拉力计测量，检查施工记录。

8.3.2　沼气搅拌系统的各连接管路、接头及连接处应密封、无泄漏，支撑应牢固，无晃动。

检验方法：观察检查，检查施工记录、试验记录。

一　般　项　目

8.3.4　导流筒连接应牢固可靠，导流筒安装直线度允许偏差和检验方法应符合表8.3.4的规定。

表8.3.4　导流筒安装直线度允许偏差和检验方法

序号	项目	允许偏差（mm）			检验方法
		任意3m内	全长 $H\leqslant15$m	全长 $H>15$m	
1	导流筒安装直线度	3	$H/1000$	$0.5H/1000+8$	尺量、拉线检查

注：H为导流筒高度。

8.3.5　消化池搅拌机安装允许偏差和检验方法应符合表8.3.5的规定。

表8.3.5　消化池搅拌机安装允许偏差和检验方法

序号	项　目	允许偏差（mm）	检验方法
1	搅拌机支座纵横中心位置	5	尺量检查
2	搅拌机标高	±5	水准仪与直尺检查
3	搅拌机轴中心线与导流筒中心线	10	线坠与直尺检查
4	搅拌机叶片与导流筒间隙量	20	尺量检查

3）验收应提供的核查资料

（1）核查依据：《城镇污水处理厂工程质量验收规范》GB 50334－2017

7.1.2　污水处理设备安装工程的质量验收应检查下列文件：

1　设备安装使用说明书；

2　产品出厂合格证书、性能检测报告、材质证明书；

3　设备开箱验收记录；

4　设备试运转记录；

5　施工记录和监理检验记录；

6　其他有关文件。

（2）核查资料明细

核查资料明细表

序号	核查资料名称	核查要点
1	设备安装使用说明书	核查说明书齐全程度
2	产品出厂合格证书、性能检测报告、材质证明书	核查合格证书等的齐全程度
3	设备开箱验收记录	核查规格型号、外观、设备零部件等符合设计要求
4	土建与设备连接部位检验批质量验收记录	核查基础混凝土强度、池壁平整度等符合设计及规范要求
5	施工记录	核查管路密封、设备标高、位置等符合设计和规范要求
6	沼气搅拌系统管道强度及严密性试验记录	核查记录内容的完整性、符合性
7	监理检验记录	核查记录内容的完整性

2. 消化池搅拌设备单机试运转记录

1）表格

消化池搅拌设备安装工程单机试运转记录

工程名称：

设备部位图号		设备名称		型号、规格、台数	
施工单位		设备所在系统		额定数据	
试验单位		负责人		试车时间	年　月　日　时　分起 年　月　日　时　分止
序号	试验项目	试验记录			试验结论
1	转动平稳、无异常声响				
2	转向正确、无卡阻				
3	各紧固件无松动				
4	控制仪表与运行相符				
5	控制动作与控制指令相一致				

建设单位	监理单位	施工单位	其他单位
（签字） （盖章）	（签字） （盖章）	（签字） （盖章）	（签字） （盖章）

注：其他单位根据不同设备单机试运转验收需要，可为设备生产、设计、运营等有关单位。

2）填表依据说明

【依据规范名称及编号】

(1)《城镇污水处理厂工程质量验收规范》GB 50334－2017

【条文摘录】

8.3.3　消化池搅拌设备试运转时，各运动部件应转动平稳、转向正确、无卡阻、无异常声响，各紧固件应无松动。

检验方法：观察检查，检查试运转记录。

(2)《机械设备安装工程施工及验收通用规范》GB 50231－2009

【条文摘录】

7.8.1　空负荷运转时，应进行下列各项检查，并应做好实测的记录。

1　主运动机构和各运动部件应运行平稳，应无不正常的声响；摩擦面温度应正常无过热现象；

2　主运动机构的轴承温度和温升应符合有关规定；

3　润滑、液压、冷却、加热和气动系统，有关部件的动作和介质的进、出口温度等均应符合规定，并应工作正常、畅通无阻、无渗漏现象；

4　各种操纵控制仪表和显示等，均应与运行实际相符，工作正常、正确、灵敏和可靠；

5　机械设备的手动、半自动和自动运行程序，速度、进给量及进给速度等，均应与控制指令或控制带要求相一致，其偏差应在允许的范围之内。

3.2.42　沼气脱硫设备安装分项工程质量验收记录

1. 分项工程质量验收记录

1）表格

沼气脱硫设备安装分项工程质量验收记录

编号：□□□□□□□□□□—□□

<table>
<tr><td colspan="2">工程名称</td><td colspan="6"></td></tr>
<tr><td colspan="2">单位(子单位)工程名称</td><td colspan="4"></td><td>分部(子分部)工程名称</td><td></td></tr>
<tr><td colspan="2">施工单位</td><td colspan="2"></td><td>项目经理</td><td></td><td>项目技术负责人</td><td></td></tr>
<tr><td colspan="2">验收依据</td><td colspan="6"></td></tr>
<tr><td>序号</td><td colspan="5">验收项目</td><td>施工单位检验结果</td><td>建设(监理)单位验收结论</td></tr>
<tr><td>1</td><td rowspan="3">主控项目</td><td colspan="4">现场组装的脱硫设备焊接质量符合设计文件要求</td><td></td><td></td></tr>
<tr><td>2</td><td colspan="4">脱硫设备的防腐符合设计文件要求</td><td></td><td></td></tr>
<tr><td>3</td><td colspan="4">气密性试验，无泄漏</td><td></td><td></td></tr>
<tr><td rowspan="2">1</td><td rowspan="5">一般项目</td><td rowspan="2">内部支撑构件的各层支撑梁间</td><td>垂直度</td><td rowspan="5">允许偏差(mm)</td><td>2</td><td></td><td></td></tr>
<tr><td>水平度</td><td>5</td><td></td><td></td></tr>
<tr><td>2</td><td colspan="2">设备平面位置</td><td>10</td><td></td><td></td></tr>
<tr><td>3</td><td colspan="2">设备标高</td><td>+20，−10</td><td></td><td></td></tr>
<tr><td>4</td><td colspan="2">设备垂直度</td><td>$H/1000$</td><td></td><td></td></tr>
<tr><td colspan="6">质量控制资料</td><td></td><td></td></tr>
<tr><td colspan="2">施工单位质量检查员：
施工单位专业技术质量负责人：
年　月　日</td><td colspan="2">监理单位验收结论：
监理工程师：
年　月　日</td><td colspan="2">建设单位验收结论：
项目负责人：
年　月　日</td><td colspan="2">其他单位验收结论：
专业技术负责人：
年　月　日</td></tr>
</table>

注：1　表中“设计要求”、“设备技术文件要求”等按工程实际填写；

2　脱硫设备焊接方式繁多，焊接时应根据设备类型、设计要求选择合适的验收指标，并符合《钢制焊接常压容器》NB/T 47003.1 的有关规定；

3　脱硫设备的防腐形式繁多，防腐处理应根据设备类型、设计要求选择合适的验收指标，并符合《工业设备及管道防腐蚀工程施工质量验收规范》GB 50727 的有关规定。

2）验收依据说明

(1)【规范名称及编号】《城镇污水处理厂工程质量验收规范》GB 50334－2017

【条文摘录】

主 控 项 目

8.5.1 现场组装的脱硫设备焊接质量应符合设计文件的要求和现行行业标准《钢制焊接常压容器》NB/T 47003.1的有关规定。

检验方法：检查施工记录、试验记录。

8.5.2 脱硫设备的防腐应符合设计文件的要求和现行国家标准《工业设备及管道防腐蚀工程施工质量验收规范》GB 50727的有关规定。

检验方法：检查施工记录。

8.5.3 脱硫设备应进行气密性试验，无泄漏。

检验方法：检查试验记录。

一 般 项 目

8.5.4 脱硫设备安装允许偏差和检验方法应符合表8.5.4的规定。

表8.5.4 脱硫设备安装允许偏差和检验方法

序号	项 目	允许偏差（mm）	检验方法
1	设备平面位置	10	尺量检查
2	设备标高	＋20，－10	水准仪与直尺检查
3	设备垂直度	H/1000	线坠与直尺检查

注：H为设备高度。

8.5.5 脱硫设备内部支撑构件的各层支撑梁间的垂直度允许偏差应为2mm，水平度允许偏差应为5mm。

检验方法：实测实量，检查施工记录。

3）验收应提供的核查资料

(1) 核查依据：《城镇污水处理厂工程质量验收规范》GB 50334－2017

7.1.2 污水处理设备安装工程的质量验收应检查下列文件：

1 设备安装使用说明书；

2 产品出厂合格证书、性能检测报告、材质证明书；

3 设备开箱验收记录；

4 设备试运转记录；

5 施工记录和监理检验记录；

6 其他有关文件。

(2) 核查资料明细

核查资料明细表

序号	核查资料名称	核查要点
1	设备安装使用说明书	核查说明书齐全程度
2	产品出厂合格证书、性能检测报告、材质证明书	核查合格证书等的齐全程度

续表

序号	核查资料名称	核查要点
3	设备开箱验收记录	核查规格型号、外观、设备零部件等符合设计要求
4	土建与设备连接部位检验批质量验收记录	核查基础混凝土强度、预埋件位置等符合设计及规范要求
5	施工记录	核查设备密封、标高、垂直度等符合设计和规范要求
6	设备气密性试验记录	核查记录内容的完整性、符合性
7	监理检验记录	核查记录内容的完整性

3.2.43 沼气柜安装分项工程质量验收记录

1. 分项工程质量验收记录

1）表格

沼气柜安装分项工程质量验收记录

编号：□□□□□□□□□—□□

<table>
<tr><td colspan="2">工程名称</td><td colspan="6"></td></tr>
<tr><td colspan="2">单位(子单位)工程名称</td><td colspan="4"></td><td>分部(子分部)工程名称</td><td></td></tr>
<tr><td colspan="2">施工单位</td><td colspan="2"></td><td>项目经理</td><td></td><td>项目技术负责人</td><td></td></tr>
<tr><td colspan="2">验收依据</td><td colspan="6"></td></tr>
<tr><td>序号</td><td colspan="4">验收项目</td><td>施工单位检验结果</td><td colspan="2">建设(监理)单位验收结论</td></tr>
<tr><td>1</td><td rowspan="4">主控项目</td><td colspan="3">柜体的焊缝质量符合设计文件要求</td><td></td><td colspan="2"></td></tr>
<tr><td>2</td><td colspan="3">柜体与钢构件除锈及防腐符合设计文件要求</td><td></td><td colspan="2"></td></tr>
<tr><td>3</td><td colspan="3">橡胶膜密封沼气柜调平系统导向滑轮安装应牢固、角度正确、转动灵活</td><td></td><td colspan="2"></td></tr>
<tr><td>4</td><td colspan="3">柜体、进出口管道、阀门、法兰及人孔应无泄漏、无异常变形</td><td></td><td colspan="2"></td></tr>
<tr><td>1</td><td rowspan="11">一般项目</td><td>底板平整度</td><td rowspan="8">允许偏差(mm)</td><td>60</td><td></td><td colspan="2"></td></tr>
<tr><td>2</td><td>侧板局部凹凸(2m内)</td><td>35.0</td><td></td><td colspan="2"></td></tr>
<tr><td>3</td><td>立柱基柱相邻柱标高差</td><td>2</td><td></td><td colspan="2"></td></tr>
<tr><td>4</td><td>立柱后续柱相邻柱间距</td><td>±5</td><td></td><td colspan="2"></td></tr>
<tr><td>5</td><td>立柱后续柱相对两柱间距</td><td>+30，−10</td><td></td><td colspan="2"></td></tr>
<tr><td>6</td><td>中心环标高偏差</td><td>+10～+50</td><td></td><td colspan="2"></td></tr>
<tr><td>7</td><td>立柱与柜顶环梁间距</td><td>±30</td><td></td><td colspan="2"></td></tr>
<tr><td>8</td><td>中心环水平度</td><td>10</td><td></td><td colspan="2"></td></tr>
<tr><td>9</td><td colspan="3">橡胶膜安装表面无褶皱、过紧，整体连接牢固</td><td></td><td colspan="2"></td></tr>
<tr><td>10</td><td colspan="3">双膜式气柜与固定底轨固定牢固</td><td></td><td colspan="2"></td></tr>
<tr><td>11</td><td colspan="3">管道、阀门、仪表连接符合设计文件的要求</td><td></td><td colspan="2"></td></tr>
<tr><td colspan="5">质量控制资料</td><td></td><td colspan="2"></td></tr>
<tr><td colspan="3">施工单位质量检查员：
施工单位专业技术质量负责人：
年 月 日</td><td colspan="2">监理单位验收结论：
监理工程师：
年 月 日</td><td colspan="2">建设单位验收结论：
项目负责人：
年 月 日</td><td>其他单位验收结论：
专业技术负责人：
年 月 日</td></tr>
</table>

注：1 表中“设计要求”、“设备技术文件要求”等按工程实际填写；

2 柜体的焊缝种类繁多，安装时应根据设备类型、设计要求选择合适的验收指标，并符合《钢制焊接常压容器》NB/T 47003.1 的有关规定；

3 钢构件除锈及防腐种类繁多，安装时应根据设备类型、设计要求选择合适的验收指标，并符合《涂覆涂料前钢材表面处理 表面清洁度的目视评定》GB/T 8923.1～8923.4 的有关规定。

2）验收依据说明

（1）【规范名称及编号】《城镇污水处理厂工程质量验收规范》GB 50334－2017

【条文摘录】

主　控　项　目

8.6.1　柜体的焊缝质量应符合设计文件的要求和现行行业标准《钢制焊接常压容器》NB/T 47003.1 的有关规定。

检验方法：观察检查，检查施工记录、试验记录。

8.6.2　柜体与钢构件除锈及防腐应符合设计文件的要求和现行国家标准《涂覆涂料前钢材表面处理　表面清洁度的目视评定》GB/T 8923.1～8923.4 的有关规定。

检验方法：检查施工记录。

8.6.3　橡胶膜密封沼气柜调平系统导向滑轮安装应牢固、角度正确、转动灵活。

检验方法：观察检查。

8.6.4　沼气柜应进行气密性试验，柜体、进出口管道、阀门、法兰及人孔应无泄漏、无异常变形。

检验方法：检查试验记录。

一　般　项　目

8.6.5　橡胶膜密封沼气柜安装允许偏差和检验方法应符合表 8.6.5 的规定。

表 8.6.5　橡胶膜密封沼气柜安装允许偏差和检验方法

序号	项　目	允许偏差（mm）	检验方法
1	底板平整度	60	尺量、拉线检查
2	侧板局部凹凸	2m 内凹凸允许偏差为 35.0	2m 靠尺检查，每块 2 点，每带板抽查 20%
3	立柱基柱相邻柱标高差	2	水准仪与尺量检查
4	立柱后续柱相邻柱间距	±5	水准仪与尺量检查
5	立柱后续柱相对两柱间距	＋30，－10	水准仪与尺量检查
6	中心环标高偏差	＋10～＋50	水准仪与尺量检查
7	立柱与柜顶环梁间距	±30	尺量检查
8	中心环水平度	10	水平仪检查

8.6.6　橡胶膜安装表面应无褶皱、过紧，整体连接应牢固。

检验方法：观察检查，检查施工记录。

8.6.7　双膜式气柜应与固定底轨固定牢固，管道、阀门、仪表连接应符合设计文件的要求。

检验方法：观察检查，检查施工记录。

3）验收应提供的核查资料

（1）核查依据：《城镇污水处理厂工程质量验收规范》GB 50334－2017

7.1.2　污水处理设备安装工程的质量验收应检查下列文件：

1　设备安装使用说明书；

2　产品出厂合格证书、性能检测报告、材质证明书；

3　设备开箱验收记录；

4　设备试运转记录；

5 施工记录和监理检验记录；

6 其他有关文件。

（2）核查资料明细

核查资料明细表

序号	核查资料名称	核查要点
1	设备安装使用说明书	核查说明书齐全程度
2	产品出厂合格证书、性能检测报告、材质证明书	核查合格证书等的齐全程度
3	设备开箱验收记录	核查规格型号、外观、设备零部件等符合设计要求
4	土建与设备连接部位检验批质量验收记录	核查基础混凝土强度、基础位置等符合设计及规范要求
5	施工记录	核查设备及管路密封等符合设计及规范要求
6	设备气密性试验记录	核查记录内容的完整性、符合性
7	监理检验记录	核查记录内容的完整性

3.2.44 沼气锅炉安装分项工程质量验收记录

1. 分项工程质量验收记录

1）表格

沼气锅炉安装分项工程质量验收记录

编号：□□□□□□□□□□—□□

<table>
<tr><td colspan="2">工程名称</td><td colspan="4"></td></tr>
<tr><td colspan="2">单位(子单位)工程名称</td><td colspan="2"></td><td>分部(子分部)工程名称</td><td></td></tr>
<tr><td colspan="2">施工单位</td><td>项目经理</td><td></td><td>项目技术负责人</td><td></td></tr>
<tr><td colspan="2">验收依据</td><td colspan="4"></td></tr>
<tr><td>序号</td><td colspan="2">验收项目</td><td>施工单位检验结果</td><td colspan="2">建设(监理)单位验收结论</td></tr>
<tr><td>1</td><td rowspan="3">主控项目</td><td>沼气锅炉的受压元件、管道、阀门应无变形、无渗漏、无堵塞</td><td></td><td colspan="2"></td></tr>
<tr><td>2</td><td>管路系统的焊接质量符合设计文件的要求</td><td></td><td colspan="2"></td></tr>
<tr><td>3</td><td>锅炉应进行强度、严密性试验，主汽阀、出水阀、排污阀和截止阀与锅炉本体进行整体压力试验，安全阀单独进行试验</td><td></td><td colspan="2"></td></tr>
<tr><td>1</td><td rowspan="5">一般项目</td><td>排烟烟囱安装垂直度偏差为烟囱高度的1/1000，且不应大于15mm</td><td></td><td colspan="2"></td></tr>
<tr><td>2</td><td>燃烧器的火筒与炉膛应平行，并应位于炉胆中心线</td><td></td><td colspan="2"></td></tr>
<tr><td>3</td><td>燃烧器的管路应清洁、通畅、无污染</td><td></td><td colspan="2"></td></tr>
<tr><td>4</td><td>闸阀应无渗漏、无堵塞</td><td></td><td colspan="2"></td></tr>
<tr><td>5</td><td>点火熄火装置应灵敏可靠</td><td></td><td colspan="2"></td></tr>
<tr><td colspan="3">质量控制资料</td><td></td><td colspan="2"></td></tr>
<tr><td colspan="2">施工单位质量检查员：
施工单位专业技术质量负责人：
年 月 日</td><td>监理单位验收结论：
监理工程师：
年 月 日</td><td>建设单位验收结论：
项目负责人：
年 月 日</td><td colspan="2">其他单位验收结论：
专业技术负责人：
年 月 日</td></tr>
</table>

注：表中“设计要求”、“设备技术文件要求”等按工程实际填写。

2）验收依据说明

(1)【规范名称及编号】《城镇污水处理厂工程质量验收规范》GB 50334－2017

【条文摘录】

主 控 项 目

8.7.1 沼气锅炉的受压元件、管道、阀门应无变形、无渗漏、无堵塞，管路系统的焊接质量应符合设计文件的要求。

检验方法：观察检查，检查施工记录。

8.7.2 沼气锅炉应进行强度及严密性试验，其主汽阀、出水阀、排污阀和截止阀应与锅炉本体进行整体压力试验，安全阀应单独进行试验。

检验方法：检查试验记录。

一 般 项 目

8.7.6 排烟烟囱安装垂直度偏差应为烟囱高度的1/1000，且不应大于15mm。

检验方法：实测实量，检查施工记录。

8.7.7 燃烧器的火筒与炉膛应平行，并应位于炉胆中心线。

检验方法：尺量检查。

8.7.8 燃烧器的管路应清洁、无污染，燃烧器应管路通畅，闸阀应无渗漏、无堵塞，点火熄火装置应灵敏可靠。

检验方法：观察检查，检查施工记录。

3）验收应提供的核查资料

(1) 核查依据：《城镇污水处理厂工程质量验收规范》GB 50334－2017

7.1.2 污水处理设备安装工程的质量验收应检查下列文件：

1 设备安装使用说明书；

2 产品出厂合格证书、性能检测报告、材质证明书；

3 设备开箱验收记录；

4 设备试运转记录；

5 施工记录和监理检验记录；

6 其他有关文件。

(2) 核查资料明细

核查资料明细表

序号	核查资料名称	核查要点
1	设备安装使用说明书	核查说明书齐全程度
2	产品出厂合格证书、性能检测报告、材质证明书	核查合格证书等的齐全程度
3	设备开箱验收记录	核查规格型号、外观、设备零部件等符合设计要求
4	土建与设备连接部位检验批质量验收记录	核查基础混凝土强度、预埋件位置等符合设计及规范要求
5	施工记录	核查设备及管路密封、焊接等符合设计及规范要求
6	设备强度及严密性试验记录	核查记录内容的完整性、符合性
7	监理检验记录	核查记录内容的完整性

2. 沼气锅炉单机试运转记录

1）表格

沼气锅炉安装工程单机试运转记录

工程名称：

<table>
<tr><td>设备部位图号</td><td colspan="2"></td><td>设备名称</td><td colspan="2"></td><td>型号、规格、台数</td><td></td></tr>
<tr><td>施工单位</td><td colspan="2"></td><td>设备所在系统</td><td colspan="2"></td><td>额定数据</td><td></td></tr>
<tr><td>试验单位</td><td colspan="2"></td><td>负责人</td><td colspan="2"></td><td>试车时间</td><td>年　月　日　时　分起
年　月　日　时　分止</td></tr>
<tr><td>序号</td><td colspan="2">试验项目</td><td colspan="4">试验记录</td><td>试验结论</td></tr>
<tr><td>1</td><td colspan="2">现场组装的锅炉带负荷运转 48h</td><td colspan="4"></td><td></td></tr>
<tr><td>2</td><td colspan="2">整体出厂的锅炉带负荷运转 24h</td><td colspan="4"></td><td></td></tr>
<tr><td>3</td><td colspan="2">高低水位报警装置灵敏可靠</td><td colspan="4"></td><td></td></tr>
<tr><td>4</td><td colspan="2">低水位连锁保护装置灵敏可靠</td><td colspan="4"></td><td></td></tr>
<tr><td>5</td><td colspan="2">炉超压报警装置灵敏可靠</td><td colspan="4"></td><td></td></tr>
<tr><td>6</td><td colspan="2">连锁保护装置灵敏可靠</td><td colspan="4"></td><td></td></tr>
<tr><td></td><td colspan="2"></td><td colspan="4"></td><td></td></tr>
<tr><td colspan="2">建设单位</td><td colspan="3">监理单位</td><td colspan="2">施工单位</td><td>其他单位</td></tr>
<tr><td colspan="2">（签字）
（盖章）</td><td colspan="3">（签字）
（盖章）</td><td colspan="2">（签字）
（盖章）</td><td>（签字）
（盖章）</td></tr>
</table>

注：其他单位根据不同设备单机试运转验收需要，可为设备生产、设计、运营等有关单位。

2）填表依据说明

【依据规范名称及编号】

(1)《城镇污水处理厂工程质量验收规范》GB 50334－2017

【条文摘录】

8.7.3　现场组装的锅炉应带负荷正常连续运转 48h，整体出厂的锅炉应带负荷正常连续运转 24h。

检验方法：检查试运转记录。

8.7.4　锅炉高低水位报警装置和低水位连锁保护装置应灵敏可靠。

检验方法：检查试运转记录。

8.7.5　锅炉超压报警装置和连锁保护装置应灵敏可靠。

检验方法：检查试运转记录。

3.2.45　沼气发电机、沼气拖动鼓风机、沼气压缩机安装分项工程质量验收记录

1. 分项工程质量验收记录

1）表格

沼气发电机、沼气拖动鼓风机、沼气压缩机安装分项工程质量验收记录

编号：□□□□□□□□□□—□□

<table>
<tr><td colspan="2">工程名称</td><td colspan="9"></td></tr>
<tr><td colspan="2">单位(子单位)工程名称</td><td colspan="6"></td><td colspan="2">分部(子分部)工程名称</td><td></td></tr>
<tr><td colspan="2">施工单位</td><td colspan="2"></td><td>项目经理</td><td colspan="4"></td><td>项目技术负责人</td><td></td></tr>
<tr><td colspan="2">验收依据</td><td colspan="9"></td></tr>
<tr><td>序号</td><td colspan="4">验收项目</td><td colspan="5">施工单位检验结果</td><td>建设(监理)单位验收结论</td></tr>
<tr><td>1</td><td rowspan="3">主控项目</td><td colspan="3">防爆设备的安装应符合设备技术文件的要求</td><td colspan="5"></td><td></td></tr>
<tr><td>2</td><td colspan="3">沼气管道上安装的稳压罐、电控混合器、阻火器、电磁阀、调压阀、除尘、除湿、除油装置应严密无泄漏，位置应符合设备技术文件要求，装置参数应符合设计文件的要求</td><td colspan="5"></td><td></td></tr>
<tr><td>3</td><td colspan="3">各连接管路、接头及连接处应密封、无泄漏</td><td colspan="5"></td><td></td></tr>
<tr><td>1</td><td rowspan="3">一般项目</td><td>设备平面位置</td><td rowspan="3">允许偏差(mm)</td><td>5</td><td></td><td></td><td></td><td></td><td></td><td></td></tr>
<tr><td>2</td><td>设备标高</td><td>±10</td><td></td><td></td><td></td><td></td><td></td><td></td></tr>
<tr><td>3</td><td>设备纵、横水平度</td><td>$L/1000$</td><td></td><td></td><td></td><td></td><td></td><td></td></tr>
<tr><td colspan="5">质量控制资料</td><td colspan="5"></td><td></td></tr>
</table>

施工单位质量检查员： 施工单位专业技术质量负责人： 年　月　日	监理单位验收结论： 监理工程师： 年　月　日	建设单位验收结论： 项目负责人： 年　月　日	其他单位验收结论： 专业技术负责人： 年　月　日

注：1　表中 L 为设备纵、横长度；

2　表中“设计要求”、“设备技术文件要求”等按工程实际填写。

2）验收依据说明

(1)【规范名称及编号】《城镇污水处理厂工程质量验收规范》GB 50334－2017

【条文摘录】

主　控　项　目

8.8.1　沼气发电机和拖动鼓风机防爆设备的安装应符合设备技术文件的要求和国家

现行标准的有关规定。

检验方法：观察检查，检查施工记录。

8.8.2 沼气管道上安装的稳压罐、电控混合器、阻火器、电磁阀、调压阀、除尘、除湿、除油装置应严密无泄漏，位置应符合设备技术文件要求，装置参数应符合设计文件的要求。

检验方法：观察检查，检查试验记录。

8.8.4 沼气压缩机的各连接管路、接头及连接处应密封、无泄漏。

检验方法：观察检查。

一 般 项 目

8.8.6 沼气发电机、沼气拖动鼓风机和沼气压缩机安装允许偏差和检验方法应符合表8.8.6的规定。

表8.8.6 沼气发电机、沼气拖动鼓风机和沼气压缩机安装允许偏差和检验方法

序号	项 目	允许偏差（mm）	检验方法
1	设备平面位置	5	尺量检查
2	设备标高	±10	水准仪与直尺检查
3	设备纵、横水平度	$L/1000$	水平仪检查

注：L为设备纵、横长度。

3）验收应提供的核查资料

（1）核查依据：《城镇污水处理厂工程质量验收规范》GB 50334－2017

7.1.2 污水处理设备安装工程的质量验收应检查下列文件：

1 设备安装使用说明书；

2 产品出厂合格证书、性能检测报告、材质证明书；

3 设备开箱验收记录；

4 设备试运转记录；

5 施工记录和监理检验记录；

6 其他有关文件。

（2）核查资料明细

核查资料明细表

序号	核查资料名称	核查要点
1	设备安装使用说明书	核查说明书齐全程度
2	产品出厂合格证书、性能检测报告、材质证明书	核查合格证书等的齐全程度
3	设备开箱验收记录	核查规格型号、外观、设备零部件等符合设计要求
4	土建与设备连接部位检验批质量验收记录	核查基础混凝土强度、预埋件位置等符合设计及规范要求
5	施工记录	核查管路密封、设备标高、平面位置等符合设计及规范要求
6	设备严密性试验记录	核查记录内容的完整性、符合性
7	监理检验记录	核查记录内容的完整性

2. 沼气发电机、沼气拖动鼓风机、沼气压缩机设备单机试运转记录

1）表格

沼气发电机、沼气拖动鼓风机、沼气压缩机设备单机试运转记录

工程名称：

<table>
<tr><td>设备部位图号</td><td></td><td>设备名称</td><td></td><td>型号、规格、台数</td><td></td></tr>
<tr><td>施工单位</td><td></td><td>设备所在系统</td><td></td><td>额定数据</td><td></td></tr>
<tr><td>试验单位</td><td></td><td>负责人</td><td></td><td>试车时间</td><td>年　月　日　时　分起
年　月　日　时　分止</td></tr>
<tr><td>序号</td><td>试验项目</td><td colspan="3">试验记录</td><td>试验结论</td></tr>
<tr><td>1</td><td>润滑油压力、温度和各部位供油情况</td><td colspan="3"></td><td></td></tr>
<tr><td>2</td><td>吸、排气温度和压力</td><td colspan="3"></td><td></td></tr>
<tr><td>3</td><td>进、排水温度、压力和冷却水供应情况</td><td colspan="3"></td><td></td></tr>
<tr><td>4</td><td>吸、排气阀工作情况</td><td colspan="3"></td><td></td></tr>
<tr><td>5</td><td>运动部件无异常声响</td><td colspan="3"></td><td></td></tr>
<tr><td>6</td><td>连接部位无漏气、漏油或漏水</td><td colspan="3"></td><td></td></tr>
<tr><td>7</td><td>连接部位无松动</td><td colspan="3"></td><td></td></tr>
<tr><td>8</td><td>气量调节装置灵敏</td><td colspan="3"></td><td></td></tr>
<tr><td>9</td><td>主轴承、滑道、填函等主要摩擦部位温度</td><td colspan="3"></td><td></td></tr>
<tr><td>10</td><td>电动机电流、电压、温升</td><td colspan="3"></td><td></td></tr>
<tr><td>11</td><td>自动控制装置灵敏、可靠</td><td colspan="3"></td><td></td></tr>
<tr><td>12</td><td>振动速度有效值</td><td colspan="3"></td><td></td></tr>
<tr><td></td><td></td><td colspan="3"></td><td></td></tr>
<tr><td colspan="2">建设单位</td><td>监理单位</td><td colspan="2">施工单位</td><td>其他单位</td></tr>
<tr><td colspan="2">（签字）
（盖章）</td><td>（签字）
（盖章）</td><td colspan="2">（签字）
（盖章）</td><td>（签字）
（盖章）</td></tr>
</table>

注：其他单位根据不同设备单机试运转验收需要，可为设备生产、设计、运营等有关单位。

2）填表依据说明

【依据规范名称及编号】

(1)《城镇污水处理厂工程质量验收规范》GB 50334－2017

【条文摘录】

8.8.5　沼气发电机、沼气拖动鼓风机和压缩机的试运转应符合设备技术文件的要求和现行国家标准《风机、压缩机、泵安装工程施工及验收规范》GB 50275 的有关规定。

检验方法：检查试运转记录。

(2)《风机、压缩机、泵安装工程施工及验收规范》GB 50275－2010

【条文摘录】

3.5.4 压缩机在空气负荷试运转中，应进行下列各项检查和记录：

1 润滑油的压力、温度和各部位的供油情况；

2 各级吸、排气的温度和压力；

3 各级进、排水的温度、压力和冷却水的供应情况；

4 各级吸、排气阀的工作应无异常；

5 运动部件应无异常响声；

6 连接部位应无漏气、漏油或漏水；

7 连接部位应无松动；

8 气量调节装置应灵敏；

9 主轴承、滑道、填函等主要摩擦部位的温度；

10 电动机的电流、电压、温升；

11 自动控制装置应灵敏、可靠；

12 机组的振动。

3.2.46 沼气火炬安装分项工程质量验收记录

1. 分项工程质量验收记录

1）表格

沼气火炬安装分项工程质量验收记录

编号：□□□□□□□□□—□□

<table>
<tr><td colspan="2">工程名称</td><td colspan="9"></td></tr>
<tr><td colspan="2">单位(子单位)工程名称</td><td colspan="6"></td><td colspan="2">分部(子分部)工程名称</td><td></td></tr>
<tr><td colspan="2">施工单位</td><td colspan="2"></td><td colspan="2">项目经理</td><td colspan="2"></td><td colspan="2">项目技术负责人</td><td></td></tr>
<tr><td colspan="2">验收依据</td><td colspan="9"></td></tr>
<tr><td>序号</td><td colspan="4">验收项目</td><td colspan="5">施工单位检验结果</td><td>建设(监理)单位验收结论</td></tr>
<tr><td>1</td><td rowspan="2">主控项目</td><td colspan="3">沼气火炬安装应符合设计文件的要求</td><td colspan="5"></td><td></td></tr>
<tr><td>2</td><td colspan="3">管道上的阻火器应安装牢固可靠，密封无泄漏</td><td colspan="5"></td><td></td></tr>
<tr><td>1</td><td rowspan="3">一般项目</td><td>中心线位置</td><td rowspan="3">允许偏差(mm)</td><td>10</td><td></td><td></td><td></td><td></td><td></td><td></td></tr>
<tr><td>2</td><td>标高</td><td>+20，−10</td><td></td><td></td><td></td><td></td><td></td><td></td></tr>
<tr><td>3</td><td>垂直度</td><td>H/1000</td><td></td><td></td><td></td><td></td><td></td><td></td></tr>
<tr><td colspan="5">质量控制资料</td><td colspan="5"></td><td></td></tr>
<tr><td colspan="3">施工单位质量检查员：
施工单位专业技术质量负责人：
年 月 日</td><td colspan="3">监理单位验收结论：
监理工程师：
年 月 日</td><td colspan="4">建设单位验收结论：
项目负责人：
年 月 日</td><td>其他单位验收结论：
专业技术负责人：
年 月 日</td></tr>
</table>

注：1 表中 H 为火炬高度；

2 表中“设计要求”、“设备技术文件要求”等按工程实际填写；

3 火炬安装形式繁多，安装时应根据设备类型、设计要求选择合适的验收指标，并符合《火炬工程施工及验收规范》GB 51029 的有关规定。

2）验收依据说明

(1)【规范名称及编号】《城镇污水处理厂工程质量验收规范》GB 50334－2017

【条文摘录】

主 控 项 目

8.9.1 沼气火炬安装应符合设计文件的要求和现行国家标准《火炬工程施工及验收规范》GB 51029的有关规定。

检验方法：实测实量，检查施工记录。

8.9.2 火炬管道上的阻火器应安装牢固可靠，密封无泄漏且阻火效果应符合设计文件的要求。

检验方法：观察检查，检查试运转记录。

一 般 项 目

8.9.4 火炬安装允许偏差和检验方法应符合表8.9.4的规定。

表8.9.4 火炬安装允许偏差和检验方法

序号	项 目	允许偏差（mm）	检验方法
1	中心线位置	10	尺量检查
2	标高	＋20，－10	水准仪与直尺检查
3	垂直度	H/1000	线坠与直尺检查

注：H为火炬高度。

3）验收应提供的核查资料

(1) 核查依据：《城镇污水处理厂工程质量验收规范》GB 50334－2017

7.1.2 污水处理设备安装工程的质量验收应检查下列文件：

1 设备安装使用说明书；

2 产品出厂合格证书、性能检测报告、材质证明书；

3 设备开箱验收记录；

4 设备试运转记录；

5 施工记录和监理检验记录；

6 其他有关文件。

(2) 核查资料明细

核查资料明细表

序号	核查资料名称	核查要点
1	设备安装使用说明书	核查说明书齐全程度
2	产品出厂合格证书、性能检测报告、材质证明书	核查合格证书等的齐全程度
3	设备开箱验收记录	核查规格型号、外观、设备零部件等符合设计要求
4	土建与设备连接部位检验批质量验收记录	核查基础混凝土强度、基础位置等符合设计及规范要求
5	施工记录	核查管路密封、设备标高及垂直度等符合设计及规范要求
6	监理检验记录	核查记录内容的完整性

2. 沼气火炬试运转记录

1）表格

沼气火炬安装工程单机试运转记录

工程名称：

设备部位图号		设备名称		型号、规格、台数	
施工单位		设备所在系统		额定数据	
试验单位		负责人		试车时间	年　月　日　时　分起 年　月　日　时　分止

序号	试验项目	试验记录	试验结论
1	阻火器密封、无泄漏		
2	阻火效果		
3	点火装置动作灵敏、可靠、准确		

建设单位	监理单位	施工单位	其他单位
（签字） （盖章）	（签字） （盖章）	（签字） （盖章）	（签字） （盖章）

注：其他单位根据不同设备单机试运转验收需要，可为设备生产、设计、运营等有关单位。

2）填表依据说明

【依据规范名称及编号】

(1)《城镇污水处理厂工程质量验收规范》GB 50334－2017

【条文摘录】

8.9.2　火炬管道上的阻火器应安装牢固可靠，密封无泄漏且阻火效果应符合设计文件的要求。

检验方法：观察检查，检查试运转记录。

8.9.3　火炬的点火装置应动作灵敏、可靠、准确。

检验方法：观察检查，检查试运转记录。

3.2.47　混料机安装分项工程质量验收记录

1. 分项工程质量验收记录

1）表格

混料机安装分项工程质量验收记录

编号：□□□□□□□□□□—□□

<table>
<tr><td colspan="3">工程名称</td><td colspan="8"></td></tr>
<tr><td colspan="3">单位(子单位)工程名称</td><td colspan="5"></td><td colspan="2">分部(子分部)工程名称</td><td></td></tr>
<tr><td colspan="3">施工单位</td><td colspan="1"></td><td>项目经理</td><td colspan="3"></td><td colspan="2">项目技术负责人</td><td></td></tr>
<tr><td colspan="3">验收依据</td><td colspan="8"></td></tr>
<tr><td>序号</td><td colspan="4">验收项目</td><td colspan="5">施工单位检验结果</td><td>建设(监理)单位验收结论</td></tr>
<tr><td>1</td><td>主控项目</td><td colspan="3">减速器、滚筒等主要部件的安装应符合设备技术文件要求</td><td colspan="5"></td><td></td></tr>
<tr><td>1</td><td rowspan="4">一般项目</td><td>设备平面位置</td><td rowspan="4">允许偏差(mm)</td><td>10</td><td></td><td></td><td></td><td></td><td></td><td rowspan="4"></td></tr>
<tr><td>2</td><td>设备标高</td><td>+20，−10</td><td></td><td></td><td></td><td></td><td></td></tr>
<tr><td>3</td><td>横向水平度</td><td>$L_1/1000$</td><td></td><td></td><td></td><td></td><td></td></tr>
<tr><td>4</td><td>纵向水平度</td><td>$L_2/1000$</td><td></td><td></td><td></td><td></td><td></td></tr>
<tr><td colspan="5">质量控制资料</td><td colspan="5"></td><td></td></tr>
<tr><td colspan="3">施工单位质量检查员：
施工单位专业技术质量负责人：

年　月　日</td><td colspan="3">监理单位验收结论：
监理工程师：

年　月　日</td><td colspan="4">建设单位验收结论：
项目负责人：

年　月　日</td><td>其他单位验收结论：
专业技术负责人：

年　月　日</td></tr>
</table>

注：1　表中L_1为混料机设备横向长度，L_2为设备纵向长度；

2　表中“设计要求”、“设备技术文件要求”等按工程实际填写。

2）验收依据说明

（1）【规范名称及编号】《城镇污水处理厂工程质量验收规范》GB 50334－2017

【条文摘录】

主 控 项 目

8.10.1 混料机的减速器、滚筒等主要部件的安装应符合设备技术文件的要求。

检验方法：观察检查，检查施工记录。

一 般 项 目

8.10.3 混料机的安装允许偏差和检验方法应符合表8.10.3的规定。

表8.10.3 混料机的安装允许偏差和检验方法

序号	项 目	允许偏差（mm）	检验方法
1	设备平面位置	10	尺量检查
2	设备标高	+20，−10	水准仪与直尺检查
3	横向水平度	$L_1/1000$	水平仪检查
4	纵向水平度	$L_2/1000$	水平仪检查

注：L_1为混料机设备横向长度，L_2为设备纵向长度。

3）验收应提供的核查资料

（1）核查依据：《城镇污水处理厂工程质量验收规范》GB 50334－2017

7.1.2 污水处理设备安装工程的质量验收应检查下列文件：

1 设备安装使用说明书；

2 产品出厂合格证书、性能检测报告、材质证明书；

3 设备开箱验收记录；

4 设备试运转记录；

5 施工记录和监理检验记录；

6 其他有关文件。

（2）核查资料明细

核查资料明细表

序号	核查资料名称	核查要点
1	设备安装使用说明书	核查说明书齐全程度
2	产品出厂合格证书、性能检测报告、材质证明书	核查合格证书等的齐全程度
3	设备开箱验收记录	核查规格型号、外观、设备零部件等符合设计要求
4	土建与设备连接部位检验批质量验收记录	核查基础混凝土强度、基础位置等符合设计及规范要求
5	施工记录	核查中心线位置、标高、水平度等符合设计及规范要求
6	监理检验记录	核查记录内容的完整性

2. 混料机试运转记录

1）表格

混料机安装工程单机试运转记录

工程名称：

<table>
<tr><td>设备部位图号</td><td colspan="2"></td><td>设备名称</td><td></td><td>型号、规格、台数</td><td colspan="2"></td></tr>
<tr><td>施工单位</td><td colspan="2"></td><td>设备所在系统</td><td></td><td>额定数据</td><td colspan="2"></td></tr>
<tr><td>试验单位</td><td colspan="2"></td><td>负责人</td><td></td><td>试车时间</td><td colspan="2">年　月　日　时　分起
年　月　日　时　分止</td></tr>
<tr><td>序 号</td><td colspan="2">试验项目</td><td colspan="3">试验记录</td><td colspan="2">试验结论</td></tr>
<tr><td>1</td><td colspan="2">运行平稳，无卡阻</td><td colspan="3"></td><td colspan="2"></td></tr>
<tr><td>2</td><td colspan="2">无异常噪声</td><td colspan="3"></td><td colspan="2"></td></tr>
<tr><td>3</td><td colspan="2">轴承温度和温升</td><td colspan="3"></td><td colspan="2"></td></tr>
<tr><td>4</td><td colspan="2">控制仪表与运行相符</td><td colspan="3"></td><td colspan="2"></td></tr>
<tr><td>5</td><td colspan="2">控制动作与控制指令相一致</td><td colspan="3"></td><td colspan="2"></td></tr>
<tr><td></td><td colspan="2"></td><td colspan="3"></td><td colspan="2"></td></tr>
<tr><td colspan="2">建设单位</td><td colspan="2">监理单位</td><td colspan="3">施工单位</td><td>其他单位</td></tr>
<tr><td colspan="2">（签字）
（盖章）</td><td colspan="2">（签字）
（盖章）</td><td colspan="3">（签字）
（盖章）</td><td>（签字）
（盖章）</td></tr>
</table>

注：其他单位根据不同设备单机试运转验收需要，可为设备生产、设计、运营等有关单位。

2）填表依据说明

【依据规范名称及编号】

(1)《城镇污水处理厂工程质量验收规范》GB 50334－2017

【条文摘录】

8.10.2　混料机试运转时应运转平稳、无卡阻。

检验方法：观察检查，检查试运转记录。

(2)《机械设备安装工程施工及验收通用规范》GB 50231－2009，

【条文摘录】

7.8.1　空负荷试运转时，应进行下列各项检查，并应做好实测的记录。

1　主运动机构和各运动部件应运行平稳，应无不正常的声响；摩擦面温度应正常无过热现象；

2　主运动机构的轴承温度和温升应符合有关规定；

3　润滑、液压、冷却、加热和气动系统，有关部件的动作和介质的进、出口温度等均应符合规定，并应工作正常、畅通无阻、无渗漏现象；

4　各种操纵控制仪表和显示等，均应与运行实际相符，工作正常、正确、灵敏和可靠；

5　机械设备的手动、半自动和自动运行程序，速度、进给量及进给速度等，均应与控制指令或控制带要求相一致，其偏差应在允许的范围之内。

3.2.48　布料机安装分项工程质量验收记录

1. 分项工程质量验收记录

1）表格

布料机安装分项工程质量验收记录

编号：□□□□□□□□□□—□□

<table>
<tr><td colspan="3">工程名称</td><td colspan="9"></td></tr>
<tr><td colspan="3">单位（子单位）工程名称</td><td colspan="3"></td><td colspan="3">分部（子分部）工程名称</td><td colspan="3"></td></tr>
<tr><td colspan="3">施工单位</td><td>　</td><td colspan="2">项目经理</td><td colspan="3"></td><td>项目技术负责人</td><td colspan="2"></td></tr>
<tr><td colspan="3">验收依据</td><td colspan="9"></td></tr>
<tr><td>序号</td><td colspan="4">验收项目</td><td colspan="5">施工单位检验结果</td><td colspan="2">建设（监理）单位验收结论</td></tr>
<tr><td>1</td><td>主控项目</td><td colspan="3">传动装置、行走装置、移动小车等主要部件的安装应符合设备技术文件要求</td><td colspan="5"></td><td colspan="2"></td></tr>
<tr><td>1</td><td rowspan="2">一般项目</td><td colspan="2">轨道中心线与安装基准线的平面位置偏差</td><td>3mm</td><td></td><td></td><td></td><td></td><td></td><td colspan="2"></td></tr>
<tr><td>2</td><td colspan="2">同一截面两平行导轨标高差</td><td>5mm</td><td></td><td></td><td></td><td></td><td></td><td colspan="2"></td></tr>
<tr><td colspan="5">质量控制资料</td><td colspan="5"></td><td colspan="2"></td></tr>
<tr><td colspan="3">施工单位质量检查员：
施工单位专业技术质量负责人：
年　月　日</td><td colspan="3">监理单位验收结论：
监理工程师：
年　月　日</td><td colspan="3">建设单位验收结论：
项目负责人：
年　月　日</td><td colspan="3">其他单位验收结论：
专业技术负责人：
年　月　日</td></tr>
</table>

注：表中“设计要求”、“设备技术文件要求”等按工程实际填写。

2）填表依据说明

【依据规范名称及编号】

（1）《城镇污水处理厂工程质量验收规范》GB 50334－2017

主 控 项 目

8.11.1 布料机的传动装置、行走装置、移动小车等主要部件的安装应符合设备技术文件的要求。

检验方法：观察检查，检查施工记录。

一 般 项 目

8.11.3 布料机的导轨安装允许偏差和检验方法应符合表8.11.3的规定。

表8.11.3 布料机的导轨安装允许偏差和检验方法

序号	项 目	允许偏差（mm）	检验方法
1	布料机轨道中心线与安装基准线的平面位置偏差	3	钢丝与直尺检查
2	布料机的同一截面两平行导轨标高差	5	水准仪与直尺检查

3）验收应提供的核查资料

（1）核查依据：《城镇污水处理厂工程质量验收规范》GB 50334－2017

7.1.2 污水处理设备安装工程的质量验收应检查下列文件：

1 设备安装使用说明书；

2 产品出厂合格证书、性能检测报告、材质证明书；

3 设备开箱验收记录；

4 设备试运转记录；

5 施工记录和监理检验记录；

6 其他有关文件。

（2）核查资料明细

核查资料明细表

序号	核查资料名称	核查要点
1	设备安装使用说明书	核查说明书齐全程度
2	产品出厂合格证书、性能检测报告、材质证明书	核查合格证书等的齐全程度
3	设备开箱验收记录	核查规格型号、外观、设备零部件等符合设计要求
4	土建与设备连接部位检验批质量验收记录	核查基础混凝土强度、基础位置等符合设计及规范要求
5	施工记录	核查标高、平面位置等符合设计及规范要求
6	监理检验记录	核查记录内容的完整性

2. 布料机试运转记录

1）表格

布料机安装工程单机试运转记录

工程名称：

<table>
<tr><td>设备部位图号</td><td colspan="2"></td><td>设备名称</td><td></td><td>型号、规格、台数</td><td colspan="3"></td></tr>
<tr><td>施工单位</td><td colspan="2"></td><td>设备所在系统</td><td></td><td>额定数据</td><td colspan="3"></td></tr>
<tr><td>试验单位</td><td colspan="2"></td><td>负责人</td><td></td><td>试车时间</td><td colspan="3">年　月　日　时　分起
年　月　日　时　分止</td></tr>
<tr><td>序号</td><td colspan="2">试验项目</td><td colspan="3">试验记录</td><td colspan="3">试验结论</td></tr>
<tr><td>1</td><td colspan="2">往复运动部件在整个行程上无异常振动、阻滞和走偏现象</td><td colspan="3"></td><td colspan="3"></td></tr>
<tr><td>2</td><td colspan="2">无异常噪声</td><td colspan="3"></td><td colspan="3"></td></tr>
<tr><td>3</td><td colspan="2">轴承温度和温升</td><td colspan="3"></td><td colspan="3"></td></tr>
<tr><td>4</td><td colspan="2">控制仪表与运行相符</td><td colspan="3"></td><td colspan="3"></td></tr>
<tr><td>5</td><td colspan="2">控制动作与控制指令相一致</td><td colspan="3"></td><td colspan="3"></td></tr>
<tr><td></td><td colspan="2"></td><td colspan="3"></td><td colspan="3"></td></tr>
<tr><td colspan="2">建设单位</td><td colspan="2">监理单位</td><td colspan="3">施工单位</td><td colspan="2">其他单位</td></tr>
<tr><td colspan="2">（签字）
（盖章）</td><td colspan="2">（签字）
（盖章）</td><td colspan="3">（签字）
（盖章）</td><td colspan="2">（签字）
（盖章）</td></tr>
</table>

注：其他单位根据不同设备单机试运转验收需要，可为设备生产、设计、运营等有关单位。

2）填表依据说明

【依据规范名称及编号】

(1)《城镇污水处理厂工程质量验收规范》GB 50334－2017

【条文摘录】

8.11.2　布料机试运转时，往复运动部件在整个行程上不得有异常振动、阻滞和走偏现象。

检验方法：观察检查，检查试运转记录。

(2)《机械设备安装工程施工及验收通用规范》GB 50231－2009

【条文摘录】

7.8.1　空负荷试运转时，应进行下列各项检查，并应做好实测的记录。

1　主运动机构和各运动部件应运行平稳，应无不正常的声响；摩擦面温度应正常无过热现象；

2　主运动机构的轴承温度和温升应符合有关规定；

3　润滑、液压、冷却、加热和气动系统，有关部件的动作和介质的进、出口温度等均应符合规定，并应工作正常、畅通无阻、无渗漏现象；

4　各种操纵控制仪表和显示等，均应与运行实际相符，工作正常、正确、灵敏和可靠；

5　机械设备的手动、半自动和自动运行程序，速度、进给量及进给速度等，均应与控制指令或控制带要求相一致，其偏差应在允许的范围之内。

3.2.49　带式输送机安装分项工程质量验收记录

1. 分项工程质量验收记录

1）表格

带式输送机安装分项工程质量验收记录

编号：□□□□□□□□□□—□□

<table>
<tr><td colspan="2">工程名称</td><td colspan="10"></td></tr>
<tr><td colspan="2">单位（子单位）工程名称</td><td colspan="3"></td><td colspan="2">分部（子分部）工程名称</td><td colspan="5"></td></tr>
<tr><td colspan="2">施工单位</td><td></td><td>项目经理</td><td colspan="2"></td><td colspan="3">项目技术负责人</td><td colspan="3"></td></tr>
<tr><td colspan="2">验收依据</td><td colspan="10"></td></tr>
<tr><td>序号</td><td colspan="5">验收项目</td><td colspan="5">施工单位检验结果</td><td>建设（监理）单位验收结论</td></tr>
<tr><td>1</td><td rowspan="2">主控项目</td><td colspan="4">机架应安装牢固</td><td colspan="5"></td><td></td></tr>
<tr><td>2</td><td colspan="4">全部非加工表面和加工的非配合表面应进行防腐处理，防腐质量应符合设备技术文件要求</td><td colspan="5"></td><td></td></tr>
<tr><td rowspan="3">1</td><td rowspan="10">一般项目</td><td rowspan="3">滚筒</td><td>水平、垂直方向中心线间距</td><td rowspan="10">允许偏差（mm）</td><td>±3</td><td></td><td></td><td></td><td></td><td></td><td></td></tr>
<tr><td>轴向水平度</td><td>$0.5L_1/1000$</td><td></td><td></td><td></td><td></td><td></td><td></td></tr>
<tr><td>标高</td><td>±5</td><td></td><td></td><td></td><td></td><td></td><td></td></tr>
<tr><td rowspan="3">2</td><td rowspan="3">传动装置</td><td>纵、横向中心线</td><td>5</td><td></td><td></td><td></td><td></td><td></td><td></td></tr>
<tr><td>标高</td><td>±5</td><td></td><td></td><td></td><td></td><td></td><td></td></tr>
<tr><td>水平度</td><td>$0.5L_2/1000$</td><td></td><td></td><td></td><td></td><td></td><td></td></tr>
<tr><td rowspan="4">3</td><td rowspan="4">头架
尾架
中间架
及其支腿</td><td>机架中心线直线度在任意25m内</td><td>2.5</td><td></td><td></td><td></td><td></td><td></td><td></td></tr>
<tr><td>机架支腿垂直度</td><td>$2H/1000$</td><td></td><td></td><td></td><td></td><td></td><td></td></tr>
<tr><td>机架纵梁中心线间距</td><td>±5</td><td></td><td></td><td></td><td></td><td></td><td></td></tr>
<tr><td>机架接头处错位</td><td>1</td><td></td><td></td><td></td><td></td><td></td><td></td></tr>
<tr><td colspan="11">质量控制资料</td><td></td></tr>
<tr><td colspan="3">施工单位质量检查员：
施工单位专业技术质量负责人：
年　月　日</td><td colspan="3">监理单位验收结论：
监理工程师：
年　月　日</td><td colspan="3">建设单位验收结论：
项目负责人：
年　月　日</td><td colspan="3">其他单位验收结论：
专业技术负责人：
年　月　日</td></tr>
</table>

注：1　L_1为支承座长度，L_2为支承座对角线长度，L_3为传动轴长度；

2　表中“设计要求”、“设备技术文件要求”等按工程实际填写。

2）验收依据说明

（1）【规范名称及编号】《城镇污水处理厂工程质量验收规范》GB 50334－2017

【条文摘录】

主　控　项　目

8.12.1　带式输送机的机架应安装牢固。

检验方法：观察检查，检查施工记录。

8.12.2　全部非加工表面和加工的非配合表面应进行防腐处理，防腐质量应符合设备技术文件的要求。

检验方法：观察检查，检查施工记录。

一　般　项　目

8.12.4　带式输送机及传动装置安装允许偏差和检验方法应符合表8.12.4的规定。

表8.12.4　带式输送机及传动装置安装允许偏差和检验方法

序号	项　目		允许偏差（mm）	检验方法
1	滚筒	水平、垂直方向中心线间距	±3	直尺检查
		轴向水平度	$0.5L_1/1000$	水平仪检查
		标高	±5	水准仪与直尺检查
2	传动装置	纵、横向中心线	5	钢丝与直尺检查
		标高	±5	水准仪与直尺检查
		水平度	$0.5L_2/1000$	水平仪检查
3	头架尾架中间架及其支腿	机架中心线直线度在任意25m内	2.5	钢丝与直尺检查
		机架支腿的垂直度	$2H/1000$	线坠与直尺检查
		机架纵梁中心线间距	±5	尺量检查
		机架接头处错位	1	尺量检查

注：L_1为支承座长度，L_2为支承座对角线长度，L_3为传动轴长度。

3）验收应提供的核查资料

（1）核查依据：《城镇污水处理厂工程质量验收规范》GB 50334－2017

7.1.2　污水处理设备安装工程的质量验收应检查下列文件：

1　设备安装使用说明书；

2　产品出厂合格证书、性能检测报告、材质证明书；

3　设备开箱验收记录；

4　设备试运转记录；

5　施工记录和监理检验记录；

6　其他有关文件。

（2）核查资料明细

核查资料明细表

序号	核查资料名称	核查要点
1	设备安装使用说明书	核查说明书齐全程度
2	产品出厂合格证书、性能检测报告、材质证明书	核查合格证书等的齐全程度
3	设备开箱验收记录	核查规格型号、外观、设备零部件等符合设计要求
4	土建与设备连接部位检验批质量验收记录	核查基础混凝土强度、预埋件位置等符合设计及规范要求
5	施工记录	核查轴向水平度、标高等符合设计及规范要求
6	监理检验记录	核查记录内容的完整性

2. 带式输送机试运转记录

1）表格

带式输送机安装工程单机试运转记录

工程名称：

<table>
<tr><td>设备部位图号</td><td colspan="2"></td><td>设备名称</td><td></td><td>型号、规格、台数</td><td colspan="2"></td></tr>
<tr><td>施工单位</td><td colspan="2"></td><td>设备所在系统</td><td></td><td>额定数据</td><td colspan="2"></td></tr>
<tr><td>试验单位</td><td colspan="2"></td><td>负责人</td><td></td><td>试车时间</td><td colspan="2">年 月 日 时 分起
年 月 日 时 分止</td></tr>
<tr><td>序号</td><td colspan="2">试验项目</td><td colspan="3">试验记录</td><td colspan="2">试验结论</td></tr>
<tr><td>1</td><td colspan="2">运行平稳，无异常噪声</td><td colspan="3"></td><td colspan="2"></td></tr>
<tr><td>2</td><td colspan="2">辊子转动灵活</td><td colspan="3"></td><td colspan="2"></td></tr>
<tr><td>3</td><td colspan="2">拉紧装置调整方便、动作灵活</td><td colspan="3"></td><td colspan="2"></td></tr>
<tr><td>4</td><td colspan="2">皮带不打滑、不跑偏</td><td colspan="3"></td><td colspan="2"></td></tr>
<tr><td>5</td><td colspan="2">保护装置动作灵敏可靠</td><td colspan="3"></td><td colspan="2"></td></tr>
<tr><td></td><td colspan="2"></td><td colspan="3"></td><td colspan="2"></td></tr>
<tr><td colspan="2">建设单位</td><td colspan="2">监理单位</td><td colspan="2">施工单位</td><td colspan="2">其他单位</td></tr>
<tr><td colspan="2">（签字）
（盖章）</td><td colspan="2">（签字）
（盖章）</td><td colspan="2">（签字）
（盖章）</td><td colspan="2">（签字）
（盖章）</td></tr>
</table>

注：其他单位根据不同设备单机试运转验收需要，可为设备生产、设计、运营等有关单位。

2）填表依据说明

【依据规范名称及编号】

（1）【规范名称及编号】《城镇污水处理厂工程质量验收规范》GB 50334－2017

【条文摘录】

8.12.3 带式输送机应运转平稳，辊子应转动灵活，拉紧装置应调整方便、动作灵活，皮带应不打滑、不跑偏，保护装置动作灵敏可靠。

检验方法：观察检查，检查试运转记录。

3.2.50 翻抛机安装分项工程质量验收记录

1. 分项工程质量验收记录

1）表格

翻抛机安装分项工程质量验收记录

编号：□□□□□□□□□□—□□

工程名称							
单位（子单位）工程名称				分部（子分部）工程名称			
施工单位		项目经理			项目技术负责人		
验收依据							
序号		验收项目				施工单位检验结果	建设（监理）单位验收结论
1	主控项目	传动装置、提升装置、行走装置、翻堆装置、转移车等主要部件的安装应符合设备技术文件的要求					
1	一般项目	同一截面两平行导轨标高差		允许偏差（mm）	10		
2		导轨弯曲度，每2m检测长度	平面上的弯曲		1		
			立面上的弯曲		2		
3		导轨跨度偏差	跨度≤10m		±3		
			跨度＞10m		±5		
4		导轨接头错位			1		
5		翻抛滚筒的叶片离地间隙符合设备技术文件的要求					
质量控制资料							

施工单位质量检查员： 施工单位专业技术质量负责人： 年 月 日	监理单位验收结论： 监理工程师： 年 月 日	建设单位验收结论： 项目负责人： 年 月 日	其他单位验收结论： 专业技术负责人： 年 月 日

注：表中“设计要求”、“设备技术文件要求”等按工程实际填写。

2）验收依据说明

（1）【规范名称及编号】《城镇污水处理厂工程质量验收规范》GB 50334-2017

【条文摘录】

主 控 项 目

8.13.1 翻抛机的传动装置、提升装置、行走装置、翻堆装置、转移车等主要部件的安装应符合设备技术文件的要求。

检验方法：观察检查，检查施工记录。

一　般　项　目

8.13.3　翻抛机的导轨安装允许偏差和检验方法应符合表8.13.3的规定。

表8.13.3　翻抛机的导轨安装允许偏差和检验方法

序号	项目	允许偏差（mm）		检验方法
1	翻抛机的同一截面两平行导轨标高差	10		水准仪与直尺检查
2	翻抛机的导轨弯曲度	在平面上的弯曲，每2m检测长度上	1	钢丝与直尺检查
		在立面上的弯曲，每2m检测长度上	2	钢丝与直尺检查
3	翻抛机的导轨跨度偏差	跨度≤10m	±3	尺量检查
		跨度＞10m	±5	尺量检查
4	导轨接头错位	1		直尺和塞尺检查

8.13.4　翻抛滚筒的叶片离地间隙应符合设备技术文件的要求。

检验方法：尺量检查。

3）验收应提供的核查资料

（1）核查依据：《城镇污水处理厂工程质量验收规范》GB 50334－2017

7.1.2　污水处理设备安装工程的质量验收应检查下列文件：

1　设备安装使用说明书；

2　产品出厂合格证书、性能检测报告、材质证明书；

3　设备开箱验收记录；

4　设备试运转记录；

5　施工记录和监理检验记录；

6　其他有关文件。

（2）核查资料明细

核查资料明细表

序号	核查资料名称	核查要点
1	设备安装使用说明书	核查说明书齐全程度
2	产品出厂合格证书、性能检测报告、材质证明书	核查合格证书等的齐全程度
3	设备开箱验收记录	核查规格型号、外观、设备零部件等符合设计要求
4	土建与设备连接部位检验批质量验收记录	核查基础混凝土强度、预埋件位置等符合设计及规范要求
5	施工记录	核查导轨标高差、弯曲度、跨度偏差等符合设计及规范要求
6	监理检验记录	核查记录内容的完整性

2. 翻抛机试运转记录

1）表格

翻抛机安装工程单机试运转记录

工程名称：

<table>
<tr><td>设备部位图号</td><td></td><td>设备名称</td><td></td><td>型号、规格、台数</td><td></td></tr>
<tr><td>施工单位</td><td></td><td>设备所在系统</td><td></td><td>额定数据</td><td></td></tr>
<tr><td>试验单位</td><td></td><td>负责人</td><td></td><td>试车时间</td><td>年　月　日　时　分起
年　月　日　时　分止</td></tr>
<tr><td>序号</td><td>试验项目</td><td colspan="3">试验记录</td><td>试验结论</td></tr>
<tr><td>1</td><td>往复运动部件无异常振动</td><td colspan="3"></td><td></td></tr>
<tr><td>2</td><td>无阻滞</td><td colspan="3"></td><td></td></tr>
<tr><td>3</td><td>无走偏现象</td><td colspan="3"></td><td></td></tr>
<tr><td>4</td><td>无异常噪声</td><td colspan="3"></td><td></td></tr>
<tr><td>5</td><td>液压部件情况</td><td colspan="3"></td><td></td></tr>
<tr><td>6</td><td>控制仪表与运行相符</td><td colspan="3"></td><td></td></tr>
<tr><td>7</td><td>控制动作与控制指令相一致</td><td colspan="3"></td><td></td></tr>
<tr><td></td><td></td><td colspan="3"></td><td></td></tr>
<tr><td colspan="2">建设单位</td><td colspan="2">监理单位</td><td>施工单位</td><td>其他单位</td></tr>
<tr><td colspan="2">（签字）
（盖章）</td><td colspan="2">（签字）
（盖章）</td><td>（签字）
（盖章）</td><td>（签字）
（盖章）</td></tr>
</table>

注：其他单位根据不同设备单机试运转验收需要，可为设备生产、设计、运营等有关单位。

2）填表依据说明

【依据规范名称及编号】

(1)《城镇污水处理厂工程质量验收规范》GB 50334－2017

8.13.2　翻抛机试运转时，往复运动部件在整个行程上不得有异常振动、阻滞和走偏现象。

检验方法：观察检查，检查试运转记录。

(2)《机械设备安装工程施工及验收通用规范》GB 50231－2009

【条文摘录】

7.8.1　空负荷试运转时，应进行下列各项检查，并应做好实测的记录。

1　主运动机构和各运动部件应运行平稳，应无不正常的声响；摩擦面温度应正常无过热现象；

2　主运动机构的轴承温度和温升应符合有关规定；

3　润滑、液压、冷却、加热和气动系统，有关部件的动作和介质的进、出口温度等均应符合规定，并应工作正常、畅通无阻、无渗漏现象；

4　各种操纵控制仪表和显示等，均应与运行实际相符，工作正常、正确、灵敏和可靠；

5　机械设备的手动、半自动和自动运行程序，速度、进给量及进给速度等，均应与控制指令或控制带要求相一致，其偏差应在允许的范围之内。

3.2.51　筛分机安装分项工程质量验收记录

1. 分项工程质量验收记录

1）表格

筛分机安装分项工程质量验收记录

编号：□□□□□□□□□□—□□

工程名称						
单位（子单位）工程名称				分部（子分部）工程名称		
施工单位		项目经理			项目技术负责人	
验收依据						
序号	验收项目				施工单位检验结果	建设（监理）单位验收结论
1	主控项目	各紧固件应连接牢固、无松动				
1	一般项目	机体中心与设计中心线	允许偏差（mm）	3		
2		机体标高		±5		
3		支承座水平度		$2L_1/1000$		
4		支承座安装对角线		$L_2/1000$		
5		支承座安装相对标高		2		
6		传动轴水平度		$0.2L_3/1000$		
质量控制资料						

施工单位质量检查员： 施工单位专业技术质量负责人： 年　月　日	监理单位验收结论： 监理工程师： 年　月　日	建设单位验收结论： 项目负责人： 年　月　日	其他单位验收结论： 专业技术负责人： 年　月　日

注：1　L_1为支承座长度，L_2为支承座对角线长度，L_3为传动轴长度；

2　表中“设计要求”、“设备技术文件要求”等按工程实际填写。

2）验收依据说明

（1）【规范名称及编号】《城镇污水处理厂工程质量验收规范》GB 50334－2017

【条文摘录】

主 控 项 目

8.14.1 振动式筛分机各紧固件应连接牢固、无松动。

检验方法：观察检查。

一 般 项 目

8.14.3 筛分机安装允许偏差和检验方法应符合表8.14.3的规定。

表8.14.3 筛分机安装允许偏差和检验方法

序号	项目	允许偏差（mm）	检验方法
1	机体中心与设计中心线	3	经纬仪或拉线尺量检查
2	机体标高	±5	水准仪与直尺检查
3	支承座水平度	$2L_1/1000$	水平仪检查
4	支承座安装对角线	$L_2/1000$	尺量检查
5	支承座安装相对标高	2	水准仪与直尺检查
6	传动轴水平度	$0.2L_3/1000$	在轴或皮带轮0°和180°的两个位置上，用水平仪检查

注：L_1为支承座长度，L_2为支承座对角线长度，L_3为传动轴长度。

3）验收应提供的核查资料

（1）核查依据：《城镇污水处理厂工程质量验收规范》GB 50334－2017

7.1.2 污水处理设备安装工程的质量验收应检查下列文件：

1 设备安装使用说明书；

2 产品出厂合格证书、性能检测报告、材质证明书；

3 设备开箱验收记录；

4 设备试运转记录；

5 施工记录和监理检验记录；

6 其他有关文件。

（2）核查资料明细

核查资料明细表

序号	核查资料名称	核查要点
1	设备安装使用说明书	核查说明书齐全程度
2	产品出厂合格证书、性能检测报告、材质证明书	核查合格证书等的齐全程度
3	设备开箱验收记录	核查规格型号、外观、设备零部件等符合设计要求
4	土建与设备连接部位检验批质量验收记录	核查基础混凝土强度、预埋件位置等符合设计及规范要求
5	施工记录	核查紧固件连接、轴水平度、设备标高等符合设计及规范要求
6	监理检验记录	核查记录内容的完整性

2. 筛分机试运转记录

1）表格

筛分机安装工程单机试运转记录

工程名称：

设备部位图号		设备名称		型号、规格、台数	
施工单位		设备所在系统		额定数据	
试验单位		负责人		试车时间	年　月　日　时　分起 年　月　日　时　分止
序号	试验项目	试验记录			试验结论
1	运转平稳				
2	无异常声响				
3	物料在进料和出料位置无堵塞、无淤积、无泄漏				
4	轴承温度和温升				
5	控制仪表与运行相符				
6	控制动作与控制指令相一致				
建设单位		监理单位		施工单位	其他单位
（签字） （盖章）		（签字） （盖章）		（签字） （盖章）	（签字） （盖章）

注：其他单位根据不同设备单机试运转验收需要，可为设备生产、设计、运营等有关单位。

2）填表依据说明

【依据规范名称及编号】

（1）《城镇污水处理厂工程质量验收规范》GB 50334－2017

【条文摘录】

8.14.2　筛分机应运转平稳，无异常振动和声响，物料在进料和出料位置应无堵塞、无淤积、无泄漏。

检验方法：观察检查，检查试运转记录。

（2）《机械设备安装工程施工及验收通用规范》GB 50231－2009

【条文摘录】

7.8.1　空负荷试运转时，应进行下列各项检查，并应做好实测的记录。

1　主运动机构和各运动部件应运行平稳，应无不正常的声响；摩擦面温度应正常无过热现象；

2　主运动机构的轴承温度和温升应符合有关规定；

3 润滑、液压、冷却、加热和气动系统，有关部件的动作和介质的进、出口温度等均应符合规定，并应工作正常、畅通无阻、无渗漏现象；

4 各种操纵控制仪表和显示等，均应与运行实际相符，工作正常、正确、灵敏和可靠；

5 机械设备的手动、半自动和自动运行程序，速度、进给量及进给速度等，均应与控制指令或控制带要求相一致，其偏差应在允许的范围之内。

3.2.52 污泥贮仓安装分项工程质量验收记录

1. 分项工程质量验收记录

1）表格

污泥贮仓安装分项工程质量验收记录

编号：□□□□□□□□□□—□□

<table>
<tr><td colspan="2">工程名称</td><td colspan="6"></td></tr>
<tr><td colspan="2">单位（子单位）工程名称</td><td colspan="3"></td><td>分部（子分部）工程名称</td><td colspan="2"></td></tr>
<tr><td colspan="2">施工单位</td><td colspan="2"></td><td>项目经理</td><td></td><td>项目技术负责人</td><td></td></tr>
<tr><td colspan="2">验收依据</td><td colspan="6"></td></tr>
<tr><td>序号</td><td colspan="4">验收项目</td><td colspan="2">施工单位检验结果</td><td>建设（监理）单位验收结论</td></tr>
<tr><td>1</td><td rowspan="4">主控项目</td><td colspan="3">仓体焊缝表面不应有裂纹、焊瘤、烧穿、弧坑等缺陷，焊缝质量符合设计文件要求</td><td colspan="2"></td><td></td></tr>
<tr><td>2</td><td colspan="3">仓体支腿与基础可靠连接</td><td colspan="2"></td><td></td></tr>
<tr><td>3</td><td colspan="3">液压系统法兰、管接头、螺堵安装牢固</td><td colspan="2"></td><td></td></tr>
<tr><td>4</td><td colspan="3">贮仓与闸板阀连接应密封、无松动</td><td colspan="2"></td><td></td></tr>
<tr><td>1</td><td rowspan="3">一般项目</td><td>设备平面位置</td><td rowspan="3">允许偏差（mm）</td><td>10</td><td colspan="2"></td><td></td></tr>
<tr><td>2</td><td>设备标高</td><td>±5</td><td colspan="2"></td><td></td></tr>
<tr><td>3</td><td>垂直度</td><td>$H/1000$</td><td colspan="2"></td><td></td></tr>
<tr><td colspan="5">质量控制资料</td><td colspan="2"></td><td></td></tr>
<tr><td colspan="2">施工单位质量检查员：
施工单位专业技术质量负责人：

年 月 日</td><td colspan="2">监理单位验收结论：
监理工程师：

年 月 日</td><td colspan="2">建设单位验收结论：
项目负责人：

年 月 日</td><td colspan="2">其他单位验收结论：
专业技术负责人：

年 月 日</td></tr>
</table>

注：1 表中 H 为污泥贮仓仓体高度；

2 表中“设计要求”、“设备技术文件要求”等按工程实际填写。

2）验收依据说明

（1）【规范名称及编号】《城镇污水处理厂工程质量验收规范》GB 50334－2017

【条文摘录】

主　控　项　目

8.15.1　仓体的焊缝表面不应有裂纹、焊瘤、烧穿、弧坑等缺陷，焊缝质量应符合设计文件的要求。

检验方法：观察检查，检查施工记录，检查检测报告。

8.15.2　仓体支腿应与基础可靠连接。

检验方法：观察检查，检查施工记录。

8.15.3　液压系统各管路的法兰、管接头、螺堵等安装应牢固。

检验方法：观察检查。

8.15.4　污泥贮仓与闸板阀的连接应密封、无松动。

检验方法：观察检查，检查施工记录。

一　般　项　目

8.15.7　污泥贮仓安装的允许偏差和检验方法应符合表8.15.7的规定。

表8.15.7　污泥贮仓安装允许偏差和检验方法

序号	项目	允许偏差（mm）	检验方法
1	设备平面位置	10	直尺检查
2	设备标高	±5	水准仪与直尺检查
3	垂直度	$H/1000$	线坠与直尺检查

注：H 为污泥贮仓仓体高度。

3）验收应提供的核查资料

（1）核查依据：《城镇污水处理厂工程质量验收规范》GB 50334－2017

7.1.2　污水处理设备安装工程的质量验收应检查下列文件：

1　设备安装使用说明书；

2　产品出厂合格证书、性能检测报告、材质证明书；

3　设备开箱验收记录；

4　设备试运转记录；

5　施工记录和监理检验记录；

6　其他有关文件。

（2）核查资料明细

核查资料明细表

序号	核查资料名称	核查要点
1	设备安装使用说明书	核查说明书齐全程度
2	产品出厂合格证书、性能检测报告、材质证明书	核查合格证书等的齐全程度
3	设备开箱验收记录	核查规格型号、外观、设备零部件等符合设计要求
4	土建与设备连接部位检验批质量验收记录	核查基础混凝土强度、预埋件位置等符合设计及规范要求
5	施工记录	核查管路连接、设备标高、垂直度等符合设计及规范要求
6	监理检验记录	核查记录内容的完整性

2. 污泥贮仓单机试运转记录

1）表格

污泥贮仓安装工程单机试运转记录

工程名称：

<table>
<tr><td>设备部位图号</td><td></td><td>设备名称</td><td></td><td>型号、规格、台数</td><td></td></tr>
<tr><td>施工单位</td><td></td><td>设备所在系统</td><td></td><td>额定数据</td><td></td></tr>
<tr><td>试验单位</td><td></td><td>负责人</td><td></td><td>试车时间</td><td>年　月　日　时　分起
年　月　日　时　分止</td></tr>
<tr><td>序号</td><td>试验项目</td><td colspan="3">试验记录</td><td>试验结论</td></tr>
<tr><td>1</td><td>滑架与闸门控制灵敏，无泄漏</td><td colspan="3"></td><td></td></tr>
<tr><td>2</td><td>电气接线和液压管路连接可靠</td><td colspan="3"></td><td></td></tr>
<tr><td>3</td><td>电机和搅拌轴运行应平稳、顺畅</td><td colspan="3"></td><td></td></tr>
<tr><td>4</td><td>无异常噪声</td><td colspan="3"></td><td></td></tr>
<tr><td>5</td><td>轴承温度和温升</td><td colspan="3"></td><td></td></tr>
<tr><td>6</td><td>控制仪表与运行相符</td><td colspan="3"></td><td></td></tr>
<tr><td>7</td><td>控制动作与控制指令相一致</td><td colspan="3"></td><td></td></tr>
<tr><td></td><td></td><td colspan="3"></td><td></td></tr>
<tr><td colspan="2">建设单位</td><td colspan="2">监理单位</td><td colspan="1">施工单位</td><td>其他单位</td></tr>
<tr><td colspan="2">（签字）
（盖章）</td><td colspan="2">（签字）
（盖章）</td><td>（签字）
（盖章）</td><td>（签字）
（盖章）</td></tr>
</table>

注：其他单位根据不同设备单机试运转验收需要，可为设备生产、设计、运营等有关单位。

2）填表依据说明

【依据规范名称及编号】

(1)《城镇污水处理厂工程质量验收规范》GB 50334－2017

【条文摘录】

8.15.5　滑架和闸门应控制灵敏，无泄漏。

检验方法：观察检查，检查试运转记录。

8.15.6　贮仓空载试运转前，应检查电气接线和液压管路的连接，电机和搅拌轴运行应平稳、顺畅，无异常噪声。

检验方法：观察检查，检查试运转记录。

(2)《机械设备安装工程施工及验收通用规范》GB 50231－2009

【条文摘录】

7.8.1　空负荷试运转时，应进行下列各项检查，并应做好实测的记录。

1　主运动机构和各运动部件应运行平稳，应无不正常的声响；摩擦面温度应正常无过热现象；

2　主运动机构的轴承温度和温升应符合有关规定；

3　润滑、液压、冷却、加热和气动系统，有关部件的动作和介质的进、出口温度等均应符合规定，并应工作正常、畅通无阻、无渗漏现象；

4　各种操纵控制仪表和显示等，均应与运行实际相符，工作正常、正确、灵敏和可靠；

5　机械设备的手动、半自动和自动运行程序，速度、进给量及进给速度等，均应与控制指令或控制带要求相一致，其偏差应在允许的范围之内。

3.2.53　污泥干化设备安装分项工程质量验收记录

1. 分项工程质量验收记录

1）表格

污泥干化设备安装分项工程质量验收记录

编号：□□□□□□□□□□—□□

工程名称						
单位（子单位）工程名称				分部（子分部）工程名称		
施工单位		项目经理		项目技术负责人		
验收依据						
序号		验收项目			施工单位检验结果	建设（监理）单位验收结论
1	主控项目	进出料口与物料输送设备连接牢固，密封良好				
2	主控项目	石灰污泥搅拌机密封盖板与设备机壳连接可靠				
1	一般项目	带式污泥干化机干化带接头牢固，干化带张力符合设备技术文件要求				
2	一般项目	薄层干燥机导轨接头安装错位	允许偏差（mm）	≤1		
3	一般项目	设备平面位置	允许偏差（mm）	10		
4	一般项目	设备标高	允许偏差（mm）	+20，−10		
5	一般项目	轴向水平度	允许偏差（mm）	$L/1000$		
6	一般项目	径向水平度	允许偏差（mm）	$2D/1000$		
质量控制资料						

施工单位质量检查员： 施工单位专业技术质量负责人： 年　月　日	监理单位验收结论： 监理工程师： 年　月　日	建设单位验收结论： 项目负责人： 年　月　日	其他单位验收结论： 专业技术负责人： 年　月　日

注：1　表中 L 为设备长度，D 为设备直径；

2　表中“设计要求”、“设备技术文件要求”等按工程实际填写。

2）验收依据说明

(1)【规范名称及编号】《城镇污水处理厂工程质量验收规范》GB 50334－2017

【条文摘录】

主 控 项 目

8.16.1 进出料口与物料输送设备应连接牢固，密封良好。

检验方法：观察检查。

8.16.2 石灰污泥搅拌机密封盖板与设备机壳应连接可靠。

检验方法：观察检查。

一 般 项 目

8.16.4 薄层干燥机导轨接头错位安装允许偏差不应大于1mm。

检验方法：尺量检查。

8.16.5 带式污泥干化机干化带的接头应牢固，干化带的张力应符合设备技术文件的要求。

检验方法：观察检查，实测实量

8.16.6 污泥干化设备安装允许偏差和检验方法应符合表8.16.6的规定。

表 8.16.6 污泥干化设备安装允许偏差和检验方法

序号	项目	允许偏差（mm）	检验方法
1	设备平面位置	10	尺量检查
2	设备标高	+20，−10	水准仪与直尺检查
3	轴向水平度	$L/1000$	水平仪检查
4	径向水平度	$2D/1000$	水平仪检查

注：L为设备长度，D为设备直径。

3）验收应提供的核查资料

(1) 核查依据：《城镇污水处理厂工程质量验收规范》GB 50334－2017

7.1.2 污水处理设备安装工程的质量验收应检查下列文件：

1 设备安装使用说明书；

2 产品出厂合格证书、性能检测报告、材质证明书；

3 设备开箱验收记录；

4 设备试运转记录；

5 施工记录和监理检验记录；

6 其他有关文件。

(2) 核查资料明细

核查资料明细表

序号	核查资料名称	核查要点
1	设备安装使用说明书	核查说明书齐全程度
2	产品出厂合格证书、性能检测报告、材质证明书	核查合格证书等的齐全程度
3	设备开箱验收记录	核查规格型号、外观、设备零部件等符合设计要求

续表

序号	核查资料名称	核查要点
4	土建与设备连接部位检验批质量验收记录	核查基础混凝土强度、预埋件位置等符合设计及规范要求
5	施工记录	核查进出料口与物料输送设备连接、设备标高、轴向及径向水平度等符合设计及规范要求
6	监理检验记录	核查记录内容的完整性

2. 污泥干化设备单机试运转记录

1）表格

污泥干化设备安装工程单机试运转记录

工程名称：

设备部位图号		设备名称		型号、规格、台数	
施工单位		设备所在系统		额定数据	
试验单位		负责人		试车时间	年　月　日　时　分起 年　月　日　时　分止
序号	试验项目	试验记录			试验结论
1	运行平稳，无明显振动和噪声				
2	热介质、烟气等附属系统连接符合设备技术文件的要求，并应无渗漏				
3	控制动作与控制指令相一致				
4	控制仪表与运行相符				

建设单位	监理单位	施工单位	其他单位
（签字） （盖章）	（签字） （盖章）	（签字） （盖章）	（签字） （盖章）

注：其他单位根据不同设备单机试运转验收需要，可为设备生产、设计、运营等有关单位。

2）填表依据说明

【依据规范名称及编号】

（1）《城镇污水处理厂工程质量验收规范》GB 50334－2017

【条文摘录】

8.16.3　干化设备运行应平稳，无明显振动和噪声；热介质、烟气处理等各附属系统连接应符合设备技术文件的要求，并应无渗漏。

检验方法：观察检查，检查试运转记录。

（2）《机械设备安装工程施工及验收通用规范》GB 50231－2009

【条文摘录】

7.8.1　空负荷试运转时，应进行下列各项检查，并应做好实测的记录。

1　主运动机构和各运动部件应运行平稳，应无不正常的声响；摩擦面温度应正常无过热现象；

2　主运动机构的轴承温度和温升应符合有关规定；

3　润滑、液压、冷却、加热和气动系统，有关部件的动作和介质的进、出口温度等均应符合规定，并应工作正常、畅通无阻、无渗漏现象；

4　各种操纵控制仪表和显示等，均应与运行实际相符，工作正常、正确、灵敏和可靠；

5　机械设备的手动、半自动和自动运行程序，速度、进给量及进给速度等，均应与控制指令或控制带要求相一致，其偏差应在允许的范围之内。

3.2.54　悬斗输送机安装分项工程质量验收记录

1. 分项工程质量验收记录

1）表格

悬斗输送机安装分项工程质量验收记录

编号：□□□□□□□□□□—□□

<table>
<tr><td colspan="2">工程名称</td><td colspan="11"></td></tr>
<tr><td colspan="2">单位（子单位）工程名称</td><td colspan="7"></td><td colspan="2">分部（子分部）工程名称</td><td colspan="2"></td></tr>
<tr><td colspan="2">施工单位</td><td colspan="2"></td><td colspan="2">项目经理</td><td colspan="4"></td><td>项目技术负责人</td><td colspan="2"></td></tr>
<tr><td colspan="2">验收依据</td><td colspan="11"></td></tr>
<tr><td>序号</td><td colspan="4">验收项目</td><td colspan="5">施工单位检验结果</td><td colspan="3">建设（监理）单位验收结论</td></tr>
<tr><td>1</td><td>主控项目</td><td colspan="3">悬斗输送机密封良好、无臭气泄漏</td><td colspan="5"></td><td colspan="3"></td></tr>
<tr><td>1</td><td rowspan="6">一般项目</td><td>设备平面位置</td><td rowspan="6">允许偏差（mm）</td><td>10</td><td></td><td></td><td></td><td></td><td></td><td colspan="3"></td></tr>
<tr><td>2</td><td>设备标高</td><td>+20，−10</td><td></td><td></td><td></td><td></td><td></td><td colspan="3"></td></tr>
<tr><td>3</td><td>链轮横向中心线与输送机纵向中心线平面位置</td><td>2</td><td></td><td></td><td></td><td></td><td></td><td colspan="3"></td></tr>
<tr><td>4</td><td>链轮轴线与输送机纵向中心线垂直度偏差</td><td>$L_1/1000$</td><td></td><td></td><td></td><td></td><td></td><td colspan="3"></td></tr>
<tr><td>5</td><td>链轮轴水平度偏差</td><td>$0.5L_2/1000$</td><td></td><td></td><td></td><td></td><td></td><td colspan="3"></td></tr>
<tr><td>6</td><td>进、出料口位置偏差</td><td>5</td><td></td><td></td><td></td><td></td><td></td><td colspan="3"></td></tr>
<tr><td colspan="10">质量控制资料</td><td colspan="3"></td></tr>
<tr><td colspan="3">施工单位质量检查员：
施工单位专业技术质量负责人：
年　月　日</td><td colspan="4">监理单位验收结论：
监理工程师：
年　月　日</td><td colspan="4">建设单位验收结论：
项目负责人：
年　月　日</td><td colspan="2">其他单位验收结论：
专业技术负责人：
年　月　日</td></tr>
</table>

注：1　表中 L_1 为输送机长度，L_2 为链轮长度；

2　表中“设计要求”、“设备技术文件要求”等按工程实际填写。

2）验收依据说明

（1）【规范名称及编号】《城镇污水处理厂工程质量验收规范》GB 50334－2017

【条文摘录】

主　控　项　目

8.17.1　悬斗输送机应密封良好、无臭气泄漏。

检验方法：观察检查。

一　般　项　目

8.17.3　悬斗输送机安装允许偏差和检验方法应符合表8.17.3的规定。

表8.17.3　悬斗输送机安装允许偏差和检验方法

序号	项目	允许偏差（mm）	检验方法
1	悬斗输送机平面位置	10	尺量检查
2	悬斗输送机安装标高	＋20，－10	水准仪与直尺检查
3	链轮横向中心线与输送机纵向中心线平面位置	2	钢丝与直尺检查
4	链轮轴线与输送机纵向中心线的垂直度偏差	$L_1/1000$	线坠与直尺检查
5	链轮轴水平度偏差	$0.5L_2/1000$	框式水平仪检查
6	进、出料口的位置偏差	5	尺量检查

注：L_1为输送机长度，L_2为链轮长度。

3）验收应提供的核查资料

（1）核查依据：《城镇污水处理厂工程质量验收规范》GB 50334－2017

7.1.2　污水处理设备安装工程的质量验收应检查下列文件：

1　设备安装使用说明书；

2　产品出厂合格证书、性能检测报告、材质证明书；

3　设备开箱验收记录；

4　设备试运转记录；

5　施工记录和监理检验记录；

6　其他有关文件。

（2）核查资料明细

核查资料明细表

序号	核查资料名称	核查要点
1	设备安装使用说明书	核查说明书齐全程度
2	产品出厂合格证书、性能检测报告、材质证明书	核查合格证书等的齐全程度
3	设备开箱验收记录	核查规格型号、外观、设备零部件等符合设计要求
4	土建与设备连接部位检验批质量验收记录	核查基础混凝土强度、预埋件位置等符合设计及规范要求
5	施工记录	核查设备密封、进出料口位置等符合设计及规范要求
6	监理检验记录	核查记录内容的完整性

2. 悬斗输送机单机试运转记录

1）表格

悬斗输送机安装工程单机试运转记录

工程名称：

<table>
<tr><td colspan="2">设备部位图号</td><td colspan="2"></td><td colspan="2">设备名称</td><td colspan="2"></td><td colspan="2">型号、规格、台数</td><td colspan="2"></td></tr>
<tr><td colspan="2">施工单位</td><td colspan="2"></td><td colspan="2">设备所在系统</td><td colspan="2"></td><td colspan="2">额定数据</td><td colspan="2"></td></tr>
<tr><td colspan="2">试验单位</td><td colspan="2"></td><td colspan="2">负责人</td><td colspan="2"></td><td colspan="2">试车时间</td><td colspan="2">年 月 日 时 分起
年 月 日 时 分止</td></tr>
<tr><td>序号</td><td colspan="3">试验项目</td><td colspan="4">试验记录</td><td colspan="4">试验结论</td></tr>
<tr><td>1</td><td colspan="3">运行平稳</td><td colspan="4"></td><td colspan="4"></td></tr>
<tr><td>2</td><td colspan="3">无异常声响</td><td colspan="4"></td><td colspan="4"></td></tr>
<tr><td>3</td><td colspan="3">过载装置动作灵敏可靠，无卡阻、突跳</td><td colspan="4"></td><td colspan="4"></td></tr>
<tr><td>4</td><td colspan="3">控制动作与控制指令相一致</td><td colspan="4"></td><td colspan="4"></td></tr>
<tr><td></td><td colspan="3"></td><td colspan="4"></td><td colspan="4"></td></tr>
<tr><td colspan="3">建设单位</td><td colspan="3">监理单位</td><td colspan="3">施工单位</td><td colspan="3">其他单位</td></tr>
<tr><td colspan="3">（签字）
（盖章）</td><td colspan="3">（签字）
（盖章）</td><td colspan="3">（签字）
（盖章）</td><td colspan="3">（签字）
（盖章）</td></tr>
</table>

注：其他单位根据不同设备单机试运转验收需要，可为设备生产、设计、运营等有关单位。

2）填表依据说明

【依据规范名称及编号】

(1)《城镇污水处理厂工程质量验收规范》GB 50334－2017

【条文摘录】

8.17.2 悬斗输送机过载装置动作应灵敏可靠，无卡阻、突跳。

检验方法：观察检查，检查试运转记录。

(2)《机械设备安装工程施工及验收通用规范》GB 50231－2009

【条文摘录】

7.8.1 空负荷试运转时，应进行下列各项检查，并应做好实测的记录。

1 主运动机构和各运动部件应运行平稳，应无不正常的声响；摩擦面温度应正常无过热现象；

2 主运动机构的轴承温度和温升应符合有关规定；

3 润滑、液压、冷却、加热和气动系统，有关部件的动作和介质的进、出口温度等均应符合规定，并应工作正常、畅通无阻、无渗漏现象；

4 各种操纵控制仪表和显示等，均应与运行实际相符，工作正常、正确、灵敏和

可靠；

5　机械设备的手动、半自动和自动运行程序，速度、进给量及进给速度等，均应与控制指令或控制带要求相一致，其偏差应在允许的范围之内。

3.2.55　干泥料仓安装分项工程质量验收记录

1. 分项工程质量验收记录

1）表格

干泥料仓安装分项工程质量验收记录

编号：□□□□□□□□□□—□□

<table>
<tr><td colspan="2">工程名称</td><td colspan="9"></td></tr>
<tr><td colspan="2">单位（子单位）
工程名称</td><td colspan="3"></td><td colspan="5">分部（子分部）
工程名称</td><td></td></tr>
<tr><td colspan="2">施工单位</td><td></td><td colspan="2">项目经理</td><td colspan="5"></td><td>项目技术
负责人</td></tr>
<tr><td colspan="2">验收依据</td><td colspan="9"></td></tr>
<tr><td>序号</td><td colspan="4">验收项目</td><td colspan="5">施工单位
检验结果</td><td>建设（监理）单位
验收结论</td></tr>
<tr><td>1</td><td>主控项目</td><td colspan="3">干泥料仓防爆安装符合
设计文件要求</td><td colspan="5"></td><td></td></tr>
<tr><td>1</td><td rowspan="3">一般项目</td><td colspan="3">料仓振动活化器安装符合
设计文件要求</td><td colspan="5"></td><td></td></tr>
<tr><td>2</td><td>设备平面位置</td><td rowspan="2">允许偏差
（mm）</td><td>10</td><td></td><td></td><td></td><td></td><td></td><td></td></tr>
<tr><td>3</td><td>设备标高</td><td>＋20，－10</td><td></td><td></td><td></td><td></td><td></td><td></td></tr>
<tr><td colspan="5">质量控制资料</td><td colspan="5"></td><td></td></tr>
<tr><td colspan="3">施工单位质量检查员：
施工单位专业技术质量负责人：

年　月　日</td><td colspan="3">监理单位验收结论：
监理工程师：

年　月　日</td><td colspan="3">建设单位验收结论：
项目负责人：

年　月　日</td><td colspan="2">其他单位验收结论：
专业技术负责人：

年　月　日</td></tr>
</table>

注：1　表中“设计要求”、“设备技术文件要求”等按工程实际填写。

2　料仓防爆设备种类繁多，安装时应根据设备类型、设计要求选择合适的验收指标，并符合《粉尘防爆安全规程》GB 15577 的有关规定。

2）验收依据说明

（1）【规范名称及编号】《城镇污水处理厂工程质量验收规范》GB 50334－2017

【条文摘录】

主　控　项　目

8.18.1　干泥料仓的防爆安装应符合设计文件的要求和现行国家标准《粉尘防爆安全规程》GB 15577 的有关规定。

检验方法：检查施工记录。

一　般　项　目

8.18.3　干泥料仓振动活化器安装应符合设计文件的要求。

检验方法：检查施工记录。

8.18.4　干泥料仓安装的允许偏差和检验方法应符合表 8.18.4 的规定。

表 8.18.4　干泥料仓安装的允许偏差和检验方法

序号	项目	允许偏差（mm）	检验方法
1	设备平面位置	10	尺量检查
2	设备标高	＋20，－10	水准仪与直尺检查

3）验收应提供的核查资料

（1）核查依据：《城镇污水处理厂工程质量验收规范》GB 50334－2017

7.1.2　污水处理设备安装工程的质量验收应检查下列文件：

1　设备安装使用说明书；

2　产品出厂合格证书、性能检测报告、材质证明书；

3　设备开箱验收记录；

4　设备试运转记录；

5　施工记录和监理检验记录；

6　其他有关文件。

（2）核查资料明细

核查资料明细表

序号	核查资料名称	核查要点
1	设备安装使用说明书	核查说明书齐全程度
2	产品出厂合格证书、性能检测报告、材质证明书	核查合格证书等的齐全程度
3	设备开箱验收记录	核查规格型号、外观、设备零部件等符合设计要求
4	土建与设备连接部位检验批质量验收记录	核查基础混凝土强度、预埋件位置等符合设计及规范要求
5	施工记录	核查安装位置、标高等符合设计及规范要求
6	监理检验记录	核查记录内容的完整性

2. 干泥料仓单机试运转记录

1）表格

干泥料仓安装工程单机试运转记录

工程名称：

<table>
<tr><td colspan="2">设备部位图号</td><td colspan="2"></td><td colspan="2">设备名称</td><td></td><td>型号、规格、台数</td><td colspan="2"></td></tr>
<tr><td colspan="2">施工单位</td><td colspan="2"></td><td colspan="2">设备所在系统</td><td></td><td>额定数据</td><td colspan="2"></td></tr>
<tr><td colspan="2">试验单位</td><td colspan="2"></td><td colspan="2">负责人</td><td></td><td>试车时间</td><td colspan="2">年　月　日　时　分起
年　月　日　时　分止</td></tr>
<tr><td>序号</td><td colspan="3">试验项目</td><td colspan="4">试验记录</td><td colspan="2">试验结论</td></tr>
<tr><td>1</td><td colspan="3">运行平稳</td><td colspan="4"></td><td colspan="2"></td></tr>
<tr><td>2</td><td colspan="3">无异常声响</td><td colspan="4"></td><td colspan="2"></td></tr>
<tr><td>3</td><td colspan="3">气动闸板阀动作及时准确，无卡阻</td><td colspan="4"></td><td colspan="2"></td></tr>
<tr><td>4</td><td colspan="3">压力释放器动作及时准确，无卡阻</td><td colspan="4"></td><td colspan="2"></td></tr>
<tr><td>5</td><td colspan="3">控制动作与控制指令相一致</td><td colspan="4"></td><td colspan="2"></td></tr>
<tr><td></td><td colspan="3"></td><td colspan="4"></td><td colspan="2"></td></tr>
<tr><td colspan="3">建设单位</td><td colspan="2">监理单位</td><td colspan="4">施工单位</td><td>其他单位</td></tr>
<tr><td colspan="3">（签字）
（盖章）</td><td colspan="2">（签字）
（盖章）</td><td colspan="4">（签字）
（盖章）</td><td>（签字）
（盖章）</td></tr>
</table>

注：其他单位根据不同设备单机试运转验收需要，可为设备生产、设计、运营等有关单位。

2）填表依据说明

【依据规范名称及编号】

(1)《城镇污水处理厂工程质量验收规范》GB 50334－2017

【条文摘录】

8.18.2　干泥料仓试运转时，气动闸板阀、压力释放器动作应及时准确，无卡阻。

检验方法：观察检查，检查试运转记录。

(2)《机械设备安装工程施工及验收通用规范》GB 50231－2009

【条文摘录】

7.8.1　空负荷试运转时，应进行下列各项检查，并应做好实测的记录。

1　主运动机构和各运动部件应运行平稳，应无不正常的声响；摩擦面温度应正常无过热现象；

2　主运动机构的轴承温度和温升应符合有关规定；

3　润滑、液压、冷却、加热和气动系统，有关部件的动作和介质的进、出口温度等均应符合规定，并应工作正常、畅通无阻、无渗漏现象；

4　各种操纵控制仪表和显示等，均应与运行实际相符，工作正常、正确、灵敏和

可靠；

5 机械设备的手动、半自动和自动运行程序，速度、进给量及进给速度等，均应与控制指令或控制带要求相一致，其偏差应在允许的范围之内。

3.2.56 污泥焚烧设备安装分项工程质量验收记录

1. 分项工程质量验收记录

1）表格

污泥焚烧设备安装分项工程质量验收记录

编号：□□□□□□□□□□—□□

<table>
<tr><td colspan="2">工程名称</td><td colspan="8"></td></tr>
<tr><td colspan="2">单位（子单位）
工程名称</td><td colspan="3"></td><td colspan="2">分部（子分部）
工程名称</td><td colspan="3"></td></tr>
<tr><td colspan="2">施工单位</td><td></td><td colspan="2">项目经理</td><td colspan="2"></td><td>项目技术
负责人</td><td colspan="2"></td></tr>
<tr><td colspan="2">验收依据</td><td colspan="8"></td></tr>
<tr><td>序号</td><td colspan="3">验收项目</td><td colspan="5">施工单位
检验结果</td><td>建设（监理）单位
验收结论</td></tr>
<tr><td>1</td><td>主控项目</td><td colspan="2">各部件及管道接口安装牢固，连接紧密</td><td colspan="5"></td><td></td></tr>
<tr><td>1</td><td rowspan="2">一般项目</td><td colspan="2">焚烧炉支架安装稳固</td><td colspan="5"></td><td></td></tr>
<tr><td>2</td><td colspan="2">支架安装垂直度允许偏差为支架全长的1/1000，且不大于10mm</td><td></td><td></td><td></td><td></td><td></td><td></td></tr>
<tr><td colspan="4">质量控制资料</td><td colspan="5"></td><td></td></tr>
<tr><td colspan="3">施工单位质量检查员：
施工单位专业技术质量负责人：

年 月 日</td><td colspan="2">监理单位验收结论：
监理工程师：

年 月 日</td><td colspan="3">建设单位验收结论：
项目负责人：

年 月 日</td><td colspan="2">其他单位验收结论：
专业技术负责人：

年 月 日</td></tr>
</table>

注：表中“设计要求”、“设备技术文件要求”等按工程实际填写。

2）验收依据说明

(1)【规范名称及编号】《城镇污水处理厂工程质量验收规范》GB 50334－2017

【条文摘录】

主 控 项 目

8.19.1 焚烧设备各部件及管道接口安装应牢固，连接应紧密。

检验方法：观察检查，检查施工记录。

一 般 项 目

8.19.3 焚烧炉支架应稳固、垂直，垂直度允许偏差应为支架全长的1/1000，且不应大于10mm。

检验方法：实测实量，检查施工记录。

3）验收应提供的核查资料

（1）核查依据：《城镇污水处理厂工程质量验收规范》GB 50334－2017

7.1.2 污水处理设备安装工程的质量验收应检查下列文件：

1 设备安装使用说明书；

2 产品出厂合格证书、性能检测报告、材质证明书；

3 设备开箱验收记录；

4 设备试运转记录；

5 施工记录和监理检验记录；

6 其他有关文件。

（2）核查资料明细

核查资料明细表

序号	核查资料名称	核查要点
1	设备安装使用说明书	核查说明书齐全程度
2	产品出厂合格证书、性能检测报告、材质证明书	核查合格证书等的齐全程度
3	设备开箱验收记录	核查规格型号、外观、设备零部件等符合设计要求
4	土建与设备连接部位检验批质量验收记录	核查基础混凝土强度、预埋件位置、标高等符合设计及规范要求
5	施工记录	核查管道安装、支架垂直度等符合设计及规范要求
6	监理检验记录	核查记录内容的完整性

2. 污泥焚烧设备单机试运转记录

1）表格

污泥焚烧设备安装工程单机试运转记录

工程名称：

<table>
<tr><td>设备部位图号</td><td colspan="2"></td><td>设备名称</td><td></td><td>型号、规格、台数</td><td colspan="2"></td></tr>
<tr><td>施工单位</td><td colspan="2"></td><td>设备所在系统</td><td></td><td>额定数据</td><td colspan="2"></td></tr>
<tr><td>试验单位</td><td colspan="2"></td><td>负责人</td><td></td><td>试车时间</td><td colspan="2">年 月 日 时 分起
年 月 日 时 分止</td></tr>
<tr><td>序号</td><td colspan="2">试验项目</td><td colspan="3">试验记录</td><td colspan="2">试验结论</td></tr>
<tr><td>1</td><td colspan="2">运行平稳，无异常声响</td><td colspan="3"></td><td colspan="2"></td></tr>
<tr><td>2</td><td colspan="2">温度压力情况</td><td colspan="3"></td><td colspan="2"></td></tr>
<tr><td>3</td><td colspan="2">自动给料及出灰系统操作方便，
运行顺畅，无停滞、无卡阻</td><td colspan="3"></td><td colspan="2"></td></tr>
<tr><td>4</td><td colspan="2">尾气处理、余热利用系统严密无泄漏</td><td colspan="3"></td><td colspan="2"></td></tr>
<tr><td>5</td><td colspan="2">控制仪表与运行相符</td><td colspan="3"></td><td colspan="2"></td></tr>
<tr><td>6</td><td colspan="2">控制动作与控制指令相一致</td><td colspan="3"></td><td colspan="2"></td></tr>
<tr><td></td><td colspan="2"></td><td colspan="3"></td><td colspan="2"></td></tr>
<tr><td colspan="2">建设单位</td><td colspan="2">监理单位</td><td colspan="2">施工单位</td><td colspan="2">其他单位</td></tr>
<tr><td colspan="2">（签字）
（盖章）</td><td colspan="2">（签字）
（盖章）</td><td colspan="2">（签字）
（盖章）</td><td colspan="2">（签字）
（盖章）</td></tr>
</table>

注：其他单位根据不同设备单机试运转验收需要，可为设备生产、设计、运营等有关单位。

2）填表依据说明

【依据规范名称及编号】

(1)《城镇污水处理厂工程质量验收规范》GB 50334－2017

【条文摘录】

8.19.2 焚烧设备试运转应运行平稳，温度压力正常，自动给料及出灰系统应操作方便，运行顺畅，无停滞、无卡阻；尾气处理、余热利用系统应严密无泄漏。

检验方法：观察检查，检查试运转记录。

(2)《机械设备安装工程施工及验收通用规范》GB 50231－2009

【条文摘录】

7.8.1 空负荷试运转时，应进行下列各项检查，并应做好实测的记录。

1 主运动机构和各运动部件应运行平稳，应无不正常的声响；摩擦面温度应正常无过热现象；

2 主运动机构的轴承温度和温升应符合有关规定；

3 润滑、液压、冷却、加热和气动系统，有关部件的动作和介质的进、出口温度等均应符合规定，并应工作正常、畅通无阻、无渗漏现象；

4 各种操纵控制仪表和显示等，均应与运行实际相符，工作正常、正确、灵敏和可靠；

5 机械设备的手动、半自动和自动运行程序，速度、进给量及进给速度等，均应与控制指令或控制带要求相一致，其偏差应在允许的范围之内。

3.2.57 消烟、除尘设备安装分项工程质量验收记录

1. 分项工程质量验收记录

1）表格

消烟、除尘设备安装分项工程质量验收记录

编号：□□□□□□□□□□—□□

工程名称						
单位（子单位）工程名称				分部（子分部）工程名称		
施工单位			项目经理		项目技术负责人	
验收依据						
序号	验收项目			施工单位检验结果	建设（监理）单位验收结论	
1	主控项目	消烟、除尘系统风管材料品种、规格、性能与厚度符合设计文件要求				

续表

<table>
<tr><th>序号</th><th colspan="4">验收项目</th><th colspan="4">施工单位
检验结果</th><th>建设（监理）单位
验收结论</th></tr>
<tr><td>1</td><td rowspan="4">一般项目</td><td colspan="3">除尘器漏风量检测，在设计工作压力下允许漏风率应为5%，其中离心式除尘器应为3%</td><td colspan="4"></td><td></td></tr>
<tr><td>2</td><td colspan="3">消烟、除尘系统的风管，宜垂直或倾斜敷设，与水平夹角不宜小于45°</td><td colspan="4"></td><td></td></tr>
<tr><td>3</td><td>设备平面位置</td><td rowspan="2">允许偏差（mm）</td><td>10</td><td></td><td></td><td></td><td></td><td></td></tr>
<tr><td>4</td><td>设备标高</td><td>+20，−10</td><td></td><td></td><td></td><td></td><td></td></tr>
<tr><td colspan="5">质量控制资料</td><td colspan="4"></td><td></td></tr>
<tr><td colspan="3">施工单位质量检查员：
施工单位专业技术质量负责人：

年　月　日</td><td colspan="2">监理单位验收结论：
监理工程师：

年　月　日</td><td colspan="4">建设单位验收结论：
项目负责人：

年　月　日</td><td>其他单位验收结论：
专业技术负责人：

年　月　日</td></tr>
</table>

注：1　表中“设计要求”、“设备技术文件要求”等按工程实际填写；

2　风管种类繁多，安装时应根据设备类型、设计要求选择合适的验收指标，并符合《通风与空调工程施工质量验收规范》GB 50243的有关规定。

2）验收依据说明

（1）【规范名称及编号】《城镇污水处理厂工程质量验收规范》GB 50334－2017

【条文摘录】

主　控　项　目

8.20.1　用于消烟、除尘系统的风管的材料品种、规格、性能与厚度等应符合设计文件的要求和现行国家标准《通风与空调工程施工质量验收规范》GB 50243的有关规定。

检验方法：观察检查，检查施工记录。

一　般　项　目

8.20.2　现场组装的除尘器应做漏风量检测，在设计工作压力下允许漏风率应为5%，其中离心式除尘器应为3%。

检验方法：检查试验记录。

8.20.3　消烟、除尘系统的风管，宜垂直或倾斜敷设，与水平夹角不宜小于45°。

检验方法：观察检查，尺量检查。

8.20.4　除尘器的安装允许偏差和检验方法应符合表8.20.4的规定。

表8.20.4　除尘器安装允许偏差和检验方法

序号	项目	允许偏差（mm）	检验方法
1	设备平面位置	10	尺量检查
2	设备标高	+20，−10	水准仪与直尺检查

3）验收应提供的核查资料

（1）核查依据：《城镇污水处理厂工程质量验收规范》GB 50334－2017

7.1.2 污水处理设备安装工程的质量验收应检查下列文件：

1 设备安装使用说明书；

2 产品出厂合格证书、性能检测报告、材质证明书；

3 设备开箱验收记录；

4 设备试运转记录；

5 施工记录和监理检验记录；

6 其他有关文件。

（2）核查资料明细

核查资料明细表

序号	核查资料名称	核查要点
1	设备安装使用说明书	核查说明书齐全程度
2	产品出厂合格证书、性能检测报告、材质证明书	核查合格证书等的齐全程度
3	设备开箱验收记录	核查规格型号、外观、设备零部件等符合设计要求
4	土建与设备连接部位检验批质量验收记录	核查基础混凝土强度、预埋件位置等符合设计及规范要求
5	施工记录	核查设备位置、标高、风管垂直度等符合设计及规范要求
6	设备漏风量检测记录	核查记录内容的完整性、符合性
7	监理检验记录	核查记录内容的完整性

第4章 电气安装分部(子分部)工程质量验收资料

4.1 电气安装分部（子分部）分项工程划分

1. 根据国标中单位（子单位）、分部（子分部）、分项工程划分的规定，污水、污泥电气处理设备单位（子单位）、分部（子分部）、分项工程划分及编号可参考下表。

单位（子单位）工程	分部（子分部）工程	分项工程
格栅间设备、泵房设备、沉砂池设备、沉淀池设备、生物处理池设备、过滤池设备、消毒池设备、鼓风机房设备、加药间设备、再生水车间设备、臭氧制备车间设备、计量间设备、污泥浓缩池设备、污泥消化池设备、污泥控制室设备、沼气压缩机房设备、沼气发电机房设备、沼气锅炉房设备、脱水机房设备、污泥处理厂房设备、除臭池设备、污泥料仓、沼气柜设备、污泥储罐、消毒罐等	电气设备安装工程	隔离开关、负荷开关、高压熔断器、电容器和无功功率补偿装置、电力变压器安装、电动机、开关柜、控制盘（柜、箱）、不间断电源、电缆桥架、电缆线路、电缆终端头、电缆接头制作、电气配管、电气配线、电气照明、接地装置、防雷设施及等电位联结、滑触线和移动式软电缆、起重机电气设备等

2. 施工单位可根据污水处理厂电气设备安装工程特点对分项工程进行细化，常见划分方式可参下表：

电气安装分项工程细化表

序号	分项工程类目细化名称	分项工程
1	隔离开关、负荷开关及高压熔断器安装	隔离开关、负荷开关、高压熔断器
2	电容器和无功功率补偿装置安装	电容器和无功功率补偿装置
3	电力变压器安装	电力变压器安装
4	电动机安装	电动机
5	开关柜、控制盘（柜、箱）柜安装	开关柜控制盘（柜、箱）
6	不间断电源安装	不间断电源
7	电缆桥架安装	电缆桥架
8	电缆（电线、光缆）及导管敷设	电缆线路、电气配管
9	电缆头制作、接线和绝缘测试	电缆接头制作
10	导管内穿线和槽盒内敷线	电气配线
11	普通灯具安装	电气照明
12	开关、插座、风扇安装	
13	接地装置、防雷设施安装	接地装置、防雷设施及等电位联结
14	等电位联结	
15	滑触线和移动式软电缆安装	滑触线和移动式软电缆
16	起重机电气设备安装	起重机电气设备

4.2 电气分部工程中分项工程质量验收记录

4.2.1 隔离开关、负荷开关及高压熔断器安装分项工程质量验收记录

1. 分项工程质量验收记录

1）表格

隔离开关、负荷开关及高压熔断器安装分项工程质量验收记录

编号：□□□□□□□□□□—□□

<table>
<tr><td colspan="2">工程名称</td><td colspan="5"></td></tr>
<tr><td colspan="2">单位（子单位）
工程名称</td><td colspan="2"></td><td>分部（子分部）
工程名称</td><td colspan="2"></td></tr>
<tr><td colspan="2">施工单位</td><td></td><td>项目经理</td><td></td><td>项目技术
负责人</td><td></td></tr>
<tr><td colspan="2">验收依据</td><td colspan="5"></td></tr>
<tr><td>序号</td><td colspan="3">验收项目</td><td>施工单位
检验结果</td><td colspan="2">建设（监理）单位
验收结论</td></tr>
<tr><td>1</td><td rowspan="3">主控项目</td><td colspan="2">底座、垂直连杆、接地端子及操动机构箱应接地可靠</td><td></td><td colspan="2"></td></tr>
<tr><td>2</td><td colspan="2">电气交接试验合格</td><td></td><td colspan="2"></td></tr>
<tr><td>3</td><td colspan="2">操动机构、传动装置、辅助开关及闭锁装置应安装牢固、动作灵活可靠、位置指示正确</td><td></td><td colspan="2"></td></tr>
<tr><td>1</td><td rowspan="5">一般项目</td><td colspan="2">合闸时三相不同期值，应符合产品技术文件要求</td><td></td><td colspan="2"></td></tr>
<tr><td>2</td><td colspan="2">相间距离及分闸时触头打开角度和距离，应符合产品技术文件要求</td><td></td><td colspan="2"></td></tr>
<tr><td>3</td><td colspan="2">触头接触应紧密良好，接触尺寸应符合产品技术文件要求</td><td></td><td colspan="2"></td></tr>
<tr><td>4</td><td colspan="2">熔丝的规格应符合设计要求，应无弯折、压扁或损伤，熔体与熔丝应压接紧密牢固</td><td></td><td colspan="2"></td></tr>
<tr><td>5</td><td colspan="2">油漆应完整、相色标识正确，设备应清洁</td><td></td><td colspan="2"></td></tr>
<tr><td colspan="4">质量控制资料</td><td></td><td colspan="2"></td></tr>
<tr><td colspan="2">施工单位质量检查员：
施工单位专业技术质量负责人：

年 月 日</td><td colspan="2">监理单位验收结论：
监理工程师：

年 月 日</td><td>建设单位验收结论：
项目负责人：

年 月 日</td><td colspan="2">其他单位验收结论：
专业技术负责人：

年 月 日</td></tr>
</table>

注：表中"设计要求"、"设备技术文件要求"等按工程实际填写。

2）验收依据说明

（1）【规范名称及编号】《城镇污水处理厂工程质量验收规范》GB 50334－2017

【条文摘录】

9.1.8　未做单项叙述的其他电气设备安装应符合设计文件、设备技术文件的要求和国家现行标准的有关规定。

(2)【规范名称及编号】《电气装置安装工程高压电器施工及验收规范》GB 50147－2010

【条文摘录】

8.2.16　高压熔断器的安装，应符合下列要求：

4　熔丝的规格应符合设计要求，且无弯折、压扁或损伤，熔体与尾线应压接紧密牢固。

8.3.1　在验收时，应进行下列检查：

1　操动机构、传动装置、辅助开关及闭锁装置应安装牢固、动作灵活可靠、位置指示正确。

2　合闸时三相不同期值，应符合产品技术文件要求。

3　相间距离及分闸时触头打开角度和距离，应符合产品技术文件要求。

4　触头接触应紧密良好，接触尺寸应符合产品技术文件要求。

5　隔离开关分合闸限位应正确。

6　垂直连杆应无扭曲变形。

7　螺栓紧固力矩应达到产品技术文件和相关标准要求。

8　合闸直流电阻测试应符合产品技术文件要求。

9　交接试验应合格。

10　隔离开关、接地开关底座及垂直连杆、接地端子及操动机构箱应接地可靠。

11　油漆应完整、相色标识正确，设备应清洁。

3）验收应提供的核查资料

(1) 核查依据：《城镇污水处理厂工程质量验收规范》GB 50334－2017

9.1.2　电气设备安装工程验收应检查下列文件：

1　设备出厂合格证书、进场验收记录、复验报告、安装说明书；

2　设备电气原理图、配线接线图；

3　设备试运转记录；

4　施工记录、检定记录、认定报告、监理检验记录；

5　其他有关文件。

(2) 核查资料明细

核查资料明细表

序号	核查资料名称	核查要点
1	设备安装使用说明书	核查说明书齐全程度
2	产品出厂合格证书	核查合格证书齐全程度
3	设备进场验收记录	核查各装置规格型号符合设计要求，附件、备件齐全程度
4	设备电气原理图、配线接线图	核查图纸文件的一致性和齐全程度
5	施工记录	核查各装置的安装、接地、位置指示等符合设计及规范要求
6	电气设备交接试验报告	核查测量绝缘电阻、合闸直流电阻、交流耐压试验等内容的完整性和结论的符合性
7	监理检验记录	核查记录内容的完整性

4.2.2 电容器和无功功率补偿装置安装分项工程质量验收记录

1. 分项工程质量验收记录

1）表格

电容器和无功功率补偿装置安装分项工程质量验收记录

编号：□□□□□□□□□□□—□□

<table>
<tr><td colspan="2">工程名称</td><td colspan="6"></td></tr>
<tr><td colspan="2">单位（子单位）
工程名称</td><td colspan="3"></td><td>分部（子分部）
工程名称</td><td colspan="2"></td></tr>
<tr><td colspan="2">施工单位</td><td></td><td>项目经理</td><td colspan="2"></td><td>项目技术
负责人</td><td></td></tr>
<tr><td colspan="2">验收依据</td><td colspan="6"></td></tr>
<tr><td>序号</td><td colspan="4">验收项目</td><td>施工单位
检验结果</td><td colspan="2">建设（监理）单位
验收结论</td></tr>
<tr><td>1</td><td rowspan="5">主控项目</td><td colspan="3">外壳及支架的接地应可靠</td><td></td><td colspan="2"></td></tr>
<tr><td>2</td><td colspan="3">电气设备交接试验合格</td><td></td><td colspan="2"></td></tr>
<tr><td>3</td><td colspan="3">进出线端连接应紧固可靠，紧固件、垫圈应齐全</td><td></td><td colspan="2"></td></tr>
<tr><td>4</td><td colspan="3">无功功率补偿装置内部布置与接线应符合设计及设备技术文件的要求</td><td></td><td colspan="2"></td></tr>
<tr><td>5</td><td colspan="3">熔断器熔体的额定电流应符合设计文件的要求</td><td></td><td colspan="2"></td></tr>
<tr><td>1</td><td>一般项目</td><td colspan="3">现场组装的三相电容器电容量的差值应符合设计文件的要求，且电容器组中各相电容量的最大值和最小值之比，不应大于1.02</td><td></td><td colspan="2"></td></tr>
<tr><td colspan="5">质量控制资料</td><td></td><td colspan="2"></td></tr>
<tr><td colspan="2">施工单位质量检查员：
施工单位专业技术质量负责人：

年　月　日</td><td colspan="2">监理单位验收结论：
监理工程师：

年　月　日</td><td colspan="2">建设单位验收结论：
项目负责人：

年　月　日</td><td colspan="2">其他单位验收结论：
专业技术负责人：

年　月　日</td></tr>
</table>

注：表中“设计要求”、“设备技术文件要求”等按工程实际填写。

2）验收依据说明

（1）【规范名称及编号】《城镇污水处理厂工程质量验收规范》GB 50334－2017

【条文摘录】

主　控　项　目

9.2.1　进出线端连接应紧固可靠，紧固件、垫圈应齐全。

检验方法：观察检查。

9.2.2　无功功率补偿装置内部布置与接线应符合设计及设备技术文件的要求。

检验方法：观察检查，检查施工记录。

9.2.3 熔断器熔体的额定电流应符合设计文件的要求。

检验方法：观察检查，检查施工记录。

一 般 项 目

9.2.5 现场组装的三相电容器电容量的差值应符合设计文件的要求和现行国家标准《电气装置安装工程 电气设备交接试验标准》GB 50150的有关规定。

检验方法：检查施工记录。

(2)【规范名称及编号】《电气装置安装工程 电气设备交接试验标准》GB 50150－2016

【条文摘录】

18.0.4 电容测量，应符合下列规定：

1 对电容器组，应测量各相、各臂及总的电容值。

2 测量结果应符合现行国家标准《标称电压1000V以上交流电力系统用并联电容器 第1部分：总则》GB/T 11024.1的规定。电容器组中各相电容量的最大值和最小值之比，不应大于1.02。

(3)【规范名称及编号】《电气装置安装工程 高压电器施工及验收规范》GB 50147－2010

【条文摘录】

11.5.1 在验收时，应进行下列检查：

7 电容器外壳及支架的接地应可靠、防腐完好。

10 交接试验应合格。

3) 验收应提供的核查资料

(1) 核查依据：《城镇污水处理厂工程质量验收规范》GB 50334－2017

9.1.2 电气设备安装工程验收应检查下列文件：

1 设备出厂合格证书、进场验收记录、复验报告、安装说明书；

2 设备电气原理图、配线接线图；

3 设备试运转记录；

4 施工记录、检定记录、认定报告、监理检验记录；

5 其他有关文件。

(2) 核查资料明细

核查资料明细表

	核查资料名称	核查要点
1	安装使用说明书	核查说明书齐全程度
2	产品出厂合格证书	核查合格证书齐全程度
3	设备进场验收记录	核查各装置规格型号符合设计要求，附件、备件齐全程度
4	设备电气原理图、配线接线图	核查图纸文件的一致性和齐全程度
5	施工记录	核查各装置的安装、接线、无功功率补偿装置内部布置和熔断器熔体的额定电流等符合设计及规范要求
6	电气设备交接试验报告	核查测量绝缘电阻、交流耐压试验、三相电容器电容值和不平衡度等内容的完整性和结论的符合性
7	监理检验记录	核查记录内容的完整性

2. 电容器和无功功率补偿装置试运转记录

1）表格

电容器和无功功率补偿装置试运转记录

工程名称：

<table>
<tr><td>设备部位图号</td><td colspan="2"></td><td>设备名称</td><td></td><td>型号、规格、台数</td><td colspan="2"></td></tr>
<tr><td>施工单位</td><td colspan="2"></td><td>设备所在系统</td><td></td><td>额定数据</td><td colspan="2"></td></tr>
<tr><td>试验单位</td><td colspan="2"></td><td>负责人</td><td></td><td>试车时间</td><td colspan="2">年 月 日 时 分起
年 月 日 时 分止</td></tr>
<tr><td>序号</td><td colspan="2">试验项目</td><td colspan="3">试验记录</td><td colspan="2">试验结论</td></tr>
<tr><td>1</td><td colspan="2">放电回路应完整且操作灵活</td><td colspan="3"></td><td colspan="2"></td></tr>
<tr><td>2</td><td colspan="2">保护回路应完整</td><td colspan="3"></td><td colspan="2"></td></tr>
<tr><td>3</td><td colspan="2">电磁锁及五防联锁装置应灵敏可靠，外表无异常</td><td colspan="3"></td><td colspan="2"></td></tr>
<tr><td></td><td colspan="2"></td><td colspan="3"></td><td colspan="2"></td></tr>
<tr><td colspan="2">建设单位</td><td colspan="2">监理单位</td><td colspan="2">施工单位</td><td colspan="2">其他单位</td></tr>
<tr><td colspan="2">（签字）
（盖章）</td><td colspan="2">（签字）
（盖章）</td><td colspan="2">（签字）
（盖章）</td><td colspan="2">（签字）
（盖章）</td></tr>
</table>

注：其他单位根据不同设备单机试运转验收需要，可为设备生产、设计、运营等有关单位。

2）填表依据说明

【依据规范名称及编号】

(1)《城镇污水处理厂工程质量验收规范》GB 50334－2017

【条文摘录】

9.2.4 无功功率补偿装置试运转时放电回路应完整且操作灵活，保护回路应完整，电磁锁及五防联锁装置应灵敏可靠，外表无异常。

检验方法：观察检查，检查试运转记录。

4.2.3　电力变压器安装分项工程质量验收记录

1. 分项工程质量验收记录

1）表格

电力变压器安装分项工程质量验收记录

编号：□□□□□□□□□□—□□

工程名称						
单位（子单位）工程名称					分部（子分部）工程名称	
施工单位			项目经理		项目技术负责人	
验收依据						
序号	验收项目				施工单位检验结果	建设（监理）单位验收结论
1	主控项目	变压器本体应两点可靠接地				
2	主控项目	与外网连接的主变压器安装应通过电力部门检查认定				
3	主控项目	电力变压器绝缘件应无裂纹、缺损，瓷件应无瓷釉损坏				
4	主控项目	油浸电力变压器绝缘油油品、油位应符合设备技术文件的要求，并应无渗油现象				
5	主控项目	电力变压器测控保护装置安装应符合设备技术文件的要求，保护系统、冷却系统应经模拟试验灵敏准确				
6	主控项目	中性点直接接地系统接地位置和形式应符合设计文件的要求				
7	主控项目	电气设备交接试验合格				
1	一般项目	装有气体继电器的电力变压器，顶盖沿气体继电器的气流方向应有升高坡度，坡度宜为1.0%～1.5%				
2	一般项目	电力变压器安装允许偏差（mm）	基础轨道平面位置	10		
			基础轨道标高	+20，−10		
			基础轨道水平度	$L/1000$		
			电力变压器垂直度	$H/1000$		
质量控制资料						

施工单位质量检查员： 施工单位专业技术质量负责人： 年　月　日	监理单位验收结论： 监理工程师： 年　月　日	建设单位验收结论： 项目负责人： 年　月　日	其他单位验收结论： 专业技术负责人： 年　月　日

注：1　表中“设计要求”、“设备技术文件要求”等按工程实际填写；

2　表中 L 为变压器基础轨道水平度测量长度，H 为变压器测量高度；

3　电力变压器安装验收时应根据零部件类型、设计要求选择验收指标，并符合《电气装置安装工程电力变压器、油浸电抗器、互感器施工及验收规范》GB 50148的有关规定。

2）验收依据说明

(1)【规范名称及编号】《城镇污水处理厂工程质量验收规范》GB 50334－2017

【条文摘录】

主　控　项　目

9.3.1　电力变压器安装应符合现行国家标准《电气装置安装工程　电力变压器、油浸电抗器、互感器施工及验收规范》GB 50148 的有关规定，与外网连接的主变压器安装应通过电力部门检查认定。

检验方法：检查施工记录、认定报告。

9.3.2　电力变压器绝缘件应无裂纹、缺损，瓷件应无瓷釉损坏。

检验方法：观察检查，检查施工记录。

9.3.3　油浸电力变压器绝缘油油品、油位应符合设备技术文件的要求，并应无渗油现象。

检验方法：观察检查，检查施工记录。

9.3.4　电力变压器测控保护装置安装应符合设备技术文件的要求，保护系统、冷却系统应经模拟试验灵敏准确。

检验方法：观察检查，检查试验记录、施工记录。

9.3.5　中性点直接接地系统接地位置和形式应符合设计文件的要求。

检验方法：观察检查，导通法检查。

一　般　项　目

9.3.7　装有气体继电器的电力变压器，顶盖沿气体继电器的气流方向应有升高坡度，坡度宜为1.0％～1.5％。

检验方法：水平仪测量。

9.3.8　电力变压器安装允许偏差和检验方法应符合表 9.3.8 的规定。

表 9.3.8　电力变压器安装允许偏差和检验方法

序号	项目	允许偏差（mm）	检验方法
1	基础轨道平面位置	10	尺量检查
2	基础轨道标高	＋20，－10	水准仪与直尺检查
3	基础轨道水平度	$L/1000$	水平仪检查
4	电力变压器垂直度	$H/1000$	线坠与直尺检查

注：L 为变压器基础轨道水平度测量长度，H 为变压器测量高度。

(2)【规范名称及编号】《电气装置安装工程　电力变压器、油浸变压器、互感器施工及验收规范》GB 50148－2010

【条文摘录】

4.12.1　变压器、电抗器在试运行前，应进行全面检查，确认其符合运行条件，方可投入试运行。检查项目应包括以下内容和要求：

5　变压器本体应两点接地。中性点接地引出后，应有两根接地引线与主接地网的不同干线连接，其规格应满足设计要求。

12　变压器、电抗器的全部电气试验应合格；保护装置整定值应符合规定；操作及联动试验应正确。

3）验收应提供的核查资料

（1）核查依据：《城镇污水处理厂工程质量验收规范》GB 50334－2017

9.1.2　电气设备安装工程验收应检查下列文件：

1　设备出厂合格证书、进场验收记录、复验报告、安装说明书；

2　设备电气原理图、配线接线图；

3　设备试运转记录；

4　施工记录、检定记录、认定报告、监理检验记录；

5　其他有关文件。

（2）核查资料明细

核查资料明细表

序号	核查资料名称	核查要点
1	设备安装使用说明书	核查说明书齐全程度
2	设备出厂合格证书和试验报告	核查合格证书等的齐全程度
3	设备进场验收记录	核查变压器铭牌、规格型号和外观符合设计要求，附件、备件齐全程度
4	设备电气原理图、配线接线图	核查图纸文件的一致性和齐全程度
5	施工记录	核查电力变压器的安装、接地位置和形式等记录内容的完整性和符合性
6	认定报告	核查报告内容的完整性和结论的符合性
7	电气设备交接试验报告	核查报告内容的完整性和结论的符合性
8	系统模拟试验记录	核查保护系统、冷却系统模拟试验等传动记录内容的完整性和结论的符合性
9	监理检验记录	核查记录内容的完整性

2. 电力变压器试运转记录

1）表格

电力变压器试运转记录

工程名称：

设备部位图号		设备名称		型号、规格、台数	
施工单位		设备所在系统		额定数据	
试验单位		负责人		试车时间	年　月　日　时　分起 年　月　日　时　分止
序号	试验项目	试验记录		试验结论	
1	额定电压下的5次冲击合闸试验，励磁涌流不应引起保护装置的误动，应无异常现象				
2	有并列要求的变压器，应核相正确，进行并列试验应无异常				

建设单位	监理单位	施工单位	其他单位
（签字） （盖章）	（签字） （盖章）	（签字） （盖章）	（签字） （盖章）

注：其他单位根据不同设备单机试运转验收需要，可为设备生产、设计、运营等有关单位。

2）填表依据说明

【依据规范名称及编号】

（1）《城镇污水处理厂工程质量验收规范》GB 50334－2017

【条文摘录】

9.3.6 电力变压器首次受电应在额定电压下对电力变压器进行5次冲击合闸试验，励磁涌流不应引起保护装置的误动，应无异常现象；首次受电持续时间不应小于10min；有并列要求的变压器，应核相正确，进行并列试验应无异常。

检验方法：观察检查，检查试运转记录。

4.2.4 电动机安装分项工程质量验收记录

1. 分项工程质量验收记录

1）表格

电动机安装分项工程质量验收记录

编号：□□□□□□□□□□—□□

<table>
<tr><td colspan="4">工程名称</td><td colspan="4"></td></tr>
<tr><td colspan="4">单位（子单位）工程名称</td><td colspan="2"></td><td>分部（子分部）工程名称</td><td></td></tr>
<tr><td colspan="4">施工单位</td><td></td><td>项目经理</td><td></td><td>项目技术负责人</td></tr>
<tr><td colspan="4">验收依据</td><td colspan="4"></td></tr>
<tr><td>序号</td><td colspan="5">验收项目</td><td>施工单位检验结果</td><td>建设（监理）单位验收结论</td></tr>
<tr><td>1</td><td rowspan="6">主控项目</td><td colspan="4">电动机外壳应接地良好</td><td></td><td></td></tr>
<tr><td>2</td><td colspan="4">电动机安装应牢固，螺栓及防松零件齐全</td><td></td><td></td></tr>
<tr><td rowspan="3">3</td><td rowspan="3">绝缘电阻值</td><td colspan="3">额定电压为1000V以下，常温下不应低于0.5MΩ</td><td></td><td></td></tr>
<tr><td rowspan="2">额定电压为1000V及以上，折算至运行温度时</td><td colspan="2">定子绕组不应低于1MΩ/kV</td><td></td><td></td></tr>
<tr><td colspan="2">转子绕组不应低于0.5MΩ/kV</td><td></td><td></td></tr>
<tr><td>4</td><td colspan="4">电气设备交接试验合格</td><td></td><td></td></tr>
<tr><td>1</td><td rowspan="2">一般项目</td><td colspan="4">电动机的接线入口及接线盒盖防水防潮密封处理应符合设计文件的要求</td><td></td><td></td></tr>
<tr><td>2</td><td colspan="4">室外及腐蚀性较大区域安装的电动机等电气设备内部及外部防腐处理应符合设计文件的要求</td><td></td><td></td></tr>
<tr><td colspan="6">质量控制资料</td><td></td><td></td></tr>
<tr><td colspan="3">施工单位质量检查员：
施工单位专业技术质量负责人：
年 月 日</td><td colspan="2">监理单位验收结论：
监理工程师：
年 月 日</td><td colspan="2">建设单位验收结论：
项目负责人：
年 月 日</td><td>其他单位验收结论：
专业技术负责人：
年 月 日</td></tr>
</table>

注：表中“设计要求”、“设备技术文件要求”等按工程实际填写。

2）验收依据说明

(1)【规范名称及编号】《城镇污水处理厂工程质量验收规范》GB 50334－2017

【条文摘录】

主　控　项　目

9.4.1　电动机安装应牢固，螺栓及防松零件齐全。

检验方法：观察检查。

9.4.2　电动机绝缘电阻应符合设备技术文件的要求和现行国家标准的有关规定。

检验方法：检查施工记录。

一　般　项　目

9.4.4　电动机的接线入口及接线盒盖防水防潮密封处理应符合设计文件的要求。

检验方法：观察检查，检查施工记录。

(2)【规范名称及编号】《电气装置安装工程电气设备交接试验》GB 50150－2016

7.0.3　测量绕组的绝缘电阻和吸收比，应符合下列规定：

1　额定电压为1000V以下，常温下绝缘电阻值不应低于0.5MΩ；额定电压为1000V及以上，折算至运行温度时的绝缘电阻值，定子绕组不应低于1MΩ/kV，转子绕组不应低于0.5MΩ/kV。

(3)【规范名称及编号】《电气装置安装工程旋转电机施工及验收规范》GB 50170－2006

4.0.2　电机试运行前的检查应符合下列要求：

2　电机本体安装检查结束，启动前应进行试验项目已按现行国家标准《电气装置安装工程　电气设备交接试验标准》GB 50150试验合格；

9　电动机引出线应相序正确，固定牢固，连接紧密。

3）验收应提供的核查资料

(1) 核查依据：《城镇污水处理厂工程质量验收规范》GB 50334－2017

9.1.2　电气设备安装工程验收应检查下列文件：

1　设备出厂合格证书、进场验收记录、复验报告、安装说明书；

2　设备电气原理图、配线接线图；

3　设备试运转记录；

4　施工记录、检定记录、认定报告、监理检验记录；

5　其他有关文件。

(2) 核查资料明细

核查资料明细表

序号	核查资料名称	核查要点
1	安装使用说明书	核查说明书齐全程度
2	出厂合格证书	核查合格证书齐全程度
3	设备进场验收记录	核查铭牌、规格型号、外观等符合设计要求
4	电气设备交接试验报告	核查报告内容的完整性和结论的符合性
5	施工记录	核查电动机的安装、接线、绝缘电阻测试等符合设计及规范要求
6	监理检验记录	核查记录内容的完整性

2. 电动机试运转记录

1）表格

电动机试运转记录

工程名称：

<table>
<tr><td colspan="2">设备部位图号</td><td colspan="2"></td><td colspan="2">设备名称</td><td colspan="2"></td><td colspan="2">型号、规格、台数</td><td colspan="2"></td></tr>
<tr><td colspan="2">施工单位</td><td colspan="2"></td><td colspan="2">设备所在系统</td><td colspan="2"></td><td colspan="2">额定数据</td><td colspan="2"></td></tr>
<tr><td colspan="2">试验单位</td><td colspan="2"></td><td colspan="2">负责人</td><td colspan="2"></td><td colspan="2">试车时间</td><td colspan="2">年 月 日 时 分起
年 月 日 时 分止</td></tr>
<tr><td>序号</td><td colspan="5">试验项目</td><td colspan="3">试验记录</td><td colspan="3">试验结论</td></tr>
<tr><td>1</td><td colspan="5">电动机空载电流符合设备技术文件的要求</td><td colspan="3"></td><td colspan="3"></td></tr>
<tr><td>2</td><td colspan="5">电动机温度符合设备技术文件的要求</td><td colspan="3"></td><td colspan="3"></td></tr>
<tr><td>3</td><td colspan="5">电动机振动符合设备技术文件的要求</td><td colspan="3"></td><td colspan="3"></td></tr>
<tr><td>4</td><td colspan="5">电动机轴承温升符合设备技术文件的要求</td><td colspan="3"></td><td colspan="3"></td></tr>
<tr><td></td><td colspan="5"></td><td colspan="3"></td><td colspan="3"></td></tr>
<tr><td colspan="3">建设单位</td><td colspan="3">监理单位</td><td colspan="3">施工单位</td><td colspan="3">其他单位</td></tr>
<tr><td colspan="3">（签字）
（盖章）</td><td colspan="3">（签字）
（盖章）</td><td colspan="3">（签字）
（盖章）</td><td colspan="3">（签字）
（盖章）</td></tr>
</table>

注：其他单位根据不同设备单机试运转验收需要，可为设备生产、设计、运营等有关单位。

2）填表依据说明

【依据规范名称及编号】

(1)《城镇污水处理厂工程质量验收规范》GB 50334－2017

【条文摘录】

9.4.3 电动机试运转不应小于2h，电动机电流、温度、振动和轴承温升应符合设备技术文件的要求和现行国家标准《电气装置安装工程 电气设备交接试验标准》GB 50150的有关规定。

检验方法：观察检查，检查试运转记录。

(2)《电气装置安装工程 电气设备交接试验》GB 50150－2016

【条文摘录】

7.0.13 电动机空载转动检查和空载电流测量，应符合下列规定：

1 电动机空载转动的运行时间应为2h；

2 应记录电动机空载转动时的空载电流；

3 当电动机与其机械部分的连接不易拆开时，可连在一起进行空载转动检查试验。

4.2.5　开关柜、控制盘（柜、箱）安装分项工程质量验收记录

1. 分项工程质量验收记录

1）表格

开关柜、控制盘（柜、箱）安装分项工程质量验收记录

编号：□□□□□□□□□□—□□

工程名称						
单位（子单位）工程名称				分部（子分部）工程名称		
施工单位		项目经理		项目技术负责人		
验收依据						
序号		验收项目			施工单位检验结果	建设（监理）单位验收结论
1	主控项目	开关柜、控制盘（柜、箱）安装应牢固，接线应正确、连接紧密，瓷件应完整、清洁，铁件和瓷件胶合处应完整无损				
2	主控项目	开关柜、控制盘（柜、箱）内部元器件整定、调整应符合设计文件的要求				
3	主控项目	开关柜、控制盘（柜、箱）接地应符合设计文件的要求，可靠连接，标识应清晰				
4	主控项目	电气设备交接试验合格				
1	一般项目	开关柜、控制盘（柜、箱）安装允许偏差（mm）	基础型钢平面位置	5		
			基础型钢标高	±10		
			相邻盘（柜、箱）顶高差	2		
			成列盘（柜、箱）顶高差	5		
			相邻盘（柜、箱）盘面不平度	1		
			成列盘（柜、箱）盘面不平度	5		
			盘间接缝	2		
			盘（柜、箱）垂直度	$1.5H/1000$		
2	一般项目	计量仪表和与电气保护有关的仪表应检定合格，当投入试运转时，应在有效期内				
3	一般项目	主控制盘、继电保护盘和自动装置盘等装置不应与基础型钢焊死				
4	一般项目	开关柜、控制盘（柜、箱）所有进出孔洞、电缆保护管口应密封严密，箱柜门封条应达到隔断外界潮湿或腐蚀气体的侵蚀效果，安装后不应降低盘（柜、箱）防护等级				
质量控制资料						

施工单位质量检查员： 施工单位专业技术质量负责人： 年　月　日	监理单位验收结论： 监理工程师： 年　月　日	建设单位验收结论： 项目负责人： 年　月　日	其他单位验收结论： 专业技术负责人： 年　月　日

注：1　表中 H 为盘（柜、箱）高度；

2　表中“设计要求”、“设备技术文件要求”等按工程实际填写。

2）验收依据说明

(1)【规范名称及编号】《城镇污水处理厂工程质量验收规范》GB 50334－2017

【条文摘录】

9.1.3 电气设备上的计量仪表和与电气保护有关的仪表应检定合格，当投入试运转时，应在有效期内。

9.1.4 高低压电气设备交接试验应符合现行国家标准《电气装置安装工程 电气设备交接试验标准》GB 50150的有关规定，调整试验、保护整定应符合设计文件的要求。

9.1.5 室外及腐蚀性较大区域安装的盘柜箱、电动机等电气设备内部及外部防腐处理应符合设计文件的要求；电缆芯线和接续端子连接应涂抹电力复合脂；接地及等电位联结的跨接线的防腐处理应符合设计文件的要求。

9.1.6 爆炸和火灾危险环境电气设备安装应符合设备技术文件的要求和现行国家标准《电气装置安装工程 爆炸和火灾危险环境电气装置施工及验收规范》GB 50257的有关规定。

主 控 项 目

9.5.1 开关柜、控制盘（柜、箱）安装应牢固，接线应正确、连接紧密，瓷件应完整、清洁，铁件和瓷件胶合处应完整无损。

检验方法：观察检查，检查施工记录。

9.5.2 开关柜、控制盘（柜、箱）内部元器件整定、调整应符合设计文件的要求。

检验方法：观察检查，检查施工记录、检定记录。

9.5.3 开关柜、控制盘（柜、箱）接地应符合设计文件的要求和现行国家标准《电气装置安装工程 盘、柜及二次回路接线施工及验收规范》GB 50171的有关规定，标识应清晰。

检验方法：观察检查，导通法检查。

一 般 项 目

9.5.6 开关柜、控制盘（柜、箱）安装允许偏差和检验方法应符合表9.5.6的规定。

表9.5.6 开关柜、控制盘（柜、箱）安装允许偏差和检验方法

序号	项目	允许偏差（mm）	检验方法
1	基础型钢平面位置	5	尺量检查
2	基础型钢标高	±10	水准仪与直尺检查
3	相邻盘（柜、箱）顶高差	2	拉线及直尺检查
4	成列盘（柜、箱）顶高差	5	拉线及直尺检查
5	相邻盘（柜、箱）盘面不平度	1	拉线及直尺检查
6	成列盘（柜、箱）盘面不平度	5	拉线及直尺检查
7	盘间接缝	2	塞尺检查
8	盘（柜、箱）垂直度	$1.5H/1000$	线坠及直尺检查

注：H为盘（柜、箱）高度。

9.5.7 主控制盘、继电保护盘和自动装置盘等装置不应与基础型钢焊死。

检验方法：观察检查。

9.5.8 开关柜、控制盘（柜、箱）所有进出孔洞、电缆保护管口应密封严密，箱柜门封条应达到隔断外界潮湿或腐蚀气体的侵蚀效果，安装后不应降低盘（柜、箱）防护等级。

检验方法：观察检查，检查施工记录。

(2)【规范名称及编号】《电气装置安装工程 盘、柜及二次回路接线施工及验收规范》GB 50171－2012

8.0.1 在验收时，应按下列规定进行检查：

1 盘、柜的固定及接地应可靠，盘、柜漆层应完好、清洁整齐、标识规范。

3）验收应提供的核查资料

（1）核查依据：《城镇污水处理厂工程质量验收规范》GB 50334－2017

9.1.2 电气设备安装工程验收应检查下列文件：

1 设备出厂合格证书、进场验收记录、复验报告、安装说明书；

2 设备电气原理图、配线接线图；

3 设备试运转记录；

4 施工记录、检定记录、认定报告、监理检验记录；

5 其他有关文件。

（2）核查资料明细

核查资料明细表

序号	核查资料名称	核查要点
1	安装使用说明书	核查说明书齐全程度
2	出厂合格证书	核查合格证书齐全程度
3	进场验收记录	核查铭牌、型号规格、材质、防护等级、外观、附件、备件的供应范围和数量符合设计要求
4	电气原理图、配线接线图	核查图纸的一致性和齐全程度
5	施工记录	核查防护措施、安装位置和元器件整定调整等符合设计及规范要求
6	检定记录	核查记录内容的完整性和结论的符合性
7	电气设备交接试验记录	核查记录内容的完整性和结论的符合性
8	监理检验记录	核查记录内容的完整性

2. 开关柜、控制盘（柜，箱）试运转记录

1）表格

开关柜、控制盘（柜，箱）试运转记录

工程名称：

设备部位图号		设备名称		型号、规格、台数	
施工单位		设备所在系统		额定数据	
试验单位		负责人		试车时间	年 月 日 时 分起 年 月 日 时 分止
序号	试验项目		试验记录		试验结论
1	手车或抽屉式开关柜推入或拉出灵活，五防装置齐全，动作灵活可靠				

续表

序号	试验项目	试验记录	试验结论
2	二次回路连接插件接触良好，机械闭锁、电气闭锁应动作准确、可靠		
3	10kV及以下室内配电装置母线在额定电压下进行3次冲击试验，无闪络、异味、杂音等现象		
4	变配电装置核相正确，备自投装置动作灵敏		
5	变配电装置应带电试运转24h，无异常		

建设单位	监理单位	施工单位	其他单位
（签字） （盖章）	（签字） （盖章）	（签字） （盖章）	（签字） （盖章）

注：其他单位根据不同设备单机试运转验收需要，可为设备生产、设计、运营等有关单位。

2）填表依据说明

【依据规范名称及编号】

（1）《城镇污水处理厂工程质量验收规范》GB 50334－2017

【条文摘录】

9.5.4　开关柜、控制盘（柜、箱）的手车或抽屉式开关柜在推入或拉出时应灵活，五防装置齐全，动作应灵活可靠；二次回路连接插件应接触良好，机械闭锁、电气闭锁应动作准确、可靠。

检验方法：观察检查，检查试运转记录。

9.5.5　10kV及以下室内配电装置母线应在额定电压下进行3次冲击试验，无闪络、异味、杂音等现象；对双路或多路供电的变配电装置应核相正确，备自投装置应动作灵敏，变配电装置应带电试运转24h，无异常。

检验方法：观察检查，检查试验记录、试运转记录。

4.2.6　不间断电源安装分项工程质量验收记录

1. 分项工程质量验收记录

1）表格

不间断电源安装分项工程质量验收记录

编号：□□□□□□□□□□—□□

<table>
<tr><td colspan="2">工程名称</td><td colspan="5"></td></tr>
<tr><td colspan="2">单位（子单位）
工程名称</td><td colspan="2"></td><td>分部（子分部）
工程名称</td><td colspan="2"></td></tr>
<tr><td colspan="2">施工单位</td><td></td><td>项目经理</td><td></td><td>项目技术
负责人</td><td></td></tr>
<tr><td colspan="2">验收依据</td><td colspan="5"></td></tr>
<tr><td>序号</td><td colspan="3">验收项目</td><td>施工单位
检验结果</td><td colspan="2">建设（监理）单位
验收结论</td></tr>
<tr><td>1</td><td rowspan="11">主控项目</td><td colspan="2">UPS及EPS的整流、逆变、静态开关、储能电池或蓄电池组的规格、型号应符合设计要求，内部接线应正确、可靠不松动，紧固件应齐全</td><td></td><td colspan="2"></td></tr>
<tr><td>2</td><td colspan="2">UPS及EPS的极性应正确，输入、输出各级保护系统的动作和输出的电压稳定性、波形畸变系数及频率、相位、静态开关的动作等各项技术性能指标试验调整应符合产品技术文件要求</td><td></td><td colspan="2"></td></tr>
<tr><td rowspan="6">3</td><td rowspan="6">EPS</td><td>核对初装容量应符合设计要求</td><td></td><td colspan="2"></td></tr>
<tr><td>核对输入回路断路器的过载和短路电流整定值应符合设计要求</td><td></td><td colspan="2"></td></tr>
<tr><td>核对各输出回路的负荷量，且不应超过EPS的额定最大输出功率</td><td></td><td colspan="2"></td></tr>
<tr><td>核对蓄电池备用时间及应急电源允许过载能力应符合设计要求</td><td></td><td colspan="2"></td></tr>
<tr><td>当对电池性能、极性及电源转换时间有异议时，应由制造商负责现场测试并应符合设计要求</td><td></td><td colspan="2"></td></tr>
<tr><td>控制回路的动作试验，并应配合消防联动试验合格</td><td></td><td colspan="2"></td></tr>
<tr><td rowspan="2">4</td><td rowspan="2">UPS及EPS的绝缘电阻值</td><td>UPS的输入端、输出端对地间绝缘电阻值不应小于2MΩ</td><td></td><td colspan="2"></td></tr>
<tr><td>UPS及EPS连线及出线的线间、线对地间绝缘电阻值不应小于0.5MΩ</td><td></td><td colspan="2"></td></tr>
<tr><td>5</td><td colspan="2">UPS输出端的系统接地连接方式应符合设计要求</td><td></td><td colspan="2"></td></tr>
</table>

续表

序号	验收项目			施工单位检验结果	建设（监理）单位验收结论
1	一般项目	不间断电源主机柜、蓄电池屏或机架安装	水平度允许偏差不应大于其长度的1.5‰		
			垂直度允许偏差不应大于其高度的1.5‰		
2		引入或引出的主回路绝缘导线、电缆和控制绝缘导线、电缆应分别穿钢导管保护			
3		当在电缆支架上或在梯架、托盘和线槽内平行敷设时，其分隔间距应符合设计要求			
4		绝缘导线、电缆的屏蔽护套接地应连接可靠、紧固件齐全，与接地干线应就近连接			
5		UPS及EPS的外露可导电部分应与保护导体可靠连接，并应有标识			
6		UPS正常运行时产生的A声级噪声应符合产品技术文件要求			
质量控制资料					

施工单位质量检查员： 施工单位专业技术质量负责人： 年 月 日	监理单位验收结论： 监理工程师： 年 月 日	建设单位验收结论： 项目负责人： 年 月 日	其他单位验收结论： 专业技术负责人： 年 月 日

注：表中“设计要求”、“设备技术文件要求”等按工程实际填写。

2）验收依据说明

(1)【规范名称及编号】《城镇污水处理厂工程质量验收规范》GB 50334－2017

【条文摘录】

主 控 项 目

9.6.1 不间断电源安装应符合设计、设备技术文件的要求和现行国家标准《建筑电气工程施工质量验收规范》GB 50303的有关规定。

检验方法：检查施工记录。

一 般 项 目

9.6.2 不间断电源主机柜、蓄电池屏或机架安装水平度允许偏差不应大于其长度的1.5‰，垂直度不应大于其高度的1.5‰。

检验方法：水平仪检查，线坠和直尺检查。

(2)【规范名称及编号】《建筑电气工程施工质量验收规范》GB 50303－2015

【条文摘录】

8.1 主控项目

8.1.1 UPS及EPS的整流、逆变、静态开关、储能电池或蓄电池组的规格、型号应符合设计要求。内部接线应正确、可靠不松动，紧固件应齐全。

检查数量：全数检查。

检查方法：核对设计图并观察检查。

8.1.2 UPS及EPS的极性应正确，输入、输出各级保护系统的动作和输出的电压稳定性、波形畸变系数及频率、相位、静态开关的动作等各项技术性能指标试验调整应符合产品技术文件要求，当以现场的最终试验替代出厂试验时，应根据产品技术文件进行试验调整，且应符合设计文件要求。

检查数量：全数检查。

检查方法：试验调整时观察检查并查阅设计文件和产品技术文件及试验调整记录。

8.1.3 EPS应按设计或产品技术文件的要求进行下列检查：

1 核对初装容量，并应符合设计要求；

2 核对输入回路断路器的过载和短路电流整定值，并应符合设计要求；

3 核对各输出回路的负荷量，且不应超过EPS的额定最大输出功率；

4 核对蓄电池备用时间及应急电源装置的允许过载能力，并应符合设计要求；

5 当对电池性能、极性及电源转换时间有异议时，应由制造商负责现场测试，并应符合设计要求；

6 控制回路的动作试验，并应配合消防联动试验合格。

检查数量：全数检查。

检查方法：按设计或产品技术文件核对相关技术参数，查阅相关试验记录。

8.1.4 UPS及EPS的绝缘电阻值应符合下列规定：

1 UPS的输入端、输出端对地间绝缘电阻值不应小于2MΩ；

2 UPS及EPS连线及出线的线间、线对地间绝缘电阻值不应小于0.5MΩ。

检查数量：第1款全数检查；第2款按回路数各抽查20%，且各不得少于1个回路。

检查方法：用绝缘电阻测试仪测试并查阅绝缘电阻测试记录。

8.1.5 UPS输出端的系统接地连接方式应符合设计要求。

检查数量：全数检查。

检查方法：按设计图核对检查。

8.2 一般项目

8.2.1 安放UPS的机架或金属底座的组装应横平竖直、紧固件齐全，水平度、垂直度允许偏差不应大于1.5‰。

检查数量：按设备总数抽查20%，且各不得少于1台。

检查方法：观察检查并用拉线尺量检查、线坠尺量检查。

8.2.2 引入或引出UPS及EPS的主回路绝缘导线、电缆和控制绝缘导线、电缆应分别穿钢导管保护，当在电缆支架上或在梯架、托盘和线槽内平行敷设时，其分隔间距应符合设计要求；绝缘导线、电缆的屏蔽护套接地应连接可靠、紧固件齐全，与接地干线应就近连接。

检查数量：按装置的主回路总数抽查10%，且不得少于1个回路。

检查方法：观察检查并用尺量检查，查阅相关隐蔽工程检查记录。

8.2.3 UPS及EPS的外露可导电部分应与保护导体可靠连接，并应有标识。

检查数量：按设备总数抽查20%，且不得少于1台。

检查方法：观察检查。

8.2.4 UPS正常运行时产生的A声级噪声应符合产品技术文件要求。

检查数量：全数检查。

检查方法：用A声级计测量检查。

3）验收应提供的核查资料

（1）核查依据：《城镇污水处理厂工程质量验收规范》GB 50334－2017

9.1.2 电气设备安装工程验收应检查下列文件：

1 设备出厂合格证书、进场验收记录、复验报告、安装说明书；

2 设备电气原理图、配线接线图；

3 设备试运转记录；

4 施工记录、检定记录、认定报告、监理检验记录；

5 其他有关文件。

（2）核查资料明细

核查资料明细表

序号	核查资料名称	核查要点
1	安装使用说明书	核查说明书齐全程度
2	出厂合格证书	核查合格证书齐全程度
3	进场验收记录	核查型号规格、外观等符合设计要求
4	电气原理图、配线接线图	核查图纸的一致性和齐全程度
5	施工记录	核查UPS及EPS的安装、接线以及技术性能指标试验调整等符合设计及规范要求
6	控制回路动作试验记录	核查记录内容的完整性和结论的符合性
7	隐蔽工程检查记录	核查记录内容的完整性和结论的符合性
8	监理检验记录	核查记录内容的完整性

4.2.7 电缆桥架安装分项工程质量验收记录

1. 分项工程质量验收记录

1）表格

电缆桥架安装分项工程质量验收记录

编号：□□□□□□□□□□—□□

<table>
<tr><td colspan="3">工程名称</td><td colspan="5"></td></tr>
<tr><td colspan="3">单位（子单位）工程名称</td><td colspan="2"></td><td colspan="2">分部（子分部）工程名称</td><td></td></tr>
<tr><td colspan="3">施工单位</td><td></td><td>项目经理</td><td></td><td>项目技术负责人</td><td></td></tr>
<tr><td colspan="3">验收依据</td><td colspan="5"></td></tr>
<tr><td>序号</td><td colspan="3">验收项目</td><td colspan="2">施工单位检验结果</td><td colspan="2">建设（监理）单位验收结论</td></tr>
<tr><td rowspan="3">1</td><td rowspan="3">主控项目</td><td rowspan="3">金属电缆桥架及支架和引入或引出的金属电缆导管接地应可靠</td><td>金属电缆桥架及其支架全长不应少于2处与接地干线相连接</td><td colspan="2"></td><td colspan="2"></td></tr>
<tr><td>除镀锌、不锈钢、铝合金电缆桥架外的金属电缆桥架间连接板的两端应跨接镀锡铜芯接地线，接地线允许截面积不应小于4mm²</td><td colspan="2"></td><td colspan="2"></td></tr>
<tr><td>镀锌、不锈钢、铝合金桥架间连接板的两端不跨接接地线时，连接板两端应设置有防松螺帽或防松垫圈的连接固定螺栓，且不应少于2个</td><td colspan="2"></td><td colspan="2"></td></tr>
</table>

续表

<table>
<tr><th>序号</th><th colspan="6">验收项目</th><th>施工单位
检验结果</th><th>建设（监理）单位
验收结论</th></tr>
<tr><td rowspan="10">1</td><td rowspan="13">一般项目</td><td rowspan="10">电缆桥架、伸缩节、补偿装置、支架与临近管道间距</td><td colspan="4">符合设计文件的要求</td><td></td><td></td></tr>
<tr><td colspan="4">宜敷设在易燃易爆气体管道和热力管道的下方</td><td></td><td></td></tr>
<tr><td colspan="2" rowspan="2">一般工艺管道</td><td>平行净距</td><td>400mm</td><td></td><td></td></tr>
<tr><td>交叉净距</td><td>300mm</td><td></td><td></td></tr>
<tr><td colspan="2" rowspan="2">可燃或易燃易爆气体管道</td><td>平行净距</td><td>500mm</td><td></td><td></td></tr>
<tr><td>交叉净距</td><td>500mm</td><td></td><td></td></tr>
<tr><td rowspan="4">热力管道</td><td rowspan="2">有保温层</td><td>平行净距</td><td>500mm</td><td></td><td></td></tr>
<tr><td>交叉净距</td><td>300mm</td><td></td><td></td></tr>
<tr><td rowspan="2">无保温层</td><td>平行净距</td><td>1000mm</td><td></td><td></td></tr>
<tr><td>交叉净距</td><td>500mm</td><td></td><td></td></tr>
<tr><td rowspan="2">2</td><td rowspan="2">同一直线段上的电缆桥架</td><td colspan="3">中心线允许偏差</td><td>10mm</td><td></td><td></td></tr>
<tr><td colspan="3">标高允许偏差</td><td>±5mm</td><td></td><td></td></tr>
<tr><td>3</td><td colspan="5">电缆桥架外观应无锈蚀破损，安装应牢固、平直，无明显的扭曲或倾斜</td><td></td><td></td></tr>
<tr><td colspan="7">质量控制资料</td><td></td><td></td></tr>
</table>

施工单位质量检查员： 施工单位专业技术质量负责人： 年　月　日	监理单位验收结论： 监理工程师： 年　月　日	建设单位验收结论： 项目负责人： 年　月　日	其他单位验收结论： 专业技术负责人： 年　月　日

注：表中“设计要求”、“设备技术文件要求”等按工程实际填写。

2）验收依据说明

(1)【规范名称及编号】《城镇污水处理厂工程质量验收规范》GB 50334－2017

【条文摘录】

主　控　项　目

9.7.1　金属电缆桥架及支架和引入或引出的金属电缆导管接地应可靠，并应符合下列规定：

1　金属电缆桥架及其支架全长不应少于2处与接地干线相连接；

2　除镀锌、不锈钢、铝合金电缆桥架外的金属电缆桥架间连接板的两端应跨接镀锡铜芯接地线，接地线允许截面积不应小于4mm^2；

3　镀锌、不锈钢、铝合金桥架间连接板的两端不跨接接地线时，连接板两端应设置有防松螺帽或防松垫圈的连接固定螺栓，且不应少于2个。

检验方法：观察检查，导通法检查。

一　般　项　目

9.7.2　电缆桥架、伸缩节、补偿装置、支架与临近管道间距等应符合设计文件的要求和现行国家标准《建筑电气工程施工质量验收规范》GB 50303 的有关规定。

检验方法：观察检查，尺量检查。

9.7.3 电缆桥架外观应无锈蚀破损，安装应牢固、平直，无明显的扭曲或倾斜，同一直线段上的电缆桥架中心线允许偏差应为 10mm，标高允许偏差应为±5mm。

检验方法：观察检查，实测实量。

(2)【规范名称及编号】《建筑电气工程施工质量验收规范》GB 50303－2015

【条文摘录】

一 般 项 目

11.2.3 当设计无要求时，梯架、托盘、槽盒及支架安装应符合下列规定：

1 电缆梯架、托盘和槽盒宜敷设在易燃易爆气体管道和热力管道的下方，与各类管道的最小净距应符合本规范附录 F 的规定。

检查数量：全数检查。

检查方法：观察检查并用尺量和卡尺检查。

附录 F 母线槽及电缆梯架、托盘和槽盒与管道的最小净距（mm）

管道类别		平行净距	交叉净距
一般工艺管道		400	300
可燃或易燃易爆气体管道		500	500
热力管道	有保温层	500	300
	无保温层	1000	500

3）验收应提供的核查资料

(1）核查依据：《城镇污水处理厂工程质量验收规范》GB 50334－2017

9.1.2 电气设备安装工程验收应检查下列文件：

1 设备出厂合格证书、进场验收记录、复验报告、安装说明书；

2 设备电气原理图、配线接线图；

3 设备试运转记录；

4 施工记录、检定记录、认定报告、监理检验记录；

5 其他有关文件。

(2）核查资料明细

核查资料明细表

序号	核查资料名称	核查要点
1	产品出厂合格证书	核查合格证书齐全程度
2	进场验收记录	核查型号规格、材质、结构形式、外观等内容符合设计要求
3	安装图	核查图纸的一致性和齐全程度
4	施工记录	核查金属电缆桥架安装以及与导管等的接地、连接方式、敷设间距等符合设计及规范要求
5	监理检验记录	核查记录内容的完整性

4.2.8　电缆（电线、光缆）及导管敷设分项工程质量验收记录

1. 分项工程质量验收记录

1）表格

电缆（电线、光缆）及导管敷设分项工程质量验收记录

编号：□□□□□□□□□□—□□

<table>
<tr><td>工程名称</td><td colspan="7"></td></tr>
<tr><td>单位（子单位）
工程名称</td><td colspan="4"></td><td colspan="2">分部（子分部）
工程名称</td><td></td></tr>
<tr><td>施工单位</td><td colspan="3"></td><td>项目经理</td><td></td><td>项目技术
负责人</td><td></td></tr>
<tr><td>验收依据</td><td colspan="7"></td></tr>
<tr><td>序号</td><td colspan="4">验收项目</td><td>施工单位
检验结果</td><td colspan="2">建设（监理）单位
验收结论</td></tr>
<tr><td>1</td><td rowspan="9">主控项目</td><td colspan="3">电缆型号、规格、绝缘性能应符合设计文件的要求，电缆外表应无破损、机械损伤，电缆的首端、末端和分支处应设标志牌，回路标记应清晰、准确</td><td></td><td colspan="2"></td></tr>
<tr><td>2</td><td colspan="3">电缆的固定方法、弯曲半径、固定间距及电缆金属保护层的接地应符合设计文件的要求和现行国家标准的有关规定</td><td></td><td colspan="2"></td></tr>
<tr><td>3</td><td colspan="3">电力电缆终端头安装应牢固，相色正确，电缆芯线与接续端子应规格适配</td><td></td><td colspan="2"></td></tr>
<tr><td rowspan="6">4</td><td rowspan="6">金属导管的连接</td><td colspan="2">镀锌钢导管、可弯曲金属导管和金属柔性导管不得熔焊连接</td><td></td><td colspan="2"></td></tr>
<tr><td colspan="2">当非镀锌钢导管采用螺纹连接时，连接处的两端应熔焊焊接保护联结导体</td><td></td><td colspan="2"></td></tr>
<tr><td colspan="2">镀锌钢导管、可弯曲金属导管和金属柔性导管连接处的两端宜采用专用接地卡固定保护联结导体</td><td></td><td colspan="2"></td></tr>
<tr><td colspan="2">机械连接的金属导管，管与管、管与盒（箱）体的连接配件应选用配套部件，其连接应符合产品技术文件要求，当连接处的接触电阻值符合现行国家标准《电气安装用导管系统　第1部分：通用要求》GB/T 20041.1的相关要求时，连接处可不设置保护联结导体，但导管不应作为保护导体的接续导体</td><td></td><td colspan="2"></td></tr>
<tr><td colspan="2">金属导管与金属梯架、托盘连接时，镀锌材质的连接端宜用专用接地卡固定保护联结导体，非镀锌材质的连接处应熔焊焊接保护联结导体</td><td></td><td colspan="2"></td></tr>
<tr><td colspan="2">以专用接地卡固定的保护联结导体应为铜芯软导线，截面积不应小于4mm²，以熔焊焊接的保护联结导体宜为圆钢，直径不应小于6mm，其搭接长度应为圆钢直径的6倍</td><td></td><td colspan="2"></td></tr>
</table>

续表

<table>
<tr><th>序号</th><th colspan="2">验收项目</th><th>施工单位
检验结果</th><th colspan="2">建设（监理）单位
验收结论</th></tr>
<tr><td>1</td><td rowspan="10">一般项目</td><td>电缆保护管不应有变形及裂缝，内部应清洁、无毛刺，管口应光滑、无锐边，保护管弯曲处不应有凹陷、裂缝和明显的弯扁</td><td></td><td colspan="2"></td></tr>
<tr><td>2</td><td>电缆支架应牢固可靠，油漆应完好无损</td><td></td><td colspan="2"></td></tr>
<tr><td>3</td><td>高压电缆和低压电缆、动力电缆和控制电缆应分层架设，不应相互交叉，必需交叉时应采用隔板隔离</td><td></td><td colspan="2"></td></tr>
<tr><td>4</td><td>电缆管线和其他管线的间距及敷设位置应符合设计文件的要求及规范要求</td><td></td><td colspan="2"></td></tr>
<tr><td>5</td><td>电缆沟及隧道内应无杂物，盖板应齐全、稳固、平整，并应符合设计文件的要求</td><td></td><td colspan="2"></td></tr>
<tr><td>6</td><td>电缆出入电缆沟、竖井、建筑物、柜（盘）、台等处应作防火隔堵，管口处应作密封处理</td><td></td><td colspan="2"></td></tr>
<tr><td>7</td><td>明配的导管应排列整齐、安装牢固，固定点间距应符合规范要求</td><td></td><td colspan="2"></td></tr>
<tr><td>8</td><td>金属软管或可挠金属电线管的长度不宜大于800mm，应采用专用接头连接，密封可靠</td><td></td><td colspan="2"></td></tr>
<tr><td>9</td><td>潜水泵、潜水搅拌器、潜水推进器设备的水下电缆敷设悬挂应引力适当，不应松散、滑脱，电缆与周边部件不应有碰撞和摩擦</td><td></td><td colspan="2"></td></tr>
<tr><td>10</td><td>水下电缆距潜水泵吸入口、设备转动部分不应小于350mm</td><td></td><td colspan="2"></td></tr>
<tr><td colspan="3">质量控制资料</td><td></td><td colspan="2"></td></tr>
<tr><td colspan="2">施工单位质量检查员：
施工单位专业技术质量负责人：

年　月　日</td><td>监理单位验收结论：
监理工程师：

年　月　日</td><td colspan="2">建设单位验收结论：
项目负责人：

年　月　日</td><td>其他单位验收结论：
专业技术负责人：

年　月　日</td></tr>
</table>

注：1　表中“设计要求”、“设备技术文件要求”等按工程实际填写；

2　电缆管线和其他管线间距及敷设位置应按照现行国家标准《电气装置安装工程　电缆线路施工及验收规范》GB 50168的有关规定进行验收；

3　明配导管固定点间距应按照现行国家标准《建筑电气工程施工质量验收规范》GB 50303的有关规定进行验收。

2）验收依据说明

（1）【规范名称及编号】《城镇污水处理厂工程质量验收规范》　GB 50334－2017

【条文摘录】

主 控 项 目

9.8.1 电缆型号、规格、绝缘性能应符合设计文件的要求，电缆外表应无破损、机械损伤，电缆的首端、末端和分支处应设标志牌，回路标记应清晰、准确。

检验方法：观察检查，检查施工记录。

9.8.2 电缆的固定方法、弯曲半径、固定间距及电缆金属保护层的接地应符合设计文件的要求和现行国家标准的有关规定。

检验方法：观察检查，尺量检查，检查施工记录。

9.8.3 电力电缆终端头安装应牢固，相色正确，电缆芯线与接续端子应规格适配。

检验方法：观察检查。

9.8.4 金属导管的连接应符合现行国家标准《建筑电气工程施工质量验收规范》GB 50303的有关规定。

检验方法：观察检查，检查施工记录。

一 般 项 目

9.8.5 电缆保护管不应有变形及裂缝，内部应清洁、无毛刺，管口应光滑、无锐边，保护管弯曲处不应有凹陷、裂缝和明显的弯扁。

检验方法：观察检查。

9.8.6 电缆支架应牢固可靠，油漆应完好无损。

检验方法：观察检查。

9.8.7 高压电缆和低压电缆、动力电缆和控制电缆应分层架设，不应相互交叉，必需交叉时应采用隔板隔离。

检验方法：观察检查。

9.8.8 电缆管线和其他管线的间距及敷设位置应符合设计文件的要求和现行国家标准《电气装置安装工程 电缆线路施工及验收规范》GB 50168的有关规定。

检验方法：观察检查，实测实量。

9.8.9 电缆沟及隧道内应无杂物，盖板应齐全、稳固、平整，并应符合设计文件的要求。

检验方法：观察检查。

9.8.10 电缆出入电缆沟、竖井、建筑物、柜（盘）、台等处应作防火隔堵，管口处应作密封处理。

检验方法：观察检查。

9.8.11 明配的导管应排列整齐、安装牢固，固定点间距应符合现行国家标准《建筑电气工程施工质量验收规范》GB 50303的有关规定。

检验方法：观察检查，尺量检查。

9.8.12 金属软管或可挠金属电线管的长度不宜大于800mm，应采用专用接头连接，密封可靠。

检验方法：观察检查，尺量检查。

9.8.13 潜水泵、潜水搅拌器、潜水推进器设备的水下电缆敷设悬挂应引力适当，不应松散、滑脱，电缆与周边部件不应有碰撞和摩擦；水下电缆距潜水泵吸入口、设备转动部分不应小于350mm。

检验方法：观察检查，尺量检查。

(2)【规范名称及编号】《建筑电气工程施工质量验收规范》GB 50303－2015

【条文摘录】

12.1.1 金属导管应与保护导体可靠连接，并应符合下列规定：

1 镀锌钢导管、可弯曲金属导管和金属柔性导管不得熔焊连接；

2 当非镀锌钢导管采用螺纹连接时，连接处的两端应熔焊焊接保护联结导体；

3 镀锌钢导管、可弯曲金属导管和金属柔性导管连接处的两端宜采用专用接地卡固定保护联结导体；

4 机械连接的金属导管，管与管、管与盒（箱）体的连接配件应选用配套部件，其连接应符合产品技术文件要求，当连接处的接触电阻值符合现行国家标准《电气安装用导管系统 第1部分：通用要求》GB/T 20041.1的相关要求时，连接处可不设置保护联结导体，但导管不应作为保护导体的接续导体；

5 金属导管与金属梯架、托盘连接时，镀锌材质的连接端宜用专用接地卡固定保护联结导体，非镀锌材质的连接处应熔焊焊接保护联结导体；

6 以专用接地卡固定的保护联结导体应为铜芯软导线，截面积不应小于4mm^2，以熔焊焊接的保护联结导体宜为圆钢，直径不应小于6mm，其搭接长度应为圆钢直径的6倍。

检查数量：按每个检验批的导管连接头总数抽查10%，且各不得少于1处，并应能覆盖不同的检查内容。

检查方法：施工时观察检查并查阅隐蔽工程检查记录。

3) 验收应提供的核查资料

(1) 核查依据：《城镇污水处理厂工程质量验收规范》GB 50334－2017

9.1.2 电气设备安装工程验收应检查下列文件：

1 设备出厂合格证书、进场验收记录、复验报告、安装说明书；

2 设备电气原理图、配线接线图；

3 设备试运转记录；

4 施工记录、检定记录、认定报告、监理检验记录；

5 其他有关文件。

(2) 核查资料明细

核查资料明细表

序号	核查资料名称	核查要点
1	出厂合格证书	核查合格证书齐全程度
2	材料进场验收记录	核查电缆和导管等材料规格型号、材质、外观等内容符合设计要求
3	导线、电缆见证取样复查报告	核查进场电缆见证取样数量、结果的符合性
4	施工记录	核查电缆的绝缘性能、固定和连接方式、敷设间距、电缆金属保护层的接地等符合设计及规范要求
5	隐蔽工程检查记录	核查记录内容的完整性和结论的符合性
6	监理检验记录	核查记录内容的完整性

4.2.9　电缆头制作、接线和绝缘测试分项工程质量验收记录

1. 分项工程质量验收记录

1）表格

电缆头制作、接线和绝缘测试分项工程质量验收记录

编号：□□□□□□□□□—□□

<table>
<tr><td colspan="2">工程名称</td><td colspan="6"></td></tr>
<tr><td colspan="2">单位（子单位）工程名称</td><td colspan="4"></td><td>分部（子分部）工程名称</td><td></td></tr>
<tr><td colspan="2">施工单位</td><td colspan="2"></td><td colspan="2">项目经理</td><td></td><td>项目技术负责人</td></tr>
<tr><td colspan="2">验收依据</td><td colspan="6"></td></tr>
<tr><td>序号</td><td colspan="5">验收项目</td><td>施工单位检验结果</td><td>建设（监理）单位验收结论</td></tr>
<tr><td>1</td><td rowspan="11">主控项目</td><td colspan="4">电力电缆通电前应进行耐压试验</td><td></td><td></td></tr>
<tr><td rowspan="6">2</td><td rowspan="6">低压或特低电压配电线路线间和线对地间的绝缘电阻测试电压及绝缘电阻最小值</td><td rowspan="2">SELV 和 PELV</td><td>直流测试电压</td><td>250V</td><td></td><td></td></tr>
<tr><td>绝缘电阻</td><td>0.5MΩ</td><td></td><td></td></tr>
<tr><td rowspan="2">500V 及以下，包括 FELV</td><td>直流测试电压</td><td>500V</td><td></td><td></td></tr>
<tr><td>绝缘电阻</td><td>0.5MΩ</td><td></td><td></td></tr>
<tr><td rowspan="2">500V 以上</td><td>直流测试电压</td><td>1000V</td><td></td><td></td></tr>
<tr><td>绝缘电阻</td><td>1.0MΩ</td><td></td><td></td></tr>
<tr><td rowspan="3">3</td><td rowspan="3">电力电缆的铜屏蔽层和铠装护套及矿物绝缘电缆的金属护套和金属配件应采用铜绞线或镀锡铜编织线与保护导体做连接，其连接导体的截面积最小值</td><td colspan="2">电缆相导体截面积≤16mm²</td><td>保护联结导体截面积与电缆导体截面积相同</td><td></td><td></td></tr>
<tr><td colspan="2">电缆相导体截面积>16，且≤120mm²</td><td>保护联结导体截面积 16mm²</td><td></td><td></td></tr>
<tr><td colspan="2">电缆相导体截面积≥150mm²</td><td>保护联结导体截面积 25mm²</td><td></td><td></td></tr>
<tr><td>4</td><td colspan="4">当铜屏蔽层和铠装护套及矿物绝缘电缆的金属护套和金属配件作保护导体时，其连接导体的截面积应符合设计要求</td><td></td><td></td></tr>
</table>

续表

<table>
<tr><th>序号</th><th colspan="4">验收项目</th><th>施工单位
检验结果</th><th>建设（监理）单位
验收结论</th></tr>
<tr><td>1</td><td rowspan="17">一般项目</td><td colspan="3">电缆头应可靠固定，不应使元器件或设备端子承受额外应力</td><td></td><td></td></tr>
<tr><td rowspan="6">2</td><td rowspan="6">导线与设备或器具的连接</td><td colspan="2">截面积在10mm^{2}及以下的单股铜芯线和单股铝/铝合金芯线可直接与设备或器具的端子连接</td><td></td><td></td></tr>
<tr><td colspan="2">截面积在2.5mm^{2}及以下的多芯铜芯线应接续端子或拧紧搪锡后再与设备或器具的端子连接</td><td></td><td></td></tr>
<tr><td colspan="2">截面积大于2.5mm^{2}的多芯铜芯线，除设备自带插接式端子外，应接续端子后与设备或器具的端子连接</td><td></td><td></td></tr>
<tr><td colspan="2">多芯铜芯线与插接式端子连接前端部应拧紧搪锡</td><td></td><td></td></tr>
<tr><td colspan="2">多芯铝芯线应接续端子后与设备、器具的端子连接，多芯铝芯线接续端子前应去除氧化层并涂抗氧化剂，连接完成后应清洁干净</td><td></td><td></td></tr>
<tr><td colspan="2">每个设备或器具的端子接线不多于2根导线或2个导线端子</td><td></td><td></td></tr>
<tr><td rowspan="7">3</td><td rowspan="7">截面积6mm^{2}及以下铜芯导线间的连接</td><td rowspan="6">采用导线连接器</td><td>导线连接器应与导线截面相匹配</td><td></td><td></td></tr>
<tr><td>单芯导线与多芯软导线连接时，多芯软导线宜搪锡处理</td><td></td><td></td></tr>
<tr><td>与导线连接后不应明露线芯</td><td></td><td></td></tr>
<tr><td>采用机械压紧方式制作导线接头时，应使用确保压接力的专用工具</td><td></td><td></td></tr>
<tr><td>多尘场所的导线连接应选用IP5X及以上的防护等级连接器</td><td></td><td></td></tr>
<tr><td>潮湿场所的导线连接应选用IPX5及以上的防护等级连接器</td><td></td><td></td></tr>
<tr><td colspan="2">采用缠绕搪锡连接，连接头缠绕搪锡后有可靠绝缘措施</td><td></td><td></td></tr>
<tr><td rowspan="3">4</td><td rowspan="3">铝/铝合金电缆头及端子压接</td><td colspan="2">铝/铝合金电缆的联锁铠装不应作为保护接地导体（PE）使用，联锁铠装应与保护接地导体（PE）连接</td><td></td><td></td></tr>
<tr><td colspan="2">线芯压接面应去除氧化层并涂抗氧化剂，压接完成后应清洁表面</td><td></td><td></td></tr>
<tr><td colspan="2">线芯压接工具及模具应与附件相匹配</td><td></td><td></td></tr>
</table>

续表

<table>
<tr><th>序号</th><th colspan="2">验收项目</th><th colspan="2">施工单位
检验结果</th><th colspan="2">建设（监理）单位
验收结论</th></tr>
<tr><td>5</td><td rowspan="3">一
般
项
目</td><td>当采用螺纹型接线端子与导线连接时，其拧紧力矩值应符合产品技术文件的要求</td><td colspan="2"></td><td colspan="2"></td></tr>
<tr><td>6</td><td>绝缘导线、电缆的线芯连接金具（连接管和端子），其规格应与线芯的规格适配，且不得采用开口端子，其性能应符合国家现行有关产品标准的规定</td><td colspan="2"></td><td colspan="2"></td></tr>
<tr><td>7</td><td>当接线端子规格与电气器具规格不配套时，不应采取降容的转接措施</td><td colspan="2"></td><td colspan="2"></td></tr>
<tr><td colspan="3">质量控制资料</td><td colspan="2"></td><td colspan="2"></td></tr>
<tr><td colspan="2">施工单位质量检查员：
施工单位专业技术质量负责人：

年 月 日</td><td colspan="2">监理单位验收结论：
监理工程师：

年 月 日</td><td colspan="2">建设单位验收结论：
项目负责人：

年 月 日</td><td>其他单位验收结论：
专业技术负责人：

年 月 日</td></tr>
</table>

注：1 表中“设计要求”、“设备技术文件要求”等按工程实际填写。

2 各类采用螺栓搭接连接的钻孔直径和搭接长度、连接螺栓的力矩值等应按照现行国家标准《建筑电气工程施工质量验收规范》GB 50303 的相关规定进行验收。

2）验收依据说明

(1)【规范名称及编号】《城镇污水处理厂工程质量验收规范》GB 50334－2017

【条文摘录】

9.1.8 未做单项叙述的其他电气设备安装应符合设计文件、设备技术文件的要求和国家现行标准的有关规定。

(2)【规范名称及编号】《建筑电气工程施工质量验收规范》GB 50303－2015

【条文摘录】

主 控 项 目

17.1.1 电力电缆通电前应按现行国家标准《电气装置安装工程 电气设备交接试验标准》GB 50150 的规定进行耐压试验，并应合格。

检查数量：全数检查。

检查方法：试验时观察检查并查阅交接试验记录。

17.1.2 低压或特低电压配电线路线间和线对地间的绝缘电阻测试电压及绝缘电阻值不应小于表17.1.2的规定，矿物绝缘电缆线间和线对地间的绝缘电阻应符合国家现行有关产品标准的规定。

表17.1.2 低压或特低电压配电线路绝缘电阻测试电压及绝缘电阻最小值

标称回路电压（V）	直流测试电压（V）	绝缘电阻（MΩ）
SELV和PELV	250	0.5
500V及以下，包括FELV	500	0.5
500V以上	1000	1.0

检查数量：按每检验批的线路数量抽查20%，且不得少于1条线路，并应覆盖不同型号的电缆或电线。

检查方法：用绝缘电阻测试仪测试并查阅绝缘电阻测试记录。

17.1.3 电力电缆的铜屏蔽层和铠装护套及矿物绝缘电缆的金属护套和金属配件应采用铜绞线或镀锡铜编织线与保护导体做连接，其连接导体的截面积不应小于表17.1.3的规定。当铜屏蔽层和铠装护套及矿物绝缘电缆的金属护套和金属配件作保护导体时，其连接导体的截面积应符合设计要求。

检查数量：按每检验批的电缆线路数量抽查20%，且不得少于1条电缆线路并应覆盖不同型号的电缆。

检查方法：观察检查。

表17.1.3 电缆终端保护联结导体的截面（mm^2）

电缆相导体截面积	保护联结导体截面积
≤16	与电缆导体截面积相同
>16，且≤120	16
≥150	25

17.1.4 电缆端子与设备或器具连接应符合本规范第10.1.3条和第10.2.2条的规定。

检查数量：按每检验批的电缆线路数量抽查20%，且不得少于1条电缆线路。

检查方法：观察检查并用力矩测试仪测试紧固度。

一 般 项 目

17.2.1 电缆头应可靠固定，不应使电器元器件或设备端子承受额外应力。

检查数量：按每检验批的电缆线路数量抽查20%，且不得少于1条电缆线路。

检查方法：观察检查。

17.2.2 导线与设备或器具的连接应符合下列规定：

1 截面积在$10mm^2$及以下的单股铜芯线和单股铝/铝合金芯线可直接与设备或器具的端子连接。

2 截面积在$2.5mm^2$及以下的多芯铜芯线应接续端子或拧紧搪锡后再与设备或器具的端子连接。

3 截面积大于$2.5mm^2$的多芯铜芯线，除设备自带插接式端子外，应接续端子后与设备或器具的端子连接；多芯铜芯线与插接式端子连接前端部应拧紧搪锡。

4 多芯铝芯线应接续端子后与设备、器具的端子连接，多芯铝芯线接续端子前应去除氧化层并涂抗氧化剂，连接完成后应清洁干净。

5 每个设备或器具的端子接线不多于2根导线或2个导线端子。

检查数量：按每检验批的配线回路数量抽查5%，且不得少于1条配线回路，并应覆盖不同型号和规格的导线。

检查方法：观察检查

17.2.3 截面积$6mm^2$及以下铜芯导线间的连接应采用导线连接器或缠绕搪锡连接，并应符合下列规定：

1　导线连接器应符合现行国家标准《家用和类似用途低压电路用的连接器件》GB 13140的相关规定，并应符合下列规定：

1）导线连接器应与导线截面相匹配；

2）单芯导线与多芯软导线连接时，多芯软导线宜搪锡处理；

3）与导线连接后不应明露线芯；

4）采用机械压紧方式制作导线接头时，应使用确保压接力的专用工具；

5）多尘场所的导线连接应选用IP5X及以上的防护等级连接器；潮湿场所的导线连接应选用IPX5及以上的防护等级连接器。

2　导线采用缠绕搪锡连接时，连接头缠绕搪锡后应采取可靠绝缘措施。

检查数量：按每检验批的线间连接总数抽查5%，且各不得少于1个型号及规格的导线，并应覆盖其连接方式。

检查方法：观察检查。

17.2.4　铝/铝合金电缆头及端子压接应符合下列规定：

1　铝/铝合金电缆的联锁铠装不应作为保护接地导体（PE）使用，联锁铠装应与保护接地导体（PE）连接；

2　线芯压接面应去除氧化层并涂抗氧化剂，压接完成后应清洁表面；

3　线芯压接工具及模具应与附件相匹配。

检查数量：按每个检验批电缆头数量抽查20%，且不得少于1个。

检查方法：观察检查。

17.2.5　当采用螺纹型接线端子与导线连接时，其拧紧力矩值应符合产品技术文件的要求，当无要求时，应符合本规范附录H的规定。

检查数量：按每检验批的螺纹型接线端子的数量抽查10%，且不得少于1个端子，并应覆盖不同的导线。

检查方法：核对产品技术文件，观察检查并用力矩测试仪测试紧固度。

17.2.6　绝缘导线、电缆的线芯连接金具（连接管和端子），其规格应与线芯的规格适配，且不得采用开口端子，其性能应符合国家现行有关产品标准的规定。

检查数量：按每检验批的线芯连接数量抽查10%，且不得少于2个连接点。

检查方法：观察检查，并查验材料合格证明文件和材料进场验收记录。

17.2.7　当接线端子规格与电气器具规格不配套时，不应采取降容的转接措施。

检查数量：按每个检验批的不同接线端子规格的总数量抽查20%，且各不得少于1个。

检查方法：观察检查。

3）验收应提供的核查资料

（1）核查依据：《城镇污水处理厂工程质量验收规范》GB 50334－2017

9.1.2　电气设备安装工程验收应检查下列文件：

1　设备出厂合格证书、进场验收记录、复验报告、安装说明书；

2　设备电气原理图、配线接线图；

3　设备试运转记录；

4　施工记录、检定记录、认定报告、监理检验记录；

5 其他有关文件。

（2）核查资料明细

核查资料明细表

序号	核查资料名称	核查要点
1	出厂合格证书	核查合格证书齐全程度
2	设备电气原理图、配线接线图	核查图纸的一致性和符合性
3	材料进场验收记录	核查绝缘导线、电缆的线芯连接金具等材料规格型号、材质、外观等内容符合设计要求
4	电力电缆耐压试验报告	核查报告内容的完整性和结论的符合性
5	施工记录	核查绝缘电阻测试值、紧固力测试、端子与导线连接等符合设计及规范要求
6	监理检验记录	核查记录内容的完整性

4.2.10 导管内穿线和槽盒内敷线分项工程质量验收记录

1. 分项工程质量验收记录

1）表格

导管内穿线和槽盒内敷线分项工程质量验收记录

编号：□□□□□□□□□□—□□

<table>
<tr><td colspan="2">工程名称</td><td colspan="5"></td></tr>
<tr><td colspan="2">单位（子单位）工程名称</td><td colspan="3"></td><td>分部（子分部）工程名称</td><td></td></tr>
<tr><td colspan="2">施工单位</td><td></td><td>项目经理</td><td></td><td>项目技术负责人</td><td></td></tr>
<tr><td colspan="2">验收依据</td><td colspan="5"></td></tr>
<tr><td>序号</td><td colspan="2">验收项目</td><td colspan="2">施工单位检验结果</td><td colspan="2">建设（监理）单位验收结论</td></tr>
<tr><td>1</td><td rowspan="3">主控项目</td><td>同一交流回路的绝缘导线不应敷设于不同的金属槽盒内或穿于不同金属导管内</td><td colspan="2"></td><td colspan="2"></td></tr>
<tr><td>2</td><td>除设计要求以外，不同回路、不同电压等级和交流与直流线路的绝缘导线不应穿于同一导管内</td><td colspan="2"></td><td colspan="2"></td></tr>
<tr><td>3</td><td>绝缘导线接头应设置在专用接线盒（箱）或器具内，不得设置在导管和槽盒内，设置位置应便于检修</td><td colspan="2"></td><td colspan="2"></td></tr>
</table>

续表

<table>
<tr><th>序号</th><th colspan="3">验收项目</th><th>施工单位
检验结果</th><th>建设（监理）单位
验收结论</th></tr>
<tr><td>1</td><td rowspan="13">一般项目</td><td colspan="2">除塑料护套线外，绝缘导线应采取导管或槽盒保护，不可外露明敷</td><td></td><td></td></tr>
<tr><td>2</td><td colspan="2">绝缘导线穿管前，应清除管内杂物和积水，绝缘导线穿入导管的管口在穿线前应装设护线口</td><td></td><td></td></tr>
<tr><td>3</td><td colspan="2">与槽盒连接的接线盒（箱）应选用明装盒（箱），配线工程完成后，盒（箱）盖板应齐全、完好</td><td></td><td></td></tr>
<tr><td>4</td><td colspan="2">当采用多相供电时，同一建（构）筑物的绝缘导线绝缘层颜色应一致</td><td></td><td></td></tr>
<tr><td rowspan="9">5</td><td rowspan="9">槽盒内敷线</td><td>同一槽盒内不宜同时敷设绝缘导线和电缆</td><td></td><td></td></tr>
<tr><td>同一路径无防干扰要求的线路可敷设于同一槽盒内，槽盒内的绝缘导线总截面积（包括外护套）不应超过槽盒内截面积的40%，且载流导体不宜超过30根</td><td></td><td></td></tr>
<tr><td>非电力线路敷设于同一槽盒内时，绝缘导线的总截面积不应超过槽盒内截面积的50%</td><td></td><td></td></tr>
<tr><td>分支接头处绝缘导线的总截面面积（包括外护层）不应大于该点盒（箱）内截面面积的75%</td><td></td><td></td></tr>
<tr><td>绝缘导线在槽盒内应留有余量，并按回路分段绑扎，绑扎点间距不应大于1.5m</td><td></td><td></td></tr>
<tr><td>当垂直或大于45°倾斜敷设时，应将绝缘导线分段固定在槽盒内的专用部件上，每段至少应有一个固定点</td><td></td><td></td></tr>
<tr><td>当直线段长度大于3.2m时，其固定点间距不应大于1.6m</td><td></td><td></td></tr>
<tr><td>槽盒内导线排列应整齐、有序</td><td></td><td></td></tr>
<tr><td>敷线完成后，槽盒盖板应复位，盖板应齐全、平整、牢固</td><td></td><td></td></tr>
<tr><td colspan="4">质量控制资料</td><td></td><td></td></tr>
<tr><td colspan="3">施工单位质量检查员：
施工单位专业技术质量负责人：

年　月　日</td><td>监理单位验收结论：
监理工程师：

年　月　日</td><td>建设单位验收结论：
项目负责人：

年　月　日</td><td>其他单位验收结论：
专业技术负责人：

年　月　日</td></tr>
</table>

注：表中“设计要求”、“设备技术文件要求”等按工程实际填写。

2）验收依据说明

（1）【规范名称及编号】《城镇污水处理厂工程质量验收规范》GB 50334－2017

【条文摘录】

9.1.8 未做单项叙述的其他电气设备安装应符合设计文件、设备技术文件的要求和国家现行标准的有关规定。

(2)【规范名称及编号】《建筑电气工程施工质量验收规范》GB 50303－2015

【条文摘录】

主 控 项 目

14.1.1 同一交流回路的绝缘导线不应敷设于不同的金属槽盒内或穿于不同金属导管内。

检查数量：按每个检验批的配线总回路数抽查20%，且不得少于1个回路。

检查方法：观察检查。

14.1.2 除设计要求以外，不同回路、不同电压等级和交流与直流线路的绝缘导线不应穿于同一导管内。

检查数量：按每个检验批的配线总回路数抽查20%，且不得少于1个回路。

检查方法：观察检查。

14.1.3 绝缘导线接头应设置在专用接线盒（箱）或器具内，不得设置在导管和槽盒内，盒（箱）的设置位置应便于检修。

检查数量：按每个检验批的配线回路总数抽查10%，且不得少于1个回路。

检查方法：观察检查并用尺量检查。

一 般 项 目

14.2.1 除塑料护套线外，绝缘导线应采取导管或槽盒保护，不可外露明敷。

检查数量：按每个检验批的绝缘导线配线回路数抽查10%，且不得少于1个回路。

检查方法：观察检查。

14.2.2 绝缘导线穿管前，应清除管内杂物和积水，绝缘导线穿入导管的管口在穿线前应装设护线口。

检查数量：按每个检验批的绝缘导线穿管数抽查10%，且不得少于1根导管。

检查方法：施工中观察检查。

14.2.3 与槽盒连接的接线盒（箱）应选用明装盒（箱），配线工程完成后，盒（箱）盖板应齐全、完好。

检查数量：全数检查。

检查方法：观察检查。

14.2.4 当采用多相供电时，同一建（构）筑物的绝缘导线绝缘层颜色应一致。

检查数量：按每个检验批的绝缘导线配线总回路数抽查10%，且不得少于1个回路。

检查方法：观察检查。

14.2.5 槽盒内敷线应符合下列规定：

1 同一槽盒内不宜同时敷设绝缘导线和电缆。

2 同一路径无防干扰要求的线路，可敷设于同一槽盒内，槽盒内的绝缘导线总截面积（包括外护套）不应超过槽盒内截面积的40%，且载流导体不宜超过30根。

3 当控制和信号等非电力线路敷设于同一槽盒内时，绝缘导线的总截面积不应超过槽盒内截面积的50%。

4　分支接头处绝缘导线的总截面面积（包括外护层）不应大于该点盒（箱）内截面面积的75%。

5　绝缘导线在槽盒内应留有一定余量，并应按回路分段绑扎，绑扎点间距不应大于1.5m；当垂直或大于45°倾斜敷设时，应将绝缘导线分段固定在槽盒内的专用部件上，每段至少应有一个固定点；当直线段长度大于3.2m时，其固定点间距不应大于1.6m；槽盒内导线排列应整齐、有序。

6　敷线完成后，槽盒盖板应复位，盖板应齐全、平整、牢固。

检查数量：按每个检验批的槽盒总长度抽查10%，且不得少于1m。

检查方法：观察检查并用尺量检查。

3）验收应提供的核查资料

（1）核查依据：《城镇污水处理厂工程质量验收规范》GB 50334－2017

9.1.2　电气设备安装工程验收应检查下列文件：

1　设备出厂合格证书、进场验收记录、复验报告、安装说明书；

2　设备电气原理图、配线接线图；

3　设备试运转记录；

4　施工记录、检定记录、认定报告、监理检验记录；

5　其他有关文件。

（2）核查资料明细

核查资料明细表

序号	核查资料名称	核查要点
1	设备电气原理图、配线接线图	核查图纸的一致性和符合性
2	施工记录	核查敷线方式、护线口设置和导管、槽盒内敷线量等符合设计及规范要求
3	监理检验记录	核查记录内容的完整性

4.2.11　普通灯具安装分项工程质量验收记录

1. 分项工程质量验收记录

1）表格

普通灯具安装分项工程质量验收记录

编号：□□□□□□□□□□—□□

<table>
<tr><td colspan="3">工程名称</td><td colspan="5"></td></tr>
<tr><td colspan="3">单位（子单位）
工程名称</td><td colspan="3"></td><td>分部（子分部）
工程名称</td><td></td></tr>
<tr><td colspan="3">施工单位</td><td></td><td>项目经理</td><td></td><td>项目技术
负责人</td><td></td></tr>
<tr><td colspan="3">验收依据</td><td colspan="5"></td></tr>
<tr><td>序号</td><td colspan="3">验收项目</td><td colspan="2">施工单位
检验结果</td><td colspan="2">建设（监理）单位
验收结论</td></tr>
<tr><td rowspan="2">1</td><td rowspan="2">主控项目</td><td rowspan="2">灯具固定</td><td>灯具固定应牢固可靠，在砌体和混凝土结构上严禁使用木楔、尼龙塞或塑料塞固定</td><td colspan="2"></td><td colspan="2"></td></tr>
<tr><td>质量大于10kg的灯具，固定装置及悬吊装置应按灯具重量的5倍恒定均布载荷做强度试验，且持续时间不得少于15min</td><td colspan="2"></td><td colspan="2"></td></tr>
</table>

续表

序号	验收项目			施工单位检验结果	建设（监理）单位验收结论
2	主控项目	悬吊式灯具安装	带升降器的软线吊灯在吊线展开后，灯具下沿应高于工作台面0.3m		
			质量大于0.5kg的软线吊灯，灯具的电源线不应受力		
			质量大于3kg的悬吊灯具，固定在螺栓或预埋吊钩上，螺栓或预埋吊钩的直径不应小于灯具挂销直径，且不应小于6mm		
			当采用钢管作灯具吊杆时，其内径不应小于10mm，壁厚不应小于1.5mm		
			灯具与固定装置及灯具连接件之间采用螺纹连接的，螺纹啮合扣数不应少于5扣		
3		吸顶或墙面上安装的灯具，其固定用的螺栓或螺钉不应少于2个，灯具应紧贴饰面			
4		由接线盒引至嵌入式灯具或槽灯的绝缘导线	绝缘导线应采用柔性导管保护，不得裸露，且不应在灯槽内明敷		
			柔性导管与灯具壳体应采用专用接头连接		
5		普通灯具的Ⅰ类灯具外露可导电部分必须采用铜芯软导线与保护导体可靠连接，连接处应设置接地标识，铜芯软导线的截面积应与进入灯具的电源线截面积相同			
6		除采用安全电压以外，设计无要求时，敞开式灯具的灯头对地面距离应大于2.5m			
7		埋地灯安装	埋地灯的防护等级应符合设计要求		
			埋地灯的接线盒应采用防护等级为IPX7的防水接线盒，盒内绝缘导线接头应做防水绝缘处理		
8		LED灯具安装	灯具安装应牢固可靠，饰面不应使用胶类粘贴		
			灯具安装位置应有较好的散热条件，且不宜安装在潮湿场所		
			灯具用的金属防水接头密封圈应齐全、完好		
			灯具的驱动电源、电子控制装置室外安装时，应置于金属箱（盒）内		
			金属箱（盒）的IP防护等级和散热应符合设计要求，驱动电源的极性标记应清晰、完整		
			室外灯具配线管路应按明配管敷设，且应具备防雨功能，IP防护等级应符合设计要求		

续表

<table>
<tr><th>序号</th><th colspan="3">验收项目</th><th>施工单位
检验结果</th><th>建设（监理）单位
验收结论</th></tr>
<tr><td>1</td><td rowspan="12">一般项目</td><td colspan="2">引向单个灯具的绝缘导线截面积应与灯具功率相匹配，绝缘铜芯导线的线芯截面积不应小于 1mm²</td><td></td><td></td></tr>
<tr><td rowspan="6">2</td><td rowspan="6">灯具的外形、灯头及其接线</td><td>灯具及配件应齐全，不应有机械损伤、变形、涂层剥落和灯罩破裂等缺陷</td><td></td><td></td></tr>
<tr><td>软线吊灯的软线两端应做保护扣，两端线芯搪锡；当装升降器时应采用安全灯头</td><td></td><td></td></tr>
<tr><td>除敞开式灯具外，其他各类容量在 100W 及以上的灯具，引入线应采用瓷管、矿棉等不燃材料作隔热保护</td><td></td><td></td></tr>
<tr><td>连接灯具的软线应盘扣、搪锡压线，当采用螺口灯头时，相线应接于螺口灯头中间的端子上</td><td></td><td></td></tr>
<tr><td>灯座的绝缘外壳不应破损和漏电；带有开关的灯座，开关手柄应无裸露的金属部分</td><td></td><td></td></tr>
<tr style="display:none"></tr>
<tr><td>3</td><td colspan="2">灯具表面及其附件的高温部位附近可燃物时，应采取隔热、散热等防火保护措施</td><td></td><td></td></tr>
<tr><td>4</td><td colspan="2">高低压配电设备、裸母线及电梯曳引机的正上方不应安装灯具</td><td></td><td></td></tr>
<tr><td rowspan="2">5</td><td rowspan="2">露天安装的灯具</td><td>应有泄水孔，且泄水孔应设置在灯具腔体的底部</td><td></td><td></td></tr>
<tr><td>灯具及其附件、紧固件、底座和与其相连的导管、接线盒等应有防腐蚀和防水措施</td><td></td><td></td></tr>
<tr><td>6</td><td colspan="2">安装于槽盒底部的荧光灯具应紧贴槽盒底部，并应固定牢固</td><td></td><td></td></tr>
<tr><td colspan="4">质量控制资料</td><td></td><td></td></tr>
<tr><td colspan="2">施工单位质量检查员：
施工单位专业技术质量负责人：

年 月 日</td><td colspan="2">监理单位验收结论：
监理工程师：

年 月 日</td><td>建设单位验收结论：
项目负责人：

年 月 日</td><td>其他单位验收结论：
专业技术负责人：

年 月 日</td></tr>
</table>

注：表中“设计要求”、“设备技术文件要求”等按工程实际填写。

2）验收依据说明

(1)【规范名称及编号】《城镇污水处理厂工程质量验收规范》GB 50334－2017

【条文摘录】

9.1.8 未做单项叙述的其他电气设备安装应符合设计文件、设备技术文件的要求和国家现行标准的有关规定。

（2）【规范名称及编号】《建筑电气工程施工质量验收规范》GB 50303－2015

【条文摘录】

主 控 项 目

18.1.1 灯具固定应符合下列规定：

1 灯具固定应牢固可靠，在砌体和混凝土结构上严禁使用木楔、尼龙塞或塑料塞固定；

2 质量大于10kg的灯具，固定装置及悬吊装置应按灯具重量的5倍恒定均布载荷做强度试验，且持续时间不得少于15min。

检查数量：第1款按每检验批的灯具数量抽查5%，且不得少于1套，第2款全数检查。

检查方法：施工或强度试验时观察检查，查阅灯具固定装置及悬吊装置的载荷强度试验记录。

18.1.2 悬吊式灯具安装应符合下列规定：

1 带升降器的软线吊灯在吊线展开后，灯具下沿应高于工作台面0.3m；

2 质量大于0.5kg的软线吊灯，灯具的电源线不应受力；

3 质量大于3kg的悬吊灯具，固定在螺栓或预埋吊钩上，螺栓或预埋吊钩的直径不应小于灯具挂销直径，且不应小于6mm；

4 当采用钢管作灯具吊杆时，其内径不应小于10mm，壁厚不应小于1.5mm；

5 灯具固定装置及灯具连接件之间采用螺纹连接的，螺纹啮合扣数不应少于5扣。

检查数量：按每检验批的不同灯具型号各抽查5%，且各不得少于1套。

检查方法：观察检查并用尺量检查。

18.1.3 吸顶或墙面上安装的灯具，其固定用的螺栓或螺钉不应少于2个，灯具应紧贴饰面。

检查数量：按每检验批的不同安装形式各抽查5%，且各不得少于1套。

检查方法：观察检查。

18.1.4 由接线盒引至嵌入式灯具或槽灯的绝缘导线应符合下列规定：

1 绝缘导线应采用柔性导管保护，不得裸露，且不应在灯槽内明敷；

2 柔性导管与灯具壳体应采用专用接头连接。

检查数量：按每检验批的灯具数量抽查5%，且不得少于1套。

检查方法：观察检查。

18.1.5 普通灯具的Ⅰ类灯具外露可导电部分必须采用铜芯软导线与保护导体可靠连接，连接处应设置接地标识，铜芯软导线的截面积应与进入灯具的电源线截面积相同。

检查数量：按每检验批的灯具数量抽查5%，且不得少于1套。

检查方法：尺量检查、工具拧紧和测量检查。

18.1.6 除采用安全电压以外，当设计无要求时，敞开式灯具的灯头对地面距离应大于2.5m。

检查数量：按每检验批的灯具数量抽查10%，且各不得少于1套。

检查方法：观察检查并用尺量检查。

18.1.7 埋地灯安装应符合下列规定：

1　埋地灯的防护等级应符合设计要求；

2　埋地灯的接线盒应采用防护等级为IPX7的防水接线盒，盒内绝缘导线接头应做防水绝缘处理。

检查数量：按灯具总数抽查5%，且不得少于1套。

检查方法：观察检查，查阅产品进场验收记录及产品质量合格证明文件。

18.1.10　LED灯具安装应符合下列规定：

1　灯具安装应牢固可靠，饰面不应使用胶类粘贴。

2　灯具安装位置应有较好的散热条件，且不宜安装在潮湿场所。

3　灯具用的金属防水接头密封圈应齐全、完好。

4　灯具的驱动电源、电子控制装置室外安装时，应置于金属箱（盒）内；金属箱（盒）的IP防护等级和散热应符合设计要求，驱动电源的极性标记应清晰、完整；

5　室外灯具配线管路应按明配管敷设，且应具备防雨功能，IP防护等级应符合设计要求。

检查数量：按灯具型号各抽查5%，且各不得少于1套。

检查方法：观察检查，查阅产品进场验收记录及产品质量合格证明文件。

一　般　项　目

18.2.1　引向单个灯具的绝缘导线截面积应与灯具功率相匹配，绝缘铜芯导线的线芯截面积不应小于$1mm^2$。

检查数量：按每检验批的灯具数量抽查5%，且不得少于1套。

检查方法：观察检查。

18.2.2　灯具的外形、灯头及其接线应符合下列规定：

1　灯具及配件应齐全，不应有机械损伤、变形、涂层剥落和灯罩破裂等缺陷；

2　软线吊灯的软线两端应做保护扣，两端线芯搪锡；当装升降器时应采用安全灯头；

3　除敞开式灯具外，其他各类容量在100W及以上的灯具，引入线应采用瓷管、矿棉等不燃材料作隔热保护；

4　连接灯具的软线应盘扣、搪锡压线，当采用螺口灯头时，相线应接于螺口灯头中间的端子上；

5　灯座的绝缘外壳不应破损和漏电；带有开关的灯座，开关手柄应无裸露的金属部分。

检查数量：按每检验批的灯具型号各抽查5%，且各不得少于1套。

检查方法：观察检查。

18.2.3　灯具表面及其附件的高温部位靠近可燃物时，应采取隔热、散热等防火保护措施。

检查数量：按每检验批的灯具总数量抽查20%，且各不得少于1套。

检查方法：观察检查。

18.2.4　高低压配电设备、裸母线及电梯曳引机的正上方不应安装灯具。

检查数量：全数检查。

检查方法：观察检查。

18.2.8　露天安装的灯具应有泄水孔，且泄水孔应设置在灯具腔体的底部。灯具及其附件、紧固件、底座和与其相连的导管、接线盒等应有防腐蚀和防水措施。

检查数量：按灯具数量抽查10%，且不得少于1套。

检查方法：观察检查。

18.2.9 安装于槽盒底部的荧光灯具应紧贴槽盒底部，并应固定牢固。

检查数量：按每检验批的灯具数量抽查10%，且不得少于1套。

检查方法：观察检查和手感检查。

3）验收应提供的核查资料

（1）核查依据：《城镇污水处理厂工程质量验收规范》GB 50334－2017

9.1.2 电气设备安装工程验收应检查下列文件：

1 设备出厂合格证书、进场验收记录、复验报告、安装说明书；

2 设备电气原理图、配线接线图；

3 设备试运转记录；

4 施工记录、检定记录、认定报告、监理检验记录；

5 其他有关文件。

（2）核查资料明细

核查资料明细表

序号	核查资料名称	核查要点
1	安装使用说明书	核查说明书齐全程度
2	产品出厂合格证书	核查合格证书齐全程度
3	进场验收记录	核查灯具规格型号、材质符合设计要、附件齐全程度
4	设备电气原理图、配线接线图	核查图纸的完整性和一致性
5	施工记录	核查工序交接、灯具的固定、导线连接等符合设计及规范要求
6	照明系统通电试运行记录	核查记录内容的完整性和结论的符合性
7	监理检验记录	核查记录内容的完整性

2. 照明系统通电试运行记录

1）表格

照明系统通电试运行记录

工程名称：

<table>
<tr><td>设备部位图号</td><td></td><td>设备名称</td><td></td><td>型号、规格、台数</td><td></td></tr>
<tr><td>施工单位</td><td></td><td>设备所在系统</td><td></td><td>额定数据</td><td></td></tr>
<tr><td>试验单位</td><td></td><td>负责人</td><td></td><td>试车时间</td><td>年 月 日 时 分起
年 月 日 时 分止</td></tr>
<tr><td>序号</td><td>试验项目</td><td colspan="3">试验记录</td><td>试验结论</td></tr>
<tr><td>1</td><td>灯具回路控制应符合设计要求，且应与照明控制柜、箱（盘）及回路的标识一致</td><td colspan="3" rowspan="2"></td><td rowspan="2"></td></tr>
<tr><td>2</td><td>照明系统连续试运行时间内应无故障</td></tr>
<tr><td colspan="2">建设单位</td><td colspan="2">监理单位</td><td>施工单位</td><td>其他单位</td></tr>
<tr><td colspan="2">（签字）
（盖章）</td><td colspan="2">（签字）
（盖章）</td><td>（签字）
（盖章）</td><td>（签字）
（盖章）</td></tr>
</table>

注：其他单位根据不同设备单机试运转验收需要，可为设备生产、设计、运营等有关单位。

2）填表依据说明

【依据规范名称及编号】

(1)《建筑电气工程施工质量验收规范》GB 50303－2015

主　控　项　目

21.1.1　灯具回路控制应符合设计要求，且应与照明控制柜、箱（盘）及回路的标识一致；开关宜与灯具控制顺序相对应，风扇的转向及调速开关应正常。

检查数量：按每检验批的末级照明配电箱数量抽查20%，且不得少于1台配电箱及相应回路。

检查方法：核对技术文件，观察检查，并操作检查。

21.1.2　公共建筑照明系统通电连续试运行时间应为24h，住宅照明系统通电试运行时间应为8h，所有照明灯具均应同时开启，且应每2h按回路记录运行参数，连续试运行时间内应无故障。

检查数量：按每检验批的末级照明配电箱总数抽查5%，且不得少于1台配电箱及相应回路。

检查方法：试验运行时观察检查或查阅建筑照明通电试运行记录。

4.2.12　开关、插座、风扇安装分项工程质量验收记录

1. 分项工程质量验收记录

1）表格

开关、插座、风扇安装分项工程质量验收记录

编号：□□□□□□□□□□—□□

<table>
<tr><td colspan="3">工程名称</td><td colspan="5"></td></tr>
<tr><td colspan="3">单位（子单位）工程名称</td><td colspan="2"></td><td colspan="2">分部（子分部）工程名称</td><td></td></tr>
<tr><td colspan="3">施工单位</td><td>　</td><td>项目经理</td><td></td><td>项目技术负责人</td><td></td></tr>
<tr><td colspan="3">验收依据</td><td colspan="5"></td></tr>
<tr><td>序号</td><td colspan="4">验收项目</td><td>施工单位检验结果</td><td colspan="2">建设（监理）单位验收结论</td></tr>
<tr><td>1</td><td rowspan="3">主控项目</td><td colspan="3">当交流、直流或不同电压等级的插座安装在同一场所时，应有明显的区别，插座不得互换；配套的插头应按交流、直流或不同电压等级区别使用</td><td></td><td colspan="2"></td></tr>
<tr><td>2</td><td colspan="3">不间断电源插座及应急电源插座应设置标识</td><td></td><td colspan="2"></td></tr>
<tr><td>3</td><td>插座接线</td><td colspan="2">对于单相两孔插座，面对插座的右孔或上孔应与相线连接，左孔或下孔应与中性导体（N）连接；对于单相三孔插座，面对插座的右孔应与相线连接，左孔应与中性导体（N）连接</td><td></td><td colspan="2"></td></tr>
</table>

续表

<table>
<tr><th>序号</th><th colspan="3">验收项目</th><th>施工单位
检验结果</th><th>建设（监理）单位
验收结论</th></tr>
<tr><td rowspan="3">3</td><td rowspan="17">主控项目</td><td rowspan="3">插座接线</td><td>单相三孔、三相四孔及三相五孔插座的保护接地导体（PE）应接在上孔；插座的保护接地导体端子不得与中性导体端子连接；同一场所的三相插座，其接线的相序应一致</td><td></td><td></td></tr>
<tr><td>保护接地导体（PE）在插座之间不得串联连接</td><td></td><td></td></tr>
<tr><td>相线与中性导体（N）不应利用插座本体的接线端子转接供电</td><td></td><td></td></tr>
<tr><td rowspan="3">4</td><td rowspan="3">照明开关安装</td><td>同一建（构）筑物的开关宜采用同一系列的产品，单控开关的通断位置应一致，且应操作灵活、接触可靠</td><td></td><td></td></tr>
<tr><td>相线应经开关控制</td><td></td><td></td></tr>
<tr><td>紫外线杀菌灯的开关应有明显标识，并应与普通照明开关的位置分开</td><td></td><td></td></tr>
<tr><td>5</td><td colspan="2">温控器接线应正确，显示屏指示应正常，安装标高符合设计要求</td><td></td><td></td></tr>
<tr><td rowspan="8">6</td><td rowspan="8">吊扇安装</td><td>吊扇挂钩安装应牢固，吊扇挂钩的直径不应小于吊扇挂销直径，且不应小于8mm</td><td></td><td></td></tr>
<tr><td>挂钩销钉应有防振橡胶垫</td><td></td><td></td></tr>
<tr><td>挂销的防松零件应齐全、可靠</td><td></td><td></td></tr>
<tr><td>吊扇扇叶距地高度不应小于2.5m</td><td></td><td></td></tr>
<tr><td>吊扇组装不应改变扇叶角度，扇叶的固定螺栓防松零件应齐全</td><td></td><td></td></tr>
<tr><td>吊杆间、吊杆与电机间螺纹连接，其啮合长度不应小于20mm，且防松零件应齐全紧固</td><td></td><td></td></tr>
<tr><td>吊扇应接线正确，运转时扇叶应无明显颤动和异常声响</td><td></td><td></td></tr>
<tr><td>吊扇开关安装标高应符合设计要求</td><td></td><td></td></tr>
<tr><td rowspan="2">7</td><td rowspan="2">壁扇安装</td><td>壁扇底座应采用膨胀螺栓或焊接固定，固定应牢固可靠；膨胀螺栓的数量不应少于3个，且直径不应小于8mm</td><td></td><td></td></tr>
<tr><td>防护罩应扣紧、固定可靠，当运转时扇叶和防护罩应无明显颤动和异常声响</td><td></td><td></td></tr>
</table>

续表

<table>
<tr><th>序号</th><th colspan="3">验收项目</th><th>施工单位
检验结果</th><th>建设（监理）单位
验收结论</th></tr>
<tr><td>1</td><td rowspan="13">一般项目</td><td colspan="2">暗装的插座盒或开关盒应与饰面平齐，盒内干净整洁，无锈蚀，绝缘导线不得裸露在装饰层内；面板应紧贴饰面、四周无缝隙、安装牢固，表面光滑、无碎裂、划伤，装饰帽（板）齐全</td><td></td><td></td></tr>
<tr><td rowspan="2">2</td><td rowspan="2">插座安装</td><td>插座安装高度应符合设计要求，同一室内相同规格并列安装的插座高度宜一致</td><td></td><td></td></tr>
<tr><td>地面插座应紧贴饰面，盖板应固定牢固、密封良好</td><td></td><td></td></tr>
<tr><td rowspan="3">3</td><td rowspan="3">照明开关安装</td><td>安装高度应符合设计要求</td><td></td><td></td></tr>
<tr><td>开关安装位置应便于操作，开关边缘距门框边缘的距离宜 0.15m～0.20m</td><td></td><td></td></tr>
<tr><td>相同型号并列安装高度宜一致，并列安装的拉线开关的相邻间距不宜小于 20mm</td><td></td><td></td></tr>
<tr><td>4</td><td colspan="2">温控器安装高度应符合设计要求；同一室内并列安装的温控器高度宜一致，且控制有序不错位</td><td></td><td></td></tr>
<tr><td rowspan="2">5</td><td rowspan="2">吊扇安装</td><td>吊扇涂层应完整、表面无划痕、无污染，吊杆上、下扣碗安装应牢固到位</td><td></td><td></td></tr>
<tr><td>同一室内并列安装的吊扇开关高度宜一致，并应控制有序、不错位</td><td></td><td></td></tr>
<tr><td rowspan="2">6</td><td rowspan="2">壁扇安装</td><td>壁扇安装高度应符合设计要求</td><td></td><td></td></tr>
<tr><td>涂层应完整、表面无划痕、无污染，防护罩应无变形</td><td></td><td></td></tr>
<tr><td rowspan="2">7</td><td rowspan="2">换气扇</td><td>换气扇安装应紧贴饰面、固定可靠</td><td></td><td></td></tr>
<tr><td>无专人管理场所的换气扇设置定时开关</td><td></td><td></td></tr>
<tr><td colspan="4">质量控制资料</td><td></td><td></td></tr>
<tr><td colspan="3">施工单位质量检查员：
施工单位专业技术质量负责人：
年　月　日</td><td>监理单位验收结论：
监理工程师：
年　月　日</td><td>建设单位验收结论：
项目负责人：
年　月　日</td><td>其他单位验收结论：
专业技术负责人：
年　月　日</td></tr>
</table>

注：表中“设计要求”、“设备技术文件要求”等按工程实际填写。

2）验收依据说明

(1)【规范名称及编号】《城镇污水处理厂工程质量验收规范》GB 50334－2017

【条文摘录】

9.1.8　未做单项叙述的其他电气设备安装应符合设计文件、设备技术文件的要求和国家现行标准的有关规定。

(2)【规范名称及编号】《建筑电气工程施工质量验收规范》GB 50303－2015

【条文摘录】

主 控 项 目

20.1.1 当交流、直流或不同电压等级的插座安装在同一场所时，应有明显的区别，插座不得互换；配套的插头应按交流、直流或不同电压等级区别使用。

检查数量：按每检验批的插座数量抽查20%，且不得少于1个。

检查方法：观察检查并用插头进行试插检查。

20.1.2 不间断电源插座及应急电源插座应设置标识。

检查数量：按插座总数抽查10%，且不得少于1套。

检查方法：观察检查。

20.1.3 插座接线应符合下列规定：

1 对于单相两孔插座，面对插座的右孔或上孔应与相线连接，左孔或下孔应与中性导体(N)连接；对于单相三孔插座，面对插座的右孔应与相线连接，左孔应与中性导体(N)连接。

2 单相三孔、三相四孔及三相五孔插座的保护接地导体(PE)应接在上孔；插座的保护接地导体端子不得与中性导体端子连接；同一场所的三相插座，其接线的相序应一致。

3 保护接地导体(PE)在插座之间不得串联连接。

4 相线与中性导体(N)不应利用插座本体的接线端子转接供电。

检查数量：按每检验批的插座型号各抽查5%，且均不得少于1套。

检查方法：观察检查并用专用测试工具检查。

20.1.4 照明开关安装应符合下列规定：

1 同一建(构)筑物的开关宜采用同一系列的产品，单控开关的通断位置应一致，且应操作灵活、接触可靠；

2 相线应经开关控制；

3 紫外线杀菌灯的开关应有明显标识，并应与普通照明开关的位置分开。

检查数量：第3款全数检查，第1款和第2款按每检验批的开关数量抽查5%，且按规格型号各不得少于1套。

检查方法：观察检查、用电笔测试检查和手动开启开关检查。

20.1.5 温控器接线应正确，显示屏指示应正常，安装标高应符合设计要求。

检查数量：按每检验批的数量抽查10%，且不得少于1套。

检查方法：观察检查。

20.1.6 吊扇安装应符合下列规定：

1 吊扇挂钩安装应牢固，吊扇挂钩的直径不应小于吊扇挂销直径，且不应小于8mm；挂钩销钉应有防振橡胶垫；挂销的防松零件应齐全、可靠。

2 吊扇扇叶距地高度不应小于2.5m。

3 吊扇组装不应改变扇叶角度，扇叶的固定螺栓防松零件应齐全。

4 吊杆间、吊杆与电机间螺纹连接，其啮合长度不应小于20mm，且防松零件应齐全紧固。

5　吊扇应接线正确，运转时扇叶应无明显颤动和异常声响。

6　吊扇开关安装标高应符合设计要求。

检查数量：按吊扇数量抽查5%，且不得少于1套。

检查方法：听觉检查、观察检查、尺量检查和卡尺检查。

20.1.7　壁扇安装应符合下列规定：

1　壁扇底座应采用膨胀螺栓或焊接固定，固定应牢固可靠；膨胀螺栓的数量不应少于3个，且直径不应小于8mm。

2　防护罩应扣紧、固定可靠，当运转时扇叶和防护罩应无明显颤动和异常声响。

检查数量：按壁扇数量抽查5%，不得少于1套：

检查方法：听觉检查、观察检查和手感检查。

一　般　项　目

20.2.1　暗装的插座盒或开关盒应与饰面平齐，盒内干净整洁，无锈蚀，绝缘导线不得裸露在装饰层内；面板应紧贴饰面、四周无缝隙、安装牢固，表面光滑、无碎裂、划伤，装饰帽（板）齐全。

检查数量：按每检验批的盒子数量抽查10%，且不得少于1个。

检查方法：观察检查和手感检查。

20.2.2　插座安装应符合下列规定：

1　插座安装高度应符合设计要求，同一室内相同规格并列安装的插座高度宜一致；

2　地面插座应紧贴饰面，盖板应固定牢固、密封良好。

检查数量：按每个检验批的插座总数抽查10%，且按型号各不得少于1个。

检查方法：观察检查并用尺量和手感检查。

20.2.3　照明开关安装应符合下列规定：

1　照明开关安装高度应符合设计要求；

2　开关安装位置应便于操作，开关边缘距门框边缘的距离宜0.15m～0.20m；

3　相同型号并列安装高度宜一致，并列安装的拉线开关的相邻间距不宜小于20mm。

检查数量：按每检验批的开关数量抽查10%，且不得少于1个。

检查方法：观察检查并用尺量检查。

20.2.4　温控器安装高度应符合设计要求；同一室内并列安装的温控器高度宜一致，且控制有序不错位。

检查数量：按每检验批数量抽查10%，且不得少于1个。

检查方法：观察检查并用尺量检查。

20.2.5　吊扇安装应符合下列规定：

1　吊扇涂层应完整、表面无划痕、无污染，吊杆上、下扣碗安装应牢固到位；

2　同一室内并列安装的吊扇开关高度宜一致，并应控制有序、不错位。

检查数量：按吊扇数量抽查10%，且不得少于1套。

检查方法：观察检查，用尺量和手感检查。

20.2.6　壁扇安装应符合下列规定：

1　壁扇安装高度应符合设计要求；

2 涂层应完整、表面无划痕、无污染，防护罩应无变形。

检查数量：按壁扇数量抽查10%，且不得少于1套。

检查方法：观察检查并用尺量检查。

20.2.7 换气扇安装应紧贴饰面、固定可靠。无专人管理场所的换气扇宜设置定时开关。

检查数量：按换气扇数量抽查10%，且不得少于1套。

检查方法：观察检查和手感检查。

3）验收应提供的核查资料

（1）核查依据：《城镇污水处理厂工程质量验收规范》GB 50334－2017

9.1.2 电气设备安装工程验收应检查下列文件：

1 设备出厂合格证书、进场验收记录、复验报告、安装说明书；

2 设备电气原理图、配线接线图；

3 设备试运转记录；

4 施工记录、检定记录、认定报告、监理检验记录；

5 其他有关文件。

（2）核查资料明细

核查资料明细表

序号	核查资料名称	核查要点
1	产品出厂合格证书	核查合格证书齐全程度
2	产品进场验收记录	核查产品规格型号、外观、电气机械性能和绝缘材料性能抽样检测等符合设计要求
3	安装图	核查图纸的完整性和一致性
4	施工记录	核查安装位置、接线、开启试插检查等符合设计及规范要求
5	监理检验记录	核查记录内容的完整性

4.2.13 接地装置、防雷设施安装分项工程质量验收记录

1. 分项工程质量验收记录

1）表格

接地装置、防雷设施安装分项工程质量验收记录

编号：□□□□□□□□□□—□□

工程名称						
单位（子单位）工程名称				分部（子分部）工程名称		
施工单位		项目经理			项目技术负责人	
验收依据						
序号	验收项目			施工单位检验结果		建设（监理）单位验收结论
1	主控项目	接地装置的接地电阻值应符合设计文件的要求				
2		变压器室和变、配电室内的接地干线与接地装置引出干线的连接位置和连接方式应符合设计文件的要求				

续表

<table>
<tr><td>序号</td><td colspan="3">验收项目</td><td>施工单位检验结果</td><td>建设（监理）单位验收结论</td></tr>
<tr><td>3</td><td rowspan="2">主控项目</td><td colspan="2">接地装置、防雷设施安装应符合设计文件及相关规范要求</td><td></td><td></td></tr>
<tr><td>4</td><td colspan="2">消化池内壁敷设的防静电接地导体应与引入的金属管道及电缆的铠装金属外壳连接，并应引至消化池的外壁与接地装置连接</td><td></td><td></td></tr>
<tr><td rowspan="4">1</td><td rowspan="5">一般项目</td><td rowspan="4">接地装置采用搭接焊的搭接长度</td><td>扁钢与扁钢搭接不应小于扁钢宽度的2倍，且应至少三面施焊</td><td></td><td></td></tr>
<tr><td>圆钢与圆钢搭接不应小于圆钢直径的6倍，且应双面施焊</td><td></td><td></td></tr>
<tr><td>圆钢与扁钢搭接不应小于圆钢直径的6倍，且应双面施焊</td><td></td><td></td></tr>
<tr><td>扁钢与钢管，扁钢与角钢焊接，成紧贴角钢外侧两面，或紧贴3/4钢管表面，上下两侧施焊</td><td></td><td></td></tr>
<tr><td>2</td><td colspan="2">变、配电室配电间隔、静止补偿装置的栅栏门及变配电室金属门铰链处的接地连接，应采用镀锡编织铜线</td><td></td><td></td></tr>
<tr><td colspan="4">质量控制资料</td><td></td><td></td></tr>
<tr><td colspan="2">施工单位质量检查员：
施工单位专业技术质量负责人：

年　月　日</td><td colspan="2">监理单位验收结论：
监理工程师：

年　月　日</td><td>建设单位验收结论：
项目负责人：

年　月　日</td><td>其他单位验收结论：
专业技术负责人：

年　月　日</td></tr>
</table>

注：1　表中“设计要求”、“设备技术文件要求”等按工程实际填写；

2　接地装置、防雷设施安装应按照现行国家标准《电气装置安装工程　接地装置施工及验收规范》GB 50169的有关规定进行验收。

2）验收依据说明

(1)【规范名称及编号】《城镇污水处理厂工程质量验收规范》GB 50334－2017

【条文摘录】

主　控　项　目

9.9.1　接地装置的接地电阻值应符合设计文件的要求。

检验方法：检查试验记录。

9.9.2　变压器室和变、配电室内的接地干线与接地装置引出干线的连接位置和连接方式应符合设计文件的要求。

检验方法：观察检查，检查施工记录。

9.9.3　接地装置、防雷设施安装应符合设计文件的要求和现行国家标准《电气装置安装工程接地装置施工及验收规范》GB 50169 的有关规定。

检验方法：检查施工记录。

9.9.4 消化池内壁敷设的防静电接地导体应与引入的金属管道及电缆的铠装金属外壳连接，并应引至消化池的外壁与接地装置连接。

检验方法：观察检查，导通法检查。

一 般 项 目

9.9.6 接地装置的焊接应采用搭接焊，搭接长度应符合现行国家标准《建筑电气工程施工质量验收规范》GB 50303 的有关规定。

检验方法：观察检查，尺量检查，检查施工记录。

(2)【规范名称及编号】《建筑电气工程施工质量验收规范》GB 50303－2015

【条文摘录】

一 般 项 目

22.2.2 接地装置的焊接应采用搭接焊，除埋设在混凝土中的焊接接头外，应采取防腐措施，焊接搭接长度应符合下列规定：

1 扁钢与扁钢搭接不应小于扁钢宽度的 2 倍，且应至少三面施焊；

2 圆钢与圆钢搭接不应小于圆钢直径的 6 倍，且应双面施焊；

3 圆钢与扁钢搭接不应小于圆钢直径的 6 倍，且应双面施焊；

4 扁钢与钢管，扁钢与角钢焊接，成紧贴角钢外侧两面，或紧贴 3/4 钢管表面，上下两侧施焊。

检查数量：按不同搭接类别各抽查 10%，且均不得少于 1 处。

检查方法：施工中观察检查并用尺量检查，查阅相关隐蔽工程检查记录。

3）验收应提供的核查资料

(1) 核查依据：《城镇污水处理厂工程质量验收规范》GB 50334－2017

9.1.2 电气设备安装工程验收应检查下列文件：

1 设备出厂合格证书、进场验收记录、复验报告、安装说明书；

2 设备电气原理图、配线接线图；

3 设备试运转记录；

4 施工记录、检定记录、认定报告、监理检验记录；

5 其他有关文件。

(2) 核查资料明细

核查资料明细表

序号	核查资料名称	核查要点
1	材料出厂合格证书	核查合格证书齐全程度
2	材料进场验收记录	核查接地干线材料的规格型号、材质和外观等符合设计要求
3	安装图	核查图纸的完整性和一致性
4	施工记录	核查接地电阻阻值、搭接方式等符合设计及规范要求
5	隐蔽工程检查记录	核查记录内容的完整性和结论的符合性
6	监理检验记录	核查记录内容的完整性

4.2.14　等电位联结分项工程质量验收记录

1. 分项工程质量验收记录

1）表格

等电位联结分项工程质量验收记录

编号：□□□□□□□□□□—□□

<table>
<tr><td colspan="2">工程名称</td><td colspan="6"></td></tr>
<tr><td colspan="2">单位（子单位）
工程名称</td><td colspan="3"></td><td colspan="2">分部（子分部）
工程名称</td><td></td></tr>
<tr><td colspan="2">施工单位</td><td>项目经理</td><td></td><td></td><td colspan="2">项目技术
负责人</td><td></td></tr>
<tr><td colspan="2">验收依据</td><td colspan="6"></td></tr>
<tr><td>序号</td><td colspan="2">验收项目</td><td colspan="2">施工单位
检验结果</td><td colspan="3">建设（监理）单位
验收结论</td></tr>
<tr><td>1</td><td rowspan="2">主
控
项
目</td><td>建筑物等电位联结的范围、形式、方法、部位及联结导体的材料和截面积应符合设计要求</td><td colspan="2"></td><td colspan="3"></td></tr>
<tr><td>2</td><td>需做等电位联结的外露可导电部分或外界可导电部分的连接应可靠，并符合规范要求</td><td colspan="2"></td><td colspan="3"></td></tr>
<tr><td>1</td><td rowspan="2">一
般
项
目</td><td>可接近裸露导体或其他金属部件、构件与就近敷设的等电位联结线应连接可靠</td><td colspan="2"></td><td colspan="3"></td></tr>
<tr><td>2</td><td>当等电位联结导体在地下暗敷时，其导体间的连接不得采用螺栓压接</td><td colspan="2"></td><td colspan="3"></td></tr>
<tr><td colspan="3">质量控制资料</td><td colspan="2"></td><td colspan="3"></td></tr>
<tr><td colspan="2">施工单位质量检查员：
施工单位专业技术质量负责人：

年　月　日</td><td colspan="2">监理单位验收结论：
监理工程师：

年　月　日</td><td colspan="2">建设单位验收结论：
项目负责人：

年　月　日</td><td colspan="2">其他单位验收结论：
专业技术负责人：

年　月　日</td></tr>
</table>

注：1　表中“设计要求”、“设备技术文件要求”等按工程实际填写；

2　等电位联结的外露可导电部分或外界可导电部分的连接应按照现行国家标准《建筑电气工程施工质量验收规范》GB 50303的相关规定进行验收。

2）验收依据说明

(1)【规范名称及编号】《城镇污水处理厂工程质量验收规范》GB 50334－2017

【条文摘录】

主　控　项　目

9.9.5　建筑物等电位联结网络应符合设计文件的要求和现行国家标准《建筑电气工程施工质量验收规范》GB 50303的有关规定。

检验方法：检查施工记录。

一 般 项 目

9.9.8 可接近裸露导体或其他金属部件、构件与就近敷设的等电位联结线应连接可靠。

检验方法：观察检查，导通法检查。

(2)【规范名称及编号】《建筑电气工程施工质量验收规范》GB 50303－2015

【条文摘录】

主 控 项 目

25.1.1 建筑物等电位联结的范围、形式、方法、部位及联结导体的材料和截面积应符合设计要求。

检查数量：全数检查。

检查方法：施工中核对设计文件观察检查并查阅隐蔽工程检查记录，核查产品质量证明文件、材料进场验收记录。

25.1.2 需做等电位联结的外露可导电部分或外界可导电部分的连接应可靠。采用焊接时，应符合本规范第22.2.2条的规定；采用螺栓连接时，应符合本规范第23.2.1条第2款的规定，其螺栓、垫圈、螺母等应为热镀锌制品，且应连接牢固。

检查数量：按总数抽查10%，且不得少于1处。

检查方法：观察检查。

一 般 项 目

25.2.2 当等电位联结导体在地下暗敷时，其导体间的连接不得采用螺栓压接。

检查数量：全数检查。

检查方法：施工中观察检查并查阅隐蔽工程检查记录。

3) 验收应提供的核查资料

(1) 核查依据：《城镇污水处理厂工程质量验收规范》GB 50334－2017

9.1.2 电气设备安装工程验收应检查下列文件：

1 设备出厂合格证书、进场验收记录、复验报告、安装说明书；

2 设备电气原理图、配线接线图；

3 设备试运转记录；

4 施工记录、检定记录、认定报告、监理检验记录；

5 其他有关文件。

(2) 核查资料明细

核查资料明细表

序号	核查资料名称	核查要点
1	材料出厂合格证书	核查合格证书齐全程度
2	材料进场验收记录	核查材料的规格型号、材质、外观等符合设计要求
3	安装图	核查图纸的完整性和一致性
4	施工记录	核查等电位联结的范围、连接固定方式、等电位联结导通性测试和防护措施等符合设计及规范要求
5	隐蔽工程检查记录	核查记录内容的完整性和结论的符合性
6	监理检验记录	核查记录内容的完整性

4.2.15　滑触线和移动式软电缆安装分项工程质量验收记录

1. 分项工程质量验收记录

1）表格

滑触线和移动式软电缆安装分项工程质量验收记录

编号：□□□□□□□□□□—□□

<table>
<tr><td colspan="3">工程名称</td><td colspan="4"></td></tr>
<tr><td colspan="3">单位（子单位）
工程名称</td><td colspan="2"></td><td>分部（子分部）
工程名称</td><td></td></tr>
<tr><td colspan="3">施工单位</td><td>项目经理</td><td></td><td>项目技术
负责人</td><td></td></tr>
<tr><td colspan="3">验收依据</td><td colspan="4"></td></tr>
<tr><td>序号</td><td colspan="3">验收项目</td><td>施工单位
检验结果</td><td colspan="2">建设（监理）单位
验收结论</td></tr>
<tr><td>1</td><td>主控项目</td><td colspan="2">滑触线和移动式软电缆的相间或各相对地间的绝缘电阻值必须符合设计的规定</td><td></td><td colspan="2"></td></tr>
<tr><td rowspan="3">1</td><td rowspan="10">一般项目</td><td rowspan="3">滑触线支架及绝缘子安装</td><td>支架在轨道梁焊接安装时不得焊接在轨道梁腹板上</td><td></td><td colspan="2"></td></tr>
<tr><td>支架安装平整牢固、间距均匀，并应在同一水平面或垂直面上</td><td></td><td colspan="2"></td></tr>
<tr><td>绝缘子、绝缘套管不得有机械损伤及缺陷，表面应清洁，绝缘性能应良好，与支架间的缓冲垫片齐全</td><td></td><td colspan="2"></td></tr>
<tr><td rowspan="7">2</td><td rowspan="7">滑触线的安装</td><td>额定电压为0.5kV以下的滑触线，其相间和对地部分之间的净距离不得小于30mm</td><td></td><td colspan="2"></td></tr>
<tr><td>户内3kV滑触线其相间和对地的净距不得小于100mm当不能满足以上要求时，滑触线应采取绝缘隔离措施</td><td></td><td colspan="2"></td></tr>
<tr><td>滑触线安装后应平直。滑触线之间的距离应一致，其中心线应与起重机轨道的实际中心线保持平行，其偏差应小于10mm</td><td></td><td colspan="2"></td></tr>
<tr><td>滑触线之间的水平偏差应小于10mm</td><td></td><td colspan="2"></td></tr>
<tr><td>滑触线之间的垂直偏差应小于10mm</td><td></td><td colspan="2"></td></tr>
<tr><td>滑触线在绝缘子上固定可靠，滑触线连接处平滑，滑接面应平整无锈蚀，在滑触线与导线连接处必须做镀锌和搪锡处理</td><td></td><td colspan="2"></td></tr>
<tr><td>3kV滑触线高压绝缘子安装前应进行耐压试验</td><td></td><td colspan="2"></td></tr>
</table>

续表

序号	验收项目			施工单位检验结果	建设（监理）单位验收结论
3	一般项目	移动式软电缆的安装	滑轨或吊索终端固定牢靠，吊索调节装置齐全		
			悬挂装置沿滑道或钢索移动应灵活平稳，无跳动、无卡阻现象，悬挂装置的电缆夹应与软电缆可靠固定		
			软电缆移动段的长度应比起重机移动距离长15%～20%，加装牵引绳时，牵引绳长度应短于软电缆移动段的长度		
			移动部分两端应分别与起重机、钢索或滑道牢固固定		
4		安全式滑触线的安装	连接应平直牢固，支架夹安装应牢固，各支架夹之间的距离应小于3m		
			绝缘护套应完好，不应有裂纹及破损		
			滑接器拉簧应完好灵活，耐磨石墨片应与滑触线可靠接触，滑动时不应跳弧，连接软电缆应符合载流量的要求		
5		起重机在终端位置时，滑接器与滑触线末端的距离不应小于200mm			
6		固定装设的型钢滑触线，其终端支架与滑触线末端的距离不应大于800mm			
7		在伸缩补偿装置处，滑触线应留有10～20mm的间隙，间隙两侧的滑触线端头应加工圆滑，接触面应安装在同一水平面上，两端间高度差不应大于1mm			
8		伸缩补偿装置间隙的两侧，均应有滑触线支持点，支持点与间隙之间的距离不宜大于150mm			
9		滑触线连接接头处接触面应平整光滑其高度差不应大于0.5mm，型钢滑触线焊接时应附连接托板			
10		卷筒式软电缆安装后软电缆与卷筒应保持适当拉力，起重机移动时不应挤压软电缆，起重机放缆到终端时，卷筒上应保留两圈以上的电缆			

续表

<table>
<tr><td>序号</td><td colspan="3">验收项目</td><td>施工单位
检验结果</td><td>建设（监理）单位
验收结论</td></tr>
<tr><td rowspan="3">11</td><td rowspan="3">一般项目</td><td rowspan="3">滑接器的安装</td><td>滑接器支架的固定应牢靠，绝缘子和绝缘衬垫不得有裂纹、破损等缺陷，导线引线固定牢靠，导电部分对地的绝缘应良好</td><td></td><td></td></tr>
<tr><td>滑接器应沿滑触线全长可靠接触，自由无阻地滑动</td><td></td><td></td></tr>
<tr><td>滑接器可动部分灵活无卡阻，滑接器与滑触线的接触部分不应有尖锐的边缘，压紧弹簧的压力应符合要求</td><td></td><td></td></tr>
<tr><td colspan="4">质量控制资料</td><td></td><td></td></tr>
<tr><td colspan="3">施工单位质量检查员：
施工单位专业技术质量负责人：
年 月 日</td><td>监理单位验收结论：
监理工程师：
年 月 日</td><td>建设单位验收结论：
项目负责人：
年 月 日</td><td>其他单位验收结论：
专业技术负责人：
年 月 日</td></tr>
</table>

注：表中“设计要求”、“设备技术文件要求”等按工程实际填写。

2）验收依据说明

(1)【规范名称及编号】《城镇污水处理厂工程质量验收规范》GB 50334－2017

【条文摘录】

9.1.8 未做单项叙述的其他电气设备安装应符合设计文件、设备技术文件的要求和国家现行标准的有关规定。

(2)【规范名称及编号】《冶金电气设备安装验收规范》GB 50397－2007

【条文摘录】

主 控 项 目

11.1.1 滑触线和移动式软电缆的相间或各相对地间的绝缘电阻值必须符合设计的规定。

一 般 项 目

11.2.1 滑触线的支架及其绝缘子的安装应符合下列规定：

1 支架在轨道梁焊接安装时不得将支架焊接在轨道梁腹板上。

2 支架安装平整牢固、间距均匀，并应在同一水平面或垂直面上。

3 绝缘子、绝缘套管不得有机械损伤及缺陷，表面应清洁，绝缘性能应良好，与支架间的缓冲垫片齐全。

11.2.2 滑触线的安装应符合下列规定：

1 额定电压为0.5kV以下的滑触线，其相间和对地部分之间的净距离不得小于30mm。户内3kV滑触线其相间和对地的净距不得小于100mm，当不能满足以上要求时，滑触线应采取绝缘隔离措施。

2 滑触线安装后应平直。滑触线之间的距离应一致，其中心线应与起重机轨道的实际中心线保持平行，其偏差应小于10mm；滑触线之间的水平偏差或垂直偏差应小于10mm。

3 滑触线在绝缘子上固定可靠，滑触线连接处平滑，滑接面应平整无锈蚀，在滑触线与导线连接处必须做镀锌和搪锡处理。

4 3kV滑触线高压绝缘子安装前应进行耐压试验，并应符合本规范第2.1.5条的规定。

11.2.3 移动式软电缆的安装应符合下列要求：

1 软电缆的滑轨或吊索终端固定牢靠，吊索调节装置齐全。

2 软电缆的悬挂装置沿滑道或钢索移动应灵活平稳，无跳动、无卡阻现象，悬挂装置的电缆夹应与软电缆可靠固定。

3 软电缆移动段的长度应比起重机移动距离长15%～20%，加装牵引绳时，牵引绳长度应短于软电缆移动段的长度。

4 软电缆移动部分两端应分别与起重机、钢索或滑道牢固固定。

11.2.4 安全式滑触线的安装应符合下列规定：

1 安全式滑触线的连接应平直牢固，支架夹安装应牢固，各支架夹之间的距离应小于3m。

2 安全式滑触线的绝缘护套应完好，不应有裂纹及破损。

3 安全式滑触线的滑接器拉簧应完好灵活，耐磨石墨片应与滑触线可靠接触，滑动时不应跳弧，连接软电缆应符合载流量的要求。

11.2.5 起重机在终端位置时，滑接器与滑触线末端的距离不应小于200mm。固定装设的型钢滑触线，其终端支架与滑触线末端的距离不应大于800mm。

11.2.6 在伸缩补偿装置处，滑触线应留有10～20mm的间隙，间隙两侧的滑触线端头应加工圆滑，接触面应安装在同一水平面上，其两端间高度差不应大于1mm。伸缩补偿装置间隙的两侧，均应有滑触线支持点，支持点与间隙之间的距离不宜大于150mm。

11.2.7 滑触线连接接头处接触面应平整光滑其高度差不应大于0.5mm，型钢滑触线焊接时应附连接托板。

11.2.8 卷筒式软电缆安装后软电缆与卷筒应保持适当拉力，起重机移动时不应挤压软电缆，起重机放缆到终端时，卷筒上应保留两圈以上的电缆。

11.2.9 滑接器的安装应符合下列规定：

1 滑接器支架的固定应牢靠，绝缘子和绝缘衬垫不得有裂纹、破损等缺陷，导线引线固定牢靠，导电部分对地的绝缘应良好。

2 滑接器应沿滑触线全长可靠地接触，自由无阻地滑动。

3 滑接器可动部分灵活无卡阻，滑接器与滑触线的接触部分不应有尖锐的边缘，压紧弹簧的压力应符合要求。

3）验收应提供的核查资料

（1）核查依据：《城镇污水处理厂工程质量验收规范》GB 50334-2017

9.1.2 电气设备安装工程验收应检查下列文件：

1 设备出厂合格证书、进场验收记录、复验报告、安装说明书；

2　设备电气原理图、配线接线图；

3　设备试运转记录；

4　施工记录、检定记录、认定报告、监理检验记录；

5　其他有关文件。

(2) 核查资料明细

核查资料明细表

序号	核查资料名称	核查要点
1	产品出厂合格证书	核查合格证书齐全程度
2	产品进场验收记录	核查线缆规格型号、外观等符合设计要求
3	配线接线图、安装图	核查图纸的完整性和一致性
4	施工记录	核查绝缘电阻阻值测试、滑触线软电缆的安装位置、固定方式等符合设计及规范要求
5	监理检验记录	核查记录内容的完整性

4.2.16　起重机电气设备安装分项工程质量验收记录

1. 分项工程质量验收记录

1) 表格

起重机电气设备安装分项工程质量验收记录

编号：□□□□□□□□□□—□□

<table>
<tr><td colspan="2">工程名称</td><td colspan="6"></td></tr>
<tr><td colspan="2">单位（子单位）工程名称</td><td colspan="4"></td><td>分部（子分部）工程名称</td><td></td></tr>
<tr><td colspan="2">施工单位</td><td colspan="2"></td><td>项目经理</td><td></td><td>项目技术负责人</td><td></td></tr>
<tr><td colspan="2">验收依据</td><td colspan="6"></td></tr>
<tr><td>序号</td><td colspan="4">验收项目</td><td>施工单位检验结果</td><td colspan="2">建设（监理）单位验收结论</td></tr>
<tr><td>1</td><td rowspan="7">主控项目</td><td colspan="3">起重机配电屏、柜必须接地、接零可靠；门和框架的接地端子间应用带有标识的多股铜芯软导线连接</td><td></td><td colspan="2"></td></tr>
<tr><td>2</td><td colspan="3">起重机的每条轨道，应设2点接地。在轨道端之间的接头处，宜作电气跨接；接地电阻小于4Ω</td><td></td><td colspan="2"></td></tr>
<tr><td rowspan="5">3</td><td rowspan="5">起重机电气设备的安装</td><td colspan="2">起重机配电屏、柜、电阻器等设备均采用螺栓固定，紧固螺栓应有防松措施</td><td></td><td colspan="2"></td></tr>
<tr><td colspan="2">户外式起重机的配电屏、柜、电阻箱等电气设备应有防雨装置且安装正确、牢固</td><td></td><td colspan="2"></td></tr>
<tr><td rowspan="3">起重机行程限位开关动作后，应能自动切断相关控制回路，并应使起重机各机构在相应位置停止</td><td>吊钩、抓斗升到离极限位置不小于100mm处</td><td></td><td colspan="2"></td></tr>
<tr><td>起重机桥架和小车等离行程末端不得小于200mm处</td><td></td><td colspan="2"></td></tr>
<tr><td>一台起重机临近另一台起重机，相距不小于400mm处</td><td></td><td colspan="2"></td></tr>
</table>

续表

<table>
<tr><th>序号</th><th colspan="3">验收项目</th><th>施工单位检验结果</th><th>建设（监理）单位验收结论</th></tr>
<tr><td rowspan="3">3</td><td rowspan="15">主控项目</td><td rowspan="3">起重机电气设备的安装</td><td>电阻器直接叠装不应超过4箱，当超过4箱时应采用支架固定，并保持20～30mm间距</td><td></td><td></td></tr>
<tr><td>电阻器直接叠装超过6箱时应另列1组</td><td></td><td></td></tr>
<tr><td>电阻器的盖板或保护罩应安装正确、固定可靠</td><td></td><td></td></tr>
<tr><td rowspan="6">4</td><td rowspan="6">配线</td><td>起重机所有的管口、出线口或电线电缆穿过钢制的孔洞处应加装护套等保护措施</td><td></td><td></td></tr>
<tr><td>起重机上的配线除弱电系统外，均采用额定电压不小于500V的多股铜芯导线或电缆，导线截面面积不得小于1.5mm²，电缆芯线截面不得小于1.0mm²</td><td></td><td></td></tr>
<tr><td>在起重机易受机械损伤、有润滑油滴落或热辐射的部位，导线、电缆应敷设于钢管、线槽、保护罩内或采取隔热保护措施</td><td></td><td></td></tr>
<tr><td>起重机上固定电缆的敷设其弯曲半径应大于电缆外径的5倍</td><td></td><td></td></tr>
<tr><td>电缆移动敷设时其弯曲半径应大于电缆外径的8倍，固定敷设电缆卡固支持点距离不应大于1m</td><td></td><td></td></tr>
<tr><td>起重机上的配线应排列整齐，导线两端应牢固地压接相应的接线端子，并应标有明显的接线编号</td><td></td><td></td></tr>
<tr><td rowspan="7">5</td><td rowspan="7">保护装置的安装</td><td>起重机某一机构是由两组在机械上互不联系的电动机驱动时，两台电动机应有同步运行和同时断电的保护装置</td><td></td><td></td></tr>
<tr><td>起重机的撞杆安装应保证行程限位开关可靠动作</td><td></td><td></td></tr>
<tr><td>撞杆宽度应能满足机械（桥架及小车）横向窜动范围的要求</td><td></td><td></td></tr>
<tr><td>撞杆的长度应能满足机械（桥架及小车）最大制动距离的要求</td><td></td><td></td></tr>
<tr><td>起重机照明装置应独立供电，照明电源不受主断路器控制</td><td></td><td></td></tr>
<tr><td>灯具配件应齐全，悬挂牢固</td><td></td><td></td></tr>
<tr><td>照明回路应设置专用零线或隔离变压器，不得利用电线管或起重机本体的接地线作零线</td><td></td><td></td></tr>
<tr><td colspan="4">质量控制资料</td><td></td><td></td></tr>
</table>

<table>
<tr><td>施工单位质量检查员：
施工单位专业技术质量负责人：

年 月 日</td><td>监理单位验收结论：
监理工程师：

年 月 日</td><td>建设单位验收结论：
项目负责人：

年 月 日</td><td>其他单位验收结论：
专业技术负责人：

年 月 日</td></tr>
</table>

注：1 表中“设计要求”、“设备技术文件要求”等按工程实际填写。
2 起重机配电屏、柜的安装验收参照本书第四章4.2.5中开关柜、控制盘（柜、箱）安装分项工程质量验收记录的规定内容。

2）验收依据说明

(1)【规范名称及编号】《城镇污水处理厂工程质量验收规范》GB 50334－2017

【条文摘录】

9.1.8　未做单项叙述的其他电气设备安装应符合设计文件、设备技术文件的要求和国家现行标准的有关规定。

(2)【规范名称及编号】《冶金电气设备安装验收规范》GB 50397－2007

【条文摘录】

主　控　项　目

10.1.1　起重机配电屏、柜必须接地、接零可靠；门和框架的接地端子间应用带有标识的多股铜芯软导线连接。

10.1.2　起重机的每条轨道，应设2点接地。在轨道端之间的接头处，宜作电气跨接；接地电阻小于4Ω。

一　般　项　目

10.1.1　电气设备的安装应符合下列规定：

1　起重机配电屏、柜的安装应符合本规范第7章“配电盘、成套柜安装”的相关规定。

2　起重机配电屏、柜、电阻器等设备均采用螺栓固定，紧固螺栓应有防松措施。

3　户外式起重机的配电屏、柜、电阻箱等电气设备应有防雨装置且安装正确、牢固。

4　起重机行程限位开关动作后，应能自动切断相关控制回路，并应使起重机各机构在下列位置停止：

1）吊钩、抓斗升到离极限位置不小于100mm处。

2）起重机桥架和小车等离行程末端不得小于200mm处。

3）一台起重机临近另一台起重机，相距不小于400mm处。

5　电阻器直接叠装不应超过4箱，当超过4箱时应采用支架固定，并保持20～30mm间距，当超过6箱时应另列1组。电阻器的盖板或保护罩应安装正确、固定可靠。

10.2.2　配线应符合下列规定：

1　起重机所有的管口、出线口或电线电缆穿过钢制的孔洞处应加装护套等保护措施。

2　起重机上的配线除弱电系统外，均采用额定电压不小于500V的多股铜芯导线或电缆，导线截面面积不得小于1.5mm^{2}电缆芯线截面不得小于1.0mm^2。

3　在起重机易受机械损伤、有润滑油滴落或热辐射的部位，导线、电缆应敷设于钢管、线槽、保护罩内或采取隔热保护措施。

4　起重机上固定电缆的敷设其弯曲半径应大于电缆外径的5倍，电缆移动敷设时其弯曲半径应大于电缆外径的8倍，固定敷设电缆卡固支持点距离不应大于1m。

5　起重机上的配线应排列整齐，导线两端应牢固地压接相应的接线端子，并应标有明显的接线编号。

10.2.3　保护装置的安装应符合下列规定：

1　当起重机某一机构是由两组在机械上互不联系的电动机驱动时，两台电动机应有同步运行和同时断电的保护装置。

2　起重机制动装置的动作应迅速、准确、可靠。

3 起重机的撞杆安装应保证行程限位开关可靠动作，撞杆及撞杆支架在起重机工作时不应晃动，撞杆宽度应能满足机械（桥架及小车）横向窜动范围的要求，撞杆的长度应能满足机械（桥架及小车）最大制动距离的要求。

4 起重机照明装置应独立供电，照明电源不受主断路器控制；灯具配件应齐全，悬挂牢固，运行时灯具应无剧烈摆动，照明回路应设置专用零线或隔离变压器，不得利用电线管或起重机本体的接地线作零线。

3）验收应提供的核查资料

（1）核查依据：《城镇污水处理厂工程质量验收规范》GB 50334－2017

9.1.2 电气设备安装工程验收应检查下列文件：

1 设备出厂合格证书、进场验收记录、复验报告、安装说明书；

2 设备电气原理图、配线接线图；

3 设备试运转记录；

4 施工记录、检定记录、认定报告、监理检验记录；

5 其他有关文件。

（2）核查资料明细

核查资料明细表

序号	核查资料名称	核查要点
1	安装使用说明书	核查说明书齐全程度
2	出厂合格证书	核查质量合格证书等的齐全程度
3	进场验收记录	核查规格型号、外观等符合设计要求
4	电气原理图、配线接线图、安装图	核查图纸的完整性和一致性
5	施工记录	核查起重机电气设备、保护装置等的安装和配线等符合设计及规范要求
6	监理检验记录	核查记录内容的完整性

2. 起重机电气设备安装工程单机试运转记录参照本书第3章3.2.34中的内容。

第5章 自动控制及监控系统分部(子分部)工程质量验收资料

5.1 自动控制及监控系统分部（子分部）、分项工程划分

1. 根据国标中单位（子单位）、分部（子分部）、分项工程划分的规定，污水处理厂自控及监控系统处理设备单位（子单位）、分部（子分部）、分项工程划分及编号可参考下表。

单位（子单位）工程	分部（子分部）工程	分项工程
格栅间设备、泵房设备、沉砂池设备、沉淀池设备、生物处理池设备、过滤池设备、消毒池设备、鼓风机房设备、加药间设备、再生水车间设备、臭氧制备车间设备、计量间设备、污泥浓缩池设备、污泥消化池设备、污泥控制室设备、沼气压缩机房设备、沼气发电机房设备、沼气锅炉房设备、脱水机房设备、污泥处理厂房设备、除臭池设备、污泥料仓、沼气柜设备、污泥储罐、消毒罐等	自动控制、仪表安装工程	仪表盘（箱、操作台）、温度仪表、压力仪表、节流装置、流量及差压仪表、物位仪表、分析仪表、调节阀、执行机构和电磁阀、仪表供电设备及供气、供液系统、仪表用电气线路敷设、防爆和接地、仪表用管路敷设、脱脂和防护、信号、联锁及保护装置、仪表调校、监控设备等

2. 施工单位可根据污水处理厂自控及监控系统设备安装工程特点对分项工程进行细化，常见划分方式可参下表：

自控及监控系统设备安装分项工程细化表

序号	分项工程类目细化名称	分项工程
1	中心控制系统	中心控制系统
2	控制（仪表）盘、柜、箱	仪表盘（箱、操作台）
3	取源部件安装	取源部件
4	温度仪表部件安装	温度仪表
5	压力仪表部件安装	压力仪表
6	节流装置安装	节流装置
7	流量及差压仪表安装	流量及差压仪表
8	物位仪表安装	物位仪表
9	分析仪表安装	分析仪表

续表

序号	分项工程类目细化名称	分项工程
10	执行机构、调节阀安装	调节阀、执行机构和电磁阀
11	监控设备安装	监控设备
12	仪表电源设备安装	仪表供电设备
13	仪表用电气线路敷设	仪表用电气线路敷设
14	防爆和接地	防爆和接地
15	仪表用管路敷设	仪表用管路敷设
16	脱脂	脱脂和防护
17	仪表校准	仪表调校

5.2 自动控制及监控设备仪表安装中分项工程质量验收记录

5.2.1 中心控制系统分项工程质量验收记录

1. 分项工程质量验收记录

1）表格

中心控制系统分项工程质量验收记录

编号：□□□□□□□□□□—□□

<table>
<tr><td colspan="3">工程名称</td><td colspan="8"></td></tr>
<tr><td colspan="3">单位（子单位）
工程名称</td><td colspan="4"></td><td colspan="2">分部（子分部）
工程名称</td><td colspan="2"></td></tr>
<tr><td colspan="3">施工单位</td><td colspan="2"></td><td>项目经理</td><td colspan="2"></td><td colspan="2">项目技术
负责人</td><td></td></tr>
<tr><td colspan="3">验收依据</td><td colspan="8"></td></tr>
<tr><td>序号</td><td colspan="5">验收项目</td><td colspan="2">施工单位
检验结果</td><td colspan="3">建设（监理）单位
验收结论</td></tr>
<tr><td>1</td><td rowspan="2">主控项目</td><td colspan="4">中心控制系统的线路应连接牢固正确，线路布设应符合设计文件的要求</td><td colspan="2"></td><td colspan="3"></td></tr>
<tr><td>2</td><td colspan="4">中心控制系统应采用不间断电源供电</td><td colspan="2"></td><td colspan="3"></td></tr>
<tr><td rowspan="6">1</td><td rowspan="6">一般项目</td><td colspan="2" rowspan="6">中心控制系统的性能应符合设计要求，且应具备下列功能</td><td colspan="2">现场信息的采集和输入</td><td colspan="2"></td><td colspan="3"></td></tr>
<tr><td colspan="2">数据处理</td><td colspan="2"></td><td colspan="3"></td></tr>
<tr><td colspan="2">过程测量、控制和监视</td><td colspan="2"></td><td colspan="3"></td></tr>
<tr><td colspan="2">用户程序组态、生成</td><td colspan="2"></td><td colspan="3"></td></tr>
<tr><td colspan="2">过程控制输出</td><td colspan="2"></td><td colspan="3"></td></tr>
<tr><td colspan="2">显示、输出、打印、记录各工艺段参数的历史曲线</td><td colspan="2"></td><td colspan="3"></td></tr>
</table>

续表

<table>
<tr><th>序号</th><th colspan="3">验收项目</th><th>施工单位
检验结果</th><th>建设（监理）单位
验收结论</th></tr>
<tr><td rowspan="4">1</td><td rowspan="4">一般项目</td><td rowspan="4">中心控制系统的性能应符合设计要求，且应具备下列功能</td><td>自诊断功能</td><td></td><td></td></tr>
<tr><td>报警、保护与自启动</td><td></td><td></td></tr>
<tr><td>通信</td><td></td><td></td></tr>
<tr><td>设计文件所规定的其他系统</td><td></td><td></td></tr>
<tr><td colspan="4">质量控制资料</td><td></td><td></td></tr>
</table>

施工单位质量检查员： 施工单位专业技术质量负责人： 年　月　日	监理单位验收结论： 监理工程师： 年　月　日	建设单位验收结论： 项目负责人： 年　月　日	其他单位验收结论： 专业技术负责人： 年　月　日

注：表中“设计要求”、“设备技术文件要求”等按工程实际填写。

2）验收依据说明

(1)【规范名称及编号】《城镇污水处理厂工程质量验收规范》GB 50334－2017

【条文摘录】

主　控　项　目

10.2.1　中心控制系统的线路应连接牢固正确，线路布设应符合设计文件的要求。

检验方法：观察检查。

10.2.2　中心控制系统应采用不间断电源供电。

检验方法：观察检查。

一　般　项　目

10.2.4　中心控制系统的性能应符合设计要求，且应具备下列功能：

1　现场信息的采集和输入；

2　数据处理；

3　过程测量、控制和监视；

4　用户程序组态、生成；

5　过程控制输出；

6　显示、输出、打印、记录各工艺段参数的历史曲线；

7　自诊断功能；

8　报警、保护与自启动；

9　通信；

10　设计文件所规定的其他系统。

检验方法：检查试验记录。

3）验收应提供的核查资料

(1) 核查依据：《城镇污水处理厂工程质量验收规范》GB 50334－2017

10.1.2 自动控制及监控系统工程验收应检查下列文件：

1 设备出厂合格证书、进场验收记录、复验报告、安装说明书；

2 设备平面布置图、接线图、安装图；

3 软件、硬件设计图、清单、设计说明；

4 设备试运转记录；

5 施工记录和监理检验记录；

6 其他有关文件。

（2）核查资料明细

核查资料明细表

序号	核查资料名称	核查要点
1	产品安装使用说明书	核查说明书齐全程度
2	产品出厂合格证书	核查合格证书的齐全程度
3	进场验收记录	核查元器件规格型号、外观、品牌等符合设计要求
4	平面布置图、接线图、安装图	核查图纸文件的一致性和齐全程度
5	软件、硬件设计图、清单、设计说明	核查程序软件、图纸等文件的一致性和齐全程度
6	中心控制系统的性能试验记录	核查中心控制系统性能、功能的符合性、完整性
7	施工记录	核查系统安装、接线等内容符合设计及规范要求
8	监理检验记录	核查记录内容的完整性

2. 中心控制系统试运转记录

1）表格

中心控制系统试运转记录

工程名称：

<table>
<tr><td>设备部位图号</td><td colspan="2"></td><td>设备名称</td><td></td><td>型号、规格、台数</td><td colspan="2"></td></tr>
<tr><td>施工单位</td><td colspan="2"></td><td>设备所在系统</td><td></td><td>额定数据</td><td colspan="2"></td></tr>
<tr><td>试验单位</td><td colspan="2"></td><td>负责人</td><td></td><td>试车时间</td><td colspan="2">年 月 日 时 分起
年 月 日 时 分止</td></tr>
<tr><td>序号</td><td colspan="2">试验项目</td><td colspan="3">试验记录</td><td colspan="2">试验结论</td></tr>
<tr><td>1</td><td colspan="2">控制系统应反映整个厂区的工艺处理情况</td><td colspan="3"></td><td colspan="2"></td></tr>
<tr><td>2</td><td colspan="2">显示及数据与实际一致，不应有超出工艺的延迟</td><td colspan="3"></td><td colspan="2"></td></tr>
<tr><td></td><td colspan="2"></td><td colspan="3"></td><td colspan="2"></td></tr>
<tr><td colspan="2">建设单位</td><td colspan="2">监理单位</td><td colspan="2">施工单位</td><td colspan="2">其他单位</td></tr>
<tr><td colspan="2">（签字）
（盖章）</td><td colspan="2">（签字）
（盖章）</td><td colspan="2">（签字）
（盖章）</td><td colspan="2">（签字）
（盖章）</td></tr>
</table>

注：其他单位根据不同设备单机试运转验收需要，可为设备生产、设计、运营等有关单位。

2）填表依据说明

【依据规范名称及编号】

(1)《城镇污水处理厂工程质量验收规范》GB 50334－2017

【条文摘录】

主　控　项　目

10.2.3　中心控制系统应反映整个厂区的工艺处理情况，显示及数据应与实际情况一致，不应有超出工艺要求的延迟。

检验方法：观察检查，检查试运转记录。

5.2.2　控制（仪表）盘、柜、箱分项工程质量验收记录

1. 分项工程质量验收记录

1）表格

控制（仪表）盘、柜、箱分项工程质量验收记录

编号：□□□□□□□□□□—□□

<table>
<tr><td colspan="2">工程名称</td><td colspan="9"></td></tr>
<tr><td colspan="2">单位（子单位）工程名称</td><td colspan="5"></td><td colspan="3">分部（子分部）工程名称</td><td></td></tr>
<tr><td colspan="2">施工单位</td><td colspan="2"></td><td>项目经理</td><td colspan="3"></td><td colspan="2">项目技术负责人</td><td></td></tr>
<tr><td colspan="2">验收依据</td><td colspan="9"></td></tr>
<tr><td>序号</td><td colspan="4">验收项目</td><td colspan="5">施工单位检验结果</td><td>建设（监理）单位验收结论</td></tr>
<tr><td>1</td><td rowspan="2">主控项目</td><td colspan="3">控制（仪表）盘、柜、箱的安装应牢固可靠，连接正确</td><td colspan="5"></td><td></td></tr>
<tr><td>2</td><td colspan="3">在振动、多尘、潮湿、腐蚀、爆炸和火灾危险场所安装的控制（仪表）盘、柜、箱，防护措施应符合设计文件的要求</td><td colspan="5"></td><td></td></tr>
<tr><td>1</td><td rowspan="9">一般项目</td><td colspan="3">控制（仪表）盘、柜、箱安装的位置应符合设计文件的要求</td><td colspan="5"></td><td></td></tr>
<tr><td>2</td><td colspan="3">仪表接线箱电缆进出口应做密封处理，进出口不宜朝上</td><td colspan="5"></td><td></td></tr>
<tr><td rowspan="7">3</td><td rowspan="7">控制（仪表）盘、柜、箱安装允许偏差（mm）</td><td>基础型钢平面位置</td><td>5</td><td></td><td></td><td></td><td></td><td></td><td></td></tr>
<tr><td>基础型钢标高</td><td>±10</td><td></td><td></td><td></td><td></td><td></td><td></td></tr>
<tr><td>相邻盘（柜、箱）顶高差</td><td>2</td><td></td><td></td><td></td><td></td><td></td><td></td></tr>
<tr><td>成列盘（柜、箱）顶高差</td><td>5</td><td></td><td></td><td></td><td></td><td></td><td></td></tr>
<tr><td>相邻盘（柜、箱）盘面不平度</td><td>1</td><td></td><td></td><td></td><td></td><td></td><td></td></tr>
<tr><td>成列盘（柜、箱）盘面不平度</td><td>5</td><td></td><td></td><td></td><td></td><td></td><td></td></tr>
<tr><td>盘间接缝</td><td>2</td><td></td><td></td><td></td><td></td><td></td><td></td></tr>
</table>

续表

<table>
<tr><td>序号</td><td colspan="4">验收项目</td><td colspan="4">施工单位
检验结果</td><td>建设（监理）单位
验收结论</td></tr>
<tr><td rowspan="2">3</td><td rowspan="2">一般项目</td><td rowspan="2">控制（仪表）盘、柜、箱安装允许偏差（mm）</td><td>盘（柜、箱）垂直度</td><td>1.5H/1000</td><td></td><td></td><td></td><td></td><td></td></tr>
<tr><td>仪表控制箱、柜水平度</td><td>L/1000</td><td></td><td></td><td></td><td></td><td></td></tr>
<tr><td colspan="5">质量控制资料</td><td colspan="4"></td><td></td></tr>
</table>

施工单位质量检查员： 施工单位专业技术质量负责人： 年　月　日	监理单位验收结论： 监理工程师： 年　月　日	建设单位验收结论： 项目负责人： 年　月　日	其他单位验收结论： 专业技术负责人： 年　月　日

注：1　表中L为仪表控制箱、柜长度，H为控制（仪表）盘（柜、箱）高度；
2　表中"设计要求"、"设备技术文件要求"等按工程实际填写。

2）验收依据说明

（1）【规范名称及编号】《城镇污水处理厂工程质量验收规范》GB 50334－2017

【条文摘录】

主　控　项　目

10.3.1　控制（仪表）盘、柜、箱的安装应牢固可靠，连接正确。

检验方法：观察检查。

10.3.2　在振动、多尘、潮湿、腐蚀、爆炸和火灾危险场所安装的控制（仪表）盘、柜、箱，防护措施应符合设计文件的要求。

检验方法：观察检查，检查施工记录。

一　般　项　目

10.3.3　控制（仪表）盘、柜、箱安装的位置应符合设计文件的要求。

检验方法：观察检查，尺量检查。

10.3.4　控制（仪表）盘、柜、箱的安装允许偏差应符合本规范表9.5.6的规定。

10.4.6　仪表设备安装允许偏差和检验方法应符合表10.4.6的规定。

表10.4.6　仪表设备安装允许偏差和检验方法

序号	项目	允许偏差（mm）	检验方法
1	仪表设备平面位置	10	尺量检查
2	仪表设备标高	±10	水平仪与直尺检查
3	仪表控制箱、柜水平度	L/1000	水平仪检查
4	仪表控制箱、柜垂直度	1.5H/1000	坠线与直尺检查

注：L为仪表控制箱、柜长度，H为仪表控制箱、柜高度。

10.4.9　仪表接线箱电缆进出口应做密封处理，进出口不宜朝上。

检验方法：观察检查。

9.5.6 开关柜、控制盘（柜、箱）安装允许偏差和检验方法应符合表9.5.6的规定。

表9.5.6 开关柜、控制盘（柜、箱）安装允许偏差和检验方法

序号	项目	允许偏差 (mm)	检验方法
1	基础型钢平面位置	5	尺量检查
2	基础型钢标高	±10	水准仪与直尺检查
3	相邻盘（柜、箱）顶高差	2	拉线及直尺检查
4	成列盘（柜、箱）顶高差	5	拉线及直尺检查
5	相邻盘（柜、箱）盘面不平度	1	拉线及直尺检查
6	成列盘（柜、箱）盘面不平度	5	拉线及直尺检查
7	盘间接缝	2	塞尺检查
8	盘（柜、箱）垂直度	$1.5H/1000$	线坠及直尺检查

注：H 为盘（柜、箱）高度。

3）验收应提供的核查资料

（1）核查依据：《城镇污水处理厂工程质量验收规范》GB 50334－2017

10.1.2 自动控制及监控系统工程验收应检查下列文件：

1 设备出厂合格证书、进场验收记录、复验报告、安装说明书；

2 设备平面布置图、接线图、安装图；

3 软件、硬件设计图、清单、设计说明；

4 设备试运转记录；

5 施工记录和监理检验记录；

6 其他有关文件。

（2）核查资料明细

核查资料明细表

序号	核查资料名称	核查要点
1	产品安装使用说明书	核查说明书齐全程度
2	产品出厂合格证书	核查合格证书的齐全程度
3	进场验收记录	核查铭牌、型号规格、材质、防护等级、外观、附件、备件的供应范围和数量符合设计要求
4	电气原理图、接线图、安装图	核查图纸的一致性和齐全程度
5	施工记录	核查防护措施、安装位置等符合设计及规范要求
6	监理检验记录	核查记录内容的完整性

5.2.3 取源部件安装分项工程质量验收记录

1. 分项工程质量验收记录

1）表格

取源部件安装分项工程质量验收记录

编号：□□□□□□□□□□—□□

<table>
<tr><td>工程名称</td><td colspan="5"></td></tr>
<tr><td>单位（子单位）
工程名称</td><td colspan="2"></td><td colspan="2">分部（子分部）
工程名称</td><td></td></tr>
<tr><td>施工单位</td><td></td><td>项目经理</td><td></td><td>项目技术
负责人</td><td></td></tr>
<tr><td>验收依据</td><td colspan="5"></td></tr>
</table>

<table>
<tr><td>序号</td><td colspan="2">验收项目</td><td>施工单位
检验结果</td><td>建设（监理）
单位验收结论</td></tr>
<tr><td>1</td><td rowspan="2">主控项目</td><td>取源部件的结构尺寸、材质和安装位置应符合设计文件的规定</td><td></td><td></td></tr>
<tr><td>2</td><td>在设备或管道上安装取源部件的开孔和焊接工作，必须在设备或管道的防腐、衬里和压力试验前进行</td><td></td><td></td></tr>
<tr><td>1</td><td rowspan="2">一般项目</td><td>取源部件安装完毕后应随同设备和管道进行压力试验</td><td></td><td></td></tr>
<tr><td>2</td><td>在砌体和混凝土浇筑体上安装的取源部件，埋入深度、露出长度应符合设计文件的规定，安装孔周围应用设计文件要求的材料填充密实、封堵严密</td><td></td><td></td></tr>
<tr><td colspan="3">质量控制资料</td><td></td><td></td></tr>
</table>

<table>
<tr><td>施工单位质量检查员：
施工单位专业技术质量负责人：

年 月 日</td><td>监理单位验收结论：
监理工程师：

年 月 日</td><td>建设单位验收结论：
项目负责人：

年 月 日</td><td>其他单位验收结论：
专业技术负责人：

年 月 日</td></tr>
</table>

注：表中“设计要求”、“设备技术文件要求”等按工程实际填写。

2）验收依据说明

(1)【规范名称及编号】《城镇污水处理厂工程质量验收规范》GB 50334－2017

【条文摘录】

10.4.2 仪表取源部件的安装应符合设计文件要求自动控制和现行国家标准《自动化

仪表工程施工及质量验收规范》GB 50093 的有关规定。

检验方法：检查施工记录。

(2)【规范名称及编号】《自动化仪表工程施工及质量验收规范》GB 50093－2013

【条文摘录】

5.7.1　取源部件安装一般规定质量验收应符合表 5.7.1 的规定。

表 5.7.1　取源部件安装一般规定质量验收

序号	检验项目	检验内容	检验方法
1	主控项目	取源部件的结构尺寸、材质和安装位置应符合设计文件的规定	检查合格证、质量证明书，核对设计文件
2	主控项目	在设备或管道上安装取源部件的开孔和焊接工作，应符合本规范第 5.1.3 条的规定	检查施工记录
3	一般项目	取源部件安装完毕后，应随同设备和管道进行压力试验	检查压力试验记录
4	一般项目	在砌体和混凝土浇筑体上安装的取源部件，埋入深度、露出长度应符合设计文件的规定，安装孔周围应用设计文件要求的材料填充密实、封堵严密	观察检查

一　般　规　定

5.1.3　在设备或管道上安装取源部件的开孔和焊接工作，必须在设备或管道的防腐、衬里和压力试验前进行。

3）验收应提供的核查资料

（1）核查依据：《城镇污水处理厂工程质量验收规范》GB 50334－2017

10.1.2　自动控制及监控系统工程验收应检查下列文件：

1　设备出厂合格证书、进场验收记录、复验报告、安装说明书；

2　设备平面布置图、接线图、安装图；

3　软件、硬件设计图、清单、设计说明；

4　设备试运转记录；

5　施工记录和监理检验记录；

6　其他有关文件。

（2）核查资料明细

核查资料明细表

序号	核查资料名称	核查要点
1	产品安装使用说明书	核查说明书齐全程度
2	产品出厂合格证	核查合格证书的齐全程度
3	产品进场验收记录	核查取源部件规格型号、结构尺寸、材质和外观等符合设计要求
4	接线图和安装图	核查图纸的一致性和齐全程度
5	管道压力试验记录	核查报告的完整性及结论的符合性
6	施工记录	核查施工顺序、安装位置等符合设计及规范要求
7	监理检验记录	核查记录内容的完整性

5.2.4 温度仪表部件安装分项工程质量验收记录

1. 分项工程质量验收记录

1）表格

温度仪表部件安装分项工程质量验收记录

编号：□□□□□□□□□□—□□

<table>
<tr><td colspan="2">工程名称</td><td colspan="6"></td></tr>
<tr><td colspan="2">单位（子单位）
工程名称</td><td colspan="3"></td><td colspan="2">分部（子分部）
工程名称</td><td></td></tr>
<tr><td colspan="2">施工单位</td><td></td><td>项目经理</td><td></td><td>项目技术
负责人</td><td colspan="2"></td></tr>
<tr><td colspan="2">验收依据</td><td colspan="6"></td></tr>
<tr><td>序号</td><td colspan="3">验收项目</td><td colspan="2">施工单位
检验结果</td><td colspan="2">建设（监理）单位
验收结论</td></tr>
<tr><td>1</td><td rowspan="4">主控项目</td><td colspan="2">仪表设备及部件应安装牢固，连接正确，安装位置、接地应符合设计文件的要求</td><td colspan="2"></td><td colspan="2"></td></tr>
<tr><td>2</td><td colspan="2">表面温度计的感温面与被测对象表面应紧密接触，并应固定牢固</td><td colspan="2"></td><td colspan="2"></td></tr>
<tr><td>3</td><td colspan="2">压力式温度计的温包应全部浸入被测对象中</td><td colspan="2"></td><td colspan="2"></td></tr>
<tr><td>4</td><td colspan="2">有报警装置的仪表或设备，应根据设计文件规定的设定值进行整定或标定</td><td colspan="2"></td><td colspan="2"></td></tr>
<tr><td>1</td><td rowspan="2">一般项目</td><td colspan="2">直接安装在设备或管道上的仪表在安装完毕后，应随同设备或管道进行压力试验</td><td colspan="2"></td><td colspan="2"></td></tr>
<tr><td>2</td><td colspan="2">仪表铭牌和仪表位号标识应齐全、牢固、清晰</td><td colspan="2"></td><td colspan="2"></td></tr>
<tr><td colspan="4">质量控制资料</td><td colspan="2"></td><td colspan="2"></td></tr>
<tr><td colspan="3">施工单位质量检查员：
施工单位专业技术质量负责人：

年　月　日</td><td colspan="2">监理单位验收结论：
监理工程师：

年　月　日</td><td colspan="2">建设单位验收结论：
项目负责人：

年　月　日</td><td>其他单位验收结论：
专业技术负责人：

年　月　日</td></tr>
</table>

注：表中"设计要求"、"设备技术文件要求"等按工程实际填写。

2）验收依据说明

（1）【规范名称及编号】《城镇污水处理厂工程质量验收规范》GB 50334－2017

【条文摘录】

主　控　项　目

10.4.1　仪表设备及部件应安装牢固，连接正确，安装位置、接地应符合设计文件的要求。

检验方法：观察检查，检查施工记录。

10.4.4 有报警装置的仪表或设备，应根据设计文件规定的设定值进行整定或标定。

检验方法：检查施工记录。

一 般 项 目

10.4.8 直接安装在设备或管道上的仪表在安装完毕后，应随同设备或管道进行压力试验。

检验方法：检查施工记录、试验记录。

(2)【规范名称及编号】《自动化仪表工程施工及质量验收规范》GB 50093－2013

【条文摘录】

6.1.11 仪表铭牌和仪表位号标识应齐全、牢固、清晰。

6.13.3 温度检测仪表质量验收应符合表6.13.3的规定。

表6.13.3 温度检测仪表质量验收

序号	检验项目	检验内容	检验方法
1	主控项目	表面温度计的感温面与被测对象表面应紧密接触，并应固定牢固	观察检查
2		压力式温度计的温包应全部浸入被测对象中	

3）验收应提供的核查资料

(1) 核查依据：《城镇污水处理厂工程质量验收规范》GB 50334－2017

10.1.2 自动控制及监控系统工程验收应检查下列文件：

1 设备出厂合格证书、进场验收记录、复验报告、安装说明书；

2 设备平面布置图、接线图、安装图；

3 软件、硬件设计图、清单、设计说明；

4 设备试运转记录；

5 施工记录和监理检验记录；

6 其他有关文件。

(2) 核查资料明细

核查资料明细表

序号	核查资料名称	核查要点
1	产品安装使用说明书	核查说明书齐全程度
2	产品出厂合格证	核查合格证书齐全程度
3	产品进场验收记录	核查规格型号、结构尺寸、材质和外观等符合设计要求
4	接线图和安装图	核查图纸的一致性和齐全程度
5	管道压力试验记录	核查报告的完整性及结论的符合性
6	施工记录	核查报警装置整定或标定记录、安装位置等符合设计及规范要求
7	监理检验记录	核查记录内容的完整性

5.2.5 压力仪表部件安装分项工程质量验收记录

1. 分项工程质量验收记录

1）表格

压力仪表安装分项工程质量验收记录

编号：□□□□□□□□□□—□□

<table>
<tr><td colspan="2">工程名称</td><td colspan="4"></td></tr>
<tr><td colspan="2">单位（子单位）
工程名称</td><td colspan="2"></td><td>分部（子分部）
工程名称</td><td></td></tr>
<tr><td colspan="2">施工单位</td><td></td><td>项目经理</td><td></td><td>项目技术
负责人</td><td></td></tr>
<tr><td colspan="2">验收依据</td><td colspan="4"></td></tr>
<tr><td>序号</td><td colspan="2">验收项目</td><td>施工单位
检验结果</td><td>建设（监理）单位
验收结论</td></tr>
<tr><td>1</td><td rowspan="4">主控项目</td><td>仪表设备及部件应安装牢固，连接正确，安装位置、接地应符合设计文件的要求</td><td></td><td></td></tr>
<tr><td>2</td><td>安装在操作岗位附近，测量高压的压力表，宜距操作面 1.80m 以上，或在仪表正面加设保护罩</td><td></td><td></td></tr>
<tr><td>3</td><td>现场安装的压力表不应固定在有强烈振动的设备或管道上</td><td></td><td></td></tr>
<tr><td>4</td><td>有报警装置的仪表或设备，应根据设计文件规定的设定值进行整定或标定</td><td></td><td></td></tr>
<tr><td>1</td><td rowspan="3">一般项目</td><td>测量低压的压力表或变送器的安装高度，宜与取压点的高度一致</td><td></td><td></td></tr>
<tr><td>2</td><td>直接安装在设备或管道上的仪表在安装完毕后，应随同设备或管道进行压力试验</td><td></td><td></td></tr>
<tr><td>3</td><td>仪表铭牌和仪表位号标识应齐全、牢固、清晰</td><td></td><td></td></tr>
<tr><td colspan="3">质量控制资料</td><td colspan="2"></td></tr>
<tr><td colspan="2">施工单位质量检查员：
施工单位专业技术质量负责人：

年 月 日</td><td>监理单位验收结论：
监理工程师：

年 月 日</td><td>建设单位验收结论：
项目负责人：

年 月 日</td><td>其他单位验收结论：
专业技术负责人：

年 月 日</td></tr>
</table>

注：表中“设计要求”、“设备技术文件要求”等按工程实际填写。

2）验收依据说明

(1)【规范名称及编号】《城镇污水处理厂工程质量验收规范》GB 50334－2017

【条文摘录】

主 控 项 目

10.4.1 仪表设备及部件应安装牢固，连接正确，安装位置、接地应符合设计文件的要求。

检验方法：观察检查，检查施工记录。

10.4.4 有报警装置的仪表或设备，应根据设计文件规定的设定值进行整定或标定。

检验方法：检查施工记录。

一 般 项 目

10.4.8 直接安装在设备或管道上的仪表在安装完毕后，应随同设备或管道进行压力试验。

检验方法：检查施工记录、试验记录。

(2)【规范名称及编号】《自动化仪表工程施工及质量验收规范》GB 50093－2013

【条文摘录】

6.1.11 仪表铭牌和仪表位号标识应齐全、牢固、清晰。

6.13.4 压力检测仪表质量验收应符合表6.13.4的规定。

表6.13.4 压力检测仪表质量验收

序号	检验项目	检验内容	检验方法
1	主控项目	安装在操作岗位附近，测量高压的压力表，宜距操作面1.80m以上，或在仪表正面加设保护罩	观察检查
2		现场安装的压力表不应固定在有强烈振动的设备或管道上	
3	一般项目	测量低压的压力表或变送器的安装高度，宜与取压点的高度一致	

3）验收应提供的核查资料

(1) 核查依据：《城镇污水处理厂工程质量验收规范》GB 50334－2017

10.1.2 自动控制及监控系统工程验收应检查下列文件：

1 设备出厂合格证书、进场验收记录、复验报告、安装说明书；

2 设备平面布置图、接线图、安装图；

3 软件、硬件设计图、清单、设计说明；

4 设备试运转记录；

5 施工记录和监理检验记录；

6 其他有关文件。

(2) 核查资料明细

核查资料明细表

序号	核查资料名称	核查要点
1	产品安装使用说明书	核查说明书齐全程度
2	产品出厂合格证	核查合格证书等的齐全程度

续表

序号	核查资料名称	核查要点
3	产品进场验收记录	核查规格型号、结构尺寸、材质和外观等符合设计要求
4	接线图和安装图	核查图纸的一致性和齐全程度
5	管道压力试验记录	核查报告的完整性、有效性及结论的符合性
6	施工记录	核查报警装置整定或标定记录、安装位置等符合设计及规范要求
7	监理检验记录	核查记录内容的完整性

5.2.6 节流装置安装分项工程质量验收记录

1. 分项工程质量验收记录

1）表格

节流装置安装分项工程质量验收记录

编号：□□□□□□□□□□—□□

<table>
<tr><td colspan="3">工程名称</td><td colspan="5"></td></tr>
<tr><td colspan="3">单位（子单位）
工程名称</td><td colspan="2"></td><td colspan="2">分部（子分部）
工程名称</td><td></td></tr>
<tr><td colspan="3">施工单位</td><td></td><td>项目经理</td><td></td><td>项目技术
负责人</td><td></td></tr>
<tr><td colspan="3">验收依据</td><td colspan="5"></td></tr>
<tr><td>序号</td><td colspan="3">验收项目</td><td colspan="2">施工单位
检验结果</td><td colspan="2">建设（监理）单位
验收结论</td></tr>
<tr><td>1</td><td rowspan="5">主控项目</td><td colspan="2">仪表设备及部件应安装牢固，连接正确，安装位置、接地应符合设计文件的要求</td><td colspan="2"></td><td colspan="2"></td></tr>
<tr><td>2</td><td colspan="2">节流件安装前应外观检查无损伤，并应按设计数据测量验证其制造尺寸</td><td colspan="2"></td><td colspan="2"></td></tr>
<tr><td rowspan="2">3</td><td rowspan="2">水平和倾斜的管道上安装的孔板或喷嘴，排泄孔的位置</td><td>流体为液体时，应在管道的正上方</td><td colspan="2"></td><td colspan="2"></td></tr>
<tr><td>流体为气体或蒸气时，应在管道的正下方</td><td colspan="2"></td><td colspan="2"></td></tr>
<tr><td>4</td><td colspan="2">节流件上“＋”号的一侧应在被测流体流向的上游侧，当用箭头标明流向时，箭头的指向应与被测流体的流向一致</td><td colspan="2"></td><td colspan="2"></td></tr>
<tr><td>1</td><td rowspan="3">一般项目</td><td colspan="2">直接安装在设备或管道上的仪表在安装完毕后，应随同设备或管道进行压力试验</td><td colspan="2"></td><td colspan="2"></td></tr>
<tr><td>2</td><td colspan="2">仪表铭牌和仪表位号标识应齐全、牢固、清晰</td><td colspan="2"></td><td colspan="2"></td></tr>
<tr><td>3</td><td colspan="2">节流件的端面应垂直于管道轴线，其允许偏差应为1°</td><td colspan="2"></td><td colspan="2"></td></tr>
<tr><td colspan="6">质量控制资料</td><td colspan="2"></td></tr>
<tr><td colspan="3">施工单位质量检查员：
施工单位专业技术质量负责人：
年 月 日</td><td colspan="2">监理单位验收结论：
监理工程师：
年 月 日</td><td colspan="2">建设单位验收结论：
项目负责人：
年 月 日</td><td>其他单位验收结论：
专业技术负责人：
年 月 日</td></tr>
</table>

注：表中“设计要求”、“设备技术文件要求”等按工程实际填写。

2）验收依据说明

(1)【规范名称及编号】《城镇污水处理厂工程质量验收规范》GB 50334－2017

【条文摘录】

主 控 项 目

10.4.1 仪表设备及部件应安装牢固，连接正确，安装位置、接地应符合设计文件的要求。

检验方法：观察检查，检查施工记录。

一 般 项 目

10.4.8 直接安装在设备或管道上的仪表在安装完毕后，应随同设备或管道进行压力试验。

检验方法：检查施工记录、试验记录。

(2)【规范名称及编号】《自动化仪表工程施工及质量验收规范》GB 50093－2013

【条文摘录】

6.1.11 仪表铭牌和仪表位号标识应齐全、牢固、清晰。

6.13.5 流量检测仪表质量验收应符合表6.13.5的规定。

表6.13.5 流量检测仪表质量验收

序号	检验项目	检验内容	检验方法
1	主控项目	节流件安装前应进行外观检查，应无损伤，并应按设计数据测量验证其制造尺寸	观察检查，检查施工记录
2		水平和倾斜的管道上安装的孔板或喷嘴，排泄孔的位置应符合本规范第6.5.1条第5款的规定	观察检查
3		节流件上“+”号的一侧应在被测流体流向的上游侧，当用箭头标明流向时，箭头的指向应与被测流体的流向一致	

6.5.1 节流件的安装应符合下列要求：

5 在水平和倾斜的管道上安装的孔板或喷嘴，当有排泄孔流体为液体时，排泄孔的位置应在管道的正上方；流体为气体或蒸气时，排泄孔的位置应在管道的正下方。

7 节流件的端面应垂直于管道轴线，其允许偏差应为1°。

3）验收应提供的核查资料

(1) 核查依据：《城镇污水处理厂工程质量验收规范》GB 50334－2017

10.1.2 自动控制及监控系统工程验收应检查下列文件：

1 设备出厂合格证书、进场验收记录、复验报告、安装说明书；

2 设备平面布置图、接线图、安装图；

3 软件、硬件设计图、清单、设计说明；

4 设备试运转记录；

5 施工记录和监理检验记录；

6 其他有关文件。

（2）核查资料明细

核查资料明细表

序号	核查资料名称	核查要点
1	产品安装使用说明书	核查说明书齐全程度
2	产品出厂合格证	核查合格证书齐全程度
3	产品进场验收记录	核查规格型号、结构尺寸、材质和外观等符合设计要求
4	接线图和安装图	核查图纸的一致性和齐全程度
5	管道压力试验记录	核查报告的完整性及结论的符合性
6	施工记录	核查报警装置整定或标定记录、安装位置等符合设计及规范要求
7	监理检验记录	核查记录内容的完整性

5.2.7 流量及差压仪表安装分项工程质量验收记录

1. 分项工程质量验收记录

1）表格

流量及差压仪表安装分项工程质量验收记录

编号：□□□□□□□□□—□□

<table>
<tr><td colspan="3">工程名称</td><td colspan="3"></td></tr>
<tr><td colspan="3">单位（子单位）
工程名称</td><td></td><td>分部（子分部）
工程名称</td><td></td></tr>
<tr><td colspan="3">施工单位</td><td>项目经理</td><td>项目技术
负责人</td><td></td></tr>
<tr><td colspan="3">验收依据</td><td colspan="3"></td></tr>
<tr><td>序号</td><td colspan="3">验收项目</td><td>施工单位
检验结果</td><td>建设（监理）单位
验收结论</td></tr>
<tr><td>1</td><td rowspan="6">主控项目</td><td colspan="2">仪表设备及部件应安装牢固，连接正确，安装位置、接地应符合设计文件的要求</td><td></td><td></td></tr>
<tr><td>2</td><td colspan="2">差压计或差压变送器正负压室与测量管道的连接应正确</td><td></td><td></td></tr>
<tr><td rowspan="4">3</td><td rowspan="4">电磁流量计的安装</td><td>流量计外壳、被测流体和管道连接法兰之间应连接为等电位，并应接地</td><td></td><td></td></tr>
<tr><td>在垂直的管道上安装时，被测流体的流向应自下而上</td><td></td><td></td></tr>
<tr><td>在水平的管道上安装时，两个测量电极不应在管道的正上方和正下方位置</td><td></td><td></td></tr>
<tr><td>流量计上游直管段长度和安装支撑方式应符合设计文件的规定</td><td></td><td></td></tr>
</table>

续表

<table>
<tr><th>序号</th><th colspan="4">验收项目</th><th>施工单位
检验结果</th><th>建设（监理）单位
验收结论</th></tr>
<tr><td rowspan="4">3</td><td rowspan="5">主控项目</td><td rowspan="4">电磁流量计的安装</td><td rowspan="2">宜安装于水平管道上</td><td>测量气体时，箱体管应置于管道上方</td><td></td><td></td></tr>
<tr><td>测量液体时，箱体管应置于管道下方</td><td></td><td></td></tr>
<tr><td colspan="2">在垂直管道上被测流体为液体时，流体的流向应自下而上</td><td></td><td></td></tr>
<tr><td colspan="2">支撑安装方式应符合设计文件的规定</td><td></td><td></td></tr>
<tr><td>4</td><td colspan="3">有报警装置的仪表或设备，应根据设计文件规定的设定值进行整定或标定</td><td></td><td></td></tr>
<tr><td>1</td><td rowspan="3">一般项目</td><td colspan="3">直接安装在设备或管道上的仪表在安装完毕后，应随同设备或管道进行压力试验</td><td></td><td></td></tr>
<tr><td>2</td><td colspan="3">仪表铭牌和仪表位号标识应齐全、牢固、清晰</td><td></td><td></td></tr>
<tr><td>3</td><td colspan="3">流量计的安装前后直管道的长度要求应符合设计要求，且宜安装在管路低点或上升流管道上</td><td></td><td></td></tr>
<tr><td colspan="5">质量控制资料</td><td></td><td></td></tr>
<tr><td colspan="4">施工单位质量检查员：
施工单位专业技术质量负责人：

年　月　日</td><td>监理单位验收结论：
监理工程师：

年　月　日</td><td>建设单位验收结论：
项目负责人：

年　月　日</td><td>其他单位验收结论：
专业技术负责人：

年　月　日</td></tr>
</table>

注：表中“设计要求”、“设备技术文件要求”等按工程实际填写。

2）验收依据说明

（1）【规范名称及编号】《城镇污水处理厂工程质量验收规范》GB 50334－2017

【条文摘录】

主　控　项　目

10.4.1　仪表设备及部件应安装牢固，连接正确，安装位置、接地应符合设计文件的要求。

检验方法：观察检查，检查施工记录。

10.4.4　有报警装置的仪表或设备，应根据设计文件规定的设定值进行整定或标定。

检验方法：检查施工记录。

一　般　项　目

10.4.8　直接安装在设备或管道上的仪表在安装完毕后，应随同设备或管道进行压力试验。

检验方法：检查施工记录、试验记录。

10.4.12 流量计的安装前后直管道的长度要求应符合设计要求，且宜安装在管路低点或上升流管道上。

检验方法：观察检查，尺量检查。

(2)【规范名称及编号】《自动化仪表工程施工及质量验收规范》GB 50093－2013

【条文摘录】

6.1.11 仪表铭牌和仪表位号标识应齐全、牢固、清晰。

6.13.5 流量检测仪表质量验收应符合表6.13.5的规定。

表6.13.5 流量检测仪表质量验收（摘录）

<table>
<tr><th>序号</th><th>检验项目</th><th>检验内容</th><th>检验方法</th></tr>
<tr><td>4</td><td rowspan="5">主控项目</td><td>差压计或差压变送器正负压室与测量管道的连接应正确</td><td>观察检查、核对设计文件和尺量检查</td></tr>
<tr><td>5</td><td>转子流量计、靶式流量计、涡轮流量计、涡街流量计、超声波流量计、均速管流量计等流量计，上、下游直管段长度应符合设计文件的规定</td><td>观察检查和尺量检查</td></tr>
<tr><td>6</td><td>电磁流量计的安装应符合本规范第6.5.7条的规定</td><td rowspan="3">观察检查</td></tr>
<tr><td>7</td><td>椭圆齿轮流量计的刻度盘面应处于垂直平面内；椭圆齿轮流量计和腰轮流量计在垂直管道上安装时，管道内流体流向应自下而上</td></tr>
<tr><td>8</td><td>质量流量计的安装应符合本规范第6.5.11条的规定</td></tr>
</table>

6.5.7 电磁流量计的安装应符合下列规定：

1 流量计外壳、被测流体和管道连接法兰之间应连接为等电位，并应接地。

2 在垂直的管道上安装时，被测流体的流向应自下而上，在水平的管道上安装时，两个测量电极不应在管道的正上方和正下方位置。

3 流量计上游直管段长度和安装支撑方式应符合设计文件的规定。

3）验收应提供的核查资料

(1) 核查依据：《城镇污水处理厂工程质量验收规范》GB 50334－2017

10.1.2 自动控制及监控系统工程验收应检查下列文件：

1 设备出厂合格证书、进场验收记录、复验报告、安装说明书；

2 设备平面布置图、接线图、安装图；

3 软件、硬件设计图、清单、设计说明；

4 设备试运转记录；

5 施工记录和监理检验记录；

6 其他有关文件。

（2）核查资料明细

核查资料明细表

序号	核查资料名称	核查要点
1	产品安装使用说明书	核查说明书齐全程度
2	产品出厂合格证	核查合格证书齐全程度
3	产品进场验收记录	核查规格型号、结构尺寸、材质和外观等符合设计要求
4	接线图和安装图	核查图纸的一致性和齐全程度
5	管道压力试验记录	核查报告的完整性及结论的符合性
6	施工记录	核查报警装置整定或标定记录、安装位置、支撑方式等符合设计及规范要求
7	监理检验记录	核查记录内容的完整性

5.2.8　物位仪表安装分项工程质量验收记录

1. 分项工程质量验收记录

1）表格

物位仪表安装分项工程质量验收记录

编号：□□□□□□□□□□—□□

<table>
<tr><td colspan="3">工程名称</td><td colspan="5"></td></tr>
<tr><td colspan="3">单位（子单位）
工程名称</td><td colspan="2"></td><td colspan="2">分部（子分部）
工程名称</td><td></td></tr>
<tr><td colspan="3">施工单位</td><td></td><td>项目经理</td><td></td><td>项目技术
负责人</td><td></td></tr>
<tr><td colspan="3">验收依据</td><td colspan="5"></td></tr>
<tr><td>序号</td><td colspan="3">验收项目</td><td colspan="2">施工单位
检验结果</td><td colspan="2">建设（监理）单位
验收结论</td></tr>
<tr><td>1</td><td rowspan="12">主控项目</td><td colspan="2">仪表设备及部件应安装牢固，连接正确，安装位置、接地应符合设计文件的要求</td><td colspan="2"></td><td colspan="2"></td></tr>
<tr><td rowspan="2">2</td><td rowspan="2">浮筒液位计的安装</td><td>应使浮筒呈垂直状态，垂直度允许偏差为2mm/m</td><td colspan="2"></td><td colspan="2"></td></tr>
<tr><td>浮筒中心应处于正常操作液位或分界液位的高度</td><td colspan="2"></td><td colspan="2"></td></tr>
<tr><td rowspan="4">3</td><td rowspan="4">超声波物位计的安装</td><td>不应安装在进料口的上方</td><td colspan="2"></td><td colspan="2"></td></tr>
<tr><td>传感器宜垂直物料表面</td><td colspan="2"></td><td colspan="2"></td></tr>
<tr><td>在信号波束角内不应有遮挡物</td><td colspan="2"></td><td colspan="2"></td></tr>
<tr><td>物料的最高物位不应进入仪表的盲区</td><td colspan="2"></td><td colspan="2"></td></tr>
<tr><td rowspan="3">4</td><td rowspan="3">射频导纳物位计的安装</td><td>不应安装在进料口的上方</td><td colspan="2"></td><td colspan="2"></td></tr>
<tr><td>传感器的中心探杆和屏蔽层与容器壁或安装管不得接触，应绝缘良好</td><td colspan="2"></td><td colspan="2"></td></tr>
<tr><td>安装螺纹或法兰与容器应连接牢固、电气接触良好</td><td colspan="2"></td><td colspan="2"></td></tr>
<tr><td>5</td><td colspan="2">有报警装置的仪表或设备，应根据设计文件规定的设定值进行整定或标定</td><td colspan="2"></td><td colspan="2"></td></tr>
</table>

续表

序号	验收项目		施工单位 检验结果	建设（监理）单位 验收结论
1	一般项目	直接安装在设备或管道上的仪表在安装完毕后，应随同设备或管道进行压力试验		
2		仪表铭牌和仪表位号标识应齐全、牢固、清晰		
质量控制资料				
施工单位质量检查员： 施工单位专业技术质量负责人： 年　月　日		监理单位验收结论： 监理工程师： 年　月　日	建设单位验收结论： 项目负责人： 年　月　日	其他单位验收结论： 专业技术负责人： 年　月　日

注：表中“设计要求”、“设备技术文件要求”等按工程实际填写。

2）验收依据说明

（1）【规范名称及编号】《城镇污水处理厂工程质量验收规范》GB 50334－2017

【条文摘录】

主　控　项　目

10.4.1　仪表设备及部件应安装牢固，连接正确，安装位置、接地应符合设计文件的要求。

检验方法：观察检查，检查施工记录。

10.4.4　有报警装置的仪表或设备，应根据设计文件规定的设定值进行整定或标定。

检验方法：检查施工记录。

一　般　项　目

10.4.8　直接安装在设备或管道上的仪表在安装完毕后，应随同设备或管道进行压力试验。

检验方法：检查施工记录、试验记录。

（2）【规范名称及编号】《自动化仪表工程施工及质量验收规范》GB 50093－2013

【条文摘录】

6.1.11　仪表铭牌和仪表位号标识应齐全、牢固、清晰。

6.13.6　物位检测仪表质量验收应符合表6.13.6的规定。

表6.13.6　物位检测仪表质量验收

序号	检验项目	检验内容	检验方法
1	主控项目	浮筒液位计的安装应使浮筒呈垂直状态，垂直度允许偏差为2mm/m；浮筒中心应处于正常操作液位或分界液位的高度	观察检查
2		钢带液位计的导向管应垂直安装，钢带应处于导向管的中心并滑动自如	

续表

序号	检验项目	检验内容	检验方法
3	主控项目	超声波物位计的安装应符合本规范第6.6.7条的规定	观察检查和尺量检查
4		雷达物位计不应安装在进料口的上方，传感器应垂直物料表面	观察检查
5		音叉物位计的两个平行叉板应与地面垂直安装	
6		射频导纳物位计的安装应符合本规范第6.6.10条的规定	观察检查、用仪器检查

6.6.7　超声波物位计的安装应符合下列要求：

1　不应安装在进料口的上方。

2　传感器宜垂直物料表面。

3　在信号波束角内不应有遮挡物。

4　物料的最高物位不应进入仪表的盲区。

6.6.10　射频导纳物位计不应安装在进料口的上方，传感器的中心探杆和屏蔽层与容器壁（或安装管）不得接触，应绝缘良好。安装螺纹（或法兰）与容器应连接牢固、电气接触良好。

3）验收应提供的核查资料

（1）核查依据：《城镇污水处理厂工程质量验收规范》GB 50334－2017

10.1.2　自动控制及监控系统工程验收应检查下列文件：

1　设备出厂合格证书、进场验收记录、复验报告、安装说明书；

2　设备平面布置图、接线图、安装图；

3　软件、硬件设计图、清单、设计说明；

4　设备试运转记录；

5　施工记录和监理检验记录；

6　其他有关文件。

（2）核查资料明细

核查资料明细表

序号	核查资料名称	核查要点
1	产品安装使用说明书	核查说明书齐全程度
2	产品出厂合格证	核查合格证书的齐全程度
3	产品进场验收记录	核查规格型号、结构尺寸、材质和外观等符合设计要求
4	接线图和安装图	核查图纸的一致性和齐全程度
5	管道压力试验记录	核查报告的完整性及结论的符合性
6	施工记录	核查报警装置整定或标定记录、安装位置等符合设计及规范要求
7	监理检验记录	核查记录内容的完整性

5.2.9 分析仪表安装分项工程质量验收记录

1. 分项工程质量验收记录

1）表格

分析仪表安装分项工程质量验收记录

编号：□□□□□□□□□□—□□

<table>
<tr><td colspan="3">工程名称</td><td colspan="3"></td></tr>
<tr><td colspan="3">单位（子单位）工程名称</td><td></td><td>分部（子分部）工程名称</td><td></td></tr>
<tr><td colspan="3">施工单位</td><td>项目经理</td><td>项目技术负责人</td><td></td></tr>
<tr><td colspan="3">验收依据</td><td colspan="3"></td></tr>
<tr><td>序号</td><td colspan="3">验收项目</td><td>施工单位检验结果</td><td>建设（监理）单位验收结论</td></tr>
<tr><td>1</td><td rowspan="5">主控项目</td><td colspan="2">仪表设备及部件应安装牢固，连接正确，安装位置、接地应符合设计文件的要求</td><td></td><td></td></tr>
<tr><td>2</td><td colspan="2">分析取样系统预处理装置应单独安装，并宜靠近传感器</td><td></td><td></td></tr>
<tr><td>3</td><td colspan="2">被分析样品的排放管应直接与排放总管连接，总管应引至室外安全场所，其集液处应有排液装置</td><td></td><td></td></tr>
<tr><td rowspan="2">4</td><td rowspan="2">可燃气体、有毒气体分析仪表安装位置</td><td>所检测气体密度大于空气密度时，其检测器应安装在距地面200mm～300mm处</td><td></td><td></td></tr>
<tr><td>所检测气体密度小于空气密度时，检测器应安装在泄漏区域的上方</td><td></td><td></td></tr>
<tr><td>1</td><td rowspan="4">一般项目</td><td colspan="2">直接安装在设备或管道上的仪表在安装完毕后，应随同设备或管道进行压力试验</td><td></td><td></td></tr>
<tr><td>2</td><td colspan="2">在线非取样分析仪表的传感器的安装高度应在最低液位以下200mm</td><td></td><td></td></tr>
<tr><td>3</td><td colspan="2">浊度仪主体顶部安装应水平，其取源部件应避开气泡多的地方</td><td></td><td></td></tr>
<tr><td>4</td><td colspan="2">仪表铭牌和仪表位号标识应齐全、牢固、清晰</td><td></td><td></td></tr>
<tr><td colspan="6">质量控制资料</td></tr>
<tr><td colspan="3">施工单位质量检查员：
施工单位专业技术质量负责人：
年 月 日</td><td>监理单位验收结论：
监理工程师：
年 月 日</td><td>建设单位验收结论：
项目负责人：
年 月 日</td><td>其他单位验收结论：
专业技术负责人：
年 月 日</td></tr>
</table>

注：表中“设计要求”、“设备技术文件要求”等按工程实际填写。

2）验收依据说明

(1)【规范名称及编号】《城镇污水处理厂工程质量验收规范》GB 50334－2017

【条文摘录】

主　控　项　目

10.4.1　仪表设备及部件应安装牢固，连接正确，安装位置、接地应符合设计文件的要求。

检验方法：观察检查，检查施工记录。

10.4.7　当可燃气体、有毒气体分析仪表所检测气体密度大于空气密度时，其检测器应安装在距地面200mm～300mm处；气体密度小于空气密度时，检测器应安装在泄漏区域的上方。

检验方法：观察检查，尺量检查。

一　般　项　目

10.4.8　直接安装在设备或管道上的仪表在安装完毕后，应随同设备或管道进行压力试验。

检验方法：检查施工记录、试验记录。

10.4.10　在线非取样分析仪表的传感器的安装高度应在最低液位以下200mm。

检验方法：尺量检查

10.4.11　浊度仪主体顶部安装应水平，其取源部件应避开气泡多的地方。

检验方法：观察检查，水平仪检查。

(2)【规范名称及编号】《自动化仪表工程施工及质量验收规范》GB 50093－2013

【条文摘录】

6.1.11　仪表铭牌和仪表位号标识应齐全、牢固、清晰。

6.13.8　成分分析和物性检测仪表质量验收应符合表6.13.8的规定。

表6.13.8　成分分析和物性检测仪表质量验收

序号	检验项目	检验内容	检验方法
1	主控项目	分析取样系统预处理装置应单独安装，并宜靠近传感器	观察检查
2		被分析样品的排放管应直接与排放总管连接，总管应引至室外安全场所，其集液处应有排液装置	
3		可燃气体检测器和有毒气体检测器的安装位置应符合本规范第6.8.4条的规定	
4	一般项目	湿度计测湿元件的安装位置有热辐射、剧烈振动、油污和水滴时，应采取相应的防护措施	

6.8.4　当可燃气体、有毒气体分析仪表所检测气体密度大于空气密度时，其检测器应安装在距地面200mm～300mm处；气体密度小于空气密度时，检测器应安装在泄漏区域的上方。

3）验收应提供的核查资料

(1) 核查依据：《城镇污水处理厂工程质量验收规范》GB 50334－2017

10.1.2　自动控制及监控系统工程验收应检查下列文件：

1　设备出厂合格证书、进场验收记录、复验报告、安装说明书；

2　设备平面布置图、接线图、安装图；

3　软件、硬件设计图、清单、设计说明；

4　设备试运转记录；

5　施工记录和监理检验记录；

6　其他有关文件。

（2）核查资料明细

核查资料明细表

序号	核查资料名称	核查要点
1	产品安装使用说明书	核查说明书齐全程度
2	产品出厂合格证	核查合格证书的齐全程度
3	产品进场验收记录	核查规格型号、结构尺寸、材质和外观等符合设计要求
4	接线图和安装图	核查图纸的一致性和齐全程度
5	管道压力试验记录	核查报告的完整性及结论的符合性
6	施工记录	核查安装位置等符合设计及规范要求
7	监理检验记录	核查记录内容的完整性

5.2.10　执行机构、调节阀安装分项工程质量验收记录

1. 分项工程质量验收记录

1）表格

执行机构、调节阀安装分项工程质量验收记录

编号：□□□□□□□□□—□□

<table>
<tr><td colspan="3">工程名称</td><td colspan="6"></td></tr>
<tr><td colspan="3">单位（子单位）
工程名称</td><td colspan="3"></td><td colspan="2">分部（子分部）
工程名称</td><td></td></tr>
<tr><td colspan="3">施工单位</td><td></td><td>项目经理</td><td></td><td>项目技术
负责人</td><td colspan="2"></td></tr>
<tr><td colspan="3">验收依据</td><td colspan="6"></td></tr>
<tr><td>序号</td><td colspan="4">验收项目</td><td colspan="2">施工单位
检验结果</td><td colspan="2">建设（监理）单位
验收结论</td></tr>
<tr><td>1</td><td rowspan="2">主控项目</td><td colspan="3">执行机构的安装位置应便于观察、操作和维护，安装应牢固、平整，附件应齐全，接管接线应无误，进出口方向应正确</td><td colspan="2"></td><td colspan="2"></td></tr>
<tr><td>2</td><td colspan="3">执行机构与操作手轮的开和关的方向应一致，并应有标识</td><td colspan="2"></td><td colspan="2"></td></tr>
</table>

续表

<table>
<tr><td>序号</td><td colspan="2">验收项目</td><td>施工单位
检验结果</td><td colspan="2">建设（监理）单位
验收结论</td></tr>
<tr><td>1</td><td rowspan="3">一般项目</td><td>整机应清洁、无锈蚀，漆层应平整光亮无脱落</td><td></td><td colspan="2"></td></tr>
<tr><td>2</td><td>气动或液压执行机构的连接管道和线路应有伸缩余度，不应妨碍执行机构的动作</td><td></td><td colspan="2"></td></tr>
<tr><td>3</td><td>调节器的正反作用及输出信号特性应符合设计文件的要求</td><td></td><td colspan="2"></td></tr>
<tr><td colspan="3">质量控制资料</td><td></td><td colspan="2"></td></tr>
<tr><td colspan="2">施工单位质量检查员：
施工单位专业技术质量负责人：

年　月　日</td><td>监理单位验收结论：
监理工程师：

年　月　日</td><td colspan="2">建设单位验收结论：
项目负责人：

年　月　日</td><td>其他单位验收结论：
专业技术负责人：

年　月　日</td></tr>
</table>

注：表中“设计要求”、“设备技术文件要求”等按工程实际填写。

2）验收依据说明

(1)【规范名称及编号】《城镇污水处理厂工程质量验收规范》GB 50334－2017

【条文摘录】

主　控　项　目

10.6.1　执行机构的安装位置应便于观察、操作和维护，安装应牢固、平整，附件应齐全，接管接线应无误，进出口方向应正确。

检验方法：观察检查。

10.6.2　执行机构与操作手轮的开和关的方向应一致，并应有标识。

检验方法：观察检查。

一　般　项　目

10.6.5　执行机构、调节阀安装工程验收时整机应清洁、无锈蚀，漆层应平整光亮无脱落。

检验方法：观察检查，检查施工记录。

10.6.6　气动或液压执行机构的连接管道和线路应有伸缩余度，不应妨碍执行机构的动作。

检验方法：观察检查。

10.6.9　调节器的正反作用及输出信号特性应符合设计文件的要求。

检验方法：观察检查。

3）验收应提供的核查资料

(1) 核查依据：《城镇污水处理厂工程质量验收规范》GB 50334－2017

10.1.2　自动控制及监控系统工程验收应检查下列文件：

1　设备出厂合格证书、进场验收记录、复验报告、安装说明书；

2 设备平面布置图、接线图、安装图；

3 软件、硬件设计图、清单、设计说明；

4 设备试运转记录；

5 施工记录和监理检验记录；

6 其他有关文件。

（2）核查资料明细

核查资料明细表

序号	核查资料名称	核查要点
1	产品安装使用说明书	核查说明书齐全程度
2	产品出厂合格证	核查合格证书等的齐全程度
3	产品进场验收记录	核查规格型号、结构尺寸、材质和外观等符合设计要求
4	接线图和安装图	核查图纸的一致性和齐全程度
5	施工记录	检查施工方法、工作顺序、安装位置等符合设计及规范要求
6	监理检验记录	核查记录内容的完整性

2. 执行机构、调节阀试运转记录

1）表格

执行机构、调节阀试运转记录

工程名称：

<table>
<tr><td>设备部位图号</td><td></td><td>设备名称</td><td></td><td>型号、规格、台数</td><td></td></tr>
<tr><td>施工单位</td><td></td><td>设备所在系统</td><td></td><td>额定数据</td><td></td></tr>
<tr><td>试验单位</td><td></td><td>负责人</td><td></td><td>试车时间</td><td>年 月 日 时 分起
年 月 日 时 分止</td></tr>
<tr><td>序号</td><td colspan="2">试验项目</td><td colspan="2">试验记录</td><td>试验结论</td></tr>
<tr><td>1</td><td colspan="2">执行机构正确及时的反映中心控制系统的指令</td><td colspan="2"></td><td></td></tr>
<tr><td>2</td><td colspan="2">执行机构指示器的开度位置和上传的开度信号应与实际开度相符，调节机构在全开到全关的范围内动作应准确、灵活</td><td colspan="2"></td><td></td></tr>
<tr><td>3</td><td colspan="2">电磁阀动作灵活，排气口方向应向下</td><td colspan="2"></td><td></td></tr>
<tr><td>4</td><td colspan="2">执行器输出轴与阀杆安装的同轴度应在允许偏差范围内，并应转动灵活，无爬行现象</td><td colspan="2"></td><td></td></tr>
<tr><td></td><td colspan="2"></td><td colspan="2"></td><td></td></tr>
<tr><td colspan="2">建设单位</td><td>监理单位</td><td colspan="2">施工单位</td><td>其他单位</td></tr>
<tr><td colspan="2">（签字）
（盖章）</td><td>（签字）
（盖章）</td><td colspan="2">（签字）
（盖章）</td><td>（签字）
（盖章）</td></tr>
</table>

注：其他单位根据不同设备单机试运转验收需要，可为设备生产、设计、运营等有关单位。

2）填表依据说明

【依据规范名称及编号】

(1)《城镇污水处理厂工程质量验收规范》GB 50334－2017

【条文摘录】

10.6.3　执行机构应正确及时的反映中心控制系统的指令，不应有超出工艺要求的延迟。

检验方法：观察检查，检查试运转记录。

10.6.4　执行机构指示器的开度位置和上传的开度信号应与实际开度相符，调节机构在全开到全关的范围内动作应准确、灵活、平稳，机械传动灵活，无松动和卡涩现象。

检验方法：观察检查，检查试运转记录。

10.6.7　电磁阀安装应连接牢固、正确，动作灵活，电磁阀排气口方向应向下。

检验方法：观察检查，检查试运转记录。

10.6.8　气动执行器操作时，应断开手动装置，手动操作时应断开气动装置，执行器输出轴与阀杆安装的同轴度应在允许偏差范围内，并应转动灵活，无爬行现象。

检验方法：观察检查，检查试运转记录。

5.2.11　监控设备安装分项工程质量验收记录

1. 分项工程质量验收记录

1）表格

监控设备安装分项工程质量验收记录

编号：□□□□□□□□□□—□□

<table>
<tr><td colspan="2">工程名称</td><td colspan="5"></td></tr>
<tr><td colspan="2">单位（子单位）
工程名称</td><td colspan="2"></td><td colspan="2">分部（子分部）
工程名称</td><td></td></tr>
<tr><td colspan="2">施工单位</td><td></td><td>项目经理</td><td></td><td>项目技术
负责人</td><td></td></tr>
<tr><td colspan="2">验收依据</td><td colspan="5"></td></tr>
<tr><td>序号</td><td colspan="3">验收项目</td><td colspan="2">施工单位
检验结果</td><td>建设（监理）单位
验收结论</td></tr>
<tr><td>1</td><td rowspan="4">主控项目</td><td colspan="2">监控设备安装应牢固、端正，并应符合设计文件的要求</td><td colspan="2"></td><td></td></tr>
<tr><td>2</td><td colspan="2">监控设备的接地安装应符合设计文件的要求</td><td colspan="2"></td><td></td></tr>
<tr><td>3</td><td colspan="2">拼接屏的拼接缝应符合设备技术文件的要求</td><td colspan="2"></td><td></td></tr>
<tr><td>4</td><td colspan="2">模拟屏、拼接屏的安装应牢固可靠</td><td colspan="2"></td><td></td></tr>
</table>

续表

<table>
<tr><th>序号</th><th colspan="4">验收项目</th><th colspan="5">施工单位
检验结果</th><th>建设（监理）单位
验收结论</th></tr>
<tr><td>1</td><td rowspan="9">一般项目</td><td colspan="3">拼接屏之间的亮度、色彩
不应存在明显色差</td><td colspan="5"></td><td></td></tr>
<tr><td rowspan="8">2</td><td rowspan="8">监控设备机柜、箱安装允许偏差（mm）</td><td>基础型钢平面位置</td><td>5</td><td></td><td></td><td></td><td></td><td></td><td></td></tr>
<tr><td>基础型钢标高</td><td>±10</td><td></td><td></td><td></td><td></td><td></td><td></td></tr>
<tr><td>相邻盘（柜、箱）
顶高差</td><td>2</td><td></td><td></td><td></td><td></td><td></td><td></td></tr>
<tr><td>成列盘（柜、箱）
顶高差</td><td>5</td><td></td><td></td><td></td><td></td><td></td><td></td></tr>
<tr><td>相邻盘（柜、箱）
盘面不平度</td><td>1</td><td></td><td></td><td></td><td></td><td></td><td></td></tr>
<tr><td>成列盘（柜、箱）
盘面不平度</td><td>5</td><td></td><td></td><td></td><td></td><td></td><td></td></tr>
<tr><td>盘间接缝</td><td>2</td><td></td><td></td><td></td><td></td><td></td><td></td></tr>
<tr><td>盘（柜、箱）
垂直度</td><td>1.5H/1000</td><td></td><td></td><td></td><td></td><td></td><td></td></tr>
<tr><td colspan="5">质量控制资料</td><td colspan="5"></td><td></td></tr>
<tr><td colspan="3">施工单位质量检查员：
施工单位专业技术质量负责人：

年　月　日</td><td colspan="2">监理单位验收结论：
监理工程师：

年　月　日</td><td colspan="5">建设单位验收结论：
项目负责人：

年　月　日</td><td>其他单位验收结论：
专业技术负责人：

年　月　日</td></tr>
</table>

注：1　表中 H 为盘（柜、箱）高度；

2　表中“设计要求”、“设备技术文件要求”等按工程实际填写。

2）验收依据说明

（1）【规范名称及编号】《城镇污水处理厂工程质量验收规范》GB 50334－2017

【条文摘录】

主　控　项　目

10.5.1　监控设备安装应牢固、端正，并应符合设计文件的要求。

检验方法：观察检查，检查施工记录。

10.5.2　监控设备的接地安装应符合设计文件的要求。

检验方法：观察检查，检查施工记录。

10.5.3　拼接屏的拼接缝应符合设备技术文件的要求。

检验方法：观察检查，尺量检查。

10.5.4　模拟屏、拼接屏的安装应牢固可靠。

检验方法：观察检查。

一　般　项　目

10.5.5　拼接屏之间的亮度、色彩不应存在明显色差。

检验方法：观察检查。

10.5.8　机柜、箱的安装允许偏差应符合本规范表9.5.6的规定。

9.5.6　开关柜、控制盘（柜、箱）安装允许偏差和检验方法应符合表9.5.6的规定。

表9.5.6　开关柜、控制盘（柜、箱）安装允许偏差和检验方法

序号	项目	允许偏差（mm）	检验方法
1	基础型钢平面位置	5	尺量检查
2	基础型钢标高	±10	水准仪与直尺检查
3	相邻盘（柜、箱）顶高差	2	拉线及直尺检查
4	成列盘（柜、箱）顶高差	5	拉线及直尺检查
5	相邻盘（柜、箱）盘面不平度	1	拉线及直尺检查
6	成列盘（柜、箱）盘面不平度	5	拉线及直尺检查
7	盘间接缝	2	塞尺检查
8	盘（柜、箱）垂直度	1.5H/1000	线坠及直尺检查

注：H为盘（柜、箱）高度。

3）验收应提供的核查资料

（1）核查依据：《城镇污水处理厂工程质量验收规范》GB 50334－2017

10.1.2　自动控制及监控系统工程验收应检查下列文件：

1　设备出厂合格证书、进场验收记录、复验报告、安装说明书；

2　设备平面布置图、接线图、安装图；

3　软件、硬件设计图、清单、设计说明；

4　设备试运转记录；

5　施工记录和监理检验记录；

6　其他有关文件。

（2）核查资料明细

核查资料明细表

序号	核查资料名称	核查要点
1	产品安装使用说明书	核查说明书齐全程度
2	产品出厂合格证	核查合格证书的齐全程度
3	产品进场验收记录	核查规格型号、结构尺寸、材质和外观等符合设计要求
4	接线图和安装图	核查图纸的一致性和齐全程度
5	施工记录	核查监控设备的安装、接地和拼接缝等内容符合设计文件要求
6	监理检验记录	核查记录内容的完整性

2. 监控设备试运转记录

1）表格

监控设备试运转记录

工程名称：

<table>
<tr><td colspan="2">设备部位图号</td><td colspan="2"></td><td>设备名称</td><td colspan="2"></td><td colspan="2">型号、规格、台数</td><td></td></tr>
<tr><td colspan="2">施工单位</td><td colspan="2"></td><td>设备所在系统</td><td colspan="2"></td><td colspan="2">额定数据</td><td></td></tr>
<tr><td colspan="2">试验单位</td><td colspan="2"></td><td>负责人</td><td colspan="2"></td><td colspan="2">试车时间</td><td>年　月　日　时　分起
年　月　日　时　分止</td></tr>
<tr><td>序 号</td><td colspan="2">试验项目</td><td colspan="6">试验记录</td><td colspan="2">试验结论</td></tr>
<tr><td>1</td><td colspan="2">摄像机及其配套装置安装应牢固稳定，云台转动应灵活</td><td colspan="6"></td><td colspan="2"></td></tr>
<tr><td>2</td><td colspan="2">自动跟踪监视器应反应灵敏，移动及时、准确</td><td colspan="6"></td><td colspan="2"></td></tr>
<tr><td></td><td colspan="2"></td><td colspan="6"></td><td colspan="2"></td></tr>
<tr><td colspan="3">建设单位</td><td colspan="3">监理单位</td><td colspan="3">施工单位</td><td colspan="2">其他单位</td></tr>
<tr><td colspan="3">（签字）
（盖章）</td><td colspan="3">（签字）
（盖章）</td><td colspan="3">（签字）
（盖章）</td><td colspan="2">（签字）
（盖章）</td></tr>
</table>

注：其他单位根据不同设备单机试运转验收需要，可为设备生产、设计、运营等有关单位。

2）填表依据说明

【依据规范名称及编号】

（1）《城镇污水处理厂工程质量验收规范》GB 50334－2017

【条文摘录】

10.5.6　摄像机及其配套装置安装应牢固稳定，云台转动应灵活。

检验方法：观察检查，检查试运转记录。

10.5.7　自动跟踪监视器应反应灵敏，移动及时、准确。

检验方法：观察检查，检查试运转记录。

5.2.12　仪表电源设备安装分项工程质量验收记录

1. 分项工程质量验收记录

1）表格

仪表电源设备安装分项工程质量验收记录

编号：□□□□□□□□□—□□

<table>
<tr><td colspan="2">工程名称</td><td colspan="4"></td></tr>
<tr><td colspan="2">单位（子单位）
工程名称</td><td colspan="2"></td><td>分部（子分部）
工程名称</td><td></td></tr>
<tr><td colspan="2">施工单位</td><td></td><td>项目经理</td><td>项目技术
负责人</td><td></td></tr>
<tr><td colspan="2">验收依据</td><td colspan="4"></td></tr>
<tr><td>序号</td><td colspan="2">验收项目</td><td colspan="2">施工单位
检验结果</td><td>建设（监理）单位
验收结论</td></tr>
<tr><td>1</td><td rowspan="3">主控项目</td><td>接地系统的接地电阻应符合设计文件的规定</td><td colspan="2"></td><td></td></tr>
<tr><td>2</td><td>电源设备的安装应牢固、整齐、美观，并应检查技术性能</td><td colspan="2"></td><td></td></tr>
<tr><td>3</td><td>金属供电箱应有明显的接地标识，接地线连接应牢固可靠</td><td colspan="2"></td><td></td></tr>
<tr><td>1</td><td rowspan="2">一般项目</td><td>现场仪表供电箱的箱体中心距操作地面的高度宜为1.20m～1.50m</td><td colspan="2"></td><td></td></tr>
<tr><td>2</td><td>电源设备的设备位号、端子标号、用途标识、操作标识等应完整无缺</td><td colspan="2"></td><td></td></tr>
<tr><td colspan="3">质量控制资料</td><td colspan="2"></td><td></td></tr>
<tr><td colspan="2">施工单位质量检查员：
施工单位专业技术质量负责人：
年　月　日</td><td>监理单位验收结论：
监理工程师：
年　月　日</td><td colspan="2">建设单位验收结论：
项目负责人：
年　月　日</td><td>其他单位验收结论：
专业技术负责人：
年　月　日</td></tr>
</table>

注：表中“设计要求”、“设备技术文件要求”等按工程实际填写。

2）验收依据说明

(1)【规范名称及编号】《城镇污水处理厂工程质量验收规范》GB 50334－2017

【条文摘录】

10.1.6　自动控制及监控系统工程质量验收除应符合本规范外，尚应符合现行国家标准《自动化仪表工程施工及质量验收规范》GB 50093的有关规定。

(2)【规范名称及编号】《自动化仪表工程施工及质量验收规范》GB 50093－2013

【条文摘录】

6.13.11 控制仪表和综合控制系统、仪表电源设备质量验收应符合表6.13.11的规定。

表6.13.11 控制仪表和综合控制系统、仪表电源设备质量验收

<table>
<tr><th>序号</th><th>检验项目</th><th>检验内容</th><th>检验方法</th></tr>
<tr><td>1</td><td rowspan="3">主控项目</td><td>接地系统的接地电阻应符合设计文件的规定</td><td>检查接地电阻测试记录</td></tr>
<tr><td>2</td><td>电源设备的安装应牢固、整齐、美观，并应检查技术性能</td><td>观察检查和检查施工记录</td></tr>
<tr><td>3</td><td>金属供电箱应有明显的接地标识，接地线连接应牢固可靠</td><td rowspan="3">观察检查</td></tr>
<tr><td>4</td><td rowspan="2">一般项目</td><td>现场仪表供电箱的箱体中心距操作地面的高度宜为1.20m～1.50m</td></tr>
<tr><td>5</td><td>电源设备的设备位号、端子标号、用途标识、操作标识等应完整无缺</td></tr>
</table>

3）验收应提供的核查资料

（1）核查依据：《城镇污水处理厂工程质量验收规范》GB 50334－2017

10.1.2 自动控制及监控系统工程验收应检查下列文件：

1 设备出厂合格证书、进场验收记录、复验报告、安装说明书；

2 设备平面布置图、接线图、安装图；

3 软件、硬件设计图、清单、设计说明；

4 设备试运转记录；

5 施工记录和监理检验记录；

6 其他有关文件。

（2）核查资料明细

核查资料明细表

序号	核查资料名称	核查要点
1	产品安装使用说明书	核查说明书齐全程度
2	产品出厂合格证	核查合格证书齐全程度
3	产品进场验收记录	核查规格型号、结构尺寸、材质和外观等符合设计要求
4	接线图和安装图	核查图纸的一致性和齐全程度
5	施工记录	检查电源设备的安装位置、接地连接和接地电阻测试记录、技术性能等符合设计及规范要求
6	监理检验记录	核查记录内容的完整性

5.2.13 仪表用电气线路敷设分项工程质量验收记录

1. 分项工程质量验收记录

1）表格

仪表用电气线路敷设分项工程质量验收记录

编号：□□□□□□□□□□—□□

<table>
<tr><td colspan="3">工程名称</td><td colspan="3"></td></tr>
<tr><td colspan="3">单位（子单位）工程名称</td><td colspan="1"></td><td>分部（子分部）工程名称</td><td></td></tr>
<tr><td colspan="3">施工单位</td><td>项目经理</td><td>项目技术负责人</td><td></td></tr>
<tr><td colspan="3">验收依据</td><td colspan="3"></td></tr>
<tr><td>序号</td><td colspan="3">验收项目</td><td>施工单位检验结果</td><td>建设（监理）单位验收结论</td></tr>
<tr><td>1</td><td rowspan="3">主控项目</td><td colspan="2">电缆电线敷设前，应进行外观检查和导通检查</td><td></td><td></td></tr>
<tr><td>2</td><td colspan="2">电缆电线的绝缘电阻试验应采用500V兆欧表测量，100V以下的线路采用250V兆欧表测量，电阻值不应小于5MΩ</td><td></td><td></td></tr>
<tr><td>3</td><td colspan="2">当线路周围环境温度超过65℃时，线路敷设应采取隔热措施；当线路附近有火源时，应采取防火措施</td><td></td><td></td></tr>
<tr><td>1</td><td rowspan="7">一般项目</td><td colspan="2">线路应横平竖直、整齐美观、固定牢固，不宜交叉</td><td></td><td></td></tr>
<tr><td rowspan="4">2</td><td rowspan="4">线路敷设位置</td><td>线路不得敷设在易受机械损伤、腐蚀性物质排放、潮湿、强磁场和强静电场干扰的位置</td><td></td><td></td></tr>
<tr><td>线路不得敷设在影响操作和妨碍设备、管道检修的位置，应避开运输、人行通道和吊装孔</td><td></td><td></td></tr>
<tr><td>线路不宜敷设在高温设备和管道的上方，也不宜敷设在具有腐蚀性液体的设备和管道的下方</td><td></td><td></td></tr>
<tr><td>线路与绝热的设备和管道绝热层之间的距离应大于200mm，与其他设备和管道表面之间的距离应大于150mm</td><td></td><td></td></tr>
<tr><td>3</td><td colspan="2">线路从室外进入室内时应有防水和封堵措施；线路进入室外的盘、柜、箱时宜从底部进入，并应有防水密封措施</td><td></td><td></td></tr>
<tr><td>4</td><td colspan="2">线路终端接线处、建筑物伸缩缝和沉降缝处，应留有余量</td><td></td><td></td></tr>
</table>

续表

<table>
<tr><th>序号</th><th colspan="3">验收项目</th><th>施工单位
检验结果</th><th>建设（监理）单位
验收结论</th></tr>
<tr><td rowspan="4">5</td><td rowspan="6">一般项目</td><td rowspan="4">电缆中间接头形式</td><td>电缆不应有中间接头，当需要中间接头时，应在接线箱或接线盒内接线，接头宜采用压接</td><td></td><td></td></tr>
<tr><td>中间接头采用焊接时，应采用无腐蚀性的焊药</td><td></td><td></td></tr>
<tr><td>补偿导线应采用压接</td><td></td><td></td></tr>
<tr><td>同轴电缆和高频电缆应采用专用接头</td><td></td><td></td></tr>
<tr><td rowspan="2">6</td><td rowspan="2">线路敷设完毕，芯线和线路标识</td><td>应进行校线和标号，测量电缆电线绝缘电阻</td><td></td><td></td></tr>
<tr><td>在线路的终端处，应加标志牌。地下埋设的线路，应设置明显标识</td><td></td><td></td></tr>
<tr><td colspan="4">质量控制资料</td><td></td><td></td></tr>
<tr><td colspan="3">施工单位质量检查员：
施工单位专业技术质量负责人：

年　月　日</td><td>监理单位验收结论：
监理工程师：

年　月　日</td><td>建设单位验收结论：
项目负责人：

年　月　日</td><td>其他单位验收结论：
专业技术负责人：

年　月　日</td></tr>
</table>

注：表中“设计要求”、“设备技术文件要求”等按工程实际填写。

2）验收依据说明

（1）【规范名称及编号】《城镇污水处理厂工程质量验收规范》GB 50334－2017

【条文摘录】

10.1.6　自动控制及监控系统工程质量验收除应符合本规范外，尚应符合现行国家标准《自动化仪表工程施工及质量验收规范》GB 50093 的有关规定。

10.4.3　自动控制、仪表线路从室外进入室内时，应有防水和封堵措施。

检查方法：观察检查。

（2）【规范名称及编号】《自动化仪表工程施工及质量验收规范》GB 50093－2013

【条文摘录】

7.1.2　电缆电线敷设前，应进行外观检查和导通检查，并应用直流 500V 兆欧表测量绝缘电阻值，100V 以下的线路采用 250V 兆欧表测量，其电阻值不应小于 5MΩ；当设计文件有特殊规定时，应符合设计文件的规定。

7.7.1　仪表线路安装一般规定质量验收应符合表 7.7.1 的规定。

表 7.7.1　仪表线路安装一般规定质量验收

序号	检验项目	检验内容	检验方法
1	主控项目	电缆电线的绝缘电阻试验应采用500V兆欧表测量，100V以下的线路采用250V兆欧表测量，电阻值不应小于5MΩ	检查接地电阻测试记录
2		当线路周围环境温度超过65℃时，线路敷设应符合本规范第7.1.6条的规定	观察检查和检查施工记录
3	一般项目	线路应横平竖直、整齐美观、固定牢固，不宜交叉	观察检查
4		线路敷设位置应符合本规范第7.1.4条、第7.1.5条、第7.1.7条、第7.1.8条的规定	观察检查、用尺测量检查
5		线路从室外进入室内时应有防水和封堵措施；线路进入室外的盘、柜、箱时宜从底部进入，并应有防水密封措施	观察检查
6		线路终端接线处、建筑物伸缩缝和沉降缝处，应留有余量	
7		电缆不应有中间接头；当需要中间接头时，接头形式应符合本规范第7.1.12条的规定	观察检查和检查施工记录
8		线路敷设完毕，芯线和线路标识应符合本规范第7.1.14条、第7.1.16条的规定	观察检查

7.1.4　线路不得敷设在易受机械损伤、腐蚀性物质排放、潮湿、强磁场和强静电场干扰的位置。

7.1.5　线路不得敷设在影响操作和妨碍设备、管道检修的位置，应避开运输、人行通道和吊装孔。

7.1.6　当线路周围环境温度超过65℃时，应采取隔热措施。当线路附近有火源时，应采取防火措施。

7.1.7　线路不宜敷设在高温设备和管道的上方，也不宜敷设在具有腐蚀性液体的设备和管道的下方。

7.1.8　线路与绝热的设备和管道绝热层之间的距离应大于200mm，与其他设备和管道表面之间的距离应大于150mm。

7.1.12　电缆不应有中间接头，当需要中间接头时，应在接线箱或接线盒内接线，接头宜采用压接；当采用焊接时，应采用无腐蚀性的焊药。补偿导线应采用压接。同轴电缆和高频电缆应采用专用接头。

7.1.14　线路敷设完毕，应进行校线和标号，并应按本规范第7.1.2条的规定测量电缆电线的绝缘电阻。

7.1.16　在线路的终端处，应加标志牌。地下埋设的线路，应设置明显标识。

3）验收应提供的核查资料

(1) 核查依据：《城镇污水处理厂工程质量验收规范》GB 50334－2017

10.1.2　自动控制及监控系统工程验收应检查下列文件：

1　设备出厂合格证书、进场验收记录、复验报告、安装说明书；

2　设备平面布置图、接线图、安装图；

3 软件、硬件设计图、清单、设计说明；

4 设备试运转记录；

5 施工记录和监理检验记录；

6 其他有关文件。

(2) 核查资料明细

核查资料明细表

序号	核查资料名称	核查要点
1	电缆、电线出厂合格证	核查合格证书齐全程度
2	产品进场验收记录	核查规格型号、材质等符合设计要求
3	配线图和安装图	核查图纸的一致性和齐全程度
4	施工记录	检查接地电阻测试记录、线路敷设位置、外观、中间接头形式等符合设计及规范要求
5	监理检验记录	核查记录内容的完整性

5.2.14 防爆和接地分项工程质量验收记录

1. 分项工程质量验收记录

1) 表格

防爆和接地分项工程质量验收记录

编号：□□□□□□□□□—□□

工程名称					
单位（子单位）工程名称			分部（子分部）工程名称		
施工单位		项目经理		项目技术负责人	
验收依据					

序号	验收项目		施工单位检验结果	建设（监理）单位验收结论
1	主控项目	安装在爆炸危险环境的仪表、仪表线路、电气设备及材料，其规格型号必须符合设计文件的规定		
2		防爆设备必须有铭牌和防爆标识，并应在铭牌上标明国家授权的机构颁发的防爆合格证编号		
3		当电缆桥架或电缆沟道通过不同等级的爆炸危险区域的分隔间壁时，在分隔间壁处必须做充填密封		
4		供电电压高于36V的现场仪表的外壳，仪表盘、柜、箱、支架、底座等正常不带电的金属部分，均应做保护接地		

续表

序号	验收项目		施工单位检验结果	建设（监理）单位验收结论
5	主控项目	仪表及控制系统应做工作接地，工作接地应包括信号回路接地和屏蔽接地，以及特殊要求的本质安全电路接地，接地系统的连接方式和接地电阻值应符合设计文件要求		
6		保护接地的接地电阻应符合设计文件的规定		
7		仪表及控制系统的工作接地、保护接地应共用接地装置		
1	一般项目	仪表保护接地系统应接到电气工程的保护接地网上，连接应牢固可靠，不应串联接地		
2		控制室、机柜室内的接地干线采用扁钢时，扁钢间应进行绝缘		
3		接地系统的连线应采用铜芯绝缘电线或电缆，并应采用镀锌螺栓紧固		
质量控制资料				
施工单位质量检查员： 施工单位专业技术质量负责人： 年 月 日	监理单位验收结论： 监理工程师： 年 月 日		建设单位验收结论： 项目负责人： 年 月 日	其他单位验收结论： 专业技术负责人： 年 月 日

注：表中“设计要求”、“设备技术文件要求”等按工程实际填写。

2）验收依据说明

（1）【规范名称及编号】《城镇污水处理厂工程质量验收规范》GB 50334－2017

【条文摘录】

10.1.6 自动控制及监控系统工程质量验收除应符合本规范外，尚应符合现行国家标准《自动化仪表工程施工及质量验收规范》GB 50093 的有关规定。

（2）【规范名称及编号】《自动化仪表工程施工及质量验收规范》GB 50093－2013

【条文摘录】

10.1.2 安装在爆炸危险环境的仪表、仪表线路、电气设备及材料，其规格型号必须符合设计文件的规定。防爆设备必须有铭牌和防爆标识，并应在铭牌上标明国家授权的机构颁发的防爆合格证编号。

10.1.5 当电缆桥架或电缆沟道通过不同等级的爆炸危险区域的分隔间壁时，在分隔间壁处必须做充填密封。

10.3.2 接地质量验收应符合表 10.3.2 的规定。

表 10.3.2　接地质量验收

<table>
<tr><th>序号</th><th>检验项目</th><th>检验内容</th><th>检验方法</th></tr>
<tr><td>1</td><td rowspan="9">主控项目</td><td>现场仪表的外壳、仪表盘、柜、箱、支架、底座等正常不带电的金属部分的保护接地，应符合本规范第10.2.1条的规定</td><td>观察检查</td></tr>
<tr><td>2</td><td>仪表及控制系统的工作接地，应符合本规范第10.2.7条的规定</td><td>观察检查
检查施工记录</td></tr>
<tr><td>3</td><td>仪表回路应只有一个信号回路接地点</td><td>观察检查</td></tr>
<tr><td>4</td><td>保护接地的接地电阻应符合设计文件的规定</td><td>观察检查
检查施工记录</td></tr>
<tr><td>5</td><td>信号回路的接地点应符合本规范第10.2.9条的规定</td><td rowspan="9">观察检查</td></tr>
<tr><td>6</td><td>铠装电缆的铠装两端应接至保护接地</td></tr>
<tr><td>7</td><td>仪表及控制系统的工作接地、保护接地应共用接地装置</td></tr>
<tr><td>8</td><td>中间接线箱内主电缆分屏蔽层与二次电缆屏蔽层的连接，应符合本规范第10.2.12条的规定</td></tr>
<tr><td>9</td><td>仪表盘、柜、箱内各回路的各类接地与接地干线和接地极的连接，应符合本规范第10.2.14条的规定</td></tr>
<tr><td>10</td><td rowspan="4">一般项目</td><td>仪表保护接地系统应接到电气工程的保护接地网上，连接应牢固可靠，不应串联接地</td></tr>
<tr><td>11</td><td>接地系统的连线应符合本规范第10.2.16条的规定</td></tr>
<tr><td>12</td><td>控制室、机柜室内的接地干线采用扁钢时，扁钢间应进行绝缘</td></tr>
<tr><td>13</td><td>接地线的颜色应采用绿、黄两色或绿色</td></tr>
</table>

10.2.1　供电电压高于36V的现场仪表的外壳，仪表盘、柜、箱、支架、底座等正常不带电的金属部分，均应做保护接地。

10.2.7　仪表及控制系统应做工作接地，工作接地应包括信号回路接地和屏蔽接地，以及特殊要求的本质安全电路接地，接地系统的连接方式和接地电阻值应符合设计文件要求。

10.2.16　接地系统的连线应采用铜芯绝缘电线或电缆，并应采用镀锌螺栓紧固。仪表盘、柜、箱内的接地汇流排应采用铜材，并应采用绝缘支架固定。接地总干线与接地体之间应采用焊接。

3）验收应提供的核查资料

（1）核查依据：《城镇污水处理厂工程质量验收规范》GB 50334－2017

10.1.2　自动控制及监控系统工程验收应检查下列文件：

1　设备出厂合格证书、进场验收记录、复验报告、安装说明书；

2　设备平面布置图、接线图、安装图；

3　软件、硬件设计图、清单、设计说明；

4　设备试运转记录；

5　施工记录和监理检验记录；

6　其他有关文件。

（2）核查资料明细

核查资料明细表

序号	核查资料名称	核查要点
1	接线图和安装图	核查图纸的一致性和齐全程度
2	施工记录	核查工作接地、保护接地的接地形式和接地电阻阻值等符合设计及规范要求
3	监理检验记录	核查记录内容的完整性

5.2.15　仪表用管路敷设分项工程质量验收记录

1. 分项工程质量验收记录

1）表格

仪表用管路敷设分项工程质量验收记录

编号：□□□□□□□□□□—□□

工程名称					
单位（子单位）工程名称			分部（子分部）工程名称		
施工单位		项目经理		项目技术负责人	
验收依据					

序号	验收项目		施工单位检验结果	建设（监理）单位验收结论
1	主控项目	仪表管道的型号、规格、材质应符合设计文件的规定		
2		需要脱脂的仪表管道应经过脱脂合格		
3		仪表管道埋地敷设时，必须经试压合格和防腐处理后再埋入。直接埋地的管道连接时必须采用焊接，并应在穿过道路、沟道及进出地面处设置保护套管		
4		在穿越墙体和楼板处的仪表管道，应加装保护套管或保护罩，保护套管或保护罩内应无接头		
5		穿越不同等级的爆炸危险区域，火灾危险区域和有毒场所的分隔间壁时，应加装保护套管或保护罩，并应做好密封		
6		仪表管道与设备连接时，仪表设备不应承受其他机械应力		
7		仪表管道连接装配应正确、齐全		
8		仪表管道连接轴线应一致		

续表

<table>
<tr><td>序号</td><td colspan="2">验收项目</td><td>施工单位
检验结果</td><td>建设（监理）单位
验收结论</td></tr>
<tr><td>1</td><td rowspan="8">一般项目</td><td>管子内部应清洁、畅通</td><td></td><td></td></tr>
<tr><td>2</td><td>仪表管道安装位置应不妨碍检查，应不易受机械损伤，环境应无腐蚀和振动</td><td></td><td></td></tr>
<tr><td>3</td><td>管子表面应无裂纹、伤痕、重皮；金属管道弯制后应无裂纹和凹陷</td><td></td><td></td></tr>
<tr><td>4</td><td>高压管道分支时应采用三通连接，三通的材质应与管道的材质相同</td><td></td><td></td></tr>
<tr><td>5</td><td>管道成排安装时，排列应整齐，间距应均匀</td><td></td><td></td></tr>
<tr><td>6</td><td>管道应使用管卡固定且牢固</td><td></td><td></td></tr>
<tr><td>7</td><td>不锈钢管道固定时，与碳钢之间应无直接接触</td><td></td><td></td></tr>
<tr><td>8</td><td>仪表管道阀门应便于操作和维护</td><td></td><td></td></tr>
<tr><td colspan="3">质量控制资料</td><td></td><td></td></tr>
<tr><td colspan="2">施工单位质量检查员：
施工单位专业技术质量负责人：
年 月 日</td><td>监理单位验收结论：
监理工程师：
年 月 日</td><td>建设单位验收结论：
项目负责人：
年 月 日</td><td>其他单位验收结论：
专业技术负责人：
年 月 日</td></tr>
</table>

注：表中“设计要求”、“设备技术文件要求”等按工程实际填写。

2）验收依据说明

(1)【规范名称及编号】《城镇污水处理厂工程质量验收规范》GB 50334－2017

【条文摘录】

10.1.6 自动控制及监控系统工程质量验收除应符合本规范外，尚应符合现行国家标准《自动化仪表工程施工及质量验收规范》GB 50093 的有关规定。

(2)【规范名称及编号】《自动化仪表工程施工及质量验收规范》GB 50093－2013

【条文摘录】

8.8.1 仪表管道安装一般规定质量验收应符合表 8.8.1 的规定。

表 8.8.1　仪表管道安装一般规定质量验收

序号	检验项目	检验内容	检验方法
1	主控项目	仪表管道的型号、规格、材质应符合设计文件的规定	核对设计文件、检查质量证明文件
2		需要脱脂的仪表管道应经过脱脂合格	观察检查、检查拖至施工记录
3		埋地敷设的仪表管道安装应符合本规范第 8.1.14 条的规定	观察、见证检查，检查施工记录
4		在穿越墙体和楼板处的仪表管道，应加装保护套管或保护罩，保护套管或保护罩内应无接头	观察检查
5		穿越不同等级的爆炸危险区域，火灾危险区域和有毒场所的分隔间壁时，应加装保护套管或保护罩，并应做好密封	
6		仪表管道的焊接应符合现行国家标准《现场设备、工业管道焊接工程施工规范》GB 50236 的有关规定	观察检查，着色检查
7		仪表管道与设备连接时，仪表设备不应承受其他机械应力	拆卸后观察，连接试验
8		仪表管道连接装配应正确、齐全	观察检查
9		仪表管道连接轴线应一致	用尺测量检查
10	一般项目	管子内部应清洁、畅通	观察检查
11		仪表管道安装位置应不妨碍检查，应不易受机械损伤，环境应无腐蚀和振动	观察检查
12		管子表面应无裂纹、伤痕、重皮；金属管道弯制后应无裂纹和凹陷	
13		管子的弯曲半径应符合本规范第 8.1.8 条的规定	用尺测量检查
14		高压管道分支时应采用三通连接，三通的材质应与管道的材质相同	观察检查
15		管道成排安装时，排列应整齐，间距应均匀	
16		管道应使用管卡固定且牢固	
17		仪表管道支架的制作与安装应符合本规范第 7.2 节和第 8.1.6 条的规定	观察检查，用尺测量检查
18		不锈钢管道固定时，与碳钢之间应无直接接触	观察检查
19		仪表管道阀门应便于操作和维护	

8.1.4　仪表管道埋地敷设时，必须经试压合格和防腐处理后再埋入。直接埋地的管道连接时必须采用焊接，并应在穿过道路、沟道及进出地面处设置保护套管。

3）验收应提供的核查资料

（1）核查依据：《城镇污水处理厂工程质量验收规范》GB 50334－2017

10.1.2　自动控制及监控系统工程验收应检查下列文件：

1　设备出厂合格证书、进场验收记录、复验报告、安装说明书；

2　设备平面布置图、接线图、安装图；

3　软件、硬件设计图、清单、设计说明；

4　设备试运转记录；

5　施工记录和监理检验记录；

6　其他有关文件。

(2) 核查资料明细

核查资料明细表

序号	核查资料名称	核查要点
1	产品出厂合格证书	核查合格证书齐全程度
2	材料进场验收记录	核查管道规格型号、结构尺寸、材质和外观等符合设计要求
3	合金材质现场复查报告	核查报告的有效性和结论的符合性
4	低温管道出厂低温冲击试验报告	核查报告的有效性和结论的符合性
5	平面布置图、安装图	核查文件的一致性和齐全程度
6	施工记录	核查管道的敷设路径、管道连接措施等符合设计及规范要求
7	监理检验记录	核查记录内容的完整性

5.2.16　脱脂分项工程质量验收记录

1. 分项工程质量验收记录

1）表格

脱脂分项工程质量验收记录

编号：□□□□□□□□□□—□□

<table>
<tr><td colspan="2">工程名称</td><td colspan="6"></td></tr>
<tr><td colspan="2">单位（子单位）
工程名称</td><td colspan="3"></td><td colspan="2">分部（子分部）
工程名称</td><td></td></tr>
<tr><td colspan="2">施工单位</td><td></td><td>项目经理</td><td></td><td>项目技术
负责人</td><td colspan="2"></td></tr>
<tr><td colspan="2">验收依据</td><td colspan="6"></td></tr>
<tr><td>序号</td><td colspan="3">验收项目</td><td colspan="2">施工单位
检验结果</td><td colspan="2">建设（监理）单位
验收结论</td></tr>
<tr><td>1</td><td rowspan="4">主控项目</td><td colspan="2">需要脱脂的仪表、控制阀、管子和其他管道组成件，应按设计文件的规定脱脂</td><td colspan="2"></td><td colspan="2"></td></tr>
<tr><td>2</td><td colspan="2">脱脂剂的选择应符合设计文件的规定</td><td colspan="2"></td><td colspan="2"></td></tr>
<tr><td>3</td><td colspan="2">接触脱脂件的工具、量具及仪器应经脱脂合格后再使用</td><td colspan="2"></td><td colspan="2"></td></tr>
<tr><td>4</td><td colspan="2">脱脂合格的仪表、控制阀、管子和其他管道组成件应封闭保存，并应加设标识，严禁被油污染</td><td colspan="2"></td><td colspan="2"></td></tr>
<tr><td colspan="4">质量控制资料</td><td colspan="4"></td></tr>
<tr><td colspan="2">施工单位质量检查员：
施工单位专业技术质量负责人：

年　月　日</td><td colspan="2">监理单位验收结论：
监理工程师：

年　月　日</td><td colspan="2">建设单位验收结论：
项目负责人：

年　月　日</td><td colspan="2">其他单位验收结论：
专业技术负责人：

年　月　日</td></tr>
</table>

注：表中“设计要求”、“设备技术文件要求”等按工程实际填写。

2）验收依据说明

(1)【规范名称及编号】《城镇污水处理厂工程质量验收规范》GB 50334－2017

【条文摘录】

10.1.6　自动控制及监控系统工程质量验收除应符合本规范外，尚应符合现行国家标准《自动化仪表工程施工及质量验收规范》GB 50093的有关规定。

(2)【规范名称及编号】《自动化仪表工程施工及质量验收规范》GB 50093－2013

【条文摘录】

9.1.1　需要脱脂的仪表、控制阀、管子和其他管道组成件，应按设计文件的规定脱脂。

9.4.1　脱脂质量验收应符合表9.4.1的规定。

表9.4.1　脱脂质量验收

序号	检验项目	检验内容	检验方法
1	主控项目	脱脂剂的选择应符合设计文件的规定，当设计文件未规定时，脱脂剂的选择应符合本规范第9.1.3条的规定	检查施工记录
2		用二氯乙烷、四氯乙烯和三氯乙烯脱脂时，脱脂件应干燥、无水分	观察检查
3		接触脱脂件的工具、量具及仪器应经脱脂合格后再使用	
4		脱脂合格的仪表、控制阀、管子和其他管道组成件的保存，应符合本规范第9.1.7条的规定	观察检查和检查脱脂记录
5		有明显锈蚀的管道部位，应先除锈再脱脂	观察检查
6		采用擦洗法脱脂时，应符合本规范第9.2.5条的规定	
7		仪表、管子、控制阀和管道组成件脱脂后应进行检查，检查结果应符合本规范第9.3.2条的规定	检查脱脂记录

一　般　规　定

9.1.7　脱脂合格的仪表、控制阀、管子和其他管道组成件应封闭保存，并应加设标识；安装时严禁被油污染。

3）验收应提供的核查资料

(1) 核查依据：《城镇污水处理厂工程质量验收规范》GB 50334－2017

10.1.2　自动控制及监控系统工程验收应检查下列文件：

1　设备出厂合格证书、进场验收记录、复验报告、安装说明书；

2　设备平面布置图、接线图、安装图；

3　软件、硬件设计图、清单、设计说明；

4　设备试运转记录；

5　施工记录和监理检验记录；

6　其他有关文件。

（2）核查资料明细

核查资料明细表

序号	核查资料名称	核查要点
1	施工记录	检查脱脂剂的选择等记录内容的完整性和符合性
2	脱脂记录	核查脱脂记录的完整性和符合性
3	监理检验记录	核查记录内容的完整性

5.2.17 仪表校准分项工程质量验收记录

1. 分项工程质量验收记录

1）表格

仪表校准分项工程质量验收记录

编号：□□□□□□□□□□—□□

<table>
<tr><td colspan="3">工程名称</td><td colspan="5"></td></tr>
<tr><td colspan="3">单位（子单位）工程名称</td><td colspan="2"></td><td colspan="2">分部（子分部）工程名称</td><td></td></tr>
<tr><td colspan="3">施工单位</td><td></td><td>项目经理</td><td></td><td>项目技术负责人</td><td></td></tr>
<tr><td colspan="3">验收依据</td><td colspan="5"></td></tr>
<tr><td>序号</td><td colspan="4">验收项目</td><td colspan="2">施工单位检验结果</td><td>建设（监理）单位验收结论</td></tr>
<tr><td>1</td><td rowspan="9">主控项目</td><td colspan="3">仪表在安装和使用前外观应无损坏，性能符合设计文件的规定</td><td colspan="2"></td><td></td></tr>
<tr><td>2</td><td colspan="3">设计文件规定禁油和脱脂的仪表在校准和试验时，必须按其规定进行</td><td colspan="2"></td><td></td></tr>
<tr><td>3</td><td colspan="3">仪表面板应清洁，刻度和字迹应清晰</td><td colspan="2"></td><td></td></tr>
<tr><td>4</td><td colspan="3">仪表指针在全标度范围内移动应平稳、灵活。其示值误差、回程误差应符合仪表准确度的规定</td><td colspan="2"></td><td></td></tr>
<tr><td>5</td><td colspan="3">在规定的工作条件下倾斜或轻敲表壳后，指针位移应符合仪表准确度的规定</td><td colspan="2"></td><td></td></tr>
<tr><td>6</td><td colspan="3">数字式显示仪表的示值应清晰、稳定，在测量范围内示值误差应符合仪表准确度的规定</td><td colspan="2"></td><td></td></tr>
<tr><td rowspan="3">7</td><td rowspan="3">变送器、转换器</td><td colspan="2">应进行输入输出特性校准和试验</td><td colspan="2"></td><td></td></tr>
<tr><td colspan="2">输入输出信号范围和类型应与铭牌标识、设计文件规定一致</td><td colspan="2"></td><td></td></tr>
<tr><td colspan="2">零点迁移量应符合设计文件的规定</td><td colspan="2"></td><td></td></tr>
</table>

续表

<table>
<tr><td>序号</td><td colspan="2">验收项目</td><td>施工单位
检验结果</td><td>建设（监理）单位
验收结论</td></tr>
<tr><td>8</td><td rowspan="5">主控项目</td><td>温度检测仪表的校准试验点不应少于2点；直接显示温度计的被检示值应符合仪表准确度的规定；热电偶和热电阻可在常温下检测其完好状态</td><td></td><td></td></tr>
<tr><td>9</td><td>在线流量检测仪表应对制造厂产品合格证和有效的检定证明进行验证</td><td></td><td></td></tr>
<tr><td>10</td><td>浮筒式液位计干校挂重质量的确定或湿校试验介质密度的换算，均应符合设计使用状态的要求，校准结果应符合设备准确度的规定</td><td></td><td></td></tr>
<tr><td>11</td><td>储罐液位计、料面计可在安装完成后直接模拟物料进行就地校准，校准结果应符合设备准确度的规定</td><td></td><td></td></tr>
<tr><td>12</td><td>总线型仪表参数设置应符合设计文件的规定</td><td></td><td></td></tr>
<tr><td>1</td><td>一般项目</td><td>不具备现场校准条件的仪表，应对检定合格证的有效性进行验证</td><td></td><td></td></tr>
<tr><td colspan="3">质量控制资料</td><td></td><td></td></tr>
<tr><td colspan="2">施工单位质量检查员：
施工单位专业技术质量负责人：

年 月 日</td><td>监理单位验收结论：
监理工程师：

年 月 日</td><td>建设单位验收结论：
项目负责人：

年 月 日</td><td>其他单位验收结论：
专业技术负责人：

年 月 日</td></tr>
</table>

注：表中“设计要求”、“设备技术文件要求”等按工程实际填写。

2）验收依据说明

(1)【规范名称及编号】《城镇污水处理厂工程质量验收规范》GB 50334－2017

【条文摘录】

10.1.6 自动控制及监控系统工程质量验收除应符合本规范外，尚应符合现行国家标准《自动化仪表工程施工及质量验收规范》GB 50093的有关规定。

(2)【规范名称及编号】《自动化仪表工程施工及质量验收规范》GB 50093－2013

【条文摘录】

12.6.1 仪表试验一般规定质量验收应符合表12.6.1的规定。

表 12.6.1 仪表试验一般规定质量验收

序号	检验项目	检验内容	检验方法
1	主控项目	仪表在安装和使用前外观应无损坏，性能符合设计文件的规定	检查仪表检定、校准和试验记录
2		仪表工程投用前应符合本规范第 12.1.5 条的规定	检查回路试验记录
3		规定禁油和脱脂的仪表的校准，应符合本规范第 12.1.10 条的规定	检查仪表检定、校准和试验记录、施工记录
4	一般项目	仪表校准和试验用的标准仪器仪表应具备有效的计量检定合格证明；其基本误差的绝对值不宜超过被校准仪表基本误差绝对值的 1/3	检查标准仪器仪表的计量检定证书
5		单台仪表校准点，应在仪表全量程范围内均匀选取 5 点，回路试验时，仪表校准点不应少于 3 点	检查仪表检定、校准和试验记录
6		不具备现场校准条件的仪表，应对检定合格证的有效性进行验证	检查仪表出厂合格证和计量检定证书

12.1.10 设计文件规定禁油和脱脂的仪表在校准和试验时，必须按其规定进行。

12.6.2 单台仪表校准和试验质量验收应符合表 12.6.2 的规定。

表 12.6.2 单台仪表校准和试验质量验收

序号	检验项目	检验内容	检验方法
1	主控项目	指针式显示仪表校准和试验应符合本规范第 12.2.1 条、第 12.2.3 条的规定	检查仪表检定、校准和试验记录
2		变送器、转换器应进行输入输出特性校准和试验；输入输出信号范围和类型应与铭牌标识、设计文件规定一致；零点迁移量应符合设计文件的规定	
3		温度检测仪表的校准试验点不应少于 2 点；直接显示温度计的被检示值应符合仪表准确度的规定；热电偶和热电阻可在常温下检测其完好状态	
4		在线流量检测仪表应对制造厂产品合格证和有效的检定证明进行验证	检查制造厂产品合格证和检定证书
5		浮筒式液位计干校挂重质量的确定或湿校试验介质密度的换算，均应符合设计使用状态的要求，校准结果应符合设备准确度的规定	检查仪表检定、校准和试验记录
6		储罐液位计、料面计可在安装完成后直接模拟物料进行就地校准，校准结果应符合设备准确度的规定	
7		称重仪表及传感器可在安装完成后直接均匀加载标准重量进行就地校准，校准结果应符合设备准确度的规定	
8		测量位移、振动等机械量的仪表，应用专用试验设备进行校准试验，探头性能符合设计文件的规定	

续表

序号	检验项目	检验内容	检验方法
9	主控项目	分析仪表校准和试验应符合本规范第12.2.14条的规定	检查仪表检定、校准和试验记录
10		控制仪表的显示仪表部分应按本规范显示仪表的规定进行验收。仪表的控制点误差、比例、积分、微分作用，信号处理及各项控制性能、操作性能均应按设计文件的规定进行检查、试验、校准和调整，组态模式应设置合理，调节参数应整定准确	
11		控制阀和执行机构的试验应符合本规范第12.2.17条的规定	检查试验记录
12		总线型仪表参数设置应符合设计文件的规定	
13		数字式显示仪表的示值应清晰、稳定，在测量范围内示值误差应符合仪表准确度的规定	检查仪表检定、校准和试验记录
14		开关及接线端子上标识的编号应一致；测量范围内示值误差应符合仪表准确度的规定	
15		带报警装置的报警点应设置准确、输出接点通断正确、动作可靠	
16		积算仪表的准确度应符合设计文件的规定，批量控制积算仪表的设定值应准确、动作可靠	
17	一般项目	仪表面板应清洁	观察检查
18		单台仪表校准和试验，应及时填写校准和试验记录；仪表上应有试验状态标识和位号标志；仪表需加封印和漆封的部位应加封印和漆封	观察、检查记录

12.2.1　指针式显示仪表的校准和试验应符合下列要求：

1　面板应清洁，刻度和字迹应清晰。

2　指针在全标度范围内移动应平稳、灵活。其示值误差、回程误差应符合仪表准确度的规定。

3　在规定的工作条件下倾斜或轻敲表壳后，指针位移应符合仪表准确度的规定。

3）验收应提供的核查资料

(1) 核查依据：《城镇污水处理厂工程质量验收规范》GB 50334－2017

10.1.2　自动控制及监控系统工程验收应检查下列文件：

1　设备出厂合格证书、进场验收记录、复验报告、安装说明书；

2　设备平面布置图、接线图、安装图；

3　软件、硬件设计图、清单、设计说明；

4　设备试运转记录；

5　施工记录和监理检验记录；

6　其他有关文件。

（2）核查资料明细

核查资料明细表

序号	核查资料名称	核查要点
1	产品合格证和检定证书	核查制造厂商提供的合格证书和检定证书、试验报告等的有效性、齐全程度
2	仪表检定、校准和试验记录	核查外观、性能、校准点等记录内容的完整性及性能的符合性
3	监理检验记录	核查记录内容的完整性

第 6 章　管线分部工程质量验收资料

6.1　管线工程分部（子分部）、分项工程及检验批划分

1. 根据国标中单位（子单位）、分部（子分部）、分项工程划分的规定，污水处理厂管线工程单位（子单位）、分部（子分部）、分项工程划分及编号可参考下表。

单位（子单位）工程	分部（子分部）工程	分项工程
管线安装工程	土方工程	地基处理、沟槽开挖、沟槽支撑、沟槽回填、基坑开挖、基坑支护
	主体工程	管道基础、管道铺设、管道浇筑、管渠砌筑、管道接口连接、管道防腐层、钢管阴极保护等
	附属工程	井室（现浇混凝土结构、砖砌结构、预制拼装结构）、雨水口及支连管、支墩

2. 施工单位可根据污水处理厂管线安装工程特点进行检验批划分，常见划分方式可参考下表：

管线安装工程检验批、分项工程对应表

序　号	检验批名称	分　项　工　程
1	素土、灰土地基	地基处理
2	砂和砂石地基	
3	土工合成材料地基	
4	粉煤灰地基	
5	砂石桩复合地基	
6	土和灰土挤密桩复合地基	
7	夯实水泥土桩复合地基	
8	高压旋喷桩复合地基	
9	水泥土搅拌桩复合地基	
10	水泥粉煤灰碎石桩地基	
11	注浆加固地基	
12	土方开挖	沟槽开挖、基坑开挖
13	钢或混凝土支撑	沟槽支撑、基坑支护
14	土方回填	沟槽回填、基坑回填
15	垫层	管道基础
16	混凝土基础、管座	
17	土（砂及砂砾）基础	
18	管道铺设	管道铺设

续表

<table>
<tr><th>序　　号</th><th>检验批名称</th><th>分　项　工　程</th></tr>
<tr><td>19</td><td>钢管接口连接</td><td rowspan="4">管道接口连接</td></tr>
<tr><td>20</td><td>钢筋（预应力钢筋、预应力钢筒）混凝土管接口</td></tr>
<tr><td>21</td><td>化学建材管接口</td></tr>
<tr><td>22</td><td>球墨铸铁管接口</td></tr>
<tr><td>23</td><td>钢管内防腐层</td><td rowspan="2">管道防腐层</td></tr>
<tr><td>24</td><td>钢管外防腐层</td></tr>
<tr><td>25</td><td>钢管阴极保护</td><td>钢管阴极保护</td></tr>
<tr><td>26</td><td>井室</td><td>井室</td></tr>
<tr><td>27</td><td>雨水口及支连管</td><td>雨水口及支连管</td></tr>
<tr><td>28</td><td>支墩</td><td>支墩</td></tr>
</table>

6.2　管道安装检验批质量检验记录

6.2.1　管道地基处理、沟槽开挖与回填、基坑开挖与回填分项质量验收记录

管道地基处理、沟槽开挖与回填、基坑开挖与回填部分的质量验收记录可参照本书第2章2.2节构筑物基础工程检验批质量验收记录填写。

6.2.2　垫层检验批质量验收记录

1. 表格

垫层检验批质量验收记录

编号：□□□□□□□□□—□□

<table>
<tr><td colspan="3">单位（子单位）
工程名称</td><td colspan="9"></td></tr>
<tr><td colspan="3">分部（子分部）
工程名称</td><td colspan="2"></td><td colspan="4">分项工程名称</td><td colspan="3"></td></tr>
<tr><td colspan="3">施工单位</td><td colspan="2"></td><td>项目技术
负责人</td><td colspan="3"></td><td colspan="2">项目负责人</td><td></td></tr>
<tr><td colspan="3">分包单位</td><td colspan="2"></td><td>分包单位项目
负责人</td><td colspan="3"></td><td colspan="2">检验批容量</td><td></td></tr>
<tr><td colspan="3">验收依据</td><td colspan="6"></td><td colspan="2">检验批部位</td><td></td></tr>
<tr><td rowspan="4">一般项目</td><td colspan="2">验收项目</td><td colspan="2">设计要求及
规范规定</td><td>最小/实际
抽样数量</td><td colspan="5">施工单位检查
评定记录</td><td>监理（建设）单位
验收记录</td></tr>
<tr><td>1</td><td>中线
每侧宽度</td><td colspan="2">不小于
设计要求</td><td></td><td></td><td></td><td></td><td></td><td></td><td>合格率</td></tr>
<tr><td rowspan="2">2</td><td rowspan="2">高程允许偏差
（mm）</td><td>压力管道</td><td>±30</td><td></td><td></td><td></td><td></td><td></td><td></td><td>合格率</td></tr>
<tr><td>无压管道</td><td>0，−15</td><td></td><td></td><td></td><td></td><td></td><td></td><td>合格率</td></tr>
</table>

续表

<table>
<tr><td rowspan="2">一般项目</td><td colspan="2">验收项目</td><td>设计要求及规范规定</td><td>最小/实际抽样数量</td><td colspan="5">施工单位检查评定记录</td><td>监理（建设）单位验收记录</td></tr>
<tr><td>3</td><td>厚度</td><td>不小于设计要求</td><td></td><td></td><td></td><td></td><td></td><td></td><td>合格率</td></tr>
<tr><td colspan="2">施工单位检查评定结果</td><td colspan="9">项目专业质量检查员：　　　　年　月　日</td></tr>
<tr><td colspan="2">监理（建设）单位验收结论</td><td colspan="9">监理工程师：
（建设单位项目技术负责人）　　　　年　月　日</td></tr>
</table>

注：表中“设计要求”等内容应按实际设计要求内容填写。

2. 验收依据说明

(1)【规范名称及编号】《城镇污水处理厂工程质量验收规范》GB 50334－2017

【条文摘录】

一　般　项　目

11.2.8　管道垫层、基础高程及固定支架安装位置应符合设计文件的要求和现行国家标准《给水排水管道工程施工及验收规范》GB 50268的有关规定。

检验方法：实测实量，检查施工记录。

(2)【规范名称及编号】《给水排水管道工程施工及验收规范》GB 50268－2008

【条文摘录】

5.10.1　管道基础应符合下列规定：

一　般　项　目

6　管道基础的允许偏差应符合表5.10.1的规定。

表5.10.1　管道基础的允许偏差

<table>
<tr><td rowspan="2">序号</td><td colspan="3" rowspan="2">检查项目</td><td rowspan="2">允许偏差(mm)</td><td colspan="2">检查数量</td><td rowspan="2">检查方法</td></tr>
<tr><td>范围</td><td>点数</td></tr>
<tr><td rowspan="4">1</td><td rowspan="4">垫层</td><td colspan="2">中线每侧宽度</td><td>不小于设计要求</td><td rowspan="13">每个验收批</td><td rowspan="13">每10m测1点，且不少于3点</td><td>挂中心线钢尺检查，每侧一点</td></tr>
<tr><td rowspan="2">高程</td><td>压力管道</td><td>±30</td><td rowspan="2">水准仪测量</td></tr>
<tr><td>无压管道</td><td>0，－15</td></tr>
<tr><td colspan="2">厚度</td><td>不小于设计要求</td><td>钢尺量测</td></tr>
<tr><td rowspan="5">2</td><td rowspan="5">混凝土基础、管座</td><td rowspan="3">平基</td><td>中线每侧宽度</td><td>＋10，0</td><td>挂中心线钢尺量测每侧一点</td></tr>
<tr><td>高程</td><td>0，－15</td><td>水准仪测量</td></tr>
<tr><td>厚度</td><td>不小于设计要求</td><td>钢尺量测</td></tr>
<tr><td rowspan="2">管座</td><td>肩宽</td><td>＋10，－5</td><td rowspan="2">钢尺量测，挂高程线
钢尺量测，每侧一点</td></tr>
<tr><td>肩高</td><td>＋20</td></tr>
<tr><td rowspan="4">3</td><td rowspan="4">土（砂及砂砾）基础</td><td rowspan="2">高程</td><td>压力管道</td><td>±30</td><td rowspan="2">水准仪测量</td></tr>
<tr><td>无压管道</td><td>0，－15</td></tr>
<tr><td colspan="2">平基厚度</td><td>不小于设计要求</td><td>钢尺量测</td></tr>
<tr><td colspan="2">土弧基础腋角高度</td><td>不小于设计要求</td><td>钢尺量测</td></tr>
</table>

3. 检验批验收应提供的核查资料

（1）核查依据：《城镇污水处理厂工程质量验收规范》GB 50334－2017

11.1.2 管线安装工程质量验收应检查下列文件：

1 施工图、设计说明及其他设计文件；

2 材料的产品合格证书、性能检测报告、进场验收记录及复试报告；

3 隐蔽工程验收记录；

4 施工记录与监理检验记录；

5 试验记录及试验报告；

6 其他有关文件。

（2）核查资料明细

核查资料明细表

序号	核查资料名称	核查要点
1	垫层原材料出厂合格证	核查材料品种规格、数量、日期、性能等符合设计要求
2	原材料检验报告	核查报告的完整性和结论的符合性
3	施工记录	核查垫层厚度、中线两侧宽度、高程等符合设计及规范要求
4	隐蔽工程验收记录	核查记录内容的完整性及结论的符合性
5	监理检验记录	核查记录内容的完整性

6.2.3 混凝土基础、管座检验批质量验收记录

1. 表格

混凝土基础、管座检验批质量验收记录

编号：□□□□□□□□□—□□

单位（子单位）工程名称					
分部（子分部）工程名称		分项工程名称			
施工单位		项目技术负责人		项目负责人	
分包单位		分包单位项目负责人		检验批容量	
验收依据				检验批部位	

		验收项目	设计要求及规范规定	最小/实际抽样数量	施工单位检查评定记录	监理（建设）单位验收记录
主控项目	1	原状地基承载力	符合设计要求			
	2	混凝土强度	符合设计要求			

续表

<table>
<tr><td rowspan="9">一般项目</td><td colspan="2">验收项目</td><td colspan="2">设计要求及规范规定</td><td>最小/实际抽样数量</td><td colspan="5">施工单位检查评定记录</td><td>监理（建设）单位验收记录</td></tr>
<tr><td>1</td><td>混凝土基础外观</td><td colspan="2">外光内实，无严重缺陷</td><td></td><td colspan="5"></td><td></td></tr>
<tr><td>2</td><td>混凝土基础的钢筋</td><td colspan="2">钢筋数量、位置正确</td><td></td><td colspan="5"></td><td></td></tr>
<tr><td rowspan="3">3</td><td rowspan="3">平基允许偏差（mm）</td><td>中线每侧宽度</td><td>+10，0</td><td></td><td></td><td></td><td></td><td></td><td></td><td>合格率</td></tr>
<tr><td>高程</td><td>0，−15</td><td></td><td></td><td></td><td></td><td></td><td></td><td>合格率</td></tr>
<tr><td>厚度</td><td>不小于设计要求</td><td></td><td></td><td></td><td></td><td></td><td></td><td>合格率</td></tr>
<tr><td rowspan="2">4</td><td rowspan="2">管座允许偏差（mm）</td><td>肩宽</td><td>+10，−5</td><td></td><td></td><td></td><td></td><td></td><td></td><td>合格率</td></tr>
<tr><td>肩高</td><td>+20</td><td></td><td></td><td></td><td></td><td></td><td></td><td>合格率</td></tr>
<tr><td colspan="3">施工单位检查评定结果</td><td colspan="9">项目专业质量检查员：　　　　年　月　日</td></tr>
<tr><td colspan="3">监理（建设）单位验收结论</td><td colspan="9">监理工程师：
（建设单位项目技术负责人）　　　　年　月　日</td></tr>
</table>

注：表中“设计要求”等内容应按实际设计要求内容填写。

2. 验收依据说明

(1)【规范名称及编号】《城镇污水处理厂工程质量验收规范》GB 50334－2017

【条文摘录】

主 控 项 目

11.2.1 管道基础的承载力、强度、压实度应符合设计文件的要求和现行国家标准《给水排水管道工程施工及验收规范》GB 50268 的有关规定。

检验方法：实测实量，检查施工记录、检测报告。

一 般 项 目

11.2.8 管道垫层、基础高程及固定支架安装位置应符合设计文件的要求和现行国家标准《给水排水管道工程施工及验收规范》GB 50268 的有关规定。

检验方法：实测实量，检查施工记录。

(2)【规范名称及编号】《给水排水管道工程施工及验收规范》GB 50268－2008

【条文摘录】

5.10.1 管道基础应符合下列规定：

主 控 项 目

1 原状地基的承载力符合设计要求；

检查方法：观察，检查地基处理强度或承载力检验报告、复合地基承载力检验报告。

2　混凝土基础的强度符合设计要求；

检验数量：混凝土验收批与试块留置按照现行国家标准《给水排水构筑物工程施工及验收规范》GB 50141－2008 第 6.2.8 条第 2 款执行；

检查方法：混凝土基础的混凝土强度验收应符合现行国家标准《混凝土强度检验评定标准》GBJ 107 的有关规定。

一　般　项　目

5　混凝土基础外光内实，无严重缺陷；混凝土基础的钢筋数量、位置正确；

检查方法：观察，检查钢筋质量保证资料，检查施工记录。

6　管道基础的允许偏差应符合表 5.10.1 的规定。

表 5.10.1　管道基础的允许偏差

<table>
<tr><th rowspan="2">序号</th><th rowspan="2" colspan="3">检查项目</th><th rowspan="2">允许偏差（mm）</th><th colspan="2">检查数量</th><th rowspan="2">检查方法</th></tr>
<tr><th>范围</th><th>点数</th></tr>
<tr><td rowspan="4">1</td><td rowspan="4">垫层</td><td colspan="2">中线每侧宽度</td><td>不小于设计要求</td><td rowspan="13">每个验收批</td><td rowspan="13">每 10m 测 1 点，且不少于 3 点</td><td>挂中心线钢尺检查，每侧一点</td></tr>
<tr><td rowspan="2">高程</td><td>压力管道</td><td>±30</td><td rowspan="2">水准仪测量</td></tr>
<tr><td>无压管道</td><td>0，−15</td></tr>
<tr><td colspan="2">厚度</td><td>不小于设计要求</td><td>钢尺量测</td></tr>
<tr><td rowspan="5">2</td><td rowspan="5">混凝土基础、管座</td><td rowspan="3">平基</td><td>中线每侧宽度</td><td>+10，0</td><td>挂中心线钢尺量测每侧一点</td></tr>
<tr><td>高程</td><td>0，−15</td><td>水准仪测量</td></tr>
<tr><td>厚度</td><td>不小于设计要求</td><td>钢尺量测</td></tr>
<tr><td rowspan="2">管座</td><td>肩宽</td><td>+10，−5</td><td rowspan="2">钢尺量测，挂高程线
钢尺量测，每侧一点</td></tr>
<tr><td>肩高</td><td>+20</td></tr>
<tr><td rowspan="4">3</td><td rowspan="4">土（砂及砂砾）基础</td><td rowspan="2">高程</td><td>压力管道</td><td>±30</td><td rowspan="2">水准仪测量</td></tr>
<tr><td>无压管道</td><td>0，−15</td></tr>
<tr><td colspan="2">平基厚度</td><td>不小于设计要求</td><td>钢尺量测</td></tr>
<tr><td colspan="2">土弧基础腋角高度</td><td>不小于设计要求</td><td>钢尺量测</td></tr>
</table>

3. 检验批验收应提供的核查资料

（1）核查依据：《城镇污水处理厂工程质量验收规范》GB 50334－2017

11.1.2　管线安装工程质量验收应检查下列文件：

1　施工图、设计说明及其他设计文件；

2　材料的产品合格证书、性能检测报告、进场验收记录及复试报告；

3　隐蔽工程验收记录；

4　施工记录与监理检验记录；

5　试验记录及试验报告；

6　其他有关文件。

（2）核查资料明细

核查资料明细表

序号	核查资料名称	核查要点
1	原材料出厂合格证、检测报告	核查材料品种规格、数量、日期、性能等符合设计要求
2	混凝土配合比	核查混凝土配合比针对性、时效性
3	混凝土强度试验报告	核查报告内容的完整性及结论的符合性
4	地基承载力报告	核查报告内容的完整性及结论的符合性
5	施工记录	核查基础高程、厚度、中线两侧宽度等符合设计及规范要求
6	隐蔽工程验收记录	核查记录内容的完整性及验收结论的符合性
7	监理检验记录	核查记录内容的完整性

6.2.4　土（砂及砂砾）基础检验批质量验收记录

1. 表格

土（砂及砂砾）基础检验批质量验收记录

编号：□□□□□□□□□□—□□

单位（子单位）工程名称							
分部（子分部）工程名称				分项工程名称			
施工单位				项目技术负责人		项目负责人	
分包单位				分包单位项目负责人		检验批容量	
验收依据						检验批部位	
主控项目	验收项目		设计要求及规范规定		最小/实际抽样数量	施工单位检查评定记录	监理（建设）单位验收记录
	1	原状地基承载力	符合设计要求				
	2	砂石基础压实度	符合设计要求				
一般项目	1	原状地基、砂石基础	与管道外壁间接触均匀，无空隙				
	2	高程允许偏差（mm）	压力管道	±30			合格率
			无压管道	0，−15			合格率
	3	平基厚度	不小于设计要求				合格率
	4	土弧基础腋角高度	不小于设计要求				合格率
施工单位检查评定结果	项目专业质量检查员：　　　年　月　日						
监理（建设）单位验收结论	监理工程师： （建设单位项目技术负责人）　　　年　月　日						

注：表中“设计要求”等内容应按实际设计要求内容填写。

2. 验收依据说明

(1)【规范名称及编号】《城镇污水处理厂工程质量验收规范》GB 50334－2017

【条文摘录】

主 控 项 目

11.2.1 管道基础的承载力、强度、压实度应符合设计文件的要求和现行国家标准《给水排水管道工程施工及验收规范》GB 50268 的有关规定。

检验方法：实测实量，检查施工记录、检测报告。

一 般 项 目

11.2.8 管道垫层、基础高程及固定支架安装位置应符合设计文件的要求和现行国家标准《给水排水管道工程施工及验收规范》GB 50268 的有关规定。

检验方法：实测实量，检查施工记录。

(2)【规范名称及编号】《给水排水管道工程施工及验收规范》GB 50268－2008

【条文摘录】

5.10.1 管道基础应符合下列规定：

主 控 项 目

1 原状地基的承载力符合设计要求；

检查方法：观察，检查地基处理强度或承载力检验报告、复合地基承载力检验报告。

3 砂石基础的压实度符合设计要求或本规范的规定；

检查方法：检查砂石材料的质量保证资料、压实度试验报告。

一 般 项 目

4 原状地基、砂石基础与管道外壁间接触均匀，无空隙；

检查方法：观察，检查施工记录。

6 管道基础的允许偏差应符合表 5.10.1 的规定。

表 5.10.1 管道基础的允许偏差

<table>
<tr><th rowspan="2">序号</th><th rowspan="2" colspan="3">检查项目</th><th rowspan="2">允许偏差
(mm)</th><th colspan="2">检查数量</th><th rowspan="2">检查方法</th></tr>
<tr><th>范围</th><th>点数</th></tr>
<tr><td rowspan="4">1</td><td rowspan="4">垫层</td><td colspan="2">中线每侧宽度</td><td>不小于设计要求</td><td rowspan="13">每个验收批</td><td rowspan="13">每 10m 测 1 点，且不少于 3 点</td><td>挂中心线钢尺检查，每侧一点</td></tr>
<tr><td rowspan="2">高程</td><td>压力管道</td><td>±30</td><td rowspan="2">水准仪测量</td></tr>
<tr><td>无压管道</td><td>0，−15</td></tr>
<tr><td colspan="2">厚度</td><td>不小于设计要求</td><td>钢尺量测</td></tr>
<tr><td rowspan="5">2</td><td rowspan="5">混凝土基础、管座</td><td rowspan="3">平基</td><td>中线每侧宽度</td><td>+10，0</td><td>挂中心线钢尺量测每侧一点</td></tr>
<tr><td>高程</td><td>0，−15</td><td>水准仪测量</td></tr>
<tr><td>厚度</td><td>不小于设计要求</td><td>钢尺量测</td></tr>
<tr><td rowspan="2">管座</td><td>肩宽</td><td>+10，−5</td><td rowspan="2">钢尺量测，挂高程线
钢尺量测，每侧一点</td></tr>
<tr><td>肩高</td><td>+20</td></tr>
<tr><td rowspan="4">3</td><td rowspan="4">土（砂及砂砾）基础</td><td rowspan="2">高程</td><td>压力管道</td><td>±30</td><td rowspan="2">水准仪测量</td></tr>
<tr><td>无压管道</td><td>0，−15</td></tr>
<tr><td colspan="2">平基厚度</td><td>不小于设计要求</td><td>钢尺量测</td></tr>
<tr><td colspan="2">土弧基础腋角高度</td><td>不小于设计要求</td><td>钢尺量测</td></tr>
</table>

3. 检验批验收应提供的核查资料

(1) 核查依据：《城镇污水处理厂工程质量验收规范》GB 50334－2017

11.1.2　管线安装工程质量验收应检查下列文件：

1　施工图、设计说明及其他设计文件；

2　材料的产品合格证书、性能检测报告、进场验收记录及复试报告；

3　隐蔽工程验收记录；

4　施工记录与监理检验记录；

5　试验记录及试验报告；

6　其他有关文件。

(2) 核查资料明细

核查资料明细表

序号	核查资料名称	核查要点
1	原材料出厂合格证、试验报告	核查材料品种规格、数量、日期、性能等符合设计要求
2	地基承载力报告	核查报告内容的完整性及结论的符合性
3	压实度试验报告	核查报告内容的完整性及结论的符合性
4	施工记录	核查基础高程、厚度、土弧基础腋角高度等符合设计及规范要求
5	隐蔽工程验收记录	核查记录内容的完整性及验收结论的符合性
6	监理检验记录	核查记录内容的完整性

6.2.5　管道铺设检验批质量验收记录

1. 表格

管道铺设检验批质量验收记录

编号：□□□□□□□□□□—□□

单位（子单位）工程名称					
分部（子分部）工程名称		分项工程名称			
施工单位		项目技术负责人		项目负责人	
分包单位		分包单位项目负责人		检验批容量	
验收依据				检验批部位	

		验收项目	设计要求及规范规定	最小/实际抽样数量	施工单位检查评定记录	监理（建设）单位验收记录
主控项目	1	在管道穿越池体、墙体和楼板处设置套管	符合设计文件要求			
	2	穿墙管及与池体连接管道的安装	符合设计文件和沉降的要求			

续表

<table>
<tr><td></td><td colspan="3">验收项目</td><td colspan="2">设计要求及规范规定</td><td>最小/实际抽样数量</td><td>施工单位检查评定记录</td><td>监理（建设）单位验收记录</td></tr>
<tr><td rowspan="5">主控项目</td><td>3</td><td colspan="2">管道与设备连接部位</td><td colspan="2">牢固、紧密、无泄漏，并符合设计、设备技术文件的要求</td><td></td><td></td><td></td></tr>
<tr><td>4</td><td colspan="2">管道安全放气阀、安全阀安装</td><td colspan="2">符合设计文件的要求，并有明确标识</td><td></td><td></td><td></td></tr>
<tr><td>5</td><td colspan="2">管道安装坡度</td><td colspan="2">符合设计要求</td><td></td><td></td><td></td></tr>
<tr><td>6</td><td colspan="2">部件安装</td><td colspan="2">应平直、不扭曲，表面不应有裂纹、重皮和麻面等缺陷，外圆弧应均匀</td><td></td><td></td><td></td></tr>
<tr><td>7</td><td colspan="2">管道的吹扫与清洗</td><td colspan="2">吹扫与清洗的顺序按主管、支管、疏排管依次进行。吹洗出的脏污不得进入已吹扫与清洗合格的管道</td><td></td><td></td><td></td></tr>
<tr><td rowspan="7">一般项目</td><td>1</td><td colspan="2">管道安装的线位</td><td colspan="2">线位准确、管道线性顺直</td><td></td><td></td><td></td></tr>
<tr><td rowspan="2">2</td><td colspan="2" rowspan="2">水平轴线允许偏差（mm）</td><td>无压管道</td><td>15</td><td></td><td></td><td>合格率</td></tr>
<tr><td>压力管道</td><td>30</td><td></td><td></td><td>合格率</td></tr>
<tr><td rowspan="4">3</td><td rowspan="4">管底高程允许偏差（mm）</td><td rowspan="2">$D_i \leqslant 1000$</td><td>无压管道</td><td>±10</td><td></td><td></td><td>合格率</td></tr>
<tr><td>压力管道</td><td>±30</td><td></td><td></td><td>合格率</td></tr>
<tr><td rowspan="2">$D_i > 1000$</td><td>无压管道</td><td>±15</td><td></td><td></td><td>合格率</td></tr>
<tr><td>压力管道</td><td>±30</td><td></td><td></td><td>合格率</td></tr>
<tr><td colspan="2">施工单位检查评定结果</td><td colspan="7">项目专业质量检查员： 年 月 日</td></tr>
<tr><td colspan="2">监理（建设）单位验收结论</td><td colspan="7">监理工程师：
（建设单位项目技术负责人） 年 月 日</td></tr>
</table>

注：1 表中“设计要求”等内容应按实际设计要求内容填写；
2 表中 D_i 为管道内径。

2. 验收依据说明

（1）【规范名称及编号】《城镇污水处理厂工程质量验收规范》GB 50334－2017

【条文摘录】

主 控 项 目

11.2.3 在管道穿越池体、墙体和楼板处应按设计文件要求设置套管，套管的安装质量应符合设计文件要求和国家现行标准的有关规定。

检验方法：观察检查，检查施工记录。

11.2.4 穿墙管及与池体连接管道的安装应符合设计文件和沉降的要求。

检验方法：实测实量，检查施工记录。

11.2.5 管道与设备连接部位应牢固、紧密、无泄漏，并应符合设计、设备技术文件的要求。

检验方法：观察检查，检查施工记录。

11.2.6 管道安全放气阀、安全阀安装应符合设计文件的要求，并应有明确标识。

检验方法：观察检查，检查施工记录。

11.2.7 管道安装坡度应符合设计文件的要求。

检验方法：实测实量，检查施工记录。

一 般 项 目

11.2.9 管道安装的线位应准确、管道线性应顺直，管道中线位置、高程的允许偏差应符合设计文件的要求和国家现行标准的有关规定。

检验方法：实测实量，检查施工记录。

11.2.12 部件安装应平直、不扭曲，表面不应有裂纹、重皮和麻面等缺陷，外圆弧应均匀。

检验方法：观察检查，检查施工记录。

11.2.17 管道的吹扫与清洗应符合国家现行标准的有关规定。

检验方法：检查施工记录。

(2)【规范名称及编号】《工业金属管道工程施工及验收规范》GB 50235－2010

【条文摘录】

9.1.6 吹扫与清洗的顺序应按主管、支管、疏排管依次进行。吹洗出的脏污不得进入已吹扫与清洗合格的管道。

(3)【规范名称及编号】《给水排水管道工程施工及验收规范》GB 50268－2008

【条文摘录】

5.10.9 管道铺设应符合下列规定：

10 管道铺设的允许偏差应符合表5.10.9的规定。

表5.10.9 管道铺设的允许偏差（mm）

<table>
<tr><th colspan="3" rowspan="2">检查项目</th><th colspan="2" rowspan="2">允许偏差</th><th colspan="2">检查数量</th><th rowspan="2">检查方法</th></tr>
<tr><th>范围</th><th>点数</th></tr>
<tr><td rowspan="2">1</td><td colspan="2" rowspan="2">水平轴线</td><td>无压管道</td><td>15</td><td rowspan="6">每节管</td><td rowspan="6">1点</td><td rowspan="2">经纬仪测量或挂中线用钢尺量测</td></tr>
<tr><td>压力管道</td><td>30</td></tr>
<tr><td rowspan="4">2</td><td rowspan="4">管底高程</td><td rowspan="2">$D_i \leqslant 1000$</td><td>无压管道</td><td>±10</td><td rowspan="4">水准仪测量</td></tr>
<tr><td>压力管道</td><td>±30</td></tr>
<tr><td rowspan="2">$D_i > 1000$</td><td>无压管道</td><td>±15</td></tr>
<tr><td>压力管道</td><td>±30</td></tr>
</table>

3. 检验批验收应提供的核查资料

(1) 核查依据：《城镇污水处理厂工程质量验收规范》GB 50334－2017

11.1.2　管线安装工程质量验收应检查下列文件：

1　施工图、设计说明及其他设计文件；

2　材料的产品合格证书、性能检测报告、进场验收记录及复试报告；

3　隐蔽工程验收记录；

4　施工记录与监理检验记录；

5　试验记录及试验报告；

6　其他有关文件。

（2）核查资料明细

核查资料明细表

序号	核查资料名称	核查要点
1	管节、管件产品出厂合格证、试验报告	核查产品规格、数量、日期、性能等符合设计要求
2	施工记录	核查管道高程、坡度、水平轴线、管道吹扫与清洗等符合设计及规范要求
3	隐蔽工程验收记录	核查记录内容的完整性及验收结论的符合性
4	监理检验记录	核查记录内容的完整性

6.2.6　钢管接口连接检验批质量验收记录

1. 表格

钢管接口连接检验批质量验收记录

编号：□□□□□□□□□□—□□

<table>
<tr><td colspan="3">单位（子单位）
工程名称</td><td colspan="8"></td></tr>
<tr><td colspan="3">分部（子分部）
工程名称</td><td></td><td colspan="3">分项工程名称</td><td colspan="4"></td></tr>
<tr><td colspan="3">施工单位</td><td></td><td>项目技术
负责人</td><td colspan="2"></td><td colspan="3">项目负责人</td><td></td></tr>
<tr><td colspan="3">分包单位</td><td></td><td>分包单位项目
负责人</td><td colspan="2"></td><td colspan="3">检验批容量</td><td></td></tr>
<tr><td colspan="3">验收依据</td><td colspan="4"></td><td colspan="3">检验批部位</td><td></td></tr>
<tr><td rowspan="4">主
控
项
目</td><td colspan="2">验收项目</td><td>设计要求及规范规定</td><td>最小/实际
抽样数量</td><td colspan="5">施工单位检查
评定记录</td><td>监理（建设）
单位验收记录</td></tr>
<tr><td>1</td><td>焊接接口
焊缝</td><td>饱满、表面平整，不得有裂纹、烧伤、结瘤等现象，进行焊缝检查前应清除焊缝的渣皮、飞溅物</td><td></td><td colspan="5"></td><td></td></tr>
<tr><td>2</td><td>法兰管材
连接</td><td>两连接管节的法兰压盖的纵向轴线应对正，密封圈不得外露，连接螺栓终拧扭矩应符合设计文件的要求</td><td></td><td colspan="5"></td><td></td></tr>
<tr><td>3</td><td>接口组对时，
纵、环缝位置</td><td>允许偏差应为壁厚的20%，且不大于2mm</td><td></td><td></td><td></td><td></td><td></td><td></td><td>合格率</td></tr>
</table>

续表

<table>
<tr><td rowspan="14">一般项目</td><td colspan="2">验收项目</td><td colspan="3">设计要求及规范规定</td><td>最小/实际抽样数量</td><td colspan="5">施工单位检查评定记录</td><td>监理（建设）单位验收记录</td></tr>
<tr><td rowspan="8">1</td><td rowspan="8">对口时纵、环向焊缝的位置</td><td>纵向焊缝</td><td colspan="2">放在管道中心垂线上半圆的45°左右处</td><td></td><td></td><td></td><td></td><td></td><td></td><td>合格率</td></tr>
<tr><td rowspan="2">纵向焊缝</td><td>管径＜600mm</td><td>错开的间距≥100mm</td><td></td><td></td><td></td><td></td><td></td><td></td><td>合格率</td></tr>
<tr><td>管径≥600mm</td><td>错开的间距≥300mm</td><td></td><td></td><td></td><td></td><td></td><td></td><td>合格率</td></tr>
<tr><td rowspan="2">有加固环的钢管</td><td colspan="2">加固环的对焊焊缝应与管节纵向焊缝错开，其间距≥100mm</td><td></td><td></td><td></td><td></td><td></td><td></td><td>合格率</td></tr>
<tr><td colspan="2">加固环距管节的环向焊缝≥50mm</td><td></td><td></td><td></td><td></td><td></td><td></td><td>合格率</td></tr>
<tr><td>环向焊缝距支架净距离</td><td colspan="2">≥100mm</td><td></td><td></td><td></td><td></td><td></td><td></td><td>合格率</td></tr>
<tr><td>直管管段两相邻环向焊缝</td><td colspan="2">间距≥200mm，且不小于管节的外径</td><td></td><td></td><td></td><td></td><td></td><td></td><td>合格率</td></tr>
<tr><td colspan="3">管道任何位置不得有十字形焊缝</td><td></td><td colspan="5"></td><td></td></tr>
<tr><td>2</td><td>焊接及粘接管道允许偏差</td><td colspan="3">符合设计文件的要求</td><td></td><td></td><td></td><td></td><td></td><td></td><td>合格率</td></tr>
<tr><td>3</td><td>管节组对前，坡口及内外侧焊接影响范围内表面</td><td colspan="3">无油、漆、垢、锈、毛刺等污物</td><td></td><td colspan="5"></td><td></td></tr>
<tr><td>4</td><td>焊缝层次</td><td colspan="3">有明确规定时，焊接层数、每层厚度及层间温度应符合焊接作业指导书的规定，且层间焊缝质量均应合格</td><td></td><td colspan="5"></td><td></td></tr>
<tr><td rowspan="2">5</td><td rowspan="2">法兰中轴线与管道中轴线的允许偏差</td><td>D_i≤300mm</td><td colspan="2">≤1mm</td><td></td><td></td><td></td><td></td><td></td><td></td><td>合格率</td></tr>
<tr><td>D_i＞300mm</td><td colspan="2">≤2mm</td><td></td><td></td><td></td><td></td><td></td><td></td><td>合格率</td></tr>
<tr><td colspan="3">施工单位检查评定结果</td><td colspan="10">项目专业质量检查员：　　　　年　月　日</td></tr>
<tr><td colspan="3">监理（建设）单位验收结论</td><td colspan="10">监理工程师：
（建设单位项目技术负责人）　　　　年　月　日</td></tr>
</table>

注：1　表中“设计要求”等内容应按实际设计要求内容填写；
2　表中D_i为管道内径。

2. 验收依据说明

(1)【规范名称及编号】《城镇污水处理厂工程质量验收规范》GB 50334－2017

【条文摘录】

主 控 项 目

11.2.2 管道连接应符合下列规定：

2 各类法兰连接管材，两连接管节的法兰压盖的纵向轴线应对正，密封圈不得外露，连接螺栓终拧扭矩应符合设计文件的要求。

检验方法：观察检查，检查施工记录。

4 焊接连接的管道焊缝应饱满、表面平整，不得有裂纹、烧伤、结瘤等现象，进行焊缝检查前应清除焊缝的渣皮、飞溅物。

检验方法：观察检查，检查施工记录。

一 般 项 目

11.2.10 焊接及粘接的管道允许偏差应符合设计文件的要求和国家现行标准的有关规定。

检验方法：实测实量，检查施工记录。

(2)【规范名称及编号】《给水排水管道工程施工及验收规范》GB 50268－2008

【条文摘录】

5.10.2 钢管接口连接应符合下列规定：

4 焊口错边符合本规范第5.3.8条的规定；

检查方法：逐口检查，用长300mm的直尺在接口内壁周围顺序贴靠量测错边量。

6 接口组对时，纵、环缝位置应符合本规范第5.3.9条的规定；

检查方法：逐口检查；检查组对检验记录；用钢尺量测。

7 管节组对前，坡口及内外侧焊接影响范围内表面应无油、漆、垢、锈、毛刺等污物；

检查方法：观察；检查管道组对检验记录。

9 焊缝层次有明确规定时，焊接层数、每层厚度及层间温度应符合焊接作业指导书的规定，且层间焊缝质量均应合格；

检查方法：逐个检查；对照设计文件、焊接作业指导书检查每层焊缝检验记录。

10 法兰中轴线与管道中轴线的允许偏差应符合：D_i小于或等于300mm时，允许偏差小于或等于1mm；D_i大于300mm时，允许偏差小于或等于2mm；

检查方法：逐个接口检查；用钢尺、角尺等量测。

5.3.8 对口时应使内壁齐平，错口的允许偏差应为壁厚的20%，且不大于2mm。

5.3.9 对口时纵、环向焊缝的位置应符合下列规定：

1 纵向焊缝应放在管道中心垂线上半圆的45°左右处；

2 纵向焊缝应错开，管径小于600mm时，错开的间距不得小于100mm；管径大于或等于600mm时。错开的间距不得小于300mm；

3 有加固环的钢管，加固环的对焊焊缝应与管节纵向焊缝错开，其间距不应小于100mm；加固环距管节的环向焊缝不应小于50mm；

4 环向焊缝距支架净距离不应小于100mm；

5　直管管段两相邻环向焊缝的间距不应小于200mm，并不应小于管节的外径；

6　管道任何位置不得有十字形焊缝。

3. 检验批验收应提供的核查资料

（1）核查依据：《城镇污水处理厂工程质量验收规范》GB 50334－2017

11.1.2　管线安装工程质量验收应检查下列文件：

1　施工图、设计说明及其他设计文件；

2　材料的产品合格证书、性能检测报告、进场验收记录及复试报告；

3　隐蔽工程验收记录；

4　施工记录与监理检验记录；

5　试验记录及试验报告；

6　其他有关文件。

（2）核查资料明细

核查资料明细表

序号	核查资料名称	核查要点
1	钢管接口原材料出厂合格证、试验报告	核查产品规格、数量、日期、性能等符合设计要求
2	施工记录	核查焊缝质量、焊缝位置、法兰接口质量等符合设计及规范要求
3	隐蔽工程验收记录	核查记录内容的完整性及结论的符合性
4	监理检验记录	核查记录内容的完整性

6.2.7　钢筋（预应力钢筋、预应力钢筒）混凝土管接口连接检验批质量验收记录

1. 表格

钢筋（预应力钢筋、预应力钢筒）混凝土管接口连接检验批质量验收记录

编号：□□□□□□□□□□—□□

<table>
<tr><td colspan="3">单位（子单位）工程名称</td><td colspan="5"></td></tr>
<tr><td colspan="3">分部（子分部）工程名称</td><td></td><td colspan="2">分项工程名称</td><td colspan="2"></td></tr>
<tr><td colspan="3">施工单位</td><td></td><td>项目技术负责人</td><td></td><td>项目负责人</td><td></td></tr>
<tr><td colspan="3">分包单位</td><td></td><td>分包单位项目负责人</td><td></td><td>检验批容量</td><td></td></tr>
<tr><td colspan="3">验收依据</td><td colspan="3"></td><td>检验批部位</td><td></td></tr>
<tr><td rowspan="3">主控项目</td><td colspan="2">验收项目</td><td colspan="2">设计要求及规范规定</td><td>最小/实际抽样数量</td><td>施工单位检查评定记录</td><td>监理（建设）单位验收记录</td></tr>
<tr><td>1</td><td>各类承插口管材的承口、插口</td><td colspan="2">无破损、开裂，承插完成后密封圈不得外露，两连接管节的轴线应对正插入，插入深度应符合要求</td><td></td><td></td><td></td></tr>
<tr><td>2</td><td>混凝土管材采用刚性接口时</td><td colspan="2">接口混凝土强度应符合设计文件的要求，且不得有开裂、空鼓、脱落现象</td><td></td><td></td><td></td></tr>
</table>

续表

	验收项目						最小/实际抽样数量	施工单位检查评定记录	监理（建设）单位验收记录
一般项目	1	钢筋混凝土管管口间的纵向间隙（mm）	平口、企口	$500\text{mm}<D_i<600\text{mm}$	纵向间隙	1.0～5.0			合格率
				$D_i\geqslant 700\text{mm}$		7.0～15			合格率
			承插式乙型口	$600\text{mm}<D_i<3000\text{mm}$		5.0～1.5			合格率
	2	管口间的最大轴向间隙（mm）	内衬式管	$600\text{mm}<D_i<1400\text{mm}$	最大轴向间隙	15			合格率
				$1200\text{mm}<D_i<1400\text{mm}$		25			合格率
			埋置式管	$1200\text{mm}<D_i<4000\text{mm}$		25			合格率
	3	管道曲线安装接口转角	预应力混凝土管	$500<D_i<700$	允许转角（°）	1.5			合格率
				$800<D_i<1400$		1.0			合格率
				$1600<D_i<3000$		0.5			合格率
			预应力钢筒混凝土管	$600<D_i<1000$	允许平面转角（°）	1.5			合格率
				$1200<D_i<2000$		1.0			合格率
				$2200<D_i<4000$		0.5			合格率
	4	刚性接口宽度、厚度	符合设计要求						
	5	刚性接口相邻管接口错口允许偏差	$700\text{mm}<D_i\leqslant 1000\text{mm}$			≤3mm			合格率
			$D_i>1000\text{mm}$			≤5mm			合格率
	6	管道接口的填缝	符合设计要求，密实、光洁、平整						
施工单位检查评定结果	项目专业质量检查员： 年 月 日								
监理（建设）单位验收结论	监理工程师： （建设单位项目技术负责人） 年 月 日								

注：1 表中“设计要求”等内容应按实际设计要求内容填写；
2 表中 D_i 管内径 。

2. 验收依据说明

(1)【规范名称及编号】《城镇污水处理厂工程质量验收规范》GB 50334－2017

【条文摘录】

主 控 项 目

11.2.2 管道连接应符合下列规定:

1 各类承插口管材的承口、插口应无破损、开裂,承插完成后密封圈不得外露,两连接管节的轴线应对正插入,插入深度应符合要求。

检验方法:观察检查,用探尺逐个检查橡胶止水密封圈位置。

3 混凝土管材采用刚性接口时,接口混凝土强度应符合设计文件的要求,且不得有开裂、空鼓、脱落现象。

检验方法:观察检查,检查水泥砂浆试块、混凝土试块的抗压强度试验报告。

(2)【规范名称及编号】《给水排水管道工程施工及验收规范》GB 50268－2008

【条文摘录】

5.10.7 钢筋混凝土管、预(自)应力混凝土管、预应力钢筒混凝土管接口连接应符合下列规定:

主 控 项 目

1 管及管件、橡胶圈的产品质量应符合本规范第5.6.1、5.6.2、5.6.5和5.7.1条的规定;

检查方法:检查产品质量保证资料;检查成品管进场验收记录。

2 柔性接口的橡胶圈位置正确,无扭曲、外露现象;承口、插口无破损、开裂;双道橡胶圈的单口水压试验合格;

检查方法:观察,用探尺检查;检查单口水压试验记录。

3 刚性接口的强度符合设计要求,不得有开裂、空鼓、脱落现象;

检查方法:观察;检查水泥砂浆、混凝土试块的抗压强度试验报告。

一 般 项 目

4 柔性接口的安装位置正确,其纵向间隙应符合本规范第5.6.9、5.7.2条的相关规定;

检查方法:逐个检查,用钢尺量测;检查施工记录。

5 刚性接口的宽度、厚度符合设计要求;其相邻管接口错口允许偏差:D_i小于700mm时,应在施工中自检;D_i大于700mm,小于或等于1000mm时,应不大于3mm;D_i大于1000mm时,应不大于5mm;

检查方法:两井之间取3点,用钢尺、塞尺量测;检查施工记录。

6 管道沿曲线安装时,接口转角应符合本规范第5.6.9、5.7.5条的相关规定;

检查方法:用直尺量测曲线段接口。

7 管道接口的填缝应符合设计要求,密实、光洁、平整;

检查方法:观察,检查填缝材料质量保证资料、配合比记录。

5.6.9 钢筋混凝土管沿直线安装时,管口间的纵向间隙应符合设计及产品标准要求,无明确要求时应符合表5.6.9-1的规定;预(自)应力混凝土管沿曲线安装时,管口间的纵向间隙最小处不得小于5mm,接口转角应符合表5.6.9-2的规定。

表 5.6.9-1 钢筋混凝土管管口间的纵向间隙

管材种类	接口类型	管内径 D_i（mm）	纵向间隙（mm）
钢筋混凝土管	平口、企口	500～600	1.0～5.0
		≥700	7.0～15
	承插式乙型口	600～3000	5.0～1.5

表 5.6.9-2 预（自）应力混凝土管沿曲线安装接口的允许转角

管材种类	管内径 D_i（mm）	允许转角（°）
预应力混凝土管	500～700	1.5
	800～1400	1.0
	1600～3000	0.5
自应力混凝土管	500～800	1.5

5.7.2 承插式橡胶圈柔性接口施工时应符合下列规定：

7 安装就位，放松紧管器具后进行下列检查：

5）沿直线安装时，插口端面与承口底部的轴向间隙应大于5mm，且不大于表5.7.2规定的数值。

表 5.7.2 管口间的最大轴向间隙

管内径 D_i（mm）	内衬式管（衬筒管）		埋置式管（埋筒管）	
	单胶圈（mm）	双胶圈（mm）	单胶圈（mm）	双胶圈（mm）
600～1400	15	—	—	—
1200～1400	—	25	—	—
1200～4000	—	—	25	25

5.7.5 管道需曲线铺设时，接口的最大允许偏转角度应符合设计要求，设计无要求时应不大于表5.7.5规定的数值。

表 5.7.5 预应力钢筒混凝土管沿曲线安装接口的最大允许偏转角

管材种类	管内径 D_i（mm）	允许平面转角（°）
预应力钢筒混凝土管	600～1000	1.5
	1200～2000	1.0
	2200～4000	0.5

3. 检验批验收应提供的核查资料

（1）核查依据：《城镇污水处理厂工程质量验收规范》GB 50334－2017

11.1.2 管线安装工程质量验收应检查下列文件：

1 施工图、设计说明及其他设计文件；

2 材料的产品合格证书、性能检测报告、进场验收记录及复试报告；

3 隐蔽工程验收记录；

4 施工记录与监理检验记录；

5 试验记录及试验报告；

6　其他有关文件。

（2）核查资料明细

核查资料明细表

序号	核查资料名称	核查要点
1	钢筋混凝土管接口原材料出厂合格证、试验报告	核查产品规格、数量、日期、性能等符合设计要求
2	施工记录	核查接口安装位置、接口宽度、厚度、接口转角等符合设计及规范要求
3	隐蔽工程验收记录	核查记录内容的完整性及结论的符合性
4	监理检验记录	核查记录内容的完整性

6.2.8　化学建材管接口连接检验批质量验收记录

1. 表格

化学建材管接口连接检验批质量验收记录

编号：□□□□□□□□□□—□□

<table>
<tr><td>单位（子单位）
工程名称</td><td colspan="5"></td></tr>
<tr><td>分部（子分部）
工程名称</td><td></td><td colspan="2">分项工程名称</td><td colspan="2"></td></tr>
<tr><td>施工单位</td><td></td><td>项目技术
负责人</td><td></td><td>项目负责人</td><td></td></tr>
<tr><td>分包单位</td><td></td><td>分包单位项目
负责人</td><td></td><td>检验批容量</td><td></td></tr>
<tr><td>验收依据</td><td colspan="3"></td><td>检验批部位</td><td></td></tr>
</table>

<table>
<tr><td rowspan="3">主控项目</td><td colspan="3">验收项目</td><td>设计要求及规范规定</td><td>最小/实际抽样数量</td><td colspan="5">施工单位检查评定记录</td><td>监理（建设）单位验收记录</td></tr>
<tr><td>1</td><td colspan="2">各类承插口管材</td><td>承口、插口应无破损、开裂，承插完成后密封圈不得外露，两连接管节的轴线应对正插入，插入深度应符合要求</td><td></td><td colspan="5"></td><td></td></tr>
<tr><td>2</td><td colspan="2">熔焊连接</td><td>焊缝应完整，无缺损和变形现象</td><td></td><td colspan="5"></td><td></td></tr>
<tr><td rowspan="3">一般项目</td><td rowspan="3">1</td><td rowspan="3">承插、套筒式接口</td><td>插入深度</td><td>应符合要求</td><td></td><td></td><td></td><td></td><td></td><td></td><td>合格率</td></tr>
<tr><td>相邻管口的纵向间隙</td><td>≥10mm</td><td></td><td></td><td></td><td></td><td></td><td></td><td>合格率</td></tr>
<tr><td>环向间隙</td><td>应均匀一致</td><td></td><td></td><td></td><td></td><td></td><td></td><td>合格率</td></tr>
</table>

续表

	验收项目			设计要求及规范规定				最小/实际抽样数量	施工单位检查评定记录	监理（建设）单位验收记录
一般项目	2	玻璃钢管曲线安装接口转角	承插式接口	管内径 D_i（mm）	400～500	允许转角（°）	1.5			合格率
					500＜D_i≤1000		1.0			合格率
					1000＜D_i≤1800		1.0			合格率
					D_i＞1800		0.5			合格率
			套筒式接口	管内径 D_i（mm）	500＜D_i≤1000	允许转角（°）	2.0			合格率
					1000＜D_i≤1800		1.0			合格率
					D_i＞1800		0.5			合格率
	3	聚乙烯管、聚丙烯管的接口转角		≤1.5°						合格率
	4	硬聚氯乙烯管的接口转角		≤1.0°						合格率
	5	熔焊连接设备		控制参数满足焊接工艺要求；设备与待连接管的接触面无污物，设备及组合件组装正确、牢固、吻合；焊后冷却期间接口未受外力影响						
施工单位检查评定结果				项目专业质量检查员： 年 月 日						
监理（建设）单位验收结论				监理工程师：（建设单位项目技术负责人） 年 月 日						

注：表中“设计要求”等内容应按实际设计要求内容填写。

2. 验收依据说明

(1)【规范名称及编号】《城镇污水处理厂工程质量验收规范》GB 50334－2017

【条文摘录】

主 控 项 目

11.2.2 管道连接应符合下列规定：

1 各类承插口管材的承口、插口应无破损、开裂，承插完成后密封圈不得外露，两连接管节的轴线应对正插入，插入深度应符合要求。

检验方法：观察检查，用探尺逐个检查橡胶止水密封圈位置。

6 化学建材管采用熔焊连接时，焊缝应完整，无缺损和变形现象。

检验方法：用翻边卡尺逐个检查量测，检查施工记录、检测报告。

(2)【规范名称及编号】《给水排水管道工程施工及验收规范》GB 50268－2008

【条文摘录】

5.8.3 管道曲线铺设时，接口的允许转角不得大于表5.8.3的规定。

表5.8.3 沿曲线安装的接口允许转角

管内径 D_i（mm）	允许转角（°）	
	承插式接口	套筒式接口
400～500	1.5	3.0
$500<D_i\leqslant1000$	1.0	2.0
$1000<D_i\leqslant1800$	1.0	1.0
$D_i>1800$	0.5	0.5

3. 检验批验收应提供的核查资料

(1) 核查依据：《城镇污水处理厂工程质量验收规范》GB 50334－2017

11.1.2 管线安装工程质量验收应检查下列文件：

1 施工图、设计说明及其他设计文件；

2 材料的产品合格证书、性能检测报告、进场验收记录及复试报告；

3 隐蔽工程验收记录；

4 施工记录与监理检验记录；

5 试验记录及试验报告；

6 其他有关文件。

(2) 核查资料明细

核查资料明细表

序号	核查资料名称	核查要点
1	化学建材管道接口原材料出厂合格证、试验报告	核查材料品种规格、数量、日期、性能等符合设计要求
2	施工记录	核查承插式管道插入深度、相邻管口的纵向间隙、环向间隙、接口转角等符合设计及规范要求
3	隐蔽工程验收记录	核查记录内容的完整性及结论的符合性
4	监理检验记录	核查记录内容的完整性

6.2.9 球墨铸铁管接口连接检验批质量验收记录

1. 表格

球墨铸铁管接口连接检验批质量验收记录

编号：□□□□□□□□□□—□□

<table>
<tr><td colspan="2">单位（子单位）工程名称</td><td colspan="10"></td></tr>
<tr><td colspan="2">分部（子分部）工程名称</td><td colspan="2"></td><td colspan="3">分项工程名称</td><td colspan="5"></td></tr>
<tr><td colspan="2">施工单位</td><td colspan="2"></td><td>项目技术负责人</td><td colspan="2"></td><td colspan="4">项目负责人</td><td></td></tr>
<tr><td colspan="2">分包单位</td><td colspan="2"></td><td>分包单位项目负责人</td><td colspan="2"></td><td colspan="4">检验批容量</td><td></td></tr>
<tr><td colspan="2">验收依据</td><td colspan="5"></td><td colspan="4">检验批部位</td><td></td></tr>
<tr><td rowspan="3">主控项目</td><td colspan="2">验收项目</td><td colspan="4">设计要求及规范规定</td><td>最小/实际抽样数量</td><td colspan="3">施工单位检查评定记录</td><td>监理（建设）单位验收记录</td></tr>
<tr><td>1</td><td>各类承插口管材的承口、插口</td><td colspan="4">无破损、开裂，承插完成后密封圈不得外露，两连接管节的轴线应对正插入，插入深度应符合要求</td><td></td><td colspan="3"></td><td></td></tr>
<tr><td>2</td><td>各类法兰连接管材</td><td colspan="4">两连接管节的法兰压盖的纵向轴线应对正，密封圈不得外露，连接螺栓终拧扭矩应符合设计文件的要求</td><td></td><td colspan="3"></td><td></td></tr>
<tr><td rowspan="6">一般项目</td><td>1</td><td>连接后管节</td><td colspan="4">平顺，接口无突起、突弯、轴向位移现象</td><td></td><td colspan="3"></td><td></td></tr>
<tr><td>2</td><td>接口的环向间隙</td><td colspan="4">均匀，承插口间的纵向间隙不应小于 3mm</td><td></td><td colspan="3"></td><td>合格率</td></tr>
<tr><td>3</td><td>法兰接口的压兰、螺栓和螺母等连接件</td><td colspan="4">规格型号一致，采用钢制螺栓和螺母时，防腐处理应符合设计要求</td><td></td><td colspan="3"></td><td></td></tr>
<tr><td rowspan="3">4</td><td rowspan="3">管道沿曲线安装</td><td rowspan="3">管径 D_i (mm)</td><td>75～600</td><td rowspan="3">允许转角(°)</td><td>3</td><td rowspan="3"></td><td rowspan="3" colspan="3"></td><td rowspan="3">合格率</td></tr>
<tr><td>700～800</td><td>2</td></tr>
<tr><td>≥900</td><td>1</td></tr>
<tr><td colspan="2">施工单位检查评定结果</td><td colspan="10">项目专业质量检查员：　　　　年　月　日</td></tr>
<tr><td colspan="2">监理（建设）单位验收结论</td><td colspan="10">监理工程师：
（建设单位项目技术负责人）　　　　年　月　日</td></tr>
</table>

注：表中“设计要求”等内容应按实际设计要求内容填写。

2. 验收依据说明

(1)【规范名称及编号】《城镇污水处理厂工程质量验收规范》GB 50334－2017

【条文摘录】

主　控　项　目

11.2.2　管道连接应符合下列规定：

1　各类承插口管材的承口、插口应无破损、开裂，承插完成后密封圈不得外露，两连接管节的轴线应对正插入，插入深度应符合要求。

检验方法：观察检查，用探尺逐个检查橡胶止水密封圈位置。

2　各类法兰连接管材，两连接管节的法兰压盖的纵向轴线应对正，密封圈不得外露，连接螺栓终拧扭矩应符合设计文件的要求。

检验方法：观察检查，检查施工记录。

(2)【规范名称及编号】《给水排水管道工程施工及验收规范》GB 50268－2008

【条文摘录】

5.10.6　球墨铸铁管接口连接应符合下列规定：

一　般　项　目

5　连接后管节间平顺，接口无突起、突弯、轴向位移现象；

检查方法：观察；检查施工测量记录。

6　接口的环向间隙应均匀，承插口间的纵向间隙不应小于3mm；

检查方法：观察，用塞尺、钢尺检查。

7　法兰接口的压兰、螺栓和螺母等连接件应规格型号一致，采用钢制螺栓和螺母时，防腐处理应符合设计要求；

检查方法：逐个接口检查；检查螺栓和螺母质量合格证明书、性能检验报告。

8　管道沿曲线安装时，接口转角应符合本规范第5.5.8条的规定；

检查方法：用直尺量测曲线段接口。

5.5.8　管道沿曲线安装时，接口的允许转角应符合表5.5.8的规定。

表5.5.8　沿曲线安装接口的允许转角

管径 D_i（mm）	75～600	700～800	≥900
允许转角（°）	3	2	1

3. 检验批验收应提供的核查资料

(1) 核查依据：《城镇污水处理厂工程质量验收规范》GB 50334－2017

11.1.2　管线安装工程质量验收应检查下列文件：

1　施工图、设计说明及其他设计文件；

2　材料的产品合格证书、性能检测报告、进场验收记录及复试报告；

3　隐蔽工程验收记录；

4　施工记录与监理检验记录；

5　试验记录及试验报告；

6　其他有关文件。

(2) 核查资料明细

核查资料明细表

序号	核查资料名称	核查要点
1	球墨铸铁管接口原材料出厂合格证、试验报告	核查产品规格、数量、日期、性能等符合设计要求
2	施工记录	核查接口的环向间隙、安装允许转角等符合设计及规范要求
3	隐蔽工程验收记录	核查记录内容的完整性及结论的符合性
4	监理检验记录	核查记录内容的完整性

6.2.10　钢管内防腐层检验批质量验收记录

1. 表格

钢管内防腐层检验批质量验收记录

编号：□□□□□□□□□□—□□

<table>
<tr><td>单位（子单位）
工程名称</td><td colspan="5"></td></tr>
<tr><td>分部（子分部）
工程名称</td><td></td><td colspan="2">分项工程名称</td><td colspan="2"></td></tr>
<tr><td>施工单位</td><td></td><td>项目技术
负责人</td><td></td><td>项目负责人</td><td></td></tr>
<tr><td>分包单位</td><td></td><td>分包单位项目
负责人</td><td></td><td>检验批容量</td><td></td></tr>
<tr><td>验收依据</td><td colspan="3"></td><td>检验批部位</td><td></td></tr>
</table>

<table>
<tr><td rowspan="3">主控项目</td><td colspan="2">验收项目</td><td colspan="3">设计要求及规范规定</td><td>最小/实际抽样数量</td><td colspan="5">施工单位检查评定记录</td><td>监理（建设）单位验收记录</td></tr>
<tr><td>1</td><td>水泥砂浆抗压强度</td><td colspan="3">符合设计要求，且不低于 30MPa</td><td></td><td colspan="5"></td><td></td></tr>
<tr><td>2</td><td>液体环氧涂料内防腐层</td><td colspan="3">表面应平整、光滑，无气泡、无划痕等，湿膜应无流淌现象</td><td></td><td colspan="5"></td><td></td></tr>
<tr><td rowspan="7">一般项目</td><td>1</td><td>内防腐层的结构及材质</td><td colspan="3">符合设计文件的要求</td><td></td><td colspan="5"></td><td></td></tr>
<tr><td rowspan="6">2</td><td rowspan="6">水泥砂浆防腐层</td><td>裂缝宽度</td><td colspan="2">$\leqslant$0.8mm</td><td></td><td></td><td></td><td></td><td></td><td></td><td>合格率</td></tr>
<tr><td>裂缝沿管道纵向长度</td><td colspan="2">$\leqslant$管道的周长，且$\leqslant$2.0m</td><td></td><td></td><td></td><td></td><td></td><td></td><td>合格率</td></tr>
<tr><td>平整度</td><td colspan="2">$<$2mm</td><td></td><td></td><td></td><td></td><td></td><td></td><td>合格率</td></tr>
<tr><td rowspan="3">防腐层厚度（mm）</td><td>$D_i \leqslant 1000$</td><td>±2</td><td></td><td></td><td></td><td></td><td></td><td></td><td>合格率</td></tr>
<tr><td>$1000 < D_i \leqslant 1800$</td><td>±3</td><td></td><td></td><td></td><td></td><td></td><td></td><td>合格率</td></tr>
<tr><td>$D_i > 1800$</td><td>+4，−3</td><td></td><td></td><td></td><td></td><td></td><td></td><td>合格率</td></tr>
</table>

续表

	验收项目		设计要求及规范规定			最小/实际抽样数量	施工单位检查评定记录	监理（建设）单位验收记录
一般项目	2	水泥砂浆防腐层	麻点、空窝等表面缺陷的深度（mm）	$D_i \leqslant 1000$	2			合格率
				$1000 < D_i \leqslant 1800$	3			合格率
				$D_i > 1800$	4			合格率
			缺陷面积	$\leqslant 500mm^2$				合格率
			空鼓面积	不得超过2处，且每处$\leqslant 10000mm^2$				合格率
	3	液体环氧涂料防腐层	干膜厚度（μm）	普通级	≥200			合格率
				加强级	≥250			合格率
				特加强级	≥300			合格率
			电火花试验漏点数（个/m^2）	普通级	3			合格率
				加强级	1			合格率
				特加强级	0			合格率
施工单位检查评定结果	项目专业质量检查员：　　年　月　日							
监理（建设）单位验收结论	监理工程师：（建设单位项目技术负责人）　　年　月　日							

注：1　表中"设计要求"等内容应按实际设计要求内容填写；
　　2　表中D_i为管道内径。

2. 验收依据说明

(1)【规范名称及编号】《城镇污水处理厂工程质量验收规范》GB 50334－2017

【条文摘录】

一　般　项　目

11.2.14　管道保温、防腐层的结构及材质应符合设计文件的要求和国家现行标准的有关规定。

检验方法：检查施工记录。

(2)【规范名称及编号】《给水排水管道工程施工及验收规范》GB 50268－2008

【条文摘录】

5.10.3　管道内防腐层应符合下列规定：

主　控　项　目

1　水泥砂浆抗压强度符合设计要求，且不低于30MPa；

检查方法：检查砂浆配合比、抗压强度试块报告。

2　液体环氧涂料内防腐层表面应平整、光滑，无气泡、无划痕等，湿膜应无流淌现象；

检查方法：观察，检查施工记录。

一　般　项　目

4　水泥砂浆防腐层的厚度及表面缺陷的允许偏差应符合表 5.10.3-1 的规定。

表 5.10.3-1　水泥砂浆防腐层厚度及表面缺陷的允许偏差

检查项目		允许偏差		检查数量		检查方法
				范围	点数	
1	裂缝宽度	≤0.8		管节	每处	用裂缝观测仪测量
2	裂缝沿管道纵向长度	≤管道的周长，且≤2.0m				钢尺量测
3	平整度	<2			取两个截面，每个截面测 2 点，取偏差值最大 1 点	用 300mm 长的直尺量测
4	防腐层厚度	$D_i\leq1000$	±2			用测厚仪测量
		$1000<D_i\leq1800$	±3			
		$D_i>1800$	+4，−3			
5	麻点、空窝等表面缺陷的深度	$D_i\leq1000$	2			用直钢丝或探尺量测
		$1000<D_i\leq1800$	3			
		$D_i>1800$	4			
6	缺陷面积	≤500mm^2			每处	用钢尺量测
7	空鼓面积	不得超过 2 处，且每处≤10000mm^2			每平方米	用小锤轻击砂浆表面，用钢尺量测

注：1　表中单位除注明者外，均为 mm；

2　工厂涂覆管节，每批抽查 20%；施工现场涂覆管节，逐根检查。

5　液体环氧涂料内防腐层的厚度、电火花试验应符合表 5.10.3-2 的规定。

表 5.10.3-2　液体环氧涂料内防腐层厚度及电火花试验规定

检查项目		允许偏差（mm）		检查数量		检查方法
				范围	点数	
1	干膜厚度（μm）	普通级	≥200	每根（节）管	两个断面，各 4 点	用测厚仪测量
		加强级	≥250			
		特加强级	≥300			
2	电火花试验漏点数	普通级	3	个/m^2	连续检测	用电火花检漏仪测量，检漏电压值根据涂层厚度按 5V/μm 计算，检漏仪探头移动速度不大于 0.3m/s
		加强级	1			
		特加强级	0			

注：1　焊缝处的防腐层厚度不得低于管节防腐层规定厚度的 80%；

2　凡漏点检测不合格的防腐层都应补涂，直至合格。

3. 检验批验收应提供的核查资料

(1) 核查依据：《城镇污水处理厂工程质量验收规范》GB 50334－2017

11.1.2　管线安装工程质量验收应检查下列文件：

1　施工图、设计说明及其他设计文件；
2　材料的产品合格证书、性能检测报告、进场验收记录及复试报告；
3　隐蔽工程验收记录；
4　施工记录与监理检验记录；
5　试验记录及试验报告；
6　其他有关文件。
（2）核查资料明细

核查资料明细表

序号	核查资料名称	核　查　要　点
1	内防腐层原材料出厂合格证、试验报告	核查材料品种规格、数量、日期、性能等符合设计要求
2	水泥砂浆抗压强度试验报告	核查报告内容的完整性及结论的符合性
3	施工记录	核查裂缝宽度、裂缝延管道纵向长度、平整度、厚度麻点空窝深度、缺陷面积、空鼓面积、液体环氧涂料内防腐层厚度等符合设计及规范要求
4	隐蔽工程验收记录	核查记录内容的完整性及结论的符合性
5	监理检验记录	核查记录内容的完整性

6.2.11　钢管外防腐层检验批质量验收记录

1. 表格

钢管外防腐层检验批质量验收记录

编号：□□□□□□□□□□—□□

<table>
<tr><td colspan="2">单位（子单位）
工程名称</td><td colspan="5"></td></tr>
<tr><td colspan="2">分部（子分部）
工程名称</td><td></td><td colspan="2">分项工程名称</td><td colspan="2"></td></tr>
<tr><td colspan="2">施工单位</td><td></td><td>项目技术
负责人</td><td></td><td>项目负责人</td><td></td></tr>
<tr><td colspan="2">分包单位</td><td></td><td>分包单位项目
负责人</td><td></td><td>检验批容量</td><td></td></tr>
<tr><td></td><td colspan="2">验收依据</td><td colspan="2"></td><td>检验批部位</td><td></td></tr>
<tr><td rowspan="3">主
控
项
目</td><td colspan="2">验收项目</td><td>设计要求及规范规定</td><td>最小/实际
抽样数量</td><td>施工单位检查
评定记录</td><td>监理（建设）单位
验收记录</td></tr>
<tr><td>1</td><td>管道防腐层的
结构及材质</td><td>符合设计要求</td><td></td><td></td><td></td></tr>
<tr><td>2</td><td>外防腐层的外观、
厚度、电火花
试验、粘结力</td><td>符合设计要求</td><td></td><td></td><td></td></tr>
</table>

续表

<table>
<tr><td></td><td colspan="2">验收项目</td><td colspan="2">设计要求及规范规定</td><td>最小/实际
抽样数量</td><td>施工单位检查
评定记录</td><td>监理（建设）单位
验收记录</td></tr>
<tr><td rowspan="5">一般项目</td><td>1</td><td>钢管表面除锈
质量等级</td><td colspan="2">符合设计要求</td><td></td><td></td><td></td></tr>
<tr><td rowspan="3">2</td><td rowspan="3">管道外防腐层
的外观质量</td><td>石油沥
青涂料</td><td rowspan="2">外观均匀无褶皱、空泡、凝块</td><td rowspan="2"></td><td rowspan="2"></td><td rowspan="2"></td></tr>
<tr><td>环氧煤沥
青涂料</td></tr>
<tr><td>环氧树脂
玻璃钢</td><td>外观平整光滑、色泽均匀，无脱层、起壳和固化不完全等缺陷</td><td></td><td></td><td></td></tr>
<tr><td>3</td><td>管体外防腐材料
搭接、补口搭接、
补伤搭接</td><td colspan="2">符合设计要求</td><td></td><td></td><td></td></tr>
<tr><td colspan="3">施工单位检查
评定结果</td><td colspan="5">项目专业质量检查员：　　　　　　年　月　日</td></tr>
<tr><td colspan="3">监理（建设）单位
验收结论</td><td colspan="5">监理工程师：
（建设单位项目技术负责人）　　　　　　年　月　日</td></tr>
</table>

注：表中“设计要求”等内容应按实际设计要求内容填写。

2. 验收依据说明

(1)【规范名称及编号】《城镇污水处理厂工程质量验收规范》GB 50334－2017

【条文摘录】

一　般　项　目

11.2.14　管道保温、防腐层的结构及材质应符合设计文件的要求和国家现行标准的有关规定。

检验方法：检查施工记录。

(2)【规范名称及编号】《给水排水管道工程施工及验收规范》GB 50268－2008

【条文摘录】

5.10.4　钢管外防腐层应符合下列规定：

主　控　项　目

1　外防腐层材料（包括补口、修补材料）、结构等应符合国家相关标准的规定和设计要求；

检查方法：对照产品标准和设计文件，检查产品质量保证资料；检查成品管进场验收记录。

2　外防腐层的厚度、电火花检漏、粘结力应符合表 5.10.4 的规定。

表 5.10.4　外绝缘防腐层厚度、电火花检漏、粘结力验收标准

检查项目		允许偏差	检查数量			检查方法
			防腐成品管	补　口	补　伤	
1	厚度	符合本规范第 5.4.9 条的相关规定	每 20 根 1 组（不足 20 根按 1 组），每组抽查 1 根。测管两端和中间共 3 个截面，每截面测互相垂直的 4 点	逐个检测，每个随机抽查 1 个截面。每个截面测互相垂直的 4 点	逐个检测，每处随机测 1 点	用测厚仪测量
2	电火花检漏		全数检查	全数检查	全数检查	用电火花检漏仪逐根连续测量
3	粘结力		每 20 根为 1 组（不足 20 根按 1 组），每组抽 1 根，每根 1 处	每 20 个补口抽 1 处	—	按本规范表 5.4.9 规定，用小刀切割观察

注：按组抽检时，若被检测点不合格，则该组应加倍抽检；若加倍抽检仍不合格，则该组为不合格。

一　般　项　目

3　钢管表面除锈质量等级应符合设计要求；

检查方法：观察；检查防腐管生产厂提供的除锈等级报告，对照典型样板照片检查每个补口处的除锈质量，检查补口处除锈施工方案。

4　管道外防腐层（包括补口、补伤）的外观质量应符合本规范第 5.4.9 条的相关规定；

检查方法：观察；检查施工记录。

5　管体外防腐材料搭接、补口搭接、补伤搭接应符合要求；

检查方法：观察；检查施工记录。

5.4.9　外防腐层的外观、厚度、电火花试验、粘结力应符合设计要求，设计无要求时应符合表 5.4.9 的规定。

表 5.4.9　外防腐层的外观、厚度、电火花试验、粘结力的技术要求

材料种类	防腐等级	构造	厚度（mm）	外观	电火花试验		粘结力
石油沥青涂料	普通级	三油二布	≥4.0	外观均匀无褶皱、空泡、凝块	16kV	用电火花检漏仪检查无打火花现象	以夹角为 45°～60°边长 40～50mm 的切口，从角尖端撕开防腐层；首层沥青层应 100%地粘附在管道的外表面
	加强级	四油三布	≥5.5		18kV		
	特加强级	五油四布	≥7.0		20kV		
环氧煤沥青涂料	普通级	三油	≥0.3		2kV		以小刀割开一舌形切口，用力撕开切口处的防腐层，管道表面仍为漆皮所覆盖。不得露出金属表面
	加强级	四油一布	≥0.4		2.5kV		
	特加强级	六油二布	≥0.6		3kV		
环氧树脂玻璃钢	加强级	—	≥3	外观平整光滑、色泽均匀，无脱层、起壳和固化不完全等缺陷	3～3.5kV		以小刀割开一舌形切口，用力撕开切口处的防腐层，管道表面仍为漆皮所覆盖，不得露出金属表面

注：聚氨酯（PU）外防腐涂层可按本规范附录 H 选择。

3. 检验批验收应提供的核查资料

（1）核查依据：《城镇污水处理厂工程质量验收规范》GB 50334－2017

11.1.2 管线安装工程质量验收应检查下列文件：

1 施工图、设计说明及其他设计文件；

2 材料的产品合格证书、性能检测报告、进场验收记录及复试报告；

3 隐蔽工程验收记录；

4 施工记录与监理检验记录；

5 试验记录及试验报告；

6 其他有关文件。

（2）核查资料明细

核查资料明细表

序号	核查资料名称	核查要点
1	外防腐层原材料出厂合格证、试验报告	核查材料品种规格、数量、日期、性能等符合设计要求
2	施工记录	核查防腐层厚度、电火花、粘结力、搭接、防腐层外观等符合设计及规范要求
3	隐蔽工程验收记录	核查记录内容的完整性及结论的符合性
4	监理检验记录	核查记录内容的完整性

6.2.12 钢管阴极保护检验批质量验收记录

1. 表格

钢管阴极保护检验批质量验收记录

编号：□□□□□□□□□□—□□

<table>
<tr><td colspan="3">单位（子单位）工程名称</td><td colspan="4"></td></tr>
<tr><td colspan="3">分部（子分部）工程名称</td><td></td><td colspan="2">分项工程名称</td><td></td></tr>
<tr><td colspan="3">施工单位</td><td></td><td>项目技术负责人</td><td>项目负责人</td><td></td></tr>
<tr><td colspan="3">分包单位</td><td></td><td>分包单位项目负责人</td><td>检验批容量</td><td></td></tr>
<tr><td colspan="3">验收依据</td><td colspan="2"></td><td>检验批部位</td><td></td></tr>
<tr><td rowspan="4">主控项目</td><td colspan="2">验收项目</td><td>设计要求及规范规定</td><td>最小/实际抽样数量</td><td>施工单位检查评定记录</td><td>监理（建设）单位验收记录</td></tr>
<tr><td>1</td><td>钢管阴极保护所用的材料、设备等</td><td>符合设计要求</td><td></td><td></td><td></td></tr>
<tr><td>2</td><td>管道系统的电绝缘性、电连续性经检测</td><td>符合阴极保护的要求</td><td></td><td></td><td></td></tr>
<tr><td>3</td><td>阴极保护的系统参数测试</td><td>符合设计及规范要求</td><td></td><td></td><td></td></tr>
</table>

续表

	验收项目			设计要求及规范规定	最小/实际抽样数量	施工单位检查评定记录	监理（建设）单位验收记录
一般项目	1	阴极保护电缆与电缆连接	焊接位置	不应在弯头上或管道焊缝两侧			
			采用铝热焊	铝热焊剂用量不应超过15g			
	2	管道系统中阳极安装要求	阳极连接电缆的埋设深度	≥0.7m			
			电缆和阳极钢芯焊接	双边焊缝长度不得小于50mm			
			填料包厚度	厚度一致、密实，且≥50mm			
			阳极埋设位置	一般距管道外壁3～5m，不宜小于0.3m，埋设深度不应小于1m			
	3	管道系统中辅助阳极安装要求	非联合保护的平行管道间距	不宜小于10m			
			被保护管道与其他地下管道交叉的垂直净距	不应小于0.3m			
			被保护管道与埋地通信电缆平行间距	不宜小于10m			
			被保护管道与供电电缆交叉的垂直净距	不应小于0.5m			
	4	阴极保护系统的测试装置及附属设施的安装	测试桩埋设位置	符合设计要求，顶面高出地面400mm以上			
			电缆、引线铺设	符合设计要求，所有引线应保持一定松弛度，并连接可靠牢固			
			接线盒内各类电缆	接线正确，测试桩的舱门应启闭灵活、密封良好			
			检查片的材质应与被保护管道的材质相同，其制作尺寸、设置数量、埋设位置	符合设计要求，且埋深与管道底部相同，距管道外壁不小于300mm			
			参比电极的选用、埋设深度	符合设计要求			
施工单位检查评定结果	项目专业质量检查员：　　　　年　月　日						
监理（建设）单位验收结论	监理工程师： （建设单位项目技术负责人）　　　　年　月　日						

注：表中“设计要求”等内容应按实际设计要求内容填写。

2. 验收依据说明

(1)【规范名称及编号】《城镇污水处理厂工程质量验收规范》GB 50334－2017

【条文摘录】

一 般 项 目

11.2.15 管道阴极保护工程质量应符合设计文件的要求和现行国家标准《埋地钢质管道阴极保护技术规范》GB/T 21448 的有关规定。

检验方法：检查施工记录。

(2)【规范名称及编号】《埋地钢质管道阴极保护技术规范》GB/T 21448－2008

【条文摘录】

4.3.1.1 管道阴极保护电位（即管/地界面极化电位，下同）应为－850 mV（CSE）或更负。

4.3.1.2 阴极保护状态下管道的极限保护电位不能比－1200mV（CSE）更负。

4.3.1.3 对高强度钢（最小屈服强度大于550MPa）和耐蚀合金钢，如马氏不锈钢，双相不锈钢等，极限保护电位则要根据实际析氢电位来确定。其保护电位应比－850mV（CSE）稍正，但－650mV至－750mV的等电位范围内，管道处于高pH值SCC的敏感区，应予注意。

4.3.1.4 在厌氧菌或SRB及其他有害菌土壤环境中，管道阴极保护电位应为－950 mV（CSE）或更负。

4.3.1.5 在土壤电阻率100Ω·m至1000Ω·m环境中的管道，阴极保护电位宜负于－750mV（CSE）；在土壤电阻率ρ大1000Ω·m的环境中的管道，阴极保护电位宜负于－650mV（CSE）。

8.5.3 电缆与管道的焊接

焊接位置不应在弯头上或管道焊缝两侧200mm范围里。

可采用铝热焊方法，焊接用的铝热焊剂用量不应超过15g，当焊接电缆的截面大于16mm^{2}时，可将电缆芯分成若干股，每股小于16 mm^2，分开进行焊接。

(3)【规范名称及编号】《给水排水管道工程施工及验收规范》GB 50268－2008

【条文摘录】

5.10.5 钢管阴极保护工程质量应符合下列规定：

主 控 项 目

1 钢管阴极保护所用的材料、设备等应符合国家有关标准的规定和设计要求；

检查方法：对照产品相关标准和设计文件，检查产品质量保证资料；检查成品管进场验收记录。

2 管道系统的电绝缘性、电连续性经检测满足阴极保护的要求；

检查方法：阴极保护施工前应全线检查；检查绝缘部位的绝缘测试记录、跨接线的连接记录；用电火花检漏仪、高阻电压表、兆欧表测电绝缘性，万用表测跨线等的电连续性。

3 阴极保护的系统参数测试应符合下列规定：

1）设计无要求时，在施加阴极电流的情况下，测得管/地电位应小于或等于－850mV（相对于铜—饱和硫酸铜参比电极）；

2）管道表面与同土壤接触的稳定的参比电极之间阴极极化电位值最小为100mV；

3）土壤或水中含有硫酸盐还原菌，且硫酸根含量大于0.5%时，通电保护电位应小于或等于—950mV（相对于铜—饱和硫酸铜参比电极）；

4）被保护体埋置于干燥的或充气的高电阻率（大于500Ω·m）土壤中时，测得的极化电位小于或等于—750mV（相对于铜—饱和硫酸铜参比电极）；

检查方法：按国家现行标准《埋地钢质管道阴极保护参数测试方法》SY/T 0023的规定测试；检查阴极保护系统运行参数测试记录。

一　般　项　目

4　管道系统中阳极、辅助阳极的安装应符合本规范第5.4.13、5.4.14条的规定；

检查方法：逐个检查；用钢尺或经纬仪、水准仪测量。

5　所有连接点应按规定做好防腐处理，与管道连接处的防腐材料应与管道相同；

检查方法：逐个检查；检查防腐材料质量合格证明、性能检验报告；检查施工记录、施工测试记录。

6　阴极保护系统的测试装置及附属设施的安装应符合下列规定：

1）测试桩埋设位置应符合设计要求，顶面高出地面400mm以上；

2）电缆、引线铺设应符合设计要求，所有引线应保持一定松弛度，并连接可靠牢固；

3）接线盒内各类电缆应接线正确，测试桩的舱门应启闭灵活、密封良好；

4）检查片的材质应与被保护管道的材质相同，其制作尺寸、设置数量、埋设位置应符合设计要求，且埋深与管道底部相同，距管道外壁不小于300mm；

5）参比电极的选用、埋设深度应符合设计要求；

检查方法：逐个观察（用钢尺量测辅助检查）；检查测试纪录和测试报告。

5.4.13　牺牲阳极保护法的施工应符合下列规定：

1　根据工程条件确定阳极施工方式，立式阳极宜采用钻孔法施工，卧式阳极宜采用开槽法施工；

2　牺牲阳极使用之前，应对表面进行处理，清除表面的氧化膜及油污；

3　阳极连接电缆的埋设深度不应小于0.7m，四周应垫有50～100mm厚的细砂，砂的顶部应覆盖水泥护板或砖，敷设电缆要留有一定富裕量；

4　刚极电缆可以自接焊接到被保护管道上，也可通过测试桩中的连接片相连。与钢质管道相连接的电缆应采用铝热焊接技术，焊点应重新进行防腐绝缘处理，防腐材料、等级应与原有覆盖层一致；

5　电缆和阳极钢芯宜采用焊接连接，双边焊缝长度不得小于50mm；电缆与阳极钢芯焊接后，应采取防止连接部位断裂的保护措施；

6　阳极端面、电缆连接部位及钢芯均要防腐、绝缘；

7　填料包可在室内或现场包装，其厚度不应小于50mm；并应保证阳极四周的填料包厚度一致、密实；预包装的袋子须用棉麻织品。不得使用人造纤维织品；

8　填包料应调拌均匀，不得混入石块、泥土、杂草等；阳极埋地后应充分灌水，并达到饱和；

9　阳极埋设位置一般距管道外壁3～5m，不宜小于0.3m，埋设深度（阳极顶部距地面）不应小于1m。

5.4.14 外加电流阴极保护法的施工应符合下列规定：

1 联合保护的平行管道可同沟敷设；均压线间距和规格应根据管道电压降、管道间距离及管道防腐层质量等因素综合考虑；

2 非联合保护的平行管道间距，不宜小于10m；间距小于10m时，后施工的管道及其两端各延伸10m的管段做加强级防腐层；

3 被保护管道与其他地下管道交叉时，两者间垂直净距不应小于0.3m；小于0.3m时，应设有坚固的绝缘隔离物，并应在交叉点两侧各延伸10m以上的管段上做加强级防腐层；

4 被保护管道与埋地通信电缆平行敷设时，两者间距离不宜小于10m；小于10m时，后施工的管道或电缆按本条第2款的规定执行；

5 被保护管道与供电电缆交叉时，两者间垂直净距不应小于0.5m；同时应在交叉点两侧各延伸10m以上的管道和电缆段上做加强级防腐层。

3. 检验批验收应提供的核查资料

（1）核查依据：《城镇污水处理厂工程质量验收规范》GB 50334-2017

11.1.2 管线安装工程质量验收应检查下列文件：

1 施工图、设计说明及其他设计文件；

2 材料的产品合格证书、性能检测报告、进场验收记录及复试报告；

3 隐蔽工程验收记录；

4 施工记录与监理检验记录；

5 试验记录及试验报告；

6 其他有关文件。

（2）核查资料明细

核查资料明细表

序号	核查资料名称	核查要点
1	原材料出厂合格证	核查产品规格、数量、日期、性能等符合设计要求
2	施工记录	核查绝缘测试结果、阴极保护位置、阴极保护系统测试装置和附属设施安装等符合设计及规范要求
3	阴极保护系统运行参数测试记录	核查阴极保护电位、极限电位等符合设计及规范要求
4	隐蔽工程验收记录	核查记录内容的完整性及结论的符合性
5	监理检验记录	核查记录内容的完整性

6.2.13　井室检验批质量验收记录

1. 表格

井室检验批质量验收记录

编号：□□□□□□□□□—□□

<table>
<tr><td colspan="3">单位（子单位）工程名称</td><td colspan="6"></td></tr>
<tr><td colspan="3">分部（子分部）工程名称</td><td></td><td colspan="3">分项工程名称</td><td colspan="2"></td></tr>
<tr><td colspan="3">施工单位</td><td></td><td colspan="2">项目技术负责人</td><td></td><td>项目负责人</td><td></td></tr>
<tr><td colspan="3">分包单位</td><td></td><td colspan="2">分包单位项目负责人</td><td></td><td>检验批容量</td><td></td></tr>
<tr><td colspan="3">验收依据</td><td colspan="4"></td><td>检验批部位</td><td></td></tr>
<tr><td rowspan="6">主控项目</td><td colspan="2">验收项目</td><td colspan="3">设计要求及规范规定允许偏差（mm）</td><td>最小/实际抽样数量</td><td>施工单位检查评定记录</td><td>监理（建设）单位验收记录</td></tr>
<tr><td>1</td><td>所用的原材料质量</td><td colspan="3">符合设计要求</td><td></td><td></td><td></td></tr>
<tr><td>2</td><td>结构混凝土强度</td><td colspan="3">符合设计要求</td><td></td><td></td><td></td></tr>
<tr><td>3</td><td>砌筑水泥砂浆强度符合设计要求</td><td colspan="3">符合设计要求</td><td></td><td></td><td></td></tr>
<tr><td>4</td><td>砌筑结构</td><td colspan="3">应灰浆饱满、灰缝平直，不得有通缝、瞎缝</td><td></td><td></td><td></td></tr>
<tr><td>5</td><td>预制装配式结构</td><td colspan="3">应坐浆、灌浆饱满密实，无裂缝；井室无渗水、水珠现象</td><td></td><td></td><td></td></tr>
<tr><td rowspan="9">一般项目</td><td>1</td><td>平面轴线位置（轴向、垂直轴线）</td><td colspan="3">15</td><td></td><td></td><td>合格率</td></tr>
<tr><td>2</td><td>结构断面尺寸</td><td colspan="3">+10，0</td><td></td><td></td><td>合格率</td></tr>
<tr><td rowspan="2">3</td><td rowspan="2">井室尺寸</td><td>长、宽</td><td colspan="2" rowspan="2">±20</td><td rowspan="2"></td><td rowspan="2"></td><td rowspan="2">合格率</td></tr>
<tr><td>直径</td></tr>
<tr><td>4</td><td>井口高程</td><td colspan="3">与道路规定一致</td><td></td><td></td><td>合格率</td></tr>
<tr><td rowspan="4">5</td><td rowspan="4">井底高程</td><td rowspan="2">开槽法管道铺设</td><td>$D_i \leqslant 1000$</td><td>±10</td><td rowspan="4"></td><td rowspan="4"></td><td rowspan="4">合格率</td></tr>
<tr><td>$D_i > 1000$</td><td>±15</td></tr>
<tr><td rowspan="2">不开槽法管道铺设</td><td>$D_i < 1500$</td><td>+10，−20</td></tr>
<tr><td>$D_i \geqslant 1500$</td><td>+20，−40</td></tr>
</table>

续表

<table>
<tr><td></td><td colspan="2">验收项目</td><td colspan="2">设计要求及规范规定
允许偏差（mm）</td><td>最小/实际
抽样数量</td><td colspan="5">施工单位检查
评定记录</td><td>监理（建设）单位
验收记录</td></tr>
<tr><td rowspan="3">一般项目</td><td>6</td><td>踏步安装</td><td>水平及垂直间距、
外露长度</td><td>±10</td><td></td><td></td><td></td><td></td><td></td><td></td><td>合格率</td></tr>
<tr><td>7</td><td>脚窝</td><td>高、宽、深</td><td>±10</td><td></td><td></td><td></td><td></td><td></td><td></td><td>合格率</td></tr>
<tr><td>8</td><td>流槽宽度</td><td colspan="2">+10</td><td></td><td></td><td></td><td></td><td></td><td></td><td>合格率</td></tr>
<tr><td colspan="3">施工单位检查
评定结果</td><td colspan="9">项目专业质量检查员：　　　　年　月　日</td></tr>
<tr><td colspan="3">监理（建设）单位
验收结论</td><td colspan="9">监理工程师：
（建设单位项目技术负责人）　　　　年　月　日</td></tr>
</table>

注：1 表中“设计要求”等内容应按实际设计要求内容填写；
2 表中 D_i 为管道内径。

2. 验收依据说明

(1)【规范名称及编号】《城镇污水处理厂工程质量验收规范》GB 50334－2017

【条文摘录】

一　般　项　目

11.2.13　管道的检查井砌筑应灰浆饱满，灰缝平整，抹面坚实，不得有空鼓、裂缝等现象，检查井安装质量应符合设计文件的要求和现行国家标准《给水排水管道工程施工及验收规范》GB 50268 的有关规定。

检验方法：观察检查，检查施工记录。

(2)【规范名称及编号】《给水排水管道工程施工及验收规范》GB 50268－2008

【条文摘录】

8.5.1　井室应符合下列要求：

主　控　项　目

1　所用的原材料、预制构件的质量应符合国家有关标准的规定和设计要求；

检查方法：检查产品质量合格证明书、各项性能检验报告、进场验收记录。

2　砌筑水泥砂浆强度、结构混凝土强度符合设计要求；

检查方法：检查水泥砂浆强度、混凝土抗压强度试块试验报告。

检查数量：每 50m³ 砌体或混凝土每浇筑 1 个台班一组试块。

3　砌筑结构应灰浆饱满、灰缝平直，不得有通缝、瞎缝；预制装配式结构应坐浆、灌浆饱满密实，无裂缝；混凝土结构无严重质量缺陷；井室无渗水、水珠现象；

检查方法：逐个观察。

一　般　项　目

表 8.5.1　井室的允许偏差

<table>
<tr><th colspan="4" rowspan="2">检查项目</th><th rowspan="2">允许偏差
(mm)</th><th colspan="2">检查数量</th><th rowspan="2">检查方法</th></tr>
<tr><th>范围</th><th>点数</th></tr>
<tr><td>1</td><td colspan="3">平面轴线位置（轴向、垂直轴向）</td><td>15</td><td rowspan="13">每座</td><td>2</td><td>用钢尺量测、经纬仪测量</td></tr>
<tr><td>2</td><td colspan="3">结构断面尺寸</td><td>+10，0</td><td>2</td><td>用钢尺量测</td></tr>
<tr><td rowspan="2">3</td><td rowspan="2">井室尺寸</td><td colspan="2">长、宽</td><td rowspan="2">±20</td><td rowspan="2">2</td><td rowspan="2">用钢尺量测</td></tr>
<tr><td colspan="2">直径</td></tr>
<tr><td rowspan="2">4</td><td rowspan="2">井口高程</td><td colspan="2">农田或绿地</td><td>+20</td><td rowspan="2">1</td><td rowspan="6">用水准仪测量</td></tr>
<tr><td colspan="2">路面</td><td>与道路规定一致</td></tr>
<tr><td rowspan="4">5</td><td rowspan="4">井底高程</td><td rowspan="2">开槽法
管道铺设</td><td>$D_i \leqslant 1000$</td><td>±10</td><td rowspan="4">2</td></tr>
<tr><td>$D_i > 1000$</td><td>±15</td></tr>
<tr><td rowspan="2">不开槽法
管道铺设</td><td>$D_i < 1500$</td><td>+10，－20</td></tr>
<tr><td>$D_i \geqslant 1500$</td><td>+20，－40</td></tr>
<tr><td>6</td><td>踏步安装</td><td colspan="2">水平及垂直间距、外露长度</td><td>±10</td><td rowspan="3">1</td><td rowspan="3">用尺量测偏差较大值</td></tr>
<tr><td>7</td><td>脚窝</td><td colspan="2">高、宽、深</td><td>±10</td></tr>
<tr><td>8</td><td colspan="3">流槽宽度</td><td>+10</td></tr>
</table>

3. 检验批验收应提供的核查资料

（1）核查依据：《城镇污水处理厂工程质量验收规范》GB 50334－2017

11.1.2　管线安装工程质量验收应检查下列文件：

1　施工图、设计说明及其他设计文件；

2　材料的产品合格证书、性能检测报告、进场验收记录及复试报告；

3　隐蔽工程验收记录；

4　施工记录与监理检验记录；

5　试验记录及试验报告；

6　其他有关文件。

（2）核查资料明细

核查资料明细表

序号	核查资料名称	核查要点
1	原材料、预制构件出厂合格证明书、试验报告	核查产品规格、数量、日期、性能等符合设计要求
2	水泥砂浆强度、混凝土抗压强度试验报告	核查报告内容的完整性及结论的符合性
3	施工记录	核查井室尺寸、井口、井底高程、外观等符合设计及规范要求
4	隐蔽工程验收记录	核查记录内容的完整性及结论的符合性
5	监理检验记录	核查记录内容的完整性

6.2.14 雨水口及支连管检验批质量验收记录

1. 表格

雨水口及支连管检验批质量验收记录

编号：□□□□□□□□□—□□

单位（子单位）工程名称							
分部（子分部）工程名称				分项工程名称			
施工单位			项目技术负责人			项目负责人	
分包单位			分包单位项目负责人			检验批容量	
验收依据						检验批部位	
	验收项目			设计要求及规范规定允许偏差（mm）	最小/实际抽样数量	施工单位检查评定记录	监理（建设）单位验收记录
主控项目	1	所用的原材料、预制构件质量		符合设计要求			
主控项目	2	雨水口安装位置、深度		位置、深度符合设计要求，安装不得歪扭			
主控项目	3	井框、井箅		完整、无损，安装平稳、牢固			
主控项目	4	支、连管		直顺，无倒坡、错口及破损现象			
主控项目	5	井内、连接管道		无线漏、滴漏现象			
一般项目	1	雨水口砌筑		勾缝应直顺、坚实，不得漏勾、脱落；内、外壁抹面平整光洁			
一般项目	2	支、连管		管内清洁、流水通畅，无明显渗水现象			
一般项目	3	井框、井箅吻合		≤10			合格率
一般项目	4	井口与路面高差		−5，0			合格率
一般项目	5	雨水口位置与道路边线平行		≤10			合格率
一般项目	6	井内尺寸	长、宽	+20，0			合格率
一般项目	6	井内尺寸	深	0，−20			合格率
一般项目	7	井内支、连管管口底高度		0，−20			合格率
施工单位检查评定结果	项目专业质量检查员：						年 月 日
监理（建设）单位验收结论	监理工程师： （建设单位项目技术负责人）						年 月 日

注：表中“设计要求”等内容应按实际设计要求内容填写。

2. 验收依据说明

(1)【规范名称及编号】《给水排水管道工程施工及验收规范》GB 50268－2008

【条文摘录】

8.5.2 雨水口及支、连管应符合下列要求：

主 控 项 目

1 所用的原材料、预制构件的质量应符合国家有关标准的规定和设计要求；

检查方法：检查产品质量合格证明书、各项性能检验报告、进场验收记录。

2 雨水口位置正确，深度符合设计要求，安装不得歪扭；

检查方法：逐个观察，用水准仪、钢尺量测。

3 井框、井箅应完整、无损，安装平稳、牢固；支、连管应直顺，无倒坡、错口及破损现象；

检查数量：全数观察。

4 井内、连接管道内无线漏、滴漏现象；

检查数量：全数观察。

一 般 项 目

5 雨水口砌筑勾缝应直顺、坚实，不得漏勾、脱落；内、外壁抹面平整光洁；

检查数量：全数观察。

6 支、连管内清洁、流水通畅，无明显渗水现象；

检查数量：全数观察。

7 雨水口、支管的允许偏差应符合表8.5.2的规定。

表8.5.2 雨水口、支管的允许偏差

<table>
<tr><th colspan="2" rowspan="2">检查项目</th><th rowspan="2">允许偏差
(mm)</th><th colspan="2">检查数量</th><th rowspan="2">检查方法</th></tr>
<tr><th>范围</th><th>点数</th></tr>
<tr><td>1</td><td>井框、井箅吻合</td><td>≤10</td><td rowspan="6">每座</td><td rowspan="6">1</td><td rowspan="6">用钢尺量测较大值(高度、深度亦可用水准仪测量)</td></tr>
<tr><td>2</td><td>井口与路面高差</td><td>－5，0</td></tr>
<tr><td>3</td><td>雨水口位置与道路边线平行</td><td>≤10</td></tr>
<tr><td rowspan="2">4</td><td rowspan="2">井内尺寸</td><td>长、宽：＋20，0</td></tr>
<tr><td>深：0，－20</td></tr>
<tr><td>5</td><td>井内支、连管管口底高度</td><td>0，－20</td></tr>
</table>

3. 检验批验收应提供的核查资料

(1) 核查依据：《城镇污水处理厂工程质量验收规范》GB 50334－2017

11.1.2 管线安装工程质量验收应检查下列文件：

1 施工图、设计说明及其他设计文件；

2 材料的产品合格证书、性能检测报告、进场验收记录及复试报告；

3 隐蔽工程验收记录；

4 施工记录与监理检验记录；

5 试验记录及试验报告；

6 其他有关文件。

（2）核查资料明细

核查资料明细表

序号	核查资料名称	核查要点
1	原材料、预制构件出厂合格证明书、试验报告	核查产品规格、数量、日期、性能等符合设计要求
2	施工记录	核查雨水口安装位置、深度、井框、井箅吻合、井口与路面高差、外观等符合设计及规范要求
3	隐蔽工程验收记录	核查记录内容的完整性及结论的符合性
4	监理检验记录	核查记录内容的完整性

6.2.15　支墩检验批质量验收记录

1. 表格

支墩检验批质量验收记录

编号：□□□□□□□□□□—□□

<table>
<tr><td colspan="3">单位（子单位）工程名称</td><td colspan="4"></td></tr>
<tr><td colspan="3">分部（子分部）工程名称</td><td></td><td>分项工程名称</td><td colspan="2"></td></tr>
<tr><td colspan="3">施工单位</td><td></td><td>项目技术负责人</td><td></td><td>项目负责人</td></tr>
<tr><td colspan="3">分包单位</td><td></td><td>分包单位项目负责人</td><td></td><td>检验批容量</td></tr>
<tr><td colspan="3">验收依据</td><td colspan="2"></td><td>检验批部位</td><td></td></tr>
<tr><td rowspan="4">主控项目</td><td colspan="2">验收项目</td><td>设计要求及规范规定允许偏差（mm）</td><td>最小/实际抽样数量</td><td>施工单位检查评定记录</td><td>监理（建设）单位验收记录</td></tr>
<tr><td>1</td><td>所用的原材料质量</td><td>符合设计要求</td><td></td><td></td><td></td></tr>
<tr><td>2</td><td>支墩地基承载力、位置</td><td>符合设计要求；支墩无位移、沉降</td><td></td><td></td><td></td></tr>
<tr><td>3</td><td>砌筑水泥砂浆强度、结构混凝土强度</td><td>符合设计要求</td><td></td><td></td><td></td></tr>
<tr><td rowspan="4">一般项目</td><td>1</td><td>混凝土支墩</td><td>表面平整、密实</td><td></td><td></td><td></td></tr>
<tr><td>2</td><td>砖砌支墩</td><td>灰缝饱满，无通缝现象，其表面抹灰应平整、密实</td><td></td><td></td><td></td></tr>
<tr><td>3</td><td>支墩支承面与管道外壁接触紧密</td><td>无松动、滑移现象</td><td></td><td></td><td></td></tr>
<tr><td>4</td><td>平面轴线位置（轴向、垂直轴向）</td><td>15</td><td></td><td></td><td>合格率</td></tr>
</table>

续表

<table>
<tr><td rowspan="3">一般项目</td><td colspan="2">验收项目</td><td>设计要求及规范规定允许偏差（mm）</td><td>最小/实际抽样数量</td><td colspan="5">施工单位检查评定记录</td><td>监理（建设）单位验收记录</td></tr>
<tr><td>5</td><td>支撑面中心高程</td><td>±15</td><td></td><td></td><td></td><td></td><td></td><td></td><td>合格率</td></tr>
<tr><td>6</td><td>结构断面尺寸（长、宽、厚）</td><td>+10，0</td><td></td><td></td><td></td><td></td><td></td><td></td><td>合格率</td></tr>
<tr><td colspan="3">施工单位检查评定结果</td><td colspan="8">项目专业质量检查员：　　　　年　月　日</td></tr>
<tr><td colspan="3">监理（建设）单位验收结论</td><td colspan="8">监理工程师：
（建设单位项目技术负责人）　　　　年　月　日</td></tr>
</table>

注：表中“设计要求”等内容应按实际设计要求内容填写。

2. 验收依据说明

(1)【规范名称及编号】《城镇污水处理厂工程质量验收规范》GB 50334－2017

【条文摘录】

11.3.3　配套管线工程的质量验收除应符合本规范外，尚应符合国家现行标准的有关规定。

(2)【规范名称及编号】《给水排水管道工程施工及验收规范》GB 50268－2008

【条文摘录】

8.5.3　支墩应符合下列要求：

主　控　项　目

1　所用的原材料质量应符合国家有关标准的规定和设计要求；

检查方法：检查产品质量合格证明书、各项性能检验报告、进场验收记录。

2　支墩地基承载力、位置符合设计要求；支墩无位移、沉降；

检查方法：全数观察；检查施工记录、施工测量记录、地基处理技术资料。

3　砌筑水泥砂浆强度、结构混凝土强度符合设计要求；

检查方法：检查水泥砂浆强度、混凝土抗压强度试块试验报告。

检查数量：每 $50m^3$ 砌体或混凝土每浇筑1个台班一组试块。

一　般　项　目

4　混凝土支墩应表面平整、密实；砖砌支墩应灰缝饱满，无通缝现象，其表面抹灰应平整、密实；

检查方法：逐个观察。

5　支墩支承面与管道外壁接触紧密，无松动、滑移现象；

检查方法：全数观察。

6　管道支墩的允许偏差应符合表8.5.3的规定。

表 8.5.3 管道支墩的允许偏差

检查项目		允许偏差 (mm)	检查数量		检查方法
			范围	点数	
1	平面轴线位置（轴向、垂直轴向）	15	每座	2	用钢尺量测或经纬仪测量
2	支撑面中心高程	±15		1	用水准仪测量
3	结构断面尺寸（长、宽、厚）	+10，0		3	用钢尺量测

3. 检验批验收应提供的核查资料

(1) 核查依据：《城镇污水处理厂工程质量验收规范》GB 50334－2017

11.1.2 管线安装工程质量验收应检查下列文件：

1 施工图、设计说明及其他设计文件；

2 材料的产品合格证书、性能检测报告、进场验收记录及复试报告；

3 隐蔽工程验收记录；

4 施工记录与监理检验记录；

5 试验记录及试验报告；

6 其他有关文件。

(2) 核查资料明细

核查资料明细表

序号	核查资料名称	核查要点
1	材料出厂合格证、试验报告	核查产品规格、数量、日期、性能等符合设计要求
2	水泥砂浆强度试验报告、混凝土抗压强度试验报告	核查报告内容的完整性及结论的符合性
3	施工记录	核查管道支墩平面轴线位置、高程、地基处理技术资料等内容符合设计及规范要求
4	监理检验记录	核查记录内容的完整性

第7章　功能性试验记录

本章是针对《城镇污水处理厂工程质量验收规范》GB 50334－2017中关于功能性实验的要求进行编写的，对污水处理厂中构筑物满水试验、构筑物气密性试验、管道水压试验、管道闭气试验、管道闭水试验、易燃易爆有毒有害物质管道强度和严密性试验的记录要求和实验依据进行了论述，其他有关的功能性试验按照相关专业规范执行，本书内容不涉及。

《城镇污水处理厂工程质量验收规范》GB 50334－2017原文要求如下：

13.2.1　构筑物满水试验应符合设计文件的要求和现行国家标准《给水排水构筑物工程施工及验收规范》GB 50141的有关规定。

检验方法：检查试验报告。

13.2.2　密闭池体应在满水试验合格后做气密性试验，气密性试验应符合设计文件的要求和现行国家标准《给水排水构筑物工程施工及验收规范》GB 50141的有关规定。

检验方法：检查试验报告。

13.3.1　给水、再生水、污泥及热力等压力管线应进行水压试验，水压试验应符合设计文件的要求和现行国家标准《给水排水管道工程施工及验收规范》GB 50268的有关规定。

检验方法：检查试验报告。

13.3.2　易燃、易爆、有毒、有害物质的管道必须进行强度和严密性试验。

检验方法：检查试验报告。

13.3.3　污水管线、管渠、倒虹吸管等无压管线应做闭水或闭气试验，试验方法应符合设计文件的要求和现行国家标准《给水排水管道工程施工及验收规范》GB 50268的有关规定。

检验方法：检查施工记录，检查闭水或闭气试验报告。

7.0.1　构筑物满水试验记录

1. 表格

构筑物满水试验记录

工程名称			
施工单位			
监理单位			
建设单位			
构筑物名称		构筑物结构类型	
构筑物平面尺寸(m)		允许渗水量 L/(m^2·d)	
水深(m)		水面面积(m^2)	
试验日期	年　月　日	湿润面积(m^2)	
试验依据		注水时间	年　月　日

续表

<table>
<tr><td>测读记录</td><td>初读数</td><td>终读数</td><td>两次读数差</td></tr>
<tr><td>测读时间(年/月/日/时/分)</td><td></td><td></td><td></td></tr>
<tr><td>构筑物水位(mm)</td><td></td><td></td><td></td></tr>
<tr><td>蒸发水箱水位(mm)</td><td></td><td></td><td></td></tr>
<tr><td>大气温度(℃)</td><td></td><td></td><td></td></tr>
<tr><td>水　温(℃)</td><td></td><td></td><td></td></tr>
<tr><td rowspan="2">实际渗水量</td><td>m^3/d</td><td>$L/(m^2 \cdot d)$</td><td>占允许量的百分率(%)</td></tr>
<tr><td></td><td></td><td></td></tr>
<tr><td colspan="4">试验结论：</td></tr>
<tr><td rowspan="2">监理(建设)单位</td><td colspan="3">检测单位</td></tr>
<tr><td>技术负责人</td><td>审核人</td><td>试验人</td></tr>
<tr><td></td><td></td><td></td><td></td></tr>
</table>

2. 试验依据说明

(1)【规范名称及编号】《给水排水构筑物工程施工及验收规范》GB 50141－2008

【条文摘录】

9.2.1　满水试验的准备应符合下列规定：

1　选定洁净、充足的水源；注水和放水系统设施及安全措施准备完毕；

2　有盖池体顶部的通气孔、人孔盖已安装完毕，必要的防护设施和照明等标志已配备齐全；

3　安装水位观测标尺，标定水位测针；

4　现场测定蒸发量的设备应选用不透水材料制成；试验时固定在水池中；

5　对池体有观测沉降要求时，应选定观测点，并测量记录池体各观测点初始高程。

9.2.2　池内注水应符合下列规定：

1　向池内注水应分三次进行，每次注水为设计水深的1/3；对大、中型池体，可先注水至池壁底部施工缝以上，检查底板抗渗质量，无明显渗漏时，再继续注水至第一次注水深度；

2　注水时水位上升速度不宜超过2m/d；相邻两次注水的间隔时间不应小于24h；

3　每次注水应读24h的水位下降值，计算渗水量，在注水过程中和注水以后，应对池体作外观和沉降量检测；发现渗水量或沉降量过大时，应停止注水，待作出妥善处理后力方可继续注水；

4　设计有特殊要求时，应按设计要求执行。

9.2.3　水位观测应符合下列规定：

1　利用水位标尺测针观测、记录注水时的水位值；

2　注水至设计水深进行水量测定时，应采用水位测针测定水位，水位测针的读数精确度应达1/10mm；

3　注水至设计水深24h后，开始测读水位测针的初读数；

4　测读水位的初读数与末读数之间的间隔时间应不少于24h；

5　测定时间必须连续。测定的渗水量符合标准时，须连续测定两次以上；测定的渗水量超过允许标准，而以后的渗水量逐渐减少时，可继续延长观测：延长观测的时间应在渗水量符合标准时止。

9.2.4　蒸发量测定应符合下列规定：

1　池体有盖时蒸发量忽略不计；

2　池体无盖时，必须进行蒸发量测定；

3　每次测定水池中水位时，同时测定水箱中的水位。

9.2.5　渗水量计算应符合下列规定：

水池渗水量按下式计算：

$$q=\frac{A_1}{A_2}[(E_1-E_2)-(e_1-e_2)] \tag{9.2.5}$$

式中：q——渗水量[L/(m^2·d)]；

A_1——水池的水面面积（m^2）；

A_2——水池的浸湿总面积（m^2）；

E_1——水池中水位测针的初读数（mm）；

E_2——测读E_1后24h水池中水位测针的末读数（mm）；

e_1——测读E_1时水箱中水位测针的读数（mm）；

e_2——测读E_2时水箱中水位测针的读数（mm）。

9.2.6　满水试验合格标准应符合下列规定：

1　水池渗水量计算应按池壁（不含内隔墙）和池底的浸湿面积计算；

2　钢筋混凝土结构水池渗水量不得超过2L/(m^2·d)；砌体结构水池渗水量不得超过3L/(m^2·d)。

7.0.2　构筑物气密性试验记录

1. 表格

构筑物气密性试验记录

工程名称			
施工单位			
监理单位			
建设单位			
构筑物名称		构筑物结构类型	
试验依据		试验日期	
工作压力（Pa）		试验压力（Pa）	

续表

测读记录	初读数	终读数	两次读数差
测读时间（年/月/日/时/分）			
池内气压（Pa）			
池内气压（Pa）			
池内气温（℃）			
压力降（Pa）			
压力降占试验压力（%）			
试验结论：			

监理（建设）单位	检测单位		
	技术负责人	审核人	试验人

2. 试验依据说明

(1)【规范名称及编号】《给水排水构筑物工程施工及验收规范》GB 50141－2008

【条文摘录】

9.3.1　气密性试验应符合下列要求：

1　需进行满水试验和气密性试验的池体，应在满水试验合格后，再进行气密性试验；

2　工艺测温孔的加堵封闭、池顶盖板的封闭、安装测温仪、测压仪及充气截门等均已完成；

3　所需的空气压缩机等设备已准备就绪。

9.3.2　试验精度应符合下列规定：

1　测气压的U形管刻度精确至毫米水柱；

2　测气温的温度计刻度精确至1℃；

3　测量池外大气压力的大气压力计刻度精确至10Pa。

9.3.3　测读气压应符合下列规定：

1　测读池内气压值的初读数与末读数之间的间隔时间应不少于24h；

2　每次测读池内气压的同时，测读池内气温和池外大气压力，并换算成同于池内气压的单位。

9.3.4　池内气压降应按下式计算：

$$P=(P_{d1}+P_{a1})-(P_{d2}+P_{a2})\times\frac{273+t_1}{273+t_2} \tag{9.3.4}$$

式中：P——池内气压降（Pa）；

P_{d1}——池内气压初读数（Pa）；

P_{d2}——池内气压末读数（h）；

P_{a1}——测量P_{d1}时的相应大气压力（Pa）；

P_{a2}——测量P_{d2}时的相应大气压力（Pa）；

t_1——测量 P_{d1} 时的相应池内气温（℃）；

t_2——测量 P_{d2} 时的相应池内气温（℃）；

9.3.5　气密性试验达到下列要求时，应判定为合格：

1　试验压力宜为池体工作压力的1.5倍；

2　24h的气压降不超过试验压力的20%。

7.0.3　管道水压试验记录

1. 表格

管道水压试验记录

<table>
<tr><td colspan="2">工程名称</td><td colspan="8"></td></tr>
<tr><td colspan="2">施工单位</td><td colspan="8"></td></tr>
<tr><td colspan="2">监理单位</td><td colspan="8"></td></tr>
<tr><td colspan="2">建设单位</td><td colspan="8"></td></tr>
<tr><td colspan="2">管材种类</td><td colspan="2"></td><td colspan="3">接口种类</td><td colspan="3"></td></tr>
<tr><td colspan="2">管道内径</td><td colspan="2"></td><td colspan="3">试验段长度</td><td colspan="3"></td></tr>
<tr><td colspan="2">试验依据</td><td colspan="2"></td><td colspan="3">试验日期</td><td colspan="3"></td></tr>
<tr><td colspan="2">管道15min允许压力降</td><td colspan="2"></td><td colspan="3">管道允许渗水量
[L/(min·km)]</td><td colspan="3"></td></tr>
<tr><td colspan="2">工作压力(MPa)</td><td colspan="2"></td><td colspan="3">试验压力(MPa)</td><td colspan="3"></td></tr>
<tr><td colspan="2">压力降测定</td><td colspan="2">初读数</td><td colspan="3">15min读数</td><td colspan="3">两次读数差</td></tr>
<tr><td colspan="2">测读时间
(年/月/日/时/分)</td><td colspan="2"></td><td colspan="3"></td><td colspan="3"></td></tr>
<tr><td colspan="2">管道气压(MPa)</td><td colspan="2"></td><td colspan="3"></td><td colspan="3"></td></tr>
<tr><td rowspan="7">渗水量测定</td><td>次数</td><td>达到试验压力
的时间</td><td>恒压结束
时间</td><td colspan="2">恒压时长
(min)</td><td colspan="3">恒压时间内补入
水量(L)</td><td>管道实测渗水量
[L/(min·km)]</td></tr>
<tr><td>1</td><td></td><td></td><td colspan="2"></td><td colspan="3"></td><td></td></tr>
<tr><td>2</td><td></td><td></td><td colspan="2"></td><td colspan="3"></td><td></td></tr>
<tr><td>3</td><td></td><td></td><td colspan="2"></td><td colspan="3"></td><td></td></tr>
<tr><td>4</td><td></td><td></td><td colspan="2"></td><td colspan="3"></td><td></td></tr>
<tr><td>5</td><td></td><td></td><td colspan="2"></td><td colspan="3"></td><td></td></tr>
<tr><td colspan="9">折合平均实测渗水量[L/(min·km)]：</td></tr>
<tr><td colspan="2">外观渗水情况</td><td colspan="8"></td></tr>
<tr><td colspan="10">试验结论：</td></tr>
<tr><td colspan="3" rowspan="2">监理(建设)单位</td><td colspan="7">检测单位</td></tr>
<tr><td colspan="2">技术负责人</td><td colspan="3">审核人</td><td colspan="2">试验人</td></tr>
<tr><td colspan="3"></td><td colspan="2"></td><td colspan="3"></td><td colspan="2"></td></tr>
</table>

2. 试验依据说明

(1)【规范名称及编号】《给水排水管道工程施工及验收规范》GB 50268－2008

【条文摘录】

9.2.1 水压试验前，施工单位应编制的试验方案，其内容应包括：

1 后背及堵板的设计；

2 进水管路、排气孔及排水孔的设计；

3 加压设备、压力计的选择及安装的设计；

4 排水疏导措施；

5 升压分级的划分及观测制度的规定；

6 试验管段的稳定措施和安全措施。

9.2.2 试验管段的后背应符合下列规定：

1 后背应设在原状土或人工后背上，土质松软时应采取加固措施；

2 后背墙面应平整并与管道轴线垂直。

9.2.3 采用钢管、化学建材管的压力管道，管道中最后一个焊接接口完毕一个小时以上方可进行水压试验。

9.2.4 水压试验管道内径大于或等于600mm时，试验管段端部的第一个接口应采用柔性接口，或采用特制的柔性接口堵板。

9.2.5 水压试验采用的设备、仪表规格及其安装应符合下列规定：

1 采用弹簧压力计时，精度不低于1.5级，最大量程宜为试验压力的1.3～1.5倍，表壳的公称直径不宜小于150mm，使用前经校正并具有符合规定的检定证书；

2 水泵、压力计应安装在试验段的两端部与管道轴线相垂直的支管上。

9.2.6 开槽施工管道试验前，附属设备安装应符合下列规定：

1 非隐蔽管道的固定设施已按设计要求安装合格；

2 管道附属设备已按要求紧固、锚固合格；

3 管件的支墩、锚固设施混凝土强度已达到设计强度；

4 未设置支墩、锚固设施的管件，应采取加固措施并检查合格。

9.2.7 水压试验前，管道回填土应符合下列规定：

1 管道安装检查合格后，应按本规范第4.5.1条第1款的规定回填土；

2 管道顶部回填土宜留出接口位置以便检查渗漏处。

9.2.8 水压试验前准备工作应符合下列规定；

1 试验管段所有敞口应封闭，不得有渗漏水现象；

2 试验管段不得用闸阀做堵板，不得含有消火栓、水锤消除器、安全阀等附件；

3 水压试验前应清除管道内的杂物。

9.2.9 试验管段注满水后，宜在不大于工作压力条件下充分浸泡后再进行水压试验，浸泡时间应符合表9.2.9的规定：

表9.2.9 压力管道水压试验前浸泡时间

管材种类	管道内径 D_i（mm）	浸泡时间（h）
球墨铸铁管（有水泥砂浆衬里）	D_i	≥24
钢管（有水泥砂浆衬里）	D_i	≥24
化学建材管	D_i	≥24

续表

管材种类	管道内径 D_i（mm）	浸泡时间（h）
现浇钢筋混凝土管渠	$D_i \leqslant 1000$	≥48
	$D_i > 1000$	≥72
预（自）应力混凝土管、预应力钢筒混凝土管	$D_i \leqslant 1000$	≥48
	$D_i > 1000$	≥72

9.2.10　水压试验应符合下列规定：

1　试验压力应按表9.2.10-1选择确定。

表9.2.10-1　压力管道水压试验的试验压力（MPa）

管材种类	工作压力 P	试验压力
钢管	P	P+0.5，且不小于0.9
球墨铸铁管	≤0.5	2P
	>0.5	P+0.5
预（自）应力混凝土管、预应力钢筒混凝土管	≤0.6	1.5P
	>0.6	P+0.3
现浇钢筋混凝土管渠	≥0.1	1.5P
化学建材管	≥0.1	1.5P，且不小于0.8

2　预试验阶段：将管道内水压缓缓地升至试验压力并稳压30min，期间如有压力下降可注水补压，但不得高于试验压力；检查管道接口、配件等处有无漏水、损坏现象；有漏水、损坏现象时应及时停止试压，查明原因并采取相应措施后重新试压。

3　主试验阶段：停止注水补压，稳定15min；当15min后压力下降不超过表9.2.10-2中所列允许压力降数值时，将试验压力降至工作压力并保持恒压30min，进行外观检查若无漏水现象，则水压试验合格。

表9.2.10-2　压力管道水压试验的允许压力降（MPa）

钢材种类	试验压力	允许压力降
钢管	P+0.5，且不小于0.9	0
球墨铸铁管	2P	0.03
	P+0.5	
预（自）应力钢筋混凝土管、预应力钢筒混凝土管	1.5P	
	P+0.3	
现浇钢筋混凝土管渠	1.5P	
化学建材管	1.5P，且不小于0.8	0.02

4　管道升压时，管道的气体应排除；升压过程中，发现弹簧压力计表针摆动、不稳，且升压较慢时，应重新排气后再升压。

5　应分级升压，每升一级应检查后背、支墩、管身及接口，无异常现象时再继续升压。

6 水压试验过程中，后背顶撑、管道两端严禁站人。

7 水压试验时，严禁修补缺陷；遇有缺陷时，应做出标记，卸压后修补。

9.2.11 压力管道采用允许渗水量进行最终合格判定依据时，实测渗水量应小于或等于表 9.2.11 的规定及下列公式规定的允许渗水量。

表 9.2.11 压力管道水压试验的允许渗水量

管道内径 D_i (mm)	允许渗水量(L/min·km)		
	焊接接口钢管	球墨铸铁管、玻璃钢管	预（自）应力混凝土管、预应力钢筒混凝土管
100	0.28	0.70	1.40
150	0.42	1.05	1.72
200	0.56	1.40	1.98
300	0 85	1.70	2.42
400	1.00	1.95	2.80
600	1.20	2.40	3.14
800	1.35	2.70	3.96
900	1.45	2.90	4.20
1000	1.50	3.00	4.42
1200	1.65	3.30	4.70
1400	1.75	—	5.00

1 当管道内径大于表 9.2.11 规定时，实测渗水量应小于或等于按下列公式计算的允许渗水量：

钢管：

$$q=0.05\sqrt{D_i} \tag{9.2.11-1}$$

球墨铸铁管（玻璃钢管）：

$$q=0.1\sqrt{D_i} \tag{9.2.11-2}$$

预（自）应力混凝土管、预应力钢筒混凝土管

$$q=0.14\sqrt{D_i} \tag{9.2.11-3}$$

2 现浇钢筋混凝土管渠实测渗水量应小于或等于按下式计算的允许渗水量：

$$q=0.014D_i \tag{9.2.11-4}$$

3 硬聚氯乙烯管实测渗水量应小于或等于按下式计算的允许渗水量：

$$q=3\cdot\frac{D_i}{25}\cdot\frac{P}{0.3\alpha}\cdot\frac{1}{1440} \tag{9.2.11-5}$$

式中：q—— 允许渗水量：(L/min·km)；

D_i——管道内径（mm）；

P—— 压力管道的工作压力（MPa）；

α—— 温度一压力折减系数；当试验水温 0°～25°时，α 取 1；25°～35°时，α 取

0.8；35°～45°时，α 取 0.63。

9.2.12　聚乙烯管、聚丙烯管及其复合管的水压试验除应符合本规范第 9.2.10 条的规定外，其预试验、主试验阶段应按下列规定执行：

1　预试验阶段：按本规范第 9.2.10 条第 2 款的规定完成后，应停止注水补压并稳定 30min，当 30min 后压力下降不超过试验压力的 70%，则预试验结束；否则取新注水补压并稳定 30min 再进行观测，直至 30min 后压力下降不超过试验压力的 70%。

2　主试验阶段应符合下列规定：

1）在预试验阶段结束后，迅速将管道泄水降压，降压量为试验压力的 10%～15%；期间应准确计量降压所泄出的水量（ΔV），并按下式计算允许泄出的最大水量 ΔV_{max}：

$$\Delta V_{max} = 1.2V\Delta P\left(\frac{1}{E_w} + \frac{D_i}{e_n E_p}\right) \tag{9.2-12}$$

式中：V——试压管段总容积（L）；

ΔP——降压量（MPa）；

E_w——水的体积模量，不同水温时 E_w 值可按表 9.2.12 采用；

E_p——管材弹性模量（MPa），与水温及试压时间有关；

D_i——管材内径（m）；

e_n——管材公称壁厚（m）。

ΔV 小于或等于 ΔV_{max} 时，则按本款的第（2）、（3）、（4）项进行作业；ΔV 大于 ΔV_{max} 时应停止试压，排除管内过量空气再从预试验阶段开始重新试验。

表 9.2.12　温度与体积模量关系

温度（℃）	体积模量（MPa）	温度（℃）	体积模量（MPa）
5	2080	20	2170
10	2110	25	2210
15	2140	30	2230

2）每隔 3min 记录一次管道剩余压力，应记录 30min；30min 内管道剩余压力有上升趋势时，则水压试验结果合格。

3）30min 内管道剩余压力无上升趋势时，则应持续观察 60min；整个 90min 内压力下降不超过 0.02MPa，则水压试验结果合格。

4）主试验阶段上述两条均不能满足时，则水压试验结果不合格，应查明原因并采取相应措施后再重新组织试压。

9.2.13　大口径球墨铸铁管、玻璃钢管及预应力钢筒混凝土管道的接口单口水压试验应符合下列规定：

1　安装时应注意将单口水压试验用的进水口（管材出厂时已加工）置于管道顶部；

2　管道接口连接完毕后进行单口水压试验，试验压力为管道设计压力的 2 倍，且不得小于 0.2MPa；

3　试压采用手提式打压泵，管道连接后将试压嘴固定在管道承口的试压孔上，连接试压泵，将压力升至试验压力，恒压 2min，无压力降为合格；

4 试压合格后，取下试压嘴，在试压孔上拧上 M10×20mm 不锈钢螺栓并拧紧；

5 水压试验时应先排净水压腔内的空气；

6 单口试压不合格且确认是接口漏水时，应马上拔出管节，找出原因，重新安装，直至符合要求为止。

7.0.4 管道闭气试验记录

1. 表格

管道闭气试验记录

工程名称			
施工单位			
监理单位			
建设单位			
管材种类		接口种类	
检验部位		管道内径	
试验依据		试验日期	
规定标准闭气时间（min）			
管内实测气体压力（Pa）			
起始温度（℃）			
终止温度（℃）			
修正后压力降（Pa）			
试验结论：			
监理（建设）单位	检测单位		
	技术负责人	审核人	试验人

2. 试验依据说明

(1)【规范名称及编号】《给水排水管道工程施工及验收规范》GB 50268－2008

【条文摘录】

9.4.1 闭气试验适用于混凝土类的无压管道在回填土前进行的严密性试验。

9.4.2 闭气试验时，地下水位应低于管外底 150mm，环境温度为－15～50℃。

9.4.3 下雨时不得进行闭气试验。

9.4.4 闭气试验合格标准应符合下列规定：

1 规定标准闭气试验时间符合表 9.4.4 的规定，管内实测气体压力 $P \geqslant 1500$Pa 则管道闭气试验合格。

表9.4.4　钢筋混凝土无压管道内闭气检验规定标准闭气时间

管道DN (mm)	管内气体压力（Pa）		规定标准闭气时间s (′″)
	起点压力	终点压力	
300			1′45″
400			2′30″
500			3′15″
600			4′45″
700			6′15″
800			7′15″
900			8′30″
1000			10′30″
1100			12′15″
1200			15′
1300	2000	≥1500	16′45″
1400			19′
1500			20′45″
1600			22′30″
1700			24′
1800			25′45″
1900			28′
2000			30′
2100			32′30″
2200			35′

2　被检测管道内径大于或等于1600mm时，应记录测试时管内气体温度（℃）的起始值T_1及终止值T_2，并将达到标准闭气时间时膜盒表显示的管内压力值P记录，用下列公式加以修正，修正后管内气体压降值为ΔP：

$$\Delta P = 103300 - (P + 101300)(273 + T_1)/(273 + T_2) \tag{9.4.4}$$

ΔP如果小于500Pa，管道闭气试验合格。

3　管道闭气试验不合格时，应进行漏气检查、修补后复检。

4　闭气试验装置及程序见本规范附录E。

E.0.1　将进行闭气检验的排水管道两端用管堵密封，然后向管道内填充空气至一定的压力，在规定闭气时间测定管道内气体的压降值。检验装置如图E.0.1所示。

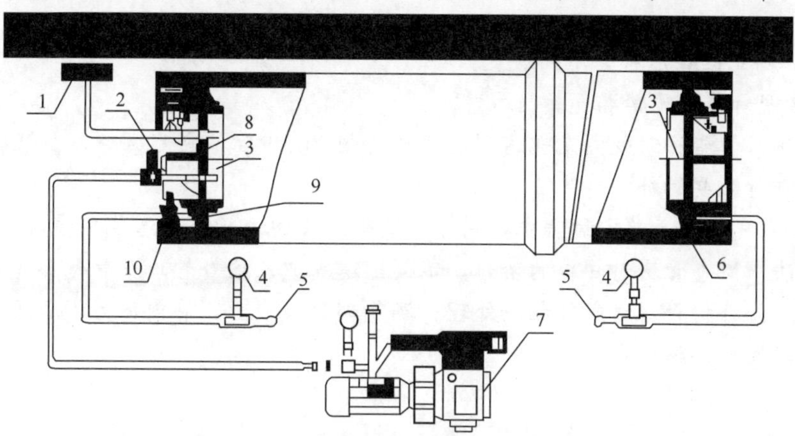

图E.0.1　排水管道闭气检验装置图

1—膜盒压力表；2—气阀；3—管堵塑料封板；4—压力表；5—充气嘴；6—混凝土排水管道；7—空气压缩机；8—温度传感器；9—密封胶圈；10—管堵支撑脚

E. 0. 2　检验步骤应符合下列规定：

1　对闭气试验的排水管道两端管口与管堵接触部分的内壁应进行处理，使其洁净磨光；

2　调整管堵支撑脚，分别将管堵安装在管道内部两端，每端接上压力表和充气罐，如图 E. 0. 1 所示；

3　用打气筒向管堵密封胶圈内充气加压，观察压力表显示至 0. 05～0. 20MPa，且不宜超过 0. 20MPa，将管道密封；锁紧管堵支撑脚．将其固定；

4　用空气压缩机向管道内充气，膜盒表显示管道内气体压力至 3000Pa，关闭气阀，使气体趋于稳定，记录膜盒表读数从 3000Pa 降至 2000Pa 历时不应少于 5min；气压下降较快，可适当补气；下降太慢，可适当放气；

5　膜盒表显示管道内气体压力达到 2000Pa 时开始计时，在满足该管径的标准闭气时间规定（见本规范表 9. 4. 4）。计时结束，记录此时管内实测气体压力 P，如 $P \geqslant$ 1500Pa 则管道闭气试验合格，反之为不合格；

6　管道闭气检验完毕，必须先排除管道内气体，再排除管堵密封圈内气体，最后卸下管堵；

7　管道闭气检验工艺流程应符合图 E. 0. 2 规定。

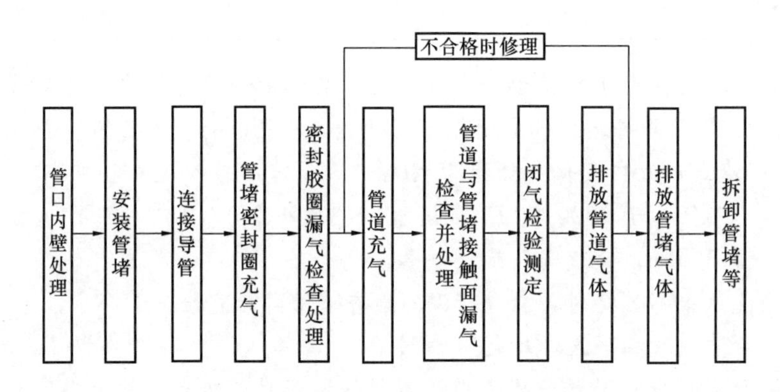

图 E. 0. 2　管道闭气检验工艺流程图

E. 0. 3　漏气检查应符合下列规定：

1　管堵密封胶圈严禁漏气。

检查方法：管堵密封胶圈充气达到规定压力值 2min 后，应无压降。在试验过程中应注意检查和进行必要的补气。

2　管道内气体趋于稳定过程中，用喷雾器喷洒发泡液检查管道漏气情况。

检查方法：检查管堵对管口的密封，不得出现气泡；检查管口及管壁漏气，发现漏气应及时用密封修补材料封堵或作相应处理；漏气部位较多时，管内压力下降较快，要及时进行补气，以便作详细检查。

7.0.5　管道闭水试验记录

1. 表格

管道闭水试验记录

工程名称						
施工单位						
监理单位						
建设单位						
管材种类				接口种类		
管道内径				试验段长度		
检验部位				允许渗水量[m^3/(24h·km)]		
试验依据				试验日期		
渗水量测定	次数	观察开始时间	观察结束时间	观察时长(min)	恒压时间内补入水量(L)	管道实测渗水量[L/(min·km)]
	1					
	2					
	3					
	平均实测渗水量[m^3/(24h·km)]：					
试验结论：						
监理（建设）单位			检测单位			
			技术负责人		审核人	试验人

2. 试验依据说明

(1)【规范名称及编号】《给水排水管道工程施工及验收规范》GB 50268－2008

【条文摘录】

9.3.1　闭水试验法应按设计要求和试验方案进行。

9.3.2 试验管段应按井距分隔，抽样选取，带井试验。

9.3.3 无压管道闭水试验时，试验管段应符合下列规定：

1 管道及检查井外观质量已验收合格；

2 管道未回填土且沟槽内无积水；

3 全部预留孔应封堵，不得渗水；

4 管道两端堵板承载力经核算应大于水压力的合力；除预留进出水管外，应封堵坚固，不得渗水；

5 顶管施工，其注浆孔封堵且管口按设计要求处理完毕，地下水位于管底以下。

9.3.4 管道闭水试验应符合下列规定：

1 试验段上游设计水头不超过管顶内壁时，试验水头应以试验段上游管顶内壁加 2m 计；

2 试验段上游设计水头超过管顶内壁时，试验水头应以试验段上游设计水头加 2m 计；

3 计算出的试验水头小于 10m，但已超过上游检查井井口时，试验水头应以上游检查井井口高度为准；

4 管道闭水试验应按本规范附录 D（闭水法试验）进行。

D.0.1 闭水法试验应符合下列程序：

1 试验管段灌满水后浸泡时间不应少于 24h；

2 试验水头应按本规范第 9.3.4 条的规定确定；

3 试验水头达规定水头时开始计时，观测管道的渗水量，直至观测结束时，应不断地向试验管段内补水，保持试验水头恒定。渗水量的观测时间不得小于 30min；

4 实测渗水量应按下式计算：

$$q = \frac{W}{T \cdot L} \qquad (D.0.1)$$

式中：q——实测渗水量[L/(min· m)]；

W——补水量(L)；

T——实测渗水观测时间(min)；

L——试验管段的长度(m)。

9.3.5 管道闭水试验时，应进行外观检查，不得有漏水现象，且符合下列规定时，管道闭水试验为合格：

1 实测渗水量小于或等于表 9.3.5 规定的允许渗水量；

2 管道内径大于表 9.3.5 规定时，实测渗水量应小于或等于按下式计算的允许渗水量；

$$q = 1.25\sqrt{D_i} \qquad (9.3.5\text{-}1)$$

3 异型截面管道的允许渗水量可按周长折算为圆形管道计；

4 化学建材管道的实测渗水量应小于或等于按下式计算的允许渗水量。

$$q = 0.0046 D_i \qquad (9.3.5\text{-}2)$$

式中：q——允许渗水量（$m^3/24h \cdot km$）；

D_i——管道内径（mm）。

表9.3.5 无压管道闭水试验允许渗水量

管材	管道内径 D_i（mm）	允许渗水量[m^3/(24h·km)]
钢筋混凝土管	200	17.60
	300	21.62
	400	25.00
	500	27.95
	600	30.60
	700	33.00
	800	35.35
	900	37.50
	1000	39.52
	1100	41.45
	1200	43.30
	1300	45.00
	1400	46.70
	1500	48.40
	1600	50.00
	1700	51.50
	1800	53.00
	1900	54.48
	2000	55.90

7.0.6 易燃、易爆、有毒有害物质管道强度和严密性试验记录

1. 表格

易燃、易爆、有毒有害物质管道强度及严密性试验记录

<table>
<tr><td>工程名称</td><td colspan="5"></td></tr>
<tr><td>施工单位</td><td colspan="5"></td></tr>
<tr><td>监理单位</td><td colspan="5"></td></tr>
<tr><td>建设单位</td><td colspan="5"></td></tr>
<tr><td>检测部位</td><td colspan="2"></td><td colspan="2">管材种类</td><td></td></tr>
<tr><td>管道内径</td><td colspan="2"></td><td colspan="2">接口种类</td><td></td></tr>
<tr><td>试验依据</td><td colspan="2"></td><td colspan="2">试验日期</td><td></td></tr>
<tr><td>设计压力（MPa）</td><td colspan="2"></td><td colspan="2">试验压力（MPa）</td><td></td></tr>
<tr><td>压力计种类</td><td></td><td>压力计精度等级</td><td></td><td>压力单位</td><td></td></tr>
<tr><td colspan="6">管道强度试验（气压试验）</td></tr>
<tr><td colspan="6">试验介质：</td></tr>
</table>

续表

试压压力（MPa）							
稳压时间（min）							
管道压力（MPa）							
渗漏情况							
管道强度试验（液压试验）							
试验介质及性能：							
试压压力（MPa）							
稳压时间（min）							
管道压力（MPa）							
渗漏情况							
严密性试验（泄漏试验）							
试验压力（MPa）							
稳压时间（min）							
泄漏情况							
试验结论：							
监理（建设）单位		检测单位					
		技术负责人		审核人		试验人	

2. 试验依据说明

(1)【规范名称及编号】《压力管道规范 工业管道 第5部分：检验与试验》GB/T 20801.5－2006

【条文摘录】

9.1.1 一般要求

a) 在初次运行前以及按第6章要求完成有关的检查后，每个管道系统应进行压力试验以保证其承压强度和密封性。除下述情况外，应按9.1.3规定进行液压试验：

1) 对GC3级管道，经业主或设计同意，可按9.1.6规定的初始运行压力试验代替液压试验；

2) 当业主或设计认为液压试验不切实际时，可用9.1.4中的气压试验来代替，或考虑气压试验的危险性，而用9.1.5中的液压-气压试验来代替；

3) 当业主或设计认为液压和气压试验都不切实际时，如果下列两种情况都存在时，则可用9.1.7规定的替代办法：

①液压试验会损害衬里或内部隔热层，或会污染生产过程（该过程会由于有湿气而变为危险的、腐蚀的或无法工作），或在试验中由于低温而出现脆性断裂的危险；

②气压试验的危险性，或在试验中由于低温而出现脆性断裂的危险。

b）压力的限制

1）如果试验压力会产生管道周向应力或轴向应力超过试验温度 T 的屈服强度时，可减至在该温度下不会超过屈服强度的最大压力。

2）如果试验压力需保持一段时间，且系统中的试验流体会受热膨胀，应注意避免超压。

3）在液压试验前，必要时可先用压力小于等于 170kPa 的空气进行试验，以找出泄漏点。

c）其他试验要求

1）压力试验保压时间不少于 10 分钟，并应检查所有接头和连接处有无泄漏和其他异常。

2）压力试验应在全部热处理都已完成后进行。

3）当压力试验在接近金属延性—脆性转变温度下进行时，应考虑脆性破坏的可能性。

d）试验的有关规定

1）管道组成件可以单独进行试验，也可以装配在管道上与管道一起进行试验。

2）试验时为隔离其他容器而插入盲板的法兰接头，不需进行试验。

3）如果最后一条焊缝已按本规范 5.4 条进行制作过程中的检查，且进行 100%射线照相检测或 100%超声波检测合格，管道系统或组成件已按第 9 章通过压力试验，则连接这种管道系统或组成件的最后一条焊缝不需进行压力试验。

e）夹套管

1）内管的试验压力应按内部或外部设计压力的高者确定。如果需要按照 9.1.2a）对内管接头作目视检查，此压力试验必须在夹套管完成之前进行。

2）除工程设计中另有规定外，外管应按 9.1 条规定进行压力试验，

f）如果压力试验后进行修补或增添物件，则受影响的管道应重新进行试验。经检验人员同意，对采取了预防措施保证结构完好的一些小修补或增添物件不需重新进行试验。

g）应对每一管道系统作好试验记录，记录内容至少包括：

1）试验日期；

2）试验流体；

3）试验压力；

4）检查人员出具的检查结果合格证。

9.1.2　准备工作

a）除按本规范预先进行过试验的接头可以包覆绝热层或覆盖层外，所有接头均不得包覆隔热层，以便压力试验时进行检查。如果要进行替代压力试验，所有接头均不应上底漆和油漆。

b）输送蒸汽或气体的管道，必要时应加装临时支承件，以支承试验流体的重量。

c）膨胀节

1）依靠外部主固定架来约束端部压力荷载的膨胀节，应在管道系统现场试验。

2）自约束膨胀节如已由制造厂进行过试验，则试验时可以和系统隔离。但要求进行替代压力试验时，则膨胀节应安装在系统中进行试验。

3）带有膨胀节的管道系统没有临时接头或固定约束的情况下应按下列较小者压力进行试验：

①对波纹管膨胀节为1.5倍设计压力；

②按本规范第9章决定的系统试验压力。

在任何情况下，波纹管膨胀节的试验压力不得超过制造厂的试验压力。

4）当系统试验压力大于上述3）规定的试验压力时，膨胀节应从管道系统移开，或必要时应采用临时约束以限制固定架载荷。

d）不拟进行试验的容器在管道系统压力试验进行期间应与管道分离，或用盲板或其他方法将它与管道隔开，也可采用适合试验压力的阀门（包括其闭合机构）予以切断。

e）试验用压力表已经校验，并在校验有效期内，其精度不得低于1.6级。表的满刻度值应为最大试验压力的1.5～2.0倍。压力表不得少于两块。

9.1.3　液压试验

a）试验流体应使用洁净水，当对奥氏体不锈钢管道或对连有奥氏体不锈钢组成件或容器的管道进行试验时，水中氯离子含量不得超过50ppm。如果水对管道或工艺有不良影响，有可能损坏管道时，可使用其他合适的无毒液体。当采用可燃液体进行试验时，其闪点不得低于49℃，且应考虑到试验周围的环境。

b）内压管道除9.1.3d）规定外，系统中任何一点的液压试验压力均应按下述规定：

1）不得低于1.5倍设计压力；

2）设计温度高于试验温度时，试验压力应不低于下式计算值：

$$P_T = 1.5PS_1/S_2$$

式中：P_T——试验压力，MPa；

P——设计压力，MPa；

S_1——试验温度下，管子的许用应力，MPa；

S_2——设计温度下，管子的许用应力，MPa；

当S_1/S_2大于6.5时，取6.5。

c）承受外压（或真空）的管道，其试验压力应为设计内、外压差的1.5倍，且不得低于0.2MPa。

d）管道与容器作为一个系统的液压试验

1）当管道试验压力等于或小于容器的试验压力时，应按管道的试验压力进行试验；

2）当管道试验压力大于容器的试验压力，而且要将管道与容器隔开也不切合实际时，且容器的试验压力大于等于77%按9.1.3 b）2）计算的管道试验压力时，则在业主或设计同意下，可按容器的试验压力进行试验。

9.1.4　气压试验

a）气压试验时脆性破坏的可能应减至最低程度。设计在选材时必须考虑试验温度的影响。

b）试验时应装有压力泄放装置，其设定压力不得高于1.1倍试验压力。

c）用作试验的流体应是空气或其他不易燃和无毒的气体。

d）承受内压的金属管道，气压试验压力应为设计压力的1.15倍，真空管道的试验压力应为0.2MPa。

e）试验程序

1）试验前应进行预试验，预试验压力宜为0.2MPa；

2）试验时，应逐级缓慢增加压力，当压力升至试验压力的50%时，应进行初始检查。如未发现异常或泄漏，继续按试验压力的10%逐级升压（每级应有足够的保压时间以平衡管道的应变），直至试验压力。然后将压力降至设计压力，检查有无泄漏。

9.1.5 液压-气压试验

如果使用液压-气压结合试验，则9.1.4中要求应予满足，且管道被液体充填部分的压力不应超过9.1.3b）的规定。

9.1.6 初始运行压力试验

对GC3级管道，经业主或设计同意，可结合试车，用管道输送的流体进行压力试验。在管道初始运行时或运行前，压力应分级逐渐增加至操作压力，每级应有足够的保压时间以平衡管道应变。如果输送的流体是气体或蒸汽，则按9.1.4e）要求进行预试验。

9.1.7 压力试验的代替

压力试验的代替应符合9.1.1a）3）的规定，同时满足下列要求时可免除压力试验：

a）凡未经过本规范规定的液压或气压试验的焊缝，包括制造管道和管件的焊缝，均应按下述规定进行检查：

1）环向、纵向以及螺旋焊接接头均应进行100%的射线照相检测或100%超声波检测；

2）所有未包括在上述1）中的焊接接头，包括结构的连接焊焊接接头，应进行渗透检测，对于磁性材料则进行磁粉检查。

b）按规范第3部分（GB/T 20801.3－2006）第7章有关规定进行管道系统的柔性分析。

c）系统应使用敏感气体或浸入液体的方法进行泄漏试验。试验要求应在设计文件中明确。

试验压力应≥105kPa或25%设计压力两者中较小值；应逐渐增加至1/2试验压力或170kPa（取较小值）时应进行初检，然后应分级逐渐增加至试验压力，每级应有足够的保压时间以平衡管道的应变。

9.2 泄漏试验

输送极度危害、高度危害流体以及可燃流体的管道应进行泄漏试验。泄漏试验应遵守下列规定：

a）泄漏试验应在压力试验合格后进行，试验介质宜采用空气；

b）泄漏试验压力应为设计压力；

c）泄漏试验可结合试车工作一并进行；

d）泄漏试验应重点检查阀门填料函、法兰或螺纹连接处、放空阀、排气阀、排水阀等，以发泡剂检查不泄漏为合格；

e）经气压试验合格，且在试验后未经拆卸过的管道可不进行泄漏试验。

(2)【规范名称及编号】《工业金属管道工程施工质量验收规范》GB 50184－2011

【条文摘录】

8.5.2 液压试验应符合下列规定：

4 液压试验时，应缓慢升压，待达到试验压力后，稳压 10min，再将试验压力降至设计压力，稳压 30min，以压力表压力不降、管道所有部位无渗漏为合格。

8.5.4 气压试验应符合下列规定：

6 气压试验时，应逐步缓慢增加压力，当压力升至试验压力的 50％时，如未发现异状或泄漏，应继续按试验压力的 10％逐级升压，每级稳压 3min，直至试验压力。应在试验压力下保持 10min，再将压力降至设计压力，应以发泡剂检验无泄漏为合格。

8.5.7 泄漏性试验应按设计文件的规定进行，并应符合下列规定：

4 泄漏性试验应逐级缓慢升压，当达到试验压力，并停压 10min 后，应巡回检查阀门填料函、法兰或螺纹连接处、放空阀、排气阀、排净阀等所有密封点，应以无泄漏为合格。

第 8 章　设备联合试运转记录

8.0.1　工艺分段设备联合试运转记录

1. 表格

工艺分段设备联合试运转记录

<table>
<tr><td>工程名称</td><td colspan="5"></td></tr>
<tr><td>工艺段名称</td><td></td><td>工艺段起始位置</td><td></td><td>负荷情况</td><td></td></tr>
<tr><td>试验单位</td><td></td><td>负责人</td><td></td><td>试运转时间</td><td>年　月　日　时　分起
年　月　日　时　分止</td></tr>
<tr><td colspan="6">设备试运转情况</td></tr>
<tr><td>序号</td><td>设备名称</td><td>型号规格</td><td>数量</td><td colspan="2">试运转情况</td></tr>
<tr><td></td><td></td><td></td><td></td><td colspan="2"></td></tr>
<tr><td></td><td></td><td></td><td></td><td colspan="2"></td></tr>
<tr><td colspan="6">工艺段试运转情况</td></tr>
<tr><td>1</td><td>试运转内容</td><td colspan="4"></td></tr>
<tr><td>2</td><td>试运转过程</td><td colspan="4"></td></tr>
<tr><td>3</td><td>试运转结果</td><td colspan="4"></td></tr>
<tr><td>4</td><td>评定意见</td><td colspan="4"></td></tr>
<tr><td>建设
单位</td><td>监理
单位</td><td>设计
单位</td><td>运营
单位</td><td>施工
单位</td><td>其他
单位</td></tr>
<tr><td>（签字）
（盖章）</td><td>（签字）
（盖章）</td><td>（签字）
（盖章）</td><td>（签字）
（盖章）</td><td>（签字）
（盖章）</td><td>（签字）
（盖章）</td></tr>
</table>

注：其他单位根据验收需要，可为设备生产单位等。

2. 验收依据说明

(1)【规范名称及编号】《城镇污水处理厂工程质量验收规范》GB 50334－2017

【条文摘录】

13.4.1　污水、污泥处理设备联合试运转应连续、稳定，工艺过程应符合设计及设备技术文件的要求，运行指标应达到工艺要求。

检验方法：观察检查，检查联合试运转记录。

13.4.2 电气设备及系统联合试运转应连续、稳定，运行指标应满足安全要求，供电能力应满足工艺要求，运行状态及数据应显示正常，报警应及时。

检验方法：观察检查，检查联合试运转记录。

13.4.3 自动控制、仪表安装工程联合试运转应连续、稳定；显示数据应与现场情况一致，执行机构应动作准确、到位，数据记录应完整，形成图表应完整；软件画面切换应迅速，报警应及时。

检验方法：观察检查，检查联合试运转记录。

13.4.4 联合试运转应带负荷运行，试运转持续时间不应小于72h，设备应运行正常、性能指标符合设计文件的要求。

检验方法：观察检查，检查联合试运转记录。

13.4.5 联合试运转过程中，构（建）筑物及管线工程应安全可靠，池体、管线应无渗漏。

检验方法：观察检查，检查联合试运转记录。

3. 验收应提供的核查资料

（1）核查依据：《城镇污水处理厂工程质量验收规范》GB 50334－2017

13.1.3 污水处理厂带负荷联合试运转前应具备下列条件：

1 构筑物工程、安装工程等应验收合格；

2 设备单机试运转应合格；

3 厂外管道及泵站应能够连续进水，出水管道应具备向外排水的能力；

4 外部供电能满足联合试运转的负荷条件，厂内的各台变压器应具备用电负荷；

5 电气设备和自控系统应达到控制用电设备的条件；

6 构（建）筑物、操作平台、井口、坑口、洞口等部位应做好安全防护措施；

7 污水处理厂联合试运转必需的物料应准备齐全。

13.1.4 污水处理厂进行带负荷联合试运转前，应检查下列文件：

1 厂外管道及泵站连续进水通知书；

2 设备单机试运转记录、构筑物单位工程验收报告；

3 外部供电验收报告；

4 电气设备、自控系统单机试运转记录；

5 联合试运转调试记录；

6 联合试运转应急预案。

（2）核查资料明细

核查资料明细表

序号	核查资料名称	核查要点
1	厂外管道及泵站连续进水通知书	核查通知书内容是否能满足此次试运转条件
2	设备单机试运转记录、构筑物单位工程验收报告	核查验收记录、报告的完整性和正确性
3	外部供电验收报告	核查验收报告的完整性和正确性
4	电气设备、自控系统单机试运转记录	核查内容的完整性和结论的符合性
5	联合试运转调试与应急方案	检查调试与应急方案内容的完整性，现场条件是否满足应急方案要求

8.0.2　污水处理厂设备联合试运转记录

1. 表格

污水处理厂设备联合试运转记录

<table>
<tr><td colspan="2">工程名称</td><td colspan="6"></td></tr>
<tr><td colspan="2">试验单位</td><td></td><td>负责人</td><td></td><td>试运转时间</td><td colspan="2">年　月　日　时　分起
年　月　日　时　分止</td></tr>
<tr><td>1</td><td colspan="2">试运转内容</td><td colspan="5"></td></tr>
<tr><td>2</td><td colspan="2">试运转过程</td><td colspan="5"></td></tr>
<tr><td>3</td><td colspan="2">试运转结果</td><td colspan="5"></td></tr>
<tr><td>4</td><td colspan="2">评定意见</td><td colspan="5"></td></tr>
<tr><td>建设
单位</td><td colspan="2">监理
单位</td><td>设计
单位</td><td>运营
单位</td><td>施工
单位</td><td colspan="2">其他
单位</td></tr>
<tr><td>（签字）
（盖章）</td><td colspan="2">（签字）
（盖章）</td><td>（签字）
（盖章）</td><td>（签字）
（盖章）</td><td>（签字）
（盖章）</td><td colspan="2">（签字）
（盖章）</td></tr>
</table>

注：其他单位根据验收需要，可为设备生产单位等。

2. 验收依据说明

(1)【规范名称及编号】《城镇污水处理厂工程质量验收规范》GB 50334－2017

【条文摘录】

13.4.1　污水、污泥处理设备联合试运转应连续、稳定，工艺过程应符合设计及设备技术文件的要求，运行指标应达到工艺要求。

检验方法：观察检查，检查联合试运转记录。

13.4.2　电气设备及系统联合试运转应连续、稳定，运行指标应满足安全要求，供电能力应满足工艺要求，运行状态及数据应显示正常，报警应及时。

检验方法：观察检查，检查联合试运转记录。

13.4.3　自动控制、仪表安装工程联合试运转应连续、稳定；显示数据应与现场情况一致，执行机构应动作准确、到位，数据记录应完整，形成图表应完整；软件画面切换应迅速，报警应及时。

检验方法：观察检查，检查联合试运转记录。

13.4.4　联合试运转应带负荷运行，试运转持续时间不应小于72h，设备应运行正常、性能指标符合设计文件的要求。

检验方法：观察检查，检查联合试运转记录。

13.4.5　联合试运转过程中，构（建）筑物及管线工程应安全可靠，池体、管线应无渗漏。

检验方法：观察检查，检查联合试运转记录。

3. 验收应提供的核查资料

(1) 核查依据:《城镇污水处理厂工程质量验收规范》GB 50334－2017

13.1.3 污水处理厂带负荷联合试运转前应具备下列条件:

1 构筑物工程、安装工程等应验收合格;

2 设备单机试运转应合格;

3 厂外管道及泵站应能够连续进水,出水管道应具备向外排水的能力;

4 外部供电能满足联合试运转的负荷条件,厂内的各台变压器应具备用电负荷;

5 电气设备和自控系统应达到控制用电设备的条件;

6 构(建)筑物、操作平台、井口、坑口、洞口等部位应做好安全防护措施;

7 污水处理厂联合试运转必需的物料应准备齐全。

13.1.4 污水处理厂进行带负荷联合试运转前,应检查下列文件:

1 厂外管道及泵站连续进水通知书;

2 设备单机试运转记录、构筑物单位工程验收报告;

3 外部供电验收报告;

4 电气设备、自控系统单机试运转记录;

5 联合试运转调试记录;

6 联合试运转应急预案。

(2) 核查资料明细

核查资料明细表

序号	核查资料名称	核查要点
1	厂外管道及泵站连续进水通知书	核查通知书内容是否能满足此次试运转条件
2	设备单机试运转记录、构筑物单位工程验收报告	核查验收记录和报告的完整性和正确性
3	外部供电验收报告	核查验收报告的完整性和正确性
4	电气设备、自控系统单机试运转记录	核查内容的完整性和结论的符合性
5	联合试运转调试与应急方案	检查调试与应急方案内容的完整性,现场条件是否满足应急方案要求

主 要 参 考 文 献

[1] 中华人民共和国国家标准．城镇污水处理厂工程质量验收规范 GB 50334－2017[S]．北京：中国建筑工业出版社．2017

[2] 邸小坛，建筑工程施工质量验收统一标准解读与资料编制指南[M]．北京：中国建筑工业出版社．2014

[3] 中华人民共和国国家标准．建筑工程施工质量验收统一标准 GB 50300－2013[S]．北京：中国建筑工业出版社．2013

[4] 中华人民共和国国家标准．给水排水构筑物工程施工及验收规范 GB 50141－2008[S]．北京：中国建筑工业出版社．2008

[5] 中华人民共和国国家标准．给水排水管道工程施工及验收规范 GB 50268－2008[S]．北京：中国建筑工业出版社．2008

[6] 中华人民共和国国家标准．建筑地基基础工程施工质量验收规范 GB 50202－2002[S]．北京：中国建筑工业出版社．2002

[7] 中华人民共和国国家标准．混凝土结构工程施工质量验收规范 GB 50204－2015[S]．北京：中国建筑工业出版社．2014

[8] 中华人民共和国国家标准．砌体结构工程施工质量验收规范 GB 50203－2011[S]．北京：中国建筑工业出版社．2011

[9] 中华人民共和国国家标准．钢结构工程施工质量验收规范 GB 50205－2001[S]．北京：中国计划出版社．2001

[10] 中华人民共和国国家标准．地下防水工程质量验收规范 GB 50208－2011[S]．北京：中国建筑工业出版社．2011

[11] 中华人民共和国国家标准．建筑装饰装修工程质量验收规范 GB 50210－2001[S]．北京：中国建筑工业出版社．2001

[12] 中华人民共和国国家标准．机械设备安装工程施工及验收通用规范 GB 50231－2009 [S]．北京：中国计划出版社．2009

[13] 中华人民共和国国家标准．电气装置安装工程 高压电器施工及验收规范 GB 50147－2010[S]．北京：中国计划出版社．2010

[14] 中华人民共和国国家标准．电气装置安装工程电力变压器、油浸电抗器、互感器施工及验收规范 GB 50148－2010[S]．北京：中国计划出版社．2010

[15] 中华人民共和国国家标准．电气装置安装工程电气设备交接试验标准 GB 50150－2016[S]．北京：中国计划出版社．2006

[16] 中华人民共和国国家标准．电气装置安装工程旋转电机施工及验收规范 GB 50170－2006[S]．北京：中国计划出版社．2006

[17] 中华人民共和国国家标准．电气装置安装工程盘、柜及二次回路接线施工及验收规范 GB 50171－2012[S]．北京：中国计划出版社．2012

[18] 中华人民共和国国家标准．工业金属管道工程施工质量验收规范 GB 50184－2011[S]．北京：中国计划出版社．2011

[19] 中华人民共和国国家标准．建筑电气工程施工质量验收规范 GB 50303－2015[S]．北京：中国计

划出版社．2015
[20] 中华人民共和国国家标准．自动化仪表工程施工及质量验收规范 GB 50093－2013[S]．北京：中国计划出版社．2013
[21] 中华人民共和国国家标准．电气装置安装工程爆炸和火灾危险环境电气装置施工及验收规范 GB 50257－2014[S]．北京：中国计划出版社．2014
[22] 中华人民共和国国家标准．风机、压缩机、泵安装工程施工及验收规范 GB 50275－2010[S]．北京：中国计划出版社．2011
[23] 中华人民共和国国家标准．起重设备安装工程施工及验收规范 GB 50278－2010[S]．北京：中国计划出版社．2010
[24] 中华人民共和国国家标准．钢筋焊接及验收规程 JGJ 18－2012[S]．北京：中国建筑工业出版社．2012